H. R. Etzold

So wird´s gemacht

Dr. Hans-Rüdiger Etzold
Diplom-Ingenieur für Fahrzeugtechnik

So wird's gemacht

pflegen - warten - reparieren

Band 106

**FIAT BRAVO/
FIAT BRAVA**

Benziner
1,4 l/ 55 kW (75 PS) ab 9/95
1,6 l/ 66 kW (90 PS) ab 9/95
1,6 l/ 76 kW (103 PS) ab 9/95
1,8 l/ 83 kW (113 PS) ab 9/95
2,0 l/108 kW (147 PS) ab 9/95

Diesel
1,9 l/ 55 kW (75 PS) ab 1/97
1,9 l/ 74 kW (100 PS) ab 1/97

Delius Klasing Verlag

Redaktion: Martin Ruch, Günter Skrobanek (Text),
Christine Etzold (Bild)

Die Deutsche Bibliothek – CIP-Einheitsaufnahme

So wird's gemacht: pflegen – warten – reparieren /
Hans-Rüdiger Etzold. – Bielefeld: Delius Klasing.
NE: Etzold, Hans-Rüdiger
Bd. 106. Fiat Bravo / Fiat Brava: Benziner, Diesel; [ab 9/95]. –
1. Aufl. – 1997
ISBN 3-7688-1005-4

1. Auflage / AR
ISBN 3-7688-1005-4

Umschlaggestaltung: Ekkehard Schonart
Druck: Reclam Graphischer Betrieb, Ditzingen
Printed in Germany 1997

Lieber Leser,

in letzter Zeit werde ich von Autofahrern öfters angesprochen und gefragt, ob man bei den modernen Fahrzeugen überhaupt noch etwas selbst reparieren kann. Das vorliegende Buch ist meine Antwort. Seite für Seite sind Arbeiten beschrieben, die von einem fachlich interessierten Autofahrer selbst durchgeführt werden können.

Selbstverständlich hat es in den vergangenen Jahren im Automobilbau erhebliche Fortschritte gegeben, so daß erfreulicherweise viele Einstell- und Kontrollarbeiten nicht mehr erforderlich sind. Weggefallen sind beispielsweise das Einstellen der Zündung und, je nach Motor, das Einstellen des Leerlaufs und des Ventilspiels. Und durch den vermehrten Einbau von langzeitstabilen Bauteilen, zu denen beispielsweise die elektronische Zündanlage oder die elektronischgesteuerte Einspritzanlage zählen, entfällt der Austausch von Verschleißteilen. Andere Arbeiten wiederum, wie das Überprüfen elektronischer Bauteile, sind nur noch mit teuren Prüfgeräten möglich, die speziell auf den betreffenden Fahrzeugtyp abgestimmt sind und deren Anschaffung sich in der Regel für den Hobbymonteur nicht lohnt.

Obwohl also das Fahrzeug technisch immer aufwendiger und komplizierter wird, greifen dennoch von Jahr zu Jahr immer mehr Heimwerker zum »So wird's gemacht«-Handbuch. Die Erklärung dafür ist einfach: Weil die Technik des Automobils komplizierter geworden ist, kommt man bei Arbeiten am Fahrzeug ohne eine spezielle Anleitung nicht mehr aus. Das gilt auch für den Fachmann. Außerdem gibt es nach wie vor am Auto eine Reihe von Verschleißteilen, die in regelmäßigen Abständen kontrolliert und gegebenenfalls ausgewechselt werden müssen. Dazu zählen vor allem Bremsbeläge, Stoßdämpfer sowie Teile der Abgasanlage.

Grundsätzlich muß sich der Heimwerker natürlich darüber im klaren sein, daß man mit Hilfe eines Handbuches nicht automatisch zum Kfz-Handwerker wird. Man sollte also nur Arbeiten durchführen, die man sich selbst zutraut. Das gilt insbesondere natürlich bei Arbeiten, die die Verkehrssicherheit des Fahrzeugs beeinträchtigen können. Gerade in diesem Punkt sorgt das »So wird's gemacht«-Handbuch für praktizierte Verkehrssicherheit. Durch die exakte Beschreibung der erforderlichen Arbeitsschritte und den nötigen Warnhinweisen wird der Heimwerker bei der Arbeit entsprechend sensibilisiert und fachlich richtig informiert. Auch wird darauf hingewiesen, im Zweifelsfall die Arbeit lieber einem Fachmann zu überlassen.

In der Öffentlichkeit wird hin und wieder von interessierten Kreisen der Vorwurf erhoben, Heimwerker würden durch ihre Eigenarbeiten am Fahrzeug die Verkehrssicherheit negativ beeinflussen. Aus den Kontakten, die ich zu Hobbymonteuren habe, kann ich nur vom Gegenteil berichten. Derjenige Fahrzeugbesitzer, der sein Fahrzeug selbst pflegt und wartet, hat ein großes Interesse an einem verkehrssicheren, gepflegten Auto.

Vor jedem Arbeitsgang empfiehlt sich ein Blick in das vorliegende Buch. Dadurch wird schnell der Umfang und auch der Schwierigkeitsgrad der Reparatur deutlich. Außerdem erfährt man, welche Ersatz- oder Verschleißteile eingekauft werden müssen und ob unter Umständen die Arbeit nur mit Hilfe von Spezialwerkzeug durchgeführt werden kann.

Für die meisten Schraubverbindungen ist das Anzugsmoment angegeben. Bei Schraubverbindungen, die in jedem Fall mit einem Drehmomentschlüssel angezogen werden müssen (Zylinderkopf, Achsverbindungen usw.), ist der Wert **fett** gedruckt. Nach Möglichkeit sollte man jede Schraubverbindung mit einem Drehmomentschlüssel anziehen. Übrigens: Für viele Schraubverbindungen sind die neuen Innen- und Außen-Torxschlüssel erforderlich.

Auch der fachkundige Hobbymonteur, der sein Fahrzeug selbst wartet und repariert, sollte bedenken, daß der Fachmann viel Erfahrung hat und durch die Weiterschulung und den ständigen Erfahrungsaustausch über den neuesten Technikstand verfügt. Mithin kann es für die Überwachung und Erhaltung der Betriebs- und Verkehrssicherheit des eigenen Fahrzeugs sinnvoll sein, in regelmäßigen Abständen eine FIAT-Werkstatt aufzusuchen.

Natürlich kann das vorliegende Buch nicht auf jede aktuelle, technische Frage eingehen. Dennoch hoffe ich, daß die getroffene Auswahl an Reparatur-, Wartungs- und Pflegehinweisen in den meisten Fällen die eventuell auftretenden Probleme zufriedenstellend löst.

Hans-Rüdiger Etzold

Inhaltsverzeichnis

Motor

Der FIAT BRAVO/BRAVA wird von flüssigkeitsgekühlten Reihenmotoren angetrieben, die im Motorraum quer zur Fahrtrichtung eingebaut sind. Alle Motorversionen besitzen einen Graugruß-Motorblock. Der Zylinderkopf ist aus Leichtmetall gefertigt. Die Vorteile des Leichtmetall-Zylinderkopfes gegenüber einem aus Grauguß liegen in der besseren Wärmeleitfähigkeit und dem geringeren spezifischen Gewicht.

In den Motorblock sind die Zylinderbohrungen eingelassen. Bei hohem Verschleiß oder Riefen in den Zylinderwänden können die Zylinder von einer Fachwerkstatt gehont, also ausgeschliffen werden. Anschließend müssen dann allerdings Kolben mit Übermaß eingebaut werden. Im unteren Teil des Motorblocks befindet sich die Kurbelwelle, die von den Kurbelwellenlagern abgestützt wird. Über Gleitlager sind die Pleuel, die die Verbindung zu den Kolben herstellen, mit der Kurbelwelle verbunden. Der Motorblock wird von Kühlmittel durchströmt. Die Kühlmittelpumpe ist seitlich am Motorblock angeflanscht. Zu beachten ist, daß der Kühlmittelkreislauf ganzjährig mit einer Mischung aus Kühlerfrostschutzmittel sowie kalkarmem Wasser befüllt sein muß.

Den unteren Abschluß des Motors bildet die Ölwanne, in der sich das für die Schmierung und Kühlung erforderliche Motoröl sammelt. Das im Ölsumpf angesaugte Öl gelangt über Bohrungen und Kanäle zu den Lagern der Kurbel- und Nockenwelle sowie in die Zylinderlaufbahnen.

Der Zylinderkopf ist auf den Motorblock aufgeschraubt. Er besteht aus Aluguß mit eingepreßten Ventilsitzringen und Ventilführungen aus Stahl. Der Zylinderkopf ist nach dem Querstrom-Prinzip konstruiert. Das heißt, frisches Kraftstoff-Luftgemisch wird auf der einen Seite des Zylinderkopfes angesaugt und verbranntes Gas auf der anderen Seite über die Abgasanlage ausgestoßen. Durch die Querstrom-Anordnung ist ein schneller Gaswechsel über die Ein- und Auslaßventile sichergestellt. Durch mehrere Ein- und Auslaßventile pro Zylinder wird der Gaswechsel noch beschleunigt.

Oben im Zylinderkopf befinden sich zwei Nockenwellen (1,4-l-Motor und Diesel: eine Nockenwelle), die über einen Zahnriemen von der Kurbelwelle angetrieben werden. Die Nockenwellen betätigen die senkrecht hängenden Ein- und Auslaßventile. Bei den Benzinmotoren sorgen hydraulische Ventilspielausgleicher für ein gleichbleibendes Ventilspiel zwischen Nockenwelle und Ventil, so daß das Ventilspiel nicht eingestellt werden kann. Nur beim Dieselmotor besitzen die Tassenstößel Einstellscheiben, mit denen das Ventilspiel im Rahmen der Wartung eingestellt werden muß.

Zum Einsatz kommen 5 unterschiedliche Motortypen:

1,4-l-Motor

Der 1,4-l-Motor gehört zur neuen »Modular«-Baureihe. Er basiert im wesentlichen auf dem »FIRE-Motor«, der in verschiedenen FIAT-Modellen erstmals 1985 zum Einsatz kam. Neu ist vor allem der Zylinderkopf, der mit 2 Einlaßventilen und einem Auslaßventil pro Zylinder versehen wurde. Die Nockenwelle betätigt die 12 Ventile über Schlepphebel, welche sich auf wartungsfreien Ventilspielausgleichern abstützen.

Für die Motorschmierung sorgt eine Ölpumpe, die sich am Ende der Kurbelwelle befindet und durch diese angetrieben wird. Der Antrieb der Kühlmittelpumpe erfolgt über den Zahnriemen, der auch die Nockenwelle antreibt.

1,6-l-Motor

Basismotor für dieses Triebwerk ist der 1,6-l-»Torque«-Motor aus dem Vorgängermodell FIAT TIPO, welcher überarbeitet wurde. Er hat nun zwei obenliegende Nockenwellen, welche die 16 Ventile direkt über hydraulische Tassenstößel aufstoßen. Der Zahnriemen treibt außer der Nockenwelle auch eine Nebenwelle an, die über eine Schrägverzahnung die Ölpumpe antreibt. Die Kühlmittelpumpe wird über den Keilrippenriemen angetrieben, der auch den Drehstromgenerator antreibt.

1,8-l-Motor

Der 1,8-l-Motor gehört zur neuen »Modular«-Baureihe. Die Bauweise ist durch die beiden obenliegenden Nockenwellen bestimmt, welche die 16 Ventile direkt über hydraulische Tassenstößel aufstoßen. Der Antrieb der Kühlmittelpumpe erfolgt wie beim 1,4-l-Motor über den Zahnriemen, der auch die Nockenwellen antreibt, die Ölpumpe sitzt am Kurbelwellenende.

2,0-l-Motor

Der neuentwickelte 2,0-l-Motor besitzt 5 Zylinder und 20 Ventile, die von 2 Nockenwellen über wartungsfreie Hydrostößel betätigt werden. Die Einlaßnockenwelle wird je nach Motordrehzahl durch eine Stelleinheit gegenüber dem Zahnriemenrad verdreht, so daß sich optimale Ventil-Steuerzeiten ergeben. Angesteuert wird die Verstelleinheit durch das Motor-Steuergerät. Der Zahnriemen treibt außer den Nockenwellen auch die Kühlmittelpumpe an.

Die Kurbelwelle treibt über eine Kette die Ölpumpe sowie eine gegenläufige Ausgleichswelle an. Die Drehgeschwindigkeit der Ausgleichswelle ist gleichhoch wie die der Kurbelwelle, und durch gezielte Unwucht werden unerwünschte Motorvibrationen in allen Drehzahlbereichen weitgehend vermieden.

Der 5-Zylinder-Motor muß zum Zahnriemenausbau komplett ausgebaut werden, weil im Motorraum zu wenig Platz für die Demontage vorhanden ist. Auch Arbeiten wie Ausbau des Zylinderkopfs oder Ausbau der Kühlmittelpumpe können nicht durchgeführt werden, ohne daß zuvor der Motor ausgebaut wird.

Alle Benziner

Die Spannung des Nockenwellenzahnriemens wird durch einen automatischen Spanner konstant gehalten, so daß er nicht nachgespannt werden muß. Auch der Keilrippenriemen zum Antrieb der Hilfsaggregate (Generator, Servopumpe etc.) wird automatisch gespannt, außer beim 1,6-l-Motor.

Für die Aufbereitung und Zündung des Benzin-Luftgemisches sind wartungsfreie, elektronisch gesteuerte Systeme eingebaut. Durch die elektronischen Zünd- und Einspritzanlagen werden langzeitstabile Abgasemissionswerte garantiert. Das »ruhende Zündsystem« mit Einzelzündspulen hat keine beweglichen Bauteile, so daß es verschleißfrei arbeitet.

Dieselmotor

Der Dieselmotor ist mit einer obenliegenden Nockenwelle versehen. Das Ventilspiel muß im Rahmen der Wartung kontrolliert werden. Der Antrieb der Kühlmittelpumpe erfolgt durch den Keilriemen, die Ölpumpe sitzt direkt am Ende der Kurbelwelle. Eine seitlich am Motorblock angeflanschte Verteilereinspritzpumpe sorgt für die Dieseleinspritzung. Angetrieben wird die Diesel-Einspritzpumpe über den Zahnriemen, der auch die Nockenwelle antreibt. Die elektronisch gesteuerte Kraftstoff-Einspritzung sorgt für niedrige Abgaswerte und geringen Verbrauch.

Hinweis: Es ist immer darauf hingewiesen, für welche Motoren die jeweiligen Reparaturanweisungen gelten. Wo möglich, sind die Arbeitsgänge zusammengefaßt.

Fahrzeugidentifizierung

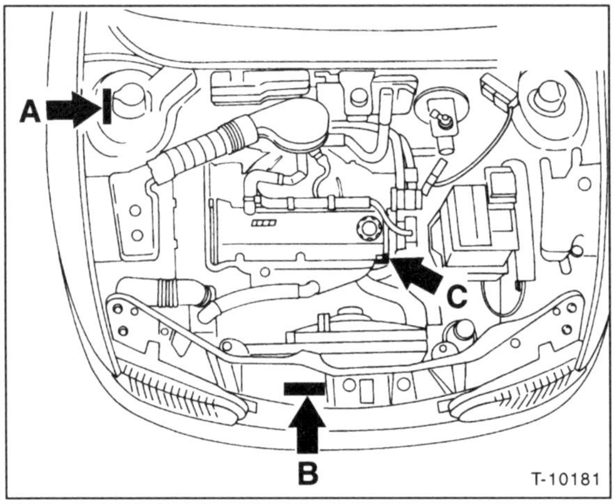

- Die Fahrgestellnummer –A– ist am rechten Federbeindom angebracht.
- Die Motornummer –C– ist am Motorblock oberhalb des Getriebeflansches eingeschlagen. Die Abbildung zeigt den 1,4-l-Motor.
- Das Typschild ist an Stelle –B– angebracht.

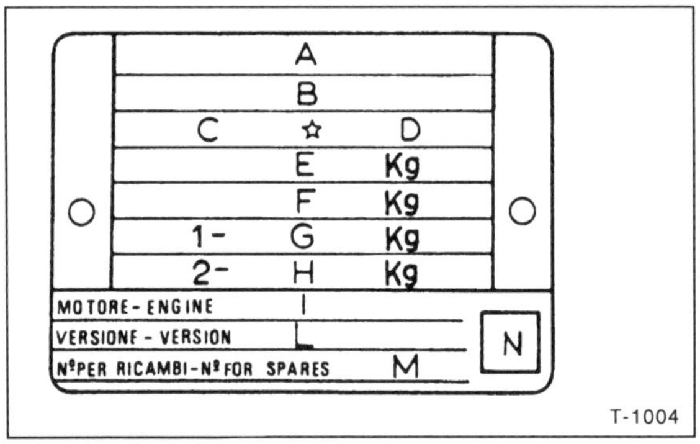

Aufschlüsselung des Typschildes:

A – Name des Herstellers
B – Typenzulassungsnummer
C – Kenn-Nummer des Fahrzeugtyps
D – Laufende Fahrgestellnummer
E – Höchstzulässiges Gesamtgewicht
F – Höchstzulässiges Gesamtgewicht mit Anhänger
G – Maximale Vorderachslast
H – Maximale Hinterachslast
I – Motortyp
L – Codenummer des Karosserietyps
M – Nummer für Ersatzteile
N – Nur Dieselmotor: korrekter Rauchabsorptionsfaktor

Die wichtigsten Motordaten

Modellbezeichnung		1.4 12V	1.6 16V	1.6 16V	1.8 16V	2.0 20V
Motorcode		182A5.000	182A6.000	182A4.000	182A2.000	183A1.000
Fertigung	von – bis	9/95 -	9/95 -	9/95 -	9/95 -	9/95 -
Hubraum	cm^3	1370	1581	1581	1747	1998
Leistung	kW bei 1/min PS bei 1/min	55/6000 75/6000	66/6000 90/6000	76/5750 103/5750	83/5800 113/5800	108/6100 147/6100
Drehmoment	Nm bei 1/min	112/2750	140/4000	144/4000	154/4400	188/4500
Bohrung	∅ mm	82,0	86,4	86,4	82,0	82,0
Hub	mm	64,9	67,4	67,4	82,7	75,7
Verdichtung		9,9	10,2	10,2	10,3	10,1
Kraftstoff bleifrei	ROZ	Super/95	Super/95	Super/95	Super/95	Super/95
Einspritzung Fabrikat		Zentral, Bosch Monomotronic	Multipoint Weber IAW	Multipoint Weber IAW	Multipoint Hitachi	Multipoint Bosch Motronic M2.10
Zündfolge		1-3-4-2	1-3-4-2	1-3-4-2	1-3-4-2	1-2-4-5-3
Füllmengen: Motoröl Kühlmittel	 Liter Liter	 4,1 6,0	 3,8 7,0	 3,8 7,0	 4,3 6,7	 5,0 7,4

Modellbezeichnung		1.9 TD[1]	1.9 TD[1]
Motorbezeichnung		182A8.000	182A7.000
Fertigung	von – bis	1/97 -	1/97 -
Hubraum	cm^3	1910	1910
Leistung	kW bei 1/min PS bei 1/min	55/– 75/–	74/4200 100/4200
Drehmoment	Nm bei 1/min	–	–
Bohrung	∅ mm	–	–
Hub	mm	–	–
Verdichtung		–	–
Kraftstoff		Diesel	Diesel
Einspritzung Fabrikat		Diesel-VE[2] Lucas FT09	Diesel-VE[2] Lucas FT09
Zündfolge		1-3-4-2	1-3-4-2
Füllmengen: Motoröl Kühlmittel	 Liter Liter	 4,1 6,0	 4,1 6,0

Benzinmotoren können ebenfalls mit Super Plus (ROZ 98) gefahren werden.

[1]) Für den Dieselmotor lagen bei Drucklegung nicht alle Daten vor.

[2]) VE = Verteiler-Einspritzung.

Motorraum-Unterschutz aus- und einbauen

Ausbau

- Fahrzeug aufbocken.

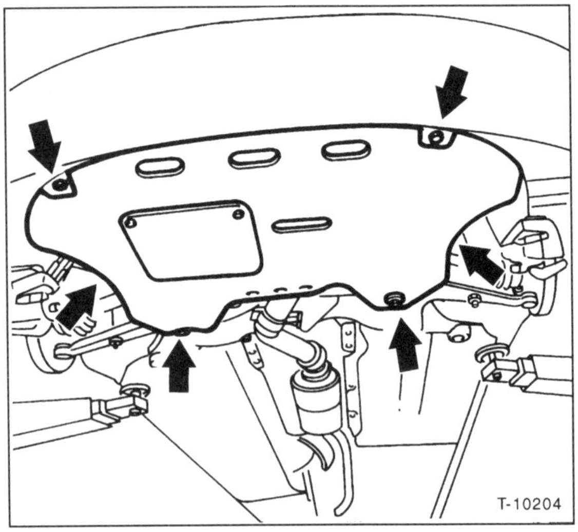

T-10204

- Unterschutz abschrauben –Pfeile–, am Stoßfänger abziehen und abnehmen.

Einbau

- Unterschutz einsetzen und anschrauben.
- Fahrzeug ablassen.

Motor aus- und einbauen

Der Motor wird zusammen mit dem Getriebe nach unten ausgebaut. Vor dem Motorausbau deshalb auch das Kapitel »Getriebe aus- und einbauen« durchlesen. Abgas- und Ansaugkrümmer sowie Einspritzanlage und Generator/Anlasser bleiben am Motor angebaut. Zum Ausbau der Motor-Getriebeeinheit wird ein Kran benötigt.

Da auch auf der Wagenunterseite einige Verbindungen gelöst werden müssen, werden vier Unterstellböcke sowie zum Aufbocken des Wagens ein Rangierheber benötigt. Vor der Montage im Motorraum sollten die Kotflügel mit Decken geschützt werden.

Je nach Baujahr und Ausstattung können die elektrischen Leitungen beziehungsweise Unterdruck- oder Kühlmittelschläuche unterschiedlich im Motorraum verlegt sein. Da im einzelnen nicht auf jede Variante eingegangen werden kann, empfiehlt es sich, die jeweilige Leitung mit Tesaband zu kennzeichnen, bevor sie abgezogen wird.

Elektrische Steckverbindungen sind mit Metall- oder Kunststoffklammern gesichert. Vor dem Abziehen Klammern an den seitlichen Bügeln zusammendrücken.

Beschrieben wird der Motorausbau am Beispiel des 1,6-l-Motors. Hinweise für die anderen Motoren am Kapitelende beachten.

Achtung: Bei Ausstattung mit Klimaanlage muß der Kältemittelkreislauf geöffnet werden. Dies darf nur eine Fachwerkstatt vornehmen. **Kältemittelkreislauf nicht öffnen.** Das Kältemittel der Klimaanlage kann bei Hautberührung zur Erfrierungen führen. **Verletzungsgefahr!** Hinweis für die Fachwerkstatt: Zum leichteren Entleeren, Motor anlassen und Klimaanlage für 10 bis 15 Minuten einschalten.

Ausbau

- Batterie ausbauen, siehe Seite 251.

Achtung: Beim Abklemmen der Batterie können elektronische Speicher gelöscht werden, wie zum Beispiel der Radiocode. Hinweise im Kapitel »Batterie aus- und einbauen« beachten.

- Ansaugluftfilter und Luftschlauch zum Drosselklappenstutzen ausbauen, siehe Seite 100.

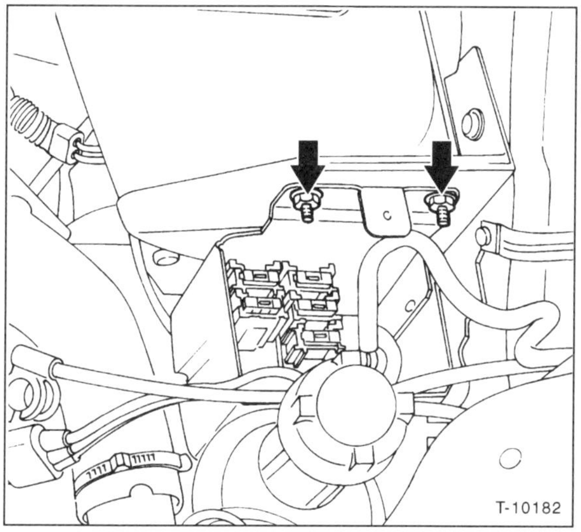

- Deckel für Sicherungs- und Relaiskasten am Batteriehalter mit 1 Schraube abschrauben und abnehmen. 2 Muttern –Pfeile– abschrauben und Kasten seitlich ablegen.
- Motor-Steuergerät ausbauen, siehe Seite 89.

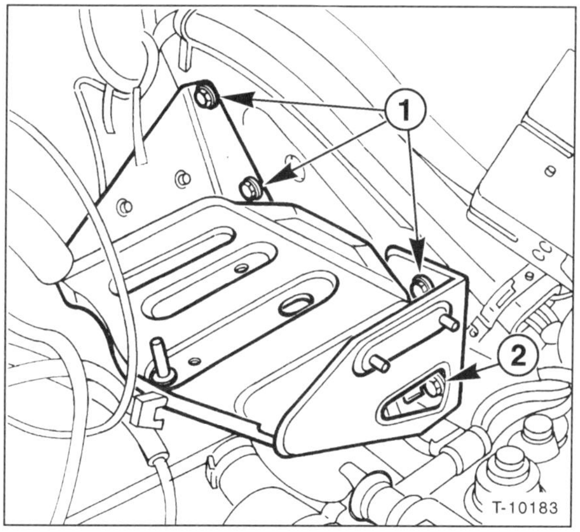

- Batteriehalterung mit Schrauben –1– und –2– abschrauben. Halterung anheben und darunterliegende Kabelhalterung ausclipsen.

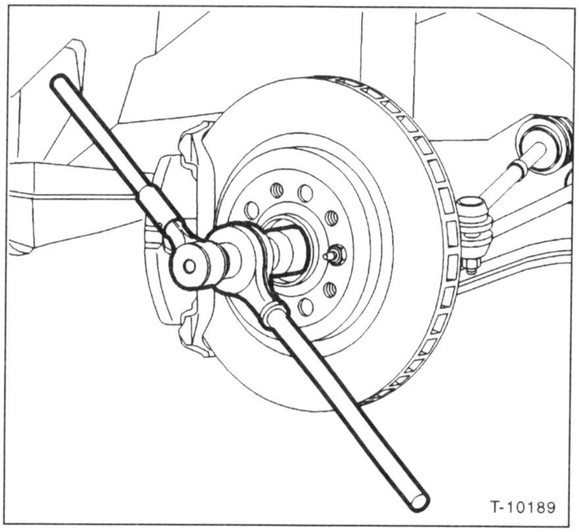

- Nabenmutter an der linken und rechten Achswelle lösen, dabei muß das Fahrzeug auf dem Boden stehen. **Achtung:** Hohes Drehmoment, stabiles Werkzeug verwenden. Vom Helfer beim Lösen der Mutter Fußbremse treten lassen.
- Stellung der Vorderräder zur Radnabe mit Farbe kennzeichnen. Dadurch kann das ausgewuchtete Rad wieder in derselben Position montiert werden. Radschrauben lösen, dabei muß das Fahrzeug auf dem Boden stehen. Fahrzeug vorn aufbocken und Vorderräder abnehmen.
- Falls vorhanden, Motor-Unterschutz ausbauen, siehe Seite 14.
- Motoröl und Getriebeöl ablassen, siehe Kapitel »Wartung«.
- Kühlflüssigkeit ablassen und Kühler ausbauen, siehe Seite 78.
- Kabel am Anlasser abklemmen, siehe Seite 261.

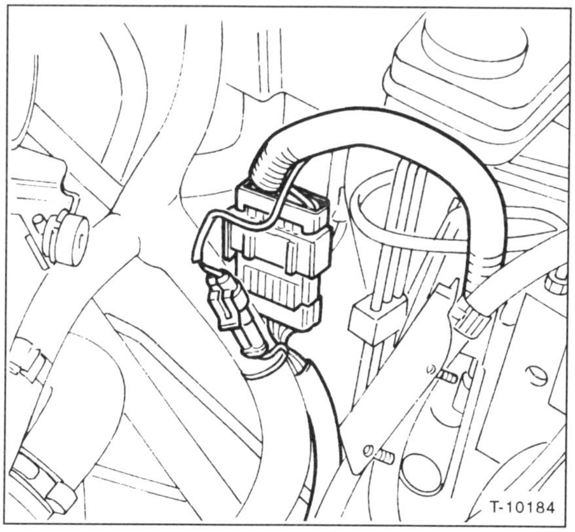

- Mehrfachstecker für Motor-Kabelbaum im Bereich des Bremsflüssigkeitsbehälters trennen.

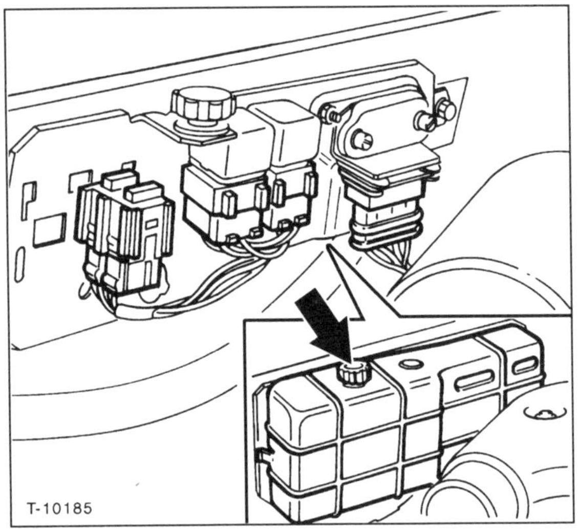

- Schraube –Pfeil– vom Schutzdeckel an der Motor-Stirnwand abschrauben, Deckel abnehmen. Darunterliegende Stecker von den Relais und dem Absolutdruckgeber der Einspritzanlage abziehen.
- Kupplungszug am Getriebe abbauen, siehe Seite 131.
- Falls vorhanden, Tachowelle am Getriebe abschrauben. Andernfalls Stecker für elektronischen Geber am Getriebe abziehen.

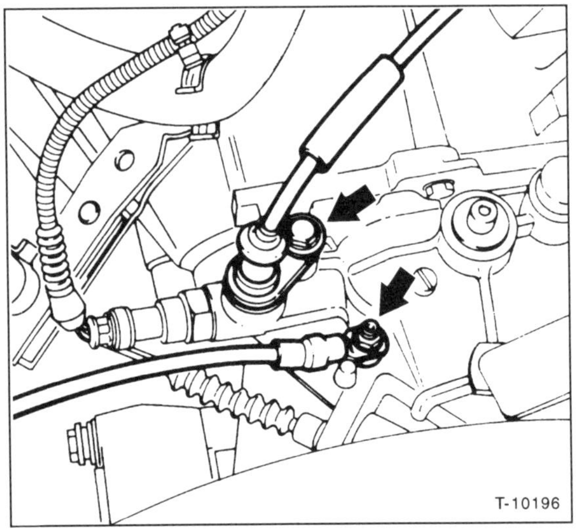

- Massekabel an der Getriebe-Oberseite abschrauben –Pfeil unten–.
- 1,4-l-Motor: Kabel für Einrücksperre Rückwärtsgang am Getriebe abschrauben –Pfeil oben–.

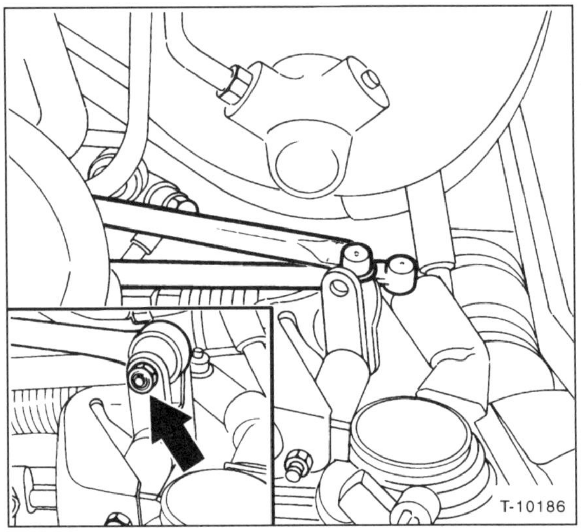

- 2 Schaltstangen und Gegenstange am Getriebehebel abschrauben –Pfeil–.
- Gaszug aushängen, siehe Seite 98.

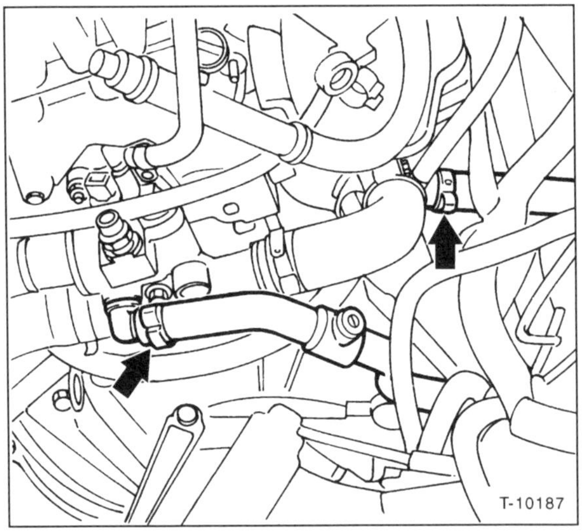

- Zu- und Rücklaufleitung für Heizung am Motor abziehen, dazu Schlauchschellen öffnen. Sind Klemmschellen eingebaut, diese mit Seitenschneider durchtrennen, beim Einbau können sie durch Schraubschellen ersetzt werden. Damit die Leitungen beim Einbau nicht vertauscht werden, Stutzen und Schläuche mit Farbstift markieren.

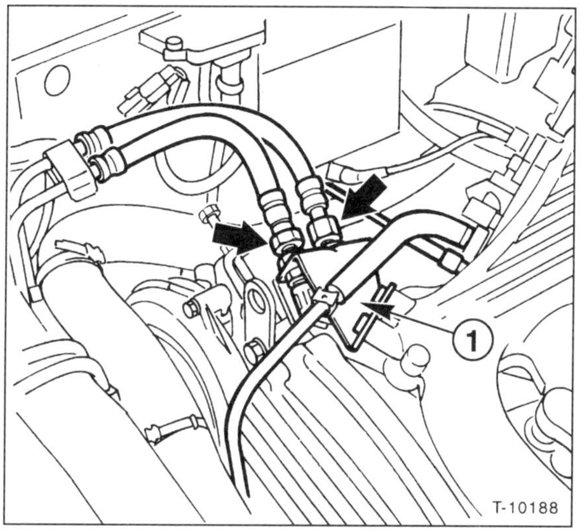

- Haltebügel –1– für Kraftstoffleitungen am Ansaugrohr des Motors abschrauben.
- Kraftstoffzulaufleitung und Rücklaufleitung abschrauben, siehe Abbildung. **Achtung:** Kraftstoffsystem steht unter Druck, auslaufenden Kraftstoff mit dickem Lappen auffangen.

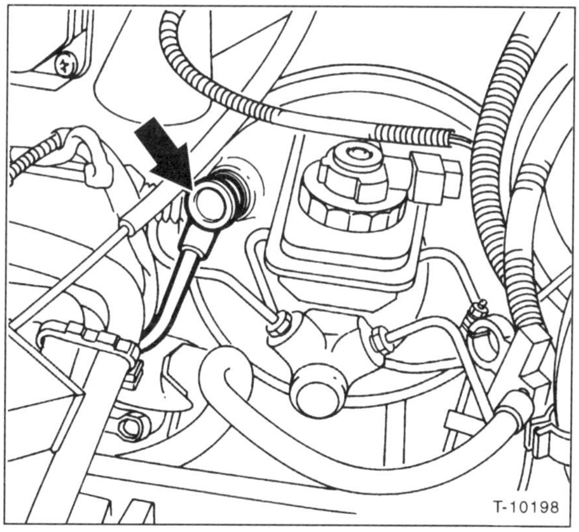

- Unterdruckleitung für Bremskraftverstärker am Anschlußstück –Pfeil– herausziehen.
- Unterdruckschläuche für Benzindämpfe und Druckfühler nach Markierung am Ansaugrohr beziehungsweise Drosselklappenteil abziehen. Vor dem Abziehen Schläuche und Anschlüsse mit Tesaband markieren, damit keine Verwechslungen auftreten.
- Servoöl ablassen und Ölleitungen an der Pumpe der Servolenkung abschrauben, siehe Seite 164.

Achtung: Abgelassenes Öl nicht wiederverwenden, umweltgerecht entsorgen.

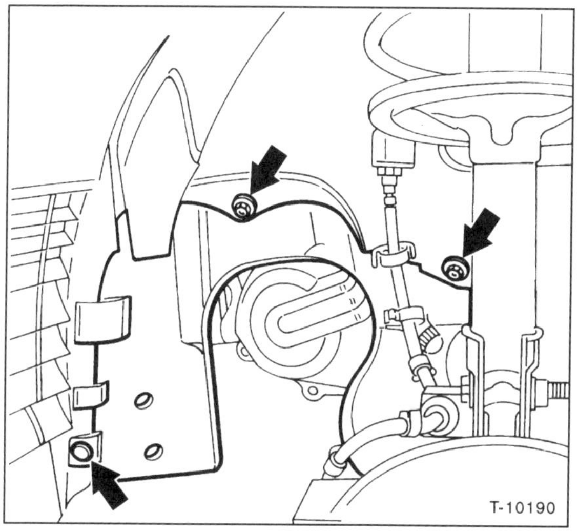

- Verkleidung im linken Radkasten abschrauben und ausclipsen –Pfeile–. Zum Entfernen der Verkleidung muß auch der Anschluß des Bremsbelag-Verschleißfühlers abgezogen werden.

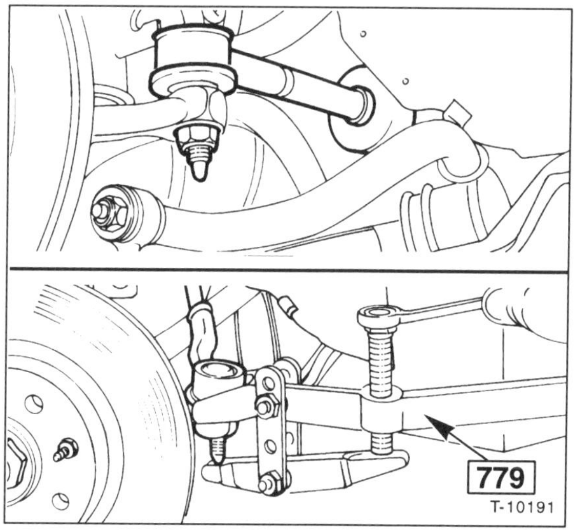

- Auf beiden Fahrzeugseiten Muttern abschrauben und Spurstangenköpfe mit handelsüblichem Ausdrücker, zum Beispiel HAZET 779, ausdrücken.

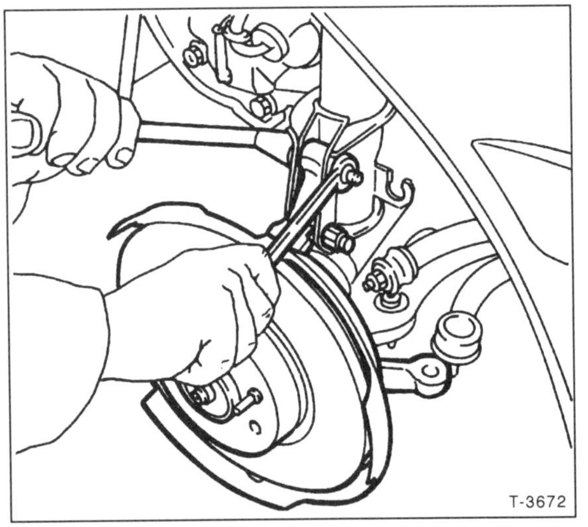

T-3672

- Federbein beidseitig am Achsschenkel abschrauben. Bremsschlauch und Kabel für ABS-Drehzahlfühler aus den Federbein-Haltern herausnehmen.
- Gelenkwellen aus den Radnaben ziehen. Dazu Gelenkwelle festhalten, Achsschenkel mit der anderen Hand nach außen drücken. Sitzt die Gelenkwelle fest in ihrer Verzahnung, handelsüblichen Ausdrücker verwenden.

Achtung: Damit die Gelenkwellen nicht zu stark abgewinkelt werden, diese mit Draht an der Motor-/Getriebeeinheit aufhängen.

- Vorderes Abgasrohr ausbauen, siehe Seite 120.

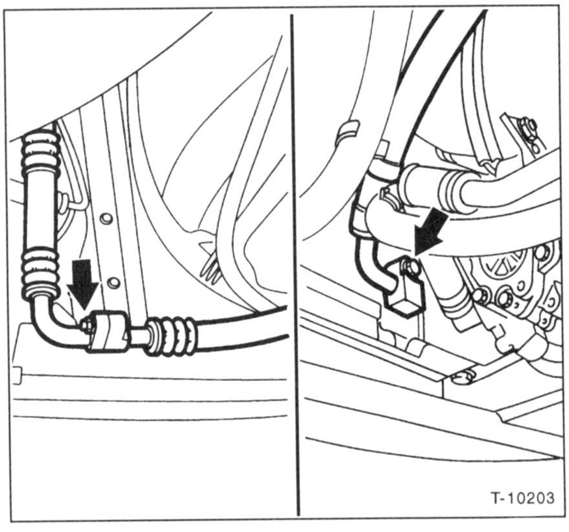

T-10203

- **Fahrzeuge mit Klimaanlage:** Abdeckung für Klimakompressor abschrauben. Verbindungsleitungen vom Klimakompressor zum Verdampfer und zum Kondensator abschrauben –Pfeile–. **Achtung: Die Klimaanlage muß zuvor von einer Fachwerkstatt entleert worden sein, sonst Unfallgefahr durch austretendes Kältemittel.**

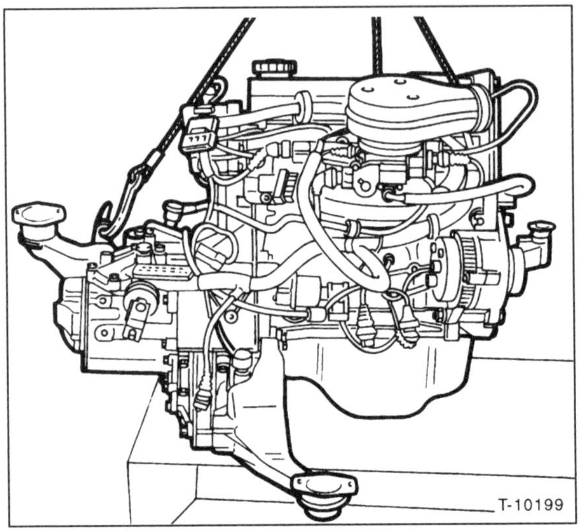

T-10199

- Motor anseilen. Dazu geeignetes Seil oder eine Kette an den Aufhängeösen des Motors einhängen. Eine Öse befindet sich am Haltebügel des Generators, weitere in der Nähe des Öl-Einfüllstutzens sowie am Getriebelager. Motor mit Werkstattkran leicht anheben, damit die Motorlager entlastet sind.

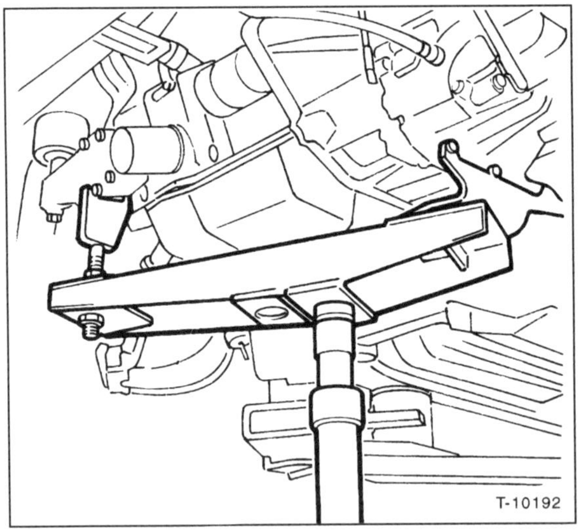

T-10192

- Die FIAT-Werkstatt setzt einen Hydraulik-Stempelheber mit Aufnahmewerkzeug an, siehe Abbildung. Das Aufnahmewerkzeug wird mit den 2 unteren Flanschschrauben von Motor/Getriebe angeschraubt. Motor leicht anheben, damit die Motorlager entlastet sind.

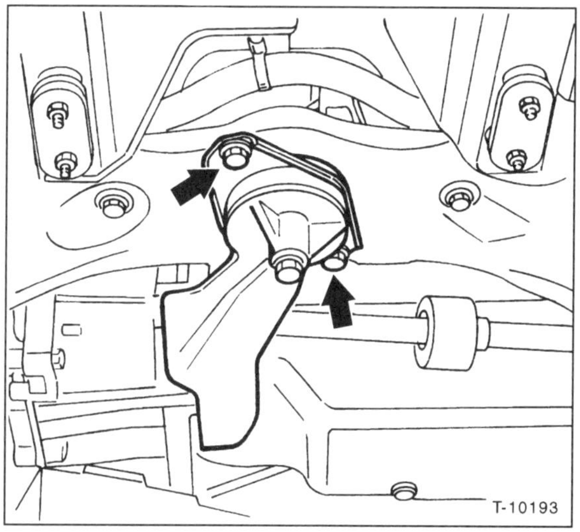

- Mittleres Motorlager am Unterboden abschrauben –Pfeile–.

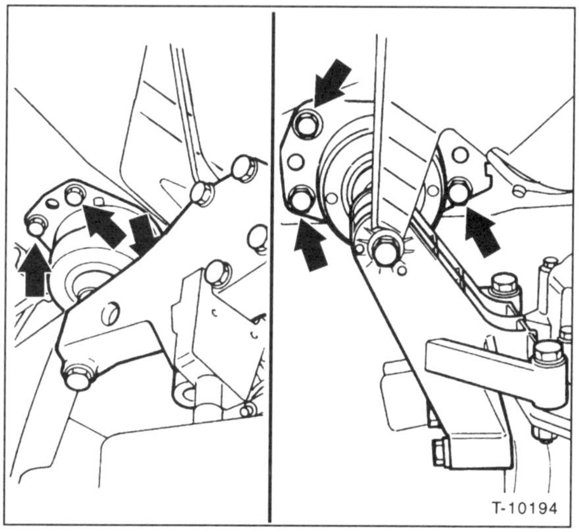

- Linkes und rechtes Motorlager abschrauben –Pfeile–.

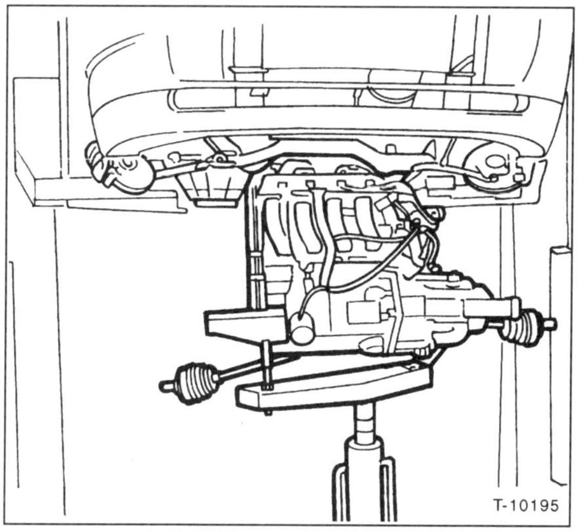

- Prüfen, ob sämtliche Schläuche und Leitungen abgezogen sind, die vom Motor zum Aufbau führen. Anschließend Motor ablassen.

Achtung: Der Motor muß beim Ablassen sorgfältig geführt werden, um Beschädigungen am Aufbau zu vermeiden.

Gegebenenfalls Getriebe vom Motor trennen:

- Anlasser abschrauben.
- Zwischenwelle ausbauen, siehe Seite 152.
- Verbindungsschrauben Motor/Getriebe herausdrehen.
- Getriebe mit Montierhebel vom Motor abdrücken.

Einbau

- Motorlager, Kühlmittel-, Öl- und Kraftstoffschläuche auf Porosität oder Risse prüfen, falls erforderlich erneuern.
- Wurden Motor/Getriebe getrennt, Kupplungs-Mitnehmerscheibe auf ausreichende Belagdicke sowie Belagzustand prüfen. Bei fortgeschrittenem Verschleiß beziehungsweise hoher Kilometerleistung Kupplung komplett austauschen. Falls das Kupplungsausrücklager beim Treten des Kupplungspedals Geräusche verursachte, Lager auswechseln.
- Kupplungsausrücklager und Verzahnung der Antriebswelle reinigen und dünn mit MoS_2-Fett schmieren.
- Prüfen, ob die beide Zentrierbolzen zur Zentrierung von Motor und Getriebe im Motorblock vorhanden sind, gegebenenfalls Paßhülsen einsetzen, siehe Seite 131.
- Verbindungsschrauben Motor/Getriebe einsetzen und abwechselnd mit dem richtigen Anzugsdrehmoment festziehen. **Achtung:** Das Anzugsdrehmoment der Schrauben richtet sich nach dem Gewindeaußendurchmesser.

  Drehmoment für Schrauben M12 (∅ 12 mm): 80 Nm;
  für Schrauben M10: 35 Nm;
  für Schrauben M8: 25 Nm.

- Anlasser einbauen, siehe Seite 261.
- Motor und Getriebe mit Werkstattkran vorsichtig von unten in den Motorraum einführen. Beim Hochheben darauf achten, daß der Motor sorgfältig geführt wird, um Beschädigungen am Aufbau zu vermeiden.
- Die beiden seitlichen und das mittlere Motorlager handfest anschrauben, noch nicht festziehen.
- Kran entfernen.
- Motor durch Schüttelbewegungen spannungsfrei einrichten. Anschließend Befestigungsschrauben für alle 3 Motorlager in folgender Reihenfolge festziehen: Zuerst rechtes Motorlager (Motorseite), dann linkes Lager (Getriebeseite), dann mittleres Lager. Das Drehmoment der Schrauben richtet sich nach dem jeweiligen Gewindedurchmesser: M 8-Gewinde: **35 Nm**, M 10-Gewinde: **50 Nm**, M 12-Gewinde: **90 Nm**.
- Gelenkwellen in die Radnaben einsetzen, neue Nabenmutter erst bei auf dem Boden stehendem Fahrzeug festziehen.

- Federbein mit **neuen selbstsichernden Muttern** am Achsschenkel anschrauben. Muttern mit **70 Nm** anziehen. Bremsschlauch und Kabel für ABS-Drehzahlfühler in den Halterungen am Federbein verlegen.
- Spurstangen am Achsschenkel anschrauben, siehe Seite 162.
- Pumpe für Servolenkung anschließen und Servoöl einfüllen, siehe Seite 164.
- Wo vorhanden, Tachowelle einsetzen und Überwurfmutter am Getriebe anschrauben.
- Schaltgestänge am Getriebe mit neuen Muttern und **15 Nm** anschrauben.
- Vorderes Abgasrohr einbauen, siehe Seite 121.
- Verkleidung im linken Radhaus einsetzen und Clipse beziehungsweise Schrauben einsetzen.
- Vorderräder so ansetzen, daß die beim Ausbau angebrachten Markierungen übereinstimmen. Vorher Zentriersitz der Felge und Kegelfläche der Radschrauben mit Wälzlagerfett leicht einfetten. Gewinde der Radschrauben **nicht** fetten oder ölen. Räder anschrauben. Fahrzeug ablassen und Radschrauben über Kreuz mit **90 Nm** festziehen.
- Gang einlegen, Handbremse ziehen, Fußbremse treten. Dann **neue** Nabenmuttern für Gelenkwellen in vorgeschriebener Weise festziehen und den Bund mit der Gelenkwelle verstemmen, siehe Seite 146.
- Kühler einbauen, siehe Seite 78.
- Unterdruckschläuche für Bremskraftverstärker, Benzindämpfe und Druckfühler entsprechend der angebrachten Markierungen am Ansaugrohr aufstecken.
- Batteriekonsole einsetzen und anschrauben.
- Relaiskasten an Batteriekonsole mit 2 Muttern anschrauben. Deckel auf Relaiskasten setzen und mit 1 Schraube befestigen.
- Motor-Steuergerät einbauen, siehe Seite 89.
- Sämtliche elektrischen Leitungen, Kühlmittel- und Kraftstoffschläuche entsprechend den angebrachten Markierungen anschließen. Schläuche mit neuen Schraubschellen sichern. Elektrische Leitungen mit Kabelbindern fixieren.
- Haltebügel für Kraftstoffleitungen am Ansaugrohr des Motors anschrauben, siehe Abbildung T-10188 unter »Ausbau«.
- Abdeckung für Druckfühler an der Motor-Stirnwand aufsetzen und mit Schraube befestigen.
- Gaszug einhängen, siehe Seite 98.
- Ölstand in Motor und Getriebe prüfen, gegebenenfalls auffüllen, siehe Kapitel »Wartung«.
- Kühlmittel auffüllen und auf Gefrierschutz prüfen, siehe Seite 71.
- Kupplungszug einhängen und einstellen, siehe Seite 128.
- Luftfilter und Ansaugschläuche einbauen.
- Batterie einbauen. Zuerst Pluskabel (+), dann Massekabel (–) an die Batterie anklemmen. Vorhandene Zeituhr einstellen und Diebstahlcode für Radio eingeben.
- **Fahrzeuge mit Klimaanlage:** Kältemittelleitungen anschrauben und Klimaanlage von Fachwerkstatt befüllen lassen.
- Motor auf Betriebstemperatur bringen, Kühlmittelstand überprüfen und sämtliche Schlauchanschlüsse auf Dichtheit prüfen.
- Spur baldmöglichst einstellen lassen, siehe Seite 167.

Speziell 1,4-l-Motor

- Beide Gelenkwellen ausbauen, siehe Seite 146.

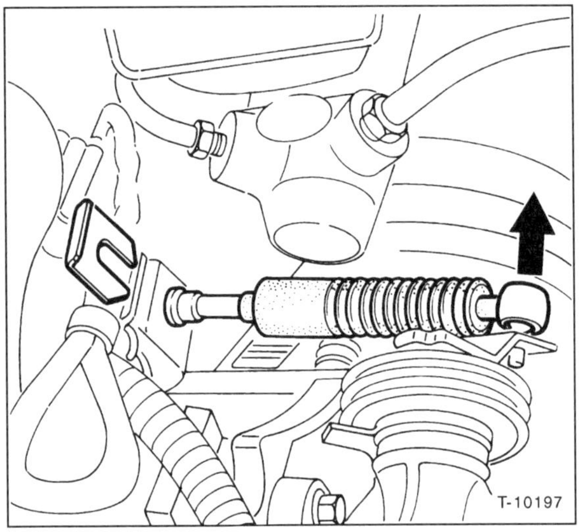

- Gangschaltzug am Kugelkopf des Getriebehebels mit Schraubendreher abhebeln –Pfeil–. Haltegabel am Gegenlager nach oben abziehen.

Speziell 1,8-l-Motor

- Beide Gelenkwellen ausbauen, siehe Seite 146.

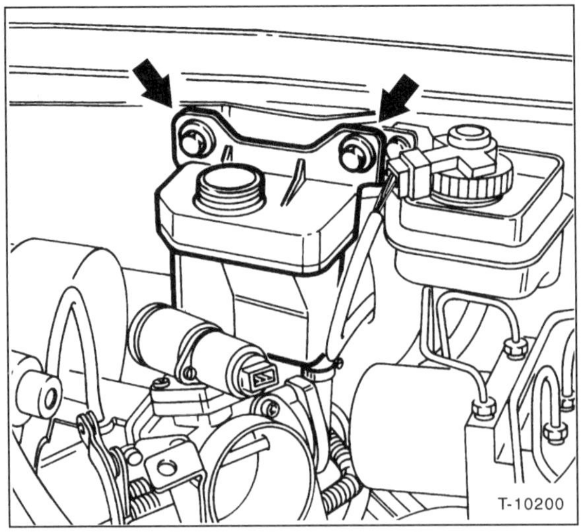

- Vorratsbehälter für Servolenkung abschrauben und mit Draht am Motor aufhängen.
- Rechte Verkleidung unterhalb der Windschutzscheibe ausbauen, siehe Seite 283.

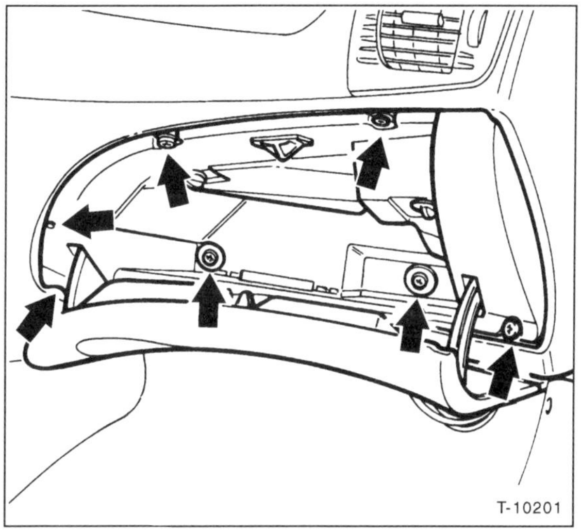

- Handschuhfach ausbauen, dazu Schrauben abschrauben –Pfeile–. Kabel an Relaishalter hinter dem Handschuhfach abziehen und in Motorraum durchfädeln.
- Rechten Innenkotflügel ausbauen, siehe Seite 204.
- Kabelstecker vom Aktivkohlefilter-Ventil im rechten Kotflügel abziehen.

Speziell 2,0-l-Motor

Achtung: Beim **2,0-l-Benzinmotor** muß vor dem Getriebeausbau der Tragrahmen der Vorderachse ausgebaut werden. Dazu müssen zuvor das Gehäuse der Servolenkung, der Querstabilisator und die Querlenker der Vorderachse am Tragrahmen abgebaut werden. Zum Ausbau des Tragrahmens wird ein geeignetes Aufnahmewerkzeug benötigt, damit der Tragrahmen nach Lösen der Befestigungsschrauben nicht nach unten fällt. Es empfiehlt sich daher, diese Arbeit in der Fachwerkstatt durchführen zu lassen.

- Hinweise wie beim 1,8-l-Motor beachten. Zusätzlich:

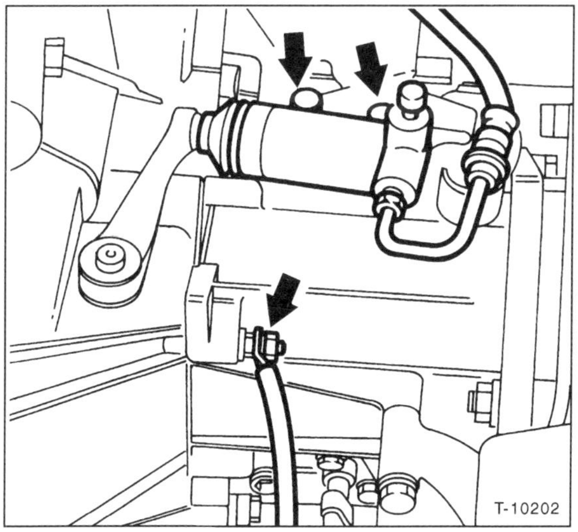

- Kupplungs-Nehmerzylinder der hydraulischen Kupplungsbetätigung abschrauben –2 obere Pfeile–. Getriebe-Massekabel abschrauben –unterer Pfeil–.

Zahnriemen aus- und einbauen/ spannen

Allgemeine Hinweise

- Die Zahnriemenspannung wird bei allen Motoren durch automatische Riemenspanner konstant gehalten. Es ist daher nur eine Grundeinstellung nach Einbau des Zahnriemens erforderlich.
- Bei ausgebautem Zahnriemen dürfen Kurbelwelle oder Nockenwelle nicht verdreht werden, sonst können geöffnete Ventile gegen Kolben stoßen und dadurch beschädigt werden. Falls die Nockenwelle über einen größeren Winkel verdreht werden muß, darauf achten, daß kein Kolben im Oberen Totpunkt (OT) steht, sonst können Ventile oder Kolben beschädigt werden. Gegebenenfalls Kurbelwelle ca. 90° (1/4 Umdrehung) vor oder nach OT stellen. Dabei Riemenscheibe jedoch insgesamt nicht weiter als 90° verdrehen.
- Zum Spannen der Zahnriemen-Spannrolle wird beim 1,6-l-Motor ein Werkzeug von FIAT benötigt. Außerdem werden je nach Motor FIAT-Werkzeuge zum Blockieren der Nockenwelle(n) in OT-Stellung benötigt. Stehen diese Werkzeuge nicht zur Verfügung, vor Ausbau des Zahnriemens einen Markierungsstrich über Nockenwellenrad und Zylinderkopf und einen weiteren Markierungsstrich über Kurbelwellenriemenscheibe und Motorblock anbringen, während der Motor in OT steht. Beim Benzinmotor ab 1,6 l Hubraum sind 2 Nockenwellen vorhanden, es müssen beide Nockenwellenräder markiert werden.

  Nachdem der Zahnriemen gespannt ist, müssen nochmals sämtliche OT-Markierungen auf gleichzeitige Übereinstimmung geprüft werden. Ist dies nicht der Fall, darf der Motor nicht gestartet werden. Es können sonst schwere Motorschäden entstehen, indem geöffnete Ventile gegen die Kolben stoßen. Stimmen eine oder mehrere Markierungen nicht überein, Zahnriemen wieder ausbauen und kompletten Einbau- und Spannvorgang wiederholen.
- Soll der Zahnriemen wiederverwendet werden, Laufrichtung mit Pfeil kennzeichnen, da er mit gleicher Laufrichtung wieder eingebaut werden muß. Serienmäßig sind meist schon Pfeile angebracht. Die Motoren drehen, von der rechten Fahrzeugseite aus betrachtet, im Uhrzeigersinn. **Achtung:** Zahnriemen nicht scharf knicken, sonst reißt er später, was schwere Motorschäden nach sich zieht.
- Der Motor muß vor Ausbau des Zahnriemens auf OT gedreht werden. Das Durchdrehen des Motors (Kurbelwelle) kann auf mehrere Arten erfolgen:

  1. Fahrzeug seitlich vorn aufbocken. Fünften Gang einlegen, Handbremse anziehen. Angehobenes Vorderrad durchdrehen. Dadurch dreht sich auch die Motor-Kurbelwelle. Zum Drehen des Rades wird eine Hilfsperson benötigt.

  2. Fahrzeug auf ebene Fläche stellen. Fünften Gang einlegen. Fahrzeug vorschieben oder vorschieben lassen.

  3. Kurbelwelle an der Zentralschraube der Kurbelwellen-Riemenscheibe durchdrehen. Vorher Getriebe in Leerlaufstellung schalten und Handbremse anziehen.

Achtung: Motor nicht an der Befestigungsschraube des Nockenwellenrades durchdrehen. Dadurch wird der Zahnriemen überbeansprucht.

Achtung: Beim 2,0-l-Motor kann der Zahnriemen wegen Platzmangels zwischen Riemendeckel und Aufbau nicht im Fahrzeug aus- und eingebaut wrden. Zuvor muß also der gesamte Motor ausgebaut werden. Ich empfehle, diese umfangreichen Arbeiten von der Fachwerkstatt durchführen zu lassen.

Ausbau 1,4-l-Motor

- Batterie-Massekabel (–) abklemmen. **Achtung:** Dadurch können elektronische Speicher gelöscht werden, wie zum Beispiel der Radiocode. Hinweise im Kapitel »Batterie aus- und einbauen« beachten.
- Stellung des rechten Vorderrades zur Radnabe mit Farbe kennzeichnen. Dadurch kann das ausgewuchtete Rad wieder in derselben Position montiert werden. Beim Lösen der Radschrauben muß das Fahrzeug auf dem Boden stehen. Fahrzeug vorn aufbocken und Vorderrad abnehmen.
- Innenkotflügel vorn rechts ausbauen, siehe Seite 204.
- Keilrippenriemen ausbauen, siehe Seite 58.

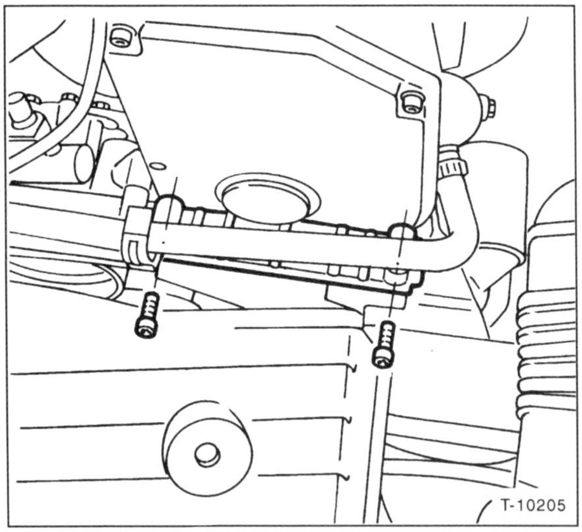

- Halterung der Kühlmittelleitung von der Zahnriemenabdeckung abschrauben.

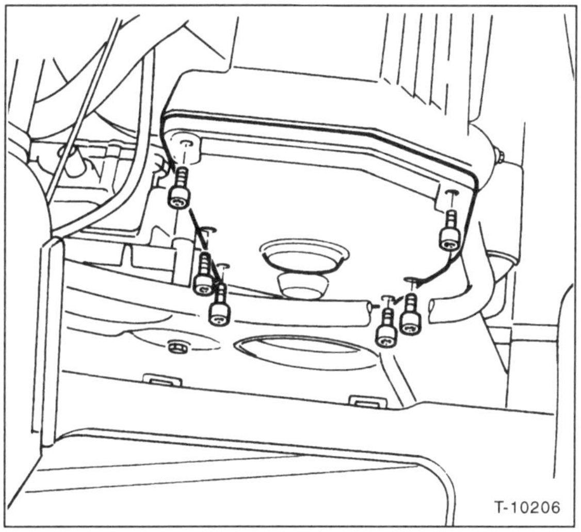

- Obere Zahnriemenabdeckung abschrauben und abnehmen.

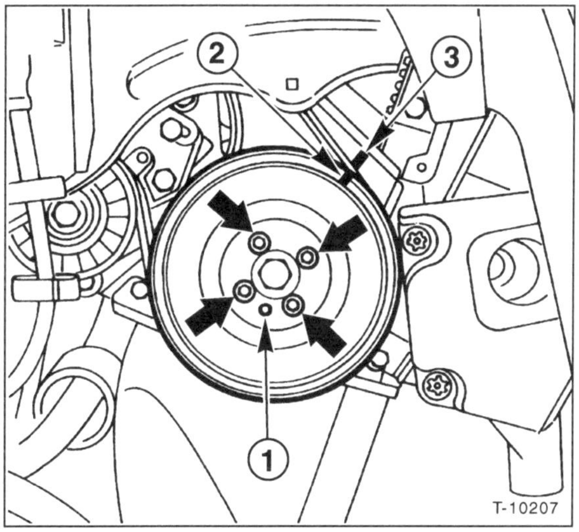

- Schrauben –Pfeile– für Kurbelwellen-Riemenscheibe lösen, noch nicht abschrauben. Damit sich beim Lösen der Schrauben die Kurbelwelle nicht mitdreht, 5. Gang einlegen, Handbremse anziehen und dadurch Motor blockieren.
- Motor verdrehen, bis die Markierung –2– der Kurbelwellen-Riemenscheibe gegenüber der Markierung –3– der hinteren Zahnriemenabdeckung steht. (1 – Zentrierstift der Riemenscheibe).

- In dieser Stellung muß die Markierung auf dem Nockenwellenrad mit der OT-Markierung an der hinteren Zahnriemenabdeckung übereinstimmen. Ist keine Markierung vorhanden, mit Farbstift Stellung des Nockenwellenrades markieren.
- Keilriemenrad abschrauben, dabei Motorstellung nicht verändern.

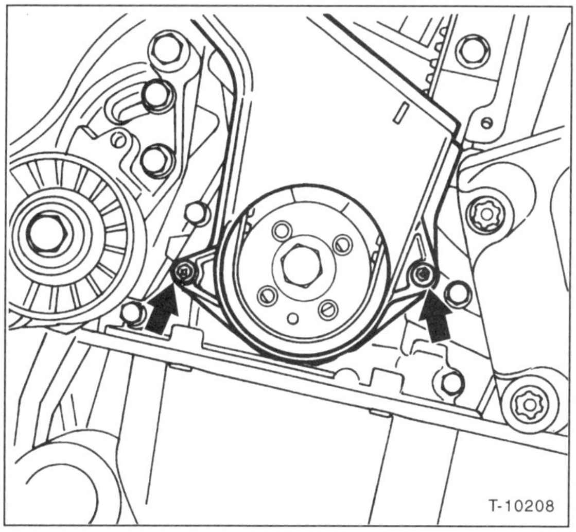

- Untere Zahnriemenabdeckung abschrauben –Pfeile–.
- Zylinderkopfdeckel ausbauen, siehe Seite 36.

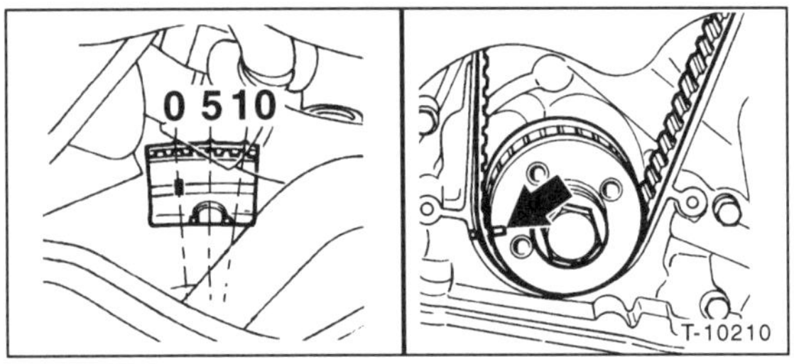

- Der Motor steht im OT des 1. Zylinders. Die OT-Stellung nochmals kontrollieren: Die Kerbe am Zahnriemenrad der Kurbelwelle muß mit der Markierung auf dem Ölpumpendeckel übereinstimmen –Pfeil, rechte Abbildung–. Am Getriebe-Schaufenster muß das Motor-Schwungrad mit der »0«-Markierung übereinstimmen –linke Abbildung–.

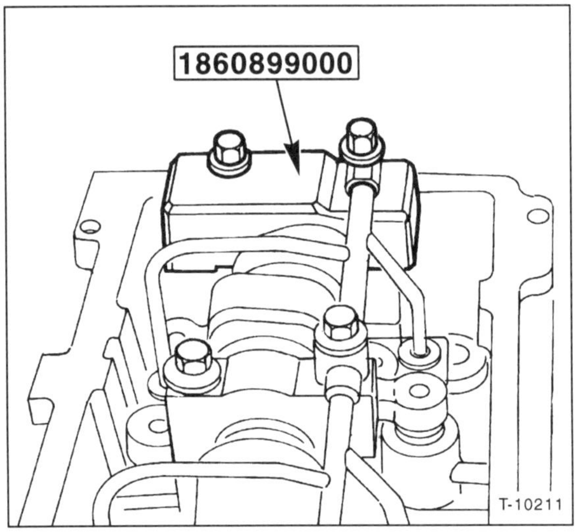

- Die FIAT-Werkstätten blockieren die Nockenwelle mit dem abgebildeten Sonderwerkzeug. Dazu den letzten (5.) Nockenwellenlagerdeckel an der Getriebeseite abschrauben. Schrauben des vorletzten (4.) Deckels etwas lösen. Darauf achten, daß die Ölleitung nicht verbogen wird. Werkzeug einsetzen und anschrauben.

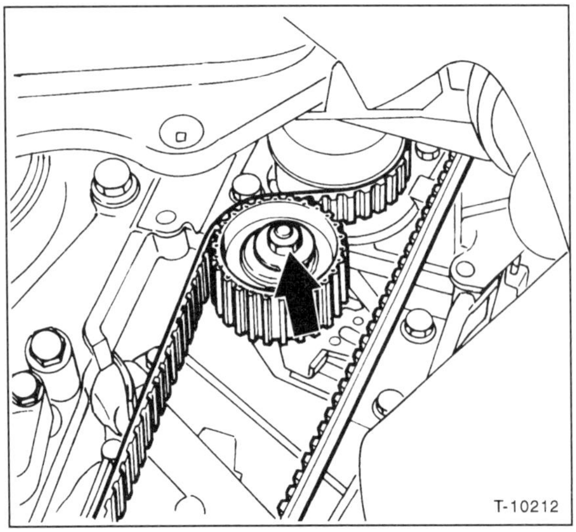

- Befestigungsmutter –Pfeil– für Spannrolle mit Ringschlüssel lösen. Dabei entspannt sich der Zahnriemen.
- Zahnriemen abnehmen, anschließend Stellung der Zahnräder nicht mehr verändern. **Achtung:** Falls die Nockenwelle über einen größeren Winkel verdreht werden muß, darauf achten, daß kein Kolben im Oberen Totpunkt (OT) steht, sonst können Ventile oder Kolben beschädigt werden. Gegebenenfalls Kurbelwelle ca. 90° (1/4 Umdrehung) vor oder nach OT stellen. Dabei Riemenscheibe jedoch insgesamt nicht weiter als 90° verdrehen.

Einbau 1,4-l-Motor

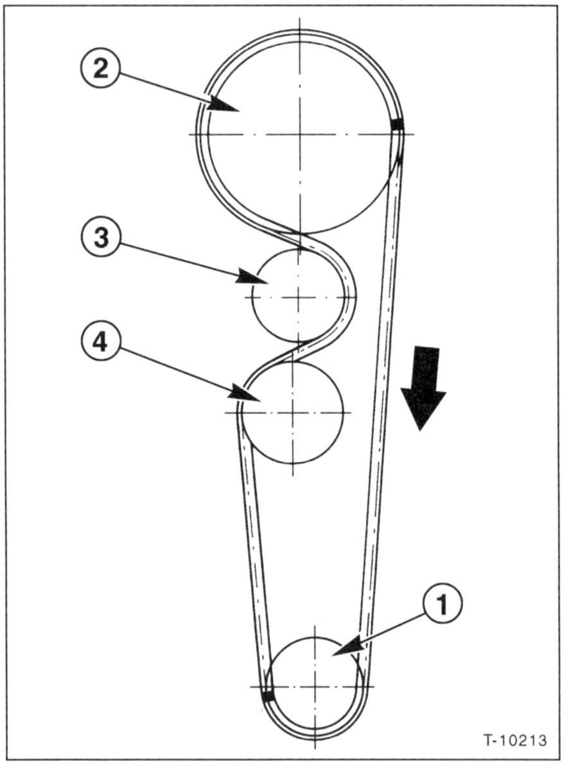

1 – Kurbelwelle, 2 – Nockenwelle,
3 – Kühlmittelpumpe, 4 – Spannrolle

- Zahnriemen so auflegen, daß der auf dem Zahnriemen angebrachte Pfeil in die Drehrichtung des Motors –Pfeil– zeigt. Dabei am Kurbelwellenzahnrad –1– beginnen und Zahnriemen entsprechend der Numerierung in der Abbildung auflegen.

Achtung: Beim Auflegen des Zahnriemens darf weder die Nockenwellen- noch die Kurbelwellenstellung verändert werden. Sonst können schwerwiegende Schäden am Motor entstehen, beziehungsweise der Motor gibt nicht mehr seine volle Leistung ab. Nachdem der Zahnriemen gespannt wurde, Einstellung von Nockenwelle und Kurbelwelle nochmals kontrollieren.

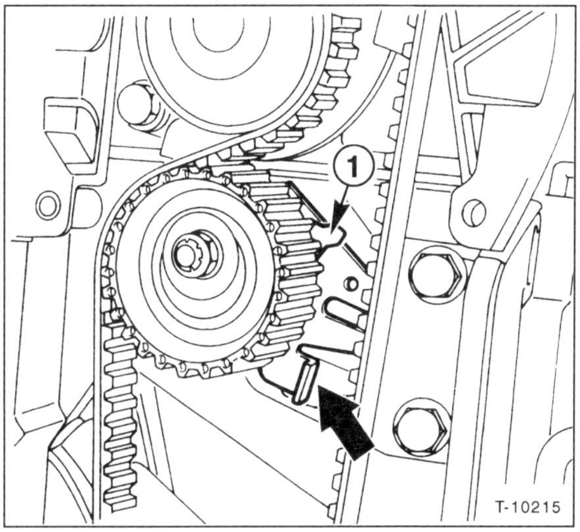

- Spannrolle mit geeignetem Holzstück (zum Beispiel Hammerstiel) am Hebel –Pfeil– spannen, bis der Zeiger –1– am oberen Anschlag steht. Die Spannrolle ist dann maximal gespannt. Befestigungsmutter für Spannrolle festziehen.
- Falls verwendet, Nockenwellen-Blockierwerkzeug abschrauben, Nockenwellenlagerdeckel Nr. 5 einsetzen und mit **15 Nm** gleichmäßig anschrauben; auch den Lagerdeckel Nr. 4 mit **15 Nm** festziehen.
- Kurbelwelle 2 Umdrehungen in Motordrehrichtung (rechtsherum) durchdrehen. Dabei verteilt sich die Zahnriemenspannung gleichmäßig.

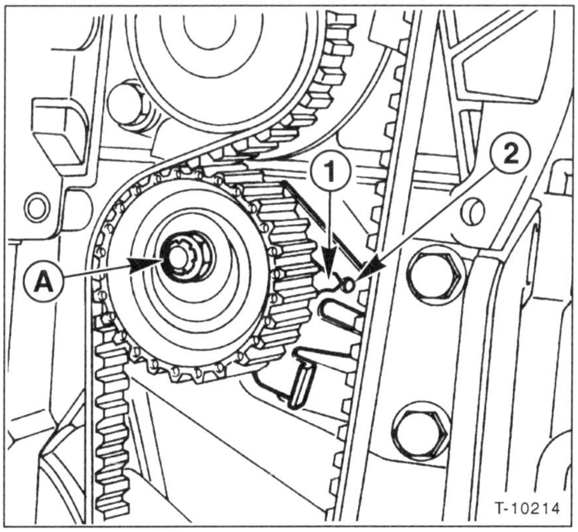

- Befestigungsmutter –A– für Spannrolle mit Ringschlüssel vorsichtig lösen, dabei am Spannhebel mit Holzstück gegenhalten, sonst entspannt sich der Zahnriemen wieder. Spannhebel langsam entlasten und den beweglichen Zeiger –1– gegenüber der Markierung –2– stellen. In dieser Stellung Mutter für Zahnriemenspanner mit Drehmomentschlüssel auf **30 Nm** festziehen.
- Kurbelwelle zweimal in Motordrehrichtung durchdrehen und Einstellung nochmals überprüfen. Die OT-Markierung am Nockenwellenrad muß mit der OT-Markierung am Zylinderkopf fluchten, gleichzeitig die Markierungen am Kurbelwellenrad, siehe Abbildungen unter »Ausbau«. Bei nicht genauer Übereinstimmung Zahnriemen entspannen, auf den Riemenrädern versetzen und wieder wie angegeben spannen.
- Gummidichtung für Zylinderkopfdeckel auf Beschädigungen prüfen, gegebenenfalls ersetzen. Zylinderkopfdeckel auf Zylinderkopf setzen und ganz leicht mit 8 Nm anschrauben.
- Zündspulen mit Halterung am Zylinderkopf anschrauben.
- Zuerst unteren, dann oberen Zahnriemenschutz einsetzen und anschrauben.
- Kurbelwellen-Riemenscheibe ansetzen und die 4 Schrauben mit **30 Nm** festschrauben. Dabei muß der Zentrierstift in der Bohrung –1– der Riemenscheibe liegen, siehe Abbildung T-10207 unter »Ausbau«.
- Keilrippenriemen einbauen und spannen, siehe Seite 58.
- Abdeckung für Keilrippenriemen im Radkasten einclipsen und anschrauben.
- Rechtes Vorderrad so ansetzen, daß die beim Ausbau angebrachten Markierungen übereinstimmen. Vorher Zentriersitz der Felge und Kegelfläche der Radschrauben mit Wälzlagerfett leicht einfetten. Gewinde der Radschrauben **nicht** fetten oder ölen. Räder anschrauben. Fahrzeug ablassen und Radschrauben über Kreuz mit **90 Nm** festziehen.
- Batterie-Massekabel (–) anklemmen. Zeituhr einstellen. Radiosender programmieren.

Ausbau 1,6-l-Motor

- Batterie-Massekabel (–) abklemmen. **Achtung:** Dadurch können elektronische Speicher gelöscht werden, wie zum Beispiel der Radiocode. Hinweise im Kapitel »Batterie aus- und einbauen« beachten.
- Stellung des rechten Vorderrades zur Radnabe mit Farbe kennzeichnen. Dadurch kann das ausgewuchtete Rad wieder in derselben Position montiert werden. Beim Lösen der Radschrauben muß das Fahrzeug auf dem Boden stehen. Fahrzeug vorn aufbocken und Vorderrad abnehmen.
- Keilriemen für Servopumpe sowie Keilrippenriemen ausbauen, siehe Seite 58.

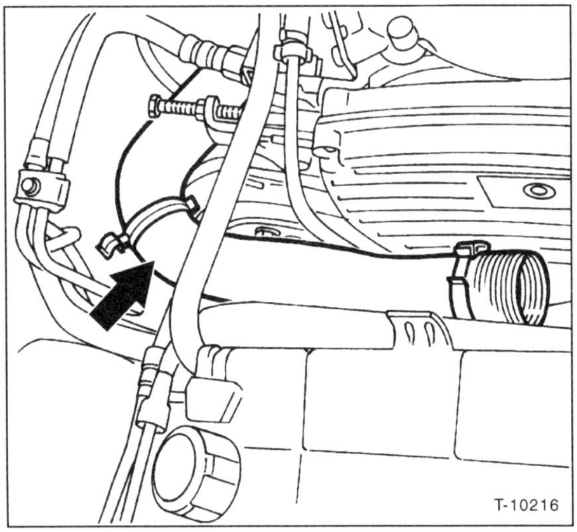

- Luftansaugleitung von der Zahnriemenabdeckung abnehmen.

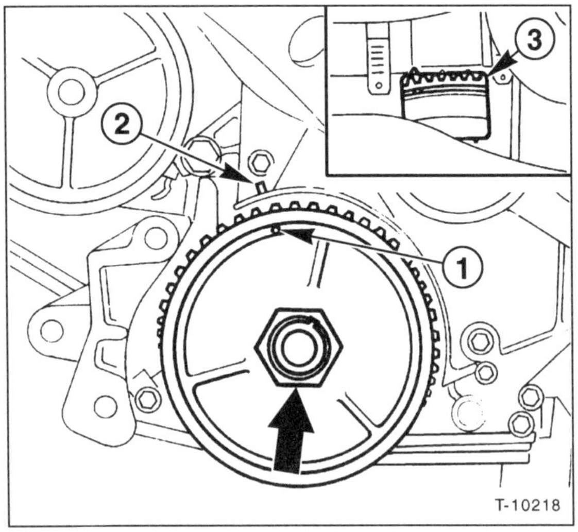

- Motor verdrehen, bis die Markierung –1– der Kurbelwellen-Riemenscheibe gegenüber der Markierung –2– der hinteren Zahnriemenabdeckung steht. Am oberen Getriebe-Schaufenster –3– muß das Motor-Schwungrad mit der »0«-Markierung übereinstimmen, siehe Bildausschnitt.
- Die FIAT-Werkstatt überprüft die OT-Stellung des Kolbens am 1. Zylinder mit der Meßuhr folgendermaßen. Dazu Zündkerzen ausbauen, siehe Seite 298.

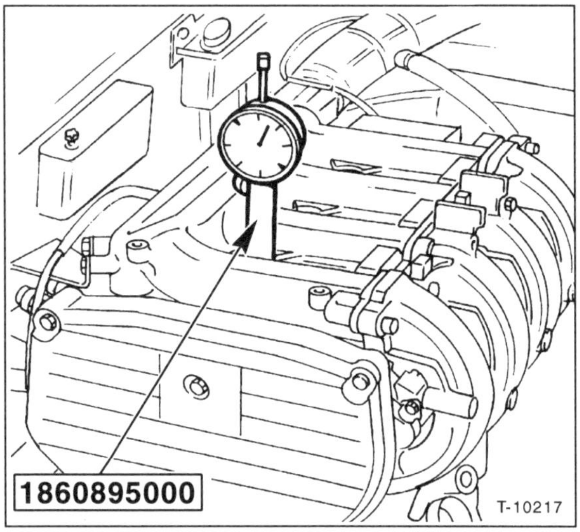

- Am 1. Zylinder Meßuhr mit geeignetem Meßuhrhalter einschrauben, der Meßzapfen liegt auf dem Kolben auf. Der 1. Zylinder befindet sich auf der Zahnriemenseite des Motors.

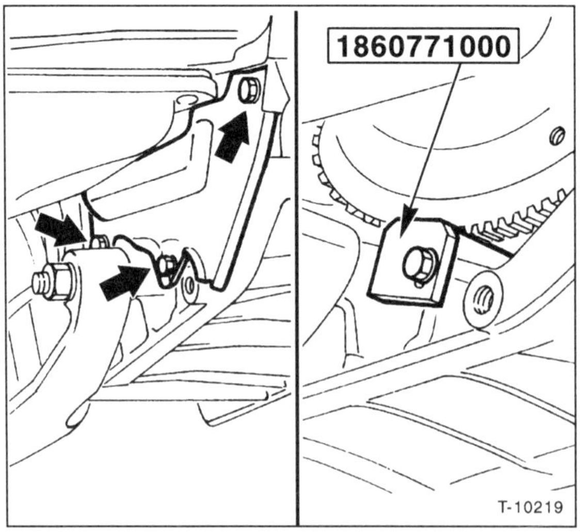

- Von der Fahrzeug-Unterseite her das Abdeckblech für Schwungrad abschrauben –Pfeile– und Schwungrad mit geeignetem Werkzeug arretieren, damit die Kurbelwelle beim Abschrauben der Riemenscheibe nicht mitdreht. Die Abbildung zeigt das FIAT-Werkzeug, das aber auch selbst aus Blech hergestellt werden kann. Anstelle des Werkzeugs kann das Schwungrad auch mit einem Schraubendreher blockiert werden, Helfer erforderlich.

- Keilriemenscheibe an der Kurbelwelle mit Stecknuß SW 36 abschrauben, –Pfeil– in Abbildung T-10218.

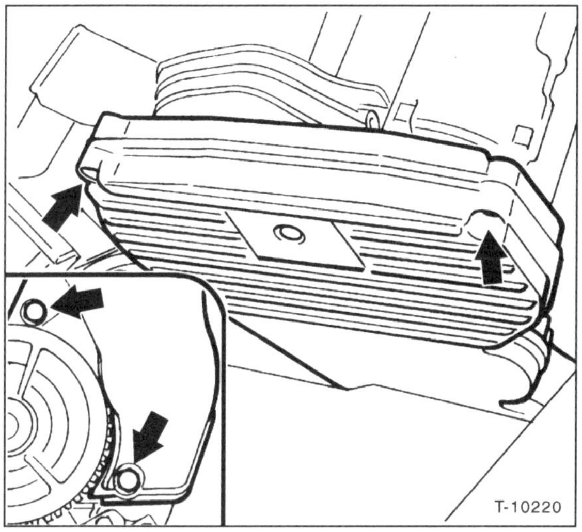

- Zahnriemenabdeckung abschrauben –Pfeile– und abnehmen. Im Bildausschnitt sind die unteren Schrauben gezeigt.

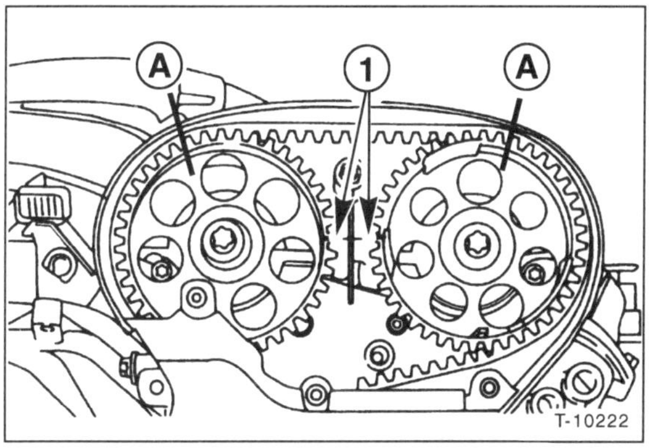

- Mit Farbstift oder Reißnadel die Stellung der Nockenwellenräder zueinander markieren –1–. **Achtung:** Diese Markierungen sind erforderlich, da keine anderen Markierungen vorhanden sind. Die FIAT-Werkstätten blockieren die Nockenwellen mit Sonderwerkzeugen bei ausgebautem Zahnriemen. Dies ist aber nur nötig, wenn eine Grundeinstellung des Motors durchgeführt wird, oder Neuteile eingebaut werden. Die Abbildung zeigt nicht den FIAT-Motor.
- Um den Zahnriemen wieder exakt einzubauen, außerdem Zahnriemenzähne zwischen 2 markierten Stellen –A– der beiden Nockenwellenräder zählen und Anzahl notieren.

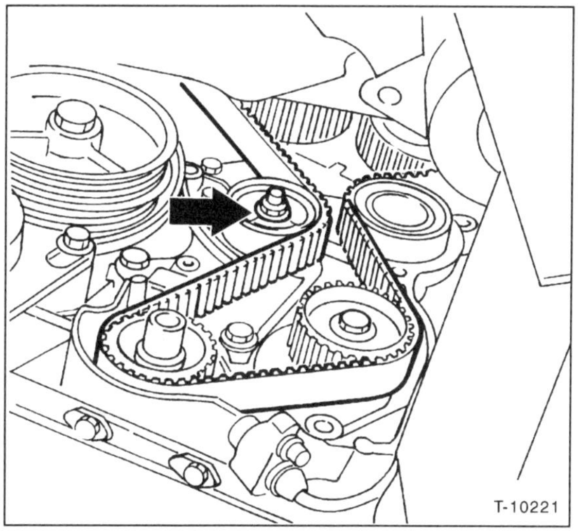

- Mutter –Pfeil– am automatischen Riemenspanner lösen. Spannrolle vom Zahnriemen wegdrücken.
- Zahnriemen abnehmen, anschließend Stellung der Zahnräder nicht mehr verändern.

Achtung: Die folgende genaue Fixierung des Motors muß nur vorgenommen werden, wenn Zweifel über die korrekte Stellung des Motors bestehen. Dazu sind verschiedene Sonderwerkzeuge von FIAT nötig. Falls die Nockenwelle über einen größeren Winkel verdreht werden muß, darauf achten, daß kein Kolben im Oberen Totpunkt (OT) steht, sonst können Ventile oder Kolben beschädigt werden. Gegebenenfalls Kurbelwelle ca. 90° (1/4 Umdrehung) vor oder nach OT stellen. Dabei Riemenscheibe jedoch insgesamt nicht weiter als 90° verdrehen.

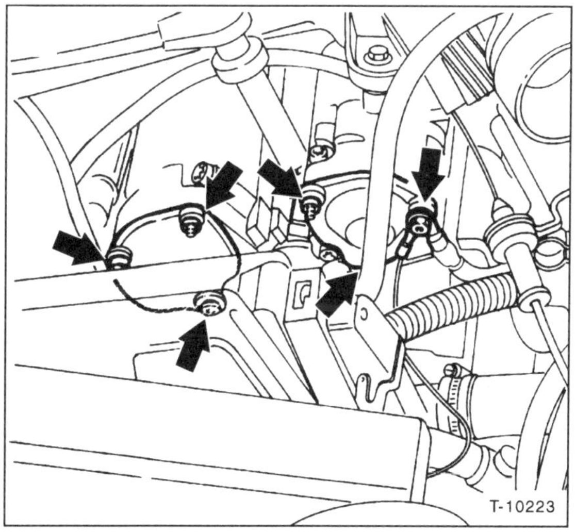

- Die FIAT-Werkstätten blockieren die Nockenwellen mit Sonderwerkzeugen bei ausgebautem Zahnriemen. Dazu müssen zuerst die Zündspulen abgeschraubt werden, dann die hinteren Deckel der Nockenwellen –Pfeile–. Zündspulen ausbauen, siehe Seite 86.

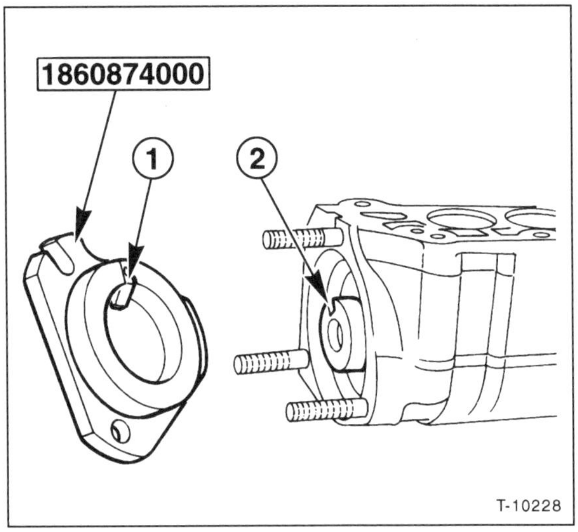

- FIAT-Werkzeuge 1860874000 anstelle der Deckel anschrauben, dabei greift eine Keilfeder –1– am Werkzeug in die Nockenwelle –2– ein. Die Nockenwellen sind dann in OT-Stellung arretiert.

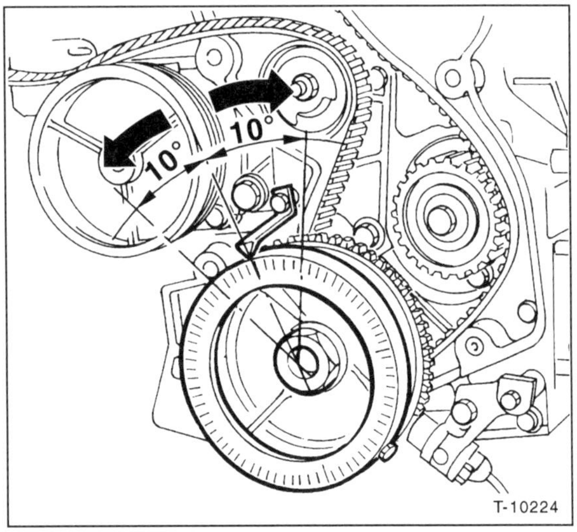

- Die Kurbelwellen-Riemenscheibe wird bei der FIAT-Werkstatt mit einer Winkelscheibe und einem Zeiger am Motorblock versehen. Der Zeiger wird anstelle des Riemenspanners des Keilrippenriemens eingeschraubt.
- Kurbelwellen-Arretierung entfernen und Kurbelwelle jeweils 10° nach links und rechts verdrehen. Dabei Meßuhr am Zündkerzengewinde des 1. Zylinders beobachten: Sie muß jeweils gleich weit ausschlagen, sonst liegt der OT-Punkt nicht in der Mitte. Kurbelwelle verdrehen, bis der Zeiger der Meßuhr beim Drehen der Kurbelwelle links und rechts den gleichen Wert anzeigt. In der Mitte liegt der genaue OT-Punkt.
- Kurbelwellen-Schwungrad im ermittelten genauen OT-Punkt wieder arretieren.

Einbau 1,6-l-Motor

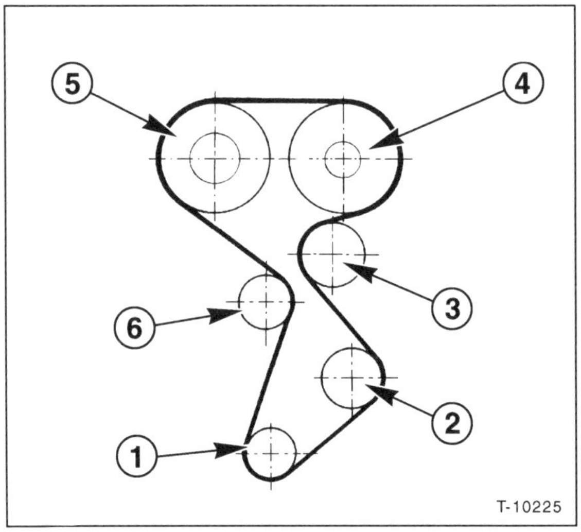

1 – Kurbelwelle, 2 – Ölpumpe, 3 – Umlenkrolle, 4 – Einlaß-Nockenwelle, 5 – Auslaß-Nockenwelle, 6 – Spannrolle

- Zahnriemen so auflegen, daß der auf dem Zahnriemen angebrachte Pfeil in die Drehrichtung des Motors zeigt. Dabei am Kurbelwellenzahnrad –1– beginnen und Zahnriemen entsprechend der Numerierung in der Abbildung auflegen. Von der rechten Fahrzeugseite aus gesehen, dreht sich der Motor im Uhrzeigersinn.

Achtung: Beim Auflegen des Zahnriemens darf weder die Nockenwellen- noch die Kurbelwellenstellung verändert werden. Sonst können schwerwiegende Schäden am Motor entstehen, beziehungsweise der Motor gibt nicht mehr seine volle Leistung ab. Nachdem der Zahnriemen gespannt wurde, Markierungen von Nockenwelle und Kurbelwelle nochmals kontrollieren, sie müssen wie vor dem Ausbau übereinstimmen.

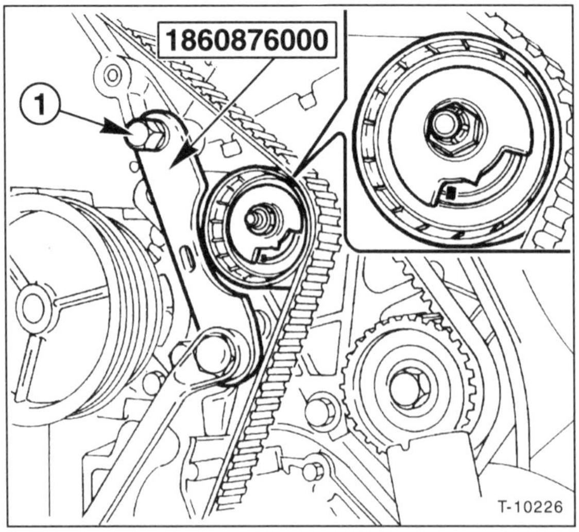

- Schraube an Stelle –1– links oberhalb der Spannrolle herausdrehen und FIAT-Werkzeug anschrauben, siehe Abbildung. Das Werkzeug hat die Aufgabe, die Spannrolle in Richtung Zahnriemen zu drücken. Es kann auch selbst anhand der Abbildung hergestellt werden.
- Spannrolle mit dem Werkzeug zur Seite drücken, bis der Zeiger am rechten Anschlag steht, siehe Ausschnitt in der Abbildung. Die Spannrolle ist dann maximal gespannt. Befestigungsmutter für Spannrolle festziehen.
- **Achtung:** Falls verwendet, Meßuhr am Zündkerzengewinde des 1. Zylinders abschrauben. Arretierwerkzeuge von den Nockenwellen abnehmen. Winkelscheibe und Zeiger am Kurbelwellenrad abnehmen.
- Keil in Kurbelwelle einsetzen, Kurbelwellenriemenscheibe aufschieben und Mutter SW 36 mit **220 Nm** bei arretierter Kurbelwelle festziehen.
- Arretierwerkzeug an der Kurbelwelle abnehmen.
- Schwungrad-Abdeckblech anschrauben.
- Kurbelwelle 2 Umdrehungen in Motordrehrichtung (rechtsherum) durchdrehen. Dabei verteilt sich die Zahnriemenspannung gleichmäßig.

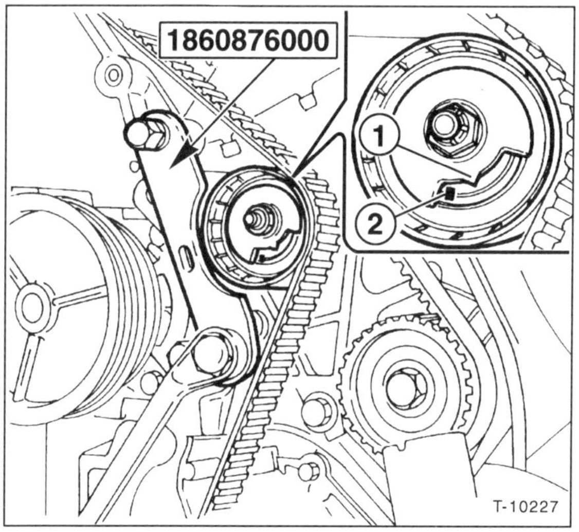

- Befestigungsmutter für Spannrolle mit Ringschlüssel vorsichtig lösen, dabei Spannrolle mit dem Sonderwerkzeug festhalten, sonst entspannt sich der Zahnriemen wieder. Spannrolle entlasten und den beweglichen Zeiger –1– gegenüber der Markierung –2– stellen. In dieser Stellung Mutter für Zahnriemenspanner mit Drehmomentschlüssel und **25 Nm** festziehen.
- Kurbelwelle zweimal in Motordrehrichtung durchdrehen und Einstellung nochmals überprüfen. Die Markierungen an den Nockenwellenrädern müssen fluchten, gleichzeitig die Markierung am Kurbelwellenrad, siehe Abbildungen unter »Ausbau«. Zur Kontrolle die Zahnriemenzähne zwischen den 2 beim Ausbau markierten Stellen der beiden Nockenwellenräder zählen. Die Anzahl muß mit der beim Ausbau notierten Zahl übereinstimmen.
- Bei nicht genauer Übereinstimmung Zahnriemen entspannen, auf den Riemenrädern entsprechend versetzen und wieder spannen.
- Zahnriemen-Spannwerkzeug abschrauben und stattdessen wieder Verschlußschraube am Motorblock einschrauben.
- 2 Nockenwellen-Abschlußdeckel anschrauben, siehe Abbildung T-10223 unter »Ausbau«.
- Zündmodul am Zylinderkopf anschrauben und anschließen, siehe Seite 86.
- Zündkerzen einbauen, siehe Seite 298.
- Zahnriemenabdeckung einsetzen und anschrauben.
- Luftansaugleitung entlang der Zahnriemenabdeckung verlegen.
- Keilriemen für Servopumpe und Keilrippenriemen einbauen und spannen, siehe Seite 58.
- Abdeckung für Keilrippenriemen im Radkasten einclipsen und anschrauben.
- Rechtes Vorderrad so ansetzen, daß die beim Ausbau angebrachten Markierungen übereinstimmen. Vorher Zentriersitz der Felge und Kegelfläche der Radschrauben mit Wälzlagerfett leicht einfetten. Gewinde der Radschrauben **nicht** fetten oder ölen. Räder anschrauben. Fahrzeug ablassen und Radschrauben über Kreuz mit **90 Nm** festziehen.
- Batterie-Massekabel (–) anklemmen. Zeituhr einstellen. Radiosender programmieren.

Ausbau 1,8-l-Motor

- Batterie-Massekabel (–) abklemmen. **Achtung:** Dadurch können elektronische Speicher gelöscht werden, wie zum Beispiel der Radiocode. Hinweise im Kapitel »Batterie aus- und einbauen« beachten.
- Stellung des rechten Vorderrades zur Radnabe mit Farbe kennzeichnen. Dadurch kann das ausgewuchtete Rad wieder in derselben Position montiert werden. Beim Lösen der Radschrauben muß das Fahrzeug auf dem Boden stehen. Fahrzeug vorn aufbocken und Vorderrad abnehmen.
- Keilriemen für Servopumpe sowie Keilrippenriemen ausbauen, siehe Seite 58.

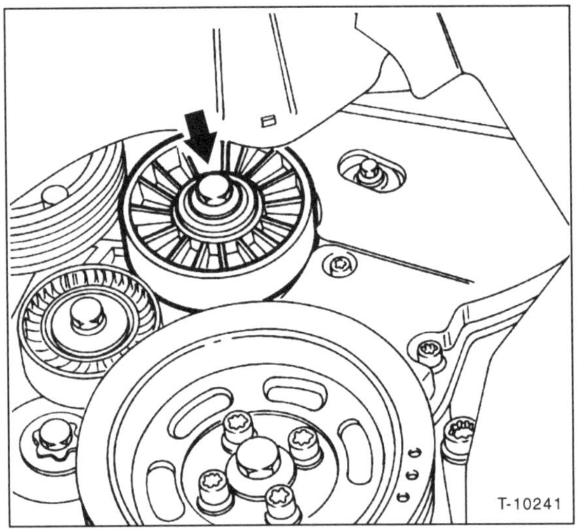

- Umlenkrolle für Keilrippenriemen abschrauben –Pfeil–, sonst kann der Zahnriemenschutz nicht abgenommen werden.

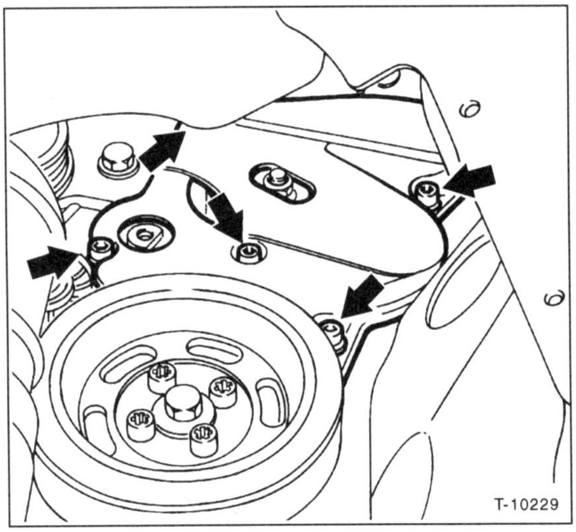

- Untere Schrauben für Zahnriemenabdeckung abschrauben –Pfeile–.

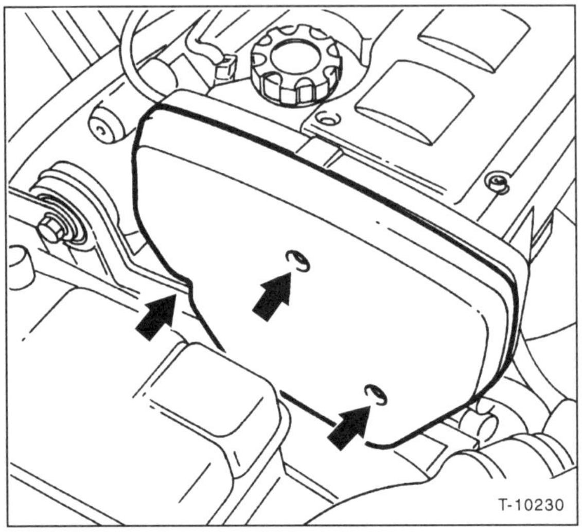

- Zahnriemenabdeckung oben abschrauben –Pfeile– und abnehmen.
- Zylinderkopfdeckel ausbauen, siehe Seite 36.

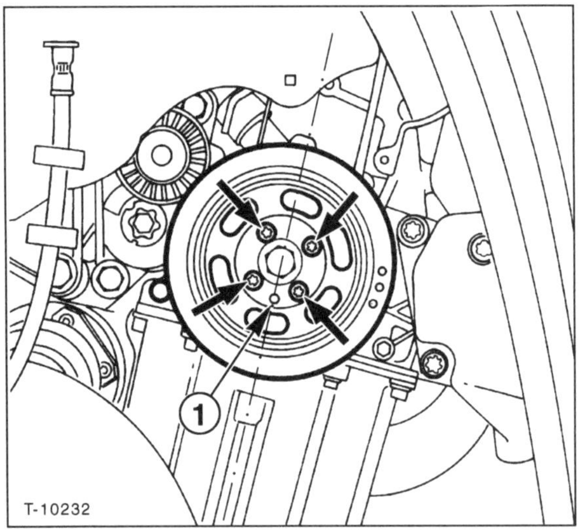

- Motor verdrehen, bis der Zentrierstift –1– der Kurbelwellen-Riemenscheibe in Motormittelachse nach unten steht.
- Keilriemenrad abschrauben –Pfeile–, dabei Motorstellung nicht verändern.

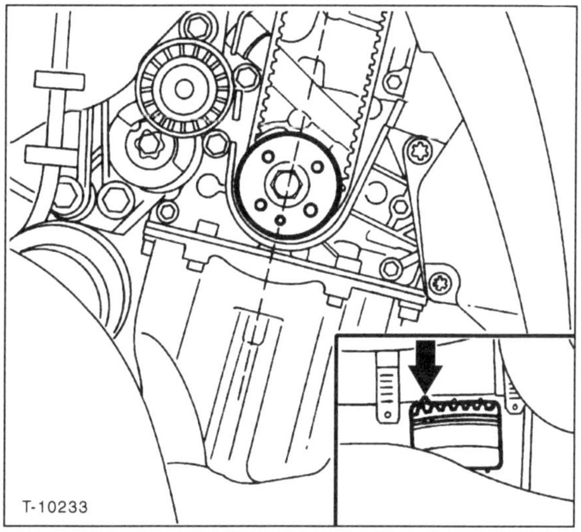

- OT-Stellung des Motors nochmals prüfen. Der Zentrierstift der Kurbelwellen-Riemenscheibe muß nach unten stehen. Am Getriebe-Schaufenster muß das Motor-Schwungrad mit der »0«-Markierung übereinstimmen, siehe Bildausschnitt unten rechts.

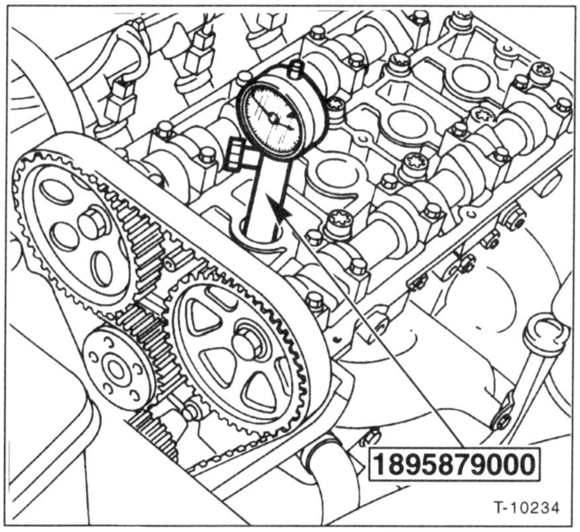

- Die FIAT-Werkstatt überprüft die OT-Stellung des Kolbens am 1. Zylinder mit der Meßuhr. Dazu am 1. Zylinder Meßuhr mit geeignetem Meßuhrhalter einschrauben, der Meßzapfen liegt auf dem Kolben auf. Der 1. Zylinder befindet sich auf der Zahnriemenseite des Motors.
- Kurbelwelle etwas nach links und rechts verdrehen. Dabei Meßuhr am Zündkerzengewinde des 1. Zylinders beobachten: Beim genauen OT-Punkt muß der Zeiger der Meßuhr den höchsten Stand des Kolbens anzeigen.

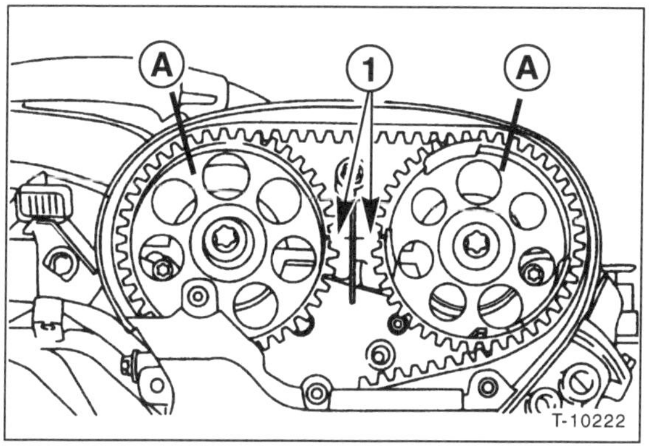

- Mit Farbstift oder Reißnadel die Stellung der Nockenwellenräder zueinander markieren –1–. **Achtung:** Diese Markierungen sind erforderlich, da keine anderen Markierungen vorhanden sind. Die FIAT-Werkstätten blockieren die Nockenwellen mit Sonderwerkzeugen bei ausgebautem Zahnriemen. Dies ist aber nur nötig, wenn eine Grundeinstellung des Motors durchgeführt wird, oder Neuteile eingebaut werden. Die Abbildung zeigt nicht den FIAT-Motor.
- Um den Zahnriemen wieder exakt einzubauen, außerdem Zahnriemenzähne zwischen 2 markierten Stellen –A– der beiden Nockenwellenräder zählen und Anzahl notieren.

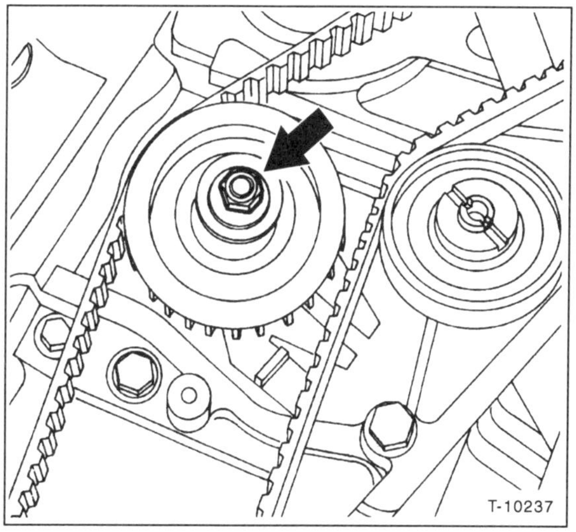

- Mutter –Pfeil– am automatischen Riemenspanner lösen. Spannrolle vom Zahnriemen wegdrücken.
- Zahnriemen abnehmen, anschließend Stellung der Zahnräder nicht mehr verändern.

Achtung: Die folgende genaue Fixierung des Motors muß nur vorgenommen werden, wenn Zweifel über die korrekte Stellung des Motors bestehen. Es sind verschiedene Sonderwerkzeuge von FIAT nötig. Falls die Nockenwelle über einen größeren Winkel verdreht werden muß, darauf achten, daß kein Kolben im Oberen Totpunkt (OT) steht, sonst können Ventile oder Kolben beschädigt werden. Gegebenenfalls Kurbelwelle ca. 90° (1/4 Umdrehung) vor oder nach OT stellen. Dabei Riemenscheibe jedoch insgesamt nicht weiter als 90° verdrehen.

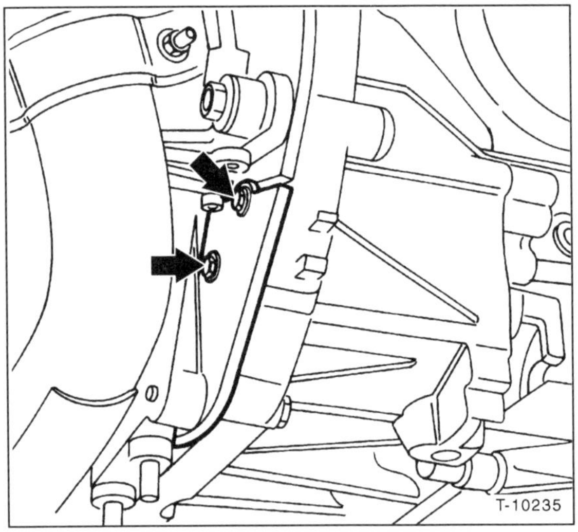

● Kurbelwelle im ermittelten genauen OT-Punkt am Schwungrad arretieren. Dazu von der Fahrzeug-Unterseite her das Abdeckblech für Schwungrad abschrauben –Pfeile– und Schwungrad mit geeignetem Werkzeug arretieren. Das Schwungrad kann auch mit einem Schraubendreher blockiert werden, Helfer erforderlich.

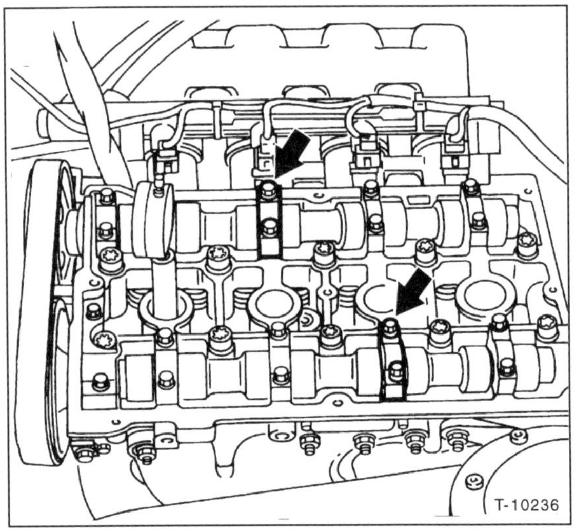

● Die FIAT-Werkstätten blockieren die Nockenwellen mit Sonderwerkzeugen. Dazu den 2. Nockenwellenlagerdeckel an der Einlaßseite und den 3. Lagerdeckel der Auslaßnockenwelle –Pfeile– abschrauben. FIAT-Werkzeuge Nr. 1860875000 anstelle der Lagerdeckel einsetzen und anschrauben. Die Nockenwellen sind nun arretiert.

Einbau 1,8-l-Motor

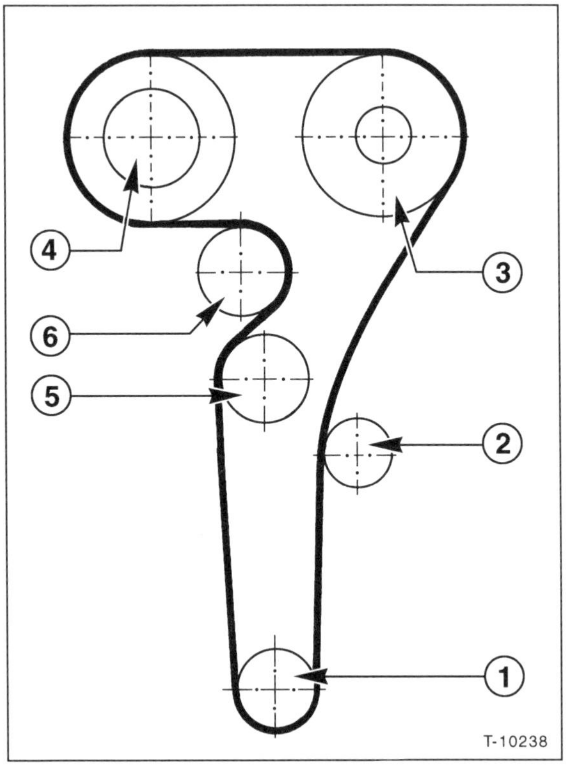

1 – Kurbelwelle, 2 – Umlenkrolle, 3 – Auslaß-Nockenwelle, 4 – Einlaß-Nockenwelle, 5 – Spannrolle, 6 – Kühlmittelpumpe

● Zahnriemen so auflegen, daß der auf dem Zahnriemen angebrachte Pfeil in die Drehrichtung des Motors zeigt. Dabei am Kurbelwellenzahnrad –1– beginnen und Zahnriemen entsprechend der Numerierung in der Abbildung auflegen. Auf dem Zahnriemen sind 3 Markierungen, die beim ersten Einbau eines neuen Zahnriemens mit den Markierungen auf dem Kurbelwellenrad und den Nockenwellenrädern übereinstimmen müssen. Von der rechten Fahrzeugseite aus gesehen, dreht sich der Motor im Uhrzeigersinn.

Achtung: Beim Auflegen des Zahnriemens darf weder die Nockenwellen- noch die Kurbelwellenstellung verändert werden. Sonst können schwerwiegende Schäden am Motor entstehen, beziehungsweise der Motor gibt nicht mehr seine volle Leistung ab. Nachdem der Zahnriemen gespannt wurde, Markierungen von Nockenwelle und Kurbelwelle nochmals kontrollieren, sie müssen wie vor dem Ausbau übereinstimmen.

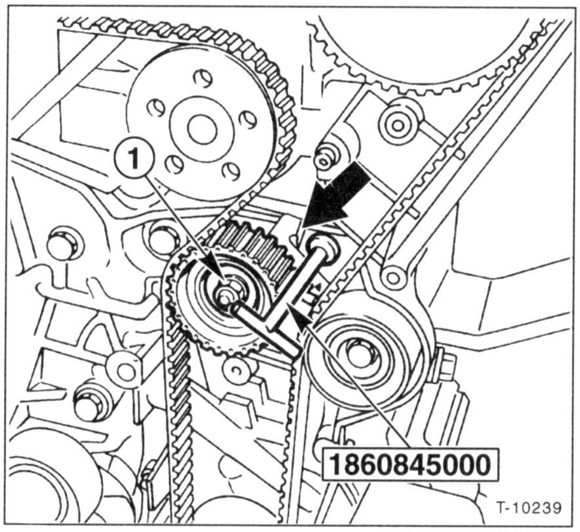

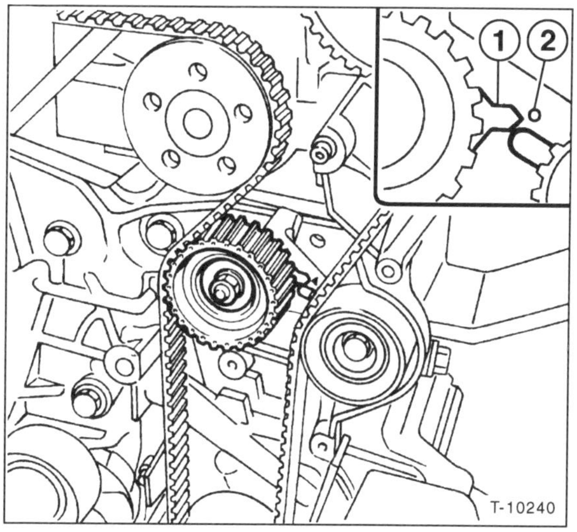

- FIAT-Werkzeug rechts oberhalb der Spannrolle einsetzen, siehe Abbildung. Das Werkzeug hat die Aufgabe, die Spannrolle in Richtung Zahnriemen zu drücken. Anstelle des Werkzeugs kann die Spannrolle auch mit einem Schraubendreher am Spannhebel –Pfeil– in Richtung Zahnriemen gedrückt werden.
- Spannrolle spannen, bis der Zeiger –1– am oberen Anschlag steht, siehe folgende Abbildung. Die Spannrolle ist dann maximal gespannt. Befestigungsmutter für Spannrolle festziehen.
- **Achtung:** Falls verwendet, Meßuhr am Zündkerzengewinde des 1. Zylinders abschrauben. Arretierwerkzeuge von den Nockenwellen und an der Kurbelwelle abnehmen.
- Beide Nockenwellenlagerdeckel einsetzen und mit **15 Nm** gleichmäßig anschrauben.
- Schwungrad-Abdeckblech anschrauben.
- Kurbelwellen-Riemenscheibe ansetzen und die 4 Schrauben mit **30 Nm** festschrauben. Dabei muß der Zentrierstift in der Bohrung der Riemenscheibe liegen, siehe Abbildung T-10232 unter »Ausbau«.
- Kurbelwelle 2 Umdrehungen in Motordrehrichtung (rechtsherum) durchdrehen. Dabei verteilt sich die Zahnriemenspannung gleichmäßig.
- Befestigungsmutter für Spannrolle mit Ringschlüssel vorsichtig lösen, dabei Spannrolle mit Werkzeug gegenhalten, sonst entspannt sich der Zahnriemen wieder. Spannrolle entlasten und den beweglichen Zeiger –1– gegenüber der Markierung –2– stellen, siehe Bildausschnitt. In dieser Stellung Mutter für Zahnriemenspanner mit Drehmomentschlüssel und **25 Nm** festziehen.
- Falls verwendet, Spannwerkzeug entfernen.
- Kurbelwelle zweimal in Motordrehrichtung durchdrehen und Einstellung nochmals überprüfen. Die Markierungen an den Nockenwellenrädern müssen fluchten, gleichzeitig die Markierung am Kurbelwellenrad, siehe Abbildungen unter »Ausbau«. Wurden die Nockenwellen-Blockierwerkzeuge von FIAT nicht verwendet, zur Kontrolle die Zahnriemenzähne zwischen den 2 beim Ausbau markierten Stellen der beiden Nockenwellenräder zählen. Die Anzahl muß mit der beim Ausbau notierten Zahl übereinstimmen.
- Bei nicht genauer Übereinstimmung Zahnriemen entspannen, auf den Riemenrädern entsprechend versetzen und wieder wie angegeben spannen.
- Zylinderkopfdeckel und Zündkerzen einbauen, siehe Seite 298.
- Zahnriemenabdeckung einsetzen und anschrauben.
- Umlenkrolle für Keilrippenriemen mit **30 Nm** anschrauben.
- Keilrippenriemen einbauen und spannen, siehe Seite 58.
- Abdeckung für Keilrippenriemen im Radkasten einclipsen und anschrauben.
- Rechtes Vorderrad so ansetzen, daß die beim Ausbau angebrachten Markierungen übereinstimmen. Vorher Zentriersitz der Felge und Kegelfläche der Radschrauben mit Wälzlagerfett leicht einfetten. Gewinde der Radschrauben **nicht** fetten oder ölen. Räder anschrauben. Fahrzeug ablassen und Radschrauben über Kreuz mit **90 Nm** festziehen.
- Batterie-Massekabel (–) anklemmen. Zeituhr einstellen. Radiosender programmieren.

Speziell Dieselmotor

Beim Dieselmotor treibt der Zahnriemen außer der Nockenwelle auch die Diesel-Einspritzpumpe an. Nach Einbau des Zahnriemens muß der Förderbeginn der Einspritzpumpe von einer Fachwerkstatt genau eingestellt werden.

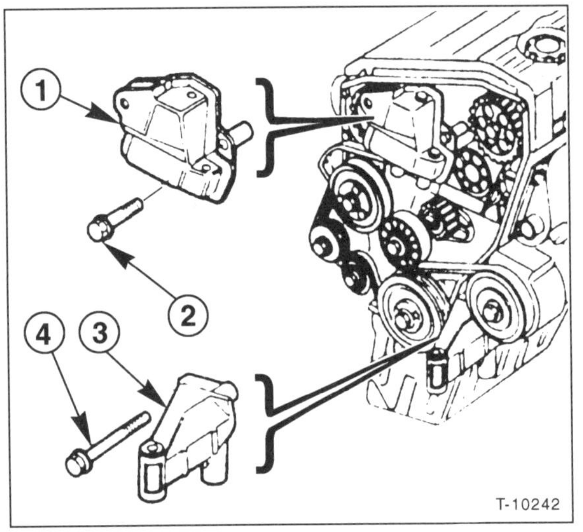

- Der Zahnriemen kann nur bei abgebautem rechtem oberem Motorhalter –1– abgenommen werden.
- Damit das Motorlager beim Ausbau entlastet ist, Motor mit Motorheber etwas anheben. Dazu 2 handelsübliche Karabinerhaken an den Motor-Aufhängeösen am Zylinderkopf einhängen und durch ein Seil mit dem Motorheber verbinden. Steht die Aufhängevorrichtung nicht zur Verfügung, Seil durch die Laschen am Motor ziehen und kräftiges Rohr durch das Seil schieben und auf entsprechenden Böcken lagern. **Achtung:** Rohr nicht auf den Kotflügeln lagern.
- Das obere rechte Motorlager abschrauben –2–, siehe Abbildung. **Achtung:** Das untere rechte Motorlager –3– bleibt angebaut.
- Keilrippenriemen ausbauen, siehe Seite 58.

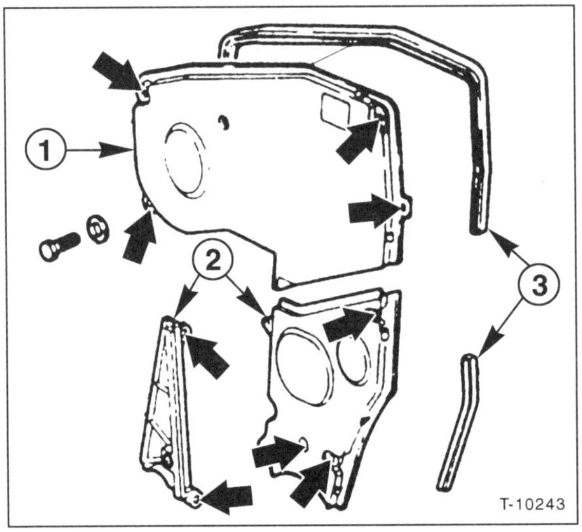

- Obere und untere Zahnriemenabdeckungen –1– und –2– abschrauben –Pfeile– und mit Dichtungen –3– abnehmen.

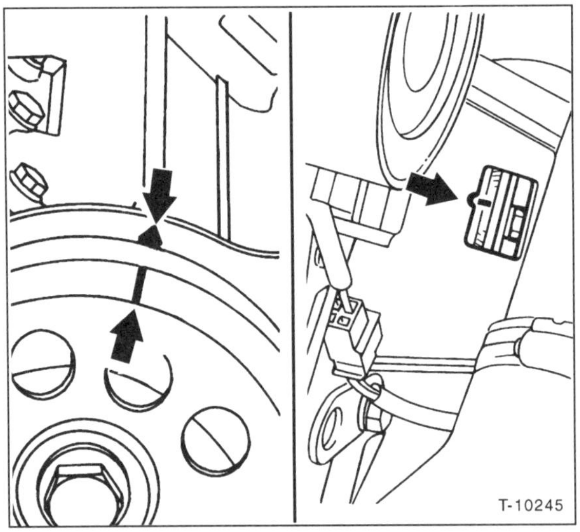

- Motor auf OT des 1. Zylinders drehen. Im OT steht die Markierung am Nockenwellenrad gegenüber der Markierung an der hinteren Zahnriemenabdeckung –linke Abbildung–, außerdem steht die Markierung auf dem Schwungrad gegenüber der Markierung am Getriebefenster –rechte Abbildung–.

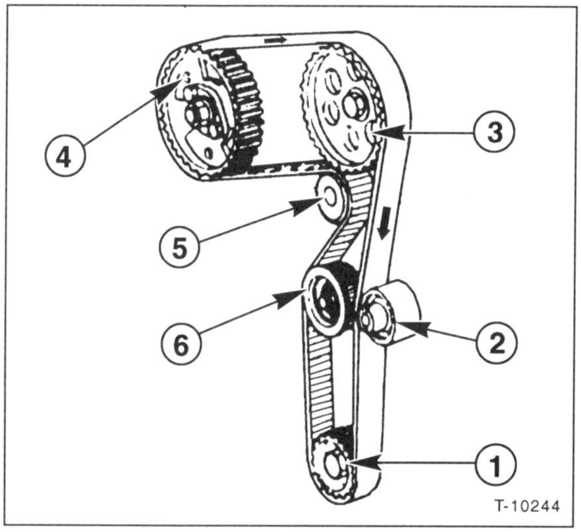

1 – Kurbelwelle, 2 – Umlenkrolle, 3 – Nockenwelle, 4 – Einspritzpumpe, 5 – Kühlmittelpumpe, 6 – Spannrolle

- Mutter an Spannrolle –6– lösen und Zahnriemen abnehmen.
- Zahnriemen so auflegen, daß der Pfeil für die Laufrichtung rechtsherum weist und die Markierungen des Zahnriemens mit den Markierungen der Zahnräder von Nockenwelle, Kurbelwelle und Einspritzpumpe übereinstimmen.

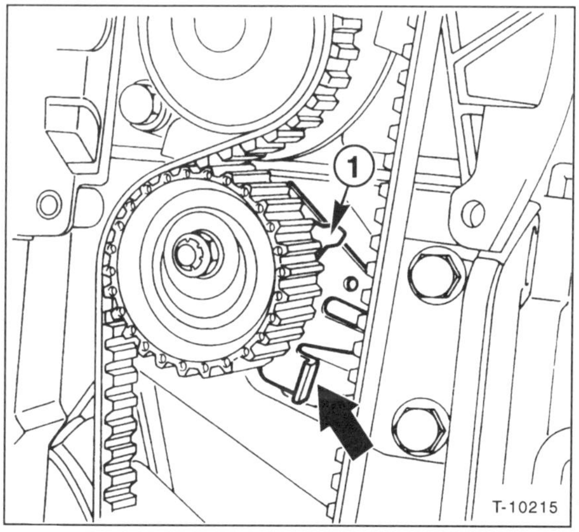

- Spannrolle mit geeignetem Holzstück (zum Beispiel Hammerstiel) am Hebel –Pfeil– spannen, bis der Zeiger –1– am oberen Anschlag steht. Die Spannrolle ist dann maximal gespannt. Befestigungsmutter für Spannrolle festziehen.
- Kurbelwelle 2 Umdrehungen in Motordrehrichtung (rechtsherum) durchdrehen. Dabei verteilt sich die Zahnriemenspannung gleichmäßig.

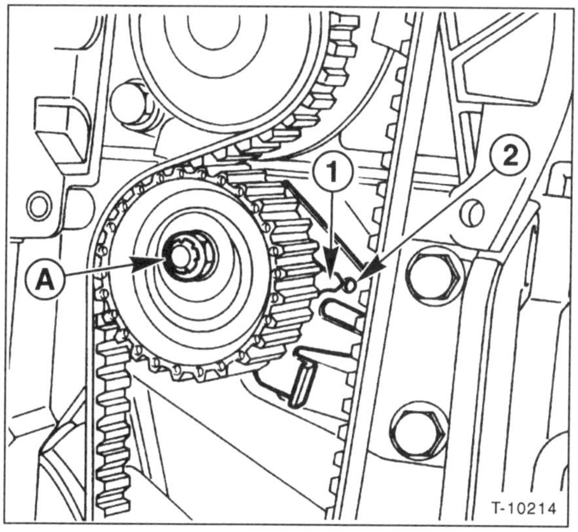

- Befestigungsmutter für Spannrolle mit Ringschlüssel vorsichtig lösen, dabei Spannrolle mit Holzstück festhalten, sonst entspannt sich der Zahnriemen wieder. Spannrolle langsam entlasten, bis der bewegliche Zeiger –1– gegenüber der Markierung –2– steht. In dieser Stellung Mutter für Zahnriemenspanner mit Drehmomentschlüssel auf **30 Nm** festziehen. **Achtung:** Gewindedurchmesser der Schraube für Spannrolle messen. Meist hat die Schraube einen Außendurchmesser von 8 mm. Hat sie jedoch 10 mm Durchmesser, Mutter für Zahnriemenspanner mit Drehmomentschlüssel auf **50 Nm** nachziehen.
- Zahnriemenschutz einbauen.
- Oberes Motorlager einbauen. Das Drehmoment der Schrauben richtet sich nach dem jeweiligen Gewindedurchmesser: M 8-Gewinde: **35 Nm**, M 10-Gewinde: **50 Nm**, M 12-Gewinde: **90 Nm**.
- Förderbeginn der Einspritzpumpe baldmöglichst prüfen, gegebenenfalls einstellen lassen (Werkstattarbeit).

Zylinderkopfdeckel aus- und einbauen

Ausbau 1,4-l-Motor

- Zündkabelabdeckung mit Torx T40-Schraubendreher abschrauben –Pfeile–. Die linke obere Schraube muß nur gelöst, nicht abgeschraubt werden.

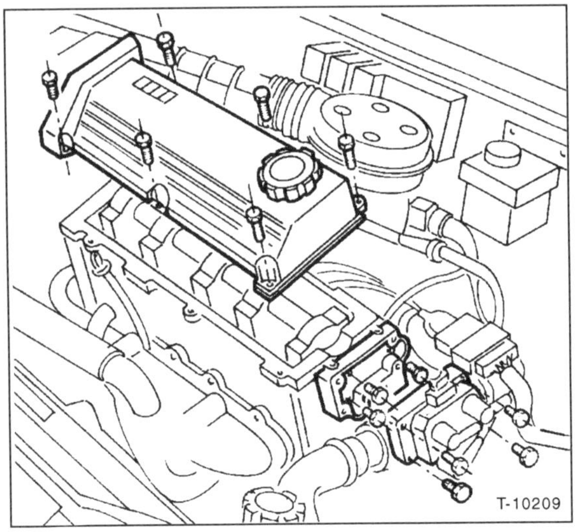

- Zündspulen komplett mit Halterung abschrauben und mit angeschlossenen Leitungen zur Seite legen.
- Zylinderkopfdeckel mit 6 Schrauben (Torx T40) abschrauben und abnehmen, siehe Abbildung.

Einbau

- Gummidichtung für Zylinderkopfdeckel auf Beschädigungen prüfen, gegebenenfalls ersetzen. Zylinderkopfdeckel auf Zylinderkopf setzen und ganz leicht mit 8 Nm anschrauben.
- Zündspulen mit Halterung am Zylinderkopf anschrauben.
- Zündkabelabdeckung anschrauben.
- Motor warmfahren und Zylinderkopfdeckeldichtung auf Dichtheit prüfen, gegebenenfalls Schrauben leicht nachziehen oder Dichtung erneuern.

Ausbau 1,6-l-Motor

Beim Lösen der beiden Zylinderkopfdeckel werden gleichzeitig die Nockenwellengehäuse gelöst. Zur Demontage müssen zuvor das Ansaugrohr ausgebaut und die hintere Zahnriemenabdeckung an den Deckeln abgeschraubt werden, siehe Kapitel »Zylinderkopfausbau« auf Seite 37.

Ausbau 1,8-/2,0-l-Motor

- Zündkerzen ausbauen, siehe Seite 298.

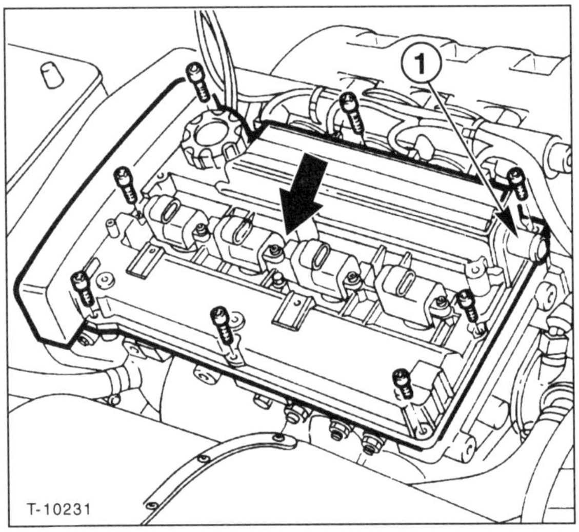

- Massekabel am Zylinderkopfdeckel abschrauben –Pfeil–. Schlauch für Kurbelgehäuse-Entlüftung am Stutzen –1– abziehen, dazu Schlauchschelle aufschrauben. Kann die Schelle nicht aufgeschraubt werden, Klemmschelle mit Seitenschneider durchtrennen und beim Einbau durch Schraubschelle ersetzen.
- Zylinderkopfdeckel mit Torx T40-Schraubendreher abschrauben und abnehmen. Die beiden Schrauben am Öleinfülldeckel mit 4mm-Schlüssel für Innensechskantschrauben lösen. Die Abbildung zeigt den 1,8-l-Motor.

Einbau

- Gummidichtung für Zylinderkopfdeckel auf Beschädigungen prüfen, gegebenenfalls ersetzen. Zylinderkopfdeckel auf Zylinderkopf setzen und ganz leicht mit 8 Nm anschrauben.
- Massekabel am Zylinderkopfdeckel anschrauben, Kurbelgehäuse-Entlüftungsschlauch aufschieben, mit Schraubschelle befestigen.
- Zündkerzen einbauen, siehe Seite 298.

Ausbau Dieselmotor

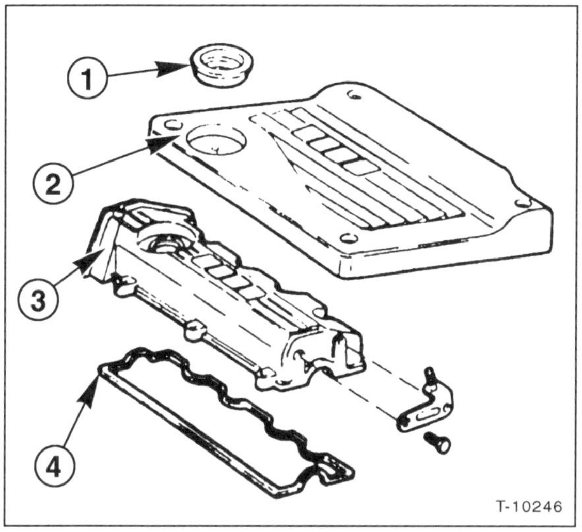

- Öleinfüllstopfen –1– abnehmen.
- Motorabdeckung –2– mit 4 Muttern abschrauben.
- Kurbelgehäuse-Entlüftungsschlauch am Zylinderkopfdeckel abziehen.
- 6 Schrauben –Pfeile– herausdrehen, Zylinderkopfdeckel –3– mit Gummidichtung –4– abnehmen.

Einbau

- Gummidichtung für Zylinderkopfdeckel auf Beschädigungen prüfen, gegebenenfalls ersetzen.
- Zylinderkopfdeckel auf Zylinderkopf setzen und ganz leicht mit 8 Nm anschrauben.
- Motorabdeckung anschrauben, Öleinfüllstopfen einsetzen.
- Motor warmfahren und Zylinderkopfdeckeldichtung auf Dichtheit prüfen, gegebenenfalls Schrauben leicht nachziehen oder Dichtung erneuern.

Zylinderkopf aus- und einbauen

Allgemeine Hinweise

Zylinderkopf generell nur bei abgekühltem Motor ausbauen. Ausführlich beschrieben wird der Ausbau an den **1,4-/1,6-/1,8-l-Motoren**, für die anderen Motor-Versionen werden spezielle Hinweise gegeben. Abgas- und Ansaugkrümmer mit Drosselklappengehäuse bleiben angeschlossen.

Eine defekte Zylinderkopfdichtung ist an folgenden Merkmalen erkennbar:

- Leistungsverlust.
- Kühlflüssigkeitsverlust. Weiße Abgaswolken bei warmem Motor.
- Ölverlust.
- Kühlflüssigkeit im Motoröl, Ölstand nimmt nicht ab, sondern zu. Graue Farbe des Motoröls, Schaumbläschen am Peilstab, Öl dünnflüssig.
- Motoröl in der Kühlflüssigkeit.
- Kühlflüssigkeit sprudelt stark.
- Keine Kompression auf 2 benachbarten Zylindern.

Achtung: Vor dem Zylinderkopfausbau immer **Batterie-Massekabel (–) abklemmen**. Dadurch werden elektronische Speicher gelöscht, wie zum Beispiel Motor-Betriebswerte. Hinweise im Kapitel »Batterie aus- und einbauen« beachten.

Ausbau 1,4-l-Motor

- Unteren Kühlmittelschlauch am Kühler abziehen, Kühlmittel ablassen und auffangen, da es wiederverwendet werden kann, siehe auch Seite 71.
- Oberen Kühlmittelschlauch vom Kühler am Zylinderkopf abziehen, vorher Schlauchschelle aufschrauben.
- Kühlmittelschlauch zur Innenraumheizung am Thermostat (Zylinderkopf) abziehen, dazu Schlauchschelle aufschrauben.
- Einspritzeinheit ausbauen, siehe Seite 106.
- Zylinderkopfdeckel ausbauen, siehe Seite 36.
- Zündkerzen ausbauen, siehe Seite 298.
- Vorderes Abgasrohr vom Krümmer abschrauben, siehe Seite 120.

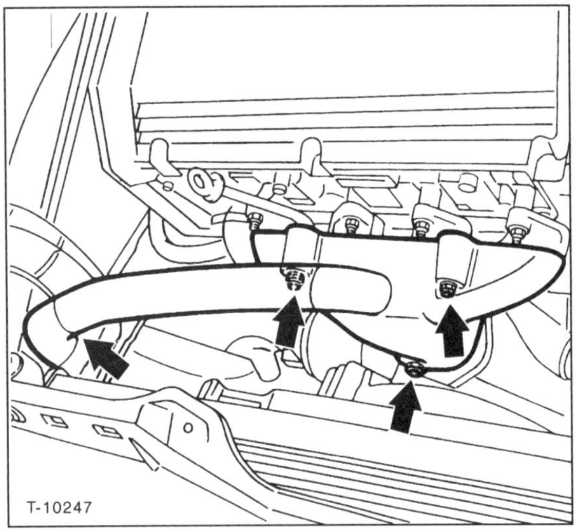

- Luftvorwärmblech am Abgaskrümmer abschrauben –Pfeile–.

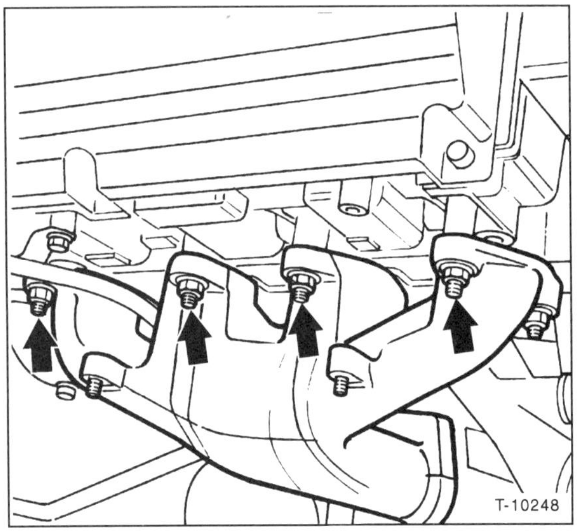

- Abgaskrümmer abschrauben –Pfeile–. Es sind nicht alle Flanschmuttern in der Abbildung sichtbar.
- Kabelstecker für Rückwärtsgangschalter oberhalb vom Kupplungshebel am Getriebe abziehen.

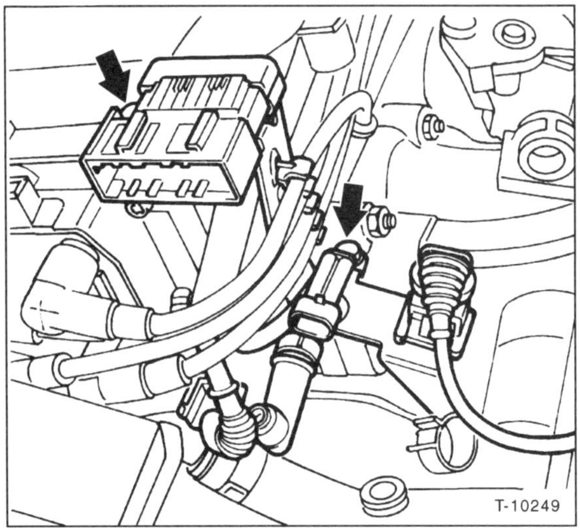

- 2 Kabelstecker an den Zündspulen abziehen, breiten Motor-Kabelstecker oberhalb der Zündspulen trennen. Haltebügel für breiten Stecker abschrauben –Pfeile– und zur Seite legen.

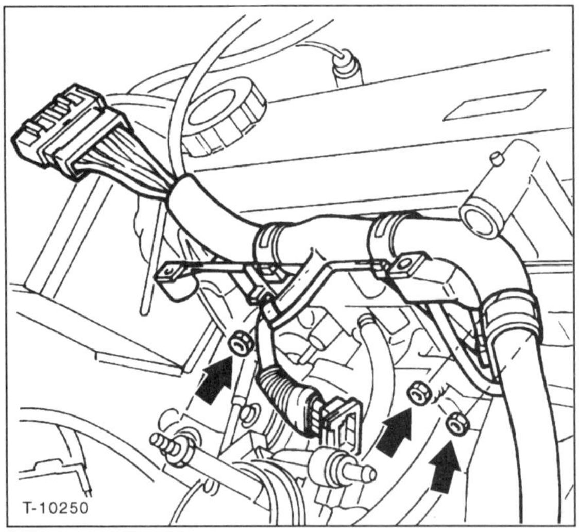

- Kabelkanal und Motormassekabel abschrauben –Pfeile–.
- Unterdruckschlauch für Bremskraftverstärker am Ansaugrohr abziehen.

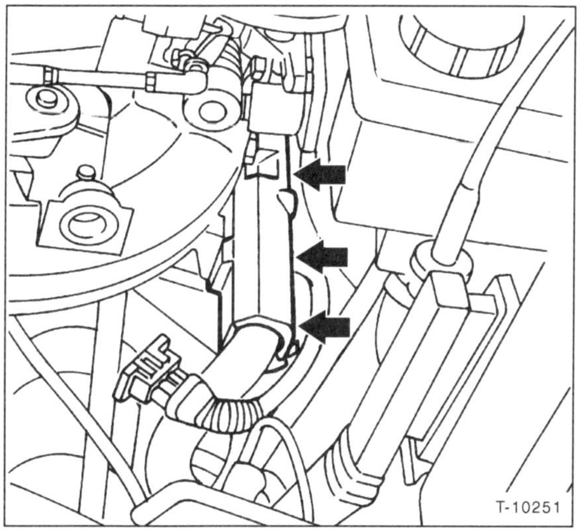

- Kabelkanal unterhalb des Ansaugrohrs von Hand öffnen –Pfeile– und außerhalb des Arbeitsbereichs zur Seite legen.

Achtung: Kann der Kabelkanal nicht geöffnet werden, zuvor Servoöl ablassen und Ölleitungen an der Pumpe der Servolenkung abschrauben, siehe Seite 164.

Achtung: Abgelassenes Öl nicht wieder verwenden, umweltgerecht entsorgen.

- Ölmeßstabrohr am Halter abschrauben –Pfeil– und unten aus dem Motorblock herausziehen.
- Schutzhaube für Zahnriemen ausbauen. Motor auf OT (Oberen Totpunkt) für Zylinder 1 stellen und Zahnriemen oben vom Nockenwellenrad abnehmen, siehe Seite 22.

Achtung: Kurbel- und Nockenwelle nach dem Abnehmen des Zahnriemens nicht mehr verdrehen.

- Sämtliche Kabel und Schläuche, die noch zum Zylinderkopf führen, mit Tesaband kennzeichnen und abziehen.

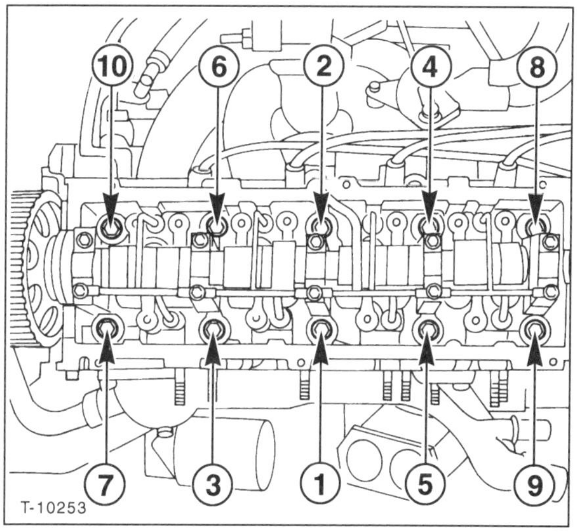

- Zylinderkopfschrauben in umgekehrter Reihenfolge der Numerierung, also von 10 nach 1, mit langem Steckschlüssel für Innensechskantschrauben herausdrehen. **Achtung:** Schrauben nicht sofort ganz herausdrehen, damit der Zylinderkopf nicht verspannt wird. Alle Schrauben entgegen der Numerierung zuerst ¼, dann ½ Umdrehung lösen.
- Zylinderkopf komplett mit Ansaugrohr abheben.

Achtung: Zylinderkopf nach dem Ausbau nicht auf der Dichtfläche absetzen, dabei könnten voll geöffnete Ventile beschädigt werden. Deshalb Zylinderkopf auf 2 Holzleisten legen. Zylinderkopfdichtung abnehmen.

Einbau

Vor dem Einbau Zylinderkopf und Zylinderblock mit geeignetem Schaber von Dichtungsresten freimachen. **Darauf achten, daß keine Dichtungsreste in die Bohrungen fallen.** Gegebenenfalls Bohrungen vorher mit Lappen verschließen.

- Zylinderkopf und Motorblock mit Stahllineal und Fühlerblattlehre in Längs- und Querrichtung auf Verzug prüfen, gegebenenfalls nacharbeiten (Werkstattarbeit). Die Unebenheiten dürfen 0,1 mm nicht überschreiten.

Achtung: Nach dem Nacharbeiten muß der Zylinderkopf noch eine Mindesthöhe von **126,35 mm** haben.

- Zylinderkopf auf Risse, Zylinderlauffläche auf Riefen überprüfen.
- Bohrungen der Zylinderkopfschrauben sorgfältig von Öl und anderen Rückständen reinigen. **Achtung:** In den Sacklöchern darf sich kein Öl befinden, da sonst die Schrauben nicht den vollen Druck auf den Zylinderkopf ausüben, obwohl sie mit dem richtigen Drehmoment angezogen wurden. Außerdem kann der Motorblock reißen. Zum Reinigen Preßluft verwenden, oder Lappen um Schraubendreher wickeln und damit die Bohrungen reinigen.
- Zylinderkopfdichtung grundsätzlich ersetzen.

Achtung: Die Zylinderkopfdichtung ist vom Typ »Astadur«. Die besondere Beschaffenheit der Dichtung bewirkt, daß sie während des späteren Motorbetriebs polymerisiert, also hart wird. Damit die Polymerisation erfolgt, müssen folgende Voraussetzungen erfüllt sein:

1. Lagerung der Dichtung in der unbeschädigten Originalverpackung.

2. Dichtung erst kurz vor dem Einbau aus der Verpackung herausnehmen.

3. Dichtung nicht beschmutzen oder mit Öl benetzen.

- Motorblock- und Zylinderkopfdichtungsflächen mit einem fusselfreien Lappen und Lösungsmittel (zum Beispiel Spiritus) öl- und fettfrei reinigen.

- Neue Dichtung ohne Dichtmittel so auflegen, daß keine Bohrungen verdeckt werden. Die Aufschrift »ALTO« auf der Zylinderkopfdichtung muß nach oben zeigen, siehe Ausschnitt in der Abbildung. Außerdem müssen die beiden Führungsbuchsen –Pfeile– richtig im Motorblock sitzen.
- Vor Aufsetzen des Zylinderkopfes prüfen, ob sich die Nockenwelle und die Kurbelwelle in OT-Stellung befindet, siehe Seite 22.
- Zylinderkopf mit Helfer aufsetzen.
- Zylinderkopfschrauben bei Reparaturen immer ersetzen.
- Zylinderkopfschrauben und Unterlegscheiben reinigen und mit Motoröl einölen. Teile nach dem Einölen mindestens 30 Minuten abtropfen lassen.
- Alle Zylinderkopfschrauben einsetzen und handfest anziehen.

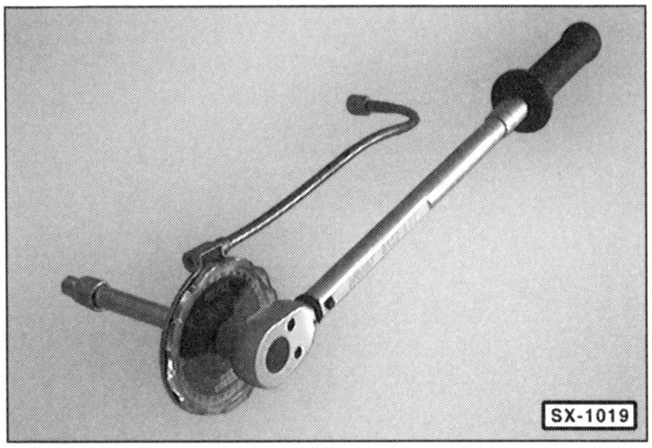

Achtung: Das Anziehen der Zylinderkopfschrauben ist mit größter Sorgfalt durchzuführen. Vor dem Anziehen der Schrauben sollte der Drehmomentschlüssel auf seine Genauigkeit überprüft werden. Das Anziehen der Zylinderkopfschrauben um die vorgegebenen Winkel wird mit einer Winkelscheibe erleichtert, zum Beispiel HAZET 6690. Um den Drehmomentschlüssel nicht mit hohem Drehmoment zu belasten, sollte die Winkelscheibe nur zusammen mit einem starren Schlüssel angewendet werden.

Hinweis: Steht keine Winkelscheibe zur Verfügung, Drehwinkel abschätzen. Dazu starren Schlüssel aufsetzen, 90°-Markierung mit Kreide am Zylinderkopf anbringen, Schlüsselarm bis zur Markierung drehen.

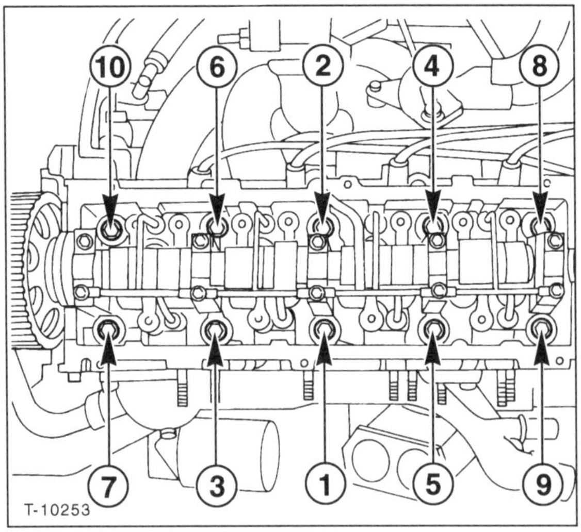

- Die Zylinderkopfschrauben werden in 3 Stufen angezogen. In jeder Stufe die Zylinderkopfschrauben in der Reihenfolge von 1 bis 10 anziehen.

1,4-l-Motor:

1. Stufe: mit Drehmomentschlüssel **40 Nm**

2. Stufe: alle Schrauben mit einem starren Schlüssel um **90° (¼ Umdrehung)** weiterdrehen

3. Stufe: alle Schrauben mit einem starren Schlüssel um **90° (¼ Umdrehung)** weiterdrehen

Achtung: Ein Nachziehen der Zylinderkopfschrauben im Rahmen der Wartung oder nach Reparaturen ist **nicht zulässig**.

- Zahnriemen auf Nockenwellenzahnrad auflegen und spannen, siehe Seite 22.

Achtung: Die Markierungen am Nockenwellenrad/Zahnriemenabdeckung und die OT-Markierung im Schwungrad müssen übereinstimmen, sonst können beim Durchdrehen des Motors Kolben und/oder Ventile beschädigt werden.

- Zahnriemenabdeckung einbauen.
- Zylinderkopfdeckel einbauen, siehe Seite 36.
- Abgaskrümmer montieren. Dazu Dichtungsflächen vorsichtig mit Holzspachtel entrußen. **Neue** Dichtung zwischen Abgaskrümmer und Zylinderkopf zwischenlegen. **Neue selbstsichernde** Spezialmuttern für Abgaskrümmer verwenden. Muttern über Kreuz zuerst handfest, dann im nächsten Durchgang mit **25 Nm** festziehen.
- Luftvorwärmblech am Abgaskrümmer anschrauben.
- Abgasrohr am Abgaskrümmer montieren, siehe Seite 121.
- Ölmeßstabrohr einsetzen und Halterung anschrauben, siehe Abbildung T-10252 unter »Ausbau«.
- Kabelkanal unterhalb des Ansaugrohrs einsetzen und zuclipsen.
- Unterdruckschlauch für Bremskraftverstärker am Ansaugrohr aufstecken.
- Kabelkanal und Motormassekabel anschrauben, siehe unter »Ausbau«.
- Zündspulenstecker aufstecken, breiten Motorstecker mit Halter anschrauben. Motorstecker zusammenfügen.
- Kabelstecker für Rückwärtsgangschalter am Getriebe aufstecken.
- Zündkerzen einbauen, siehe Seite 298.
- Einspritzeinheit einbauen, siehe Seite 106.
- Unteren und oberen Kühlmittelschlauch zum Kühler anschließen, Schlauchschellen festziehen.
- Kühlmittelschlauch zur Innenraumheizung am Thermostat (Zylinderkopf) anschließen, Schlauchschellen festziehen.
- Kühlmittel auffüllen, siehe Seite 71.
- Ölstand im Motor prüfen, gegebenenfalls Öl nachfüllen. Wurde der Zylinderkopf aufgrund einer defekten Zylinderkopfdichtung abgebaut, empfiehlt sich ein vorgezogener Ölwechsel einschließlich eines Ölfilterwechsels, da sich im Motoröl Kühlflüssigkeit befinden kann.
- Batterie-Massekabel (–) anklemmen. Vorhandene Zeituhr einstellen und Diebstahlcode für Radio eingeben.

1,6-l-Motor

- Ansaugluftfilter und Luftschlauch zum Drosselklappenstutzen ausbauen, siehe Seite 100.
- Keilriemen ausbauen, siehe Seite 58.
- Kühlflüssigkeit ablassen, siehe Seite 71.

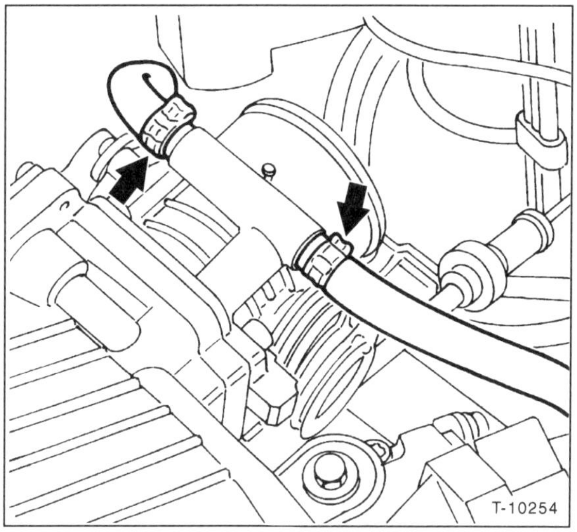

T-10254

- Kühlmittelleitungen am Drosselklappenstutzen abbauen. Schlauchschellen –Pfeile– mit Seitenschneider durchtrennen, beim Einbau durch Schraubschellen ersetzen.

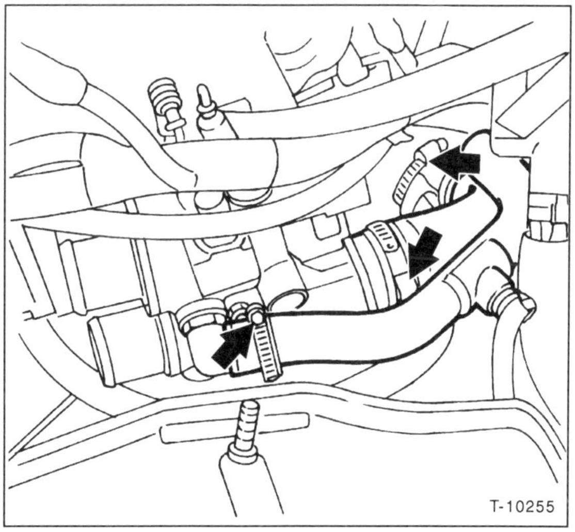

T-10255

- Kühlmittelleitungen am Thermostat (Zylinderkopf) abziehen, dazu Schlauchschellen –Pfeile– lösen. Damit die Schläuche beim Einbau nicht vertauscht werden, Anschlüsse und zugehörige Schläuche mit Farbstift markieren.

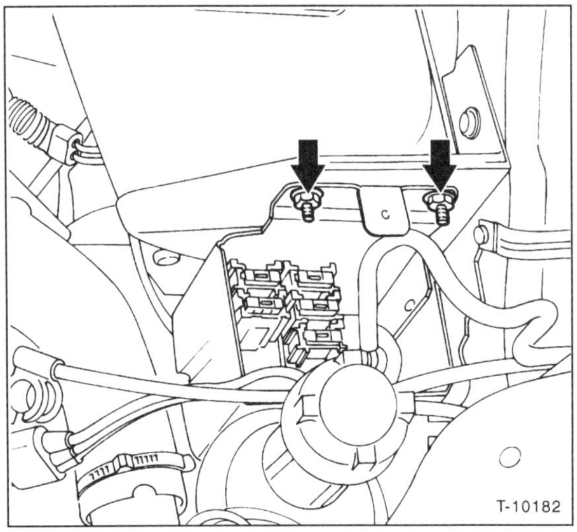

- Deckel für Sicherungs- und Relaiskasten am Batteriehalter mit 1 Schraube abschrauben und abnehmen. 2 Muttern –Pfeile– abschrauben und Kasten seitlich ablegen.
- Motor-Steuergerät ausbauen, siehe Seite 89.

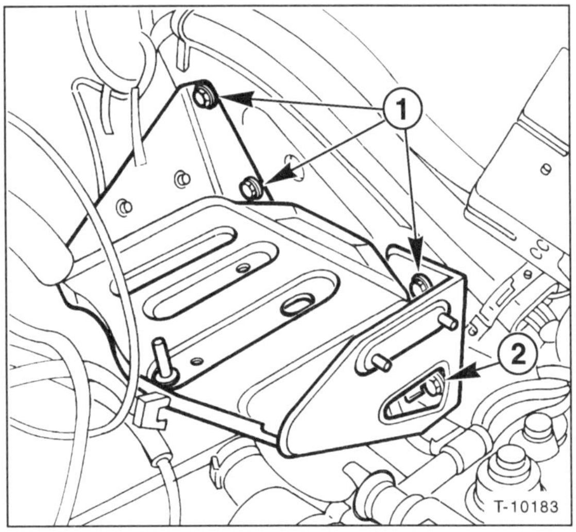

- Batteriehalterung mit Schrauben –1– und –2– abschrauben. Halterung anheben und darunterliegende Kabelhalterung ausclipsen.
- Gaszug am Drosselklappenstutzen aushängen.

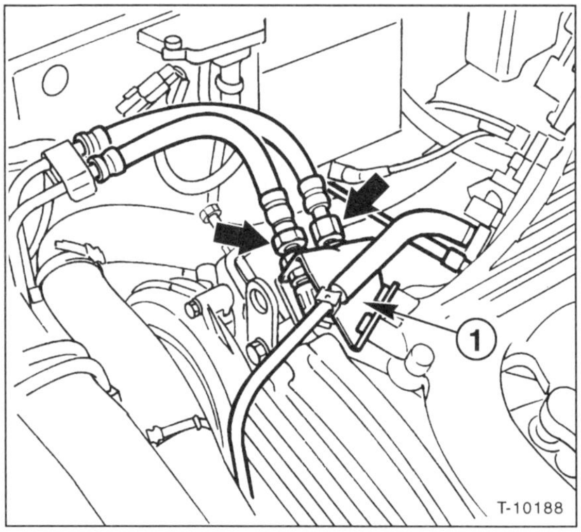

- Haltebügel –1– für Kraftstoffleitungen am Ansaugrohr des Motors abschrauben.
- Kraftstoffzulaufleitung und Rücklaufleitung –Pfeile– abschrauben, siehe Abbildung. **Achtung:** Kraftstoffsystem steht unter Druck, auslaufenden Kraftstoff mit dickem Lappen auffangen.

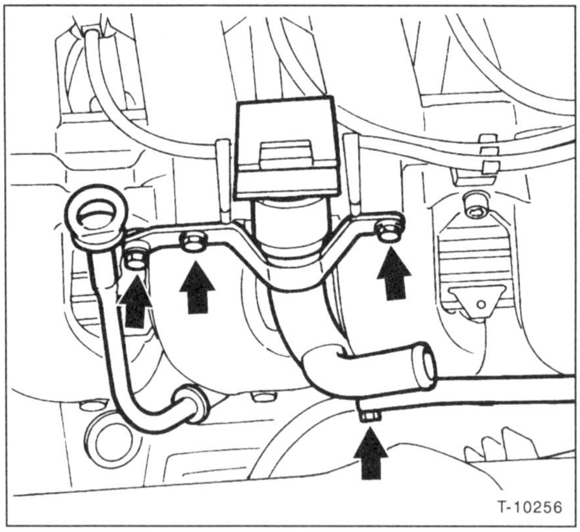

- Ölmeßstabrohr und Einfüllstutzen am Ansaugrohr abschrauben –Pfeile–. Kurbelgehäuse-Entlüftungsschlauch am Einfüllrohr abziehen.

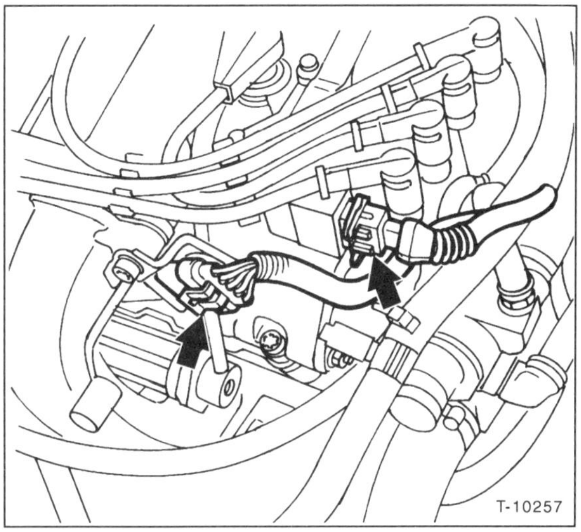

- Mehrfachstecker für Einspritzventile und Zündspule abziehen –Pfeile–.
- Stecker vom Kühlmittelthermostat abziehen.

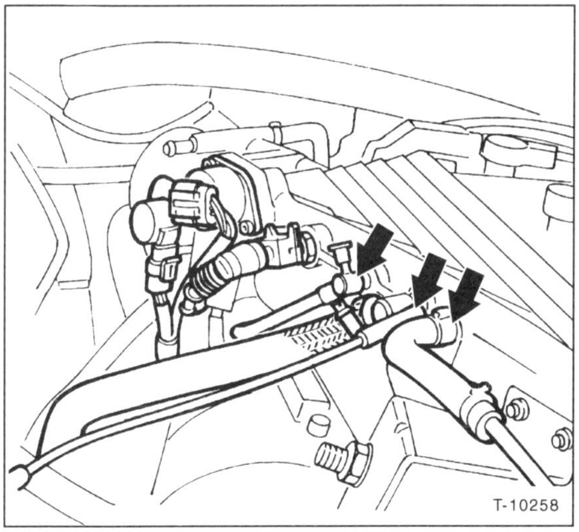

- Unterdruckschläuche für Benzindämpfe, Bremskraftverstärker und Druckfühler am Ansaugrohr beziehungsweise Drosselklappenteil abziehen. Vor dem Abziehen Schläuche und Anschlüsse mit Tesaband markieren, damit beim Einbau keine Verwechslungen auftreten.
- Stecker für Leerlaufsteller, Lufttemperaturfühler und Drosselklappenpotentiometer abziehen, siehe Abbildung.

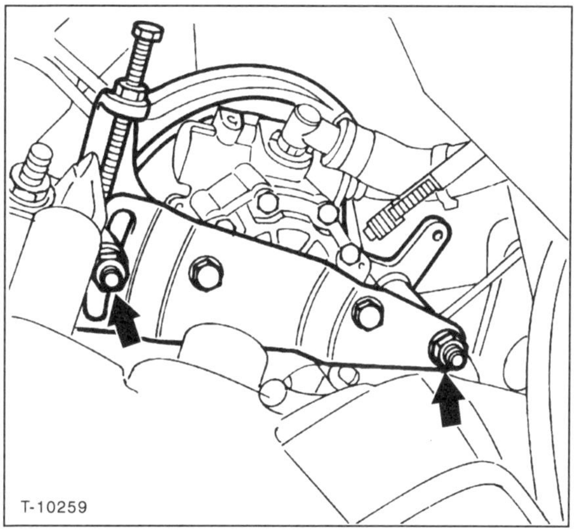

- Pumpe der Servolenkung abschrauben –Pfeile–. Pumpe seitlich ablegen, ohne die angeschlossenen Leitungen zu lösen.

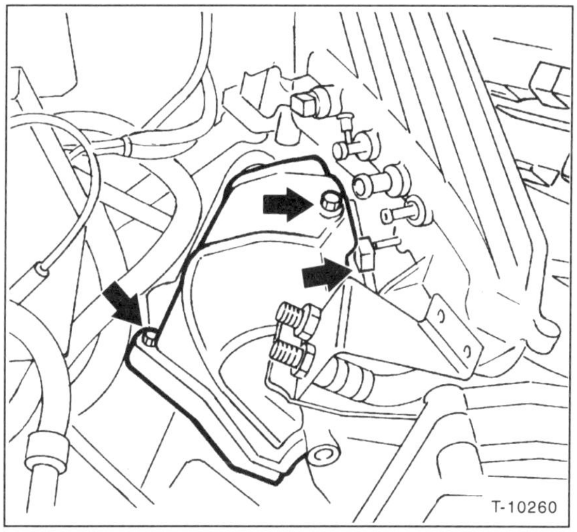

- Hitzeschutzblech vom Abgaskrümmer abschrauben –Pfeile–.

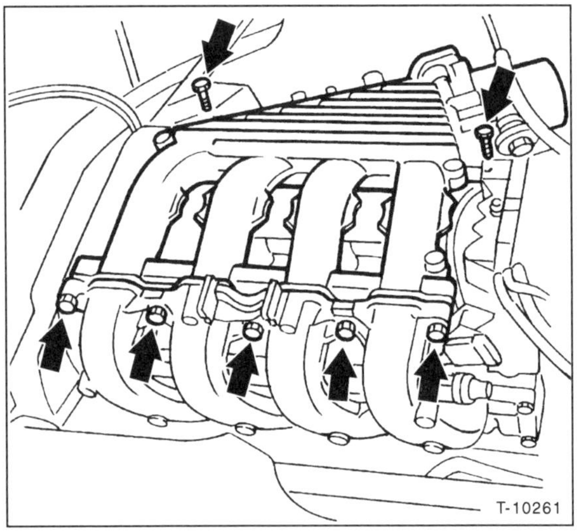

- Sammelsaugrohr vom unteren Ansaugrohr und am Zylinderkopf abschrauben –Pfeile– und entnehmen.

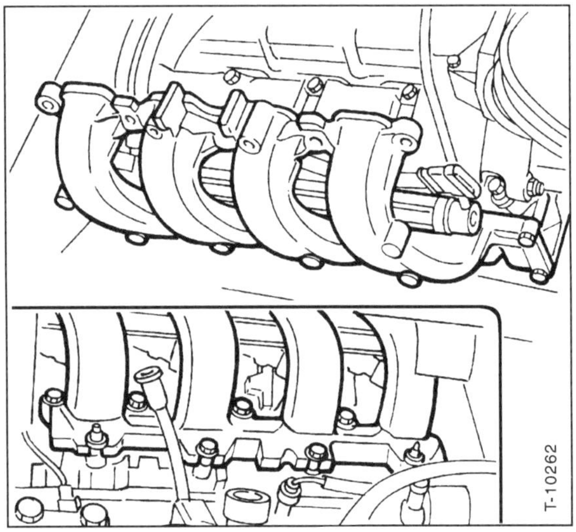

- Unteres Ansaugrohr am Zylinderkopf abschrauben. Der Bildausschnitt zeigt das Ansaugrohr von unten gesehen. **Achtung:** Ansaugrohr komplett mit Kraftstoffverteilerrohr und Einspritzventilen vom Zylinderkopf abziehen. Die Einspritzventile sind nur in das Ansaugrohr eingesteckt.
- Zahnriemen ausbauen, siehe Seite 22.
- Halterung der Kraftstoffleitungen mit Schraube oberhalb der Nockenwellenräder abschrauben.

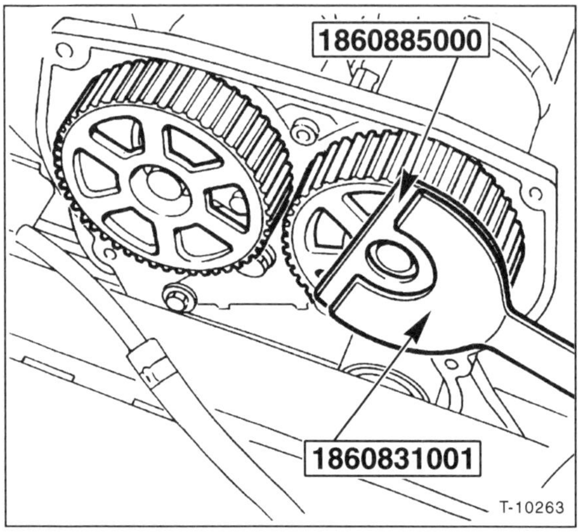

- Nockenwellenräder abschrauben. Dabei Nockenwellenrad mit Haltewerkzeug arretieren, damit sich die Nockenwelle nicht mitdreht. Gegebenenfalls ähnliches Werkzeug wie das abgebildete FIAT-Werkzeug selbst anfertigen.

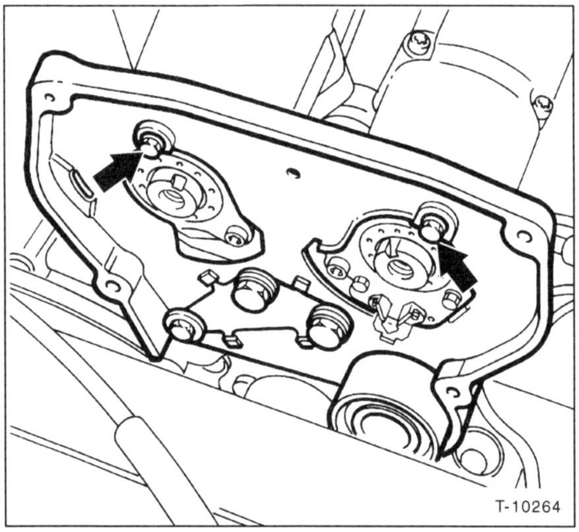

- Hinteres Zahnriemen-Abdeckblech am Zylinderkopf abschrauben –Pfeile–.

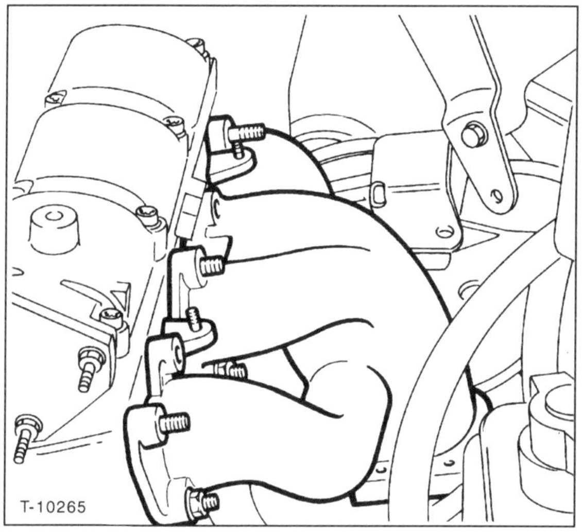

- Abgaskrümmer am Zylinderkopf abschrauben.

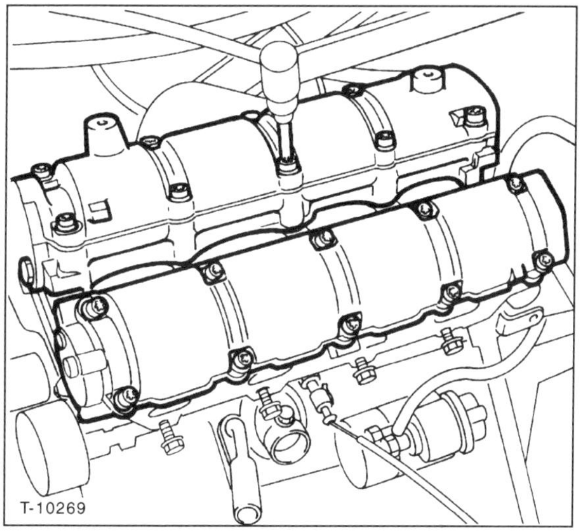

- Beide Zylinderkopfdeckel/Nockenwellengehäuse mit Torxschlüssel über Kreuz abschrauben und mit Dichtung abnehmen.

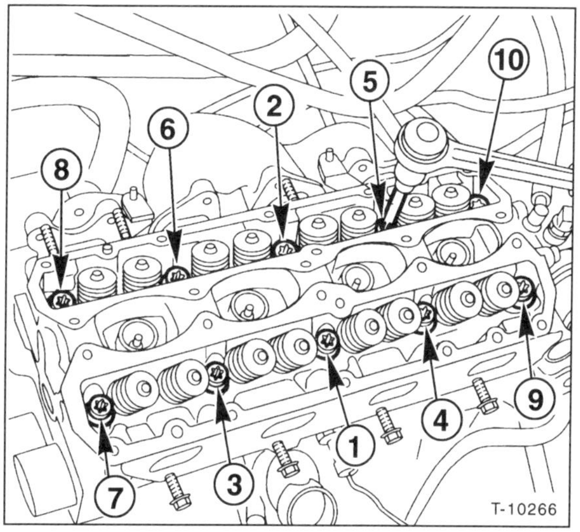

- Zylinderkopfschrauben über Kreuz mit Schlüssel für Torxschrauben herausdrehen. **Achtung:** Schrauben nicht sofort ganz herausdrehen, damit der Zylinderkopf nicht verspannt wird. Alle Schrauben entgegen der Reihenfolge der Numerierung zuerst ¼, dann ½ Umdrehung lösen.
- Zylinderkopf komplett mit Ansaugrohr abheben.

Achtung: Zylinderkopf nach dem Ausbau nicht auf der Dichtfläche absetzen, dabei könnten voll geöffnete Ventile beschädigt werden. Deshalb Zylinderkopf auf 2 Holzleisten legen. Zylinderkopfdichtung abnehmen.

Einbau

Vor dem Einbau Zylinderkopf und Zylinderblock mit geeignetem Schaber von Dichtungsresten freimachen. **Darauf achten, daß keine Dichtungsreste in die Bohrungen fallen.** Gegebenenfalls vorher Bohrungen mit Lappen verschließen.

- Zylinderkopf und Motorblock mit Stahllineal und Fühlerblattlehre in Längs- und Querrichtung auf Verzug prüfen, gegebenenfalls nacharbeiten (Werkstattarbeit). Die Unebenheiten dürfen 0,1 mm nicht überschreiten.
- Zylinderkopf auf Risse, Zylinderlauffläche auf Riefen überprüfen.
- Bohrungen der Zylinderkopfschrauben sorgfältig von Öl und anderen Rückständen reinigen. **Achtung:** In den Sacklöchern darf sich kein Öl befinden, da sonst die Schrauben nicht den vollen Druck auf den Zylinderkopf ausüben, obwohl sie mit dem richtigen Drehmoment angezogen wurden. Außerdem kann der Motorblock reißen. Zum Reinigen Preßluft verwenden, oder Lappen um Schraubendreher wickeln und damit die Bohrungen reinigen.
- Zylinderkopfdichtung grundsätzlich ersetzen.

Achtung: Die Zylinderkopfdichtung ist vom Typ »Astadur«. Die besondere Beschaffenheit der Dichtung bewirkt, daß sie während des späteren Motorbetriebs polymerisiert, also hart wird. Damit die Polymerisation erfolgt, müssen folgende Voraussetzungen erfüllt sein:

1. Lagerung der Dichtung in der unbeschädigten Originalverpackung.

2. Dichtung erst kurz vor dem Einbau aus der Verpackung herausnehmen.

3. Dichtung nicht beschmutzen oder mit Öl benetzen.

- Motorblock- und Zylinderkopfdichtungsflächen mit einem fusselfreien Lappen und Lösungsmittel (zum Beispiel Spiritus) öl- und fettfrei reinigen.

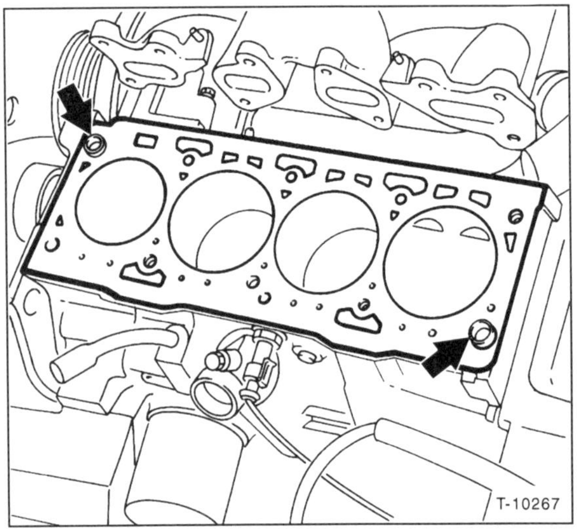

- Neue Dichtung ohne Dichtmittel so auflegen, daß keine Bohrungen verdeckt werden. Die Aufschrift »ALTO« auf der Zylinderkopfdichtung muß nach oben zeigen. Außerdem müssen die beiden Führungsbuchsen –Pfeile– richtig im Motorblock sitzen.
- Vor Aufsetzen des Zylinderkopfes prüfen, ob sich die Nockenwelle und die Kurbelwelle in OT-Stellung befindet, siehe Seite 22.
- Zylinderkopf mit Helfer aufsetzen.
- Zylinderkopfschrauben bei Reparaturen immer ersetzen.
- Zylinderkopfschrauben und Unterlegscheiben reinigen und mit Motoröl einölen. Teile nach dem Einölen mindestens 30 Minuten abtropfen lassen.
- Alle Zylinderkopfschrauben einsetzen und handfest anziehen.

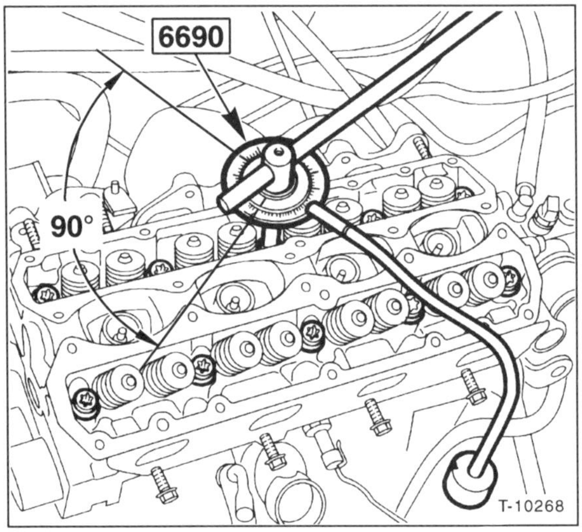

Achtung: Das Anziehen der Zylinderkopfschrauben ist mit größter Sorgfalt durchzuführen. Vor dem Anziehen der Schrauben sollte der Drehmomentschlüssel auf seine Genauigkeit überprüft werden. Das Anziehen der Zylinderkopfschrauben um die vorgegebenen Winkel wird mit einer Winkelscheibe erleichtert, zum Beispiel HAZET 6690, siehe Abbildung.

Hinweis: Steht keine Winkelscheibe zur Verfügung, Drehwinkel abschätzen. Dazu starren Schlüssel aufsetzen, 90°-Markierung mit Kreide am Zylinderkopf anbringen, Schlüsselarm bis zur Markierung drehen.

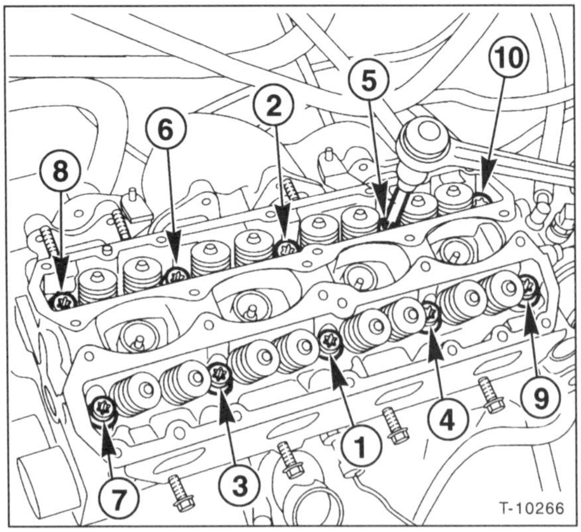

- Die Zylinderkopfschrauben werden in 3 Stufen angezogen. In jeder Stufe die Zylinderkopfschrauben in der Reihenfolge von 1 bis 10 anziehen.

1,6-l-Motor:

1. Stufe: mit Drehmomentschlüssel **40 Nm**

2. Stufe: alle Schrauben mit einem starren Schlüssel um **90° (¼ Umdrehung)** weiterdrehen

3. Stufe: alle Schrauben mit einem starren Schlüssel um **90° (¼ Umdrehung)** weiterdrehen

Achtung: Ein Nachziehen der Zylinderkopfschrauben im Rahmen der Wartung oder nach Reparaturen ist **nicht zulässig**.

- Abgaskrümmer montieren. Dazu Dichtungsflächen vorsichtig mit Holzspachtel entrußen. **Neue** Dichtung zwischen Abgaskrümmer und Zylinderkopf zwischenlegen. **Neue selbstsichernde** Spezialmuttern für Abgaskrümmer verwenden. Muttern über Kreuz zuerst handfest, dann im nächsten Durchgang mit **30 Nm** festziehen.
- Hitzeschutzblech am Abgaskrümmer anschrauben.
- Abgasrohr am Abgaskrümmer mit **neuer** Dichtung montieren, siehe Seite 121.
- Beide Zylinderkopfdeckel/Nockenwellengehäuse mit **neuer** Dichtung über Kreuz mit **25 Nm** anschrauben.
- Hinteres Zahnriemen-Abdeckblech am Zylinderkopf anschrauben.
- Nockenwellenräder mit **115 Nm** anschrauben. Dabei Nockenwellenrad mit Haltewerkzeug wie beim Ausbau arretieren, damit sich die Nockenwelle nicht mitdreht.
- Zahnriemen einbauen und spannen, siehe Seite 22.
- Ansaugrohr komplett mit Kraftstoffverteilerrohr und Einspritzventilen am Zylinderkopf aufstecken. **Neue Dichtung** zwischenlegen. Muttern mit **30 Nm** anschrauben.
- Sammelsaugrohr mit **neuen Dichtungen** am unteren Ansaugrohr mit **30 Nm** anschrauben. Sammelsaugrohr mit 2 oberen Schrauben am Zylinderkopf anschrauben.
- Unterdruckschläuche für Benzindämpfe, Bremskraftverstärker und Druckfühler nach Markierung am Ansaugrohr beziehungsweise Drosselklappenteil aufstecken.
- Stecker für Leerlaufsteller, Lufttemperaturfühler und Drosselklappenpotentiometer aufstecken, siehe Abbildungen unter »Ausbau«.
- Pumpe der Servolenkung anschrauben.
- Keilriemen einbauen, siehe Seite 58.
- Mehrfachstecker für Einspritzventile und Zündspule aufstecken.
- Stecker am Kühlmittelthermostat aufstecken.
- Ölmeßstabrohr und Einfüllstutzen am Ansaugrohr anschrauben. Kurbelgehäuse-Entlüftungsschlauch am Einfüllrohr aufstecken.
- Kraftstoffzulaufleitung und Rücklaufleitung anschrauben. Haltebügel für Kraftstoffleitungen am Ansaugrohr des Motors anschrauben.
- Gaszug am Drosselklappenstutzen einhängen.
- Batteriekonsole einsetzen und anschrauben.
- Relaiskasten an Batteriekonsole mit 2 Muttern anschrauben. Deckel auf Relaiskasten setzen und mit 1 Schraube befestigen.
- Motor-Steuergerät einbauen, siehe Seite 89.
- Kühlmittelleitungen am Thermostat (Zylinderkopf) nach beim Ausbau angebrachter Markierung aufstecken und mit Schraubschellen befestigen.
- Kühlmittelleitungen am Drosselklappenstutzen aufstecken und mit Schraubschellen befestigen.
- Ansaugluftfilter und Luftschlauch zum Drosselklappenstutzen einbauen, siehe Seite 100.
- Kühlflüssigkeit auffüllen, siehe Seite 71.
- Ölstand im Motor prüfen, gegebenenfalls Öl nachfüllen. Wurde der Zylinderkopf aufgrund einer defekten Zylinderkopfdichtung abgebaut, empfiehlt sich ein vorgezogener Ölwechsel einschließlich eines Ölfilterwechsels, da sich im Motoröl Kühlflüssigkeit befinden kann.
- Batterie-Massekabel (–) anklemmen. Vorhandene Zeituhr einstellen und Diebstahlcode für Radio eingeben.

Speziell 1,8-l-Motor

Ausbau

- Folgende Teile ähnlich wie beim 1,6-l-Motor ausbauen: Batterie, Ansaugluftfilter und Luftschlauch zum Drosselklappenstutzen, Kühlmittelleitungen zum Zylinderkopf, Kraftstoffleitungen, Stecker an den Einspritzventilen, Ölpeilstab, Abgaskrümmer.
- Halter für Lambdasondenkabel im Bereich vom Thermostat abschrauben.

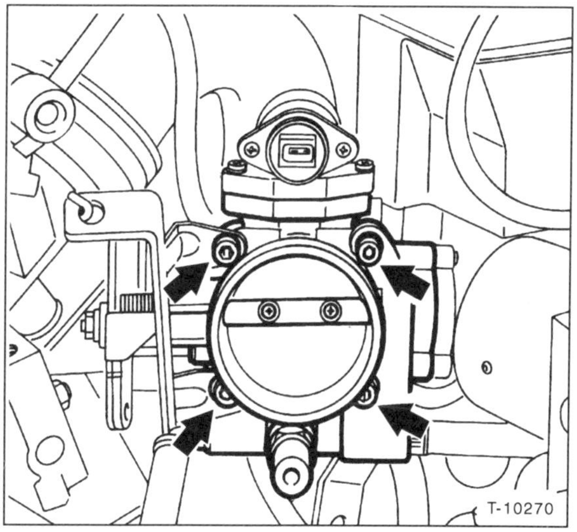

- Drosselklappenstutzen abschrauben –Pfeile–, damit die Ansaugrohr-Stütze zugänglich wird.

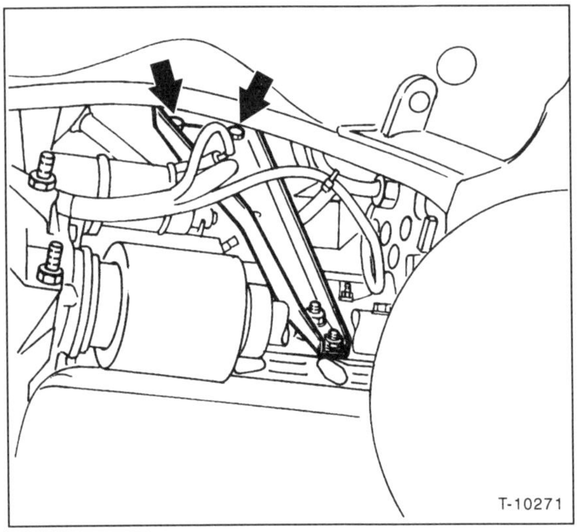

- Ansaugrohr-Stütze abschrauben –Pfeile–.
- Zahnriemen ausbauen, siehe Seite 22.
- Zylinderkopfdeckel ausbauen, siehe Seite 36.
- Alle Zylinderkopfschrauben mit Torxschlüssel über Kreuz ½ Umdrehung lösen, anschließend Schrauben ganz herausdrehen und abnehmen.

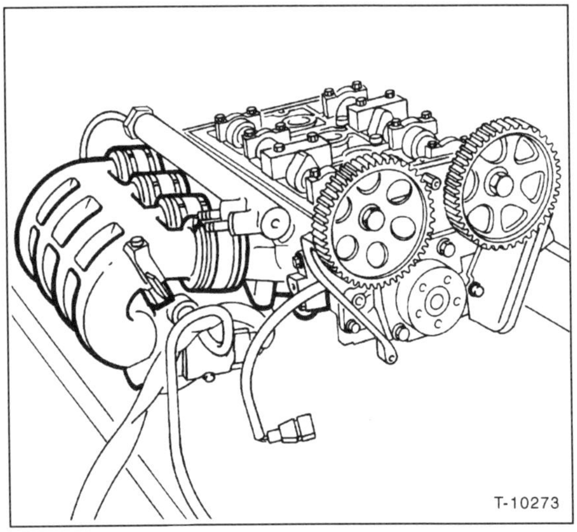

- Ansaugrohr vom Zylinderkopf abschrauben.

Einbau

Der Einbau erfolgt wie beim 1,6-l-Motor beziehungsweise in umgekehrter Ausbaureihenfolge.

- Zylinderkopfschrauben bei Reparaturen immer ersetzen.
- Zylinderkopfschrauben und Unterlegscheiben reinigen und mit Motoröl einölen. Teile nach dem Einölen mindestens 30 Minuten abtropfen lassen.
- Neue Zylinderkopfdichtung aus der Originalverpackung nehmen, auf gereinigte Dichtflächen von Motorblock und Zylinderkopf legen. Die Aufschrift »ALTO« muß nach oben zeigen.

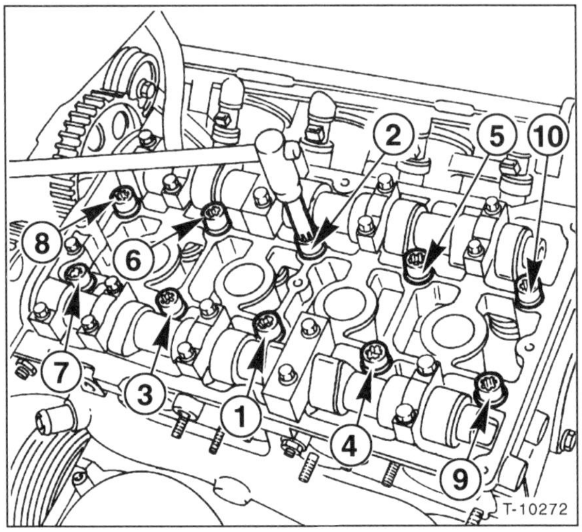

- Die Zylinderkopfschrauben werden in 4 Stufen angezogen. In jeder Stufe die Zylinderkopfschrauben in der Reihenfolge von 1 bis 10 anziehen.

1,8-l-Motor:

1. Stufe: mit Drehmomentschlüssel **40 Nm**

2. Stufe: alle Schrauben mit einem starren Schlüssel um **90° (¼ Umdrehung)** weiterdrehen

3. Stufe: alle Schrauben mit einem starren Schlüssel um **90° (¼ Umdrehung)** weiterdrehen

4. Stufe: alle Schrauben mit einem starren Schlüssel um **90° (¼ Umdrehung)** weiterdrehen

Achtung: Die Zylinderkopfschrauben dürfen bei warmem Motor nicht nachgezogen werden.

Speziell 2,0-l-Motor

Achtung: Zum Zylinderkopfausbau muß der ganze Motor ausgebaut werden, da der Zahnriemen aus Platzgründen sonst nicht ausgebaut werden kann. Im folgenden daher nur die Anzugswerte für die Zylinderkopfschrauben.

2,0-l-Motor:

1. Stufe: mit Drehmomentschlüssel **40 Nm**

2. Stufe: alle Schrauben mit einem starren Schlüssel um **90° (¼ Umdrehung)** weiterdrehen

3. Stufe: alle Schrauben mit einem starren Schlüssel um **90° (¼ Umdrehung)** weiterdrehen

4. Stufe: alle Schrauben mit einem starren Schlüssel um **90° (¼ Umdrehung)** weiterdrehen

Achtung: Die Zylinderkopfschrauben dürfen bei warmem Motor nicht nachgezogen werden.

Speziell Dieselmotor

Ausbau

Die Diesel-Zylinderkopfschrauben sind wie beim 1,4-l-Motor angeordnet.

- Zahnriemen ausbauen, siehe Seite 22.
- Zylinderkopfdeckel ausbauen, siehe Seite 36.
- Hintere Zahnriemenabdeckung am Zylinderkopf abschrauben.
- Vorderes Abgasrohr ausbauen, siehe Seite 120.
- Kraftstoff-Vorlaufleitung und Rücklaufleitung an der Einspritzpumpe abbauen.
- Stecker von der Einspritzpumpe abziehen.
- Stecker von den Temperaturgebern am Thermostatgehäuse und von den Glühkerzen abziehen.
- Unterdruckschlauch für Bremskraftverstärker von der Unterdruckpumpe am Zylinderkopf abziehen. Falls vorhanden, Quetschschelle mit einem Seitenschneider durchtrennen, beim Einbau durch Schraubschelle ersetzen.
- Gaszug aushängen und zur Seite legen, siehe Seite 98.
- Alle Zylinderkopfschrauben mit Torxschlüssel über Kreuz ½ Umdrehung lösen, anschließend Schrauben ganz herausdrehen und abnehmen. Alte Zylinderkopfdichtung für Ersatzteilkauf aufbewahren.

Einbau

Der Einbau erfolgt in umgekehrter Ausbaureihenfolge.

- Zylinderkopfschrauben bei Reparaturen immer ersetzen.
- Zylinderkopfschrauben und Unterlegscheiben reinigen und mit Motoröl einölen. Teile nach dem Einölen mindestens 30 Minuten abtropfen lassen.

Achtung: Je nach Kolbenüberstand sind Zylinderkopfdichtungen in 3 unterschiedlichen Dicken eingebaut. Die Dichtungsstärken sind durch 0, 1 oder 2 Kerben an der Außenkante der Dichtung gekennzeichnet, daher ausgebaute Dichtung beim Ersatzteilkauf mitnehmen. Bei Ersatz nur Dichtung mit gleicher Kerbenzahl wie ausgebaut verwenden.

Außerdem ist darauf zu achten, daß sich beim Auflegen des Zylinderkopfs alle Kolben auf halber Höhe befinden, also kein Kolben auf OT (Oberem Totpunkt) steht, sonst können Motorschäden entstehen. Gegebenenfalls Kurbelwelle ¼ Umdrehung weiterdrehen, nach Einbau wieder auf ursprüngliche Stellung zurückdrehen, siehe auch Kapitel »Zahnriemen aus- und einbauen«.

Wurden Kurbelwelle, Motorblock, Pleuel oder Kolben ersetzt, muß die Stärke der Zylinderkopfdichtung neu ermittelt werden. Dazu muß der Kolbenüberstand gemessen werden (Werkstattarbeit). 0 Kerben = Dicke 1,60 mm, 1 Kerbe = 1,70 mm, 2 Kerben = 1,80 mm.

- Neue Zylinderkopfdichtung aus der Originalverpackung nehmen, auf gereinigte Dichtflächen von Motorblock und Zylinderkopf legen. Die Aufschrift »ALTO« muß nach oben zeigen.
- Die Zylinderkopfschrauben werden in 5 Stufen angezogen. In jeder Stufe die Zylinderkopfschrauben in der Reihenfolge von 1 bis 10 anziehen, siehe Abbildung T-10253 auf Seite 40.

Dieselmotor:

1. Stufe: mit Drehmomentschlüssel **20 Nm**

2. Stufe: mit Drehmomentschlüssel **65 Nm**

3. Stufe: alle Schrauben mit einem starren Schlüssel um **90° (¼ Umdrehung)** weiterdrehen

4. Stufe: alle Schrauben mit einem starren Schlüssel um **90° (¼ Umdrehung)** weiterdrehen

5. Stufe: alle Schrauben mit einem starren Schlüssel um **90° (¼ Umdrehung)** weiterdrehen

Achtung: Die Zylinderkopfschrauben dürfen bei warmem Motor nicht nachgezogen werden.

Nockenwelle aus- und einbauen

Beschrieben wird der Ausbau beim 1,4-l-Motor, abweichende Hinweise für die anderen Motoren beachten.

Achtung: Werden Teile der Ventilsteuerung wiederverwendet, müssen diese an gleicher Stelle eingebaut werden. Damit keine Verwechslungen vorkommen, empfiehlt es sich, ein entsprechendes Ablagebrett anzufertigen.

Ausbau

- Zylinderkopfdeckel ausbauen, siehe Seite 36.

Achtung: Beim **1,6-l-Motor** werden beim Ausbau der Zylinderkopfdeckel gleichzeitig die Nockenwellengehäuse gelöst, siehe Kapitel »Zylinderkopfausbau«.

- **Dieselmotor:** Unterdruckpumpe ausbauen, siehe Seite 58.
- Zahnriemenschutz ausbauen und Kurbelwelle auf OT Zylinder 1 stellen. Zahnriemen entspannen und nur oben vom Nockenwellenrad abnehmen, siehe Seite 22.

Achtung: Motorstellung nicht mehr verändern.

- Stellung vom Nockenwellenrad zur Nockenwelle mit Reißnadel oder Farbe markieren, damit das Nockenwellenrad in gleicher Stellung wieder angeschraubt wird. Sonst ist eine genaue Einstellung der Motorsteuerung nur mit den FIAT-Werkzeugen möglich, siehe Kapitel »Zahnriemenausbau«. Das Nockenwellenrad sitzt auf einem Konus und kann beliebig verstellt werden.

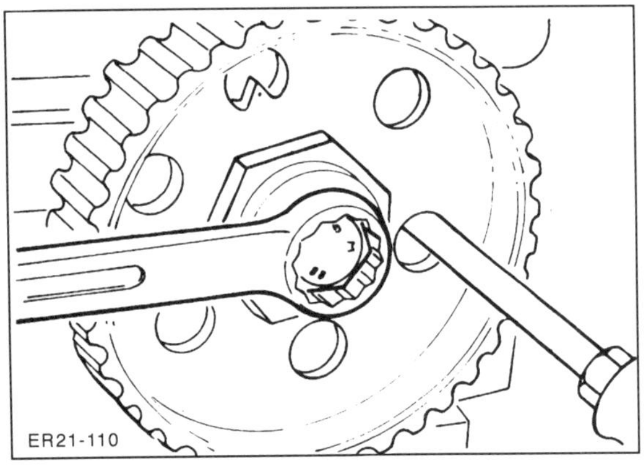

ER21-110

- Nockenwellenrad von vorn mit einem Schraubendreher arretieren. Nockenwellenrad abschrauben und abnehmen, gegebenenfalls mit leichten Schlägen eines Gummihammers abtreiben.

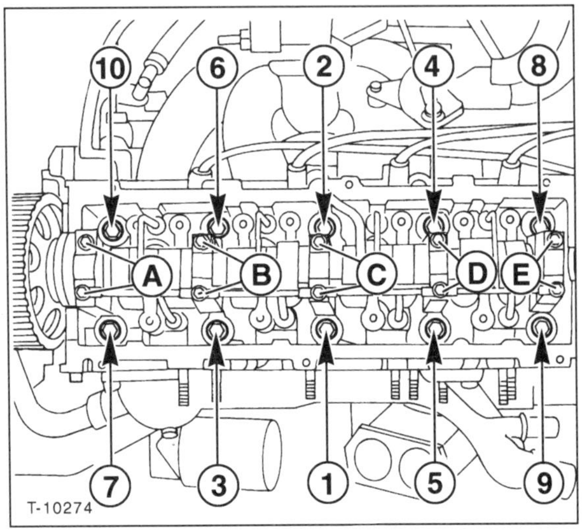

T-10274

- Einbaulage der Lagerdeckel mit Farbe für Wiedereinbau kennzeichnen. Schrauben –B– und –D– ausbauen, Lagerdeckel abnehmen. Dann mittleren Lagerdeckel abschrauben, Schrauben –C–. Zum Schluß Schrauben –A– und –E– abwechselnd über Kreuz lösen –Pfeile–. **Achtung:** Die mit Zahlen bezeichneten Schrauben müssen nicht gelöst werden.
- Ölleitung abnehmen, Nockenwelle herausnehmen.

Achtung: Falls Schlepphebel (1,4-l-Motor) beziehungsweise Tassenstößel herausgenommen werden, diese kennzeichnen, damit sie an gleicher Stelle wieder eingesetzt werden können. Tassenstößel nicht auf den Kopf stellen, sonst läuft die Ölfüllung langsam aus, was zu Funktionsstörungen führt.

Einbau

- Die Oberflächen der Nocken und der Lagerflächen dürfen keine Freßspuren oder Riefen aufweisen, andernfalls Nockenwelle ersetzen.
- Tassenstößel an der gleichen Stelle mit Einstellscheibe wieder einsetzen. Tassenstößel leicht einölen und beim Einsetzen nicht verkanten.

Achtung: Die Tassenstößel dürfen nicht vertauscht werden.

- Dichtring an der Zahnriemenseite der Nockenwelle **immer** ersetzen. Vor dem Einbau einölen.
- Nockenwelle einölen und einsetzen. **Achtung:** Dabei müssen die Nocken für Zylinder 1 nach oben zeigen.
- Lagerdeckel entsprechend der vorher angebrachten Markierung einsetzen.
- Ölleitung wie vor dem Ausbau auf die Lagerschalen 1 bis 5 auflegen. Der Ölzuführungsstutzen an der Ölleitung muß in die Bohrung am Zylinderkopf eingreifen.
- Lagerdeckel 1 und 5 abwechselnd über Kreuz mit **15 Nm** anziehen.
- Lagerdeckel 3 einbauen und mit **15 Nm** festziehen.
- Lagerdeckel 2 und 4 einbauen und mit **15 Nm** festziehen.

- Nockenwellenrad so aufsetzen, daß die Markierung zur Nockenwelle übereinstimmt. Schraube mit **80 Nm** festziehen. Dabei Nockenwellenrad mit Dorn gegenhalten. **Achtung:** Bei den 1,8-l- und 2,0-l-Motoren, Nockenwellenrad mit **120 Nm** festziehen.
- Zahnriemen auf Nockenwellenrad auflegen und spannen. Auf richtige Stellung der Kurbelwelle und der Nockenwelle achten, siehe Seite 22.
- Zahnriemenschutz einbauen.
- **Dieselmotor:** Ventilspiel einstellen, siehe Seite 55.

Hinweis: Bei den anderen Motoren stellt sich das Ventilspiel durch die hydraulischen Ventilspielausgleicher automatisch ein. Motor nach Einbau der Nockenwelle 30 Minuten nicht starten, sonst können Ventile auf den Kolben aufsetzen. Zur Sicherheit, ob der Motor freigängig ist, Motor von Hand 2 Kurbelwellenumdrehungen durchdrehen. Motor durchdrehen, siehe Seite 22.

- Zylinderkopfdeckel einbauen, siehe Seite 36.
- **Dieselmotor:** Unterdruckpumpe einbauen, siehe Seite 58.

Hydraulische Tassenstößel

1,6-/1,8-/2,0-l-Motoren

Die Benzinmotoren sind mit hydraulischen Tassenstößeln ausgerüstet. Beim 1,4-l-Motor sind ebenfalls hydraulische Ventilspielausgleicher für die Schlepphebel vorhanden, die ähnlich wie die Tassenstößel funktionieren. Dadurch muß das Ventilspiel im Rahmen der Wartung **nicht** mehr eingestellt werden; außerdem ergibt sich eine Geräuschminderung im Ventiltrieb.

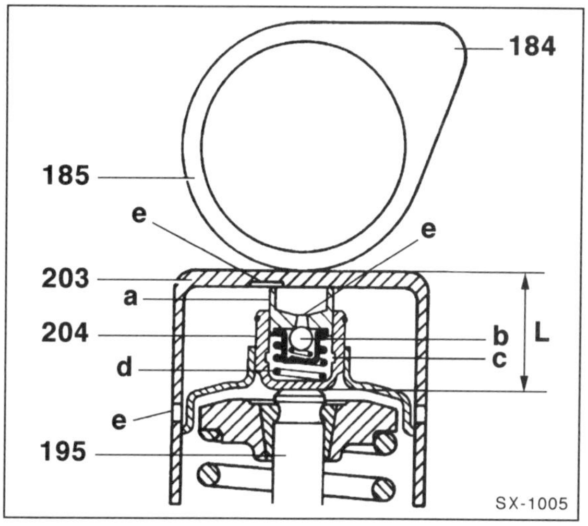

Bei laufendem Motor wird der Tassenstößel –203– entlastet, wenn der Nocken –184– der Nockenwelle –185– nach oben zeigt.

Die Feder –d– drückt dann das Ausgleichelement –204– auseinander, so daß es unten am Ventilschaft –195– anliegt und oben der Druckbolzen –a– den Tassenstößel –203– gegen die Nockenwelle drückt. In dieser Stellung kann über kleine Bohrungen –e– Motoröl in oder aus dem Arbeitsraum –c– fließen. Sobald der Tassenstößel durch den Nocken der sich drehenden Nockenwelle wieder belastet wird, schließt sich das Kugelventil –b– und das eingeschlossene Öl wirkt, da es sich nicht verdichten läßt, wie ein fester Körper. Die Länge –L– wird also bei jeder Umdrehung der Nockenwelle den entsprechenden Größenänderungen der Bauteile im Ventiltrieb angepaßt.

Äußerliches Kennzeichen der hydraulischen Tassenstößel sind eine umlaufende Ölnut und fehlende Einstellscheiben. Reparaturen an den Hydrostößeln sind nicht möglich.

Achtung: Geräusche im Ventiltrieb beim Anlassen des Motors sind normal. Beim Motorstillstand wird je nach Stellung des Nockens mehr oder weniger Öl aus dem einzelnen Ventilstößel herausgedrückt. Dies führt zu Geräuschen, bis sich die Hydrostößel bei laufendem Motor wieder mit Motoröl gefüllt haben. Unter Umständen kann dieser Vorgang so lange dauern, bis der Motor seine Betriebstemperatur erreicht hat. Um eine einwandfreie Funktion der Hydrostößel zu gewährleisten, befindet sich im Zylinderkopf eine Ölrücklaufsperre, welche verhindert, daß sich die Ölkanäle im Zylinderkopf bei abgestelltem Motor vollständig entleeren. Tassenstößel bei Demontage des Motors **nicht** auf den Kopf stellen, sonst läuft die Ölfüllung langsam aus, was zu Funktionsstörungen führt.

Ventil aus- und einbauen

Alle Motoren

Ausbau

Achtung: Werden Teile der Ventilsteuerung wieder verwendet, müssen diese an gleicher Stelle wieder eingebaut werden. Damit keine Verwechselungen vorkommen, empfiehlt es sich, ein entsprechendes Ablagebrett anzufertigen. **Ventilschaftabdichtungen immer erneuern.**

- Zylinderkopf ausbauen und auf 2 Holzleisten ablegen.
- **1,4-/1,8-/1,9-l-Motor:** Nockenwelle ausbauen, siehe Seite 50.
- **1,6-l-Motor:** Nockenwellengehäuse vom Zylinderkopf abschrauben, siehe Seite 37.

- Alle außer 1,4-l-Motor: Tassenstößel markieren und herausnehmen. Gegebenenfalls Gummisauger zum Herausziehen verwenden. Die Abbildung zeigt den Dieselmotor, die Tassenstößel besitzen Einstellscheiben.

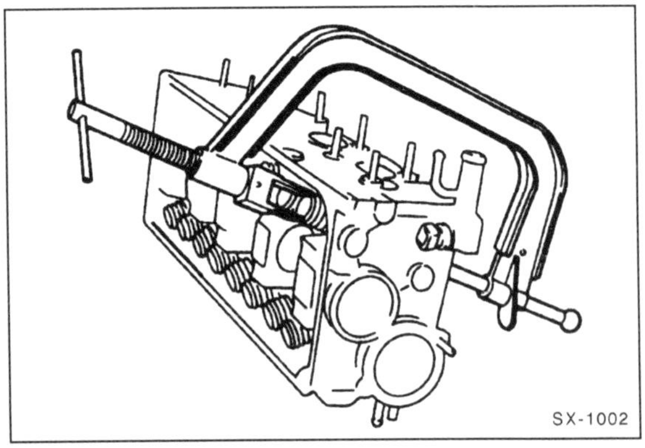

- Ventilfedern ausbauen. Hierzu benutzen die Werkstätten ein Spezialwerkzeug. Man kann die Ventilkegelstücke – und damit die Ventile einschließlich der Ventilfedern – auch mit Hilfe einer handelsüblichen Ventilfederzange ausbauen.

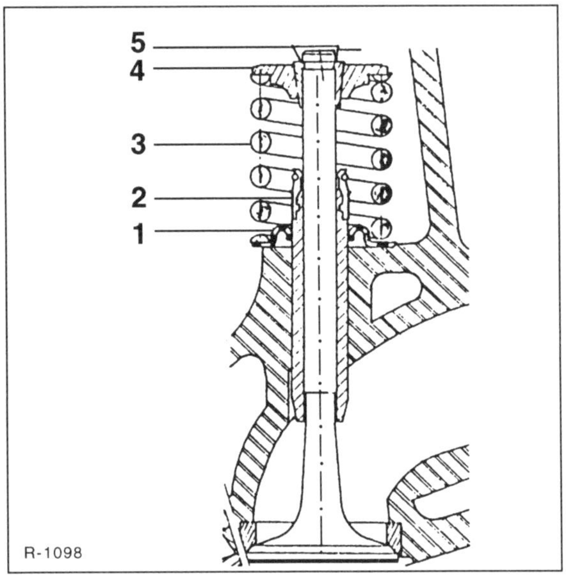

1 – Unterer Ventilteller, 2 – Ventilschaftabdichtung, 3 – Ventilfeder, 4 – Oberer Ventilfederteller, 5 – Ventilkegelstücke.

- Ventilfedern zusammendrücken und Ventilkegelstücke herausnehmen. Ventilfederteller oben und Ventilfedern abnehmen. Ventil herausziehen. Je nach Motor können auch 2 Ventilfedern pro Ventil vorhanden sein.

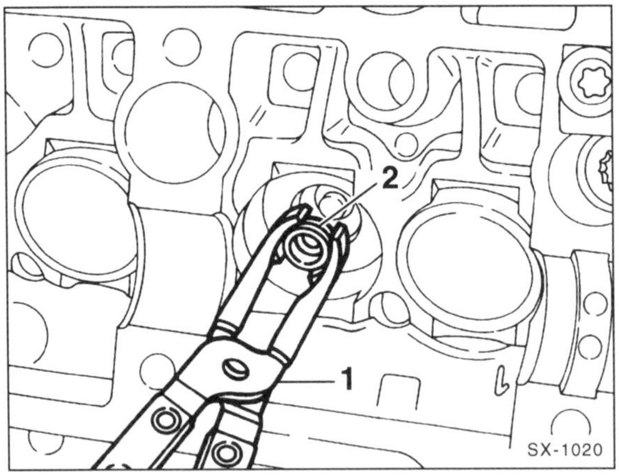

- Ventilschaftabdichtung -2- mit Spezialzange -1- abziehen. Hierzu eignet sich beispielsweise die Ventildichtringzange 791-5 von HAZET.
- Ventil zur Brennraumseite aus dem Zylinderkopf herausziehen.
- Nächstes Ventil ausbauen.

Einbau

- Ventilschaft leicht einölen und jedes Ventil an gleicher Stelle wie vor dem Ausbau einsetzen. Neue Ventile auf ihren Sitzen leicht mit Schleifpaste einschleifen, siehe Seite 54.
- Alle Teile sorgfältig reinigen und bewegliche Teile mit Motoröl schmieren.

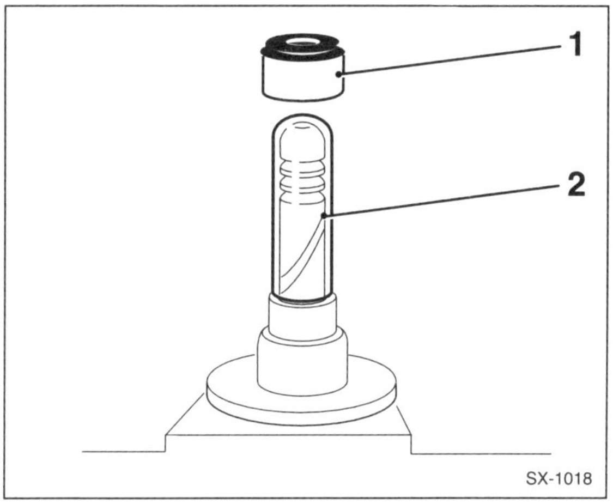

SX-1018

- Um Beschädigungen der Ventilschaftabdichtungen –1– zu vermeiden, vor dem Einbau Ventilschaft –2– an den Anlageflächen der Ventilkegelstücke mit glattem Klebeband abkleben. Nach dem Einbau Klebeband entfernen.
- Ventilschaftabdichtung leicht einölen und mit geeignetem Treibdorn bis zum Anschlag aufdrücken.
- Ventilschaft und Ventilführung mit Motoröl leicht einölen, Ventil von unten einsetzen.
- Ventilfedern und Ventilteller oben einsetzen.

Achtung: Bei Motoren mit hoher Laufleistung (über 100.000 km) empfiehlt es sich, die Ventilfedern zu ersetzen, da diese mit der Zeit erlahmen.

- Ventilfeder mit Spanner zusammendrücken und Ventilkegelstücke einsetzen. Ventilfeder langsam entspannen und dabei auf richtigen Sitz der Kegelstücke achten.
- Anschließend nächstes Ventil einbauen. Dabei Ein- und Auslaßventil nicht verwechseln.
- Nach Einbau der Ventile alle Tassenstößel nach der Kennzeichnung in den Zylinderkopf einsetzen. Beim Dieselmotor zugehörige Einstellscheiben auflegen, siehe oberen Pfeil in Abbildung R-10243. Stößelbohrung im Zylinderkopf, Stößel innen und außen sowie Einstellscheiben beidseitig mit sauberem Motoröl bestreichen.
- **1,4-/1,8-/1,9-l-Motor:** Nockenwelle(n) einbauen, siehe Seite 50.
- **1,6-l-Motor:** Nockenwellengehäuse mit neuer Dichtung auf Zylinderkopf aufschrauben, siehe Seite 37.
- Zylinderkopf einbauen, siehe Seite 37.
- **Dieselmotor:** Ventilspiel einstellen, siehe Seite 55.

Ventilführungen prüfen

Alle Motoren

Bei Instandsetzungsarbeiten von Motoren mit undichten Ventilen genügt es nicht, die Ventile zu bearbeiten beziehungsweise zu ersetzen. Es ist außerdem dringend erforderlich, die Ventilführungen auf Verschleiß zu prüfen. Besonders wichtig ist die Prüfung an Motoren mit längerer Laufzeit. Ist der Verschleiß zu groß, sind entweder die Ventilführungen zu erneuern (Werkstattarbeit!), oder der Zylinderkopf ist auszutauschen.

- Rückstände an Ventilführungen mit zylindrischer Weichmetallbürste oder mit Reibahle entfernen.
- Neues Ventil einsetzen. Ventilschaftende muß mit Führung abschließen.

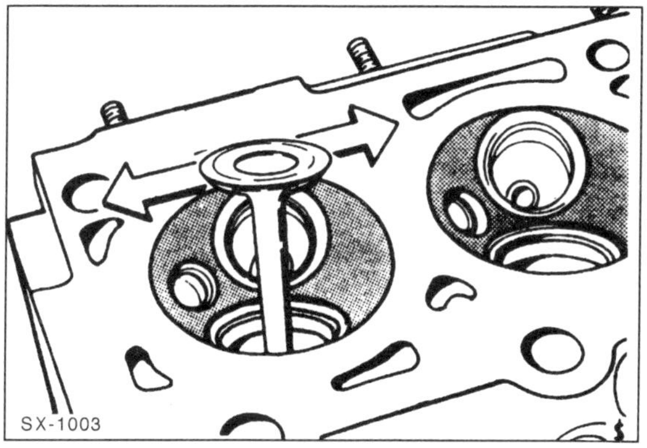
SX-1003

- Kippspiel ermitteln. Dazu Meßuhr am Rand des Ventiltellers anlegen und Ventil mit der Hand hin- und herbewegen. Verschleißgrenze für Einlaß- und Auslaßventilführung: Dieselmotor: 0,35 mm, alle anderen Motoren: 0,25 mm. Es darf also nur ein kaum spürbares Spiel vorhanden sein.
- Bei zu großem Kippspiel Ventilführungen von Werkstatt erneuern lassen.

Ventilsitz im Zylinderkopf/Ventil nacharbeiten

Alle Motoren

Das Nachschleifen der Ventilsitze im Zylinderkopf muß immer durchgeführt werden, wenn die Ventile oder Ventilführungen nachgeschliffen wurden oder die Ventile ersetzt worden sind. Ventilsitze immer nur so weit nacharbeiten, daß ein einwandfreies Tragbild erreicht wird. Ventilsitzringe können mit den üblichen Werkstattmitteln erneuert werden. Für das Nacharbeiten der Ventilführung werden Reibahlen benötigt, der Ventilsitz wird mit Schleifköpfen bearbeitet. Da der Umgang mit diesen Werkzeugen eine spezielle Erfahrung erfordert, sollte man die Arbeiten von einer Werkstatt durchführen lassen. Die Maße für Ein- und Auslaßventile sind gleichgroß.

Ventilsitzmaße für alle Motoren

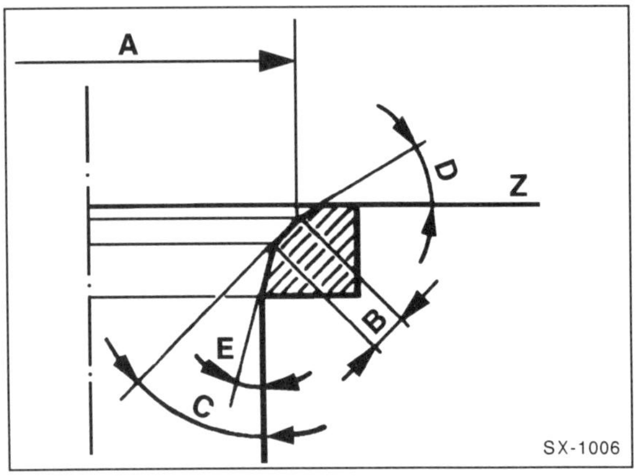

Z = Ventilsitzring-Vorderkante
Maße: A entspricht Ventilaußendurchmesser
B = Ventilsitzbreite, muß gleichbreit sein wie Dichtkegel am Ventil, ca. 2 mm (Diesel: ca. 2,7 mm)
C = 45° 30'
D = 20°
E = 15°

Ventilmaße

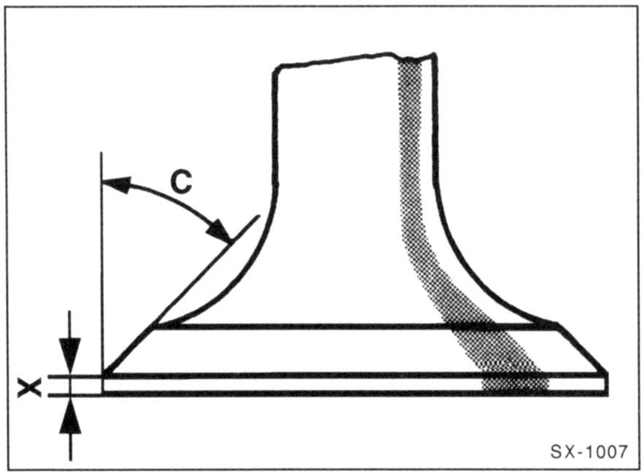

C = 45° 30' (Diesel: 45°)
X = mindestens 1 mm, sonst Ventil ersetzen.

Ventilsitz einschleifen

Alle Motoren

Bei einwandfrei bearbeiteten Ventilsitzringen und neuen Ventilen ist das Einschleifen der Ventilsitze im Zylinderkopf nicht unbedingt erforderlich.

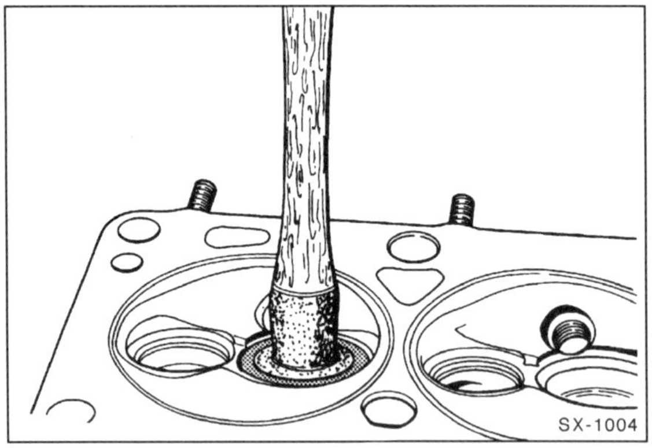

- Die Ventile dürfen nur mit feinkörniger Schleifpaste eingeschliffen werden. Für die notwendigen Drehbewegungen wird ein Gummisauger auf den Ventilteller gesetzt, zum Beispiel HAZET-795. Rillenbildung auf den Sitzflächen beim Einschleifen läßt sich durch häufiges Anheben und gleichmäßiges Weiterdrehen des Ventils während des Schleifvorgangs vermeiden.

Achtung: Die Schleifpaste ist nach dem Einschleifen sorgfältig zu entfernen.

- Geprüft werden kann der Schleifvorgang am Tragbild sowie mit Kraftstoff: Ventil lose einsetzen, Kraftstoff in Brennraum einfüllen, Kraftstoff darf nicht aus der Ventilführung auslaufen. Sonst Schleifvorgang wiederholen.

Kompression prüfen

Die Kompressionsprüfung erlaubt Rückschlüsse über den Zustand des Motors. Und zwar läßt sich bei der Prüfung feststellen, ob die Ventile oder die Kolben (Kolbenringe) in Ordnung beziehungsweise verschlissen sind. Außerdem zeigen die Prüfwerte an, ob der Motor austauschreif ist beziehungsweise komplett überholt werden muß. Für die Prüfung wird ein Kompressionsdruckprüfer benötigt, der für Benzinmotoren recht preiswert in Fachgeschäften angeboten wird.

Achtung: Für den Dieselmotor ist ein Kompressionsdruckprüfer mit größerem Meßbereich erforderlich.

Der Druckunterschied zwischen den einzelnen Zylindern darf maximal 3,0 bar (Diesel 5,0 bar) betragen. Falls ein oder mehrere Zylinder gegenüber den anderen einen Druckunterschied von mehr als 3,0 bar (Diesel 5,0 bar) haben, ist dies ein Hinweis auf defekte Ventile, verschlissene Kolbenringe beziehungsweise Zylinderlaufbahnen. Ist die Verschleißgrenze erreicht, muß der Motor überholt beziehungsweise ausgetauscht werden.

Motor	Kompressionsdruck in bar	
	Neu	Verschleißgrenze
Benzinmotoren	9 – 12	7,0
Dieselmotor	25 – 30	20,0

- Zur Prüfung der Kompression sollte der Motor betriebswarm sein. Die Motoröltemperatur muß jedoch mindestens +30° C betragen.
- Zündung ausschalten.

Achtung: Stromzufuhr (Sicherung) zur Kraftstoffpumpe unterbrechen, damit die Pumpe nicht anläuft. Lage der Sicherungen, siehe Betriebsanleitung beziehungsweise Seite 248.

- Zündkerzen ausbauen, siehe Seite 298.
- Motor mit Anlasser ein paarmal durchdrehen, damit Rückstände und Ruß herausgeschleudert werden. **Achtung:** Getriebe in Leerlaufstellung und Handbremse angezogen.
- Kompressionsdruckprüfer entsprechend der Herstelleranleitung in die Zündkerzenöffnung drücken oder einschrauben.
- Von Helfer Gaspedal ganz durchtreten lassen und während der ganzen Prüfung mit dem Fuß festhalten.
- Motor ca. 8 Umdrehungen drehen lassen, bis kein Druckanstieg mehr auf dem Meßgerät erfolgt.
- Nacheinander sämtliche Zylinder prüfen und mit Sollwert vergleichen.
- Anschließend Zündkerzen einbauen, siehe Seite 298.
- Sicherung für Kraftstoffpumpe wieder einsetzen.

Dieselmotor

- Elektrische Leitung vom Absteller an der Einspritzpumpe abnehmen, siehe Seite 115.
- Einspritzleitungen mit Kaltreiniger reinigen und ausbauen.
- Einspritzdüsen ausbauen, siehe Seite 115.
- Kompressionsdruckprüfer anstelle der Einspritzdüsen einschrauben. Dabei zwischen Druckprüfer und Zylinderkopf alte Wärmeschutzdichtung einlegen.
- Nach der Messung Einspritzdüsen mit **70 Nm** einschrauben. **Achtung:** Wärmeschutzdichtung zwischen Zylinderkopf und Einspritzdüse immer ersetzen.
- Einspritzleitungen mit **25 Nm** anschrauben.
- Leitung am Absteller aufschieben.

Ventilspiel prüfen/einstellen

Nur Dieselmotor

Um unterschiedliche Wärmeausdehnungen im Ventiltrieb zu kompensieren, muß ein gewisses Ventilspiel vorhanden sein.

Bei zu geringem Spiel verändern sich die Steuerzeiten, die Verdichtung ist schlecht, die Motorleistung nimmt ab, der Motorlauf ist unregelmäßig. In extremen Fällen können sich die Ventile verziehen oder die Ventile beziehungsweise Ventilsitze verbrennen.

Bei zu großem Spiel stellen sich starke mechanische Geräusche ein, die Steuerzeiten verändern sich, der Motor gibt wegen mangelhafter Zylinderfüllung weniger Leistung ab, der Motorlauf ist unregelmäßig.

Die Benzinmotoren haben hydraulische Ventilspielausgleicher, die das Ventilspiel immer gleichgroß halten.

Das Ventilspiel ist beim Dieselmotor im Rahmen der Wartung alle 40.000 km zu überprüfen und gegebenenfalls zu berichtigen.

Das Ventilspiel wird bei kaltem, stehendem Motor geprüft beziehungsweise eingestellt.

Das Ventilspiel wird mittels Einstellscheiben unterschiedlicher Dicke eingestellt. Die Einstellscheiben befinden sich oben in den Tassenstößeln. Zum Einstellen des Ventilspiels stehen als FIAT-Ersatzteil Einstellscheiben von 3,25 mm bis 4,70 mm Dicke zur Verfügung, in Abstufungen von 0,05 mm. Die Stärke der Einstellscheiben ist auf der Unterseite eingeprägt. **Beim Einbau ist unbedingt darauf zu achten, daß diese Kennzeichnung nach unten, das heißt in den Tassenstößel zeigt.**

Bereits gelaufene Einstellscheiben können, wenn keine mechanische Beschädigungen vorliegen, wieder verwendet werden.

Zum Einstellen des Ventilspiels werden benötigt: Ein Niederdrücker für die Tassenstößel und eine Zange zum Auswechseln der Ventileinstellscheiben. Die FIAT-Werkzeuge werden in ähnlicher Ausführung von verschiedenen Firmen angeboten, zum Beispiel von HENI GmbH, Postfach 120464, 42874 Remscheid.

- Zylinderkopfdeckel ausbauen, siehe Seite 36.
- Zum Einstellen der einzelnen Ventile muß der Motor immer weiter gedreht werden. Das Durchdrehen des Motors (Kurbelwelle) kann auf mehrere Arten erfolgen:

  1. Kurbelwelle an der Zentralschraube der Kurbelwellen-Riemenscheibe durchdrehen. Vorher Getriebe in Leerlaufstellung schalten und Handbremse anziehen.

  2. Fahrzeug auf ebene Fläche stellen. Fünften Gang einlegen. Fahrzeug vorschieben oder vorschieben lassen.

  3. Fahrzeug seitlich vorn aufbocken. Fünften Gang einlegen, Handbremse anziehen. Angehobenes Vorderrad durchdrehen. Dadurch dreht sich auch die Motor-Kurbelwelle. Zum Drehen des Rades wird eine Hilfsperson benötigt.

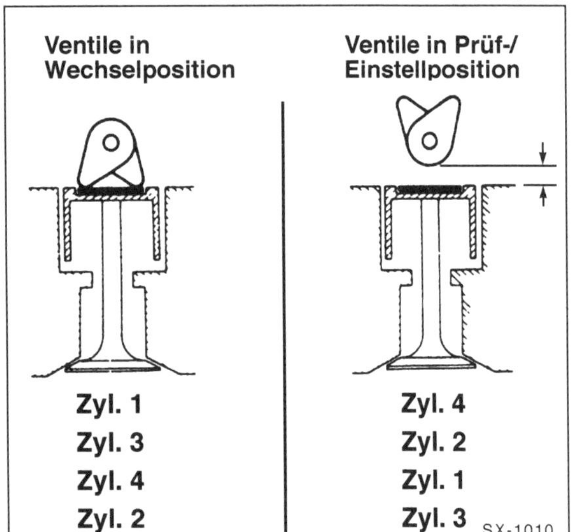

SX-1010

- Zweckmäßigerweise stellt man den Motor zunächst so, daß die Ventile für den 1. Zylinder gleichmäßig nach unten zeigen, siehe linken Teil der Abbildung. Die Ein- und Auslaßventile für Zylinder 1 befinden sich dann in Wechselposition. Der 1. Zylinder liegt gegenüber dem Getriebe an der Zahnriemenseite des Motors, in Fahrtrichtung gesehen rechts. Danach dreht man die Kurbelwelle jeweils ½ Umdrehung und prüft das Ventilspiel für die folgenden Zylinder entsprechend der Zündreihenfolge 1 – 3 – 4 – 2.

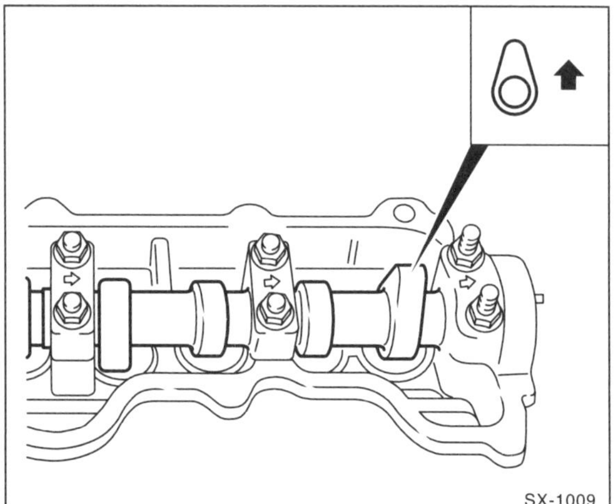
SX-1009

- Eine andere Möglichkeit, die Ventile einzustellen: Nockenwelle durch Verschieben des Fahrzeugs so stellen, daß an einem Ventil der Nocken der Nockenwelle vom Ventil wegzeigt, er zeigt dann nach oben. Der Halbkreis des Nockens liegt also nicht am Tassenstößel an, siehe Zeichnung. In dieser Stellung Spiel prüfen und gegebenenfalls korrigieren.
- Nocken mit Farbstift kennzeichnen.
- Fahrzeug wieder etwas verschieben, bis der Nocken eines anderen Ventils nicht am Tassenstößel anliegt. Die Reihenfolge der Ventileinstellung ist egal. Die Kennzeichnung der Nocken erfolgt, damit man weiß, welches Ventilspiel schon kontrolliert wurde.

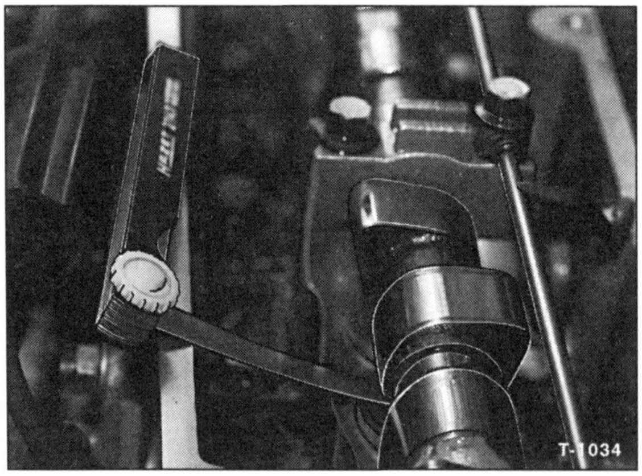
T-1034

- Ventilspiel mit Fühlerblattlehre zwischen Exzenter und Tassenstößel messen.

Achtung: Die Reihenfolge der Ventile, aus Richtung Zahnriemenseite des Motors gesehen: Einlaßventil, Auslaßventil 1. Zylinder; Einlaßventil, Auslaßventil 2. Zylinder; Einlaßventil, Auslaßventil 3. Zylinder; Einlaßventil, Auslaßventil 4. Zylinder.

Dieselmotor	Ventilspiel Prüfwert	Einstellwert
Einlaßventil	0,25–0,35 mm	0,30 mm
Auslaßventil	0,30–0,40 mm	0,35 mm

- Das Ventilspiel ist richtig eingestellt, wenn sich die Fühlerblattlehre stramm durchziehen läßt. Falls der Sollwert nicht erreicht wird, Ventilspiel des betreffenden Ventils einstellen. Gemessenes Ventilspiel des jeweiligen Ventils notieren.

Einstellen

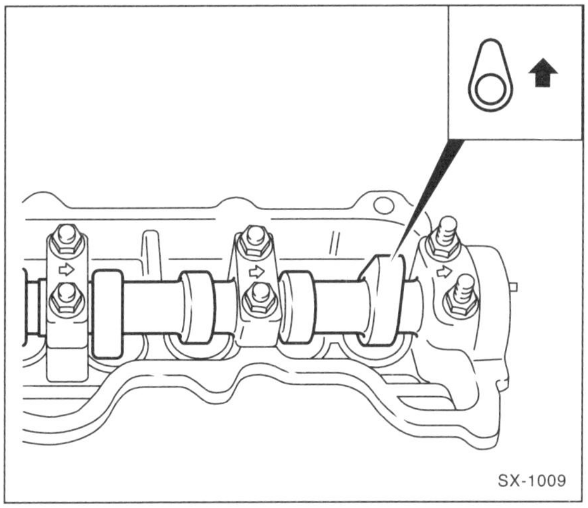

Achtung: Beim Einstellen des Ventilspiels, also beim Wechseln der Ventil-Einstellscheibe, muß der Nocken nach oben zeigen.

- Vor Einsetzen des Niederhalters Tassenstößel so verdrehen, daß die Stößelnut nach vorn zeigt.

- Ventilspiel korrigieren. Hierzu benutzen die FIAT-Werkstätten das gezeigte Spezialwerkzeug (Nr. 1860443000 und 1860724000), das in ähnlicher Ausführung von verschiedenen Werkzeugfirmen angeboten wird. Ohne diese Werkzeuge ist ein Einstellen der Ventile nicht möglich. Mit dem Niederhalter wird der Tassenstößel heruntergedrückt. Das Haltewerkzeug wird zwischen Stößelrand und Nockenwelle geklemmt.
- Dadurch kann die Einstellscheibe mit Hilfe einer Zange (zum Beispiel von HAZET, Nr. 2599), oder einer Reißnadel herausgenommen werden.
- Erforderliche Einstellscheibe einlegen (siehe Rechenbeispiel). Beschriftung muß nach unten zeigen. Scheibe vorher mit Motoröl benetzen.

Hinweis: Mit zunehmender Laufleistung wird durch Setzen und Einschlagen der Ventile das Ventilspiel kleiner, das heißt, die vorhandene Einstellscheibe ist dann zu dick und muß durch eine dünnere ersetzt werden.

Beispiel zur Berechnung der Scheibenstärke:

	Auslaß	Einlaß
Sollwerte (Prüftoleranz)	0,30–0,40 mm	0,25–0,35 mm
gemessene Werte	0,25 mm	0,15 mm
Spiel um	0,1 mm zu klein	0,15 mm zu klein

Liegen die Werte innerhalb der Toleranz, ist ein Auswechseln der Einstellscheiben nicht erforderlich. Wird die Toleranz überschritten, ist beim Einstellen der Einstellwert – zum Beispiel 0,30 mm – anzustreben.

Vorhandene Einstellscheibe	3,5 mm	4,25 mm
Erforderliche Einstellscheibe (um Mittelwert zu erreichen)	3,4 mm	4,1 mm

- Ventilspiel nochmals kontrollieren, dann Motor weiterdrehen.
- Auf dieselbe Weise Spiel für sämtliche Ventile prüfen beziehungsweise einstellen.
- Zylinderkopfdeckel einbauen, siehe Seite 36.

Unterdruckpumpe prüfen/ aus- und einbauen

Dieselmotor

Die Unterdruckpumpe (Vakuumpumpe) befindet sich beim Dieselmotor seitlich am Zylinderkopf und wird von der Nockenwelle angetrieben. Die Pumpe erzeugt den nötigen Unterdruck für den Bremskraftverstärker, da beim Dieselmotor im Gegensatz zum Benzinmotor kein ausreichender Unterdruck im Saugrohr vorhanden ist.

Prüfen

- Unterdruckleitung zum Bremskraftverstärker abziehen, dazu Schlauchschelle aufschrauben.
- Unterdruckmanometer an die Unterdruckpumpe anschließen und Motor laufen lassen.
- Die Unterdruckpumpe muß bei betriebswarmem Motor bei einer Drehzahl von 4000/min nach 3 Sekunden einen Unterdruck von mindestens 700 mbar erzeugen.

Ausbau

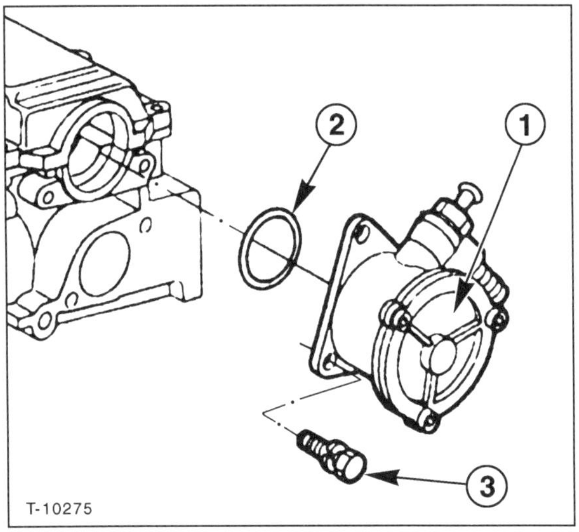

- Unterdruckpumpe –1– mit 3 Schrauben –3– abschrauben und herausnehmen.

Einbau

- Unterdruckpumpe –1– mit Dichtring –2– anschrauben. Beschädigten Dichtring erneuern.
- Unterdruckleitung aufschieben und mit Schlauchschelle befestigen.

Keilriemen ersetzen/spannen

Nebenaggregate wie Kühlmittelpumpe, Generator, Lenkhilfepumpe und Klimakompressor werden von einem gemeinsamen breiten Keilrippenriemen angetrieben. Nur beim 1,6-l-Motor werden zum Antrieb der Lenkhilfepumpe und des Klimakompressors (wo vorhanden) separate, zum Teil schmale Keilriemen verwendet.

Der Keilrippenriemen ist breiter als der herkömmliche Keilriemen und hat Rippen auf der Lauffläche. Die Riemenspannung muß nur beim 1,6-l-Motor eingestellt werden, bei den anderen Motoren hält eine automatische Spannrolle die Riemenspannung konstant. Der Keilrippenriemen hat eine lange Lebensdauer und muß nur alle 40.000 km kontrolliert, gegebenenfalls erneuert werden. Beim Einbau ist dann besonders darauf zu achten, daß der Riemen bündig und nicht versetzt auf den Riemenscheiben liegt.

Ein Keilrippenriemen muß ersetzt werden bei:

- Versprödung und Rißbildung, glatte und glänzende Stellen
- Geräuschen (zum Beispiel durch Ölbenetzung)
- Beschädigungen wie: Querrisse in den Rippen, Rippenausbrüche, Einlagerungen von Schmutz und kleinen Steinen zwischen den Rippen, Ausfransungen oder Flankenverschleiß der Gummirippen.

Achtung: Soll der Keilrippenriemen wieder eingebaut werden, Laufrichtung mit Kreide markieren. Die Laufrichtung darf nicht geändert werden. Werden Keilriemen ersetzt, nur Keilriemen gleicher Größe einbauen.

Ausführlich beschrieben wird der Ausbau beim 1,6-l-Motor, bei den anderen Motoren Hinweise beachten.

Ausbau

- Batterie-Massekabel (–) abklemmen. **Achtung:** Dadurch werden elektronische Speicher gelöscht, wie zum Beispiel Motor-Betriebswerte. Hinweise im Kapitel »Batterie aus- und einbauen« beachten.
- Stellung des rechten Vorderrades zur Radnabe mit Farbe kennzeichnen. Dadurch kann das ausgewuchtete Rad wieder in derselben Position montiert werden. Radschrauben lösen, dabei muß das Fahrzeug auf dem Boden stehen. Fahrzeug vorn aufbocken und rechtes Vorderrad abnehmen.

1,6-l-Motor

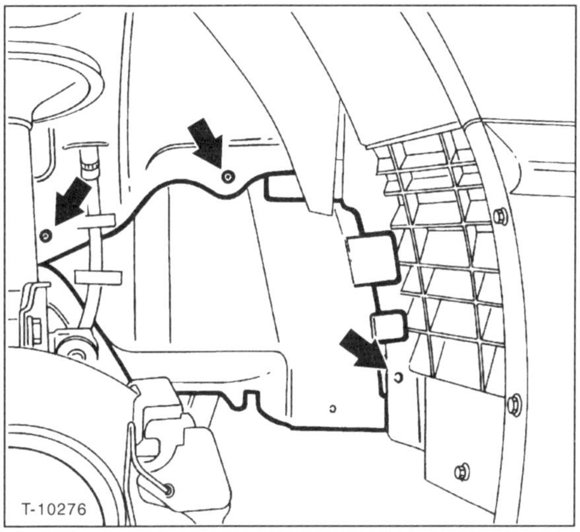

- Keilriemen-Abdeckung im Radhaus abschrauben –Pfeile–.

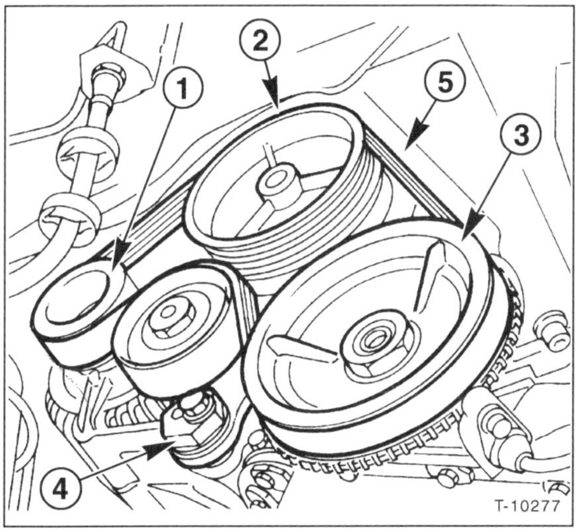

Anordnung des Keilrippenriemens: 1 – Generator; 2 – Kühlmittelpumpe; 3 – Kurbelwelle; 4 – Riemenspanner mit Spannrad.

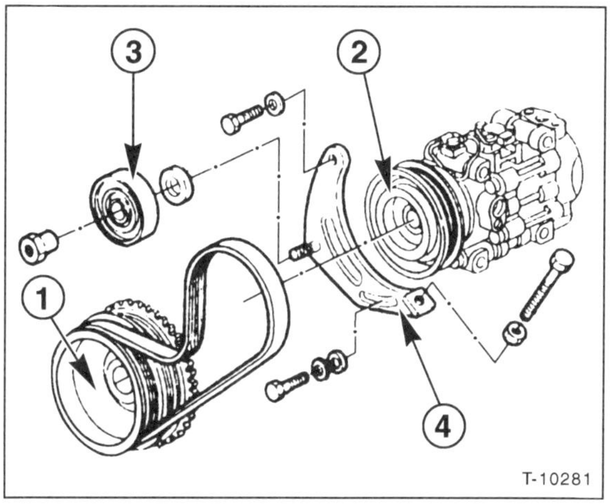

Riemenverlauf für Klimaanlagen-Keilrippenriemen: 1 – Kurbelwelle; 2 – Klimakompressor; 3 – Umlenkrolle; 4 – Halter mit Spannvorrichtung.

Zum Ausbau eines hinten liegenden Keilriemens müssen die davor befindlichen Riemen in angegebener Reihenfolge demontiert werden.

- **Keilrippenriemen für Klimakompressor ausbauen:** Befestigungsschrauben –5– für den Klimakompressor ca. 1 Umdrehung lösen, siehe Abbildung T-10281. Dann Kontermutter an Spannschraube –6– lösen und Keilrippenriemen durch Lösen der Spannschraube entspannen, dabei schwenkt der Klimakompressor zum Motor.

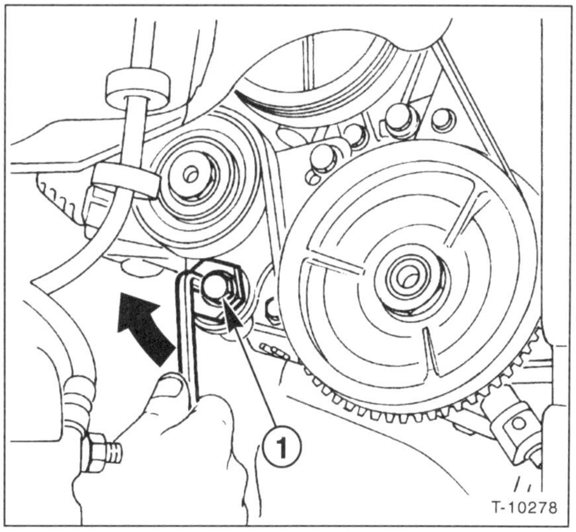

- **Keilrippenriemen für Generator ausbauen:** Schraube –1– am Riemenspanner lösen und Schlüssel für Innensechskantschraube einsetzen. Riemenspanner entgegen der Pfeilrichtung schwenken und Riemen abnehmen.

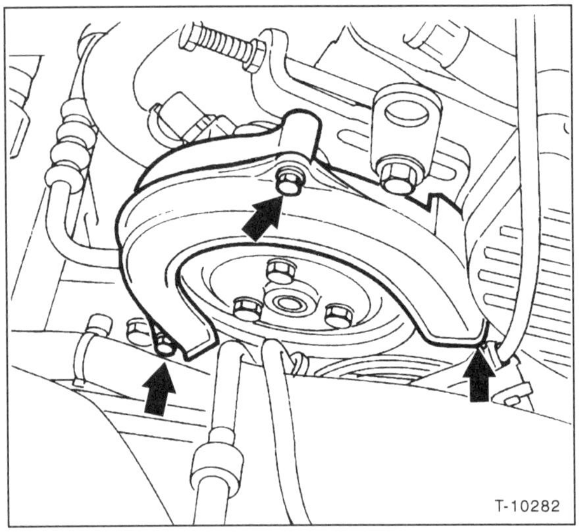

- **Keilriemen für Servolenkung ausbauen:** Schutzhaube für Servopumpe von oben abschrauben, –Pfeile–. Um die Pumpe zu erreichen, gegebenenfalls Luftansaugrohr im Bereich der Zahnriemenabdeckung ausbauen.

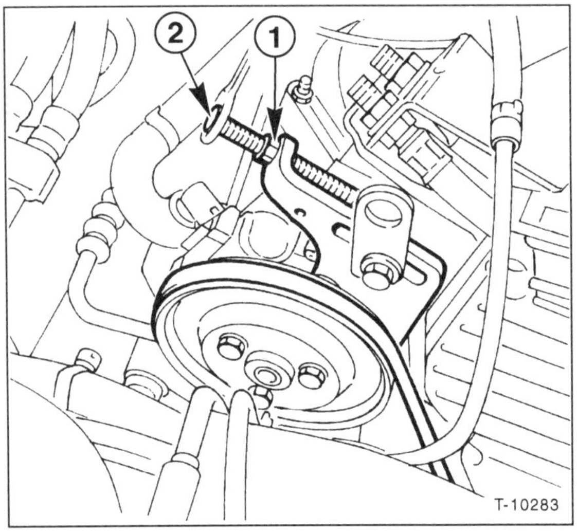

- Mutter –1– lösen und mit Spannschraube –2– an Pumpe für Servolenkung den Keilriemen entspannen. Keilriemen abnehmen.

Einbau

- **Keilriemen für Servolenkung einbauen:** Keilriemen auflegen und mit Spannschraube –2– spannen. Nach Prüfung der Spannung mit Mutter –1– kontern.

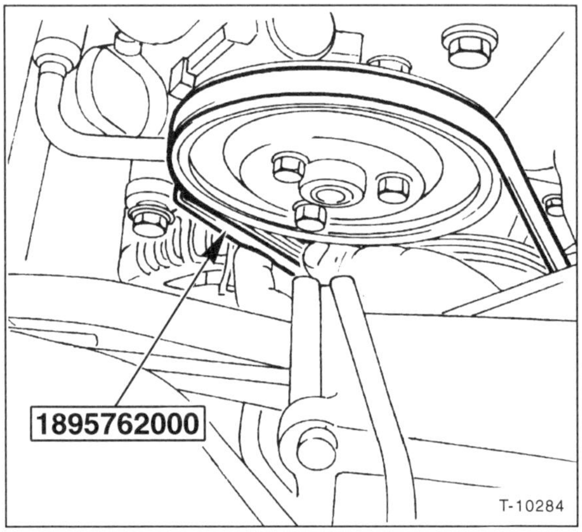

- Keilriemenspannung mit Spezialwerkzeug von FIAT prüfen. Sollwert bei einem neuen Keilriemen: 320 N bis 450 N (Newton); bei bereits gelaufenem Keilriemen: 300 N. Ein Keilriemen gilt als gelaufener Keilriemen, wenn er mindestens 30 Minuten in Betrieb war.

  Steht das Spezialwerkzeug nicht zur Verfügung, Keilrippenriemen zwischen den Riemenrädern mit dem Daumen eindrücken und Durchbiegung abschätzen. **Sollwert:** ca. 4 mm.

- Schutzabdeckung für Servopumpe anschrauben.

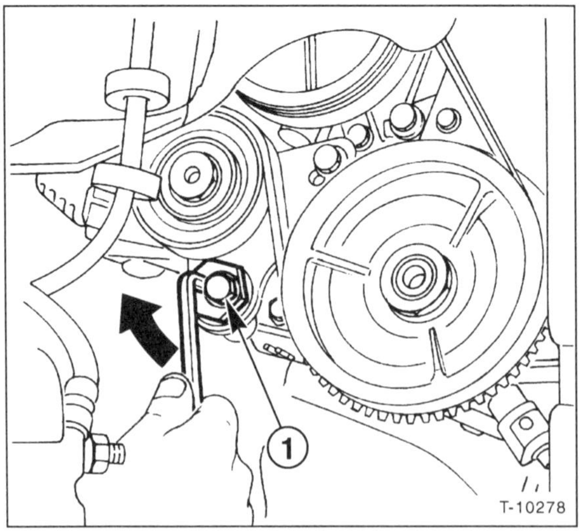

- **Keilrippenriemen für Generator einbauen:** Riemen auflegen. Schlüssel für Innensechskantschraube am Riemenspanner einsetzen. Riemenspanner in –Pfeilrichtung– schwenken und Riemen spannen. Schraube –1– mit **25 Nm** festziehen und Spannung des Riemens prüfen, gegebenenfalls erneut einstellen.

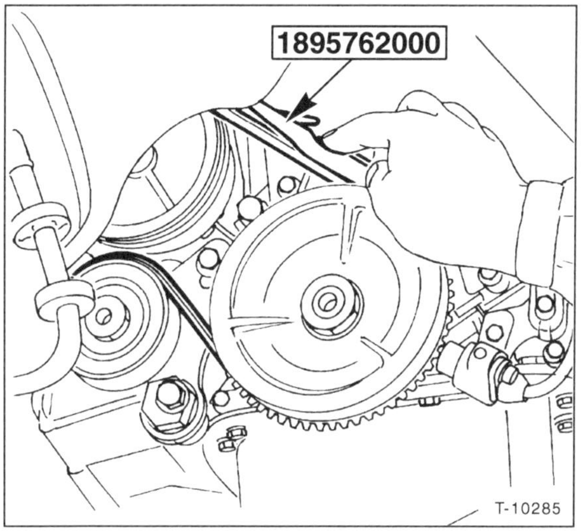

- Keilriemenspannung mit Spezialwerkzeug von FIAT prüfen. Sollwert bei einem neuen Keilriemen: 520 N bis 670 N (Newton); bei bereits gelaufenem Keilriemen: 450 N. Ein Keilriemen gilt als gelaufener Keilriemen, wenn er mindestens 30 Minuten in Betrieb war.

  Steht das Spezialwerkzeug nicht zur Verfügung, Keilrippenriemen zwischen den Riemenrädern mit dem Daumen eindrücken und Durchbiegung abschätzen. **Sollwert:** ca. 4 mm.

Hinweis: Wird die Spannung eines längere Zeit gelaufenen Keilrippenriemens geprüft, Riemen nur nachspannen, wenn er sich bei der Prüfung mehr als 6 mm durchdrücken läßt. Wird die Spannung dann mit dem Spezialwerkzeug geprüft, muß der Keilriemen erst nachgespannt werden, wenn die Spannung weniger als 400 N beträgt.

- **Keilrippenriemen für Klimakompressor einbauen:** Riemen auflegen und durch Verdrehen der Spannschraube –6– spannen, siehe Abbildung T-10281. Die Spannung wird wie beim Keilrippenriemen für Generator geprüft.
- Befestigungsschrauben –5– für den Klimakompressor festziehen, siehe Abbildung T-10281. Kontermutter an Spannschraube festziehen.
- Keilriemenabdeckung im rechten Radhaus einsetzen und anschrauben.
- Batterie-Massekabel (–) anklemmen. Zeituhr einstellen. Radiosender programmieren.
- Vorderrad so ansetzen, daß die beim Ausbau angebrachten Markierungen übereinstimmen. Vorher Zentriersitz der Felge und Kegelfläche der Radschrauben mit Wälzlagerfett leicht einfetten. Gewinde der Radschrauben **nicht** fetten oder ölen. Räder anschrauben. Fahrzeug ablassen und Radschrauben über Kreuz mit **90 Nm** festziehen.

Speziell 1,4-l-Motor

Ausbau

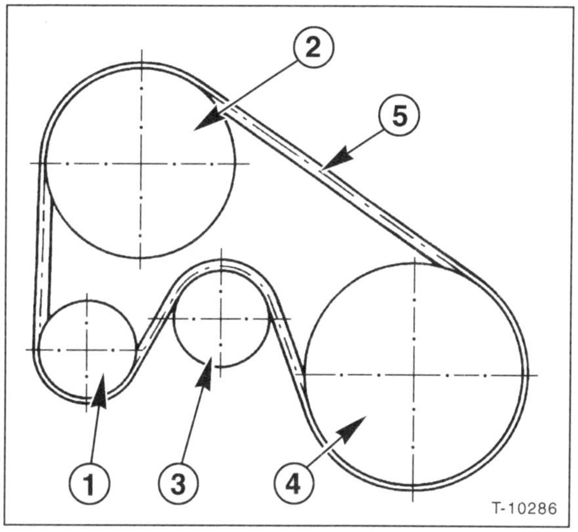

Riemenverlauf ohne Klimaanlage: 1 – Generator; 2 – Servopumpe; 3 – Automatischer Riemenspanner; 4 – Kurbelwelle; 5 – Keilrippenriemen.

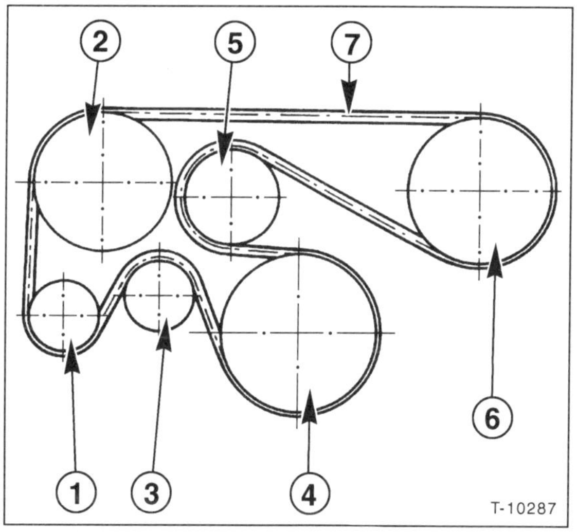

Riemenverlauf mit Klimaanlage: 1 – Generator; 2 – Servopumpe; 3 – Automatischer Riemenspanner; 4 – Kurbelwelle; 5 – Umlenkrolle; 6 – Klimakompressor; 7 – Keilrippenriemen.

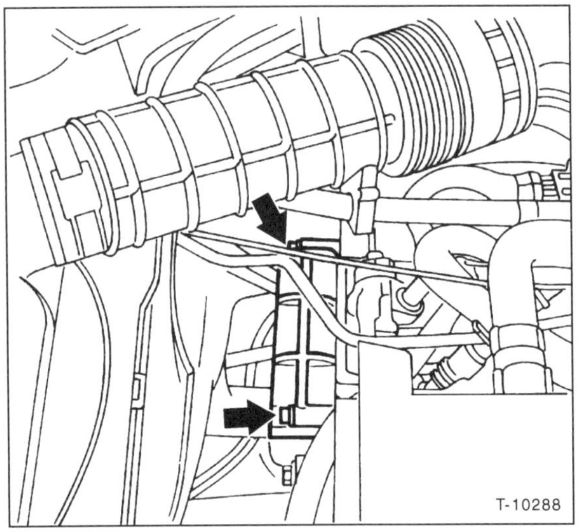

- Schutzhaube für Servopumpe von oben abschrauben, –Pfeile–.

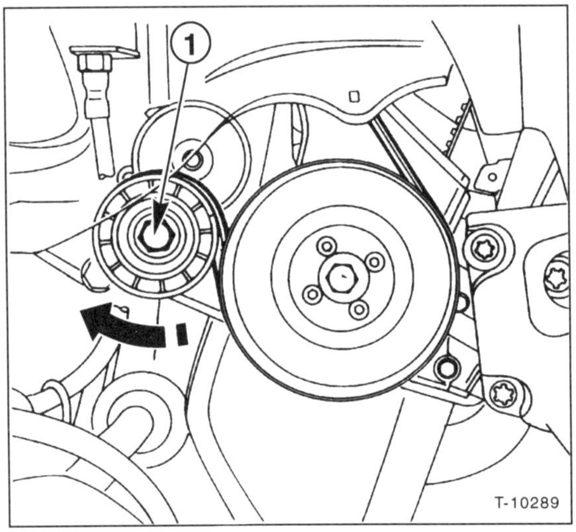

- Keilrippenriemen durch Drehen der mittleren Schraube –1– des Riemenspanners nach links entspannen und abnehmen. Beim Drehen der mittleren Schraube wird die Spannung der Innenfeder des Riemenspanners verringert. Der Riemenspanner schwenkt in Pfeilrichtung.

Einbau

- Keilrippenriemen auflegen, dabei Riemenspanner durch Drehen der mittleren Schraube –1– nach links entlasten.

Achtung: Die vorgespannte Feder des Riemenspanners gewährleistet die korrekte Spannung des Riemens nach einigen Motorumdrehungen.

- Schutzhaube für Servopumpe anschrauben.

Speziell 1,8-l-Motor

Ausbau

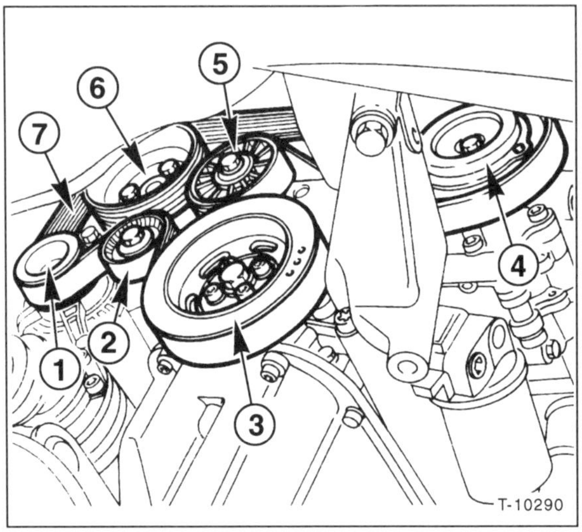

Riemenverlauf: 1 – Generator; 2 – Automatischer Riemenspanner; 3 – Kurbelwelle; 4 – Klimakompressor; 5 – Umlenkrolle; 6 – Servopumpe; 7 – Keilrippenriemen.

Hinweis: Bei Ausführung ohne Klimaanlage entfallen Räder –4– und –5–.

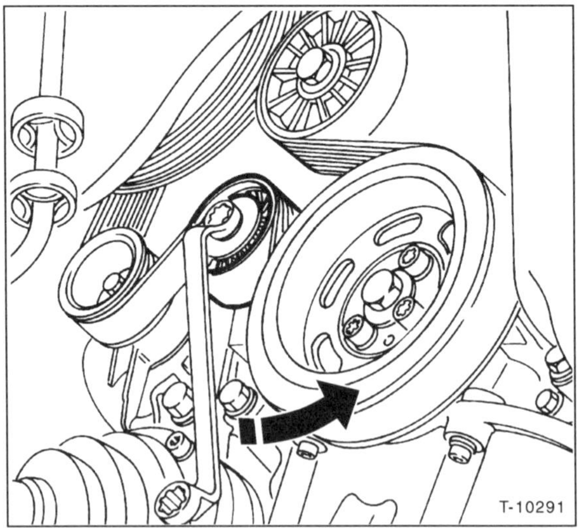

- Keilrippenriemen durch Lösen der mittleren Schraube des Riemenspanners entspannen –Pfeilrichtung– und abnehmen. Beim Lösen der mittleren Schraube wird die Spannung der Innenfeder des Riemenspanners verringert.

Einbau

- Keilrippenriemen auflegen, dabei Riemenspanner durch Drehen der mittleren Schraube –1– nach links entlasten.

Achtung: Die vorgespannte Feder des Riemenspanners gewährleistet die korrekte Spannung des Riemens nach einigen Motorumdrehungen.

Speziell 2,0-l-Motor

Ausbau

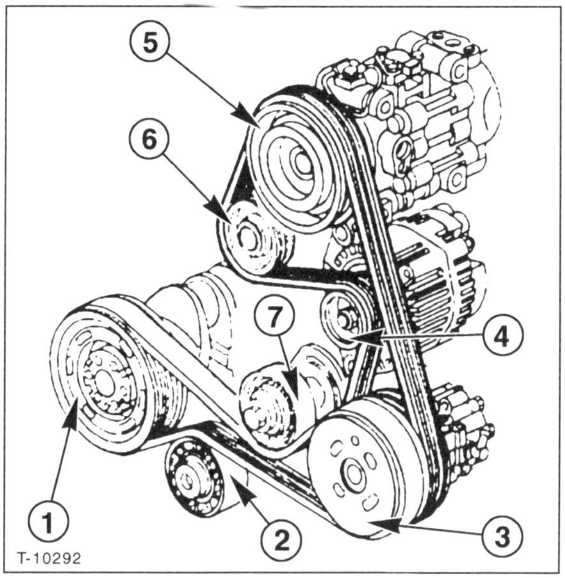

Riemenverlauf: 1 – Kurbelwelle; 2 – Umlenkrolle; 3 – Servopumpe; 4 – Generator; 5 – Klimakompressor; 6 – Automatischer Riemenspanner für Keilrippenriemen Nr. 1; 7 – Automatischer Riemenspanner für Keilrippenriemen Nr. 2.

Hinweis: Bei Ausführung ohne Klimaanlage entfallen Räder –5– und –6–. Der Keilrippenriemen Nr. 1 wird dann durch Lösen und Schwenken des Generators gespannt.

- Keilrippenriemen Nr. 1 durch Lösen der mittleren Schraube des Riemenspanners –6– entspannen. Beim Lösen der mittleren Schraube wird die Spannung der Innenfeder des Riemenspanners verringert.
- Keilrippenriemen Nr. 2 durch Lösen der mittleren Schraube des Riemenspanners –7– entspannen.

Einbau

- Keilrippenriemen auflegen. Schrauben der Riemenspanner entlasten.

Achtung: Die vorgespannte Feder der Riemenspanner gewährleistet die korrekte Spannung der Riemen nach einigen Motorumdrehungen.

Speziell Dieselmotor

Ausbau

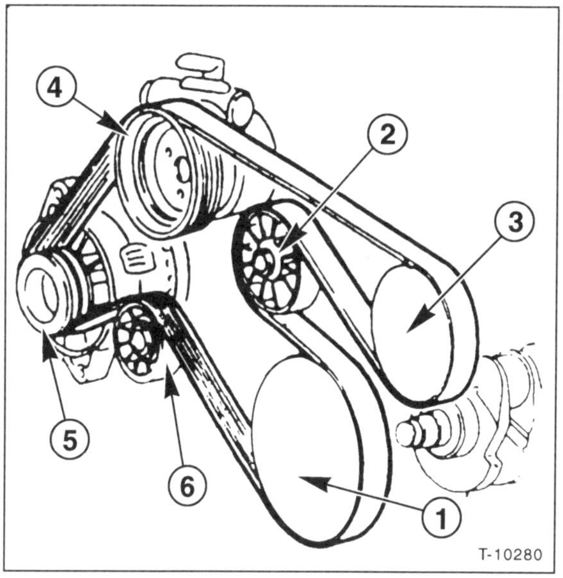

Riemenverlauf: 1 – Kurbelwelle; 2 – Umlenkrolle; 3 – Klimakompressor; 4 – Servopumpe; 5 – Generator; 6 – Automatischer Riemenspanner.

Hinweis: Bei Ausführung ohne Klimaanlage entfallen Räder –2– und –3–.

- Keilrippenriemen durch Drehen der mittleren Schraube –6– des Riemenspanners nach links entspannen und abnehmen.

Einbau

- Keilrippenriemen auflegen. Schraube des Riemenspanners entlasten.

Achtung: Die vorgespannte Feder im Riemenspanner gewährleistet die korrekte Spannung nach einigen Motorumdrehungen.

Störungsdiagnose Motor

Wenn der Motor nicht anspringt, Fehler systematisch einkreisen. Damit der Motor überhaupt anspringen kann, müssen beim Benzinmotor immer zwei Grundvoraussetzungen erfüllt sein: Das Kraftstoff-Luftgemisch muß bis in die Zylinder gelangen und der Zündfunke muß an den Zündkerzenelektroden überschlagen. Als erstes ist deshalb immer zu prüfen, ob überhaupt Kraftstoff gefördert wird. Wie man dabei vorgeht, steht in den Kapiteln »Kraftstoffanlage« und »Einspritzanlage«.

Um festzustellen, ob ein Zündfunke vorhanden ist, Zündkerzen herausschrauben, in Zündkerzenstecker stecken und einzeln gegen Masse halten. Dabei Kerzenstecker oder Zündkabel **nicht** mit der Hand festhalten, sondern eine gut isolierte Zange nehmen. Von Hilfsperson Motor starten lassen. **Achtung:** Um Schäden am Katalysator zu vermeiden, darf dabei kein Benzin eingespritzt werden. Daher Kraftstoffpumpenrelais abziehen. **Achtung: Sicherheitshinweise für elektronische Zündanlage beachten.**

Beim Dieselmotor Vorglüh- und Kraftstoffanlage prüfen.

Störung: Der Motor springt schlecht oder gar nicht an

Ursache		Abhilfe
Bedienungsfehler beim Starten.	**Benzinmotor:**	■ Kupplung treten, Automatikgetriebe in »P« oder »N« stellen. Zündschlüssel drehen und Anlasser betätigen, dabei **kein Gas geben**. Sobald der Motor läuft, Schlüssel loslassen. Jedoch Anlasser nicht länger als etwa 20 Sekunden betätigen. Grundsätzlich sofort losfahren, Motor nicht im Stand warmlaufen lassen. Springt der Motor nach dem ersten Versuch nicht an, zum Beispiel in sehr kaltem oder heißem Zustand: Kurz warten, damit die Zündkerzen trocknen. Dann mit **halb niedergetretenem** Gaspedal starten. Springt der Motor an, Gaspedal zurücknehmen. **Achtung:** Häufige vergebliche Startversuche hintereinander können den Katalysator schädigen, da unverbranntes Benzin in den Katalysator gelangt und bei Erwärmung explosionsartig verbrennt.
	Dieselmotor:	■ **Bei kaltem Motor:** Kupplung durchtreten, Automatikgetriebe in »P« oder »N«stellen. Glühzündung einschalten, bis die Vorglüh-Kontrollampe erlischt. Sofort nach Verlöschen der Kontrollampe Motor anlassen, dabei **kein Gas geben**. Sobald der Motor läuft, Zündschlüssel loslassen. Bei sehr tiefen Temperaturen Anlasser bis zu 40 Sekunden betätigen. Grundsätzlich sofort losfahren, Motor nicht im Stand warmlaufen lassen. ■ **Bei warmem Motor:** Leuchtet die Vorglüh-Kontrollampe nicht auf, braucht nicht vorgeglüht zu werden, der Motor kann sofort angelassen werden.
Benzinmotor: Zündanlage defekt.		■ Zündfunken prüfen, Zündanlage überprüfen.
Dieselmotor: Vorglühanlage defekt.		■ Vorglühanlage prüfen.
Kraftstoffanlage defekt, verschmutzt.		■ Kraftstoffpumpe, -leitungen und Filter überprüfen.
Anlasser dreht zu langsam.		■ Batterie laden. Anlasserstromkreis überprüfen.
Kompressionsdruck zu niedrig.		■ Ventilspiel einstellen (Dieselmotor). Zylinderkopfdichtung ersetzen, beziehungsweise Motor überholen.

Motor-Schmierung

Für die FIAT-Motoren sind Mehrbereichsöle vorgeschrieben. Das hat den Vorteil, daß das Motoröl nicht jahreszeitbedingt (Sommer/Winter) gewechselt werden muß. Mehrbereichsöle bauen auf einem dünnflüssigen Einbereichsöl (z. B. 10 W) auf. Durch sogenannte Verdickerer wird das Öl im heißen Zustand stabilisiert, so daß für jeden Betriebszustand die richtige Schmierfähigkeit gegeben ist.

Das »W« in der SAE-Bezeichnung weist das Öl als wintertauglich aus.

Bei Leichtlaufölen handelt es sich um Mehrbereichsöle, denen unter anderem Reibwertverminderer zugesetzt wurden, wodurch sich die Reibung innerhalb des Motors vermindert. Für das Leichtlauföl wird als Grundöl ein sogenanntes Synthetiköl verwendet. Beim Kauf eines Leichtlauföles sollte man darauf achten, daß es von FIAT freigegeben wurde.

Anwendungsbereich/Viskositätsklassen

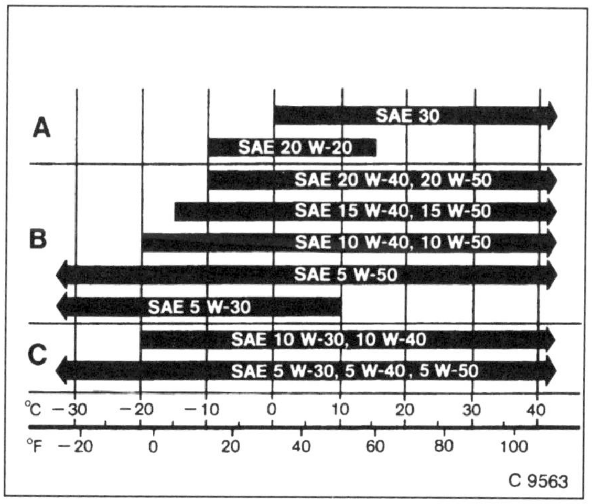

A – Einbereichsöle
B – Mehrbereichsöle
C – Leichtlauföle

Von FIAT empfohlen wird die Verwendung von Öl der Spezifikation SAE 10W-40, beim Dieselmotor 15W-40. Da die Einsatzbereiche benachbarter SAE-Klassen sich überschneiden, können kurzfristige Temperaturschwankungen unberücksichtigt bleiben. Es ist zulässig, Öle verschiedener Viskositätsklassen miteinander zu mischen, wenn einmal Öl nachgefüllt werden muß und die Außentemperaturen nicht mehr der Viskositätsklasse des im Motor befindlichen Öles entsprechen.

Zusatzschmiermittel – gleich welcher Art – sollen weder dem Kraftstoff noch dem Schmieröl beigemischt werden.

Spezifikation des Motoröls

Die Qualität eines Motoröls wird durch das amerikanische API-System gekennzeichnet (API: American Petroleum Institut). Europäische Hersteller richten sich ebenfalls nach diesem System.

Die Kennzeichnung erfolgt durch jeweils zwei Buchstaben. Der erste Buchstabe gibt den Anwendungsbereich an: **S** = Service, für **Ottomotoren** geeignet; **C** = Commercial, für **Dieselmotoren** geeignet. Der zweite Buchstabe gibt die Qualität in alphabetischer Reihenfolge an.

Von höchster Qualität sind Öle der API-Spezifikation **SH** für Ottomotoren und **CF** für Dieselmotoren.

Europäische Ölhersteller geben noch zusätzlich eine »CCMC«-Spezifikation an. Die CCMC-Spezifikationen berücksichtigen insbesondere die europäische Motorentechnologie. Öle für Benzinmotoren erhalten je nach Qualität die Klassen CCMC-G1 bis -G5; Dieselmotoröle für Pkw gibt es in den Spezifikationen CCMC-PD1 und der höherwertigen Spezifikation CCMC-PD2.

Die europäische »CCMC«-Kommission wurde von der »ACEA« (Association des Constructeurs Européens de l'Automobile) abgelöst, welche weitere Tests und Qualitätsstufen festlegt. Öle für PKW-Benzinmotoren erhalten je nach Qualität die Klassen ACEA A1-96 bis A3-96; Dieselmotoröle erhalten die Klassen B1-96 bis B3-96.

Achtung: Motorenöle, die vom Öl-Hersteller ausdrücklich als Öle für Diesel-Motoren bezeichnet werden, sind für Otto-Motoren nicht geeignet. Es gibt Öle, die sowohl für den Otto- wie auch für den Diesel-Motor geeignet sind. In diesem Fall sind beide Spezifikationen (Beispiel: CCMC-G5/PD2 oder API SH/CD) auf der Öldose vermerkt.

Das richtige Motoröl für den FIAT BRAVO/BRAVA

FIAT schreibt folgende Öle vor:
Benzinmotoren: Öl der Spezifikation SAE 10W-40, muß die Mindestnormen CCMC-G5 und API SH erfüllen.

Dieselmotor: Öl der Spezifikation SAE 15W-40, muß die Mindestnormen CCMC-PD2 und API CD erfüllen.

Ölverbrauch

Bei einem Verbrennungsmotor versteht man unter dem Ölverbrauch diejenige Ölmenge, die als Folge des Verbrennungsvorganges verbraucht wird. Auf keinen Fall ist Ölverbrauch mit Ölverlust gleichzusetzen, wie er durch Undichtigkeiten an Ölwanne, Zylinderkopfdeckel usw. auftritt.

Normaler Ölverbrauch entsteht durch Verbrennung jeweils kleiner Mengen im Zylinder; durch Abführen von Verbrennungsrückständen und Abrieb-Partikeln. Zudem verschleißt das Öl durch hohe Temperaturen und hohe Drücke, denen es im Motor fortwährend ausgesetzt ist. Auch äußere Betriebsverhältnisse, wie Fahrweise sowie Fertigungstoleranzen haben einen Einfluß auf den Ölverbrauch. **Der Ölverbrauch auf 1000 km Fahrstrecke soll beim Benziner 0,3 l, beim Dieselmotor 0,8 l nicht überschreiten.**

Unbedingt muß Öl nachgefüllt werden, wenn die »Nachfüll«-Markierung erreicht ist. **Achtung:** Nicht Öl über die »Maximal«-Markierung einfüllen. Wurde zuviel Öl eingefüllt, muß das überschüssige Öl abgelassen werden. Sonst kann der Katalysator beschädigt werden, da unverbranntes Öl in die Abgasanlage gelangt.

Der Ölkreislauf

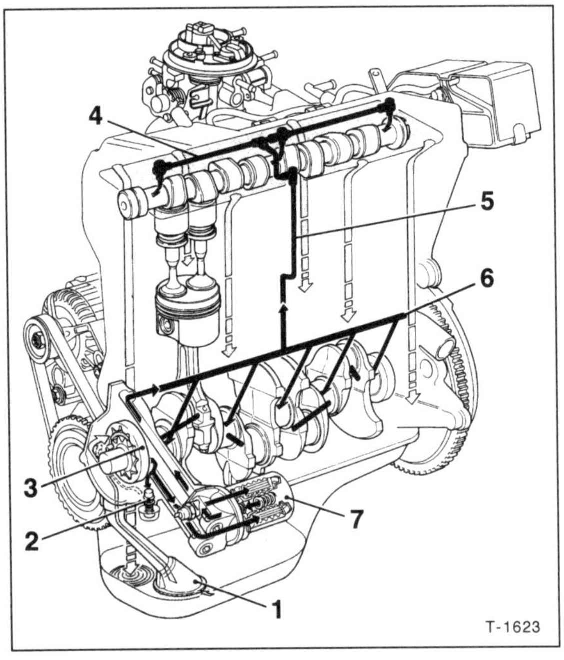

Die Ölpumpe –3– (Sichelzellenpumpe) saugt das Motoröl über den Ölsaugkorb –1– aus der Ölwanne an und drückt es in den Hauptstromölfilter –7–. An der Druckseite der Ölpumpe befindet sich ein Überdruckventil (Öldruckregelventil) –2–. Bei zu hohem Öldruck öffnet das Ventil, und ein Teil des Öls kann in die Ölwanne zurückfließen. Die Abbildung zeigt den 1,4-l-Motor.

Durch die Mittelachse der Filterpatrone gelangt das gefilterte Öl in den Hauptölkanal –6–. Bei verstopftem Ölfilter leitet ein Kurzschlußventil das Öl direkt und ungefiltert in den Hauptölkanal.

Vom Hauptölkanal zweigen Kanäle ab zur Schmierung der Kurbelwellenlager. Durch schräge Bohrungen in der Kurbelwelle wird das Öl an die Pleuellager geleitet und von dort gegen Kolbenbolzen und Zylinder gespritzt.

Gleichzeitig gelangt Motoröl über eine Steigleitung –5– in den Zylinderkopf und versorgt dort über Leitung –4– die Nockenwellenlager und die Ventilstößel.

Speziell 1,6-l-Motor

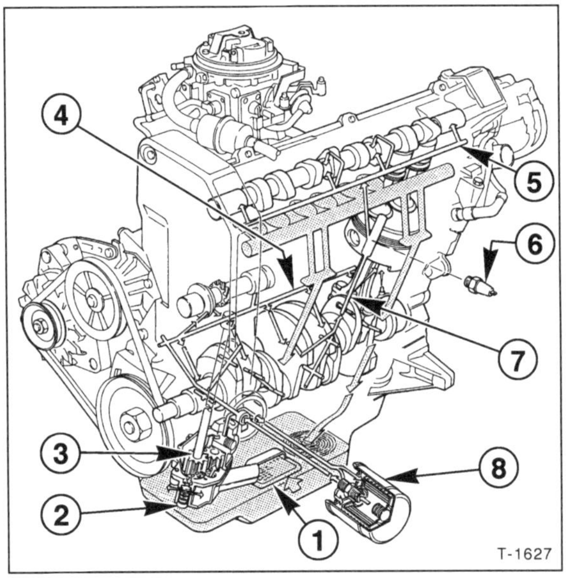

1 – Ölsaugkorb
2 – Öldruckregelventil
3 – Zahnradölpumpe
4 – Hauptölkanal
5 – Ölleitung
6 – Öldruckschalter
7 – Steigleitung
8 – Hauptstromölfilter

Der 1,6-l-Motor besitzt eine Zahnradölpumpe in der Ölwanne, die von der Nebenwelle angetrieben wird.

Speziell 1,8-/2,0-l-Motor und Dieselmotor

Diese Motoren haben wie der 1,4-l-Motor eine Ölpumpe am Ende der Kurbelwelle. Beim 2,0-l-Motor wird die Ölpumpe von einer Kette angetrieben. Beim 2,0-l- und Dieselmotor ist ein Ölkühler in den Ölkreislauf integriert, der am Ölfilterflansch sitzt und vom Kühlmittel durchströmt wird, um die Öltemperatur nicht zu hoch werden zu lassen. Der Diesel-Turbolader ist mit 2 Leitungen mit dem Ölkreislauf verbunden, da die Laderwelle geschmiert werden muß.

Öldruck überprüfen

- Ölstand kontrollieren, gegebenenfalls berichtigen.
- Fahrzeug etwa ½ Stunde lang warmfahren, die Öltemperatur soll ca. +100° C betragen.
- Kabel vom Öldruckschalter abziehen und Öldruckschalter herausschrauben. Der Öldruckschalter sitzt an der Motorblock-Vorderseite, siehe Position –6– in Abbildung T-1627.
- Anstelle des Öldruckschalters geeignetes Manometer einschrauben.
- Motor starten und im Leerlauf belassen. Öldruck am Manometer ablesen.

Sollwert: mindestens 1,0 bar. Anschließend Drehzahl auf 4000/min erhöhen, der Öldruck muß zwischen 3,4 und 4,9 bar liegen.

- Öldruckschalter mit neuem Dichtring einsetzen und mit **35 Nm** festziehen, Kabel anschließen.
- Falls der Öldruck vom Sollwert abweicht, siehe »Störungsdiagnose Ölkreislauf«.

Ölwanne aus- und einbauen

Ausbau

- Fahrzeug aufbocken und Motoröl ablassen, siehe Seite 295.
- Wo vorhanden, Motor-Unterschutz ausbauen, siehe Seite 14.
- Vorderes Abgasrohr am Abgaskrümmer und am vorderen Halter abschrauben. Abgasanlage etwas absenken und mit Draht am Aufbau aufhängen, siehe Seite 120.
- **Dieselmotor:** Öl-Rücklaufschlauch vom Turbolader am Stutzen der Ölwanne abziehen, vorher Schlauchschelle aufschrauben.

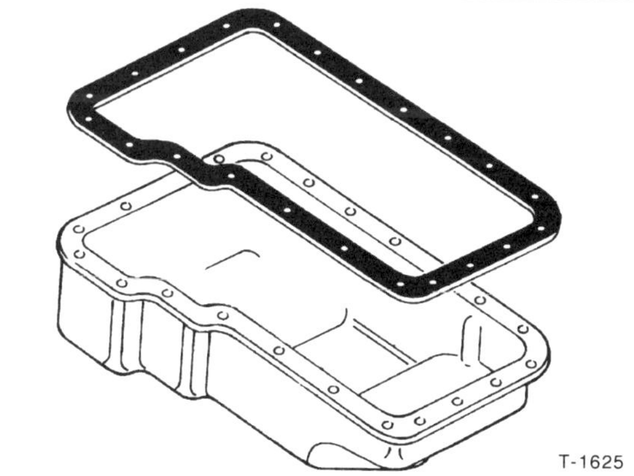

T-1625

- Ölwanne abschrauben und mit Dichtung abnehmen, gegebenenfalls mit Schraubendreher vorsichtig abhebeln. Die Abbildung zeigt die Ölwanne des 1,6-l-Motors.

Einbau

- Dichtflächen von Ölwanne und Motorblock reinigen und trocknen. Eventuell verbogene Dichtfläche an der Ölwanne vorsichtig richten.
- Dichtflächen von Ölwanne und Motorblock mit Spiritus fettfrei abwischen.

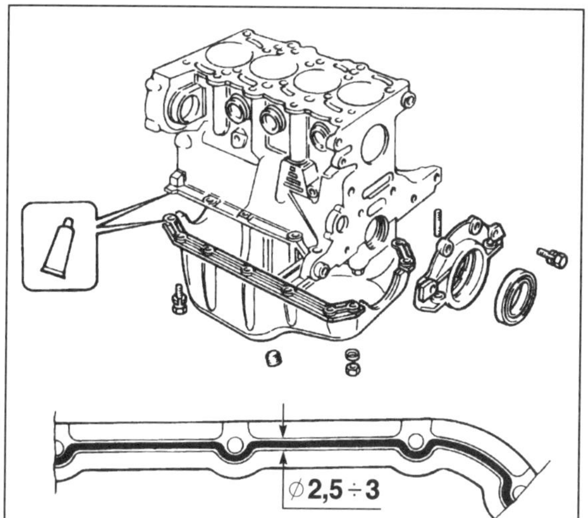

T-1624

- **1,4-/1,8-/2,0-l-Benzinmotoren und Dieselmotor:** An einem Stück, ohne Unterbrechung, auf den Sitz der Ölwanne einen Strang von DOW CORNING Q3-7057 Silikon-Dichtmasse (FIAT-Nr. 5882442) mit einem Durchmesser von 2,5 bis 3 mm auftragen, siehe Abbildung. Die Schraubenlöcher müssen außen liegen. **Achtung:** Nach der Montage der Ölwanne erst nach 1 Stunde Motoröl einfüllen.
- **1,6-l-Motor:** Ölwannendichtung immer erneuern. Ölwanne ansetzen, dabei darauf achten, daß die Ölpumpe nicht beschädigt wird.
- Schrauben und Muttern einsetzen und handfest anziehen. Ölwanne nach dem Anlegen möglichst nicht mehr verschieben.
- Anschließend alle Schrauben nur leicht (bei M6-Gewinde: **10 Nm**; M8-Gewinde: **25 Nm**) festziehen. Nicht zu fest anziehen, sonst wird die Dichtung zerquetscht.
- Abgasanlage einbauen, siehe Seite 121.
- **Dieselmotor:** Öl-Rücklaufschlauch am Stutzen der Ölwanne aufschieben und mit Schlauchschelle befestigen.
- Motor-Unterschutz einbauen, siehe Seite 14.
- Fahrzeug ablassen.
- Motoröl einfüllen, siehe Seite 295.

Störungsdiagnose Ölkreislauf

Störung	Ursache	Abhilfe
Kontrolleuchte leuchtet nicht nach Einschalten der Zündung.	Öldruckschalter defekt.	■ Zündung einschalten, Leitung vom Öldruckschalter abziehen und gegen Masse halten. Wenn die Kontrollampe leuchtet, Schalter ersetzen.
	Strom zum Schalter unterbrochen, Kontakte korrodiert.	■ Elektrische Leitung und Anschlüsse prüfen.
	Kontrollampe defekt.	■ Kontrollampe ersetzen.
Kontrollicht verlischt nicht nach Anspringen des Motors.	Öl sehr heiß.	■ Unbedenklich, wenn Kontrollicht beim Gasgeben verlischt.
Kontrollicht verlischt nicht beim Gasgeben bzw. leuchtet während der Fahrt.	Öldruck zu gering.	■ Ölstand prüfen, ggf. auffüllen; Öldruck nach Vorschrift prüfen.
	Elektrische Leitung zum Öldruckschalter hat Kurzschluß gegenüber Masse.	■ Kabel am Schalter abziehen und isoliert ablegen (nicht gegen Masse legen), Zündung einschalten. Wenn die Kontrollampe aufleuchtet, Leitung überprüfen.
	Öldruckschalter defekt.	■ Schalter auswechseln.
Zu niedriger Öldruck im gesamten Drehzahlbereich.	Zu wenig Öl im Motor.	■ Motoröl nachfüllen.
	Ansaugsieb in der Saugglocke verschmutzt, Saugrohr gebrochen.	■ Ölwanne ausbauen, Ansaugsieb reinigen, ggf. Saugrohr ersetzen.
	Ölpumpe verschlissen.	■ Ölpumpe ausbauen und prüfen, gegebenenfalls ersetzen (Werkstattarbeit).
	Lagerschaden.	■ Motor demontieren.
Zu niedriger Öldruck im unteren Drehzahlbereich.	Öldruckregelventil klemmt in offenem Zustand durch Verschmutzung.	■ Öldruckregelventil ausbauen und prüfen.
Zu hoher Öldruck bei Drehzahlen über 2.000/min.	Öldruckregelventil öffnet nicht wegen Verschmutzung.	■ Öldruckregelventil ausbauen und prüfen.

Motor-Kühlung

Der Kühlmittelkreislauf wird thermostatisch geregelt. Solange der Motor kalt ist, zirkuliert das Kühlmittel nur im Zylinderkopf sowie im Motorblock und im Wärmetauscher der Heizung. Mit zunehmender Erwärmung öffnet der Kühlmittelregler den Kühlmittelstrom durch den Kühler. Das Kühlmittel wird von der Kühlmittelpumpe bewegt, die beim 1,6-l-Motor über einen Keilriemen, bei allen anderen Motoren vom Nockenwellen-Zahnriemen angetrieben wird. Die Kühlflüssigkeit durchströmt den Kühler von oben nach unten und wird dabei durch die an den Kühlrippen vorbeistreichende Luft gekühlt. Sobald die Kühlmitteltemperatur auf ca. +92° C steigt, schaltet ein Thermoschalter den Elektrolüfter zu. Sinkt die Kühlmitteltemperatur unter +87° C, schaltet der Thermoschalter den Lüfter wieder aus. Modelle mit Dieselmotor oder Klimaanlage haben einen zweistufigen Lüfter, der Lüfter läuft in der 2. Stufe schneller. Der Temperaturunterschied zwischen Einschalten von erster und zweiter Lüfterstufe beträgt etwa 5° C. **Achtung:** Beim 1,8-l-Motor wird der Lüfter durch das Motorsteuergerät eingeschaltet.

Der Ausgleichbehälter dient als Vorratsbehälter für Kühlmittel und fängt das sich bei Erwärmung ausdehnende Kühlmittel auf. Das Kühlsystem steht bei Betriebstemperatur unter Druck. Ein Ventil im Deckel des Ausgleichbehälters begrenzt den Druck auf 0,98 bar, beim Dieselmotor auf 0,78 bar.

Achtung: Bei warmem Motor kann sich der Kühlerventilator auch bei abgezogenem Zündschlüssel plötzlich einschalten, **Unfallgefahr!** Nur bei abgekühltem Motor in den Bereich des Lüfters fassen.

Kühlmittelkreislauf 1,6-l-Benzinmotor (1,8-/1,9-/2,0-l-Motoren sind ähnlich der Abbildung ausgeführt)

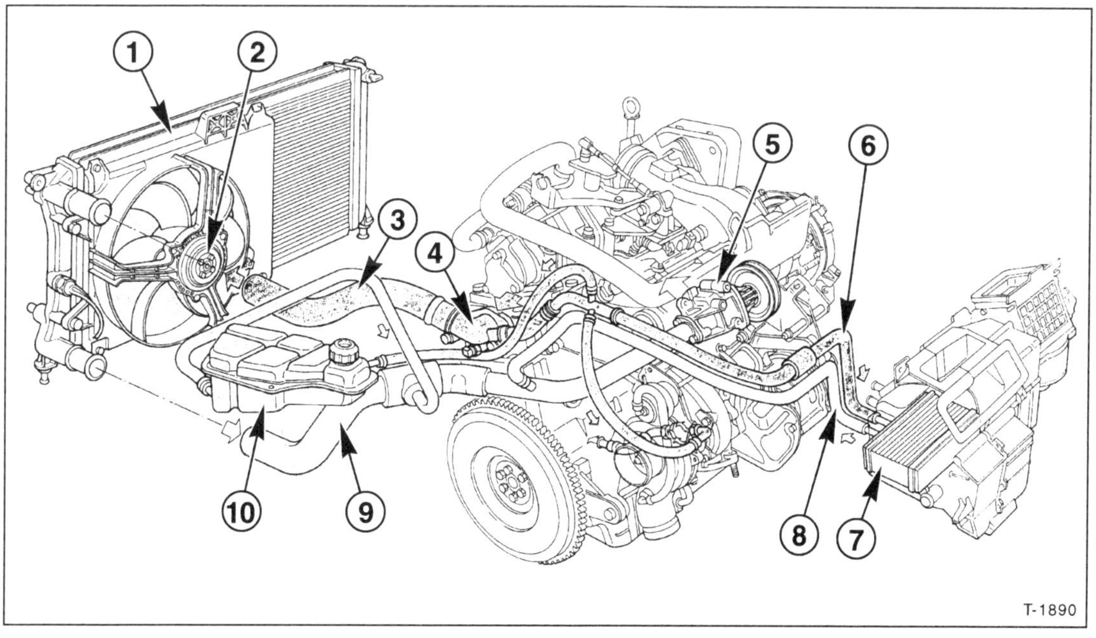

1 – Kühler
2 – Elektrolüfter
3 – Kühlmittelleitung zum Kühler
4 – Kühlmittelregler (Thermostat)
5 – Kühlmittelpumpe
6 – Kühlmittelleitung zum Wärmetauscher
7 – Wärmetauscher für Heizung
8 – Kühlmittelleitung vom Wärmetauscher
9 – Kühlmittelleitung vom Kühler zur Pumpe
10 – Ausgleichsbehälter

Kühlmittelkreislauf 1,4-l-Motor

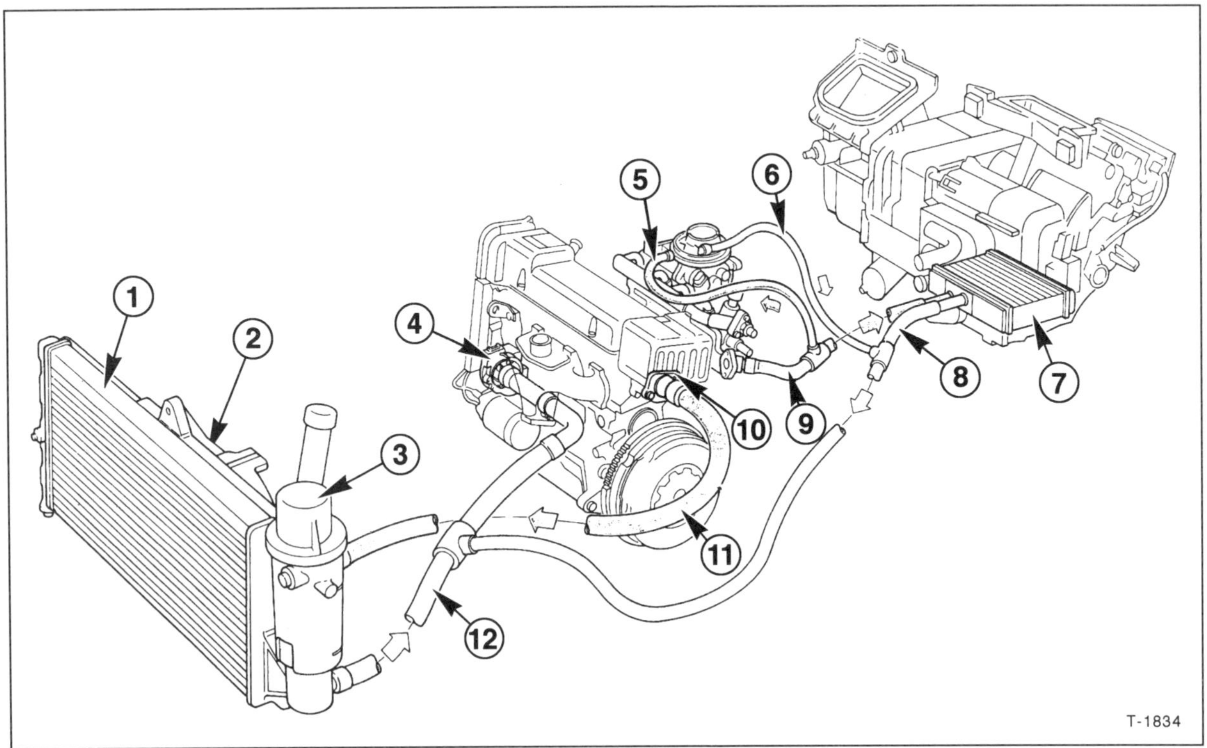

1 – Kühler
2 – Elektrolüfter
3 – Ausgleichsbehälter
4 – Kühlmittelpumpe
5 – Kühlmittelleitung zum Drosselklappengehäuse
6 – Kühlmittelleitung vom Drosselklappengehäuse
7 – Wärmetauscher für Heizung
8 – Kühlmittelleitung vom Wärmetauscher
9 – Kühlmittelleitung zum Wärmetauscher
10 – Kühlmittelregler (Thermostat)
11 – Kühlmittelleitung zum Kühler
12 – Kühlmittelleitung vom Kühler zur Pumpe

Kühlsystem prüfen

Undichtigkeiten im Kühlsystem und die Funktion des Überdruckventils im Verschlußdeckel für das Kühlsystem können mit einem handelsüblichen Prüfgerät überprüft werden.

- Motor auf Betriebstemperatur bringen. Dazu Motor warmfahren, bis die Kühlmitteltemperaturanzeige im Fahrzeug die normale Kühlmitteltemperatur anzeigt.
- Kühlmittelstand prüfen, gegebenenfalls Kühlmittel auffüllen, siehe Kapitel »Wartung«.
- Verschlußdeckel am Ausgleichbehälter öffnen.

Achtung: Unfallgefahr! Bei heißem Motor vor dem Öffnen des Deckels einen dicken Lappen auflegen, um Verbrühungen durch heiße Kühlflüssigkeit oder Dampf zu vermeiden. Deckel nur bei Kühlmitteltemperaturen unter +90° C abnehmen.

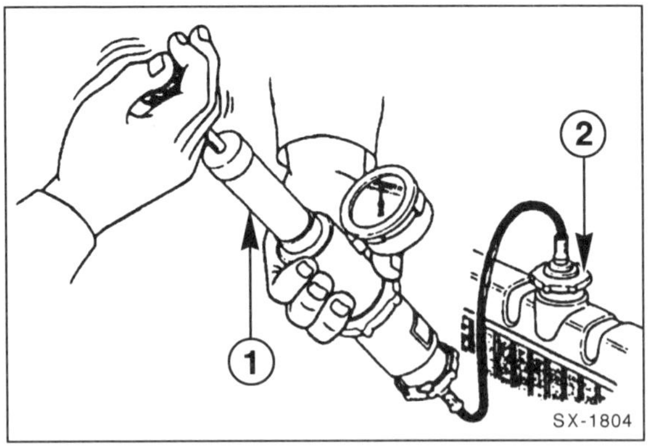

- Prüfgerät auf Einfüllstutzen des Ausgleichbehälters aufsetzen. Mit der Handpumpe des Gerätes einen Überdruck von ca. 1,0 bar (Dieselmotor: 0,8 bar) erzeugen. Fällt der Druck innerhalb von 10 Sekunden ab, undichte Stelle suchen und beseitigen. Die undichte Stelle läßt sich an ausfließendem Kühlmittel erkennen.
- Wenn der Druck ohne Austritt von Kühlmittel abfällt, kann auf inneren Kühlmittelverlust im Motor, zum Beispiel durch eine defekte Zylinderkopfdichtung oder einen Gehäuseriß, geschlossen werden.

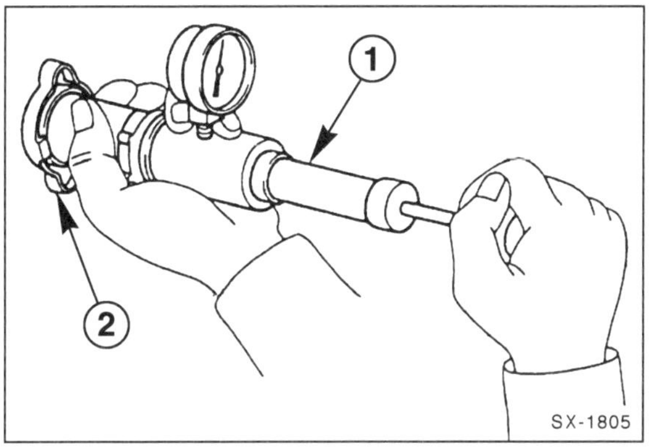

- Zum Überprüfen des Ausgleichventils, Druckprüfer mit Adapter auf den Kühler-Verschlußdeckel setzen. Mit Handpumpe Überdruck erzeugen und feststellen, bei welchem Druck das Ventil öffnet, gegebenenfalls Deckel erneuern. **Sollwert:** 0,98 bar (Diesel: 0,78 bar).
- Druckprüfer abbauen und Verschlußdeckel aufschrauben. Ist die Gummidichtung beschädigt, diese ersetzen.

Kühlmittel ablassen und auffüllen

Achtung: Wird die Kühlflüssigkeit im Rahmen einer Reparatur abgelassen, sollte sie zur Wiederverwendung aufgefangen werden, da die Kühlflüssigkeit ein Frost- und Korrosionsschutzmittel enthält. Wird allerdings die Kühlmittelpumpe, der Kühler oder der Zylinderkopf ersetzt, Kühlflüssigkeit grundsätzlich erneuern. Nur von FIAT freigegebenen Kühlmittelzusatz »Paraflu« verwenden.

Achtung: Kühlflüssigkeit ist giftig und darf nicht einfach weggeschüttet oder dem Hausmüll mitgegeben werden. Gemeinde- und Stadtverwaltungen informieren darüber, wo sich die nächste Sondermüll-Sammelstelle befindet.

Inhalt des Kühlsystems:

1,4-l-Motor: ....6,0 Liter;
1,6-l-Motor: ....7,0 Liter;
1,8-l-Motor: ....6,7 Liter;
1,9-l-Motor (Diesel): ...6,0 Liter;
2,0-l-Motor: ....7,4 Liter

Ablassen

- **1,4-/1,6-l-Motoren:** Verschlußdeckel –A– am Ausgleichbehälter öffnen, siehe folgende Abbildung. Die anderen Motoren haben einen separaten Ausgleichbehälter seitlich am Kotflügel. Deckel abschrauben.

Achtung: Bei heißem Motor vor dem Öffnen des Deckels einen dicken Lappen auflegen, um Verbrühungen durch heiße Kühlflüssigkeit oder Dampf zu vermeiden. Deckel nur bei Kühlmitteltemperaturen unter +90° C abnehmen. **Unfallgefahr!**

- Sauberes Auffanggefäß unter den Kühler stellen.

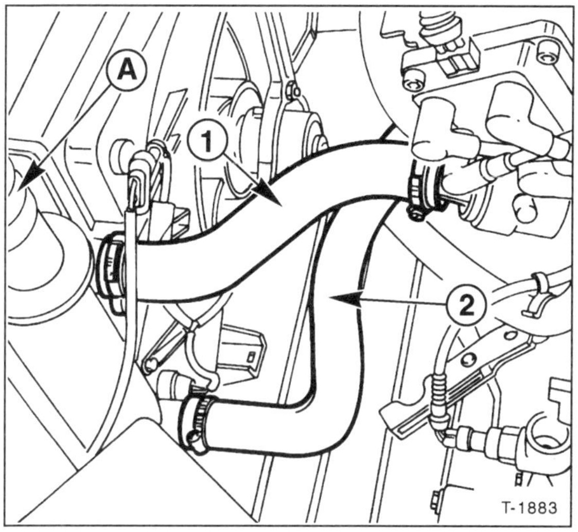

- **1,4-/1,6-l-Motoren:** Schelle für unteren Kühlmittelschlauch –2– am Kühler vollständig lösen und zurückschieben. Kühlmittelschlauch abziehen und Kühlflüssigkeit ablaufen lassen. Der obere Schlauch –1– vom Thermostat muß nicht gelöst werden.

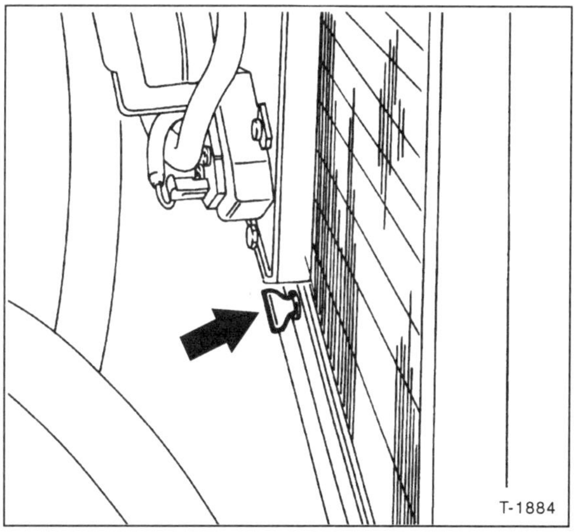

- **1,8-/2,0-l-Benzinmotoren und Dieselmotor:** Ablaßhahn –Pfeil– links unten am Kühler herausdrehen. Kühlmittel ablaufen lassen.

Auffüllen

Achtung: Da Kühler und Wärmetauscher aus Aluminium gefertigt sind, darf nur das Frostschutzmittel »Paraflu« von FIAT verwendet werden.

- Kühlflüssigkeit aus 50% kalkarmem Wasser und 50% Frostschutzmittel »Paraflu« mischen, siehe Seite 74.
- Unteren Kühlmittelschlauch am Kühler wieder aufschieben und mit Schraubschelle sichern. Bei 1,8-/2,0-l-Benzinmotoren und Dieselmotor den Ablaßhahn schließen.

1,4-l-Motor:

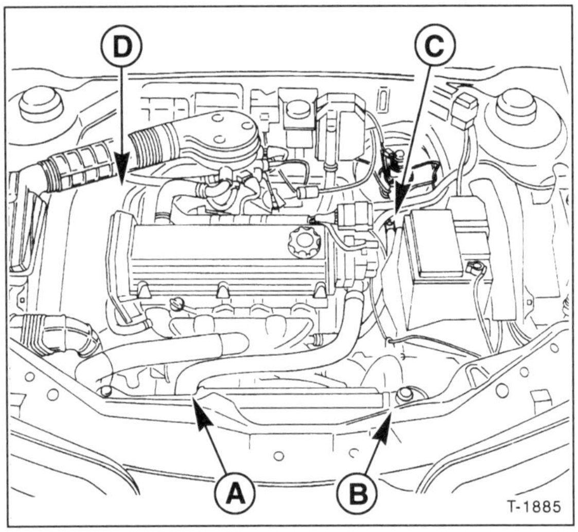

- Entlüftungsschrauben –A–, –B–, –C–, –D– mit einem Schraubendreher öffnen, nicht ganz herausschrauben. Schraube an Stelle –D– ist nur bei Fahrzeugen mit Klimaanlage vorhanden. Detaillierte Ansicht der Entlüftungsschrauben, siehe folgende Abbildungen.

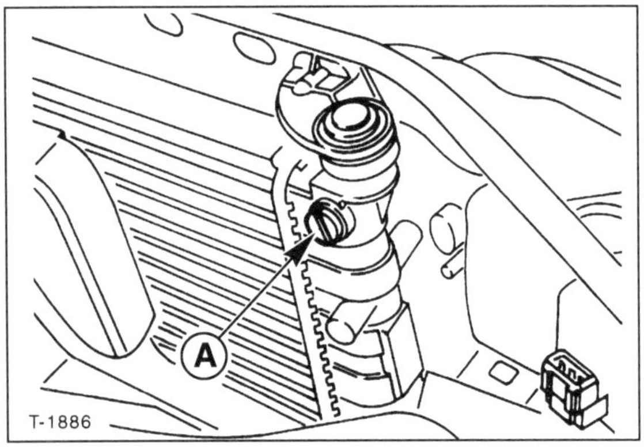

A – Rechts oben am Kühler (Fahrzeuge ohne Klimaanlage)

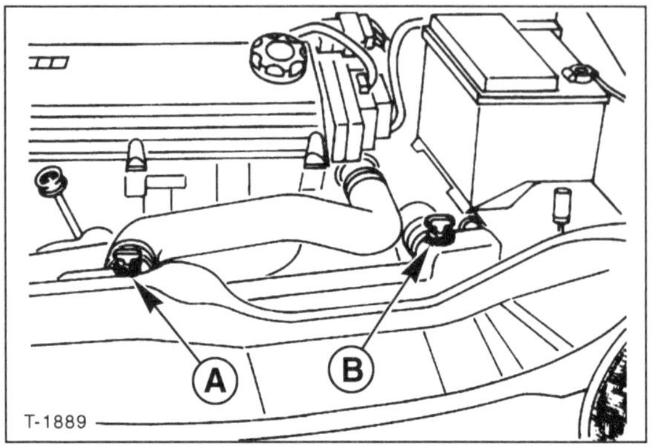

A und B – Links und rechts oben am Kühler (Fahrzeuge mit Klimaanlage)

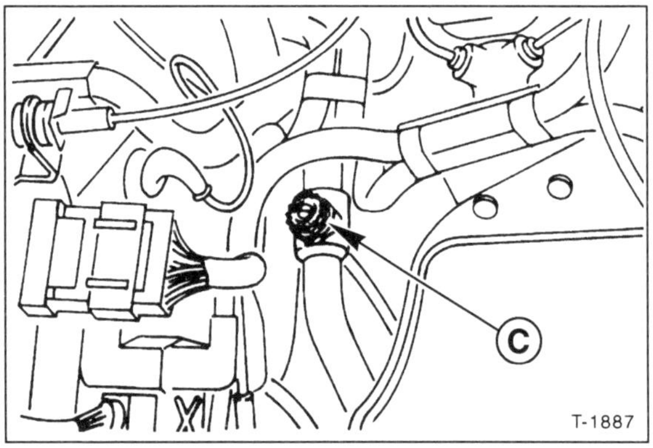

C – Nähe Zündspule, Leitung zur Heizung

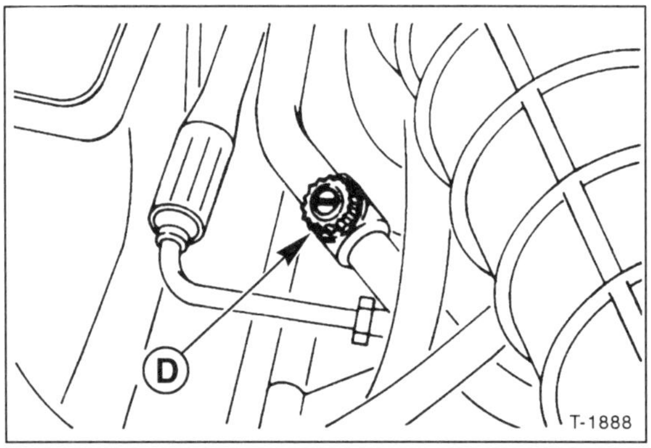

D – Unterhalb Ansaugrohr, Auslaß der Saugrohrbeheizung

- Kühlsystem über den Ausgleichbehälter auffüllen, bis es am Kühlerverschluß –A– und –B– (wo vorhanden) austritt. Diese Verschlußschrauben festziehen.
- Kühlsystem weiter auffüllen, bis es an Schraube –C– austritt. Verschlußschraube festziehen.
- Kühlsystem weiter auffüllen, bis es an Schraube –D– austritt. Damit ist sichergestellt, daß sich keine Luft im Kühlsystem befindet. Verschlußschraube festziehen.

1,6-l-Motor:

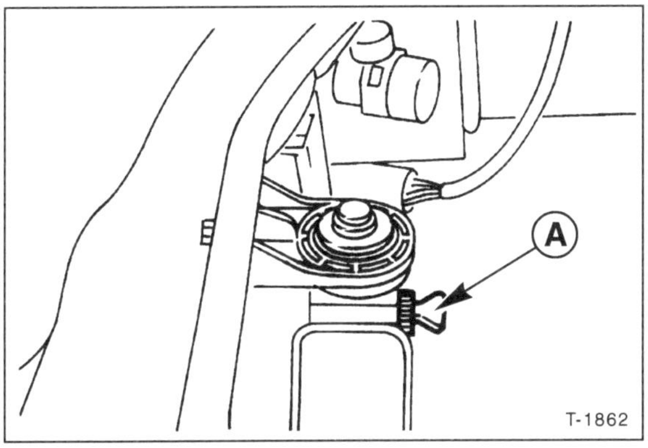

- Entlüftungsschraube –A– rechts oben am Kühler von Hand öffnen.

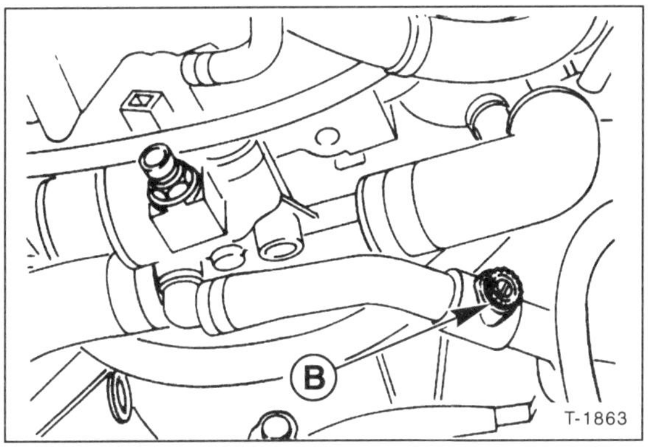

- Entlüftungsschraube –B– in Thermostatnähe (Leitung zur Heizung) mit einem Schraubendreher öffnen, nicht ganz herausschrauben.
- Kühlsystem über den Ausgleichbehälter auffüllen, bis es an Schraube –A– austritt. Verschlußschraube festziehen.
- Kühlsystem weiter auffüllen, bis es an Schraube –B– austritt. Damit ist sichergestellt, daß sich keine Luft im Kühlsystem befindet. Verschlußschraube festziehen.

1,8-/2,0-l-Benzinmotor und Dieselmotor:

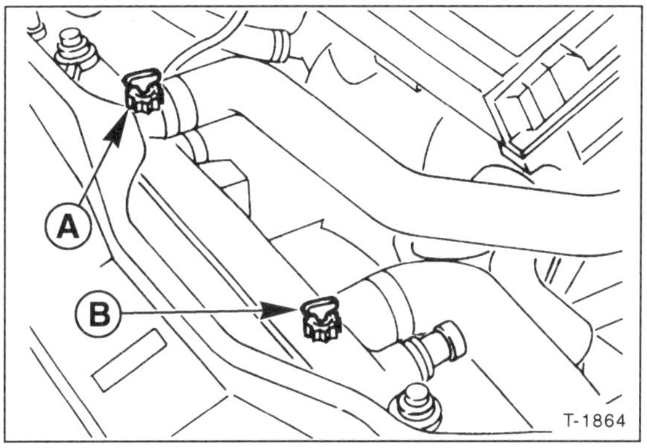

- Entlüftungsschrauben –A– und –B– (wo vorhanden) oben am Kühler von Hand öffnen. Schraube an Stelle –B– ist nur bei Fahrzeugen mit Klimaanlage vorhanden.

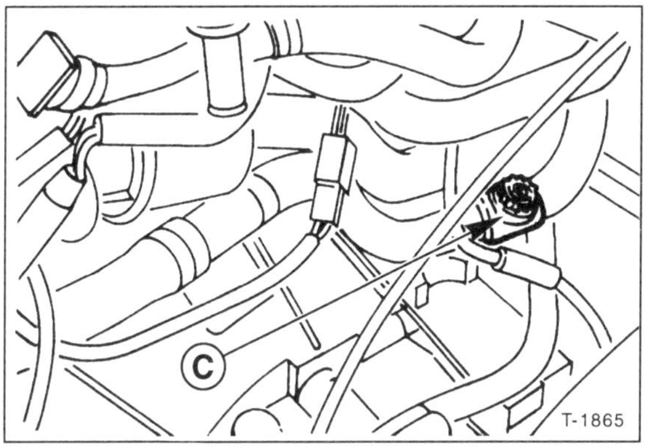

- Entlüftungsschraube –C– in Thermostatnähe (Leitung zur Heizung) mit einem Schraubendreher öffnen, nicht ganz herausschrauben.

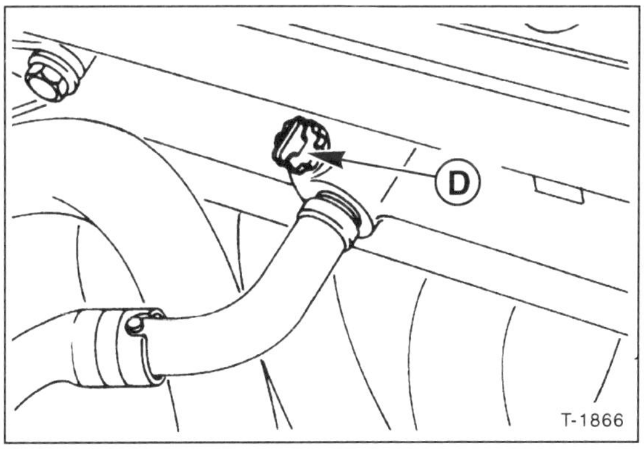

- **2,0-l-Motor:** Entlüftungsschraube –D– von Hand öffnen. Diese Schraube sitzt an der Zylinderkopf-Vorderseite, oberhalb vom Abgaskrümmer.
- Kühlsystem über den Ausgleichbehälter auffüllen, bis es an Schraube –A– und –B– (wo vorhanden) austritt. Verschlußschrauben festziehen.

- Kühlsystem weiter auffüllen, bis es an Schraube –C– austritt. Verschlußschraube festziehen.
- **2,0-l-Motor:** Kühlsystem weiter auffüllen, bis es an Schraube –D– austritt. Verschlußschraube festziehen.

Modelle ohne Klimaanlage, außer 1,8-/2,0-l-Motor:

- Am Ausgleichbehälter weiter Kühlflüssigkeit bis über die MAX.-Markierung einfüllen.
- Motor starten und etwa 2 bis 3 Minuten im Leerlauf laufen lassen.
- Etwa alle 30 Sekunden kurz Gas bis über 4000/min geben, damit die Kühlflüssigkeit bewegt wird. Dies solange durchführen, bis der Kühlerlüfter anläuft. Motor nach weiteren 5 Minuten abstellen.
- Kühlmittelstand im Ausgleichbehälter kontrollieren, der Füllstand muß auf einen Wert zwischen MIN. und MAX.-Markierung absinken. Gegebenenfalls Kühlmittel auffüllen. **Achtung:** Vor Einfüllen von kaltem Kühlmittel Motor ca. 30 Minuten abkühlen lassen.
- Kühlsystem, insbesondere Schlauchanschlüsse sowie Verschlußschrauben und Kühlmittelpumpe, auf Dichtigkeit prüfen.
- Deckel auf Ausgleichbehälter aufsetzen und festschrauben.

Modelle mit Klimaanlage, sowie alle mit 1,8-/2,0-l-Motor:

- Am Ausgleichbehälter Kühlflüssigkeit bis zur MIN.-Markierung einfüllen.
- Motor starten und etwa 2 bis 3 Minuten im Leerlauf laufen lassen. Dabei Ausgleichbehälter beobachten und gegebenenfalls Kühlmittelstand bis zur MIN.-Markierung ergänzen.
- Etwa alle 30 Sekunden kurz Gas bis über 4000/min geben, damit die Kühlflüssigkeit bewegt wird. Zwischendurch Ausgleichbehälter beobachten und gegebenenfalls Kühlmittelstand bis zur MIN.-Markierung ergänzen. Dies solange durchführen, bis der Kühlerlüfter anläuft. Motor nach weiteren 5 Minuten abstellen.
- Motor abkühlen lassen, bis das Kühlmittel auf etwa +25° C abgekühlt ist.
- Kühlmittelstand im Ausgleichbehälter kontrollieren, gegebenenfalls bis zur Mitte zwischen MIN.- und MAX.-Markierung auffüllen.
- Kühlsystem, insbesondere Schlauchanschlüsse sowie Verschlußschrauben und Kühlmittelpumpe, auf Dichtigkeit prüfen.
- Deckel auf Ausgleichbehälter aufsetzen und festschrauben.

Kühler-Frostschutzmittel

Die Kühlanlage muß ganzjährig mit einer Mischung aus sauberem, möglichst destilliertem, Wasser und Kühlerfrost- und Korrosions-Schutzmittel befüllt sein. Diese Mischung verhindert Frost- und Korrosionsschäden, Kalkansatz und hebt außerdem die Siedetemperatur des Kühlmittels an. Durch den Verschlußdeckel am Ausgleichbehälter wird bei warmem Motor innerhalb des Kühlkreislaufes ein Überdruck von 0,98 bar (Dieselmotor: 0,78 bar) aufgebaut, der ebenfalls zur Siedepunkterhöhung der Kühlflüssigkeit beiträgt. Erforderlich ist der höhere Siedepunkt der Kühlflüssigkeit für ein einwandfreies Funktionieren der Motor-Kühlung. Bei zu niedrigem Siedepunkt kann es zu einem Hitzestau kommen, wodurch der Kühlkreislauf behindert und die Kühlung des Motors vermindert wird.

Achtung: Da Kühler und Wärmetauscher aus Aluminium gefertigt sind, darf nur ein dafür geeignetes Frost- und Korrosionsschutzmittel verwendet werden. FIAT schreibt das Kühlkonzentrat »Paraflu« vor.

Kühlmittel-Mischungsverhältnis: 1 Teil Wasser zu 1 Teil »Paraflu«. Diese Mischung verhindert ein Einfrieren des Kühlmittels bis zu – 35° C. Kühlmittel-Gesamtfüllmenge, siehe Motortabelle auf Seite 13.

Kühlmittelregler aus- und einbauen/ prüfen

Der Kühlmittelregler öffnet mit zunehmender Erwärmung des Motors den großen Kühlmittelkreislauf. Bleibt der Kühlmittelregler durch einen Defekt geschlossen, wird der Motor zu heiß. Erkennbar ist das, wenn die Temperaturanzeige im roten Bereich steht, während gleichzeitig der Kühler kalt bleibt. Ein defekter Thermostat kann aber auch nach dem Abkühlen der Kühlflüssigkeit weiterhin geöffnet bleiben. Dies erkennt man daran, daß der Motor nicht mehr oder nur langsam seine Betriebstemperatur erreicht oder im Winter die Heizleistung nachläßt.

Achtung: Wenn der Motor nach kurzer Fahrstrecke heiß wird, kann das auch daran liegen, daß sich der Kühler aufgrund von Kalkablagerungen zugesetzt hat, oder der Keilriemen zum Antrieb der Kühlmittelpumpe gerissen ist.

Ausbau

- Batterie-Massekabel (–) abklemmen. **Achtung:** Dadurch werden elektronische Speicher gelöscht, wie zum Beispiel Motor-Betriebswerte. Hinweise im Kapitel »Batterie aus- und einbauen« beachten.
- Kühlmittel ablassen und auffangen.

1,4-l-Motor

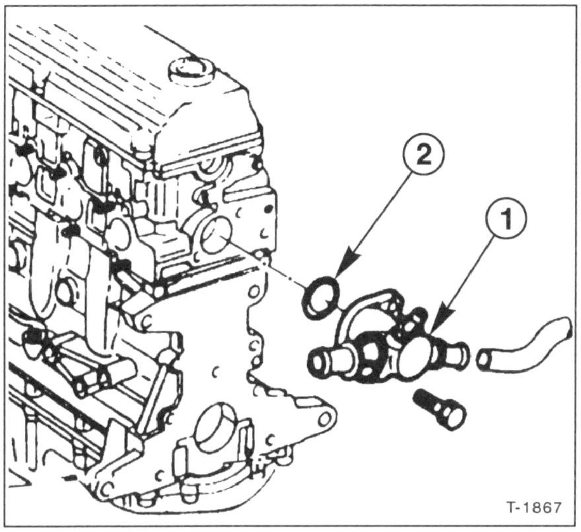

1 – Thermostatgehäuse; 2 – O-Ring-Dichtung

1,6-l-Motor

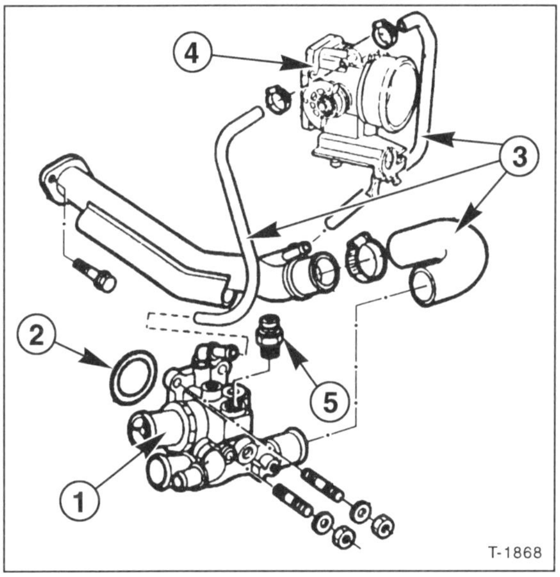

1 – Thermostatgehäuse; 2 – O-Ring-Dichtung; 3 – Kühlmittelschläuche; 4 – Drosselklappenstutzen; 5 – Temperaturfühler

1,8-/2,0-l-Motoren

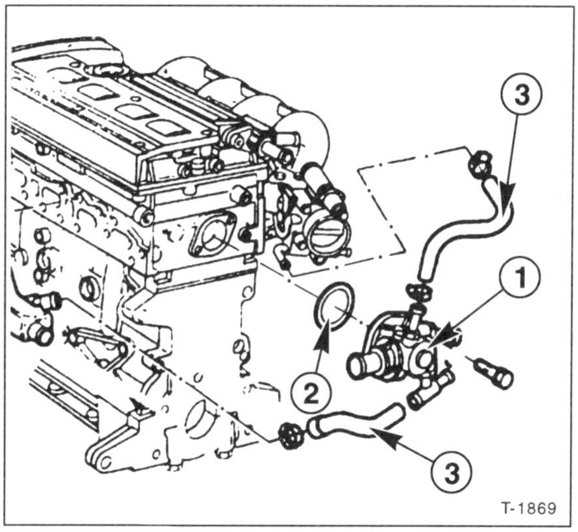

1 – Thermostatgehäuse; 2 – O-Ring-Dichtung; 3 – Kühlmittelschläuche

Dieselmotor

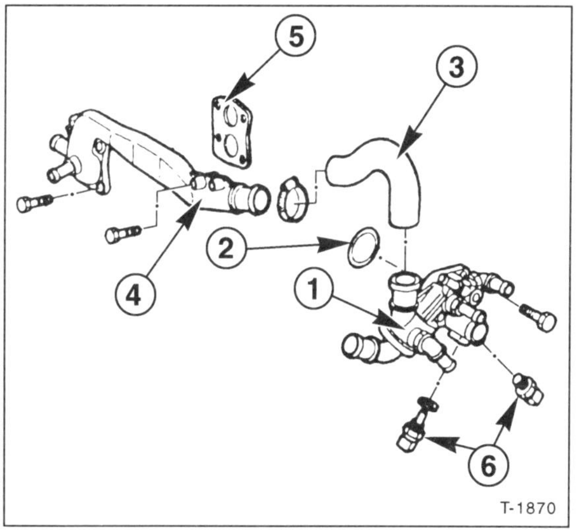

1 – Thermostatgehäuse; 2 – O-Ring-Dichtung; 3 – Kühlmittelschlauch; 4 – Kühlmittelrohr; 5 – Dichtung; 6 – Temperaturfühler

- Der Kühlmittelregler sitzt im Thermostatgehäuse am Zylinderkopf, also dort, wo der obere dicke Kühlmittelschlauch zum Kühler aufgesteckt ist. Am Thermostatgehäuse sind weitere Kühlmittelschläuche aufgesteckt. Kühlmittelschläuche und zugehörigen Stutzen am Thermostatgehäuse mit Farbe kennzeichnen, damit die Anschlüsse beim Einbau nicht vertauscht werden.
- Schlauchschellen am Gehäuse ganz öffnen und zurückschieben. Kühlmittelschläuche abziehen und Thermostatgehäuse vom Zylinderkopf abschrauben.
- Kühlmittelregler aus dem Gehäuse nehmen und prüfen, gegebenenfalls auswechseln.

Prüfen

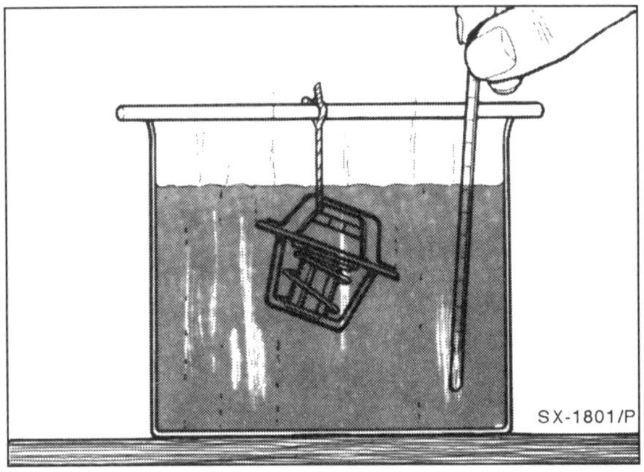

- Kühlmittelregler im Kühlmittelbad langsam erwärmen. Dabei darf der Thermostat nicht die Wände des Behälters berühren. Der Thermostat muß vollständig eingetaucht sein. Temperatur mit einem geeigneten Thermometer kontrollieren.

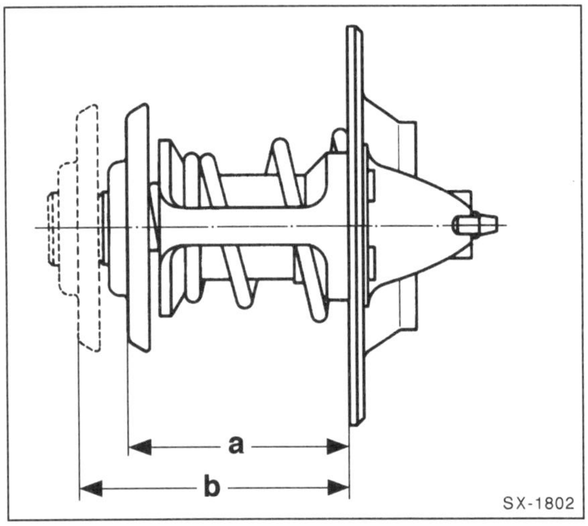

- Bei einer Temperatur von ca. +85° C (Dieselmotor: +80° C) beginnt der Thermostat mit der Öffnung der Regelklappe.
- Die größte Öffnung erreicht der Kühlmittelregler bei ca. +103° C (Dieselmotor: +90° C). Da beim Benziner die Öffnung oberhalb des Siedepunkts erreicht wird, kann die Öffnung nicht genau kontrolliert werden. Der Kühlmittelregler muß jetzt fast ganz geöffnet sein, die Regelklappe muß sich nun mindestens 7,5 mm verstellt haben, dazu Maß –b– minus –a– messen.
- Anschließend prüfen, ob sich der Regler beim Abkühlen wieder schließt, andernfalls Regler ersetzen.

Einbau

- Kühlmittelregler in Thermostatgehäuse einsetzen.
- Dichtflächen an Zylinderkopf und Thermostatgehäuse sorgfältig reinigen. O-Ring-Dichtung immer erneuern.
- **Neue** Dichtung zwischen Motorblock und Stutzen zwischenlegen, Schrauben gleichmäßig mit **15 Nm** anziehen.
- Kühlmittelschläuche wie beim Ausbau markiert auf die Stutzen aufschieben und mit Schraubschellen sichern.
- Kühlmittel auffüllen, siehe Seite 71.
- Batterie-Massekabel (–) anklemmen. Zeituhr einstellen. Radiosender programmieren.

Thermoschalter für Kühlerlüfter prüfen

Der Thermoschalter ist zu prüfen, wenn bei heißem Motor der Lüfter nicht einschaltet. Prüfvoraussetzung: Kühlmittelregler und Verschlußdeckel für Kühlsystem sind in Ordnung.

Der Thermoschalter für den Elektrolüfter sitzt links am Kühler. Je nach Ausstattung kann ein 2poliger oder ein 3poliger Thermoschalter eingebaut sein. Der 3polige Thermoschalter ist in Modelle mit Dieselmotor oder Klimaanlage eingebaut. **Achtung:** Der 1,8-l-Motor hat keinen Thermoschalter. Der Kühlerlüfter wird vom Motor-Steuergerät zugeschaltet.

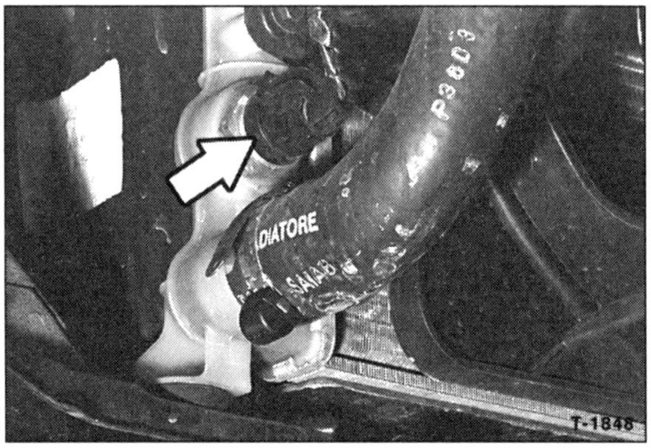

- Prüfen, ob der Kühler im Bereich des Thermoschalters überhaupt heiß wird.
- Sicherung für Lüftermotor prüfen, gegebenenfalls ersetzen, siehe Seite 248.
- Zündung einschalten.

Schalter (Klemmenbezeichnung)	Schalttemperatur Ein	Aus
2polig	90° – 94° C	85° – 89° C
3polig, Dieselmotor		
B = 1. Stufe	86° – 90° C	81° – 85° C
R = 2. Stufe	90° – 94° C	85° – 89° C
N = Masse		
3polig, Klimaanlage		
B = 1. Stufe	90° – 94° C	85° – 89° C
R = 2. Stufe	95° – 99° C	90° – 94° C
N = Masse		

- Stecker vom Thermoschalter abziehen, die Klemmen der beiden Leitungen zum Thermoschalter mit kurzer Prüfleitung verbinden. Bei 2stufigem Lüfter beide Stufen auf diese Art prüfen. Zuerst Masse-Klemme mit Klemme 1 verbinden, dann mit Klemme 2.
- Wenn der Elektrolüfter jetzt anläuft, Thermoschalter ersetzen. Anzugsdrehmoment für Thermoschalter: **25 Nm**. Auslaufendes Kühlmittel ersetzen. Kühlsystem auffüllen, siehe Seite 71.
- Wenn der Lüfter nicht anläuft, elektrische Leitungen gemäß Stromlaufplan prüfen. Anschlüsse auf guten Kontakt und festen Sitz kontrollieren. Gegebenenfalls Lüftermotor ersetzen.
- Neuen Thermoschalter auf Funktion überprüfen. Motor warmfahren und so lange im Leerlauf laufen lassen, bis der Lüfter für Kühlmittel einschaltet.

Lüftermotor aus- und einbauen

Ausbau

- Batterie-Massekabel (–) abklemmen. **Achtung:** Dadurch werden elektronische Speicher gelöscht, wie zum Beispiel Motor-Betriebswerte. Hinweise im Kapitel »Batterie aus- und einbauen« beachten.

Achtung: Bei warmem Motor kann sich der Kühlerventilator auch bei abgezogenem Zündschlüssel plötzlich einschalten, **Unfallgefahr!** Nur bei abgekühltem Motor in den Bereich des Lüfters fassen.

1,4-/1,6-l-Motoren

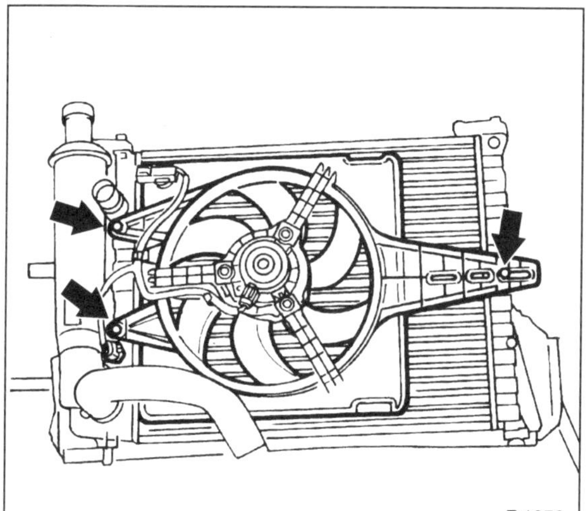

T-1872

1,8-/1,9-/2,0-l-Motoren

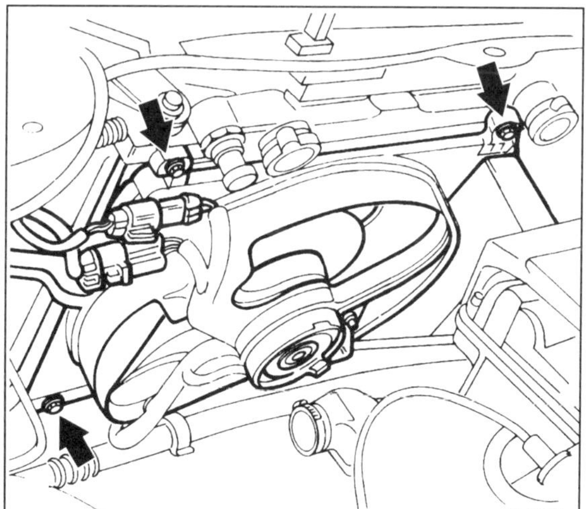

T-1871

- Lüfterkabel am Stecker trennen.
- Befestigungsschrauben vom Lüfterhalter am Kühler abschrauben –Pfeile–.
- Lüftermotor mit Halter vom Kühler abnehmen.
- Lüftermotor am Halter abschrauben.

Einbau

- Lüftermotor an Halter anschrauben.
- Motor mit Halter am Kühler festschrauben.
- Lüfterkabel zusammenstecken.
- Batterie-Massekabel (–) anklemmen. Vorhandene Zeituhr einstellen und Diebstahlcode für Radio eingeben.
- Funktion prüfen. Dazu Motor warmlaufen lassen, bis der Lüfter einschaltet.

Kühler aus- und einbauen

Nach längerer Laufzeit des Fahrzeuges können sich die dünnen Kanäle im Kühler durch Rückstände im Kühlmittel und Kalkablagerungen zusetzen. Dadurch läßt die Kühlleistung stark nach und der Motor wird zu warm. In diesem Fall muß der Kühler ausgebaut und mit handelsüblichem Kesselsteinlöser nach Gebrauchsanweisung des Herstellers behandelt werden. Meist hilft jedoch nur ein Austauschen des Kühlers.

Ausbau

- Batterie-Massekabel (–) abklemmen. **Achtung:** Dadurch werden elektronische Speicher gelöscht, wie zum Beispiel Motor-Betriebswerte. Hinweise im Kapitel »Batterie aus- und einbauen« beachten.
- Kühlmittel ablassen, siehe Seite 71.
- Oberen und unteren Kühlmittelschlauch am Kühler abziehen, vorher Schellen mit Schraubendreher aufschrauben und ganz zurückschieben. Sind Klemmschellen eingebaut, Schellen mit Seitenschneider durchtrennen und beim Einbau durch handelsübliche Schellen zum Schrauben ersetzen.
- Bei separatem Ausgleichbehälter: Schlauch zum Ausgleichbehälter vom Kühler abziehen, vorher Klemmschelle lösen.
- Kabel vom Thermoschalter am Kühler abziehen. Kabel für Kühlerlüfter am Stecker trennen.

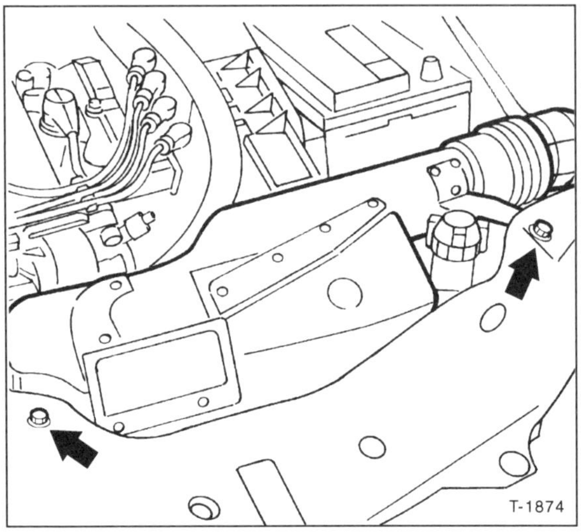

- Alle außer 1,4-l-Motor: Luftansaugleitung am vorderen Abschlußblech abschrauben –Pfeile–.
- **1,8-/1,9-/2,0-l-Motor:** Kühlerlüfter ausbauen, siehe Seite 77.

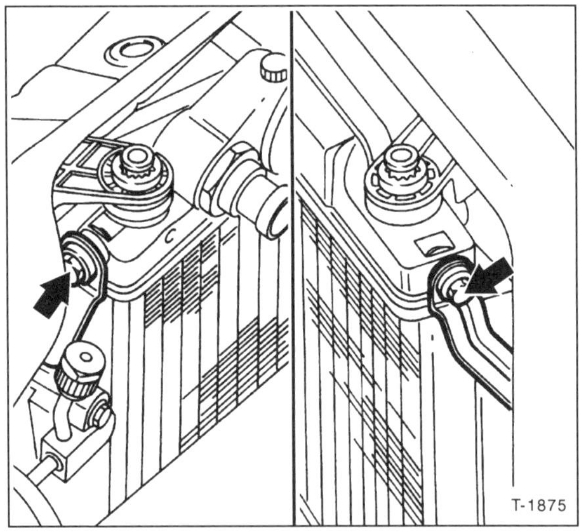

- **1,8-/1,9-/2,0-l-Motor mit Klimaanlage:** Die oberen Schrauben –Pfeile– für Kondensator am Kühler abschrauben. Die unteren Schrauben nur lockern. Kondensator vom Kühler abziehen und mit Draht am Aufbau aufhängen. **Achtung: Kältemittelkreislauf der Klimaanlage nicht öffnen, Verletzungsgefahr** durch austretende Spritzer von Kältemittel. Der Kältemittelkreislauf kann nur durch eine Fachwerkstatt wieder befüllt werden.

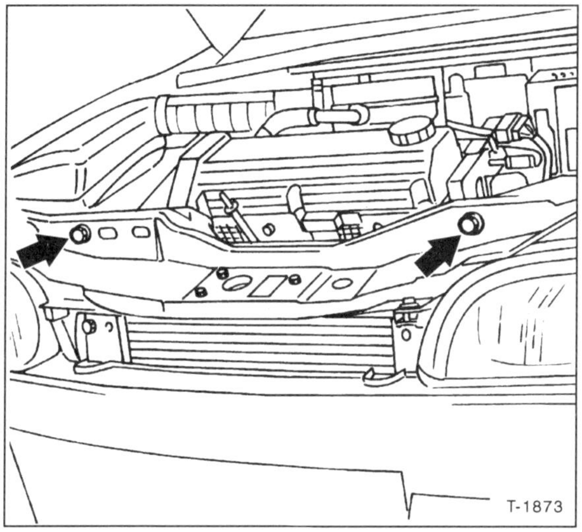

- Kühler oben links und rechts abschrauben.
- Kühler nach hinten schwenken und komplett mit Lüfter nach oben aus den unteren Gummilagern herausnehmen.

Achtung: Die Kühlerlamellen sind mitunter recht scharfkantig, es empfiehlt sich deshalb, zum Herausheben des Kühlers Arbeitshandschuhe zu verwenden.

Einbau

- Sämtliche Kühlmittelschläuche auf Einschnitte, Risse und sonstige Beschädigungen überprüfen und, falls erforderlich, auswechseln. Gummilager der Kühlerhalterung auf einwandfreien Zustand prüfen.
- Kühler von oben so einsetzen, daß die Befestigungszapfen des Kühlers in die Gummilager unten am Halter eingreifen.

Achtung: Der Kühler darf sich beim Einbau keinesfalls verspannen, gegebenenfalls ausrichten.

- Kühler oben links und rechts anschrauben.
- **1,8-/1,9-/2,0-l-Motor mit Klimaanlage:** Kondensator links und rechts am Kühler anschrauben.
- **1,8-/1,9-/2,0-l-Motor:** Kühlerlüfter einbauen, siehe Seite 77.
- Oberen und unteren Kühlmittelschlauch aufschieben und mit Schraubschellen sichern.
- Kühlmittelschlauch zum Ausgleichbehälter aufschieben und mit Schelle sichern.
- Anschlußkabel für Thermoschalter und Lüfter aufstecken.
- Alle außer 1,4-l-Motor: Luftansaugleitung am vorderen Abschlußblech anschrauben.
- Batterie-Massekabel (–) anklemmen. Vorhandene Zeituhr einstellen und Diebstahlcode für Radio eingeben.
- Kühlmittel auffüllen, siehe Seite 71.
- Schlauchanschlüsse auf Dichtigkeit prüfen.

Kühlmittelpumpe aus- und einbauen

Die Kühlmittelpumpe kann nur beim 1,6-l-Motor instand gesetzt werden, bei den anderen Motoren muß die gesamte Pumpe ausgetauscht werden. Bei einem Defekt der Wellendichtung läuft vor allem bei laufendem Motor Kühlflüssigkeit am Motorblock herunter.

1,4-l-Motor, Dieselmotor

Ausbau

- Batterie-Massekabel (–) abklemmen. **Achtung:** Dadurch werden elektronische Speicher gelöscht, wie zum Beispiel Motor-Betriebswerte. Hinweise im Kapitel »Batterie aus- und einbauen« beachten.
- Kühlmittel ablassen und auffangen, siehe Seite 71.
- Keilrippenriemen und Zahnriemen ausbauen, siehe Seite 22.

- Nockenwellenrad von vorn mit einem Schraubendreher arretieren. Nockenwellenrad abschrauben und abnehmen, gegebenenfalls mit leichten Schlägen eines Gummihammers abtreiben.

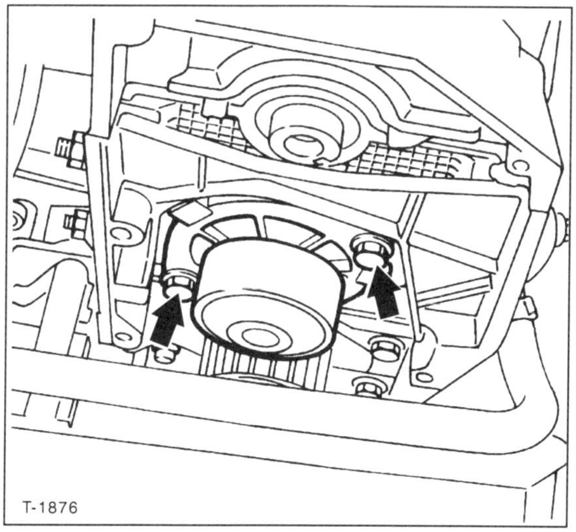

- Kühlmittelpumpe abschrauben –Pfeile–. Pumpe mit Dichtring aus dem Motorblock herausnehmen.

Einbau

- Dichtflächen am Zylinderkopf zuerst mit einer scharfen Klinge reinigen, dann mit trockenem Lappen abwischen, damit Dichtungsreste und andere Rückstände entfernt werden.
- Neue Pumpe mit **neuem** O-Dichtring einsetzen. Schrauben nicht zu fest anziehen, Drehmoment **25 Nm**.
- Nockenwellenrad aufsetzen, dabei greift die Nase am Rad in die Aussparung der Nockenwelle ein. Befestigungsschraube mit **120 Nm** festziehen, dabei das Nockenwellenrad mit Schraubendreher gegenhalten.
- Zahnriemen einbauen, siehe Seite 22.
- Batterie-Massekabel (–) anklemmen. Vorhandene Zeituhr einstellen und Diebstahlcode für Radio eingeben.
- Motor warmfahren. Danach Fahrzeug auf trockener Fläche abstellen und Kühlanlage auf Dichtigkeit prüfen.

1,8-/2,0-l-Motoren

Ausbau

- Batterie-Massekabel (–) abklemmen. **Achtung:** Dadurch werden elektronische Speicher gelöscht, wie zum Beispiel Motor-Betriebswerte. Hinweise im Kapitel »Batterie aus- und einbauen« beachten.
- Kühlmittel ablassen und auffangen, siehe Seite 71.
- Keilrippenriemen und Zahnriemen ausbauen, siehe Seite 22.

Achtung: Der Zahnriemen kann beim **2,0-l-Motor** nur bei ausgebautem Motor demontiert werden.

- Nockenwellenrad der **Einlaßnockenwelle** von vorn mit einem Schraubendreher arretieren. Nockenwellenrad abschrauben und abnehmen, gegebenenfalls mit leichten Schlägen eines Gummihammers abtreiben. Das Rad der Auslaßnockenwelle bleibt eingebaut.

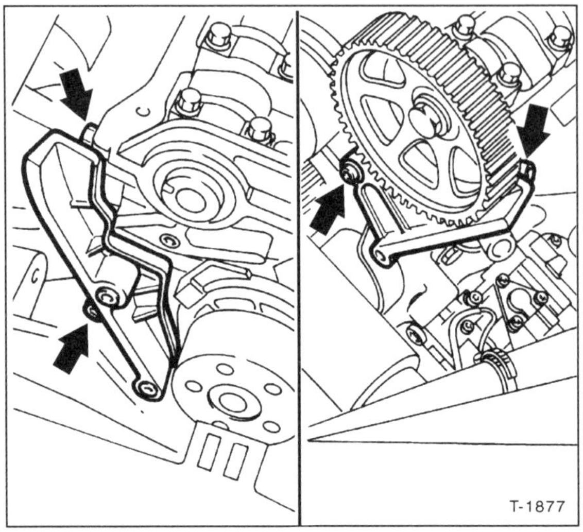

- Seitliche Abdeckungen abschrauben –Pfeile–

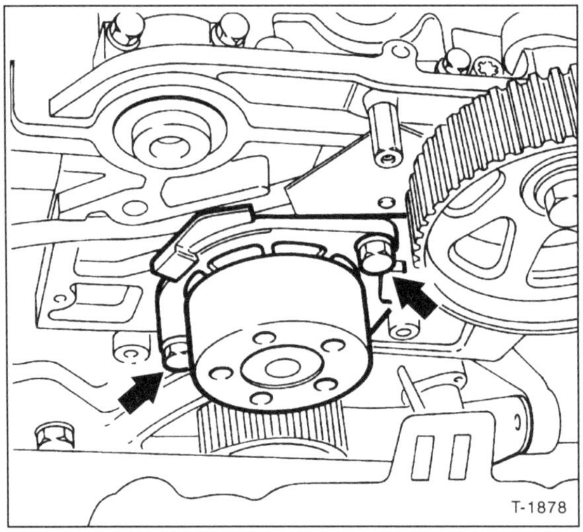

- Kühlmittelpumpe abschrauben –Pfeile–. Pumpe mit Dichtring aus dem Motorblock herausnehmen.

Einbau

- Dichtfläche am Zylinderkopf zuerst mit einer scharfen Klinge reinigen, dann mit trockenem Lappen abwischen, damit Dichtungsreste und andere Rückstände entfernt werden.
- Neue Pumpe mit **neuem** O-Dichtring einsetzen. Schrauben nicht zu fest anziehen, Drehmoment **25 Nm**.
- Nockenwellenrad aufsetzen, dabei greift die Nase am Rad in die Aussparung der Nockenwelle ein. Befestigungsschraube mit **120 Nm** festziehen, dabei das Nockenwellenrad mit Schraubendreher gegenhalten.
- Zahnriemen und Keilrippenriemen einbauen, siehe Seite 22.
- Batterie-Massekabel (–) anklemmen. Vorhandene Zeituhr einstellen und Diebstahlcode für Radio eingeben.
- Motor warmfahren. Danach Fahrzeug auf trockener Fläche abstellen und Kühlanlage auf Dichtigkeit prüfen.

1,6-l-Motor

Ausbau

- Batterie-Massekabel (–) abklemmen. **Achtung:** Dadurch werden elektronische Speicher gelöscht, wie zum Beispiel Motor-Betriebswerte. Hinweise im Kapitel »Batterie aus- und einbauen« beachten.
- Kühlmittel ablassen und auffangen, siehe Seite 71.
- Die Kühlmittelpumpe sitzt seitlich am Motorblock. Sie wird vom Keilriemen angetrieben, der auch den Generator antreibt. Keilriemen ausbauen, siehe Seite 58.

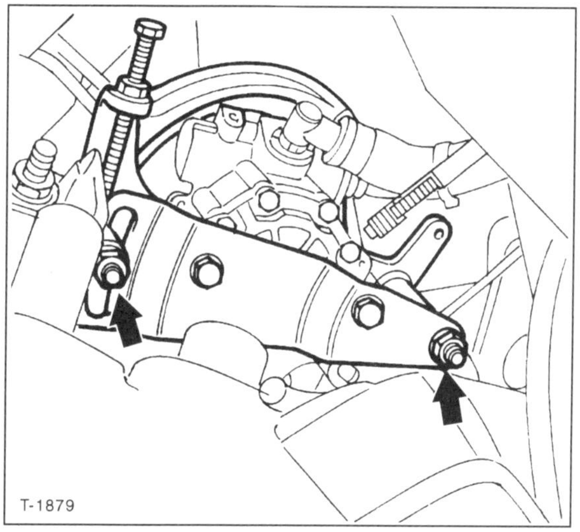
T-1879

- Wenn die Kühlmittelpumpe schlecht erreichbar ist, Pumpe für Servolenkung am Halter abschrauben –Pfeile– und mit angeschlossenen Leitungen zur Seite legen.

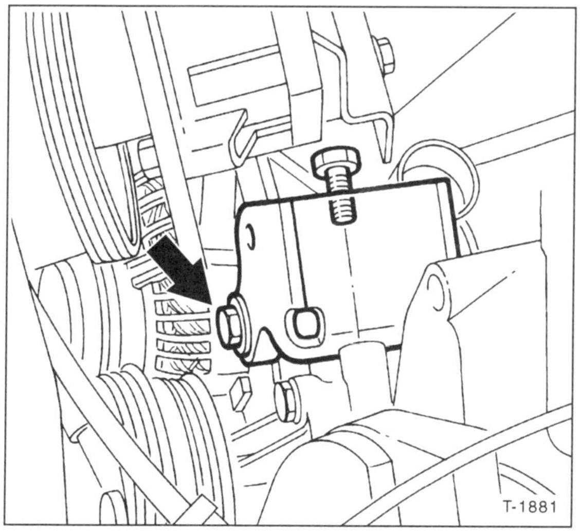
T-1881

- Generator-Halterung oben an der Kühlmittelpumpe abschrauben.

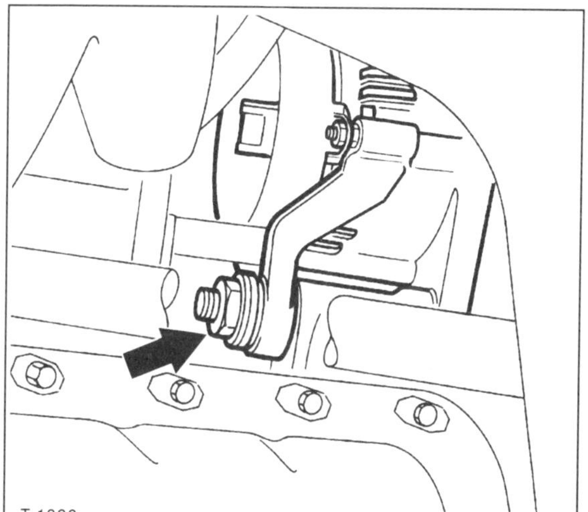
T-1880

- Generator-Halterung unten abschrauben –Pfeil–. Generator drehen, damit die Kühlmittelpumpe zugänglich wird.

T-1828

- Kühlmittelrohr von der Kühlmittelpumpe abschrauben, Schrauben –1–.
- 4 Befestigungsschrauben –2– für Kühlmittelpumpe am Motorblock abschrauben, Kühlmittelpumpe mit Flachdichtung abnehmen.
- Dichtungsreste mit Schaber vorsichtig entfernen.

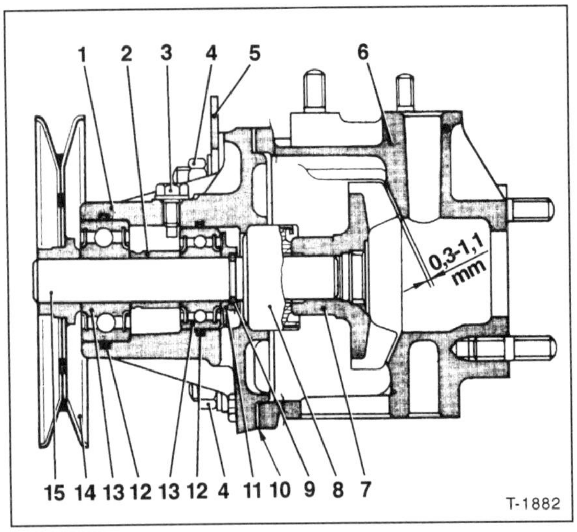

1 – Pumpendeckel, 2 – Distanzbüchse, 3 – Sicherheitsschraube, 4 – Muttern für Pumpengehäuse, 5 – Haltebügel, 6 – Pumpengehäuse, 7 – Pumpenrad, 8 – Dichtring, 9 – Sicherungsring, 10 – Flachdichtung, 11 – Anlaufscheibe, 12 – Dichtring, 13 – Kugellager, 14 – Keilriemenscheibe, 15 – Pumpenwelle

- Gegebenenfalls Kühlmittelpumpe zerlegen. **Achtung:** Dazu sind eine geeignete Presse und ein Abzieher erforderlich.
- Pumpendeckel abschrauben.
- Pumpenrad von der Welle abziehen. Die FIAT-Werkstätten haben dazu den Abzieher A.40026.
- Sicherheitsschraube herausdrehen.
- Pumpenwelle samt Lagern und Riemenscheibe aus dem Pumpengehäuse ausdrücken.
- Riemenscheibe von der Pumpenwelle abdrücken.
- Falls defekt, Öldichtring ausbauen. Dazu Dichtring mit einem Messingdorn austreiben. Neuen Dichtring mit geeignetem Rohr auftreiben.
- Defekte Teile ersetzen. Beim Zusammenbauen beachten, daß das Pumpenrad einen Abstand von 0,3 bis 1,1 mm vom Pumpendeckel haben sollte, dies mit einer Fühlerblattlehre kontrollieren. Die Pumpe muß sich außerdem von Hand leicht durchdrehen lassen.

Einbau

- Flachdichtung zwischen Pumpe und Motorblock ersetzen. Die Dichtflächen müssen sauber und trocken sein.
- Kühlmittelpumpe mit **25 Nm** anschrauben.
- Kühlmittelrohr mit **neuer** O-Ringdichtung anschrauben.
- Generator mit Halterung anschrauben.
- Servopumpe einbauen, Keilriemen einbauen, siehe Seite 164.
- Kühlmittel auffüllen, siehe Seite 71.
- Batterie-Massekabel (–) anklemmen. Vorhandene Zeituhr einstellen und Diebstahlcode für Radio eingeben.
- Nach Probefahrt Dichtigkeit der Kühlanlage prüfen.

Störungsdiagnose Motor-Kühlung

Störung: Die Kühlmitteltemperatur ist zu hoch, Anzeige steht im roten Bereich oder Kontrolleuchte leuchtet auf.

Ursache	Abhilfe
Zu wenig Kühlmittel im Kreislauf.	■ Ausgleichbehälter muß bis über die Markierung »MIN« voll sein. Kühlsystem auf Dichtheit prüfen.
Kühlmittelregler (Thermostat) öffnet nicht.	■ Prüfen, ob oberer Kühlmittelschlauch am Kühler warm wird. Wenn nicht, Regler ausbauen und prüfen, ggf. ersetzen.
Keilriemenspannung für Kühlmittelpumpe zu gering.	■ Spannung prüfen und einstellen (gilt nur für 1,6-l-Motor).
Anzeige für Kühlmitteltemperaturanzeige defekt.	■ Geber/Anzeigegerät überprüfen.
Verschlußdeckel für Ausgleichbehälter defekt.	■ Kühlsystem prüfen, Druckprüfung des Verschlußdeckels durchführen.
Kühlerlamellen verschmutzt.	■ Kühler ausbauen und von der Motorseite her mit Preßluft durchblasen.
Kühler innen durch Kalkablagerungen oder Rost zugesetzt. Kühler wird nur im oberen Teil warm, unterer Kühlmittelschlauch vom Kühler wird nicht warm.	■ Kühler erneuern.
Kühler-Lüfter läuft nicht.	■ Stecker für Lüftermotor auf festen Sitz und guten Kontakt prüfen. Gegebenenfalls Hilfskabel von der Batterie am Lüfter anschließen, siehe auch Stromlaufplan. **Achtung:** Verletzungsgefahr durch drehenden Lüfter! Thermoschalter prüfen.

Zündung/Zündkerzen

In der Zündanlage wird der Zündfunken erzeugt, der das angesaugte Kraftstoffluftgemisch in Brand setzt. Um einen kräftigen Zündfunken erzeugen zu können, wird in den Zündspulen die Batteriespannung von 12 Volt auf über 30.000 Volt umgeformt.

Der Dieselmotor besitzt keine Zündanlage, da sich aufgrund der hohen Verdichtung die Luft so weit erwärmt, daß nach Einspritzen des Kraftstoffes die Zündung von selbst erfolgt.

Die Benzinmotoren des FIAT BRAVO/BRAVA sind mit einer kennfeldgesteuerten Zündanlage ausgestattet, deren Regelung im Motor-Steuergerät integriert ist. Das Steuergerät gibt elektrische Impulse an die Zündspulen ab. Synchronisiert wird die Zündanlage durch Signale, die ein Impulsgeber an das Steuergerät abgibt. Der Impulsgeber sitzt seitlich am Motorblock und erfaßt die Motordrehzahl und Motorstellung mit Hilfe einer auf der Kurbelwelle sitzender Zahnscheibe.

Die Zündung ist als Direktzündung ausgelegt. Sie besitzt keinen herkömmlichen Zündverteiler mehr. Stattdessen erfolgt die Verteilung der Zündspannung auf die einzelnen Zylinder durch bewegungslos arbeitende, elektronisch gesteuerte Bauteile. Erzeugt wird die Zündspannung bei den 1,4-/1,6-l-Motoren durch 2 Doppel-Zündspulen, die am Zylinderkopf sitzen. Die 1,8-/2,0-l-Motoren haben für jeden Zylinder eine einzelne Zündspule, die oberhalb der Zündkerze sitzt.

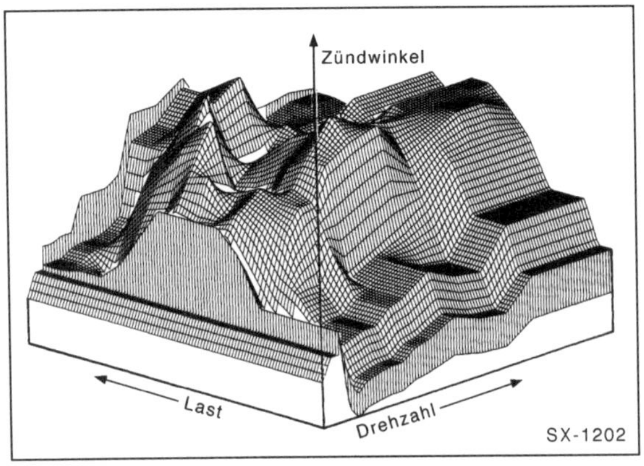

Zur Ermittlung des richtigen Zündzeitpunktes stützt sich das Steuergerät auf ein elektronisch gespeichertes Zündkennfeld. Dadurch läßt sich die Zündanlage leicht an unterschiedliche Fahrzustände anpassen.

Der Zündzeitpunkt wird (außer beim 1,6-l-Motor) auch von einem Klopfsensor beeinflußt. Der 2,0-l-Motor besitzt 2 Klopfsensoren. Da der Kraftstoffverbrauch bei hoher Verdichtung am geringsten ist, werden die modernen Motoren möglichst hoch verdichtet. Durch die hohe Verdichtung kann es jedoch zu einer unkontrollierten Verbrennung kommen, man spricht dann vom Motorklopfen. Das Motorklopfen führt auf Dauer zu Motorschäden. Um das zu vermeiden, ist ein Klopfsensor erforderlich. Er ist am Motorblock angeschraubt, registriert die falsche Verbrennung und meldet dies dem Steuergerät, welches dafür sorgt, daß die Zündung vorübergehend in Richtung »spät« verändert wird.

Alle Bestandteile der Zündanlage sind aufeinander abgestimmt und gewährleisten, daß der Zündzeitpunkt stets optimal ist. Die Einstellung des Zündzeitpunkts ist nicht mehr möglich.

Bei Arbeiten an der elektronischen Zündanlage sind bestimmte Punkte zu beachten, um Verletzungen von Personen oder die Zerstörung der Zündanlage zu vermeiden.

Sicherheitsmaßnahmen zur Zünd- und Einspritzanlage

Bei elektronischen Zündanlagen beträgt die Zündspannung bis zu 30 kV (Kilovolt). Unter ungünstigen Umständen, zum Beispiel bei Feuchtigkeit im Motorraum, können Spannungsspitzen die Isolation durchschlagen. Werden dann Teile der Zündanlage berührt, kann dies zu Elektroschocks führen.

Um Verletzungen von Personen und/oder die Zerstörung des elektronischen Motor-Steuergerätes zu vermeiden, ist bei Arbeiten an Zünd- und Einspritzanlage folgendes zu beachten:

- Zündkabel nicht bei laufendem Motor bzw. bei Anlaßdrehzahl mit der Hand berühren bzw. abziehen.
- Mehrfachstecker von Zünd- und Einspritzanlage nur bei ausgeschalteter Zündung abziehen oder aufstecken. Auf einwandfreien Sitz aller Stecker achten.
- Das An- und Abklemmen von Meßgeräteleitungen (Drehzahlmesser/Zündungstester) nur bei ausgeschalteter Zündung vornehmen.
- Motor nicht ohne fest angeschlossene Batterie starten.
- **Nie** bei laufendem Motor die Batterie abklemmen.
- Beim Laden oder Schnelladen Batterie vom Bordnetz trennen.
- Starthilfe nur mit 12-Volt-Batterie und Starthilfekabel geben, **keinen** Schnellader verwenden.
- Bei Temperaturen über +80° C (Trockenofen), Steuergerät ausbauen.
- Nur hochohmige Spannungsprüfer (Voltmeter, Dioden-Spannungsprüfer) verwenden. Spannung nicht mit Prüflampe prüfen.
- Bei Elektro- und Punktschweißen Batterie vom Bordnetz abklemmen und Steuergeräte ausbauen.
- Bevor eine Prüfung der Einspritzanlage erfolgt, muß gewährleistet sein, daß Zündung und Kerzen den Vorschriften entsprechen.
- Motorwäsche nur bei ausgeschalteter Zündung durchführen.
- Personen mit einem Herzschrittmacher sollen keine Arbeiten an der elektronischen Zündanlage durchführen.

Zündkabel prüfen

1,4-/1,6-l-Motor

- Zündung ausschalten.
- 1,4-l-Motor: Zündkabelabdeckung abschrauben.
- Kerzenstecker abziehen, dabei nur am Stecker und nicht an den Kabeln ziehen.
- Zündkabel von der Zündspule abziehen. Vor dem Abziehen Markierungen anbringen, damit die Zündkabel gemäß der Zündreihenfolge wieder aufgesteckt werden. Die Zylinderzuordnung steht auch auf den Zündkabeln. Zylinder 1 ist der Zylinder an der Zahnriemenseite des Motors.

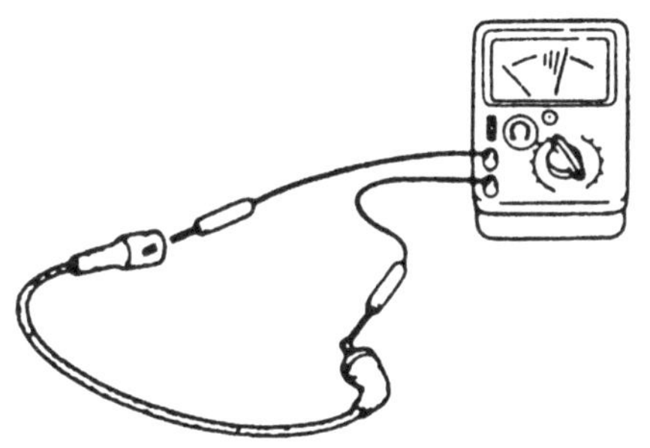

SX-1204

- Mit Ohmmeter Widerstand der Zündleitungen prüfen. Der **Sollwert** liegt in Abhängigkeit von der Kabellänge bei 3 – 20 kΩ.
- Bei zu hohem Widerstand, Kabelanschlüsse reinigen und Prüfung wiederholen, gegebenenfalls Kabel erneuern.
- Isolation der Zündleitungen prüfen, dazu Kabel im Bereich der Kerzenstecker in engem Radius biegen und auf Risse kontrollieren, gegebenenfalls alle Zündkabel ersetzen.
- Zündkerzenstecker und Zündkabel entsprechend der angebrachten Markierungen gemäß der Zündreihenfolge 1 – 3 – 4 – 2 aufstecken.
- 1,4-l-Motor: Zündkabelabdeckung anschrauben.

Zündspulen aus- und einbauen/ prüfen

Ausbau, 1,4-l-Motor

Beim 1,4-l-Motor ist eine Doppelzündspule am Zylinderkopf angeschraubt.

- Zündung ausschalten.

- Zündkabelabdeckung mit Torx T40-Schraubendreher abschrauben –Pfeile–. Die linke obere Schraube muß nur gelöst, nicht abgeschraubt werden.

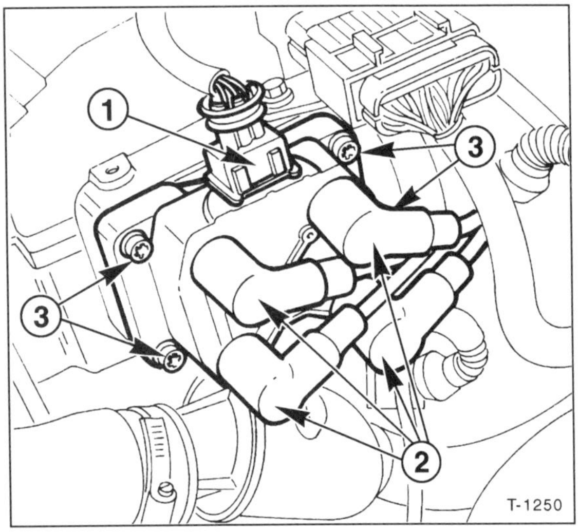

- Mehrfachstecker –1– abziehen, dabei Drahtsicherung zusammendrücken.
- Hochspannungskabel –2– zu den Zündkerzen abziehen. Vor dem Abziehen markieren, damit sie an gleicher Stelle wieder aufgesteckt werden. Die Zündfolge ist 1-3-4-2. Der 1. Zylinder des Motors liegt an der Zahnriemenseite. Die Zündkabel-Steckerbelegung geht auch aus Abbildung T-1251 hervor.
- Zündspule abschrauben –3– und abnehmen.

Einbau

- Zündspule anschrauben.
- Hochspannungskabel und Mehrfachstecker wie ausgebaut anschließen.
- Zündkabelabdeckung anschrauben.

Prüfen

Hinweis: Die angegebenen Widerstandswerte gelten bei +23° C.

- Sämtliche Anschlüsse an der Zündspule markieren und abziehen, siehe unter »Ausbau«.

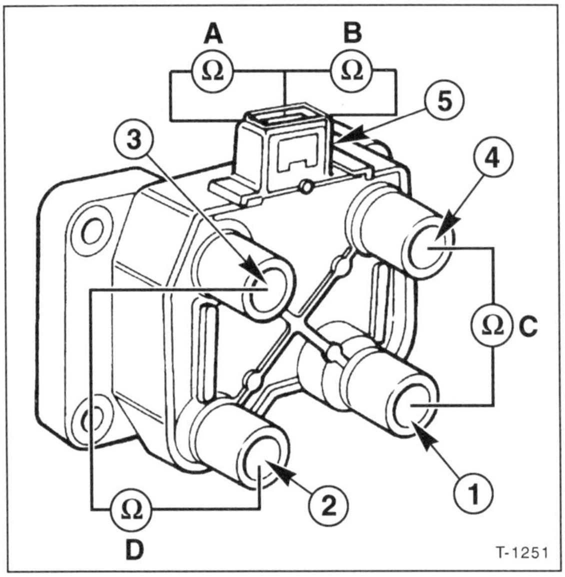

1 – Hochspannungsanschluß Zündkabel Zylinder 1
2 – Hochspannungsanschluß Zündkabel Zylinder 2
3 – Hochspannungsanschluß Zündkabel Zylinder 3
4 – Hochspannungsanschluß Zündkabel Zylinder 4
5 – Niederspannungsanschluß Steuerung

- Primärwiderstand prüfen. Der Primärwiderstand wird am oberen Anschluß geprüft, der 3 Steckerkontakte hat. Der mittlere Kontakt ist der Minuskontakt, die äußeren sind Pluskontakte. Prüfspitzen des Ohmmeters zwischen linkem Pluskontakt und Minuskontakt (mittlerer Kontakt) anschließen –A–. Hierbei wird der Widerstand der Zündspule für Zylinder 2 und 3 geprüft. Dann Ohmmeter zwischen rechten Pluskontakt und Minuskontakt (mittlerer Kontakt) anschließen –B–. Hierbei wird der Widerstand der Zündspule für Zylinder 1 und 4 geprüft. **Sollwert:** Jeweils 0,45 Ω bis 0,55 Ω.
- Sekundärwiderstand –C– und –D– prüfen. Dazu Prüfspitzen des Ohmmeters jeweils zwischen die Hochspannungsausgänge anschließen. **Sollwert:** 12 kΩ bis 14,6 kΩ.

Ausbau, 1,6-l-Motor

Beim 1,6-l-Motor ist eine Doppelzündspule am Nockenwellengehäuse angeschraubt. Vor Arbeiten am Ventiltrieb müssen die Zündspulen mit Halterung ausgebaut werden.

- Zündung ausschalten.

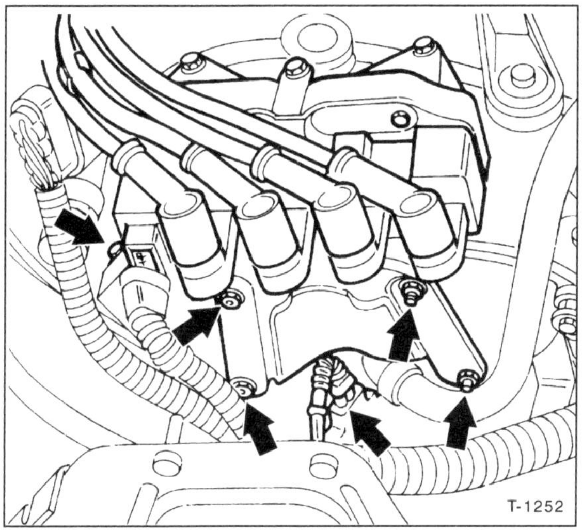

- Zündkabelstecker von den Zündspulen abziehen. Vor dem Abziehen markieren, damit sie an gleicher Stelle wieder aufgesteckt werden.
- Mehrfachstecker –Pfeil links– für Zündspulen und Stecker am Kühlmittel-Temperaturfühler abziehen –Pfeil unten Mitte–.
- Zündspulen und Halter mit 4 Muttern abschrauben –Pfeile– und abnehmen.

Einbau

- Zündspulenhalter am Zylinderkopf anschrauben.
- Mehrfachstecker auf Zündspulen und Kühlmittel-Temperaturfühler aufstecken.
- Zündkabelstecker entsprechend der angebrachten Markierungen auf die Zündspulen aufstecken.

Prüfen

Hinweis: Die angegebenen Widerstandswerte gelten bei +23° C.

- Sämtliche Anschlüsse an der Zündspule markieren und abziehen, siehe unter »Ausbau«.

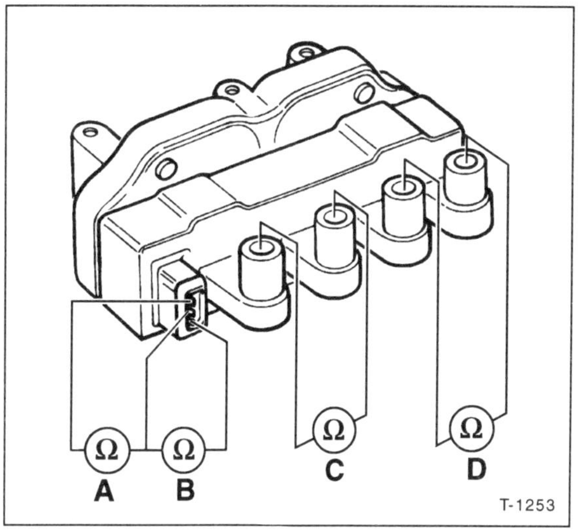

- Primärwiderstand prüfen. Der mittlere Steckerkontakt ist der Plusanschluß, die äußeren beiden Kontakte sind die Minuskontakte. Prüfspitzen des Ohmmeters zwischen oberem Minuskontakt und Pluskontakt (mittlerer Kontakt) anschließen –A–. Hierbei wird der Widerstand der Zündspule für Zylinder 2 und 3 geprüft. Dann Ohmmeter zwischen unterem Minuskontakt und Pluskontakt (mittlerer Kontakt) anschließen –B–. Hierbei wird der Widerstand der Zündspule für Zylinder 1 und 4 geprüft. **Sollwert:** Jeweils 0,55 Ω bis 0,61 Ω.
- Sekundärwiderstand –C– (Zylinder 1 und 4) und –D– (Zylinder 2 und 3) prüfen. Dazu Prüfspitzen des Ohmmeters jeweils zwischen die Hochspannungsausgänge anschließen. **Sollwert:** 8,645 kΩ bis 9,555 kΩ.

Ausbau, 1,8-/2,0-l-Motor

Erzeugt wird die Zündspannung durch einzelne Zündspulen, die oberhalb jeder Zündkerze sitzen.

- Zündung ausschalten.

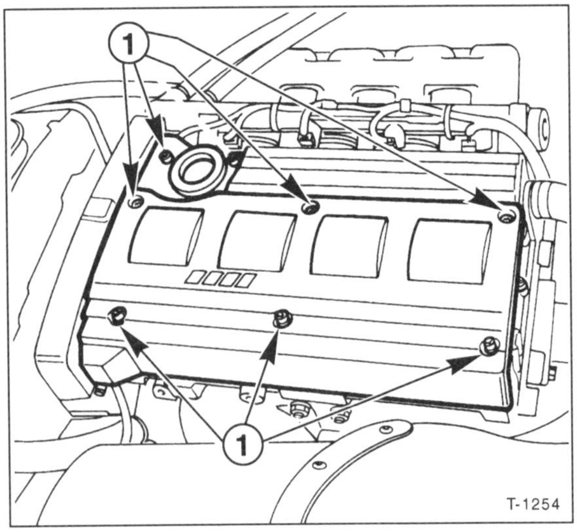

- Öleinfülldeckel abnehmen. Zylinderkopfabdeckung abschrauben –1–. Die Abbildung zeigt den 1,8-l-Motor.

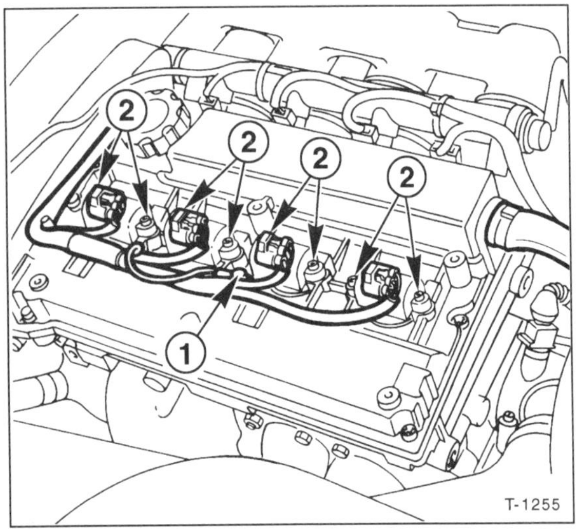

- Anschlußstecker von jeder Zündspule abziehen. Massekabel –1– abschrauben.
- Jede Zündspule mit 2 Schrauben –2– abschrauben und nach oben von der Zündkerze abziehen.

Einbau

- Zündspulen mit Zündkerzensteckern einsetzen und mit 2 Schrauben anschrauben. **Hinweis:** Der Zündkerzenstecker kann nicht getrennt von der Zündspule ersetzt werden.
- Kabelstecker an Zündspule einrasten.
- Massekabel anschrauben.
- Zylinderkopfverkleidung einbauen. Öleinfülldeckel aufsetzen.

Prüfen

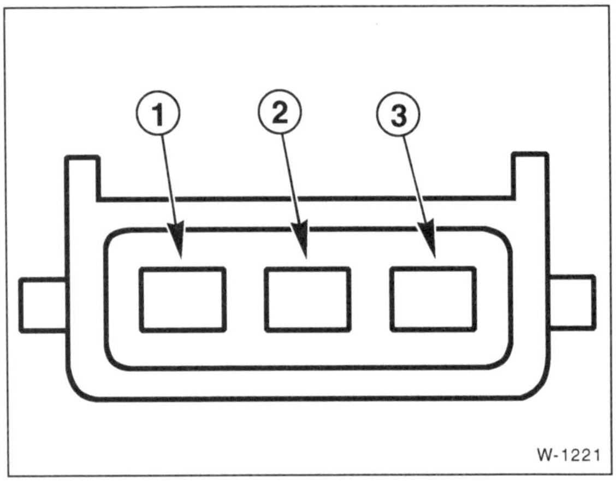

Die Abbildung zeigt den Stecker an einer Zündspule.

1– Klemme 15; 2– Klemme 4; 3– Klemme 1.

- Ohmmeter zwischen Klemme 1 und 15 anschließen und Primärwiderstand messen. **Sollwert:** 1,8-l-Motor: 0,6 Ω ± 0,06 Ω; 2,0-l-Motor: ca. 0,4 Ω.

Achtung: Der Widerstand der Sekundärseite (zwischen Zündkerzenanschluß, Klemme 4 und Masseanschluß) ist nicht meßbar.

Klopfsensor aus- und einbauen

Der Klopfsensor sitzt am Motorblock zwischen Zylinder 2 und 3. Der 2,0-l-Motor hat 2 Klopfsensoren, einer sitzt zwischen Zylinder 1 und 2, der andere zwischen Zylinder 4 und 5. Der Sensor ermöglicht dem Motor-Steuergerät die Erkennung und Vermeidung der schädlichen klopfenden Verbrennung.

Ausbau

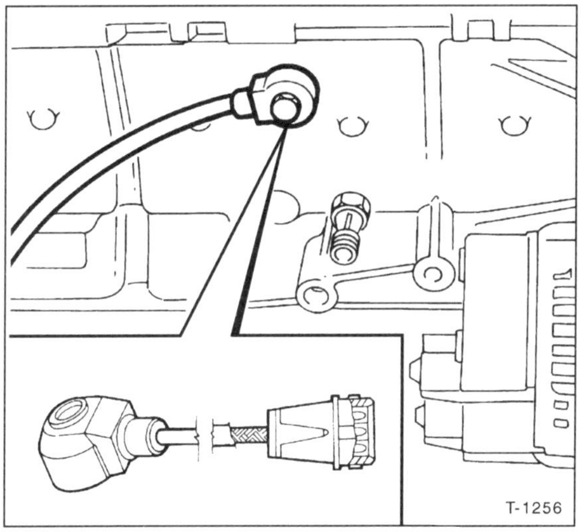

- Stecker für Sensor abziehen. Der Sensor sitzt hinten am Motorblock im Bereich des Generators. Sensor herausschrauben.

Einbau

- Anlageflächen Motorblock/Klopfsensor sorgfältig reinigen.
- Klopfsensor mit **20 Nm** festziehen. **Achtung:** Drehmoment unbedingt beachten, da es für die korrekte Funktion des Sensors wichtig ist. Auf äußerste Sauberkeit beim Einschrauben achten. Keine zusätzlichen Unterlegscheiben einbauen.
- Kabelstecker zusammenfügen.

Motor-Steuergerät aus- und einbauen

Achtung: Nach Einbau eines neuen Steuergerätes empfängt dieses automatisch den CODE der Wegfahrsperre. Es ist nicht erlaubt, probeweise ein anderes Steuergerät anzuschließen, da es sonst für andere Fahrzeuge unbrauchbar wird.

Ausbau

- Vor dem Ausbau des Steuergeräts empfiehlt es sich, den Fehlerspeicher von einer FIAT-Werkstatt auslesen und ausdrucken zu lassen. Dadurch kann festgestellt werden, welcher Fehler vorliegt, siehe auch Seite 102.
- Batterie-Massekabel (–) abklemmen. **Achtung:** Hinweise im Kapitel »Batterie aus- und einbauen« beachten, siehe Seite 251.

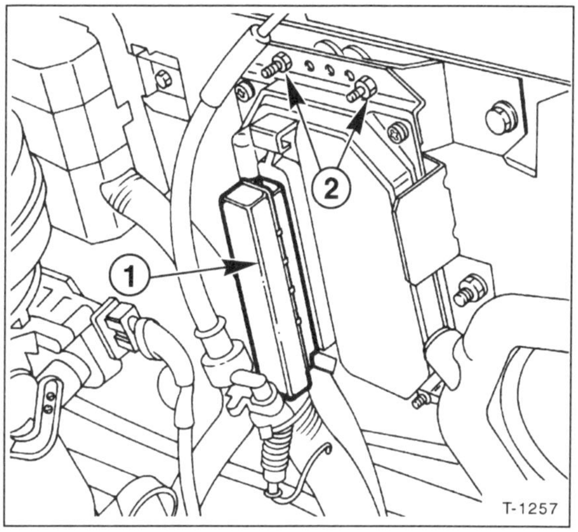

- **1,4-l-Motor:** Anschlußstecker –1– am Steuergerät abziehen. Das Steuergerät befindet sich an der Stirnwand in Höhe der Einspritzeinheit. Steuergerät vom Halter abschrauben –2–.

1,6-l-Motor

- Batterie ausbauen, siehe Seite 251.

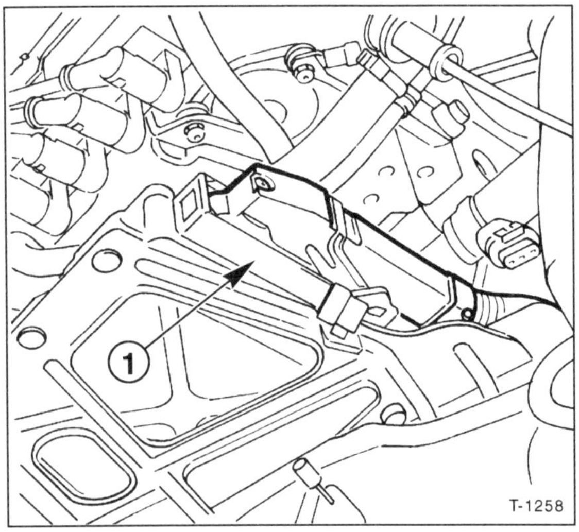

- Anschlußstecker am Steuergerät abziehen, dazu Bügel –1– hochklappen. Das Steuergerät befindet sich an der Batterie-Konsole.

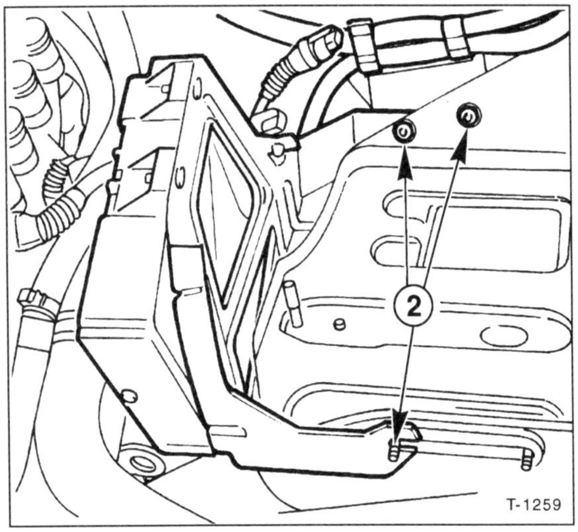

- Steuergerät mit Halter abschrauben –2–. Die unteren Schrauben dienen auch zur Befestigung der Kabel für Anlasser und Einspritzanlage.

1,8-/2,0-l-Motor

- Batterie-Massekabel (–) abklemmen. **Achtung:** Hinweise im Kapitel »Batterie aus- und einbauen« beachten.

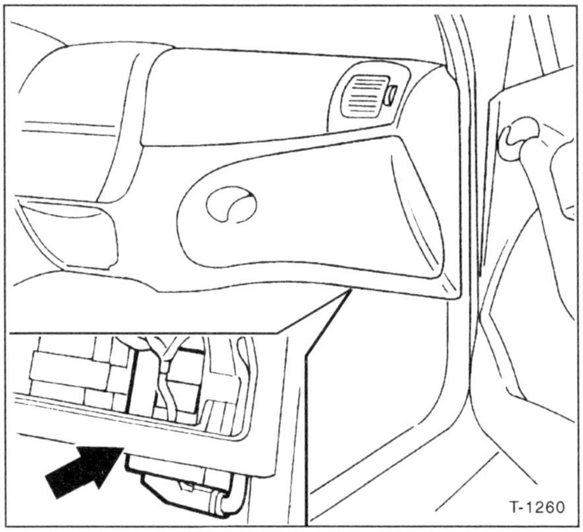

- Das Steuergerät befindet sich unterhalb des Handschuhfachs. Befestigungsschrauben am Haltebügel abschrauben. Anschlußstecker am Steuergerät abziehen, dazu Bügel hochklappen.

Einbau

- Beim Ersatzteilkauf zur Identifizierung zweckmäßigerweise das ausgebaute Steuergerät mitnehmen.
- Steckverbindung am Steuergerät zusammenfügen. Sicherungsklammer umklappen.
- Steuergerät einsetzen und befestigen.
- Batterie-Massekabel (–) anklemmen. Zeituhr einstellen. Radiosender programmieren. **Achtung:** Es können in der ersten Zeit Fahrverhaltensmängel auftreten, Hinweise im Kapitel »Batterieeinbau« beachten.

Zündkerzentechnik

Die Zündkerze besteht aus der Mittel-Elektrode, dem Isolator mit Gehäuse und der Masse-Elektrode. Die Masse-Elektrode ist gasdicht im Isolator befestigt, der Isolator ist fest mit dem Gehäuse verbunden. Zwischen Mittel- und Masse-Elektrode springt der Zündfunke über, der das Kraftstoffluftgemisch entzünden soll. Von der Zündkerze hängen Startbereitschaft, Leerlaufverhalten, Beschleunigung und Höchstgeschwindigkeit ab. Man sollte deshalb nicht ohne Grund von dem vom Werk vorgeschriebenen Zündkerzentyp abweichen, der unter anderem von der Wärmewert-Kennzahl bestimmt wird.

Die Wärmewert-Kennzahl gibt den Grad der Wärmebelastbarkeit einer Zündkerze an. Je niedriger die Wärmewert-Kennzahl einer Kerze ist, desto höher ist die Wärmebelastbarkeit. Die Kerze kann also die Wärme besser ableiten, wodurch schädliche Glühzündungen (Motorklopfen) verhindert werden. Eine Kerze mit hoher Wärmebelastbarkeit hat allerdings den Nachteil, daß ihre Selbstreinigungstemperatur ebenfalls höher liegt. Sie neigt daher schneller zum Verrußen, insbesondere dann, wenn der Motor häufig seine Betriebstemperatur während der Fahrt nicht erreicht (Stadtverkehr, Kurzstreckenverkehr im Winter). In der Regel werden »kalte« Zündkerzen bei »heißen« Motoren eingesetzt, also bei Triebwerken denen hohe Motorleistung abgefordert wird.

Durch den Kupferkern (Cu) in der Mittelelektrode und noch mehr durch die Silber-Mittelelektrode wird die Wärmeleitfähigkeit und damit die Wärmebelastbarkeit erhöht.

Die Wärmewert-Kennzahl ist im Zündkerzencode enthalten. Der Code schlüsselt sich wie folgt auf:

Bosch-Zündkerze

Beispiel:	**F**	**R**	**6**	**L**	**D**	**C**
	①	②	③	④	⑤	⑥

① W = Gewinde M 14 x 1,25 mit Flachdichtsitz, SW 21; F = Gewinde M 14 x 1,25 mit Flachdichtsitz, SW 16; M = Gewinde M 18 x 1,5 mit Flachdichtsitz, SW 25; H = Gewinde M 14 x 1,25 mit Kegeldichtsitz, SW 16; D = Gewinde M 18 x 1,5 mit Kegeldichtsitz, SW 21; SW = Schlüsselweite.

② R = Mit Widerstand, zur Entstörung. Die Funktion der Zündanlage wird dadurch nicht beeinflußt.

③ Wärmewert-Kennzahl. Die Wärmewertskala wird von 06 (»kalt«) bis 13 (»warm«) angegeben.

④ L = Gewindelänge 19 mm, vorgezogene Funkenlage (5 mm Abstand vom Kerzenrand).

⑤ D = 2 Masseelektroden, T = 3 Masseelektroden, Q = 4 Masseelektroden.

⑥ = Elektrodenwerkstoff der Mittelelektrode: Ohne Angabe = Cr-Ni-Legierung, C = Ni-Cu-Verbund, E = Nickel-Yttrium, P = Platin, S = Silber.

BERU-Zündkerze

Beispiel:	**14**	**F**	**G**	**R**	**7**	**C**	**T**	**U**
	①	②	③	④	⑤	⑥	⑦	⑧

① 14 = Gewinde M 14 x 1,25.

② F = mit Flachdichtsitz.

③ G = Gleitfunkenkerze.

④ R = Mit Widerstand, zur Entstörung. Die Funktion der Zündanlage wird dadurch nicht beeinflußt.

⑤ Wärmewert-Kennzahl. Die Wärmewertskala wird von 06 (»kalt«) bis 13 (»warm«) angegeben.

⑥ C = Gewindelänge 19 mm, normale Funkenlage.

⑦ A = Dreieck-Masseelektrode, T = mehrpolige Masseelektroden, D = 2 Masseelektroden.

⑧ Elektrodenwerkstoff der Mittelelektrode: U = Ni-Cu-Verbund, P = Platin, S = Silber.

Die richtige Zündkerze für den FIAT BRAVO/BRAVA

Motor	Motor-leistung	Zündkerzen									
		BOSCH	EA*	NGK	EA*	GOLDENLODGE	EA*	CHAMPION	EA*	BERU	EA*
1,4 l	55 kW	–		BKR 6 EKC	0,8	2 HLDR	0,8	–		–	
1,6 l	66 kW	FR6LDC	0,8	BKR 6 EKC	0,8	2 HLDR	0,8	–		–	
1,6 l	76 kW	FR6LDC	0,8	BKR 6 EKC	0,8	2 HLDR	0,8	–		–	
1,8 l	83 kW	FR6LDC	0,8	BKR 6 EKC	0,8	2 HLDR	0,8	RC7 BMC	0,8	14FGR-7 CTU	
2,0 l	108 kW	FR6LDC	0,8	–		–		RC7 BMC	0,8	14FGR-7 CTU	

*) EA = Elektrodenabstand der Zündkerzen in mm (falls einstellbar). Anzugsmoment: **25 Nm**.

Achtung: Die technische Entwicklung geht ständig weiter. Es kann daher sein, daß inzwischen andere Zündkerzenwerte gelten. Daher empfiehlt es sich, bei einem Neukauf im Zweifelsfall die aktuellen Zündkerzenwerte bei der Fachwerkstatt zu erfragen.

Störungsdiagnose Zündanlage

Feststellen, ob ein Zündfunke vorhanden ist. Dazu Zündkerzen herausschrauben, in Zündkerzenstecker stecken und einzeln gegen Masse (Motorblock) halten. Dabei Kerzenstecker oder Zündkabel **nicht** mit der Hand festhalten, sondern eine gut isolierte Zange nehmen. Von Hilfsperson Motor starten lassen. **Achtung:** Um Schäden am Katalysator zu vermeiden, darf dabei kein Benzin eingespritzt werden. Daher Kraftstoffpumpenrelais abziehen, siehe Kapitel »Kraftstoffanlage«. **Achtung:** Sicherheitshinweise für elektronische Zündanlage beachten.

Hinweis: Es empfiehlt sich, zuerst den Fehlerspeicher der Motorsteuerung abzufragen (Werkstattarbeit).

Störung: Der Motor springt schlecht oder gar nicht an.

Ursache	Abhilfe
Widerstand in Zündkerzenleitung/Zündkerzenstecker zu hoch.	■ Zündleitung/Zündkerzenstecker erneuern.
Zündkerzenstecker in falscher Reihenfolge aufgesteckt.	■ Zündkerzenstecker nach Zündfolge 1-3-4-2 aufstecken.
Zündkerzen wegen zu vieler Startversuche naß.	■ Zündkerzen ausbauen und trocknen.
Zündkerzen außen feucht und verschmutzt.	■ Zündkerzen reinigen, trocknen, Silikonschutzkappe auf Zündkerze und Stecker schieben.
Leistung der Zündspule zu gering.	■ Elektrische Leitungen an der Zündspule auf festen Sitz und guten Kontakt prüfen. Zündspule prüfen.
Zündspule gerissen, Brandkanäle.	■ Zündspule erneuern.
Zündkerze defekt.	■ Grundsätzlich alle Zündkerzen ersetzen. Nur bei ganz geringer Laufleistung einzelne Zündkerze austauschen.

Kraftstoffanlage

Zur Kraftstoffanlage gehören der Kraftstoffbehälter, die Kraftstoffpumpe (bei den Benzinmotoren im Tank eingebaut) und die Kraftstoffleitungen sowie die Kraftstoff-Einspritzanlage mit Kraftstoff- und Luftfilter.

Der aus Kunststoff gefertigte Kraftstoffbehälter ist unter dem Gepäckraum über der Hinterachse angeordnet. Der jeweilige Kraftstoffvorrat wird dem Fahrer am Schalttafeleinsatz angezeigt. Durch ein geschlossenes Entlüftungssystem wird der Tank belüftet. Die schädlichen Benzindämpfe der Tankentlüftung werden in einem Aktivkohlespeicher aufgefangen und dem Motor kontrolliert zur Verbrennung zugeführt.

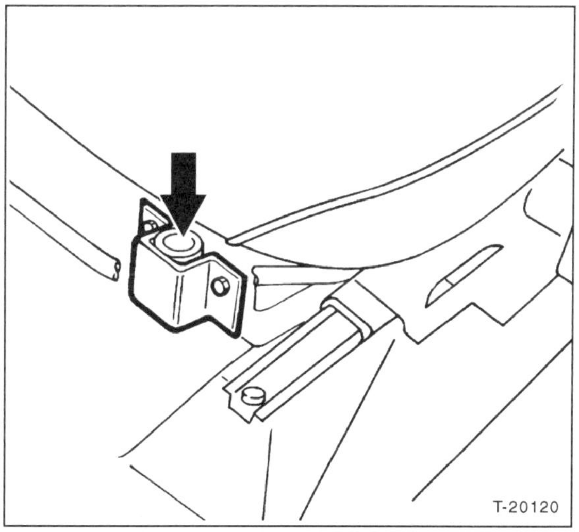

Alle Modelle besitzen einen Sicherheitsschalter, der bei einem Unfall mit einer Aufprallgeschwindigkeit ab etwa 25 km/h die Kraftstoffpumpe abschaltet, beim Dieselmotor den Absteller an der Einspritzpumpe. Dadurch wird die Kraftstoffzufuhr unterbrochen. Der Schalter ist unter dem Fahrersitz am Querträger installiert. Der Schalter kann wieder eingeschaltet werden, indem die mit einer Gummischutzkappe versehene Taste gedrückt wird –Pfeil–.

Achtung: Riecht es nach einem Zusammenstoß nach ausgelaufenem Kraftstoff, ist vor Deaktivierung des Schalters zur Vermeidung von Bränden zunächst die Leckstelle zu beseitigen.

Kraftstoff sparen beim Fahren

Wesentlichen Einfluß auf den Kraftstoffverbrauch hat die Fahrweise des Fahrzeuglenkers. Hier einige Tips für den intelligenten Umgang mit dem Gaspedal.

- Nach dem Motorstart gleich losfahren, auch bei Frost.
- Motor bei voraussichtlichen Stops über 40 Sekunden Dauer abschalten.
- Im höchstmöglichen Gang fahren.
- Möglichst gleichmäßige Geschwindigkeiten über längere Strecken fahren, hohe Geschwindigkeiten meiden. Vorausschauend fahren. Nicht unnötig bremsen.
- Keine unnötige Zuladung mitführen, Aufbauten am Fahrzeug, beispielsweise Dachgepäckträger, möglichst abbauen.
- Immer mit richtigem, nie mit zu niedrigem Reifendruck fahren.
- Das Verkehrsmittel mit Bedacht wählen. Örtliche und zeitliche Verkehrsspitzen nach Möglichkeit meiden.

Sicherheits- und Sauberkeitsregeln bei Arbeiten an der Kraftstoffversorgung

Bei Arbeiten an der Kraftstoffversorgung sind die folgenden Regeln zur Sicherheit und Sauberkeit sorgfältig zu beachten:

- **Kein offenes Feuer, nicht rauchen, keine glühenden oder sehr heißen Teile in die Nähe des Arbeitsplatzes bringen. Unfallgefahr! Feuerlöscher bereitstellen.**
- **Unbedingt für gute Belüftung des Arbeitsplatzes sorgen. Kraftstoffdämpfe sind giftig.**
- Das Kraftstoffsystem steht unter Druck. Beim Öffnen der Anlage können Benzinspritzer auftreten, daher austretenden Kraftstoff mit einem Lappen auffangen. **Schutzbrille tragen.**
- Verbindungsstellen und deren Umgebung vor dem Lösen gründlich reinigen.
- Ausgebaute Teile auf einer sauberen Unterlage ablegen und abdecken. Folien oder Papier verwenden. Keine fasernden Lappen benutzen!
- Geöffnete Bauteile sorgfältig abdecken bzw. verschließen, wenn die Reparatur nicht umgehend ausgeführt wird.
- Ersatzteile erst unmittelbar vor dem Einbau aus der Verpackung nehmen. Nur saubere Teile einbauen.
- Keine Teile verwenden, die unverpackt (z. B. in Werkzeugkästen usw.) aufgehoben wurden.
- Bei geöffneter Kraftstoff-Anlage möglichst nicht mit Druckluft arbeiten. Das Fahrzeug möglichst nicht bewegen.
- Dieselkraftstoff darf nicht auf Kühlerschläuche des Motors gelangen, da diese sonst angegriffen werden. Dieselkraftstoff gegebenenfalls sofort mit feuchtem Lappen abwischen.

Relais für Kraftstoffpumpe prüfen

Das Kraftstoffpumpenrelais befindet sich bei 1,4-/1,6-l-Motoren am Relaisträger im Motorraum, bei 1,8-/2,0-l-Motoren im Innenraum rechts unter dem Handschuhfach. Das Relais versorgt die elektrische Kraftstoffpumpe mit Strom. Um an die Relais im Motorraum zu gelangen, Kunststoffschraube von Hand lösen und die Abdeckung abnehmen.

Wenn zur Prüfung der Einspritzanlage die Kraftstoffpumpe laufen soll, ohne daß der Motor läuft, Relais abziehen und die Klemme 30 und Klemme 87 mit kurzer Hilfsleitung verbinden, Durchmesser der Leitung 1,5 mm.

1,4-l-Motor:

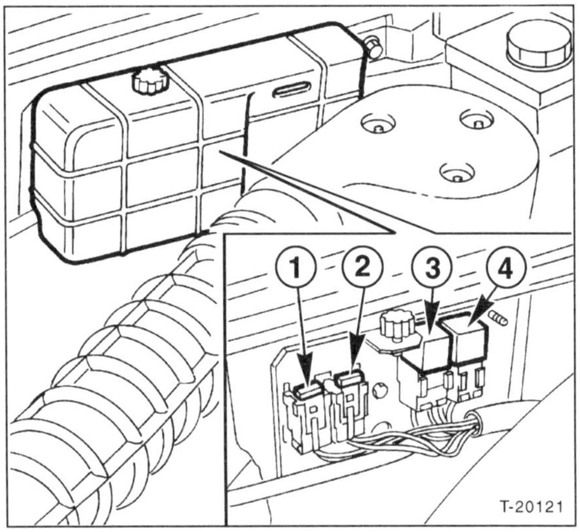

1 – Sicherung für Kraftstoffpumpe
2 – Sicherung für Einspritz- und Zündanlage
3 – Relais für Einspritz- und Zündanlage
4 – Relais für Kraftstoffpumpe

1,6-l-Motor:

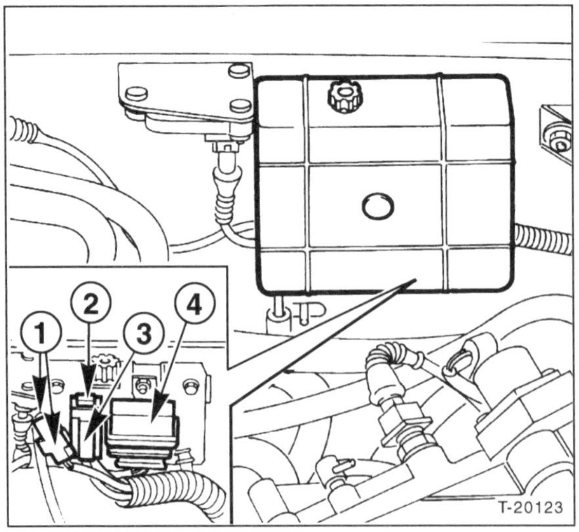

1 – Stecker für Lambdasonde
2 – Sicherung für Einspritz- und Zündanlage
3 – Sicherung für Relais
4 – Doppelrelais für Kraftstoffpumpe sowie Einspritz- und Zündanlage

1,8-l-Motor:

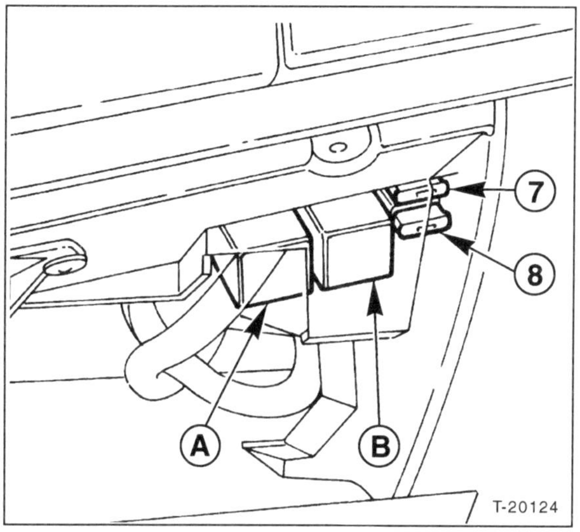

A – Relais für Kraftstoffpumpe
B – Relais für Einspritz- und Zündanlage
7 – Sicherung für Einspritz- und Zündanlage
8 – Sicherung für Kraftstoffpumpe

2,0-l-Motor:

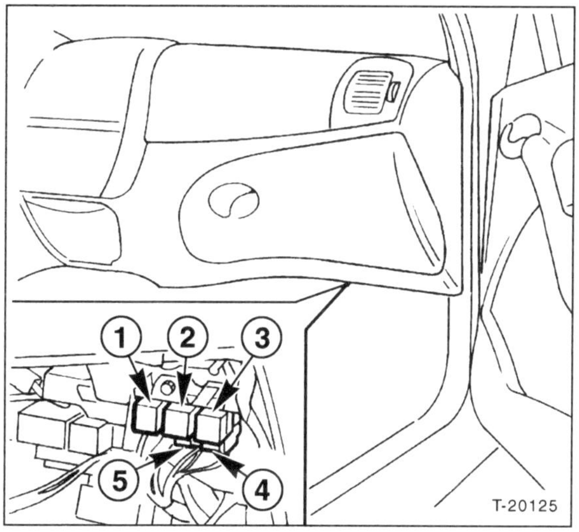

1 – Relais für Aktivkohlefilter-System
2 – Relais für Zünd- und Einspritzanlage
3 – Relais für Kraftstoffpumpe
4 – Sicherung für Lambdasonde
5 – Sicherung für Kraftstoffpumpe

Achtung: Zur Prüfung des Kraftstoffpumpenrelais muß die Batterie geladen sein. Weitere Hinweise zur Relaisprüfung im Kapitel »Elektrische Anlage« beachten.

- Sicherungen für Einspritzanlage prüfen, gegebenenfalls erneuern, siehe Abbildungen.
- Relais für Kraftstoffpumpe abziehen, durch intaktes Relais ersetzen.

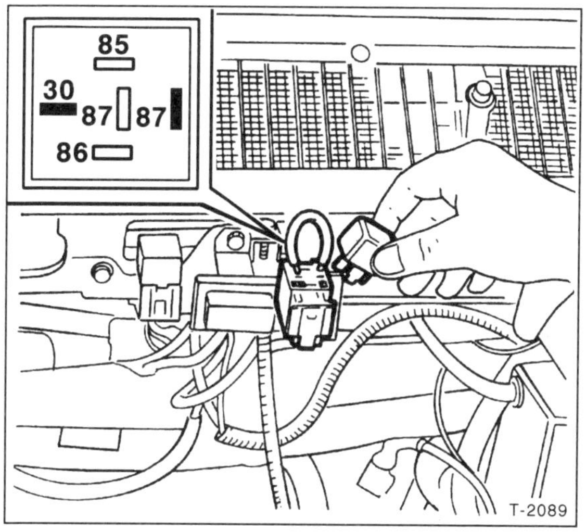

- Steht kein intaktes Relais zur Verfügung, die Klemmen 30 und 87 im Relaissockel mit einem dicken Kabel überbrücken. Die Kraftstoffpumpe muß nun hörbar anlaufen (eventuell von Hilfsperson am Tank hören lassen), sonst ist ein Fehler in der Zuleitung oder Kraftstoffpumpe.

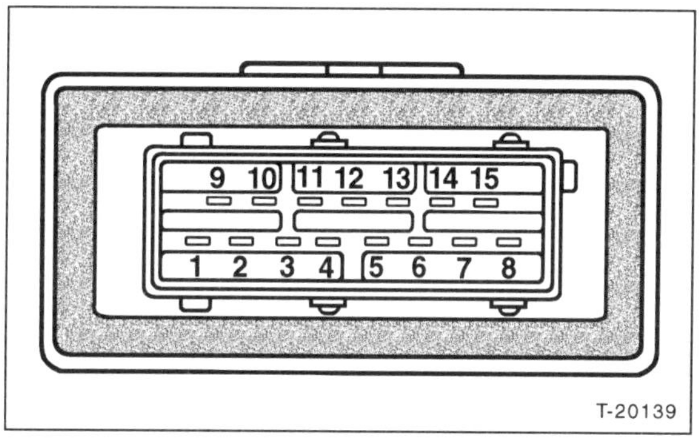

Achtung: Beim **1,6-l-Motor** Doppelrelais abziehen und Klemmen 4 und 8 überbrücken. Die Kraftstoffpumpe muß nun hörbar laufen.

- Die Werkstatt kann Fördermenge und Kraftstoffdruck im Kraftstoffsystem kontrollieren, dazu sind Spezialgeräte notwendig.

Einbau

- Sicherungen und Relais einsetzen und Abdeckung anschrauben.
- Batterie-Massekabel (–) anklemmen. Vorhandene Zeituhr einstellen und Diebstahlcode für Radio eingeben.
- Motor starten und auf einwandfreie Funktion prüfen.

Fördermenge der Kraftstoffpumpe prüfen

Benzinmotoren

Hinweis: Beim Dieselmotor wird der Kraftstoffdruck in der Leitung zwischen Filter und Einspritzpumpe gemessen, hierzu Fachwerkstatt aufsuchen.

Unbedingt auf gute Belüftung des Arbeitsplatzes achten. Kraftstoffdämpfe sind giftig, kein offenes Feuer, nicht rauchen, Brandgefahr! Feuerlöscher bereitstellen.

- Voraussetzung für eine exakte Prüfung ist eine intakte und geladene Batterie.

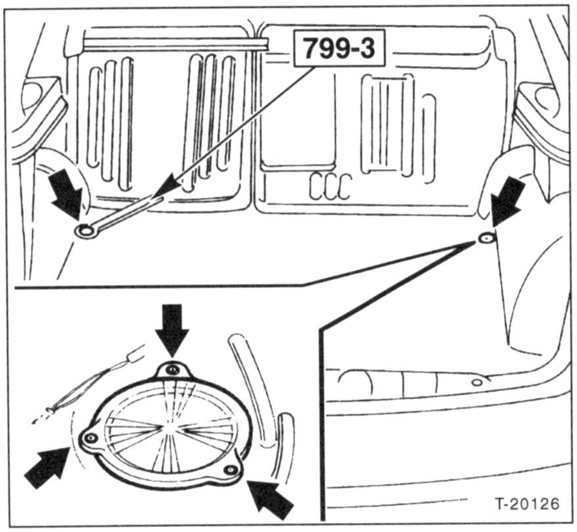

- Abdeckung im Kofferraum mit geeignetem Werkzeug, zum Beispiel HAZET 799-3, ausclipsen und runde Abdeckung für Tankgeber abschrauben –Pfeile–.

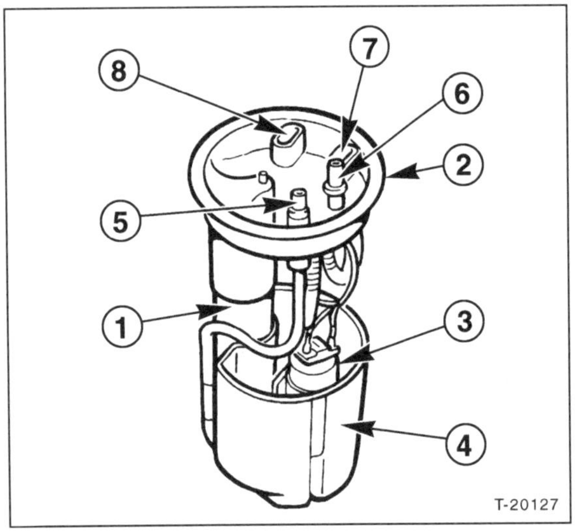

1 – Geber für Kraftstoffstandanzeige
2 – Halteplatte
3 – Kraftstoffpumpe
4 – Behälter mit Vorfiltersieb
5 – Kraftstoffvorlauf
6 – Kraftstoffrücklauf
7 – Steckeranschluß für Kraftstoffpumpe
8 – Steckeranschluß für Tankgeber

- Die Abbildung zeigt den ausgebauten Tankgeber mit Kraftstoffpumpe. In eingebautem Zustand ist nur die Halteplatte mit Anschlüssen zu sehen. Schnellverbinder am Kraftstoffvorlauf –5– abziehen, dabei 2 seitliche Laschen zusammendrücken.

Achtung: Das Kraftstoffsystem steht unter Druck. Austretenden Kraftstoff mit einem Lappen auffangen.

- Am Kraftstoffvorlauf einen kraftstoffresistenten Schlauch mit 8 mm Durchmesser aufschieben und in ein kraftstoffresistentes Meßgefäß mit ca. 2 l Inhalt führen.
- Kraftstoffpumpenrelais abziehen. Das Relais befindet sich im Relaiskasten im Motorraum, bei 1,8-/2,0-l-Motoren unterhalb des Handschuhfachs, siehe Seite 86.
- Am Relaissockel 30 und 87 mit Prüfleitung verbinden (Durchmesser 1,5 mm) und Kraftstoffpumpe ca. 30 Sekunden laufen lassen, siehe Kapitel »Kraftstoffpumpenrelais prüfen«.
- Die Fördermenge muß **in 30 Sekunden ca. 1,1 l** betragen, nur **beim 1,4-l-Motor ca. 0,83 l.**
- Wird zu wenig Kraftstoff gefördert, Versorgungsspannung der Pumpe prüfen. Ein Spannungsabfall von 1 Volt bewirkt einen Fördermengenverlust von ca. 10%. Gegebenenfalls Batterie laden oder erneuern.
- Ist die Fördermenge weiterhin zu klein, Kraftstoffpumpe ersetzen.
- Kraftstoffleitung aufschieben, dabei muß sie einrasten.
- Motor starten und Dichtigkeit vom Anschluß prüfen.
- Abdeckung für Tankgeber anschrauben, Gepäckraumabdeckung zurückklappen.

Kraftstoffpumpe/Tankgeber aus- und einbauen

Der Tankgeber und die Benzin-Kraftstoffpumpe sitzen oben im Kraftstoffbehälter.

Beim Dieselmotor ist nur der Tankgeber ohne Pumpe vorhanden, der Kraftstoff wird von der Einspritzpumpe gefördert.

Mit sinkendem Kraftstoffspiegel sinkt auch der Schwimmer im Tankgeber ab. Durch einen Schleifkontakt am Schwimmer erhöht sich dabei der elektrische Widerstand des Gebers. Dadurch sinkt die Spannung am Schalttafeleinsatz und die Kraftstoffvorratsanzeige geht in Richtung »leer« zurück.

Sinkt der Schwimmer weiter ab, wird ab einer bestimmten Stellung der Warnkontakt geschlossen und an der Schalttafel leuchtet ein orangefarbener Punkt auf.

Ausbau

Unbedingt auf gute Belüftung des Arbeitsplatzes achten. Kraftstoffdämpfe sind giftig, kein offenes Feuer, nicht rauchen, Brandgefahr! Feuerlöscher bereitstellen.

Achtung: Zum Ausbau eines Tankgebers darf der Kraftstofftank **nicht** gefüllt sein. Daher Tank entweder leerfahren oder Kraftstoff mit einer geeigneten Pumpe in einen entsprechend großen Behälter absaugen. Kraftstoffdämpfe sind giftig, nicht einatmen. Arbeiten möglichst im Freien durchführen und für gute Belüftung sorgen.

- Batterie-Massekabel (–) abklemmen. **Achtung:** Dadurch werden elektronische Speicher gelöscht, wie zum Beispiel Motor-Betriebswerte. Hinweise im Kapitel »Batterie aus- und einbauen« beachten.

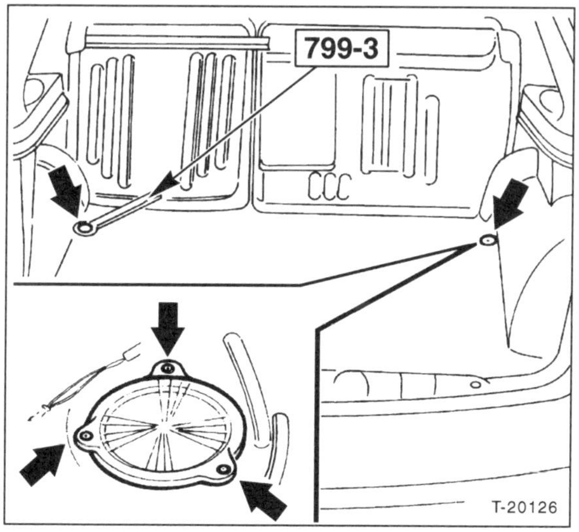

- Abdeckung im Kofferraum mit geeignetem Werkzeug, zum Beispiel HAZET 799-3, ausclipsen und runde Abdeckung für Tankgeber abschrauben –Pfeile–.

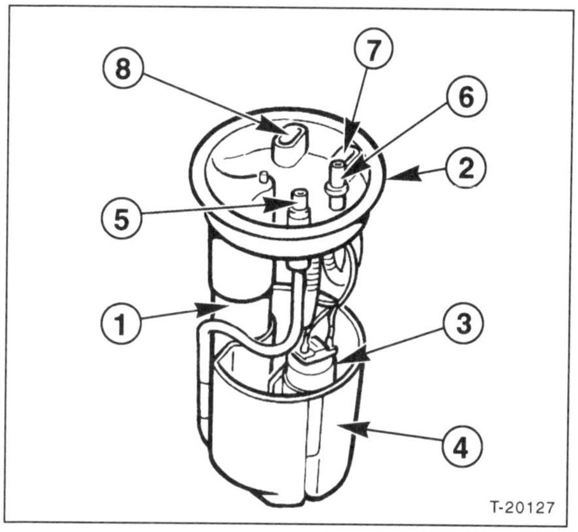

1 – Geber für Kraftstoffstandanzeige
2 – Halteplatte
3 – Kraftstoffpumpe
4 – Behälter mit Vorfiltersieb
5 – Kraftstoffvorlauf
6 – Kraftstoffrücklauf
7 – Steckeranschluß für Kraftstoffpumpe
8 – Steckeranschluß für Tankgeber

- Die Abbildung zeigt den ausgebauten Tankgeber mit Kraftstoffpumpe. Schnellverbinder am Kraftstoffvorlauf –5– und Rücklauf –6– abziehen, dabei 2 seitliche Laschen zusammendrücken. Die Schnellverbinder haben unterschiedlichen Durchmesser, damit sie nicht vertauscht werden können.

Achtung: Das Kraftstoffsystem steht unter Druck. Austretenden Kraftstoff mit einem Lappen auffangen.

- Mehrfachstecker abziehen.
- Entlüftungsleitung am Tankgeber abschrauben.

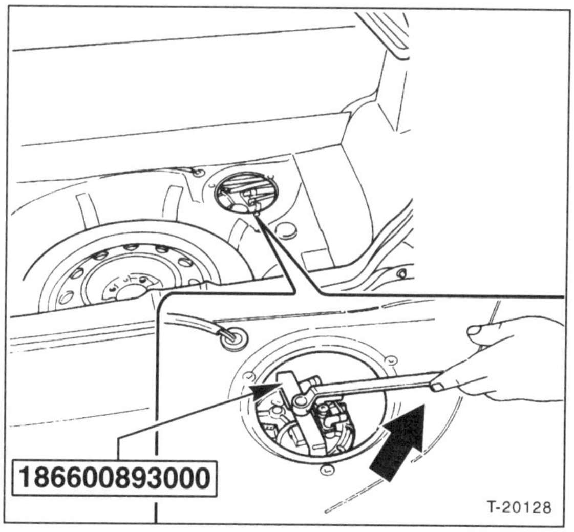

- Überwurfmutter linksherum vorsichtig lösen. Die Werkstatt verwendet dazu ein Spezialwerkzeug. Die Mutter kann auch mit einem Holzstab und leichten Hammerschlägen gelöst werden. **Achtung:** Es dürfen keine Funken entstehen.

- Tankgeber hochziehen, zur Seite schwenken und herausnehmen. Dabei Lappen unterlegen und eventuell austretenden Kraftstoff auffangen.

Einbau

- Sieb der Kraftstoffpumpe auf Verschmutzung prüfen, gegebenenfalls reinigen.
- Dichtung für Tankgeber auf Porosität oder Beschädigung prüfen, gegebenenfalls ersetzen.
- Tankgeber und Kraftstoffpumpe in den Tank so einsetzen, daß nach dem Festziehen die Kraftstoffschläuche aufgeschoben werden können.
- Überwurfmutter ansetzen und festziehen (Anhaltswert: max. 60 Nm). Mutter mit Holzstab und leichten Hammerschlägen anziehen. Dabei Keil jeweils an mehreren Stellen des Umfangs ansetzen.
- Kraftstoffleitungen aufstecken und einrasten. Dazu ist kein Spezialwerkzeug erforderlich.
- Mehrfachstecker auf Tankgeber aufschieben.
- Entlüftungsleitung am Tankgeber anschrauben.
- Batterie-Massekabel (–) anklemmen. Zeituhr einstellen. Radiosender programmieren.
- Motor starten und Dichtigkeit vom Anschluß prüfen.
- Abdeckung für Tankgeber anschrauben, Gepäckraumabdeckung zurückklappen.

Gaszug aus- und einbauen/einstellen

Achtung: Der Gaszug ist sehr knickempfindlich und daher beim Einbau besonders sorgfältig zu behandeln. Ein einziger leichter Knick kann zum späteren Bruch im Fahrbetrieb führen. Züge, die geknickt wurden, dürfen deswegen **nicht** eingebaut werden.

Ausbau

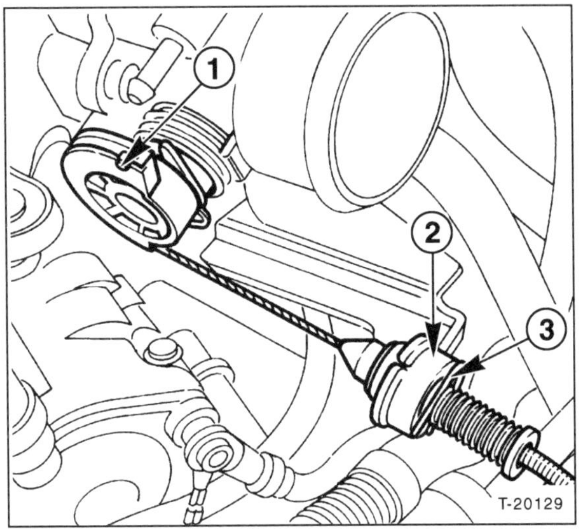

- Drosselklappenhebel (Dieselmotor: Einspritzpumpenhebel) mit der Hand bis zum Vollgasanschlag drücken. Die Abbildung zeigt den 1,6-l-Motor.
- Nippel –1– des Gaszugs durch den Schlitz im Drosselklappensegment herausziehen.
- Gaszug durch die Bohrung im Widerlager (Halter) herausziehen, Gummitülle –2– herausdrücken.
- Gaszug im Motorraum aus den Führungen ausclipsen. **Achtung**: Für den leichteren Einbau empfiehlt es sich, die Einbaulage und die Befestigungspunkte am Gaszug mit Farbe zu markieren und die Markierungen auf den neuen Gaszug zu übertragen.
- Gaszug am Gaspedal aushängen und in den Motorraum durchziehen. Dabei Tülle in der Spritzwand herausdrücken.

Einbau

- Gaszug durch die Spritzwand in den Innenraum durchziehen und am Gaspedal einhängen.
- Gummitülle in die Bohrung der Spritzwand einsetzen. Dabei auf gute Abdichtung achten.
- Gaszug im Motorraum genauso wie den bisherigen Seilzug verlegen und in die Halter einclipsen.
- Gummitülle auf das Gaszugseil aufschieben.
- Gaszug am Widerlager durch die Bohrung schieben, Gummitülle in die Bohrung einsetzen und Gaszughülle einschieben.

- Drosselklappenhebel (Dieselmotor: Einspritzpumpenhebel) mit der Hand bis zum Vollgasanschlag drücken.
- Nippel des Gaszugs durch den Schlitz im Drosselklappensegment einsetzen und Drosselklappenhebel langsam loslassen. Dabei Seilzug im Drosselklappensegment einlegen.
- Sicherungsklammer –3– in der gleichen Position wie beim bisherigen Gaszug aufstecken, siehe Abbildung T-20129.
- Gaszug-Einstellung prüfen.

Einstellen

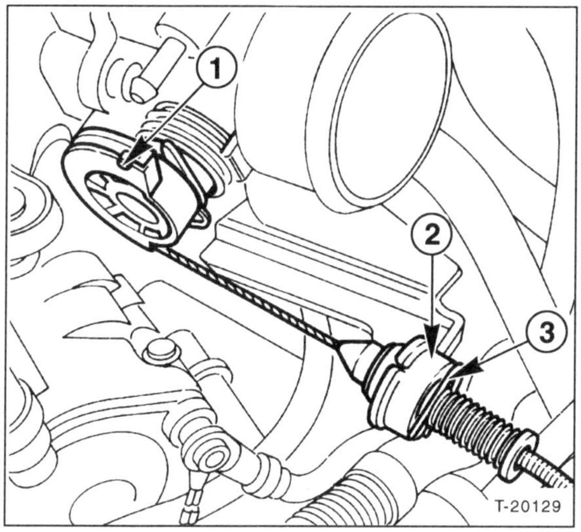

- Gaszug durch Umstecken der Steckraste –3– am Widerlager –2– so einstellen, daß das Ende –1– des Gaszugs frei in dem Sitz des Drosselklappenhebels beweglich ist, der Gaszug soll dabei aber möglichst wenig Spiel haben. Die Abbildung zeigt den 1,6-l-Motor.

1,4-l-Motor: Einstellen des Gasgestänges

Das Einstellen des Gasgestänges ist notwendig, nachdem die Einspritzeinheit, das Ansaugrohr oder Teile des Gestänges demontiert wurden. Sonst ist die Drosselklappenstellung falsch und führt zu Fehlfunktionen der Monomotronic.

- Zugstange –1– am Kopf des Hebels –2– abdrücken. Sicherstellen, daß die Umlenkrolle –3– am Anschlag steht, siehe folgende Abbildungen. Der Gaszug muß spielfrei sein, sonst wie bei den anderen Motoren einstellen.

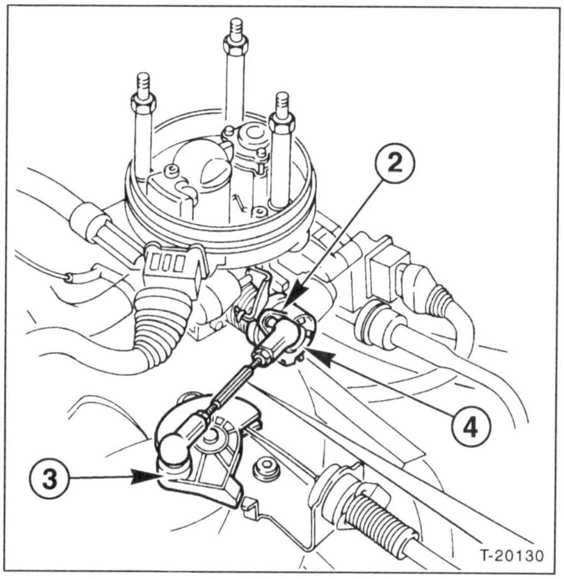

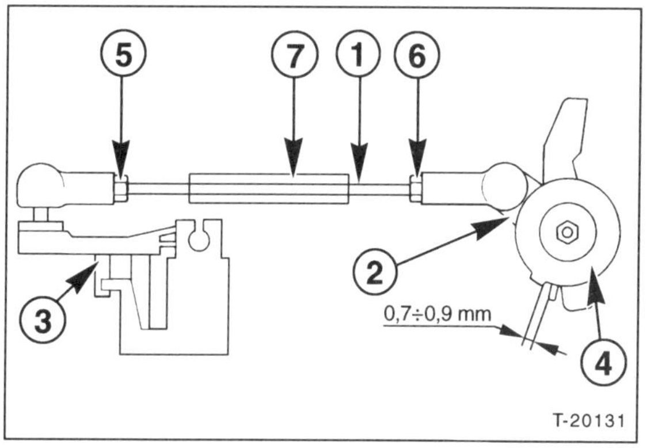

1 – Zugstange
2 – Drosselklappenhebel
3 – Umlenkrolle
4 – Hebel
5 – Kontermutter
6 – Kontermutter
7 – Sechskant

- Motor starten und warmlaufen lassen, bis die Kühlmittel-Temperaturanzeige normale Betriebstemperatur anzeigt. Innenlüfter und Kühlerventilator dürfen nicht eingeschaltet sein.
- Den Motor abstellen.
- Zugstange –1– am Kopf –2– aufdrücken. Zwischen den Absätzen von Hebel –2– und –4– muß ein Abstand von **0,7 mm bis 0,9 mm** vorhanden sein, siehe Abbildung T-20131. **Achtung:** Bei **neuen**, nicht eingefahrenen Motoren beträgt der Abstand 1,6 bis 1,8 mm.
- Andernfalls Kontermuttern –5– und –6– lösen und Zugstange –1– am Sechskant –7– verdrehen, bis der richtige Wert erreicht wird. Kontermuttern wieder festziehen.
- Von Helfer am Gaspedal Vollgas geben lassen. Bei Vollgas muß der Drosselklappenhebel an der Einspritzeinheit vollständig geöffnet sein.

Luftfilter / Ansaugluftsystem

1,4-l-Motor

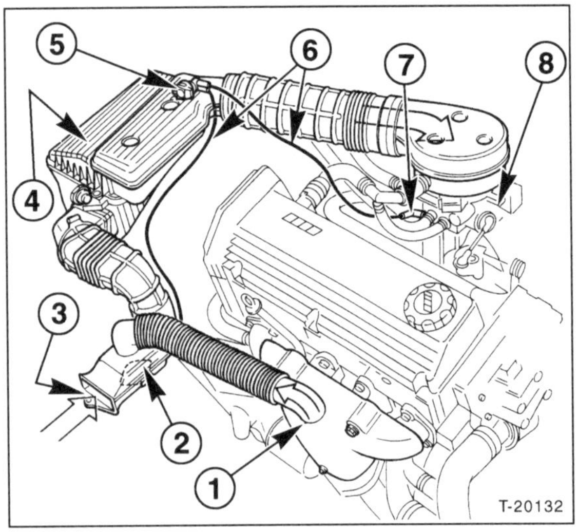

1 – Heißluftblech am Abgaskrümmer
2 – Luftklappe für Heiß-/Kaltluft
3 – Einlaß Kaltluft
4 – Luftfilter
5 – Thermostatventil 9° C für Luftklappenverstellung
6 – Unterdruckleitungen
7 – Unterdruckanschluß Ansaugrohr
8 – Einspritzeinheit

1,6-l-Motor

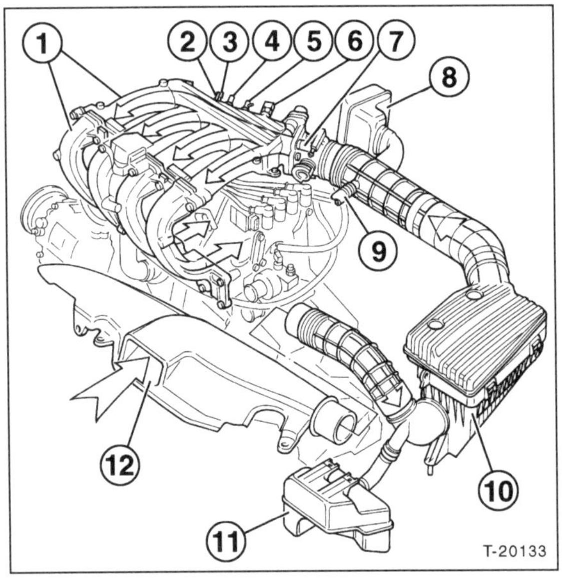

1 – Ansaugrohr
2 – Unterdruckanschluß Aktivkohlefilter-Tankentlüftung
3 – Unterdruckanschluß Druckfühler der Einspritzanlage
4 – Unterdruckanschluß Bremskraftverstärker
5 – Unterdruckanschluß Kraftstoffdruckregler
6 – Lufttemperaturfühler
7 – Drosselklappenstutzen
8 – Oberer Resonator
9 – Anschluß Kurbelgehäuseentlüftung
10 – Luftfilter
11 – Unterer Resonator
12 – Ansaugöffnung

Hinweis: Das Ansaugsystem vom **2,0-l-Motor** ist bis zum Ansaugrohr ähnlich wie beim 1,6-l-Motor aufgebaut. Vor dem Ansaugrohr sitzt jedoch ein Luftmassenmesser, wie beim 1,8-l-Motor.

1,8-l-Motor

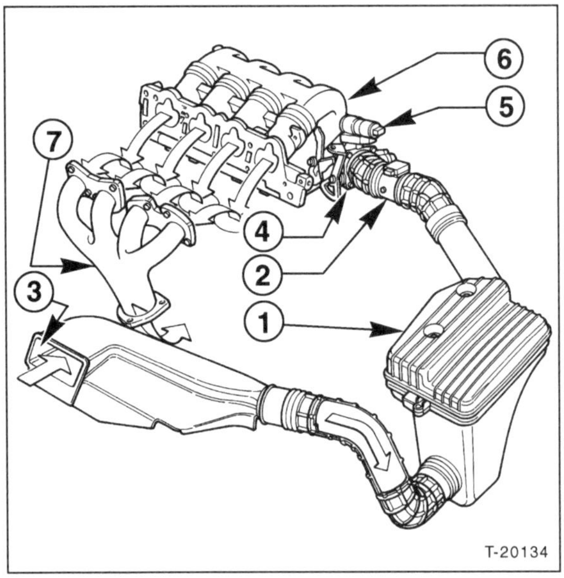

1 – Luftfilter
2 – Luftmengenmesser
3 – Ansaugöffnung
4 – Drosselklappenstutzen
5 – Leerlaufregelventil
6 – Ansaugrohr
7 – Abgaskrümmer

Dieselmotor

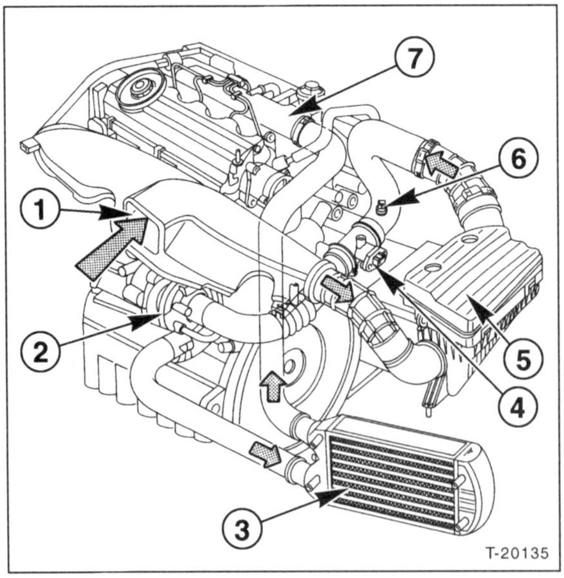

1 – Ansaugöffnung
2 – Turbolader
3 – Ladeluftkühler
4 – Luftmengenmesser (100 PS-Motor), Rohrstück (75 PS-Motor)
5 – Luftfilter
6 – Ansaugluft-Temperaturfühler
7 – Ansaugrohr

Luftfilter aus- und einbauen

Beschrieben wird der Ausbau am Beispiel des 1,4-l-Motors. Bei den anderen Motoren sitzt der Luftfilter an der anderen Fahrzeugseite, bei der Demontage dort in entsprechender Weise vorgehen.

Ausbau

- Luftfiltereinsatz ausbauen, siehe Seite 299.

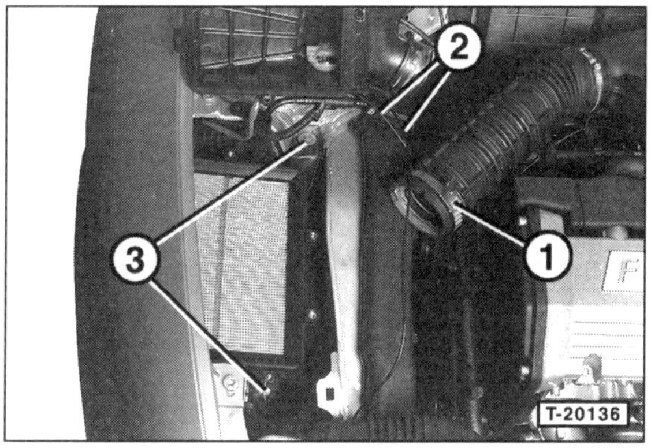

- Ansaugluft-Zuführung ausclipsen –1–.
- Nur 1,4-l-Motor: Am Luftfilter-Oberteil die Unterdruckleitungen –2– am Thermoventil für Ansaugluftvorwärmung abziehen.
- Luftfilter-Unterteil abschrauben –3–. Luftfilter-Unterteil aus der unteren Gummilagerung herausnehmen. Falls das Unterteil nicht nach oben herausgenommen werden kann, Luftfilter durch den Radkasten nach unten ausbauen, dazu Vorderrad und Innenkotflügel ausbauen, siehe Seite 204.

Einbau

- Luftfilter-Unterteil in das untere Gummilager einsetzen und anschrauben.
- Ansaugluft-Zuführung einclipsen.
- Luftfiltereinsatz einbauen, siehe Seite 299.
- Nur 1,4-l-Motor: Am Luftfilter-Oberteil die Unterdruckleitungen am Thermoventil aufstecken.

Kurbelgehäuse-Entlüftung prüfen

Bei laufendem Motor strömen durch den Überdruck in den Zylindern geringe Mengen von Gasen an den Kolbenringen vorbei in das Kurbelgehäuse. Im Kurbelgehäuse entstehen außerdem Schmieröldämpfe. Diese Gase werden durch das Ansaugluftsystem dem Motor zur Verbrennung zugeführt.

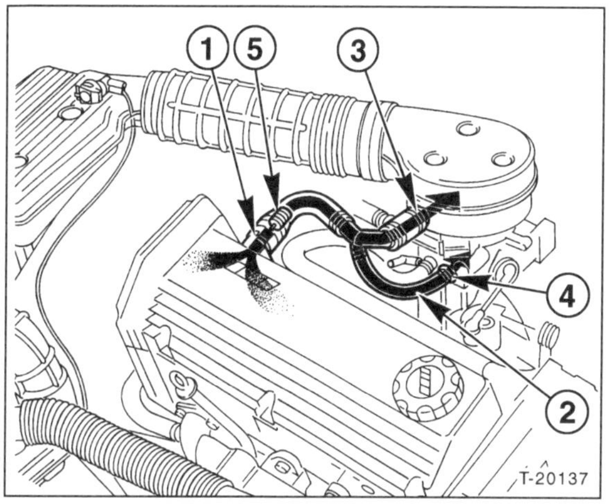

1,4-l-Motor: Die Gase treten aus dem Anschluß –1– aus und durchströmen ein Sieb –5–, welches einen Flammenrückschlag vom Drosselklappenstutzen verhindert. Bei geöffneter Drosselklappe werden die Gase über Anschluß –3– angesaugt. Bei geschlossener Drosselklappe werden dem Motor im Leerlauf die Gase über Leitung –2– und durch eine kalibrierte Bohrung –4– genau dosiert zugeführt.

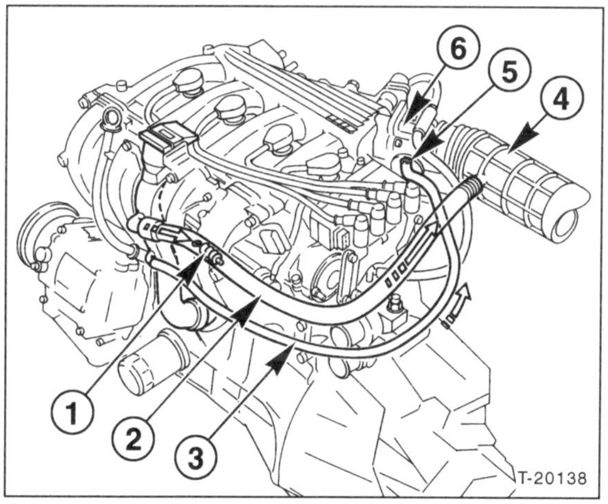

1,6-l-Motor: 1 – Flammschutz, 2 – Leitung Teillast, 3 – Leitung Leerlauf, 4 – Ansaugleitung, 5 – kalibrierte Bohrung, 6 – Drosselklappenstutzen.

Hinweis: Die anderen Motoren haben ein ähnliches System wie die abgebildeten.

Im Rahmen der regelmäßigen Wartung sollen die Schläuche auf Dichtheit sichtgeprüft werden.

- Schläuche durch Verbiegen auf Porosität prüfen. Richtigen Sitz der Schläuche auf den entsprechenden Anschlußstutzen prüfen, dazu an den Schläuchen ziehen. Poröse Schläuche ersetzen.

Benzin-Einspritzanlage

Die Benzinmotoren sind mit elektronischen Einspritzanlagen unterschiedlicher Ausführung ausgestattet. Der 1,4-l-Motor ist mit der Monomotronic von BOSCH ausgestattet, die 1,6-/1,8- und 2,0-l-Motoren haben Mehrstellen-Einspritzanlagen (Multi Point Injection, abgekürzt MPI) von WEBER, HITACHI beziehungsweise BOSCH.

Die Vorteile der Benzineinspritzung gegenüber einem Vergaser sind:

- Genau dosierte Kraftstoffmenge in jedem Betriebszustand des Motors, dadurch geringerer Verbrauch bei guten Fahrleistungen.
- Reduzierung der Abgas-Schadstoffe durch exakte Kraftstoffzumessung.
- Abgasreinigung durch lambdageregelten Katalysator möglich.
- Steuerung von Zündung und Einspritzung in einem Steuergerät, gemeinsame Nutzung von Sensoren.
- Eigendiagnose des Steuergerätes, dadurch schnelleres Auffinden von Defekten.
- Das Steuergerät ist mit einem Fehlerspeicher ausgestattet. Treten während des Betriebs Defekte in der Einspritzanlage beziehungsweise der Zündung auf, so werden diese im Speicher abgelegt. Dies wird durch Aufleuchten der Motor-Kontrolleuchte im Schalttafeleinsatz angezeigt. Abgespeicherte Fehler können mit Hilfe eines FIAT-Auslesegerätes abgefragt werden. Sollte die Einspritzanlage beziehungsweise der Motor nicht einwandfrei arbeiten, so kann man sich gegen Kostenerstattung in der FIAT-Werkstatt die Fehler abrufen lassen, um dann gegebenenfalls den Defekt zu beheben.

Die Einspritzanlage besitzt langzeitstabile Bauteile und ist praktisch wartungsfrei, nur der Luftfiltereinsatz und der Kraftstoffilter müssen nach dem Wartungsplan gewechselt werden. Wesentliche Einstell- und Reparaturarbeiten können nur mit Hilfe von teuren FIAT-Prüfgeräten durchgeführt werden, so daß diese Arbeiten nur noch von entsprechend ausgerüsteten Fachwerkstätten ausgeführt werden können.

Sicherheits- und Sauberkeitsregeln zur Einspritzanlage

Achtung: Bei Arbeiten an der Kraftstoffanlage ist auf peinliche Sauberkeit zu achten, siehe Seite 94.

- Die Kraftstoffanlage steht unter Druck. Deshalb vor dem Auswechseln von Teilen Druck im System abbauen. Hierzu Kraftstoffleitung vorsichtig lösen und beim Abziehen Lappen um die Leitung legen.
- Bevor eine Prüfung der Einspritzanlage erfolgt, muß gewährleistet sein, daß die Zündung in Ordnung ist, das heißt Zündung und Kerzen müssen den Vorschriften entsprechen.
- Mehrfachstecker des Steuergerätes nur bei ausgeschalteter Zündung abziehen oder aufstecken. Auf einwandfreien Sitz aller Stecker achten.
- Motor nicht starten ohne fest angeschlossene Batterie.
- Beim Schnelladen Batterie abklemmen. Zum Starten des Motors **keinen** Schnellader verwenden.
- Steuergerät nicht Temperaturen über +80° C aussetzen.

Zünd- und Einspritzanlage prüfen

Für eine sinnvolle und vollständige Fehlersuche beziehungsweise Fehlerbehebung sind markenspezifische Meßgeräte unabdingbar. Diese Meßgeräte sind teuer und in der Regel nur in der Fachwerkstatt vorhanden. Daher wird im folgenden nur eine Grundprüfung beschrieben:

- Spannung und Ladezustand der Batterie prüfen, siehe Seite 253.
- Alle Sicherungen prüfen, siehe Seite 247.
- Sämtliche Stecker und Steckverbindungen des betroffenen elektronischen Systems abziehen und aufstecken. Festen Sitz der Steckverbindungen und Fixierung der Kabel im Motorraum prüfen.
- Alle Masseverbindungen auf festen Sitz und einwandfreien Kontakt prüfen.
- Schläuche und Leitungen auf Undichtigkeiten prüfen. Dabei auf Porosität, Risse, lockeren Sitz auf den Anschlüssen achten.

Technische Details der Monomotronic beim 1,4-l-Motor

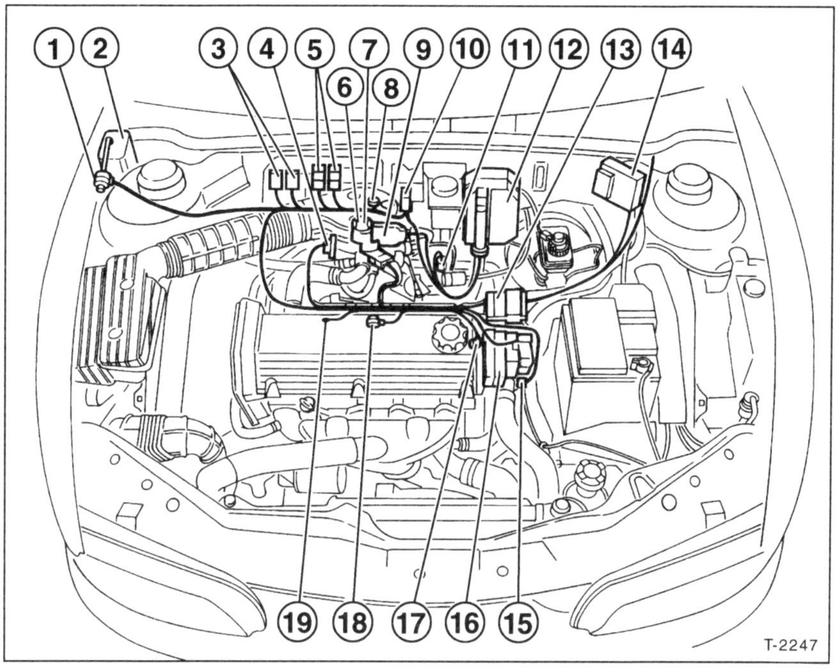

1 – **Ventil für Aktivkohlefilter**
2 – **Aktivkohlefilter**
3 – **Sicherungen 10A**
4 – **Drosselklappenpotentiometer**
5 – **Relais**
6 – **Einspritzventil**
7 – **Temperaturfühler Ansaugluft**
8 – **Kraftstoffdruckregler**
9 – **Motor für Leerlaufregulierung**
10 – **Diagnosestecker**
11 – **Lambdasonde**
12 – **Motor-Steuergerät**
13 – **Mehrfachstecker**
14 – **Hauptsicherung 30A**
15 – **Temperaturfühler Kühlmittel**
16 – **Zündspule**
17 – **OT- und Drehzahlfühler** Befindet sich in Höhe der Kurbelwelle.
18 – **Klopfsensor**
19 – **Masseanschluß**

Funktionsweise der Monomotronic (1,4-l-Motor)

Die Monomotronic ist eine elektronische Benzineinspritzung, die den Kraftstoff intermittierend, also stoßweise in das Ansaugrohr einspritzt. Dabei hat die Monomotronic, im Gegensatz zu den anderen Einspritzsystemen, nur **ein** zentrales Einspritzventil für alle Zylinder, ist also eine sogenannte Einpunkteinspritzung. Die Verteilung des Kraftstoffs auf die einzelnen Zylinder erfolgt durch das Sammelsaugrohr, wie bei einem herkömmlichen Vergaser.

Die Verbrennungsluft wird vom Motor über den Luftfilter und das Ansaugrohr angesaugt. Im Ansaugrohr befindet sich die Drosselklappe. Die Winkelstellung der durch das Gaspedal betätigten Drosselklappe wird über ein Potentiometer erfaßt und dient dem Steuergerät zusammen mit der momentanen Motordrehzahl als Maß für die angesaugte Luftmenge. Die Drehzahl wird über den induktiven Impulsgeber, der auch für die Zündung benötigt wird, am Kurbelwellen-Zahnrad abgenommen.

Das Steuergerät regelt entsprechend der gemessenen Luftmenge und der jeweiligen Motordrehzahl die Einspritzzeit und dadurch die Einspritzmenge. Bei längerer Öffnung des Einspritzventils wird mehr Kraftstoff eingespritzt. Damit die Einspritzmenge immer gleich bleibt, regelt ein Druckregler in der Einspritzeinheit den Kraftstoffdruck im Verhältnis zum Ansaugluftdruck auf 1,1 bar. Zusätzliche Fühler und Geber sorgen in jeder Fahrsituation für die richtig bemessene Kraftstoffmenge.

- Der Leerlaufschalter übermittelt dem Steuergerät die Leerlaufstellung der Drosselklappe.
- Das Steuergerät öffnet oder schließt über einen Stellmotor (Drosselklappensteller) die Drosselklappe und regelt so die Leerlaufdrehzahl auf den Sollwert.
- Der Temperaturfühler am Motorblock mißt die Motortemperatur.
- Der Lufttemperaturfühler im Halter für Einspritzventil mißt die Temperatur der angesaugten Luft.
- Lambdasonde (Sauerstoffsensor) sowie Aktivkohle-Tankentlüftung sind weitgehend baugleich wie bei der MPI-Einspritzanlage.

Technische Details der MPI beim 1,6-l-Motor

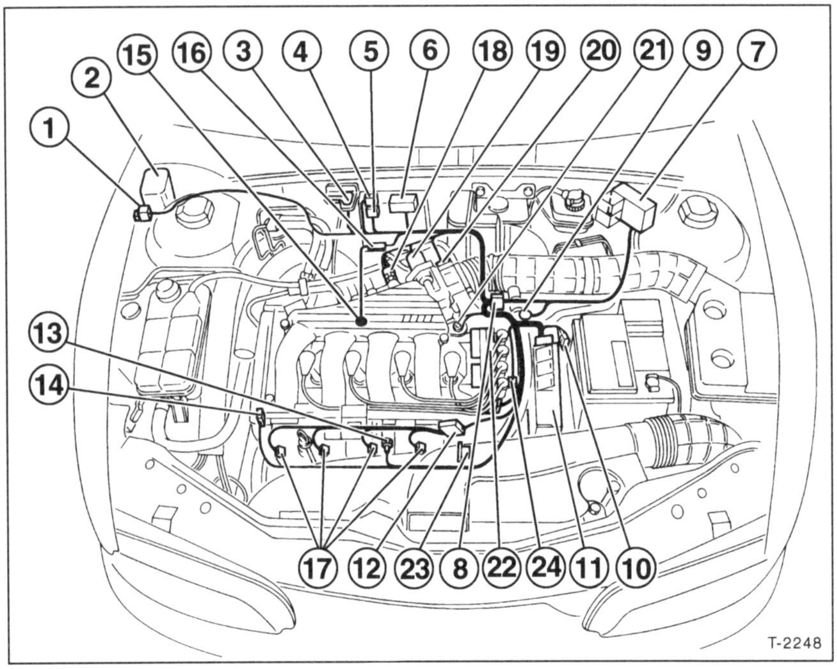

1 – Ventil für Aktivkohlefilter
2 – Aktivkohlefilter
3 – Saugrohr-Druckfühler
4 – Sicherung 5A (für Steuerung)
5 – Sicherung 20A (für Bauteile)
7 – Hauptsicherung 30A
8 – Mehrfachstecker
9 – Fahrgeschwindigkeitsfühler
10 – Diagnosestecker
11 – Motor-Steuergerät
12 – Stecker für Einspritzventile
13 – OT- und Drehzahlfühler
14 – Phasenfühler am Nockenwellenrad
15 – Lambdasonde
16 – Stecker für Lambdasonde
17 – Einspritzventile
18 – Fühler für Ansauglufttemperatur
19 – Leerlaufsteller
20 – Drosselklappen-Potentiometer
21 – Masseanschluß
22 – Zündspulen
23 – Kraftstoffdruckregler

Funktionsweise der MPI (1,6-l-Motor)

Die elektronische Mehrpunkt-Einspritzanlage MPI verfügt über 4 Einspritzdüsen, eine für jeden Zylinder, die in Zündreihenfolge sequentiell (einzeln) betätigt werden und den Kraftstoff direkt vor die Einlaßventile einspritzen. Die aktuelle Motorstellung wird dem Steuergerät von 2 Impulsgebern übermittelt: Ein Geber sitzt an der Kurbelwelle, ein weiterer Geber mißt die Nockenwellenumdrehung.

Der Kraftstoff wird von der elektrischen Kraftstoffpumpe aus dem Kraftstoffbehälter angesaugt und gelangt über den Kraftstoffilter zum Verteilerrohr und dann zu den Einspritzdüsen. Ein Druckregler am Verteilerrohr hält den Differenzdruck im Kraftstoffsystem in Abhängigkeit vom Ansaugrohr-Unterdruck auf genau 3 bar.

Als Hauptgröße für die Kraftstoffzumessung dient dem Steuergerät der Unterdruck im Motor-Ansaugkrümmer. Der Unterdruck im Ansaugkrümmer hängt von der aktuellen Drosselklappenstellung (Gaspedalstellung) sowie der Motordrehzahl ab. Zusammen dienen sie als Maß für die angesaugte Luftmenge. Der Fühler für Saugrohrdruck sitzt an der Spritzwand und ist über eine Unterdruckleitung mit dem Saugrohr verbunden.

Zusätzlich wird die Winkelstellung der vom Gaspedal betätigten Drosselklappe über ein Potentiometer erfaßt und dem Steuergerät als Vergleichswert für die angesaugte Luftmenge übermittelt. Dieser Wert ist notwendig zur Anpassung an Fahrzustände wie bespielsweise schnelle Beschleunigung, oder wenn der Saugrohr-Druckfühler ausfällt (Notlauffunktion). Dadurch wird auch die Schubabschaltung gesteuert, denn solange die Drosselklappe geschlossen ist und gleichzeitig die Drehzahl über einem bestimmten Wert liegt, wird vom Steuergerät die Kraftstoffzufuhr für den Motor gesperrt.

Das Steuergerät der Zünd-/Einspritzanlage regelt entsprechend der gemessenen Luftmenge und der jeweiligen Motordrehzahl die Einspritzzeit und dadurch die Einspritzmenge nach einem vorgegebenen Kennfeld. Bei längerer Öffnung eines Einspritzventils wird mehr Kraftstoff eingespritzt. Zusätzliche Fühler und Geber sorgen in jeder Fahrsituation für die richtig bemessene Kraftstoffmenge.

- Der Leerlaufsteller (Magnetventil) regelt die Luftzufuhr des Motors unter Umgehung der Drosselklappe. Dadurch wird unter allen Betriebsbedingungen und Motorbelastungen der Leerlauf des Motors stabilisiert.
- Der Temperaturfühler am Kühlmittelstutzen mißt die Motortemperatur, der Lufttemperaturfühler im Ansaugrohr die Temperatur der angesaugten Luft.
- Die Lambdasonde (Sauerstoffsensor) ist im vorderen Abgasrohr eingeschraubt und mißt den Sauerstoffgehalt im Abgasstrom. Das Steuergerät hält anhand der Signale die Abgaszusammensetzung auf dem besten Wert für den Katalysator.
- Das Magnetventil für Tankentlüftung wird je nach Betriebszustand des Motors angesteuert. Auftretende Kraftstoffdämpfe im Tank werden von einem Aktivkohlefilter gespeichert und über das Ventil der Verbrennung zugeführt. Die Kraftstoffdämpfe werden also durch den Aktivkohlefilter größtenteils wirtschaftlich genutzt und gelangen nicht ins Freie.
- Ausstattungen wie Automatikgetriebe und Klimaanlage belasten den Motor und werden daher bei der Steuerung berücksichtigt.

Speziell 1,8-/2,0-l-Motoren

Diese Motoren haben Einspritzanlagen anderer Hersteller, die weitgehend wie im 1,6-l-Motor funktionieren. Unterschiede sind:

- Die Messung der durch den Motor angesaugten Luft erfolgt durch einen Heißfilm-Luftmassenmesser. Diese Messung ist genauer als die Messung über den Ansaugrohr-Unterdruck. Die Ansaugluft strömt durch den Luftmassenmesser. Im Gehäuse des Luftmassenmessers befindet sich eine dünne, elektrisch beheizte Platte, die durch die vorbeistreichende Ansaugluft abgekühlt wird. Die Steuerelektronik regelt den Heizstrom so, daß die Temperatur der Platte konstant bleibt. Steigt beispielsweise die Menge der angesaugten Luft, neigt das erhitzte Bauteil zum Abkühlen. Daraufhin wird der Heizstrom sofort erhöht, damit die Temperatur gleich bleibt. Anhand der Schwankungen des Heizstromes erkennt das Steuergerät den Lastzustand des Motors.
- **2,0-l-Motor:** Eine variable Nockenwellensteuerung verdreht die **Einlaß**nockenwelle je nach Motordrehzahl und Motorlast gegenüber dem Nockenwellenrad, so daß sich optimale Ventil-Steuerzeiten im Hinblick auf Drehmomentverlauf und Verbrauch ergeben. Ein elektrisch betätigtes Ventil sitzt neben dem Riemenrad der Einlaßnockenwelle. Es wird vom Steuergerät betätigt, wenn die Motordrehzahl oberhalb der Leerlaufdrehzahl, aber unterhalb 4800/min liegt und gleichzeitig Gas gegeben wird (über 8° Drosselklappenwinkel). Die Nockenwelle wird dann durch den Motoröldruck um 18° verdreht. Das System wird nicht bei Kühlmitteltemperaturen unter +40° C aktiviert.

Katalysator/Lambdaregelung prüfen

Wenn bei der Kontrolle des CO-Wertes der Höchstwert überschritten wurde, muß der Katalysator in folgender Reihenfolge überprüft werden.

- Vergewissern, daß kein bleihaltiger Kraftstoff getankt wurde. Die FIAT-Werkstatt kann mit Hilfe eines Diagnosegeräts die Funktion der Lambdasonde prüfen und abklären, ob der Motor mit bleihaltigem Benzin betrieben wurde. Wurde bleihaltiger Kraftstoff getankt, vor Ersatz von Bauteilen mindestens 2 Tankfüllungen unverbleiten Kraftstoff fahren, damit Einspritzsystem und Abgasanlage durchgespült werden.
- CO-Meßgerät anschließen und bei kaltem Motor CO-Gehalt im Abgas messen und notieren. Da der Katalysator noch nicht anspricht, liegt der CO-Gehalt wesentlich über 0,5 Vol.%.
- Motor auf Betriebstemperatur bringen, bis der Kühlerlüfter sich zweimal ein- und wieder ausgeschaltet hat.
- Abgase im Leerlauf und bei einer Drehzahl von 2500 bis 3000/min messen. Maximal zulässiger CO-Wert: 0,3 Vol.%.
- Liegt der CO-Wert über 0,3 Vol.%, Kabel für Lambdasonde abziehen. Die Lambdasonde sitzt im Abgasrohr vor dem Katalysatorgehäuse. Ist der CO-Wert bei abgezogener und angeschlossener Lambdasonde gleich, Lambdasonde ersetzen, siehe Seite 123.
- Prüfung mit neuer Lambdasonde wiederholen. Ist der CO-Wert immer noch zu hoch, folgende Bauteile des Fahrzeugs prüfen:
  - Batteriespannung
  - Kraftstoffversorgung
  - Zündanlage
  - Fahrleistungen (Probefahrt)
  - Dichtigkeit der Abgasanlage
- Wurde kein Fehler gefunden, Katalysator ausbauen und kontrollieren:
  - auf Schäden am Katalysatorgehäuse (Sichtkontrolle);
  - Katalysatorgehäuse kippen. Sind dabei Geräusche hörbar, ist der Katalysatorkern gebrochen.
- Wurden Schäden festgestellt, Katalysator auswechseln.

Einspritzeinheit aus- und einbauen

1,4-l-Motor

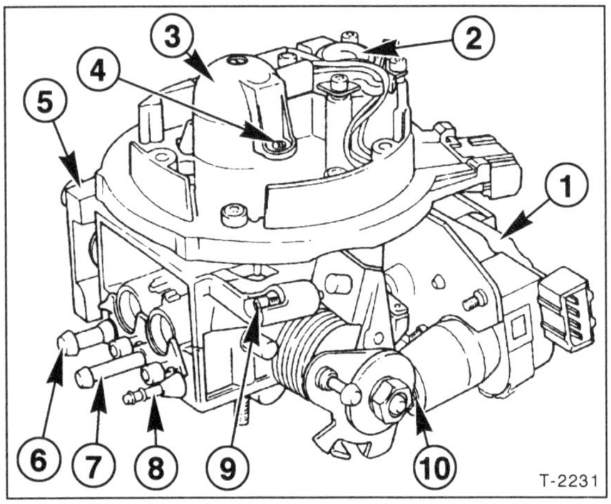

1 – Leerlaufsteller
2 – Kraftstoff-Druckregler
3 – Einspritzventil
4 – Ansaugluft-Temperaturfühler
5 – Drosselklappen-Potentiometer
6 – Anschluß für Kurbelgehäuse-Entlüftung
7 – Unterdruckleitung Benzindämpfe-Rückführsystem
8 – Anschluß für Thermoventil am Luftfilterkasten
9 – Drosselklappen-Einstellschraube (nicht verstellen!)
10 – Mikroschalter für geschlossene Drosselklappe, im Leerlaufsteller

Achtung: Bei Arbeiten an der Einspritzeinheit beachten: Reinigung nur mit Pinsel und Preßluft vornehmen, nie in Reinigungsflüssigkeit eintauchen. Drosselklappe und Drosselklappenachse nicht ausbauen. Die Drosselklappen-Anschlagschraube darf nicht verstellt werden. Muß das Einspritzventil oder müssen Komponenten des Druckreglers erneuert werden, ist der Deckel der Einspritzeinheit ebenfalls zu erneuern.

Ausbau

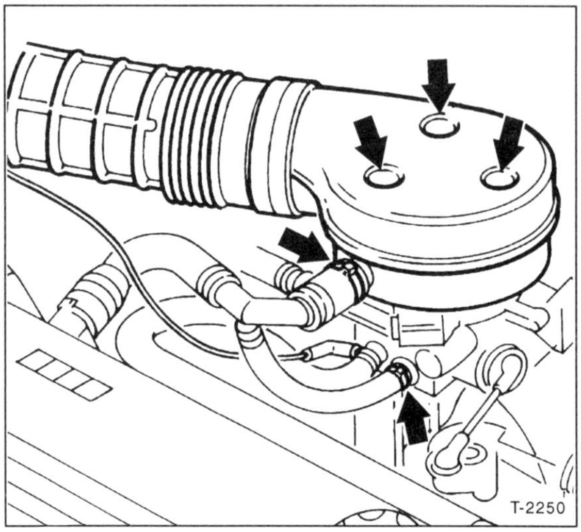

- Ansaugluftgehäuse mit 3 Schrauben an der Einspritzeinheit abschrauben –3 obere Pfeile–. Leitungen der Kurbelgehäuseentlüftung abziehen, dazu Schlauchschellen trennen –untere Pfeile–. **Achtung:** Sind Klemmschellen ohne Schraube eingebaut, Schellen mit Seitenschneider durchtrennen und beim Einbau Schlauchschellen zum Schrauben einbauen.
- **Achtung:** Feuergefahr, nicht rauchen. Das Kraftstoffsystem steht unter Druck. Austretenden Kraftstoff mit einem Lappen auffangen. Kraftstoffzulauf und Kraftstoffrücklauf an der Einspritzeinheit abziehen, dazu Schlauchschellen lösen. Schlauchschellen müssen nach dem Lösen immer erneuert werden.
- 3 Mehrfachstecker an der Einspritzeinheit abziehen.

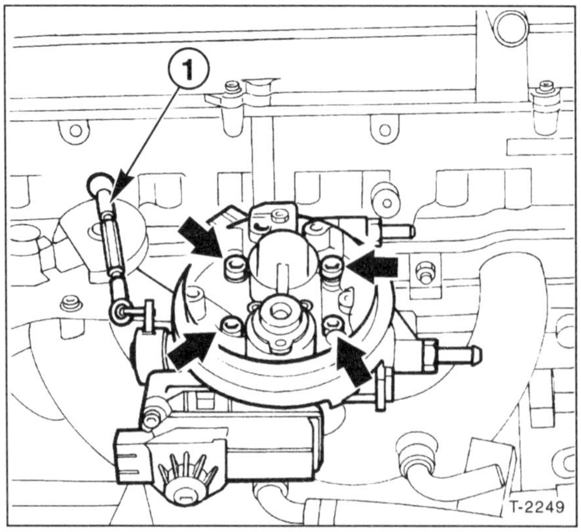

- Gasgestänge ausclipsen –1–.
- Einspritzeinheit am Saugrohr abschrauben –Pfeile–.

Einbau

- Einspritzeinheit mit **7 Nm** am Saugrohr anschrauben.
- Gasgestänge einclipsen.
- Mehrfachstecker an der Einspritzeinheit aufstecken.
- Leitungen der Kurbelgehäuseentlüftung, Kraftstoffzu- und -rücklaufeitung aufstecken und mit Schlauchschellen befestigen, siehe Abbildungen unter »Ausbau«.
- Ansaugluftgehäuse mit 3 Schrauben an der Einspritzeinheit anschrauben.

Einspritzventile prüfen

1,6-/1,8-/2,0-l-Motoren

Undichte Ventile bewirken Heißstartschwierigkeiten. Defekte Einspritzventile lassen den Motor bisweilen nachdieseln und führen zu Motoraussetzern.

- Motor im Leerlauf laufen lassen.
- Mit einem Stethoskop bei laufendem Motor bei jedem einzelnen Ventil prüfen, ob es klackt. Dieses Klacken erfolgt durch das Öffnen und Schließen der Düse.
- Steht kein Stethoskop zur Verfügung, kann man auch mit einem Schraubendreher oder einem Finger fühlen, ob das Einspritzventil arbeitet.
- Werden keine oder außergewöhnliche Betriebsgeräusche festgestellt, so sind die Spannungsversorgung, der Widerstand und die Dichtheit des Einspritzventils zu prüfen.

Spannungsversorgung und Widerstand prüfen

- Spannungsversorgung prüfen. Dazu Stecker für die Einspritzventile abziehen und Diodenprüflampe zwischen die beiden Steckkontakte der Zuleitung anschließen. Anlasser betätigen (Helfer). Die Leuchtdiode muß flackern.
- Flackert die Leuchtdiode nicht, kann der Fehler an einer Leitungsunterbrechung oder dem Steuergerät selbst liegen.
- Zündung ausschalten.
- Ohmmeter zwischen die beiden Steckkontakte an jedem Einspritzventil anschließen und Widerstand messen. Weicht der Widerstand an einem Ventil ab, dieses ersetzen. Der **Sollwert** beträgt beim 1,6-/2,0-l-Motor: 16,2 Ω, 1,8-l-Motor: 12Ω ± 1,2 Ω.
- Gegebenenfalls defektes Einspritzventil ersetzen.

Dichtheit prüfen

- Einspritzventile ausbauen, Ventile und Kraftstoffleitungen bleiben am Verteilerrohr angeschlossen.
- Elektrische Anschlüsse auf die Einspritzventile aufsetzen.
- Einspritzventile in ein geeignetes Meßgefäß halten.
- Anlasser von Hilfsperson einige Sekunden betätigen lassen, dabei Strahlbilder der Einspritzventile miteinander vergleichen. Der Kraftstoffstrahl muß kegelförmig austreten und bei allen Einspritzventilen gleich aussehen.
- Zündung ausschalten.
- Stecker für die Einspritzventile abziehen.
- Zündung ca. 5 Sekunden einschalten, Anlasser nicht betätigen. Dann Dichtheit prüfen: Pro Minute darf nicht mehr als 1 Tropfen Kraftstoff aus den Einspritzdüsen austreten.
- Einspritzventile einbauen.

Einspritzventile aus- und einbauen

Beschrieben wird der Ausbau am 1,6-l-Motor. Hinweise für die 1,8-/2,0-l-Motoren am Kapitelende beachten.

Ausbau 1,6-l-Motor

- Oberes Ansaugrohrteil ausbauen, siehe Kapitel »Zylinderkopfausbau«, Seite 37.

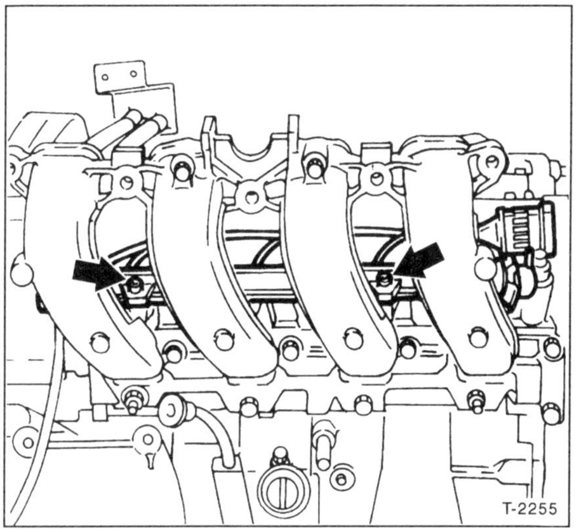

- 2 Schrauben für Kraftstoffverteilerrohr abschrauben –Pfeile–.

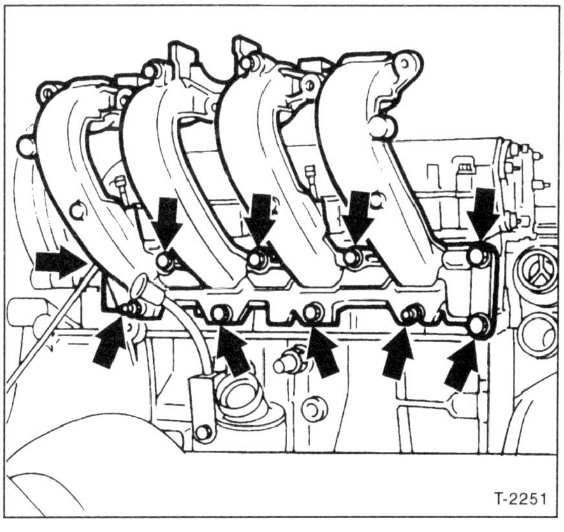

- Unteres Ansaugrohr am Zylinderkopf abschrauben –Pfeile–.

Achtung: Ansaugrohr komplett mit Kraftstoffverteilerrohr und Einspritzventilen vom Zylinderkopf abnehmen. Die Einspritzventile sind in das Ansaugrohr eingesteckt.

- Unterdruckleitung am Kraftstoffdruckregler abziehen.
- **Achtung:** Feuergefahr, nicht rauchen. Das Kraftstoffsystem steht unter Druck. Austretenden Kraftstoff mit einem Lappen auffangen. Kraftstoffzulauf und Kraftstoffrücklauf am Verteilerrohr abschrauben.
- Kraftstoffverteilerrohr komplett mit den Einspritzventilen nach oben aus dem Zylinderkopf ziehen.
- Sicherungen –8– seitlich abziehen und Einspritzventile –3– abnehmen, ähnlich wie in folgender Abbildung T-2253.

Einbau

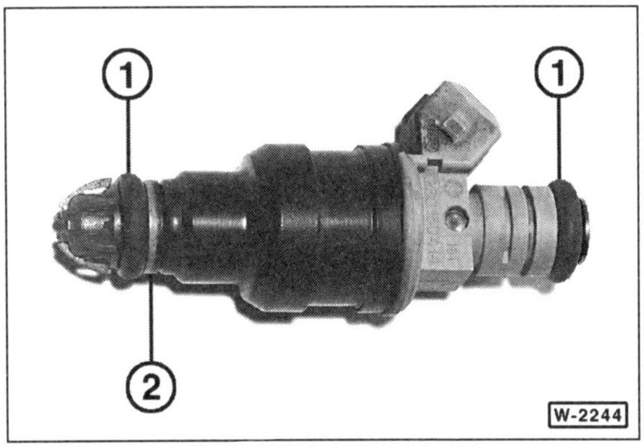

- O-Ringe –1– mit Vaseline oder Getriebeöl SAE 90 bestreichen.
- Einspritzventile mit Kraftstoffverteilerrohr in das Ansaugrohr gleichmäßig eindrücken und Sicherungsklammern seitlich aufschieben.

Achtung: Beim Einstecken der Ventile darauf achten, daß die O-Ringe –1– nicht beschädigt werden. Defekte O-Ringe ersetzen, dabei Lage des Dichtrings –2– beachten. Dichtringe vor dem Einsetzen nur mit Vaseline oder Getriebeöl bestreichen.

- Verteilerrohr mit 2 Schrauben und 10 Nm, also nur leicht am Ansaugrohr anschrauben.
- Kraftstoffzulauf und Kraftstoffrücklauf am Verteilerrohr anschrauben.
- Unterdruckleitung am Kraftstoffdruckregler aufstecken.
- Stecker für Einspritzventile aufstecken.
- Ansaugrohr mit **neuer** Dichtung und 30 Nm gleichmäßig am Zylinderkopf anschrauben.
- Oberes Ansaugrohrteil einbauen, siehe Kapitel »Zylinderkopfeinbau«, Seite 37.

Speziell 1,8-/2,0-l-Motoren

- Das Ansaugrohr muß nicht zuvor ausgebaut werden.

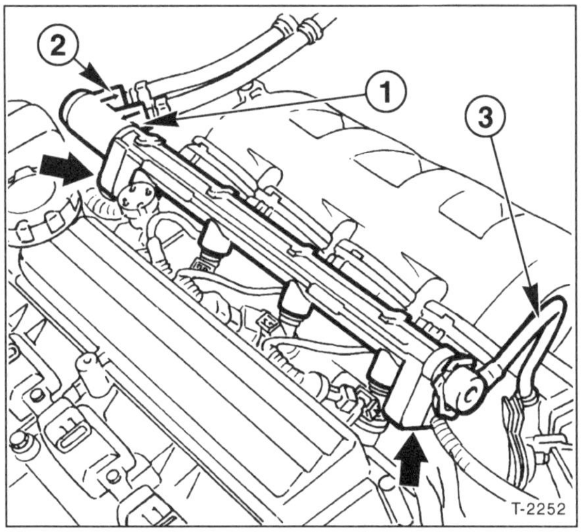

- **Achtung:** Feuergefahr, nicht rauchen. Das Kraftstoffsystem steht unter Druck. Austretenden Kraftstoff mit einem Lappen auffangen. Kraftstoffzulauf –1– und Kraftstoffrücklauf –2– am Verteilerrohr abschrauben.
- Unterdruckleitung –3– am Kraftstoffdruckregler abziehen.
- Kraftstoffverteilerrohr mit 2 Schrauben –Pfeile– abschrauben.
- Kraftstoffverteilerrohr komplett mit den Einspritzventilen nach oben aus dem Zylinderkopf ziehen.
- **1,8-l-Motoren:** Einspritzventile aus Verteilerrohr herausziehen. Die Einspritzventile sind nur eingesteckt und lassen sich herausziehen.

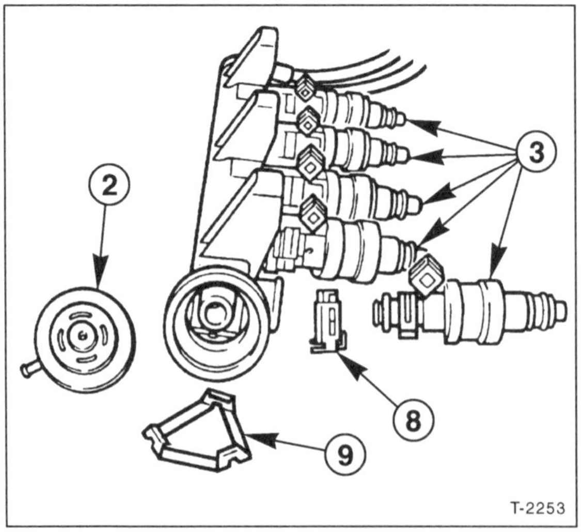

- **2,0-l-Motor:** Sicherungen –8– seitlich abziehen und Einspritzventile –3– abnehmen. Gegebenenfalls Druckregler –2– ausbauen, dazu Klammer –9– entfernen.

Aktivkohlefilter-Tankentlüftung

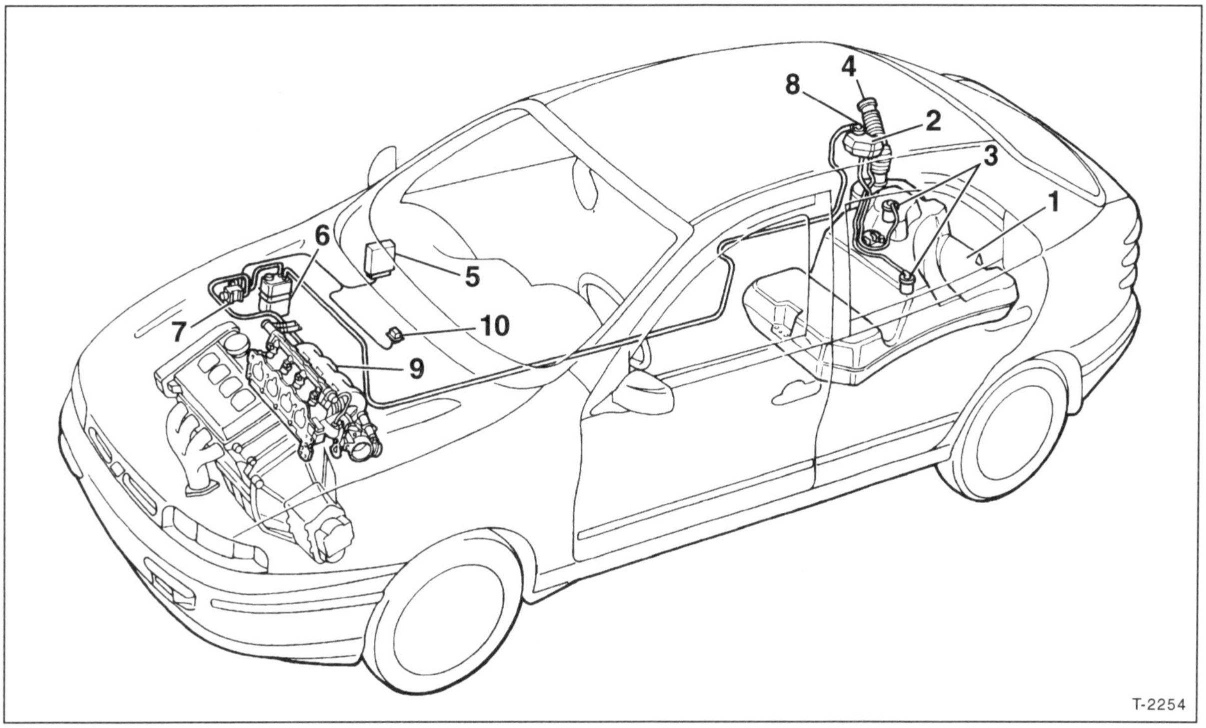

1 – Kraftstofftank
2 – Kraftstoffdampfabscheider (nur 1,8-l-Motor)
3 – Schwimmerventil
4 – Verschluß mit Sicherheitsventil
5 – Motorsteuergerät
6 – Aktivkohlebehälter
7 – Spülventil (gesteuert vom Motorsteuergerät)
8 – Mehrfunktionsventil
9 – Ansaugrohr
10 – Relais (nur 1,8-l-Motor)

Die Aktivkohlefilter-Tankentlüftung ist bei Fahrzeugen mit Benzinmotor eingebaut. Es ist ein Tankentlüftungssystem, welches verhindert, daß die im Tank befindlichen, umweltschädlichen Kraftstoffdämpfe ins Freie gelangen: Die austretenden Dämpfe werden in einem Aktivkohlebehälter gespeichert. Im Fahrbetrieb werden die gespeicherten Dämpfe über das Spülventil dem Motor kontrolliert wieder der Verbrennung zugeführt.

Im Rahmen der regelmäßigen Wartung soll das Aktivkohlefilter-System auf Dichtheit sichtgeprüft werden.

- Schläuche durch Verbiegen auf Porosität prüfen. Richtigen Sitz der Schläuche auf den entsprechenden Anschlußstutzen prüfen, dazu an den Schläuchen ziehen.
- Poröse Schläuche ersetzen.

Störungsdiagnose Benzin-Einspritzanlage

Bevor anhand der Störungsdiagnose der Fehler aufgespürt wird, müssen folgende Prüfvoraussetzungen erfüllt sein: Bedienungsfehler beim Starten ausschließen. Sowohl für den kalten wie warmen Motor gilt: Gaspedal während des Startvorgangs nicht betätigen, Kupplungspedal treten.

Kraftstoff im Tank, Kompression in Ordnung, Batterie geladen, Anlasser dreht mit ausreichender Drehzahl, Zündanlage ist in Ordnung, keine Undichtigkeiten an der Kraftstoffanlage, Verschmutzungen im Kraftstoffsystem ausgeschlossen, Kurbelgehäuse-Entlüftung in Ordnung, elektrische Masseverbindung (Motor-Getriebe-Aufbau) vorhanden. Fehlerspeicher abfragen (Werkstattarbeit). **Achtung:** Wenn Kraftstoffleitungen gelöst werden, müssen diese vorher mit Kaltreiniger oder Benzin gesäubert werden.

Störung	Ursache	Abhilfe
Motor springt nicht an.	Elektro-Kraftstoffpumpe läuft beim Betätigen des Anlassers nicht an (keine Laufgeräusche hörbar).	■ Prüfen, ob Spannung an der Pumpe anliegt. Elektrische Kontakte auf gute Leitfähigkeit überprüfen.
	Sicherung defekt.	■ Sicherungen für Kraftstoffpumpe/Einspritzanlage überprüfen.
	Kraftstoffpumpenrelais defekt.	■ Relais überprüfen.
	Einspritzventile erhalten keine Spannung.	■ Stecker von den Ventilen abziehen, Prüflampe anschließen und Starter betätigen. Prüflampe muß schwach flackern. Wenn die Lampe schwach leuchtet: Steuergerät ersetzen; wenn die Prüflampe nicht leuchtet: Relais überprüfen.
Der kalte Motor springt schlecht an, läuft unrund.	Temperaturfühler defekt.	■ Temperaturfühler Kühlmittel/Ansaugluft prüfen.
Der Motor setzt aus.	Elektrische Verbindungen zur Kraftstoffpumpe zeitweise unterbrochen.	■ Steckverbindungen und Anschlüsse von elektrischen Leitungen an der Kraftstoffpumpe und dem Kraftstoffpumpen-Relais auf feste und widerstandslose Verbindung prüfen. Sicherung und Kontaktstellen am Kraftstoffpumpen-Relais prüfen. Kontakte reinigen bzw. erneuern.
	Kraftstoff-Fördermenge zu gering.	■ Kraftstoffpumpen-Fördermenge prüfen.
	Kraftstoffilter verstopft.	■ Kraftstoffilter erneuern.
	Kraftstoffpumpe defekt.	■ Kraftstoffpumpe prüfen.
	Einspritzventil defekt.	■ Einspritzventile prüfen.
Der Motor hat Übergangsstörungen.	Luftansaugsystem undicht.	■ Ansaugsystem prüfen. Dazu Motor im Leerlauf drehen lassen und Dichtstellen sowie Anschlüsse im Ansaugtrakt mit Benzin bestreichen. Wenn sich die Drehzahl kurzfristig erhöht, undichte Stelle beseitigen. **Achtung:** Benzindämpfe sind giftig, nicht einatmen!
	Temperaturfühler defekt.	■ Temperaturfühler Kühlmittel/Ansaugluft prüfen.
	Kraftstoffsystem undicht.	■ Sichtprüfung an allen Verbindungsstellen im Bereich des Motors und der elektrischen Kraftstoffpumpe. Alle Anschlüsse nachziehen.
Der heiße Motor springt nicht an.	Druck im Kraftstoffsystem zu hoch.	■ Kraftstoffdruck prüfen lassen, gegebenenfalls Druckregler ersetzen.
	Rücklaufleitung zwischen Druckregler und Tank verstopft oder geknickt.	■ Leitung reinigen oder ersetzen.

Diesel-Einspritzanlage

Technische Details der Dieseleinspritzanlage

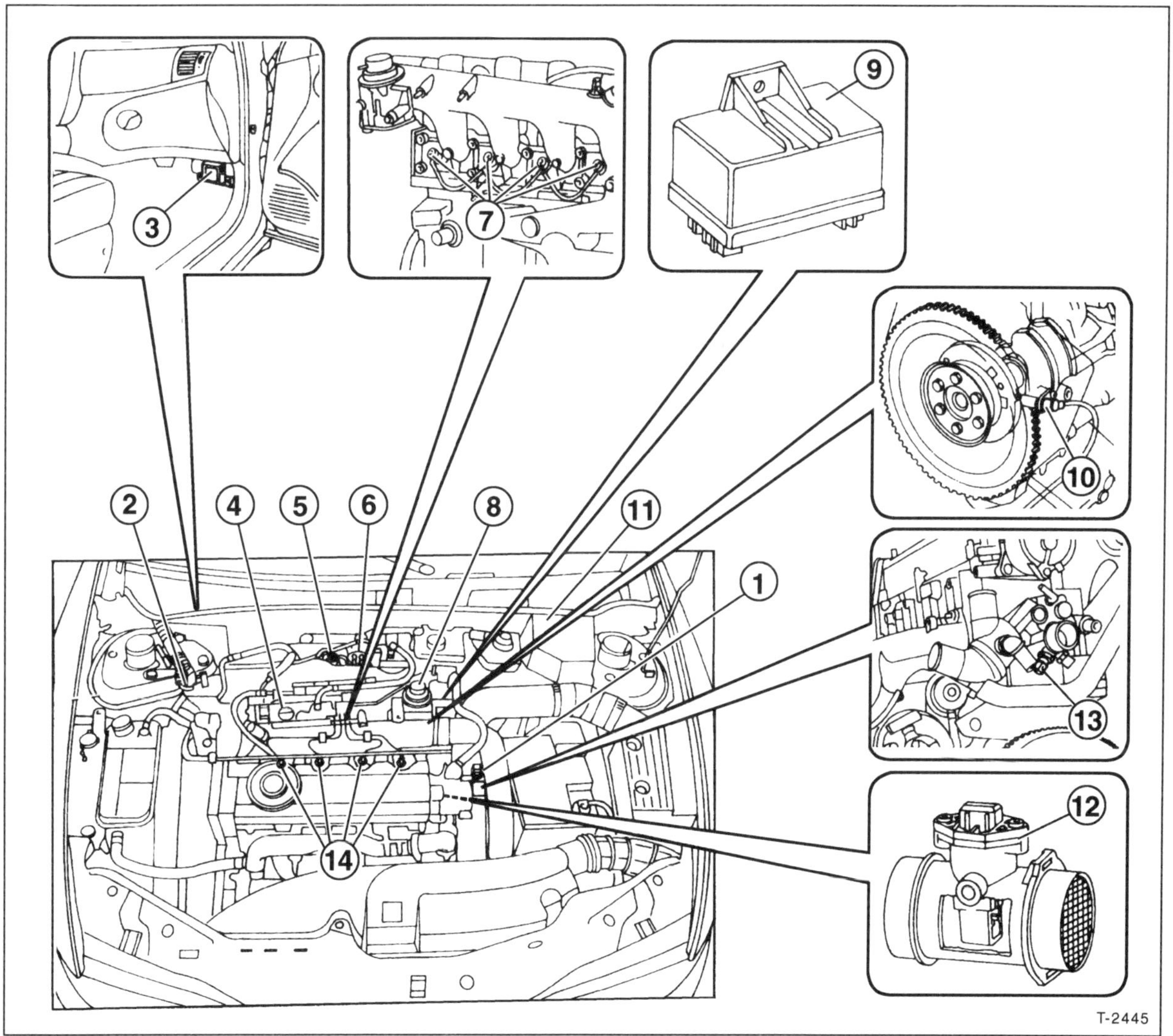

1 – Lufttemperaturfühler
2 – Diagnosestecker
3 – Elektronisches Steuergerät
4 – Einspritzpumpe
5 – Leerlaufdrehzahlventil
6 – Ventil für EGR-System EIN/AUS
7 – Vorglühkerzen
8 – Abgasrückführventil (EGR)
9 – Vorglührelais
10 – Drehzahlfühler
11 – Sicherung für Vorglühung
12 – Luftmengenmesser
13 – Kühlmitteltemperaturfühler
14 – Einspritzventile

Das Diesel-Prinzip

Beim Dieselmotor wird reine Luft in die Zylinder angesaugt und dort sehr hoch verdichtet. Dadurch steigt die Temperatur in den Zylindern über die Zündtemperatur des Dieselöls an. Wenn der Kolben kurz vor dem oberen Totpunkt steht, wird in die hochverdichtete und etwa +600° C heiße Luft Dieselöl eingespritzt. Das Dieselöl zündet von selbst, Zündkerzen sind also nicht erforderlich.

Bei kaltem Motor wird allein durch die Verdichtung die Zündtemperatur nicht erreicht. In diesem Fall muß der Motor vorgeglüht werden. Dazu befindet sich in jeder Wirbelkammer eine Glühkerze, die den Brennraum aufheizt. Außerdem besitzt der Dieselmotor ein Dehnstoffelement, das bei kaltem Motor den Kolben des Spritzverstellers in der Einspritzpumpe über einen Bowdenzug in Richtung »früh« verstellt. Dadurch wird der Kraftstoff früher in die heiße Luft eingespritzt, der kalte Motor springt schneller an und läuft gleichmäßiger. Sobald der Motor seine Betriebstemperatur erreicht hat, stellt sich das Dehnstoffelement automatisch zurück.

Der Kraftstoff wird direkt von der Verteiler-Einspritzpumpe aus dem Kraftstoff-Vorratsbehälter angesaugt. In der Einspritzpumpe wird der für die Diesel-Einspritzung erforderliche hohe Druck (ca. 130 bar) aufgebaut und der Kraftstoff entsprechend der Zündfolge auf die einzelnen Zylinder verteilt. Gleichzeitig steuert ein Regler in der Einspritzpumpe die eingespritzte Kraftstoffmenge entsprechend der Betätigung des Gaspedals. Über die Einspritzventile wird der Diesel-Kraftstoff jeweils zum richtigen Zeitpunkt in die Vorkammer des betreffenden Zylinders eingespritzt. Durch die Form der Vor- oder Wirbelkammer erhält die angesaugte Luft beim Verdichtungshub eine bestimmte Wirbelbewegung, so daß sich der eingespritzte Kraftstoff optimal mit Luft vermischt.

Bevor der Kraftstoff in die Einspritzpumpe gelangt, durchfließt er den Kraftstoffilter. Dort werden Verunreinigungen und Wasser zurückgehalten. Es ist deshalb äußerst wichtig, den Kraftstoffilter entsprechend der Wartungsvorschrift zu entwässern beziehungsweise auszuwechseln.

Die Einspritzpumpe ist wartungsfrei. Alle beweglichen Teile der Pumpe werden mit Dieselöl geschmiert. Angetrieben wird die Einspritzpumpe von der Kurbelwelle über den Zahnriemen, der auch die Nockenwelle antreibt.

Da der Dieselmotor als Selbstzünder nicht durch Spannungsunterbrechung der Zündanlage abgeschaltet werden kann, besitzt er ein Magnetventil. Durch Ausschalten der Zündung wird die Spannungsversorgung für das Magnetventil unterbrochen und das Ventil verschließt den Kraftstoffkanal. Beim Starten des Motors gibt die Wegfahrsperre das Magnetventil frei, und der Motor springt an. Wegfahrsperre, siehe Seite 244.

Fahren im Winter

Mit abnehmenden Außentemperaturen verringert sich das Fließvermögen des Dieselkraftstoffes durch Paraffin-Ausscheidung. Der Dieselkraftstoff wird dann durch Kristallbildung dick wie Honig und verstopft den Kraftstoffilter. Aus diesem Grund werden von den Mineralölfirmen dem Diesel im Winter Zusätze beigemischt, die das Fließverhalten heraufsetzen und ein Starten bis etwa –15° C beziehungsweise –22° C (Super-Diesel) garantieren.

Wenn bei Frost unter –10° C noch Sommerdiesel im Tank ist, müssen dem Kraftstoff handelsübliche sogenannte Fließverbesserer zugemischt werden. Anwendungsratschläge des Herstellers beachten.

Abgasturbolader

Der Dieselmotor ist mit einem Turbolader ausgerüstet. Beim Turbolader sitzen auf einer Welle zwei Turbinenräder, die in zwei voneinander getrennten Gehäusen untergebracht sind. Für den Antrieb der Turbinenräder sorgen die ohnehin vorhandenen Abgase. Sie bringen die Laderwelle auf über 120.000 Umdrehungen in der Minute. Und da Abgas- und Frischluftrotor auf gleicher Welle sitzen, wird mit gleicher Drehzahl Frischluft in die Zylinder gedrückt. Die vorkomprimierte, erhitzte Luft wird in einem Wärmetauscher gekühlt, wodurch der Füllungsgrad nochmals verbessert wird.

Aufgrund des guten Füllungsgrades lassen sich bei vorhandenen Motoren Leistungszuwachsraten von bis zu 100 Prozent verwirklichen. Abhängig ist der Leistungszuwachs unter anderem vom Ladedruck, der bei einem Pkw-Motor zwischen 0,4 bis 0,8 bar (Reifenfülldruck etwa 1,8 bar) liegt. Erhöht sich der Ladedruck über den vom Werk eingestellten Wert, öffnet das Wastegateventil, der Druck kann entweichen.

Neben der Motorleistung steigt bei der Verwendung eines Abgasturboladers auch das Drehmoment an, was vor allem im Hinblick auf einen elastischen Motorlauf wünschenswert ist. Gegenüber einem Ottomotor ist es beim Dieseltriebwerk nicht erforderlich, aufgrund der Aufladung die normale Verdichtung zu verringern, so daß auch im unteren Drehzahlbereich der eingespritzte Kraftstoff vollständig ausgenutzt wird.

Der Turbolader ist ein äußerst präzise hergestelltes Bauteil. Es empfiehlt sich deshalb, eine Reparatur nur von einem Fachmann ausführen zu lassen. In der Regel wird der Turbolader bei einem Defekt komplett ausgetauscht.

Der Abgasturbolader wird vom Motorölkreislauf mit Öl versorgt. Um eine ausreichende Schmierung des Laders sicherzustellen, sind folgende Punkte zu beachten:

- Nur vorgeschriebenes Motoröl verwenden.
- Durch überaltertes Motoröl kann der Lader verkoken. Daher müssen Motoröl und Ölfilter streng nach Wartungsvorschrift gewechselt werden.
- Da bereits kleinste Schmutzpartikel zur Zerstörung des Laders führen können, Motor niemals ohne Luftfilter laufen lassen.

Diesel-Steuergerät

Im Diesel-Steuergerät fließen alle Daten über die Betriebsbedingungen des Motors zusammen, die von verschiedenen Sensoren registriert werden. Anhand dieser Daten werden folgende Systeme im Hinblick auf bestmöglichen Motorlauf und niedrige Abgaswerte gesteuert:

Regelung des Einspritzbeginns: Über die Einspritzventile wird der Diesel-Kraftstoff jeweils zum richtigen Zeitpunkt in die Vorkammer des betreffenden Zylinders eingespritzt. Der Spritzbeginn wird vom Steuergerät nach Motorlast und Luftdruck angepaßt, damit eine vollständige Verbrennung stattfindet und wenig Ruß entsteht. Damit der kalte Motor besser anspringt, wird der Spritzbeginn der Einspritzpumpe in Richtung früh verstellt, dadurch wird der Kraftstoff früher in die heiße Luft eingespritzt.

Schnelle Leerlaufdrehzahl: Beim kalten Motor wird ein Ventil an der Einspritzpumpe angesteuert, wodurch die Leerlaufdrehzahl angehoben und die Betriebstemperatur schneller erreicht wird. Bei Ausstattung mit **Klimaanlage** wird ebenfalls die schnelle Leerlaufdrehzahl eingeschaltet, wenn der eingeschaltete Klimakompressor den Motor im Leerlauf belastet. Die Klimaanlage wird vom Diesel-Steuergerät abgeschaltet, wenn der Motor zu heiß ist oder eine hohe Motorleistung abverlangt wird (starke Beschleunigung, hohe Drehzahl).

Vorglühen: Beim kalten Motor werden die Glühkerzen eingeschaltet, siehe Kapitel »Diesel-Vorglühanlage«.

Das **System der Abgasrückführung** (EGR) wird je nach Motorlast und Motortemperatur über ein Unterdruckventil vom Steuergerät ein- und ausgeschaltet. EGR-Prinzip, siehe Seite 118.

Das Steuergerät wertet Signale von verschiedenen Sensoren aus: Die Motordrehzahl wird vom OT-Geber an der Kurbelwelle abgenommen, die Stellung des Gashebels an der Einspritzpumpe über ein Potentiometer übermittelt. Der Einspritzbeginn wird durch einen Nadelhubfühler an der Einspritzdüse des 1. Zylinders überwacht. Kühlmittel- und Ansauglufttemperaturen werden von Fühlern gemessen. Die Masse der in den Motor strömenden Frischluft wird von einem Luftmassenmesser registriert. Funktion des Luftmassenmessers, siehe Kapitel »Benzineinspritzung«.

Das Steuergerät erkennt auftretende Fehler im Einspritzsystem und speichert sie ab. In der FIAT-Werkstatt können die Fehler mit einem Auslesegerät abgefragt und gezielt behoben werden.

Diesel-Vorglühanlage

Bei kaltem Motor wird die Selbstzündungstemperatur durch die Verdichtung allein nicht erreicht, deshalb muß der Motor vorgeglüht werden.

Zu diesem Zweck ist in jeden Brennraum eine Stabglühkerze eingeschraubt. Die Glühkerze besteht im wesentlichen aus einem Gehäuse mit eingepreßtem Heizstab. Sobald Spannung anliegt, heizt sich die Heizwicklung im Heizstab innerhalb weniger Sekunden bis auf über +850° C auf, wodurch die Vorglühdauer bis zum Anlassen selten länger als 5 Sekunden beträgt. Wenn die Vorglüh-Kontrolleuchte an der Armaturentafel erlischt, kann der Motor gestartet werden.

Die Dauer des Vorglühens sowie die automatische Nachglühung nach dem Start (bis ca. 20 Sekunden) wird vom Diesel-Steuergerät geregelt, das ein Vorglührelais ansteuert.

Glühkerzen prüfen

Wenn Schwierigkeiten beim Anlassen des Motors auftreten, sind sämtliche Glühkerzen auf einwandfreie Funktion zu prüfen.

Prüfvoraussetzungen: Motor kalt (Umgebungstemperatur). Batterie voll geladen, Batteriespannung mindestens 11,5 Volt.

Stromzufuhr prüfen

Diese Kontrolle kann bei eingebauten Glühkerzen durchgeführt werden.

- Prüflampe parallel zwischen Stromschiene der Glühkerzen und Masse halten.
- Zündung einschalten, Motor vorglühen. Zündschlüssel auf Vorglühstellung lassen und Prüflampe beobachten.
- Die Prüflampe muß aufleuchten und nach 4 bis 5 Sekunden erlöschen.
- Zündanlaßschalter erneut in Vorglühstellung bringen. Wenn die Vorglühkontrolleuchte erlischt, Motor anlassen. **Achtung:** Die Vorglühkontrolleuchte bleibt bei einwandfreier Funktion der Vorglühanlage bei einer Umgebungstemperatur von +20° C lediglich während 4 bis 7 Sekunden erleuchtet. Dennoch bleiben die Glühkerzen länger unter Strom (Nachglühzeit), damit der Motor schneller warm wird. Prüflampe beobachten: Die Prüflampe muß bei +20° C ca. 30 Sekunden erleuchtet bleiben.
- Ist die Stromzufuhr defekt, Vorglüh-Steuergerät von Fachwerkstatt überprüfen lassen.

Glühkerzen prüfen

- Anschlußkabel und Stromschiene für Glühkerzen abnehmen.

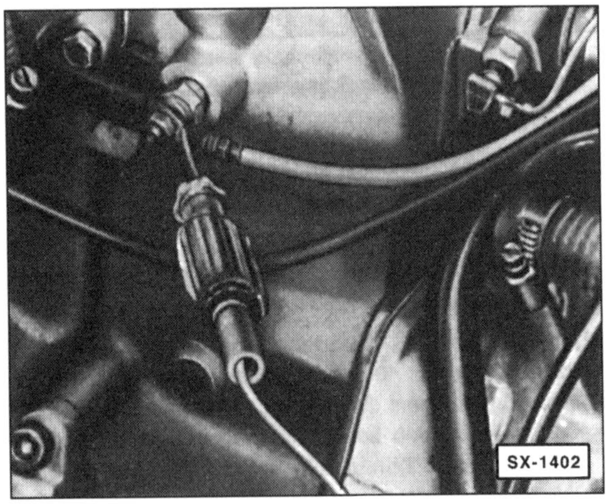

SX-1402

- Ohmmeter nacheinander an jede Glühkerze anlegen und Widerstand messen. **Sollwert:** ca. 0,6 Ω.
- Wird der Sollwert nicht erreicht: Glühkerze defekt, austauschen; Anzugsdrehmoment: **15 Nm. Achtung:** Das Anzugsdrehmoment darf **nicht** überschritten werden, da sonst der Ringspalt zwischen Glühstab und Gewindeteil zugezogen wird und die Glühkerze vorzeitig ausfällt. Bei verbrannten Glühstiften Hinweise beachten.
- Anschlußkabel für Stromschiene anklemmen.

Achtung: Wird kein Fehler gefunden, obwohl der Motor schlecht anspringt, Glühkerzen beim Vorglühen sichtprüfen. Dazu Einspritzdüsen ausbauen und durch die Öffnungen Glühkerzen beobachten.

Glühkerzen mit verbrannten Glühstiften

Verbrannte Glühstifte von Glühkerzen sind häufig Folgeschäden von Düsenstörungen. Derartige Schäden sind nicht auf Mängel in oder an der Glühkerze zurückzuführen.

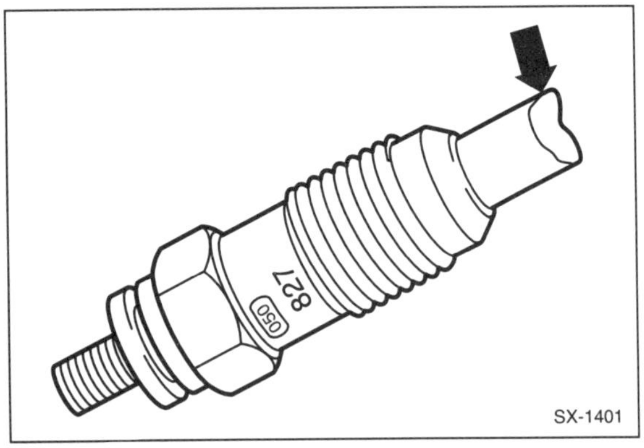

SX-1401

Werden im Beanstandungsfall derartige Glühkerzen gefunden –Pfeil–, genügt es nicht, diese nur zu ersetzen. Es muß auch eine Überprüfung der Einspritzdüsen auf Abspritzdruck und Dichtigkeit erfolgen (Werkstattarbeit).

Kraftstoffanlage entlüften

Auch wenn der Tank einmal ganz leergefahren oder wenn Teile der Kraftstoffanlage ausgetauscht wurden, muß die Anlage in der Regel nicht entlüftet werden, da sich diese während des Anlassens automatisch entlüftet.

Wenn sich die Kraftstoffanlage nicht automatisch entlüftet, dann ist folgendermaßen vorzugehen:

- Bei Arbeiten an der Einspritzanlage Sauberkeitshinweise beachten, siehe Seite 94.

Achtung: Darauf achten, daß kein Dieselkraftstoff auf die Kühlmittelschläuche läuft. Gegebenenfalls müssen die Schläuche sofort wieder gereinigt werden.

- Kraftstoffilter entlüften, siehe Seite 300.

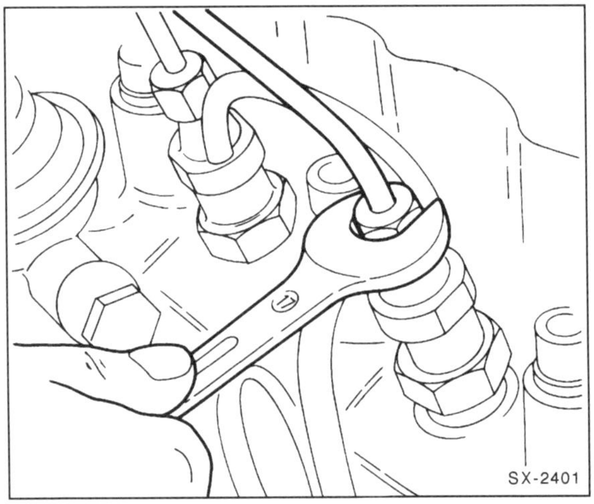

SX-2401

- Während der Anlasser betätigt wird, alle Einspritzleitungen an den Einspritzventilen nacheinander lösen und wieder mit **25 Nm** festziehen, nachdem Kraftstoff ausgetreten ist.
- Ausgelaufenen Kraftstoff mit feuchtem Lappen abwischen.

Diesel-Einspritzpumpe

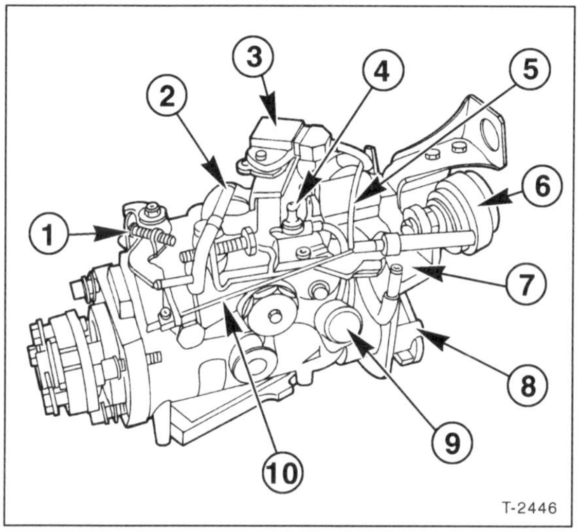

1 – Stellschraube für Leerlaufdrehzahl
2 – Anschluß für Dieselrücklaufleitung zum Tank
3 – Fühler für Stellung des Gashebels
4 – Gashebel
5 – Schutzabdeckung für Motor-Abstellventil
6 – Stellventil für schnelle Leerlaufdrehzahl
7 – Dieselzulaufleitung, vom Filter
8 – Anschlüsse für Einspritzleitungen
9 – Stellglied für Einspritzbeginn
10 – Bowdenzug für Kaltstart-Drehzahlanhebung

Achtung: Einstellungen an der Einspritzpumpe sollten nur von der Fachwerkstatt vorgenommen werden.

Einspritzdüsen aus- und einbauen

Defekte Einspritzdüsen können zu starkem Klopfen des Motors führen und Lagerschäden vermuten lassen. Bei derartigen Beanstandungen Motor im Leerlauf laufen lassen und Einspritzleitungs-Überwurfmuttern der Reihe nach lösen. Verschwindet das Klopfen nach dem Lösen einer Überwurfmutter, so zeigt dies eine defekte Düse an.

Defekte Düsen macht man auch ausfindig, indem man der Reihe nach die Einspritzleitungs-Überwurfmuttern löst, während der Motor in schnellerem Leerlauf dreht. Bleibt die Motordrehzahl nach Lösen einer Überwurfmutter konstant, zeigt dies eine defekte Düse an. Geprüft werden kann die Einspritzdüse mit Hilfe eines Manometers (Werkstattarbeit).

Die ersten Anzeichen von Düsenstörungen treten wie folgt auf.

- Fehlzündungen
- Klopfen in einem oder mehreren Zylindern
- Motor überhitzt
- Leistungsabfall des Motors
- Übermäßig starker schwarzer Auspuffqualm
- Hoher Kraftstoffverbrauch

Ausbau

- Einspritzleitungen sorgfältig von außen mit Kaltreiniger oder Dieselkraftstoff reinigen.

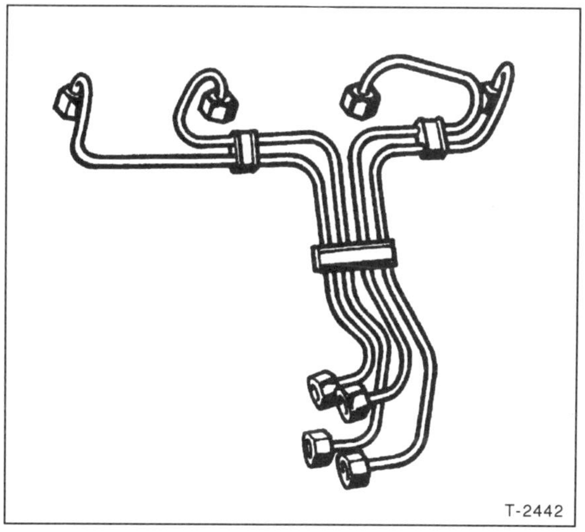

- Einspritzleitungen komplett ausbauen, dazu Überwurfmuttern an Pumpe und Einspritzdüsen mit offenem Ringschlüssel, zum Beispiel HAZET 4550, lösen. **Achtung:** Biegeform der Leitungen nicht verändern.

- Einspritzdüsen mit Steckschlüsseleinsatz SW 27 ausbauen. Dazu wird eine verlängerte Stecknuß, zum Beispiel HAZET 4555-1, benötigt. (Untere 4 Pfeile = Glühkerzen).

Achtung: Bei der Einspritzdüse des 1. Zylinders (Zahnriemenseite) ist ein elektrischer Anschluß vorhanden (Nadelbewegungsfühler). Zuleitung trennen und Einspritzdüse mit Stecknuß abschrauben. Gegebenenfalls vorher Stecknuß mit Durchbruch für das Kabel versehen. Kabel durch Stecknuß führen.

- Jede Einspritzdüse hat zum Schutz vor Hitzeschäden ein Hitzeschild. Hitzeschilde aus den Bohrungen im Zylinderkopf nehmen.

Achtung: Beim späteren Einbau der Einspritzdüsen grundsätzlich neue Hitzeschilde verwenden.

- Düsenhalter zwischen Weichmetallbacken in den Schraubstock spannen. Einspritzdüse zerlegen.
- Düsennadel auf eingeschlagenen oder rauhen Nadelsitz, auf abgenutzte oder beschädigte Düsennadeln prüfen. Spritzdüse mit einem Holzspachtel entrußen. Die Nadel muß allein durch ihr Eigengewicht in die Düse gleiten.

Achtung: Keinesfalls Düse oder Düsennadel mit Draht, Feile oder Schmirgelleinen bearbeiten. Einzelteile der Einspritzdüsen untereinander nicht vertauschen. Die Werkstatt kann durch Einbau von Einstellscheiben unterschiedlicher Dicke den Düsen-Abspritzdruck regulieren.

- Düsenober- und Unterteil mit **70 Nm** zusammenschrauben.

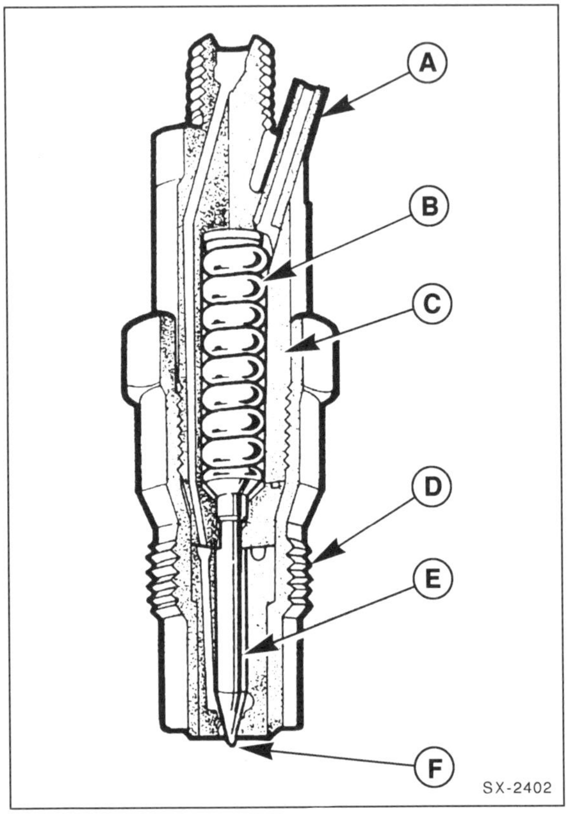

A = Kraftstoffrücklauf
B = Druckfeder
C = Düsenkörper
D = Sockel
E = Düsennadel
F = Nadelspitze

Einbau

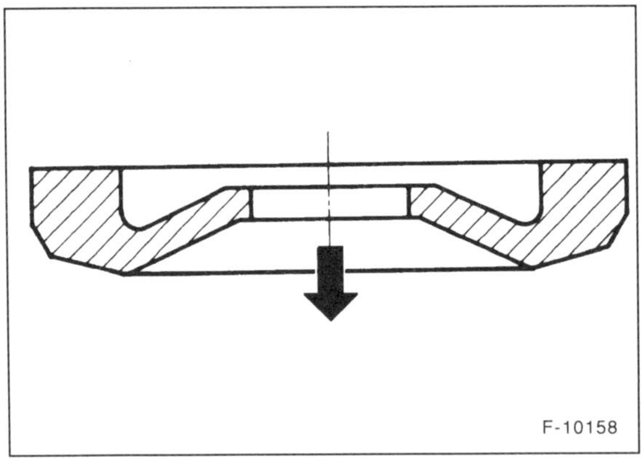

- Grundsätzlich **neue** Hitzeschilde zwischen Zylinderkopf und Einspritzventil verwenden. Die Vertiefung muß nach oben zeigen, Pfeil zeigt zum Zylinderkopf.
- Einspritzdüsen mit **55 Nm** festziehen.
- Einspritzleitungen aufsetzen, Überwurfmuttern mit **25 Nm** festziehen.

Störungsdiagnose Diesel-Einspritzanlage

Bevor anhand der Störungsdiagnose der Fehler aufgespürt wird, müssen folgende Prüfvoraussetzungen erfüllt sein: Bedienungsfehler beim Starten ausgeschlossen. Kraftstoff im Tank, Motor mechanisch in Ordnung, Batterie geladen, Anlasser dreht mit ausreichender Drehzahl. **Achtung:** Wenn Kraftstoffleitungen gelöst werden, müssen diese vorher mit Kaltreiniger gesäubert werden.

Störung	Ursache	Abhilfe
Motor springt nicht oder schlecht an.	1. Motor glüht nicht vor.	■ Vorglühanlage prüfen.
	2. Elektromagnetischer Absteller erhält keine Spannung.	■ Zündung abwechselnd ein- und ausschalten, dabei muß der Absteller an der Einspritzpumpe klicken.
	3. Kraftstoffversorgung defekt.	■ Prüfen, ob Kraftstoff gefördert wird
	a) Kraftstoffleitungen geknickt, verstopft, undicht, porös.	■ Kraftstoffleitungen reinigen, gegebenfalls ersetzen.
	b) Kraftstoffilter verstopft.	■ Kraftstoffilter ersetzen.
	c) Tankbelüftung verschlossen. Kraftstoffsieb im Tank verschmutzt.	■ Reinigen.
	4. Einspritzdüsen defekt.	■ Einspritzdüsen prüfen, Überwurfmuttern nacheinander lösen und prüfen, ob die Zylinder arbeiten.
	5. Leerlauf, Förderbeginn verstellt.	■ Leerlauf, Förderbeginn prüfen, einstellen (Werkstattarbeit).
	6. Einspritzpumpe defekt.	■ Versuchsweise neue Pumpe einbauen.
Motor ruckelt im Leerlauf, beim Anfahren.	1. Kraftstoffschläuche an der Kraftstoffpumpe bzw. am Kraftstoffilter lose.	■ Kraftstoffschläuche ersetzen.
	2. Leerlaufeinstellung falsch	■ Leerlauf einstellen.
	3. Wie unter 1.3–6.	■ Wie unter 1.3–6.
Kraftstoffverbrauch zu hoch.	1. Luftfilter verschmutzt.	■ Filtereinsatz ersetzen.
	2. Kraftstoffanlage undicht.	■ Sichtprüfung an allen Kraftstoffleitungen (Saug- Rücklauf- und Einspritzleitungen), Kraftstoffilter und Einspritzpumpe durchführen.
	3. Rücklaufleitung verstopft.	■ Rücklaufleitung von Einspritzpumpe zum Kraftstoffbehälter mit Luft durchblasen. Überströmdrossel in der Hohlschraube der Rücklaufleitung ersetzen.
	4. Förderbeginn der Einspritzpumpe verstellt.	■ Förderbeginn einstellen.
Vorglühkontrollampe leuchtet nicht auf.	1. Glühlampe im Schalttafeleinsatz defekt.	■ Lampe ersetzen.
	2. Vorglühung/Glühkerzen defekt.	■ Glühkerzen prüfen ggf. ersetzen. Steuergerät prüfen lassen.

Abgasanlage

Die Abgasanlage besteht aus dem Katalysator, dem vorderen Abgasrohr mit dem Mittelschalldämpfer und dem Nachschalldämpfer. Die für die Regelung des Katalysators erforderliche Lambdasonde (nur Benziner) ist vor dem Katalysator eingeschraubt.

Das vordere Abgasrohr ist mit dem Abgaskrümmer beziehungsweise beim Turbo-Diesel mit dem Turbolader verschraubt. Bei einer Reparatur lassen sich die Teile einzeln auswechseln. Muttern und Dichtungen sind nach dem Ausbau grundsätzlich zu ersetzen. Halteringe und Gummipuffer sind auf Porosität und Beschädigung zu prüfen, gegebenenfalls müssen sie ausgewechselt werden.

Funktion des Katalysators

Alle Motoren sind mit einem Katalysator zur Abgasreinigung ausgestattet.

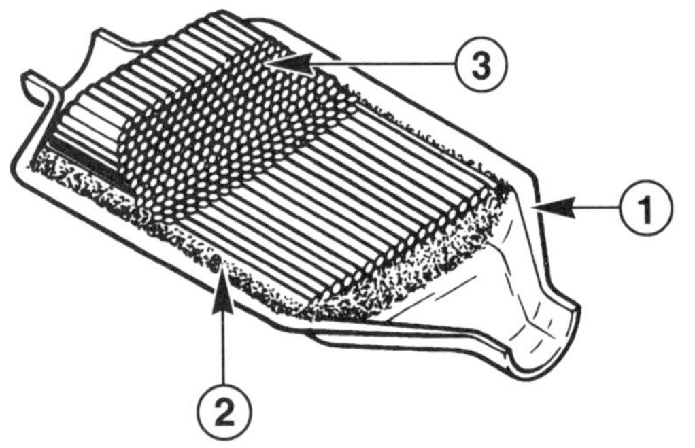

SX-2601

Der Katalysator besteht aus einem Keramik-Wabenkörper –3–, der mit einer Trägerschicht überzogen ist. Auf der Trägerschicht befinden sich Edelmetallsalze, die den Umwandlungsprozeß bewirken. Im Gehäuse –1– wird der Katalysator durch eine Isolations-Stützmatte –2– fixiert, die außerdem Wärmeausdehnungen ausgleicht.

Benzinmotoren

In Verbindung mit der elektronischen Einspritzanlage und der Lambdasonde wird die Kraftstoffmenge für die Verbrennung exakt dosiert, damit der Katalysator die Schadstoffe reduzieren kann. Die Lambdasonde sitzt im Abgasrohr vor dem Katalysator und wird hier vom Abgasstrom umspült. Bei der Lambdasonde handelt es sich um einen elektrischen Meßfühler, der den Restgehalt an Sauerstoff im Abgas durch elektrische Spannungsschwankungen anzeigt und Rückschlüsse auf die Zusammensetzung des Luft-Benzin-Gemisches ermöglicht. In Bruchteilen von Sekunden kann die Lambdasonde entsprechende Signale an die Steuereinheit der Einspritzanlage weitergeben und dadurch das Kraftstoff-Luftverhältnis ständig verändern. Das ist einerseits erforderlich, da sich ja die Betriebsverhältnisse (Leerlauf, Vollgas) ständig ändern, zum anderen aber auch, weil nur dann eine optimale Nachverbrennung im Katalysator erfolgt, wenn noch genügend Benzin-Anteile im Motor-Abgas vorhanden sind.

Damit es also bei einer Temperatur von +300° bis +800° C im Katalysator überhaupt zu einer Nachverbrennung kommen kann, muß das Kraftstoff-Luftgemisch mehr Kraftstoffanteile aufweisen, als für die reine Verbrennung erforderlich wären.

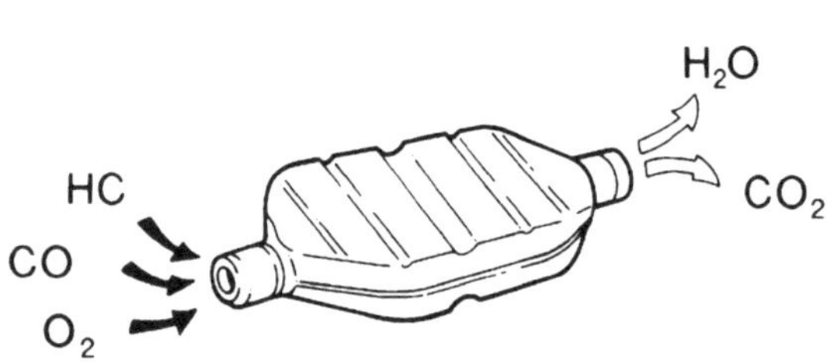

SX-2602

Bei dem verwendeten Katalysator handelt es sich um einen sogenannten 3-Wege-Katalysator. Das bedeutet, daß bei diesem Katalysator aufgrund der Lambda-Regelung die Oxidation von Kohlenmonoxid (CO) und Kohlenwasserstoffen (HC) sowie die Reduktion der Stickoxide (NO_X) gleichzeitig durchgeführt werden.

Katalysator beim Dieselmotor

Auch beim Dieselmotor ist serienmäßig ein Katalysator eingebaut. Allerdings ist hier keine Gemischanpassung möglich. Der Katalysator reduziert jedoch die umweltschädlichen Kohlenmonoxid- und Kohlenwasserstoff-Emissionen auf ein Niveau, das deutlich unter dem von Benzin-Motoren mit geregeltem Katalysator liegt. Außerdem vermindert sich der dieseltypische Abgasgeruch.

Der bei Dieselmotoren höhere Anteil von Stickoxiden im Abgas wird durch ein zusätzliches **Abgas-Rückführungssystem (EGR-System)** schon vor dem Katalysator auf geringem Niveau gehalten. Die Abgasrückführung führt je nach Motor-Betriebszustand über ein geregeltes Ventil eine bestimmte Menge Abgas wieder der Ansaugluft zu. Dadurch wird die Verbrennungstemperatur abgesenkt. Je niedriger die Verbrennungstemperatur ist, desto weniger giftige Stickoxidanteile bilden sich im Abgas.

Der Umgang mit Katalysator-Fahrzeugen

Um Beschädigungen an der Lambdasonde und am Katalysator zu vermeiden, sind folgende Hinweise unbedingt zu beachten:

Benzinmotoren

- Grundsätzlich nur bleifreies Benzin tanken.
- Das Anlassen des Motors durch Anschieben oder Anschleppen ist nicht erlaubt. Starthilfekabel verwenden. Unverbrannter Kraftstoff könnte bei einer Zündung zur Überhitzung des Katalysators und zu seiner Zerstörung führen.
- Bei Startschwierigkeiten nicht unnötig lange den Anlasser betätigen. Während des Anlassens wird permanent Kraftstoff eingespritzt. Fehlerursache ermitteln und beseitigen.
- Kraftstofftank nie ganz leerfahren.
- Treten Zündaussetzer auf, hohe Motor-Drehzahlen vermeiden und Fehler umgehend beheben.
- Nur die vorgeschriebenen Zündkerzen verwenden.
- Nur Funkenprüfung mit abgezogenem Zündkerzenstecker durchführen, wenn gleichzeitig die Kraftstoffeinspritzung durch Abziehen des Kraftstoffpumpenrelais unterbunden wird.
- Es darf kein Zylindervergleich (Balancetest) durch Zündabschaltung eines Zylinders durchgeführt werden. Bei Zündabschaltung der einzelnen Zylinder – auch über Motortester – gelangt unverbrannter Kraftstoff in den Katalysator.

Benzin- und Dieselmotoren

- Fahrzeug nicht über trockenem Laub oder trockenem Gras abstellen. Die Abgasanlage wird im Bereich des Katalysators sehr heiß und strahlt die Wärme auch nach Abstellen des Motors noch ab.
- Keinen Unterbodenschutz an der Abgasanlage aufbringen.
- Die Hitzeschilder der Abgasanlage dürfen nicht verändert werden.
- Beim Ein- oder Nachfüllen von Motoröl besonders darauf achten, daß auf keinen Fall die Maximum-Markierung am Ölpeilstab überschritten wird. Das überschüssige Öl gelangt sonst aufgrund unvollständiger Verbrennung in den Katalysator und kann das Edelmetall beschädigen oder den Katalysator vollständig zerstören.

Abgasanlage auf Dichtigkeit prüfen

Bei Fahrzeugen mit geregeltem Katalysator können Undichtigkeiten der Abgasanlage vor der Lambdasonde zu folgenden Störungen führen:

- Startschwierigkeiten; Motor geht aus, schüttelt im Leerlauf, ruckelt beim Beschleunigen.

Prüfvoraussetzung: Motor kalt oder handwarm.

- Motor starten und Abgasanlage auf Dichtheit prüfen, dazu Abgasendrohr mit Lappen zuhalten. Dabei von einer Hilfsperson alle Dichtflansche auf austretende Abgase prüfen lassen (zischendes Geräusch, Austritt mit der Hand spürbar).
- Verbindungsstellen Zylinderkopf/Krümmer und Krümmer/Abgasrohr vorn mit handelsüblichem »Leck-Sucher« einsprühen und auf Blasenbildung untersuchen.
- Undichtigkeit beseitigen.

Abgasanlage 1,4-l-Motor

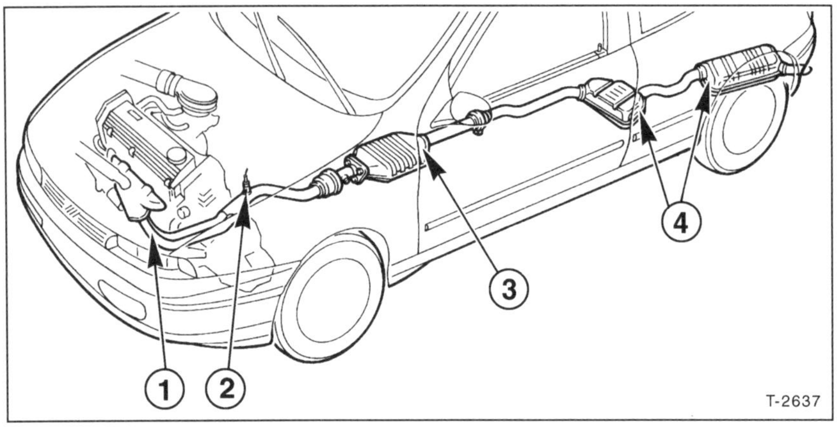

1 – Vorderes Abgasrohr

2 – Lambdasonde
Ist bei den meisten Modellen weiter vorn im Abgasrohr eingeschraubt, als in der Abbildung dargestellt.

3 – Katalysator

4 – Mittel- und Nachschalldämpfer
Schalldämpfer müssen zusammen ersetzt werden, da sie nicht einzeln als Ersatzteil erhältlich sind.

Abgasanlage 1,6-/1,8-l-Motor

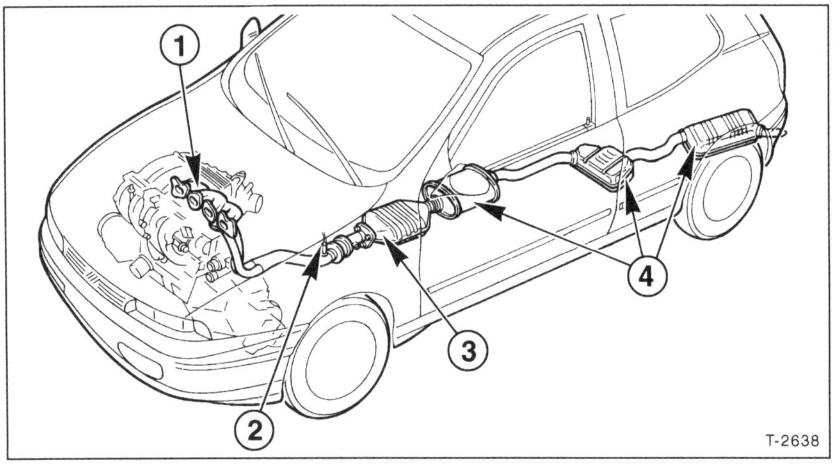

1 – Abgaskrümmer
Mit dem vorderen Abgasrohr verschraubt.

2 – Lambdasonde

3 – Katalysator

4 – Schalldämpfer
Schalldämpfer müssen zusammen ersetzt werden, da sie nicht einzeln als Ersatzteil erhältlich sind.

Hinweis: Dargestellt ist die Abgasanlage im 1,6-l-Motor. Das vordere Abgasrohr des 1,8-l-Motors sieht ähnlich wie beim 2,0-l-Motor aus.

Abgasanlage 2,0-l-Motor

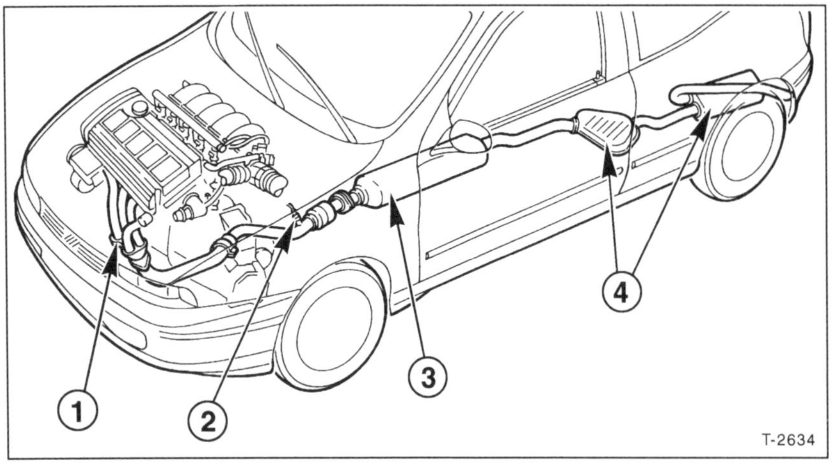

1 – Abgaskrümmer
Mit dem vorderen Abgasrohr verschraubt.

2 – Lambdasonde

3 – Katalysator

4 – Schalldämpfer
Schalldämpfer müssen zusammen ersetzt werden, da sie nicht einzeln als Ersatzteil erhältlich sind.

Hinweis: Die Abgasanlage des **Dieselmotors** sieht ähnlich wie bei den Benzinmotoren aus, das vordere Abgasrohr ist am Turbolader angeschraubt.

Abgasanlage aus- und einbauen

Einige Teile der Abgasanlage lassen sich einzeln auswechseln. **Achtung:** Beim Einbau von Teilen der Abgasanlage darauf achten, daß die Teile dicht zusammengefügt werden. Sonst kann es bei der Abgasuntersuchung (AU) zu Fehlmessungen kommen.

Muttern und Dichtungen sind nach dem Ausbau grundsätzlich zu ersetzen. Gummihalteringe und Gummipuffer sind auf Porosität und Beschädigung zu prüfen, gegebenenfalls müssen sie ausgewechselt werden. **Achtung:** Der Katalysator ist stoßempfindlich, nicht dagegenschlagen oder fallenlassen.

Ausbau

- Fahrzeug aufbocken.
- Sämtliche Schrauben und Muttern der Abgasanlage mit rostlösendem Mittel einsprühen. Rostlöser einige Zeit einwirken lassen.

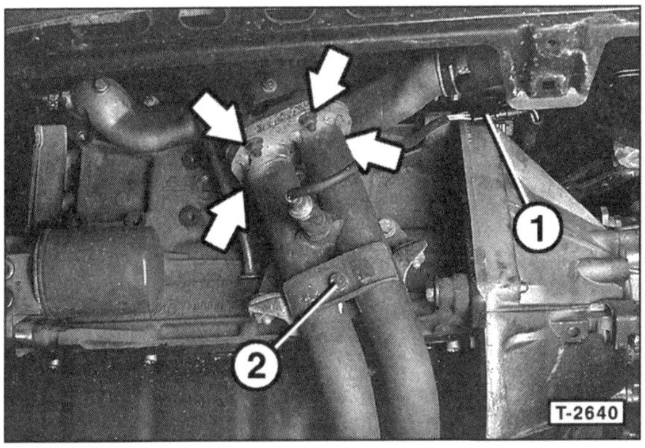

- **Benzinmotoren:** Mehrfachstecker für Lambdasonde –1– trennen. Gegebenenfalls Lambdasonde ausbauen, siehe Seite 123.
- Vorderes Abgasrohr vom Krümmer abschrauben –Pfeile–, beim Diesel vom Turbolader. Die Abbildung zeigt den 1,4-l-Motor.
- Halterung für vorderes Abgasrohr abschrauben –2–.

- Gummihalterungen –Pfeile– auf Risse prüfen. Hierzu Abgasanlage leicht herunterdrücken, Stegschlaufen mit Taschenlampe anstrahlen, überprüfen und gegebenenfalls erneuern.
- Abgasrohre an sämtlichen Gummihalterungen aushängen und abnehmen.
- Alte Dichtungen entfernen. Gegebenenfalls Abgasanlage auseinanderschrauben, siehe folgendes Kapitel.

Einbau

- Vor dem Einbau Krümmer und vorderen Abgasrohrflansch sowie Verbindungsflansch mit Stahlbürste reinigen. Grundsätzlich **neue** Dichtungen, Schrauben und Muttern verwenden. Um die Muttern und Schrauben der Abgasanlage später leichter lösen zu können, empfiehlt es sich, diese mit einer Hochtemperatur-Kupferpaste, zum Beispiel LIQUI MOLY LM-508-ASC, einzustreichen.

Achtung: Es darf keine Hochtemperaturpaste in die Abgasanlage vor dem Katalysator gelangen. Auch darf kein flüssiges Dichtmittel verwendet werden, da sonst der Katalysator im späteren Betrieb verunreinigt werden kann.

- Vorderes Abgasrohr mit **neuer** Dichtung ansetzen und lose am Krümmer anschrauben.
- Abgasanlage in die Gummihalterungen einhängen, Teile gegeneinander verschieben und dadurch dem Unterboden anpassen. Darauf achten, daß die Gummihalterungen gleichmäßig belastet und nicht verformt werden. **Achtung:** Der Abstand der Abgasanlage muß zu allen Fahrzeugteilen mindestens 25 mm betragen.
- Vorderes Abgasrohr an Krümmer- und Katalysatorflansch mit **neuen selbstsichernden** Muttern und **25 Nm** anschrauben.
- Klemmschraube für Schelle des hinteren Abgasrohrs mit **25 Nm** anschrauben.
- Halterung für vorderes Abgasrohr anschrauben.
- Gewinde der Lambdasonde mit Hochtemperaturpaste, zum Beispiel BOSCH-Lambdasondenfett oder ANTI-SEIZE von FIAT, einstreichen und mit **55 Nm** anschrauben.

Achtung: Wird die Sonde ohne das Hochtemperatur-Spezialfett eingeschraubt, frißt sich das Gewinde mit der Zeit fest. Die Lambdasonde kann dann später nicht mehr herausgeschraubt werden.

- Elektrische Leitung für Lambdasonde verlegen und Stecker verbinden. Abdeckung für Stecker aufschrauben.
- Fahrzeug ablassen.
- Motor starten und Abgasanlage auf Dichtheit prüfen, siehe Seite 119.

Katalysator/Schalldämpfer ersetzen

Ausbau

- Halteschelle hinter dem Katalysator abschrauben –Pfeil–.

- Hinteres Abgasrohr aus den Gummihalterungen aushängen und vom Katalysator abziehen. Die Abbildung zeigt die hintere Gummihalterung –Pfeil–, die beiden vorderen Halterungen sind in Abbildung T-2641 zu sehen, siehe Seite 121.
- Falls das hintere Abgasrohr nicht abgezogen werden kann, Verbindungsstelle mit einer Schweißflamme erwärmen, falls vorhanden. Dabei Tank mit einer Asbestplatte abschirmen. Nachschalldämpfer mit drehenden Bewegungen abziehen.
- Steht kein Schweißgerät zur Verfügung, Abgasrohr mit einer Eisensäge oder Trennschleifer durchtrennen. Das auf dem Zwischenrohr verbleibende Stück der Länge nach aufsägen und mit einem Meißel abschlagen.

- Schrauben am Schraubflansch lösen und Katalysator abnehmen.

Einbau

- Um die Muttern und Schrauben der Abgasanlage später leichter lösen zu können, empfiehlt es sich, diese mit einer Hochtemperatur-Kupferpaste, zum Beispiel LIQUI MOLY LM-508-ASC, einzustreichen.

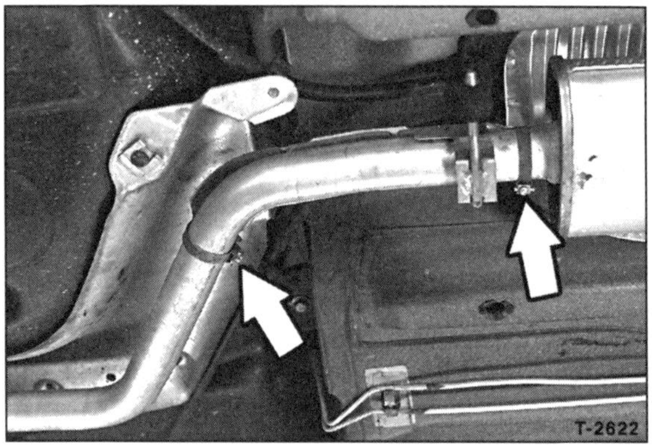

- Hitzeschutzblech vom alten auf das neue Abgasrohr umbauen, Muttern mit **10 Nm** anschrauben.
- Vor dem Einbau Verbindungsflansche mit Stahlbürste reinigen.
- Katalysator mit neuer Dichtung am vorderen Abgasrohr anschrauben, 3 Schrauben mit **25 Nm** festziehen.
- Hinteres Abgasrohr einsetzen und in die Gummihalterungen einhängen. Teile gegeneinander verschieben und dadurch dem Unterboden anpassen. Darauf achten, daß die Gummihalterungen gleichmäßig belastet und nicht verformt werden. **Achtung:** Der Abstand der Abgasanlage muß zu allen Fahrzeugteilen mindestens 25 mm betragen.
- Klemmschraube für Schelle des hinteren Abgasrohrs mit **25 Nm** anschrauben.

Lambdasonde aus- und einbauen

Die Lambdasonde dient zur Regelung der Abgaszusammensetzung bei Benzinmotoren. Die Lambdasonde ist in das Abgasrohr vor dem Katalysator eingeschraubt.

Achtung: Die Anschlußkabel der Lambdasonde dürfen nicht repariert oder gelötet werden. Ist ein Kabel beschädigt, Lambdasonde komplett ersetzen.

Ausbau

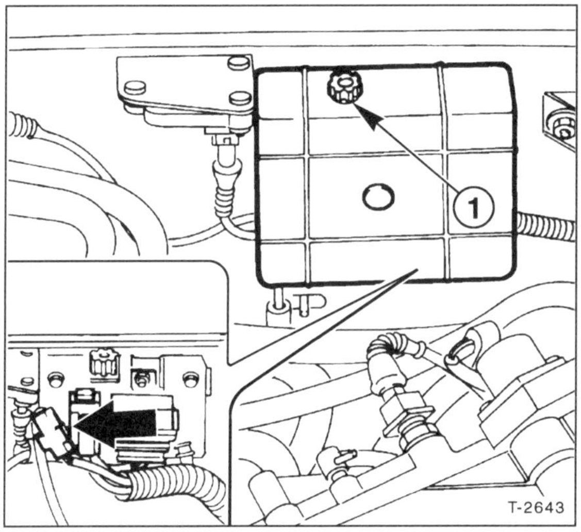

- **1,6-l-Motor:** Kunststoffabdeckung an der Stirnwand abschrauben –1–. Darunterliegenden Kabelstecker –Pfeil– für Lambdasonde trennen.
- **1,4-/1,8-/2,0-l-Motoren:** Kabelstecker in der Zuleitung für Lambdasonde trennen. Beim 1,8-l-Motor sitzt der Kabelstecker unterhalb des Drosselklappenstutzens.
- Elektrische Leitung an den Kabelführungen ausclipsen.

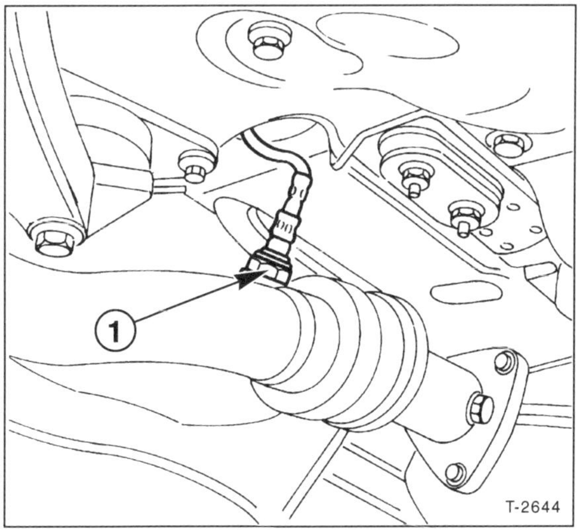

- Lambdasonde –1– aus dem vorderen Abgasrohr herausschrauben. Beim 1,4-l-Motor sitzt die Lambdasonde weiter vorn am Abgasrohr, siehe Abbildung T-2640 auf Seite 121.

Achtung: Meßsonde nicht an der Spitze berühren oder beschmutzen.

Einbau

- Gewinde der Lambdasonde mit Hochtemperaturpaste, zum Beispiel BOSCH-Lambdasondenfett oder ANTI-SEIZE von FIAT, einstreichen und mit **55 Nm** anschrauben.

Achtung: Wird die Sonde ohne das Hochtemperatur-Spezialfett eingeschraubt, frißt sich das Gewinde mit der Zeit fest. Die Lambdasonde kann dann später nicht mehr herausgeschraubt werden.

- Elektrische Leitung verlegen und Stecker verbinden. Beim 1,6-l-Motor Abdeckung für Stecker an Stirnwand anschrauben.

Kupplung

Die Kupplung trennt beim Schalten der Gänge den Kraftschluß zwischen Motor und Getriebe und sorgt beim Anfahren für einen ruckfreien Kraftschluß vom Motor zum Getriebe. Die Kupplung besteht aus der Kupplungsdruckplatte, der Kupplungsmitnehmerscheibe und dem Ausrücklager.

Die Kupplungsdruckplatte ist mit dem Schwungrad verschraubt, das wiederum an der Kurbelwelle des Motors angeflanscht ist. Zwischen Kupplungsdruckplatte und Schwungrad befindet sich die Kupplungsmitnehmerscheibe, die von der Kupplungsdruckplatte gegen das Schwungrad gepreßt wird. Die Mitnehmerscheibe wird von der mit ihr verzahnten Getriebeantriebswelle zentriert.

Beim Niedertreten des Kupplungspedals (auskuppeln) wird über das Kupplungsseil und einen Ausrückhebel das Ausrücklager gegen die Membranfeder der Kupplungsdruckplatte gedrückt. Dadurch entspannt sich die Kupplungsdruckplatte, und die Mitnehmerscheibe wird nicht mehr gegen die Schwungscheibe gepreßt. Der Kraftschluß zwischen Motor und Getriebe ist dann aufgehoben.

Bei jedem Ein- und Auskuppeln wird durch den leichten Schleifvorgang etwas Reibbelag von der Mitnehmerscheibe abgeschliffen. Die Mitnehmerscheibe ist also ein Verschleißteil, doch hat sie eine mittlere Lebensdauer von über 100.000 Kilometern. Der Verschleiß hängt im wesentlichen von der Belastung (Anhängerbetrieb) und der Fahrweise ab.

Da sich das Kupplungspedalspiel bei fortschreitender Abnutzung der Kupplungsbeläge verändert, muß es im Rahmen der regelmäßigen Wartung kontrolliert, gegebenenfalls nachgestellt werden.

2,0-l-Motor: Die Kupplung wird hydraulisch betätigt: Beim Niedertreten des Kupplungspedals wird im Geberzylinder Druck aufgebaut. Über eine Hydraulikleitung wird der Druck auf den am Getriebegehäuse angeschraubten Kupplungs-Nehmerzylinder übertragen. Der Kolben des Nehmerzylinders drückt über das Ausrücklager gegen die Membranfeder und hebt die Druckplatte etwas an. Dadurch wird die Kupplungsscheibe frei. Das Hydrauliksystem der Kupplung arbeitet mit Bremsflüssigkeit und wird über den gemeinsamen Ausgleichbehälter mit Bremsflüssigkeit versorgt. Diese Kupplung ist wartungsfrei, da sie sich selbst nachstellt.

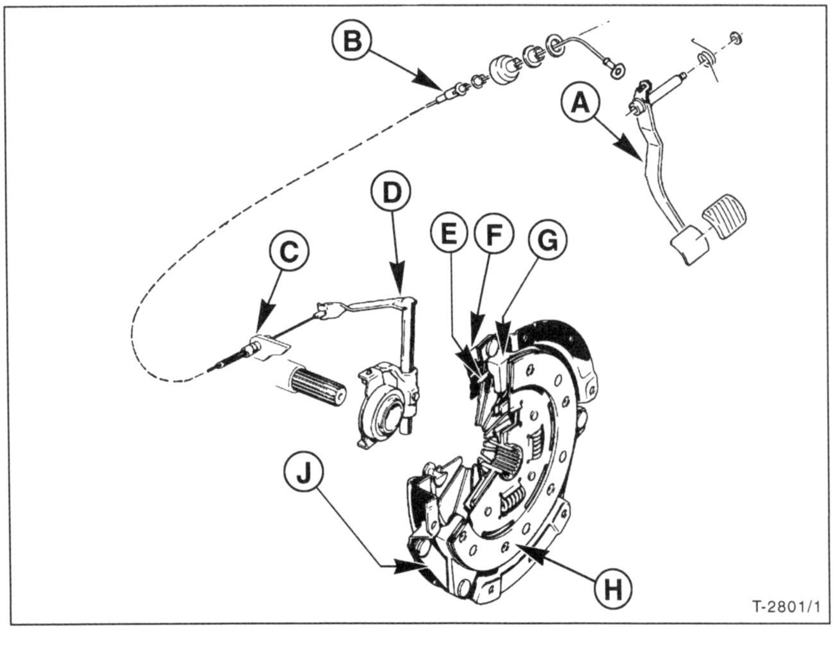

A – **Kupplungspedal**
B – **Kupplungsseilzug**
C – **Widerlager**
D – **Ausrückwelle mit Gabel und Gleitlager**
E – **Kippring**
F – **Kupplungsdeckel**
G – **Druckplatte**
H – **Reibscheibe**
J – **Federstahllaschen**

Kupplung aus- und einbauen/prüfen

Ausbau

- Getriebe ausbauen, siehe Seite 131.

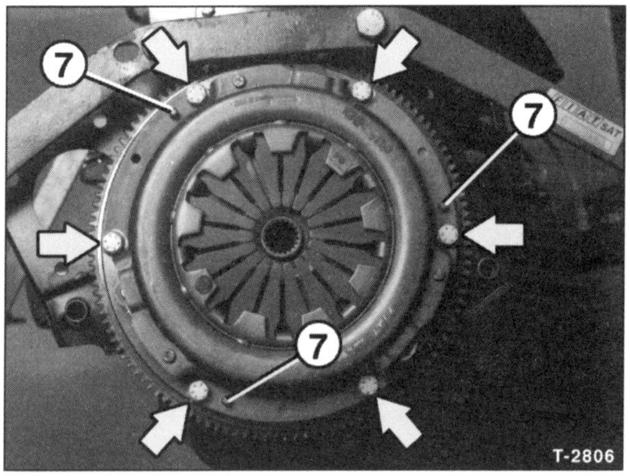

- Befestigungsschrauben der Kupplungsdruckplatte nacheinander jeweils um 1 bis 1½ Umdrehungen lösen, bis die Druckplatte entspannt ist. Damit das Schwungrad beim Lösen der Schrauben nicht mitdreht, Schwungrad mit Schraubendreher und Dorn arretieren.

Achtung: Wenn die Schrauben sofort ganz gelöst werden, können die Membranfeder sowie die Paßstifte –7– zwischen Druckplatte und Schwungrad beschädigt werden.

- Anschließend Schrauben ganz herausdrehen.
- Druckplatte und Kupplungsscheibe herausnehmen. **Achtung:** Druckplatte und Kupplungsscheibe beim Herausnehmen nicht fallen lassen, sonst können nach dem Einbau Rupf- und Trennschwierigkeiten auftreten.
- Schwungrad mit benzingetränktem Lappen auswischen.

Prüfen

- Kupplungsdruckplatte auf Brandrisse und Riefen prüfen, gegebenenfalls ersetzen.

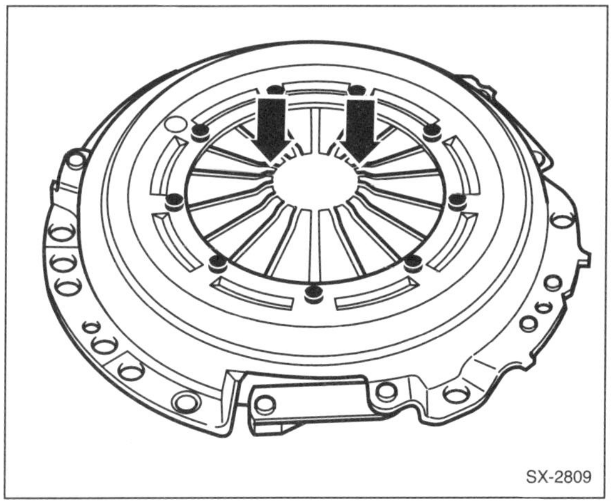

- Membranfeder auf Brüche untersuchen –Pfeile–.
- Federverbindungen zwischen Druckplatte und Deckel auf Risse, Nietbefestigungen auf festen Sitz prüfen. Kupplungen mit beschädigten oder losen Nietverbindungen ersetzen.

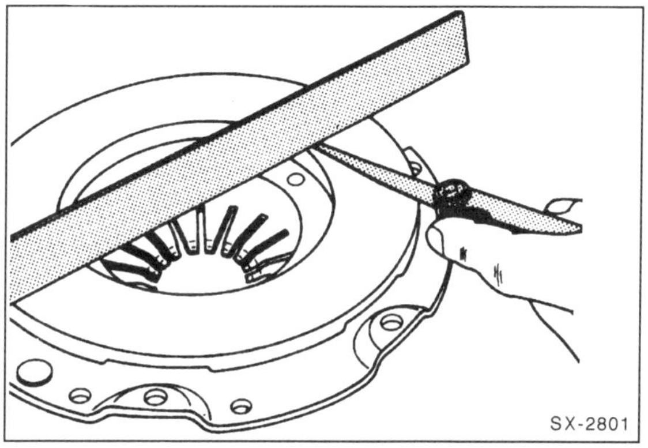

- Auflagefläche der Druckplatte auf Risse, Brandstellen und Verschleiß prüfen. Druckplatten, die bis zu 0,3 mm nach innen durchgebogen sind, dürfen noch eingebaut werden. Die Prüfung erfolgt mit Lineal und Fühlerblattlehre.
- Schwungrad auf Brandrisse und Riefen prüfen.
- Kupplungsdruckplatte und Schwungrad mit sehr feinem Schmirgelleinen abziehen.
- Verölte, verfettete oder mechanisch beschädigte Kupplungsscheiben austauschen.

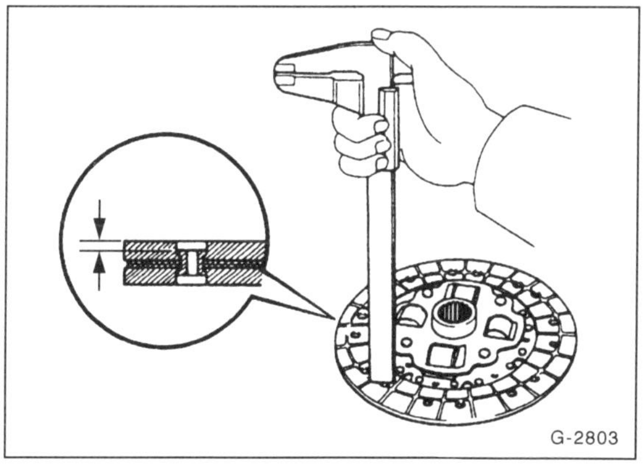

- Belagstärke der Kupplungsscheibe mit Schieblehre messen. Das Maß bis zu den Nietköpfen muß mindestens 0,3 mm betragen, sonst muß die Kupplungsscheibe ausgewechselt werden. Ebenso bei Belagrissen.
- In der Werkstatt kann die Kupplungsscheibe auf Schlag geprüft werden. Der Seitenschlag darf bei der Kupplungsscheibe maximal 0,25 mm betragen. **Achtung:** Diese Prüfung ist nur notwendig, wenn die alte Kupplungsscheibe wieder eingebaut werden soll und die Kupplung vorher nicht richtig ausgekuppelt hat.

- Ausrücklager im Getriebegehäuse prüfen. Das Lager darf keine sichtbaren Druckstellen aufweisen. Lager von Hand drehen. Das Lager darf nicht haken. Entwickelte das Lager beim Auskuppeln Geräusche, ist das Lager ebenfalls zu ersetzen, siehe Seite 129.

Einbau

Achtung: Vor dem Einbau einer neuen Kupplung Korrosionsschutzlack mit Lösungsmittel von den Reibflächen von Druckplatte und gegebenenfalls Schwungrad abwischen.

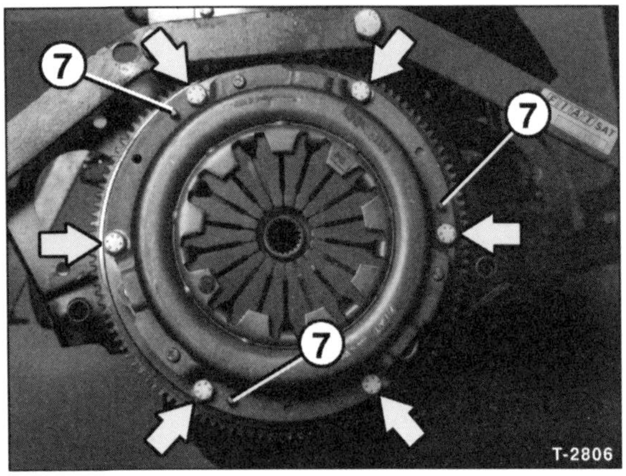

- Zentrierstifte –7– am Schwungrad auf festen Sitz prüfen.
- Kupplungsscheibe einlegen und Kupplungsdruckplatte in die entsprechenden Paßstifte am Schwungrad einsetzen.

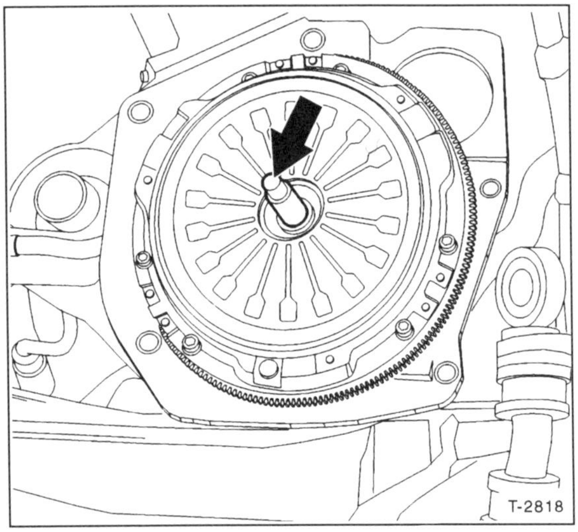

- Die Kupplungsscheibe muß mit einem passenden Dorn –Pfeil– zentriert werden (Universaldorn gibt es als Sonderwerkzeug von HAZET, Nr. 2174). Die Kupplungsscheibe kann auch nach Augenmaß mittig in der Druckplatte zentriert werden. Besser ist es jedoch, die Scheibe mit dem Dorn zu zentrieren. Sitzt die Kupplungsscheibe nicht zentrisch, kann die Getriebewelle nicht eingeführt werden. Die FIAT-Nummern für die Zentrierdorne sind: Für 1,4-/1,8-/ 2,0-l-Motoren: Nr. 1875086000, 1,6-l-Motor: Nr. 1870447, Diesel: FIAT Nr. 1870081000.
- Gewindedurchmesser der Befestigungsschrauben für Kupplungsdruckplatte messen, dann einsetzen und nacheinander mit 1 bis 1½ Umdrehungen anziehen, bis die Druckplatte festgezogen ist. Anschließend Zentrierdorn entfernen. **Achtung:** Darauf achten, daß die Druckplatte beim Anziehen der Schrauben gleichmäßig und gratfrei in das Schwungrad eingezogen wird. Anzugsdrehmoment für Schrauben mit M 6-Gewinde (Gewindeaußendurchmesser 6 mm): **17 Nm**; für Schrauben mit M 8-Gewinde (Gewindeaußendurchmesser 8 mm): **35 Nm.**
- Falls vorhanden, Arretierwerkzeug am Schwungrad entfernen.

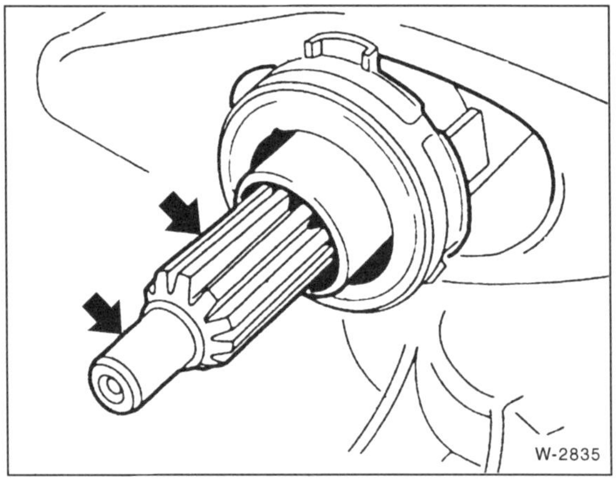

- Keilverzahnung der Getriebeantriebswelle reinigen und dünn mit MoS_2-Fett, zum Beispiel MOLYKOTE BR 2, einfetten. Nicht zuviel Fett verwenden, sonst kann es auf die Kupplungsreibflächen geschleudert werden, wo es zu Kupplungsstörungen führt. Die benötigte Fettmenge entspricht etwa der Größe eines Maiskorns.
- Getriebe einbauen, siehe Seite 131.

Kupplungsseilzug ersetzen

Betätigung mit Seilzug

Ausbau

- Batterie und Batteriekonsole ausbauen, siehe Seite 14.
- Mit Lineal am Ausrückhebel Länge des überstehenden Gewindes bis zur Kontermutter messen. Dadurch kann das neue Kupplungsseil auf die gemessene Länge voreingestellt werden.
- Kontermutter und Mutter abschrauben, Seil am Ausrückhebel und Widerlager am Getriebe aushängen.

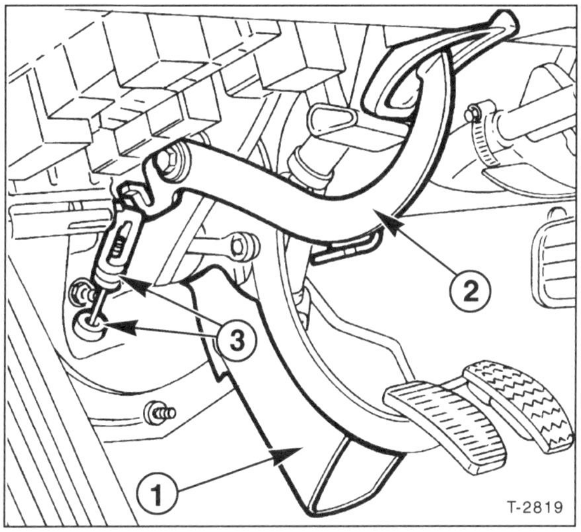

- Bodenbelag –1– im Fahrerfußraum anheben. Seilzugöse –3– aus dem Kupplungspedal –2– aushängen.

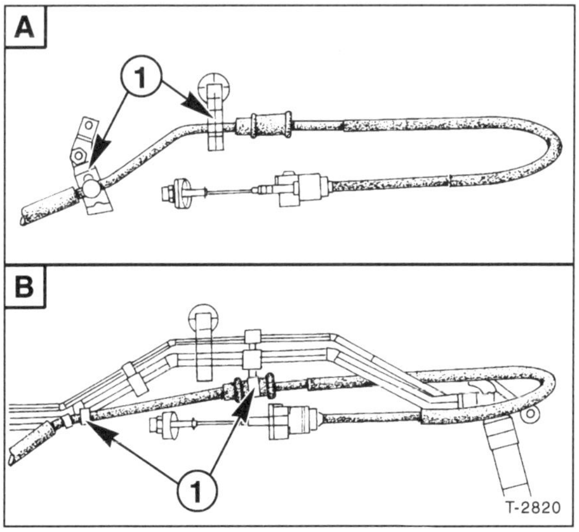

- Seilzug im Motorraum aus den Führungen –1– lösen. Abbildung –A– zeigt die Halterungen bei Modellen ohne Klimaanlage, –B– mit Klimaanlage.

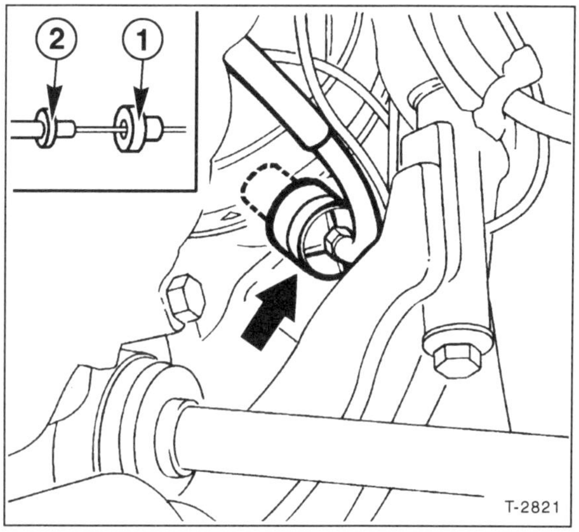

- Seilzughülle –2– von der Motorraumseite her an der Stirnwand, unterhalb vom Bremskraftverstärker, mit Buchse –1– herausziehen.

Einbau

- Seilzughülle an der Stirnwand eindrücken. Buchse zwischen Seilzug und Stirnwand nicht vergessen.
- Seil in das Kupplungspedal einhängen. Bodenbelag zurückklappen.
- Seil in den Halterungen verlegen und am Getriebe-Ausrückhebel einhängen.
- Einstellmutter am Ausrückhebel auf den vorher gemessenen Wert aufschrauben.
- Kupplung einstellen.
- Batterie und Batteriekonsole einbauen, siehe Seite 14.

Kupplung einstellen

Betätigung mit Seilzug

Am Kupplungspedal ist kein spürbares Kupplungsspiel vorhanden. Mit fortschreitender Abnutzung der Kupplungsbeläge wandert das Kupplungspedal nach oben, in Richtung Fahrer. Daher muß das Pedal bei der regelmäßigen Wartung eingestellt werden.

Einstellen

- Kupplungspedal einige Male durchtreten, damit der Seilzug die richtige Stellung einnimmt.

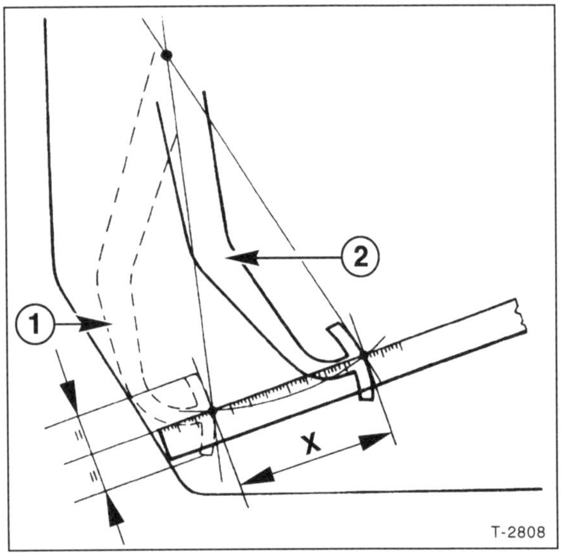

- Kupplungspedalweg messen. Dazu einen Maßstab ansetzen und den Abstand zwischen betätigtem und losgelassenem Pedal messen. **Sollwert –X–:** 170 ± 10 mm, nur 1,4-l-Motor: 155 ± 10 mm.

Achtung: Es darf kein zusätzlicher Bodenteppich unter dem Pedal liegen, sonst ist der Pedalweg zu klein.

1,4-l-Motor:

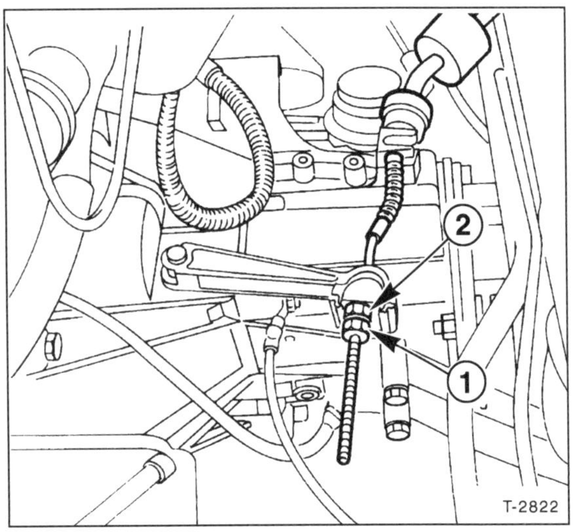

1,6-/1,8-l-Motoren, Dieselmotor:

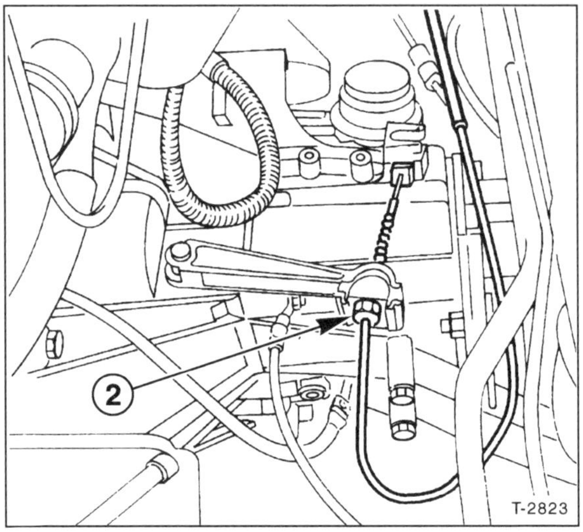

- Zum Einstellen, wo vorhanden, Kontermutter –1– (siehe Abb. T-2822) am Gewindestück vom Kupplungsseilzug im Motorraum lösen. Einstellmutter –2– am Kupplungszug verdrehen, bis der Sollwert erreicht wird.
- Wo vorhanden, Einstellschraube mit Kontermutter kontern.

Ausrücklager aus- und einbauen

Das Ausrücklager ist immer dann auszuwechseln, wenn beim Auskuppeln Geräusche entstehen oder wenn das Lager schwergängig ist. Bei hoher Laufleistung des Fahrzeugs ist es empfehlenswert, das Lager vorsorglich immer zusammen mit der Kupplung auszuwechseln.

Ausbau

- Getriebe ausbauen, siehe Seite 131.

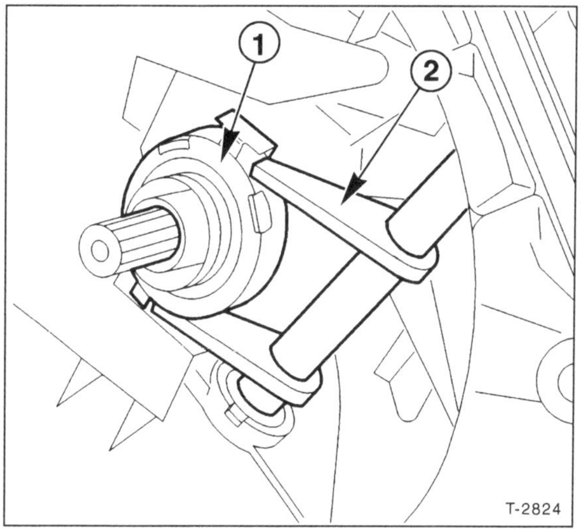

T-2824

- Ausrücklager –1– aus der Ausrückgabel –2– aushängen und von der Getriebe-Antriebswelle abziehen.

Prüfen

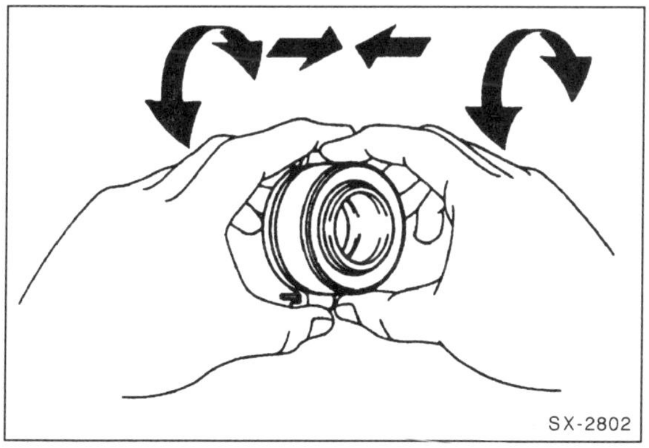
SX-2802

- Ausrücklager zusammendrücken und gleichzeitig drehen. Läuft das Lager rauh, neues Lager einbauen.
- Getriebe-Öldichtring hinter dem Ausrücklager auf Dichtheit sichtprüfen, gegebenenfalls von Fachwerkstatt erneuern lassen.

Einbau

- Sämtliche Lager- und Berührungsflächen mit MoS_2-Fett bestreichen.
- Ausrücklager einsetzen und in Lagergabel einhängen.
- Getriebe einbauen, siehe Seite 131.

Kupplungsbetätigung entlüften

Hydraulische Betätigung (nur 2,0-l-Motor)

Die Kupplungsbetätigung muß entlüftet werden, wenn das Kupplungspedal nicht oder nur verzögert zurückkommt, die Kupplung nicht richtig trennt beziehungsweise wenn das Hydrauliksystem geöffnet wurde.

Da das Hydrauliksystem der Kupplung mit Bremsflüssigkeit arbeitet, sind ebenfalls die entsprechenden Hinweise im Kapitel »Bremsanlage« durchzulesen.

Achtung: Bei dem hier beschriebenen Entlüftungsvorgang ohne Entlüftergerät kann etwas Luft im System bleiben. Erkennbar ist das am Kratzen und nicht richtigen Trennen der Kupplung. In diesem Fall Kupplungshydraulik umgehend in der Werkstatt mit dem Spezialgerät entlüften lassen.

- Bremsflüssigkeitsstand im Vorratsbehälter prüfen, gegebenenfalls auffüllen, siehe Seite 303.

Achtung: Der Flüssigkeitsstand im Vorratsbehälter darf nicht zu weit absinken, immer **neue** Bremsflüssigkeit nachfüllen.

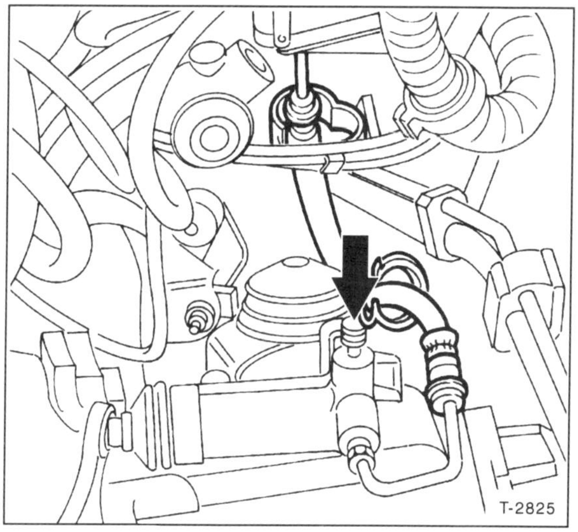
T-2825

- Staubkappe vom Entlüfterschraube –Pfeil– am Nehmerzylinder (oben am Getriebe) abziehen. Durchsichtigen Schlauch auf das Entlüfterventil am Nehmerzylinder aufschieben.
- Entlüfterschraube vorsichtig gangbar machen. Zum Öffnen Ringschlüssel verwenden, damit der Sechskant der Schraube nicht beschädigt wird.
- Freies Schlauchende in ein Gefäß mit Bremsflüssigkeit tauchen, damit beim Entlüftungsvorgang keine Luft angesaugt werden kann.
- Kupplungspedal von Helfer ca. 10mal bis zum Anschlag durchtreten und dann gedrückt festhalten lassen.
- In dieser Stellung Entlüfterschraube –Pfeil– öffnen, Bremsflüssigkeit tritt aus. Wenn keine Luftblasen mehr in der austretenden Bremsflüssigkeit sichtbar sind, Entlüfterschraube zudrehen (verschließen). **Achtung:** Beim Bremsflüssigkeitswechsel solange Bremsflüssigkeit herauspumpen, bis neue Flüssigkeit austritt. Neue Bremsflüssigkeit ist an der helleren Farbe erkennbar.

- Kupplungspedal loslassen und erneut 10mal betätigen, in gedrückter Stellung festhalten und Entlüfterschraube öffnen. Diesen Vorgang so oft wiederholen, bis am Schlauch keine Luftblasen mehr herausgedrückt werden. Dabei stets **neue** Bremsflüssigkeit in den Vorratsbehälter nachfüllen.
- Entlüfterschraube am Nehmerzylinder verschließen. Schlauch abziehen und Staubkappe aufschieben.
- Fahrzeug ablassen.
- Bremsflüssigkeit bis auf MAX.-Stand auffüllen.
- Funktion von Brems- und Kupplungssystem prüfen.

Störungsdiagnose Kupplung

Störung	Ursache	Abhilfe
Kupplung rupft.	Motor- oder Getriebelager defekt.	■ Prüfen, gegebenenfalls auswechseln.
	Getriebe liegt in der Aufhängung nicht fest.	■ Befestigungsschrauben nachziehen.
	Kupplungsseil falsch verlegt.	■ Seilführung kontrollieren, gegebenenfalls in Ordnung bringen.
	Druckplatte trägt ungleichmäßig.	■ Druckplatte auswechseln.
	Kupplungsscheibe kein Originalteil.	■ Original-Kupplungsscheibe einbauen.
	Kupplungsscheibe verschlissen oder verölt.	■ Kupplungsscheibe prüfen.
	Ausrücker drückt einseitig.	■ Ausrückgabel- und -lager überprüfen.
Kupplung rutscht.	Pedalspiel falsch.	■ Kupplung einstellen.
	Ausrückhydraulik klemmt oder ist undicht.*	■ Hydraulik entlüften, Sichtprüfung auf Dichtigkeit durchführen.
	Kupplungsscheibe verschlissen.	■ Dicke der Kupplungsscheibe prüfen, gegebenenfalls auswechseln.
	Spannung der Membranfeder zu gering.	■ Druckplatte auswechseln.
	Belag verhärtet oder verölt.	■ Kupplungsscheibe austauschen.
	Kupplung wurde überhitzt.	■ Originalteil einbauen.
Gänge lassen sich schwer oder gar nicht einlegen (Kupplung trennt nicht richtig).	Pedalspiel falsch.	■ Kupplung einstellen.
	Kupplungsscheibe klemmt auf der Antriebswelle, Kerbverzahnung trocken oder verklebt.	■ Kerbverzahnung reinigen, entgraten, ggf. Rost entfernen und mit MoS_2-Fett schmieren.
	Ausrückhydraulik klemmt oder ist undicht.*	■ Hydraulik entlüften, Sichtprüfung auf Dichtigkeit durchführen.
	Kupplungsscheibe hat Seitenschlag.	■ Kupplungsscheibe prüfen lassen.
	Druckplatte defekt.	■ Druckplatte auswechseln.
Schwergängiges Pedal Ungewöhnliche Geräusche bei betätigtem Pedal.	Pedalachse/Seilzug schwergängig.	■ Teile schmieren oder ersetzen.
	Ausrücklager verschlissen.	■ Ausrücklager auswechseln.
	Lose Teile im Kupplungsgehäuse.	■ Kupplung instandsetzen.
Auf- und abschwellendes Geräusch bei Zug- oder Schubzustand, oder wenn Fahrzeug im ausgekuppeltem Zustand rollt.	Torsionsdämpfer der Kupplungsscheibe schwergängig.	■ Kupplungsscheibe erneuern.
	Nietverbindungen der Kupplung locker.	■ Kupplung ersetzen.
	Unwucht der Kupplung zu groß.	■ Kupplung und Kupplungsscheibe ersetzen.

*) Gilt nur beim Modell mit 2,0-l-Motor, die Kupplungsbetätigung erfolgt hydraulisch, bei den anderen Modellen mit Seilzug.

Getriebe/Schaltung/ Automatikgetriebe

Das Getriebe kann ohne Ausbau des Motors nach unten ausgebaut werden. Ein Ausbau ist dann erforderlich, wenn die Kupplung ausgewechselt werden soll oder wenn das Getriebe erneuert beziehungsweise überholt werden muß. Da es jedoch in keinem Fall anzuraten ist, Reparaturen am Getriebe mit Heimwerkermitteln in Angriff zu nehmen, beschreibe ich lediglich den Ausbau des Aggregates. Zum Ausbau muß das Fahrzeug ausreichend hoch aufgebockt werden. Außerdem ist zum Aufhängen des Antriebsaggregates ein geeigneter Kran erforderlich.

Der FIAT BRAVO/BRAVA ist auch mit Automatikgetriebe erhältlich, siehe Seite 138.

Schaltgetriebe aus- und einbauen

Achtung: Beim **2,0-l-Benzinmotor** muß vor dem Getriebeausbau der Tragrahmen der Vorderachse ausgebaut werden. Dazu müssen zuvor das Gehäuse der Servolenkung, der Querstabilisator und die Querlenker der Vorderachse am Tragrahmen abgebaut werden. Zum Ausbau des Tragrahmens wird ein geeignetes Aufnahmewerkzeug benötigt, damit der Tragrahmen nach Lösen der Befestigungsschrauben nicht nach unten fällt. Es empfiehlt sich daher, diese Arbeit in der Fachwerkstatt durchführen zu lassen.

Ausbau

- Batterie und Batteriekonsole ausbauen, siehe Seite 14.

  Achtung: Beim Abklemmen der Batterie werden elektronische Speicher gelöscht, wie zum Beispiel Motor-Betriebswerte. Hinweise im Kapitel »Batterie aus- und einbauen« beachten.

- Ansaugluftfilter und Luftschlauch zum Drosselklappenstutzen ausbauen, siehe Seite 100.
- Getriebeöl ablassen, siehe Seite 302.
- Alle außer 2,0-l-Motor: Mit Lineal am Ausrückhebel Länge des überstehenden Gewindes bis zur Kontermutter messen und notieren. Dadurch kann das neue Kupplungsseil auf die zuvor ermittelte Länge voreingestellt werden. Kupplungszug am Getriebe abschrauben, Seil am Ausrückhebel und Widerlager am Getriebe aushängen.

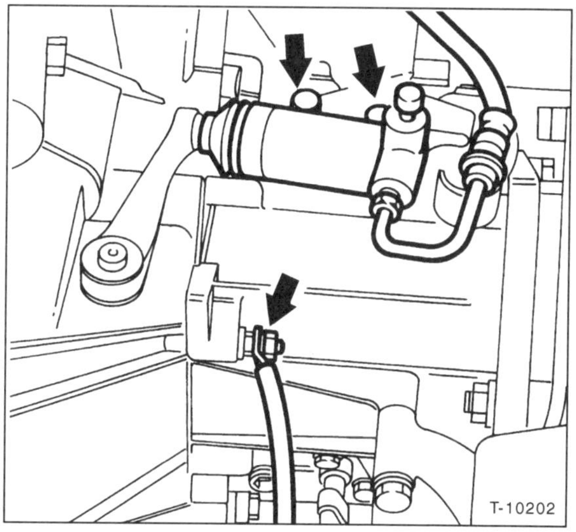

- 2,0-l-Motor: Kupplungs-Nehmerzylinder der hydraulischen Kupplungsbetätigung abschrauben –2 obere Pfeile–. Getriebe-Massekabel abschrauben –unterer Pfeil–.
- Kabel für Rückfahrscheinwerfer an Getriebe-Vorderseite abziehen.
- Falls vorhanden, Tachowelle am Getriebe abschrauben. Andernfalls Stecker für elektronischen Geber am Getriebe abziehen.

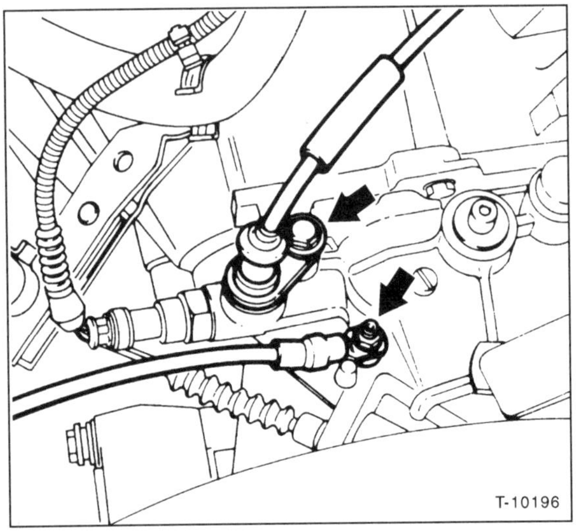

- Massekabel an der Getriebe-Oberseite abschrauben –Pfeil unten–.
- 1,4-l-Motor: Kabel für Einrücksperre Rückwärtsgang am Getriebe abschrauben –Pfeil oben–.

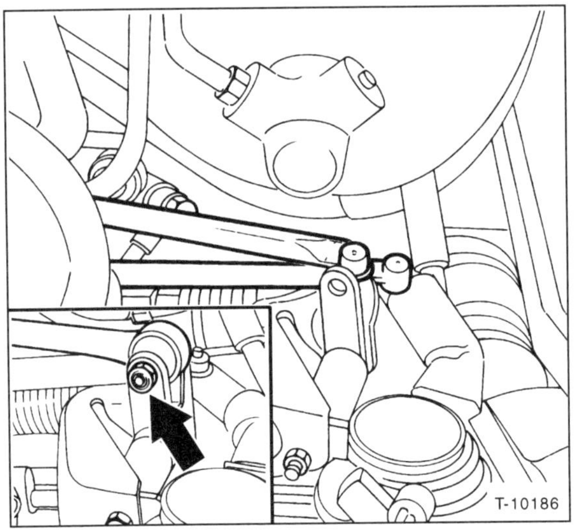

- 2 Schaltstangen und Gegenstange am Getriebehebel abschrauben –Pfeil–. Beim 1,4-l-Motor ist nur 1 Schaltstange vorhanden.

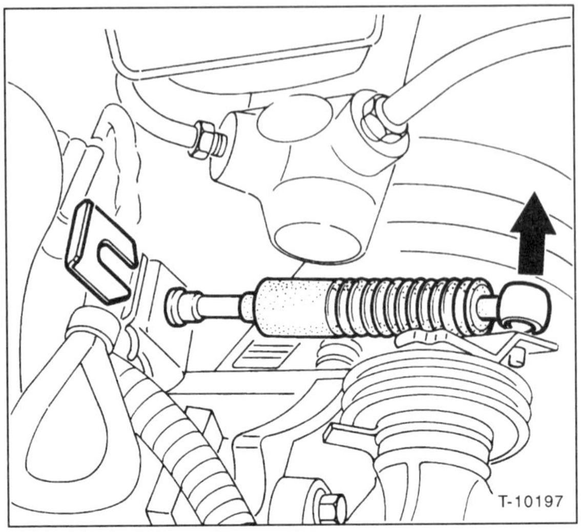

- 1,4-l-Motor: Gangschaltzug am Kugelkopf des Getriebehebels mit Schraubendreher abhebeln –Pfeil–. Haltegabel am Gegenlager nach oben abziehen.

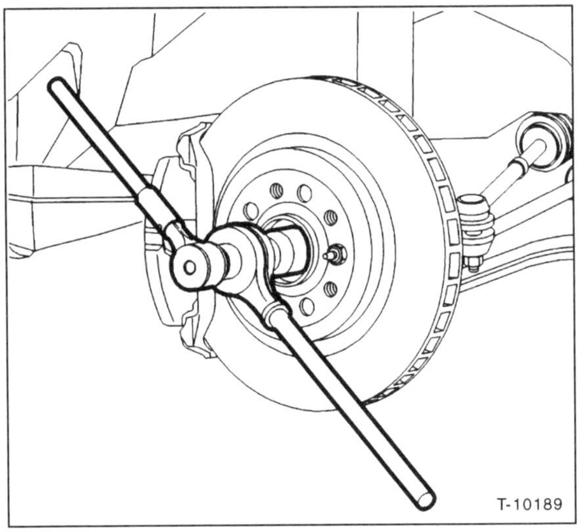

- Nabenmutter an der linken und rechten Achswelle lösen, dabei soll das Fahrzeug auf dem Boden stehen. **Achtung:** Hohes Drehmoment, stabiles Werkzeug verwenden. Von Helfer beim Lösen Fußbremse treten lassen.
- Stellung der Vorderräder zur Radnabe mit Farbe kennzeichnen. Dadurch kann das ausgewuchtete Rad wieder in derselben Position montiert werden. Radschrauben lösen, dabei muß das Fahrzeug auf dem Boden stehen. Fahrzeug vorn aufbocken und Vorderräder abnehmen.

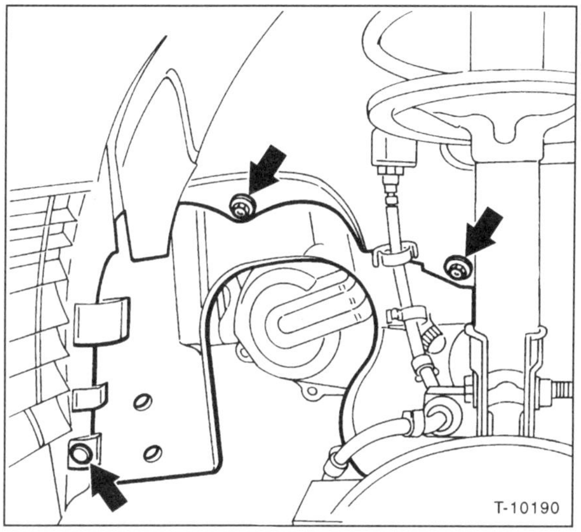

- Auf beiden Fahrzeugseiten Verkleidung im Radkasten abschrauben und ausclipsen –Pfeile–. Zum Entfernen der Verkleidung muß auch der Anschluß des Bremsbelag-Verschleißfühlers abgezogen werden.
- Anlasser ausbauen, siehe Seite 261.
- Lüftermotor mit Halterung ausbauen, siehe Seite 77.
- Vorderes Abgasrohr am Krümmer beziehungsweise Turbolader abschrauben, siehe Seite 121.

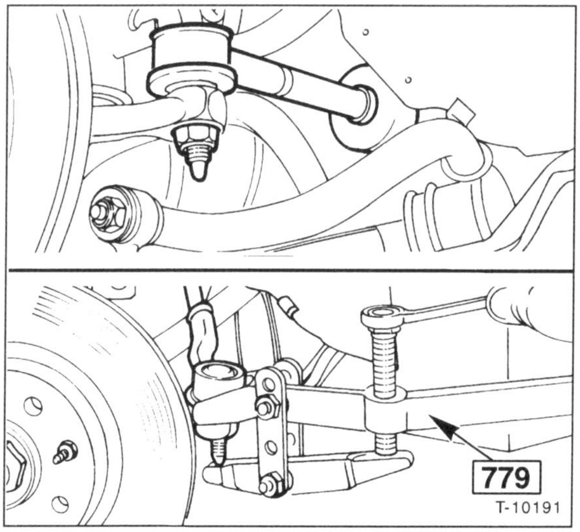

- Auf beiden Fahrzeugseiten Muttern abschrauben und Spurstangenköpfe mit handelsüblichem Ausdrücker, zum Beispiel HAZET 779, ausdrücken.

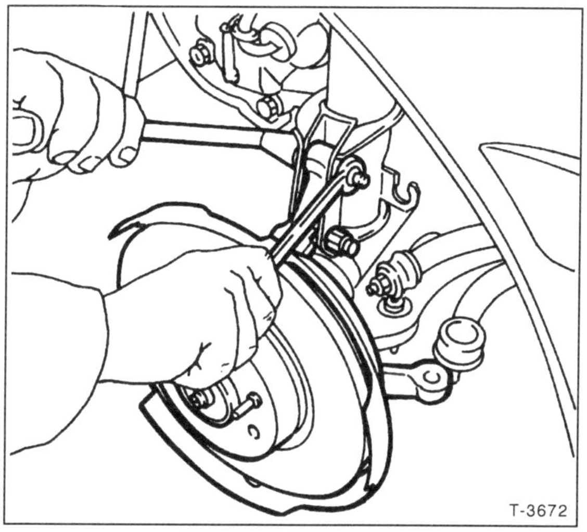

- Federbein auf beiden Fahrzeugseiten am Achsschenkel abschrauben. Bremsschlauch und Kabel für ABS-Drehzahlfühler aus den Federbein-Haltern herausnehmen.
- Gelenkwellen aus den Radnaben ziehen. Dazu Gelenkwelle festhalten, Achsschenkel mit der anderen Hand nach außen drücken. Sitzt die Gelenkwelle fest in ihrer Verzahnung, handelsüblichen Ausdrücker verwenden.

Achtung: Damit die Gelenkwellen nicht zu stark abgewinkelt werden, diese mit Draht an der Motor-/Getriebeeinheit aufhängen.

- 1,8- und 2,0-l-Motor sowie Diesel: Linke und rechte Gelenkwelle am Flansch der Zwischenwelle abschrauben und abnehmen. Anschließend Zwischenwelle ausbauen, siehe Seite 152.

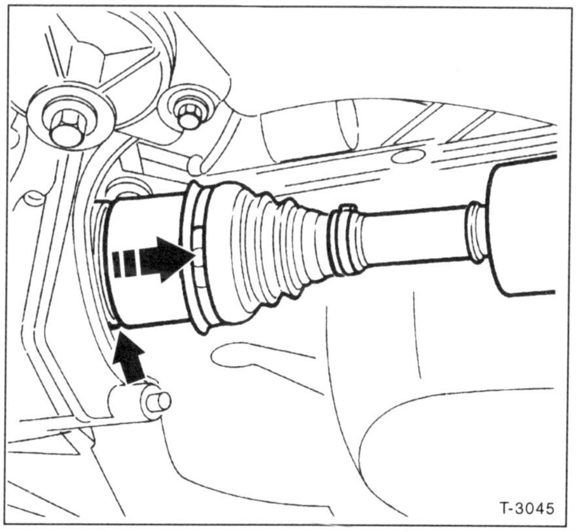

- 1,4-l-Motor: Rechte und linke Gelenkwelle aus dem Getriebe mit breitem Schraubendreher abhebeln und abnehmen. Der Schraubendreher wird an der Aussparung angesetzt –Pfeil–.

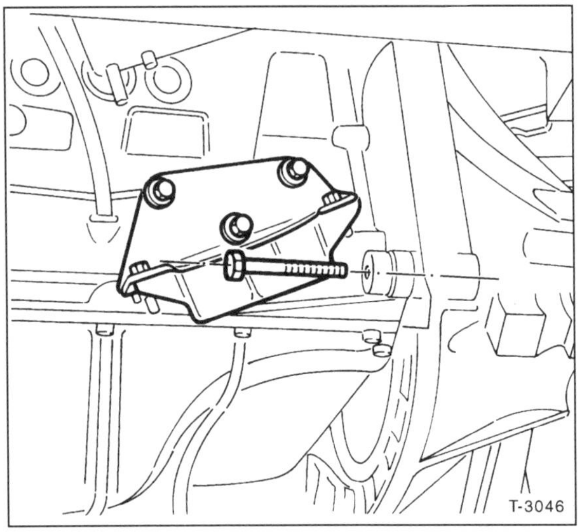

- Alle außer 1,6-l-Motor: Haltebügel für vorderes Abgasrohr abschrauben, damit die vordere Flanschschraube Motor/Getriebe erreicht wird. Schraube abschrauben, siehe Abbildung.

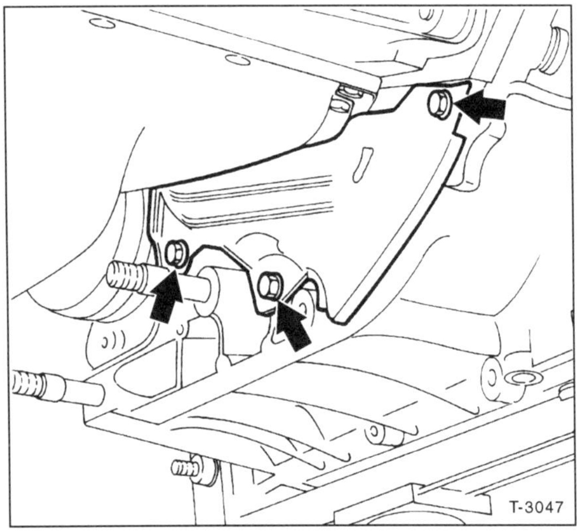

- 1,4-/1,6-l-Motor: Kupplungs-Abdeckblech abschrauben.

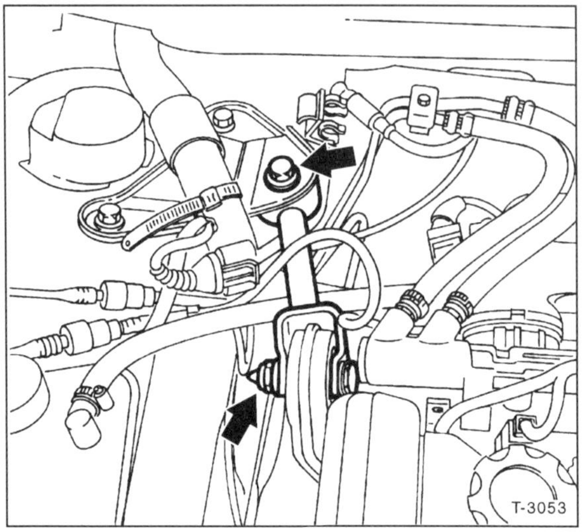

- 1,8-l-Motor: Obere Motorstütze abschrauben –Pfeile–.

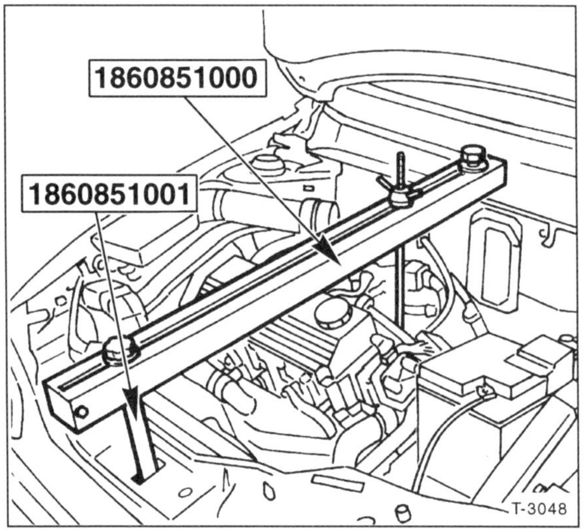

- Motor anseilen. Dazu geeignetes Seil oder eine Kette am Motor oberhalb des Getriebeflansches einhängen. Beim 1,4-l-Motor wird der Haken am Ansaugrohr eingehängt, bei den anderen Motoren wird eine Öse am Thermostatgehäuse angeschraubt, wo der Haken eingehängt wird. Die FIAT-Werkstatt setzt einen Heber mit Spezial-Aufnahmewerkzeugen ein, siehe Abbildung. Der FIAT-Heber stützt sich am Haubenschloß und am Windlauf ab, vorher Abdeckung ausbauen. Steht die Aufhängevorrichtung nicht zur Verfügung, geeignete Stange auf Böcken lagern und Motor mit Seil vorspannen, das heißt etwas anheben, damit die Motorlager entlastet sind.

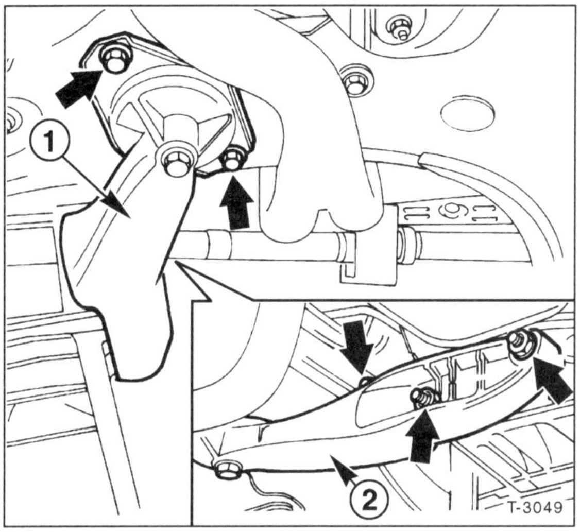

- Das mittlere Motor/Getriebelager –1– am Unterboden abschrauben. Motor mit Kran etwas ablassen und Halter –2– des Motor/Getriebelagers am Motor abschrauben –Pfeile Bildausschnitt–.

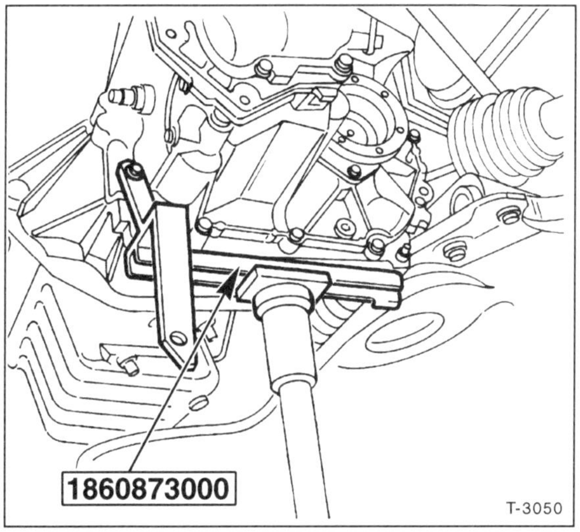

- Getriebeaufnahme von FIAT anschrauben, siehe Abbildung. Getriebe mit Hydraulik-Wagenheber unterstützen und leicht ablassen. Steht die Getriebeaufnahme nicht zur Verfügung, zwischen Getriebe und Wagenheber Holz zwischenlegen. Beim Lösen der Flanschschrauben darauf achten, daß das Getriebe nicht herunterfällt.

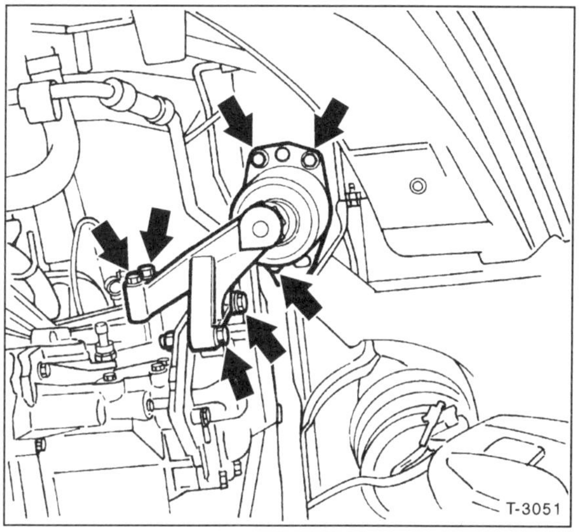

- Motor/Getriebelager links (Getriebeseite) abschrauben –Pfeile–. Motor/Getriebelager auch am Getriebe abschrauben und komplett herausnehmen.
- Motor/Getriebeeinheit etwas ablassen.

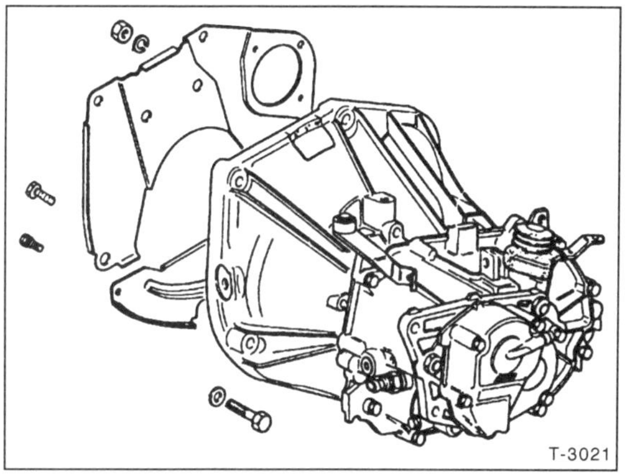

- Alle Verbindungsschrauben Motor/Getriebe herausdrehen. Ausgebaute Schrauben so ablegen, daß sie an gleicher Stelle wieder eingebaut werden können. Die Abbildung zeigt das Getriebe der 1,4-/1,6-l-Motoren.
- Getriebe leicht anheben und mit Montierhebel vom Motor abdrücken. Getriebe vorsichtig ablassen und herausheben.

Einbau

- Vor dem Einbau Kupplung prüfen, siehe Seite 125.
- Kupplungsausrücklager auf leichten Lauf prüfen. Sind vor dem Ausbau Laufgeräusche des Ausrücklagers beim Auskuppeln aufgetreten, Lager auswechseln, siehe Seite 129.

- Keilverzahnung der Getriebeantriebswelle reinigen und dünn mit MoS_2-Fett, zum Beispiel MOLYKOTE BR 2, einfetten. Nicht zuviel Fett verwenden, sonst kann es auf die Kupplungsreibflächen geschleudert werden, wo es zu Kupplungsstörungen führt. Die benötigte Fettmenge entspricht etwa der Größe eines Maiskorns.
- Prüfen, ob die Paßhülsen zur Zentrierung von Motor/Getriebe im Motorblock vorhanden sind, gegebenenfalls einsetzen.
- Getriebe anheben und waagerecht in die Kupplung einfahren. Falls beim Einsetzen die Getriebe-Antriebswelle nicht in die Kupplungsscheibe einrastet, bei eingelegtem Gang Antriebswelle seitlich am Flansch für die Gelenkwelle mit der Hand entsprechend verdrehen.
- Verbindungsschrauben Motor/Getriebe einsetzen und abwechselnd mit dem richtigen Anzugsdrehmoment festziehen. **Achtung:** Das Anzugsdrehmoment der Schrauben richtet sich nach dem Gewindeaußendurchmesser.

  Drehmoment für Schrauben M12 (∅ 12 mm): 80 Nm;
  für Schrauben M10: 35 Nm;
  für Schrauben M8: 25 Nm.
- Alle außer 1,6-l-Motor: Halterung für vorderes Abgasrohr anschrauben, siehe Abbildung T-3046 unter »Ausbau«.
- 1,4-/1,6-l-Motor: Kupplungs-Abdeckblech anschrauben.

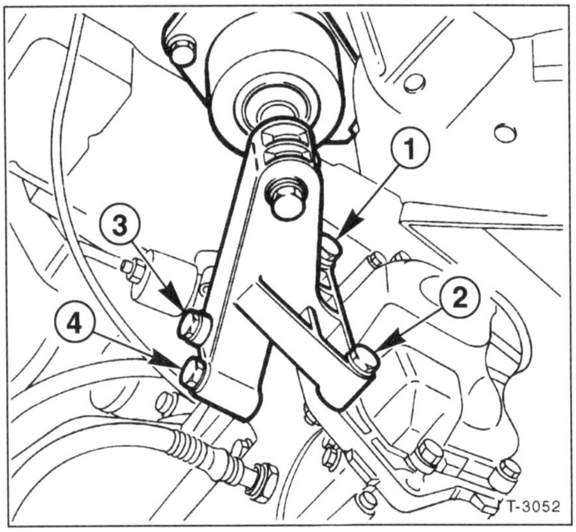

- Alle außer 1,4-l-Motor: Motor/Getriebelager links (Getriebeseite) am Getriebe in Reihenfolge von –1– bis –4– anschrauben, sonst können Ölundichtigkeiten entstehen: Schrauben –1– und –2– mit **5 Nm**, also leicht, festziehen. Dann Schrauben –3– und –4– mit **5 Nm** festziehen. Anschließend Schrauben –3– und –4–, dann –1– und –2– mit **40 Nm** festziehen.
- Linkes und mittleres Motorlager handfest anschrauben, noch nicht festziehen.
- Motor durch Schüttelbewegungen spannungsfrei einrichten. Anschließend Befestigungsmuttern für alle Motorlager festziehen. Das Drehmoment der Muttern richtet sich nach dem jeweiligen Gewindedurchmesser: M 8-Gewinde: **40 Nm**, M 10-Gewinde: **50 Nm**, M 12-Gewinde: **90 Nm**.
- Motor-Haltevorrichtung entfernen.
- Anlasser einbauen, siehe Seite 261.
- Wo vorhanden, rechte Zwischenwelle einbauen. Beide Gelenkwellen am Getriebe anbauen, siehe Seite 146.
- Federbein mit **neuen** selbstsichernden Muttern am Achsschenkel anschrauben, siehe Seite 140.
- Kabel für Bremsen-Verschließfühler in den Halterungen am Federbein verlegen.
- Spurstangenköpfe am Achsschenkel anschrauben, siehe Seite 162.
- Schaltstangen mit neuen Muttern und **15 Nm** anschrauben. Beim 1,4-l-Motor Schaltzug am Getriebe einclipsen, Gegenlager mit Sicherungsklammer arretieren.
- Vorderes Abgasrohr einbauen, siehe Seite 121.
- Lüftermotor einbauen, siehe Seite 77.
- Innenverkleidung in Radhaus einsetzen und mit Clips und Schrauben befestigen.
- Vorderräder so ansetzen, daß die beim Ausbau angebrachten Markierungen übereinstimmen. Vorher Zentriersitz der Felge und Kegelfläche der Radschrauben mit Wälzlagerfett leicht einfetten. Gewinde der Radschrauben **nicht** fetten oder ölen. Räder anschrauben. Fahrzeug ablassen und Radschrauben über Kreuz mit **90 Nm** festziehen.
- Gang einlegen, Handbremse ziehen, Fußbremse treten. Dann Nabenmutter anschrauben und den Bund mit der Gelenkwelle verstemmen, siehe Seite 146.
- Kabelstecker für Rückfahrscheinwerfer am Getriebe aufstecken, Massekabel am Getriebe anschrauben.
- Kabel für elektronischen Tacho zusammenstecken. Wo vorhanden, Tachowelle einsetzen und Überwurfmutter am Getriebe anschrauben.
- Kabel für Einrücksperre Rückwärtsgang am Getriebe anschrauben, siehe Abbildung T-10196 unter »Ausbau«.
- Kupplungszug einhängen, einstellen siehe Seite 128.
- 2,0-l-Motor: Kupplungs-Nehmerzylinder der hydraulischen Kupplungsbetätigung anschrauben.
- Luftfilter/Ansaugschläuche einbauen, siehe Seite 100.
- Batteriekonsole einsetzen und anschrauben, siehe Seite 14.
- Relaiskasten an Batteriekonsole mit 2 Muttern anschrauben. Deckel auf Relaiskasten setzen und mit 1 Schraube befestigen.
- Batterie einsetzen und anschrauben. Zuerst Pluskabel (+), dann Massekabel (–) an die Batterie anklemmen. Vorhandene Zeituhr einstellen und Diebstahlcode für Radio eingeben.
- Getriebeöl auffüllen, siehe Kapitel »Wartung«.

Getriebe-Schaltgestänge

1,4-l-Motor:

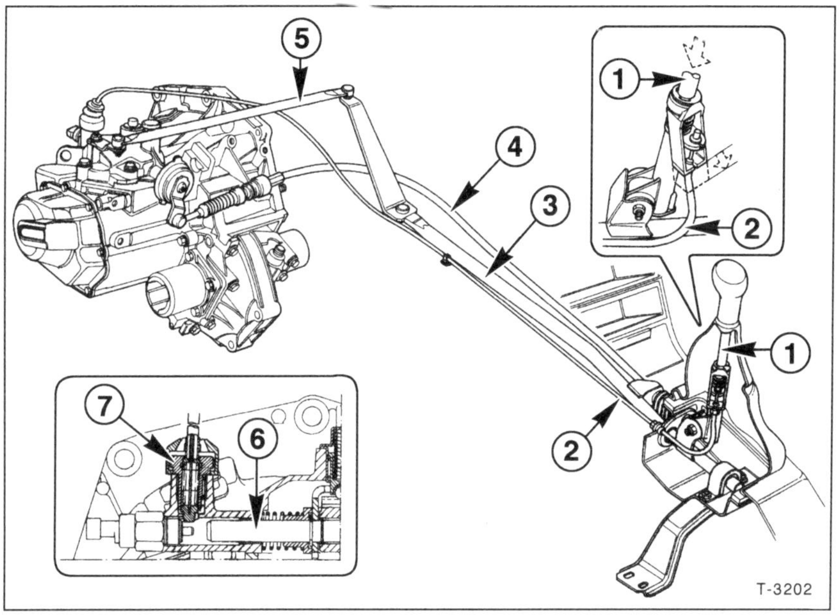

1 – Verschiebbarer Schalthebel
2 – Kabelzug der Rückwärtsgangsperre
3 – Gangwahlstange
4 – Gangschaltzug
5 – Umlenkgestänge
6 – Gangwähl- und -schaltwelle
7 – Rückwärtsgangsperre

Motoren ab 1,6 l:

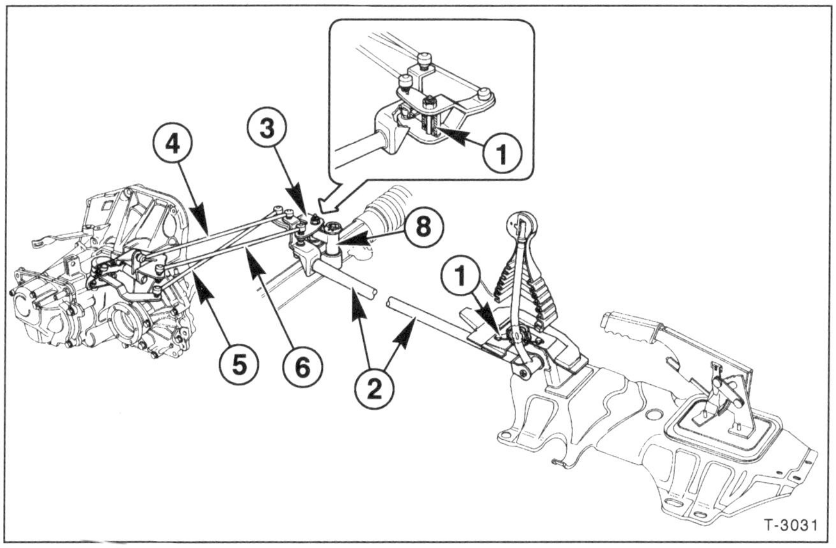

1 – Schalthebel-Stützlager
2 – Schaltstange
3 – Umlenkgestänge
4 – Gangwahlstange
5 – Gangschaltstange
6 – Gegenstange
7 – Lager
8 – Haltebolzen

Beim Einlegen eines Ganges wird zwischen der Querbewegung (Wählbewegung) in der Leerlaufposition und der eigentlichen Schaltbewegung unterschieden. Beide Bewegungen werden über eine Stange auf die Umlenkhebel am Getriebe übertragen.

Beim 1,4-l-Motor wird die Schaltbewegung über einen Kabelzug auf das Getriebe übertragen. Eine Sperre verhindert das versehentliche Einlegen des Rückwärtsgangs. Um die Rückwärtsgangsperre zu überwinden, muß der Schalthebel nach unten gedrückt werden. Diese Bewegung wird über einen weiteren Kabelzug auf das Getriebe übertragen und löst dort die Sperre.

Ein Einstellen der Schaltung ist nicht möglich. Bei merklichem Spiel entsprechende Neuteile einbauen.

Automatisches Getriebe

Der FIAT BRAVO/BRAVA wird auf Wunsch mit einer Getriebevollautomatik ausgestattet. Das automatische Getriebe hat 4 Vorwärtsgänge, die automatisch geschaltet werden. Die Schaltpunkte des Automatikgetriebes werden elektronisch-hydraulisch gesteuert. Das heißt, die Getriebehydraulik wird über ein elektronisches Steuergerät (Einbauort: unter der Rücksitzbank) gesteuert, das in Abhängigkeit von Geschwindigkeit und Lastzustand des Motors die richtigen Schaltpunkte auswählt. Das Getriebe-Steuergerät ist daher mit dem Motor-Steuergerät verbunden.

Die Kraftübertragung zwischen Motor und Getriebe erfolgt hydraulisch über einen Drehmomentwandler. Im 3. und 4. Gang wird bei hoher Motordrehzahl der Wandler automatisch durch eine mechanische Sperre überbrückt, um den Schlupf im Wandler auszuschalten. Dies erhöht die Übersetzung des Getriebes und führt zu niedrigerem Kraftstoffverbrauch vor allem bei Autobahnfahrten.

Spezielle Programme für sportliches Fahren oder für glatte Fahrbahn können durch die Druckschalter »Sport« beziehungsweise »ICE« an der Mittelkonsole abgerufen werden. Durch Vollgas geben wird ein Kickdown-Schalter am Gaspedal eingeschaltet, das Getriebe schaltet dann in den niedrigeren Gang, und das höhere Drehmoment kann zum Beschleunigen genutzt werden.

Für die Beurteilung der Funktion der Getriebeautomatik und für die richtige Fehlersuche sind Erfahrung mit automatischen Getrieben und teure Spezialgeräte erforderlich. Daher werden nur das Einstellen des Schaltzugs am Getriebe, sowie der Ölwechsel im Kapitel »Wartung« beschrieben.

Schaltseilzug einstellen

Die gewählte Wählhebelstellung (P-R-N-D-etc.) wird über den Schaltseilzug am Automatikgetriebe eingelegt. Eine Einstellung ist nach Einbau des Getriebes oder Teilen der Schaltung erforderlich.

Einstellung prüfen

- Wählhebel in Position »P« legen.
- Fahrzeug vorn aufbocken.
- Sicherstellen, daß sich der Schaltwellenhebel am Getriebe in der Position »P« befindet. Dazu an den Vorderrädern drehen, bis die Parksperre einrastet (Vorderräder blockieren).
- Blockieren die Vorderräder nicht, Schaltseilzug einstellen.

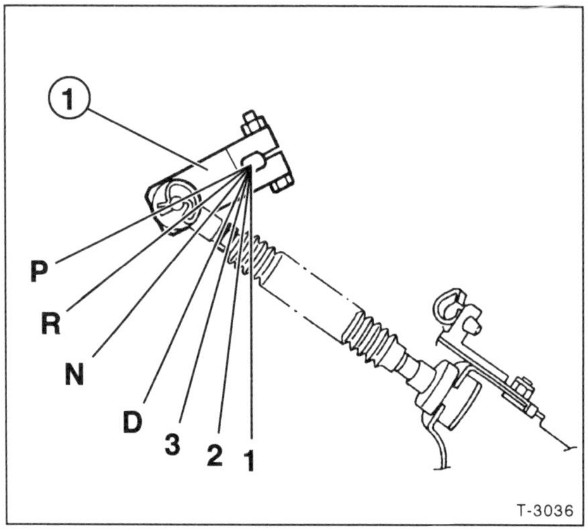

- Im Motorraum Schaltseilzug am Schaltwellenhebel –1– an Getriebeoberseite abbauen, dazu Sicherungsbolzen abziehen.
- Schaltwellenhebel verschieben, bis die Parksperre einrastet, zur Prüfung an den Vorderrädern drehen.
- Wählhebel auf Stellung »P« stellen.
- In dieser Stellung müssen die Bohrungen im Schaltwellenhebel und Kopf des Schaltseilzugs übereinanderstehen und sich der Sicherungsbolzen leicht einsetzen lassen, sonst Seilzug in der Länge verstellen.
- Zur Verstellung Gummibalg am Seilzug zurückschieben und Kopf des Schaltseilzugs am Gewinde soweit heraus- beziehungsweise hereinschrauben, bis die Bohrungen von Schaltwelle und Seilzug fluchten und sich der Sicherungsbolzen leicht einsetzen läßt. Vorher Kontermutter lockern, nach der Einstellung Kontermutter festziehen.
- Sicherungsbolzen einsetzen und durch Einrasten sichern; Gummibalg aufschieben.
- Fahrzeug ablassen.

Vorderachse

An der Vorderachse werden 2 McPherson-Federbeine –1– verwendet, die jeweils aus einer Schraubenfeder und einem integrierten Hydraulik-Stoßdämpfer bestehen. Die Federbeine sind mit der Karosserie und den Achsschenkeln –2– verschraubt. Die seitliche Führung erfolgt durch Querlenker –3–, die mit dem jeweiligen Achsschenkel über ein Kugelgelenk verbunden sind. Die Querlenker sind über Gummilager mit dem vorderen Querträger –4– verschraubt.

Ein Querstabilisator –5– verbindet über zwei Gummilager die beiden Querlenker. Der Stabilisator ist am Vorderachs-Querträger ebenfalls durch Gummilager befestigt. Durch den Stabilisator vermindert sich die Karosserieneigung bei Kurvenfahrt.

Die Antriebskraft des Frontmotors wird über zwei Gelenkwellen mit je zwei Gleichlaufgelenken auf die Vorderräder übertragen.

Die Vorderradlager sind nicht zerlegbar und müssen nach jedem Ausbau komplett ersetzt werden.

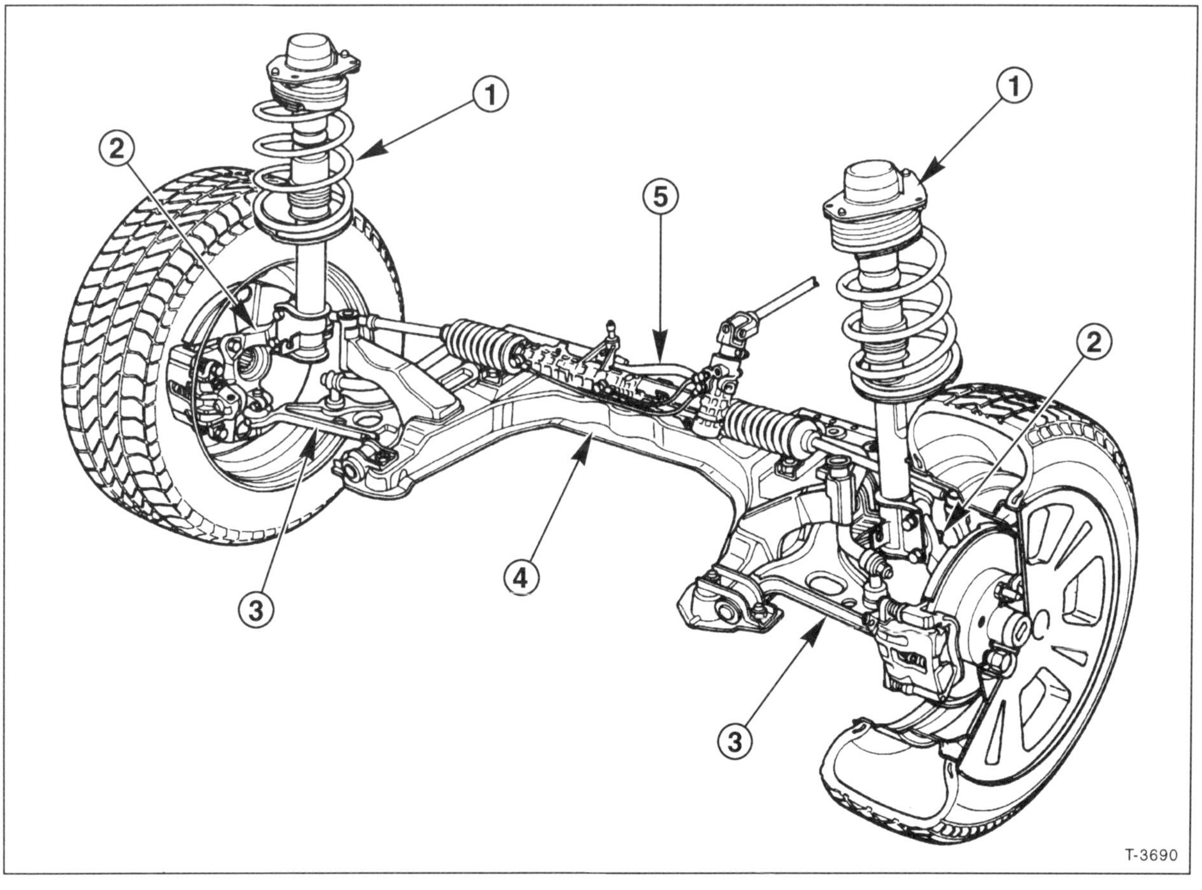

Federbein aus- und einbauen

Ausbau

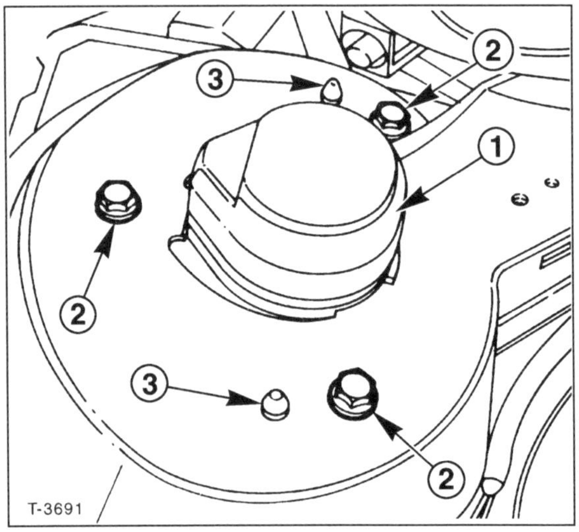

- Abdeckkappe –1– für Federbeinmutter im Motorraum abziehen.
- Falls das Federbein nach dem Ausbau zerlegt wird, obere Befestigungsmutter für Federbein mit einem tiefgekröpften Ringschlüssel, SW18, lösen. Dabei Kolbenstange mit Innensechskantschlüssel, SW 6, gegenhalten, damit sich die Kolbenstange nicht mitdrehen kann. **Achtung:** Dabei muß das Fahrzeug auf dem Boden stehen.
- Stellung des Vorderrades zur Radnabe mit Farbe kennzeichnen. Dadurch kann das ausgewuchtete Rad wieder in derselben Position montiert werden. Radschrauben lösen, dabei muß das Fahrzeug auf dem Boden stehen. Fahrzeug vorn aufbocken und Vorderräder abnehmen.
- Obere Befestigungsschrauben –2– für Federbein herausdrehen.

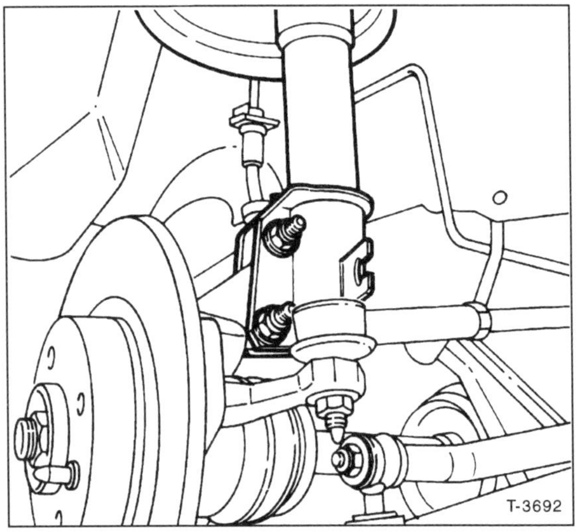

- Untere Befestigungsschrauben für Federbein am Achsschenkel abschrauben.
- Federbein nach unten herausnehmen, dabei die beiden Befestigungszapfen –3– durch die Bohrungen im Federbeindom drücken.

Einbau

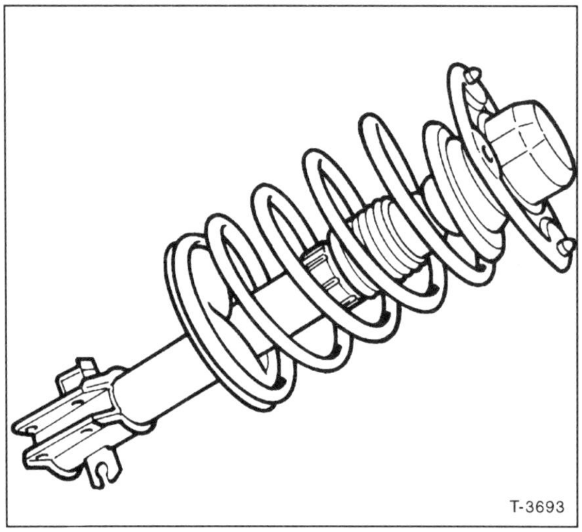

- Federbein von unten einsetzen und die beiden Befestigungszapfen am Federbeindom einrasten.
- Federbein am Dom mit **30 Nm** anschrauben.
- Untere Befestigungsschrauben für Federbein am Achsschenkel anschrauben. Anzugsdrehmoment M10-Schrauben: **70 Nm**; M12-Schrauben: **100 Nm.**
- Abdeckkappe für Federbeinmutter im Motorraum aufdrücken.
- Vorderrad so ansetzen, daß die beim Ausbau angebrachten Markierungen übereinstimmen. Vorher Zentriersitz der Felge an der Radnabe sowie die Kegelfläche der Radschrauben mit Wälzlagerfett leicht einfetten. Gewinde der Radschrauben **nicht** fetten oder ölen. Räder anschrauben. Fahrzeug ablassen und Radschrauben über Kreuz mit **90 Nm** festziehen.
- Freigängigkeit von Bremsschlauch und ABS-Sensorleitung prüfen. Dazu durch Hilfsperson die Vorderräder bis zum Anschlag nach links und rechts einschlagen lassen.

Federbein zerlegen/Stoßdämpfer/ Schraubenfeder aus- und einbauen

Einzelteile des Federbeins

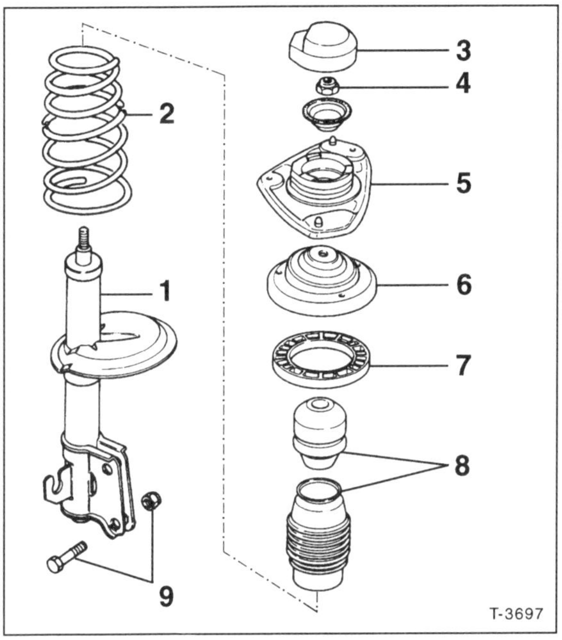

1 – Stoßdämpfer
2 – Schraubenfeder
3 – Abdeckkappe
4 – Befestigungsmutter, **100 Nm**
5 – Stützlager
6 – Abstandsstück
7 – Gummianschlag
8 – Schutzhülle und Endanschlag
9 – Schraube und Mutter für untere Befestigung, **70 Nm**

Ausbau

- Federbein ausbauen, siehe Seite 140.

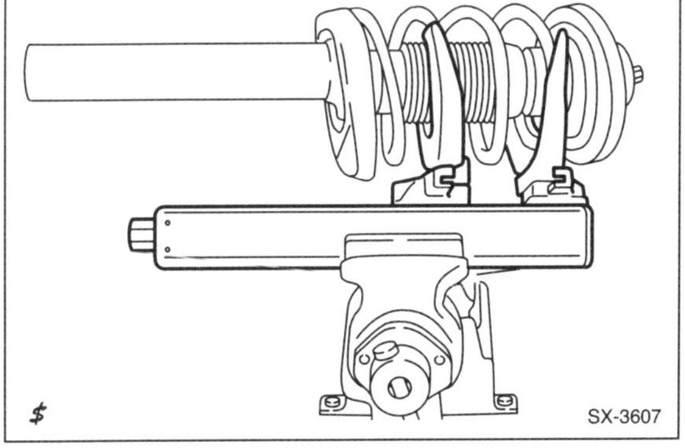

- Um den Stoßdämpfer ausbauen zu können, muß die Schraubenfeder gespannt werden. Schraubenfeder mit geeigneter, handelsüblicher Spannvorrichtung spannen. Zum Schutz der Federoberfläche Kunststoffunterlage verwenden. **Achtung: Auf keinen Fall Stoßdämpfer lösen, wenn die Feder nicht gespannt ist.**

Achtung: Federspanner so in die Windungen der Feder einsetzen, daß die Federwindungen sicher umfaßt werden und der Federspanner nicht abrutschen kann. Die Schraubenfeder steht unter großer Vorspannung, deshalb nur stabiles Werkzeug verwenden. Keinesfalls Feder mit Draht zusammenbinden. Unfallgefahr!

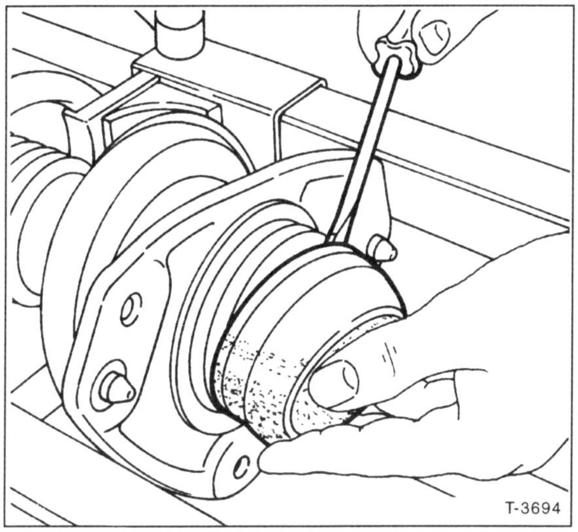

- Schutzmanschette mit Schraubendreher abdrücken.

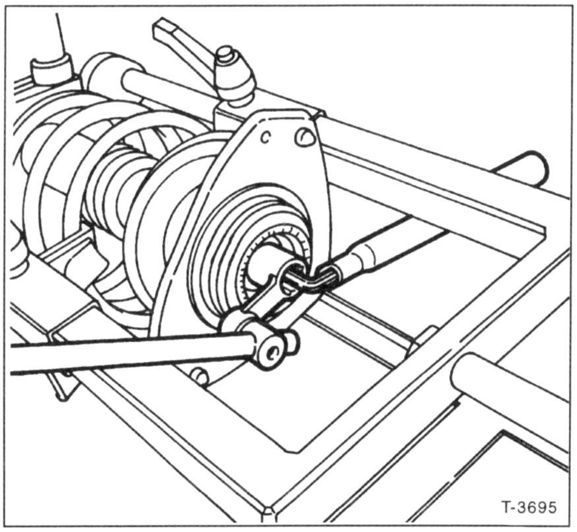

- Befestigungsmutter für Stützlager abschrauben. Dabei Kolbenstange mit Innensechskantschlüssel, SW6, gegenhalten.
- Federscheibe und Abstandstück von der Kolbenstange abnehmen.
- Stützlager und oberen Federteller abnehmen.
- Stoßdämpfer aus der Schraubenfeder herausnehmen.
- Falls die Feder ausgewechselt werden soll, Feder langsam entspannen und abnehmen. Soll dagegen nur der Stoßdämpfer ersetzt werden, bleibt die Feder gespannt und der Stoßdämpfer wird aus der Feder herausgenommen.
- Falls vorhanden, Staubmanschette abnehmen.

- Gummipuffer von der Kolbenstange abziehen.

Einbau

- Vor dem Einbau, Stoßdämpfer prüfen, siehe Seite 142.
- Falls erforderlich, neue Schraubenfeder spannen. **Achtung:** Beim Nachkauf einer Feder beachten, daß je nach Modell Federn unterschiedlicher Stärke eingebaut sind. Schraubenfedern sind in 2 Klassen eingeteilt, die durch einen gelben oder grünen Farbstrich auf der Hauptfederwindung unterschieden werden können. Nur Schraubenfedern gleicher Klassifizierung verwenden.
- Anschlagpuffer über die Kolbenstange schieben.
- Falls vorhanden, Staubmanschette aufsetzen.
- Stoßdämpfer durch die Feder schieben. Darauf achten, daß die Schraubenfeder an der Einprägung der unteren Federauflage richtig anliegt.
- Oberen Federteller so ansetzen, daß das Ende der Feder an der Einprägung des Federtellers richtig anliegt.
- Stützlager aufschieben. Abstandhülse und Unterlegscheibe einsetzen. Mutter handfest anschrauben, dabei Kolbenstange mit Innensechskantschlüssel gegenhalten. **Achtung:** Vor dem Festziehen der Mutter prüfen, ob das Lager korrekt auf der Kolbenstange sitzt.

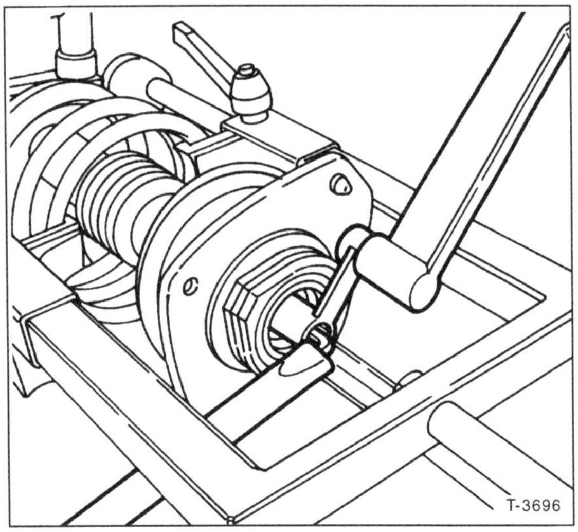

- Flanschmutter für obere Stoßdämpferbefestigung mit **100 Nm** festziehen. Dabei Kolbenstange mit 6 mm Innensechskantschlüssel gegenhalten.
- Schraubenfeder langsam entspannen. Dabei sicherstellen, daß die Enden der Feder und die Lager korrekt im Formteil der Federauflagen sitzen.
- Federbein einbauen, siehe Seite 140.

Stoßdämpfer prüfen/verschrotten

Folgende Fahreigenschaften weisen auf defekte Stoßdämpfer hin:

- Langes Nachschwingen der Karosserie bei Bodenunebenheiten.
- Aufschaukeln der Karosserie bei aufeinander folgenden Bodenunebenheiten.
- Springen der Räder auch auf normaler Fahrbahn.
- Ausbrechen des Fahrzeuges beim Bremsen (kann auch andere Ursachen haben).
- Kurvenunsicherheit durch mangelnde Spurhaltung, Schleudern des Fahrzeuges.
- Poltergeräusche während der Fahrt.
- Abnorme Reifenabnutzung mit Abflachungen (Auswaschungen) am Reifenprofil.

Der Stoßdämpfer kann von Hand geprüft werden. Eine genaue Überprüfung der Stoßdämpferleistung ist jedoch nur mit einem Shock-Tester (Stoßdämpfer eingebaut) oder einer Stoßdämpfer-Prüfmaschine möglich.

Prüfung von Hand

- Stoßdämpfer ausbauen.

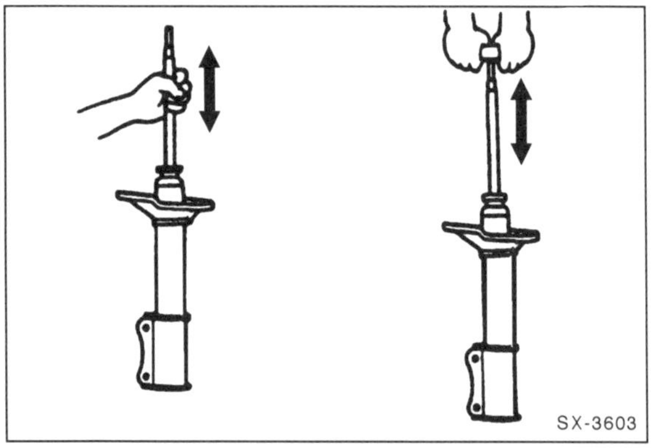

- Stoßdämpfer in Einbaulage halten, Stoßdämpfer mindestens 3mal auseinanderziehen und zusammendrücken. Der Stoßdämpfer muß sich dabei über den gesamten Hub gleichmäßig schwer und ruckfrei bewegen lassen, außerdem dürfen keine ungewöhnlichen Geräusche auftreten.
- Die Kolbenstange vollständig einschieben und dann loslassen. Die Kolbenstange muß sich mit gleichmäßiger Geschwindigkeit wieder herausschieben.
- Bei einwandfreier Funktion sind geringe Spuren von Stoßdämpferöl kein Grund zum Austausch.
- Bei starkem Ölverlust Stoßdämpfer austauschen.
- Stoßdämpfer einbauen.

Stoßdämpfer verschrotten

- Stoßdämpfer sind mit Öl gefüllt. Daher nicht in den Hausmüll geben, sondern beim Rohstoffhandel oder bei der Sondermüllsammelstelle abgeben.

- In der Werkstatt werden die Stoßdämpfer vor der Verschrottung wie folgt entleert.

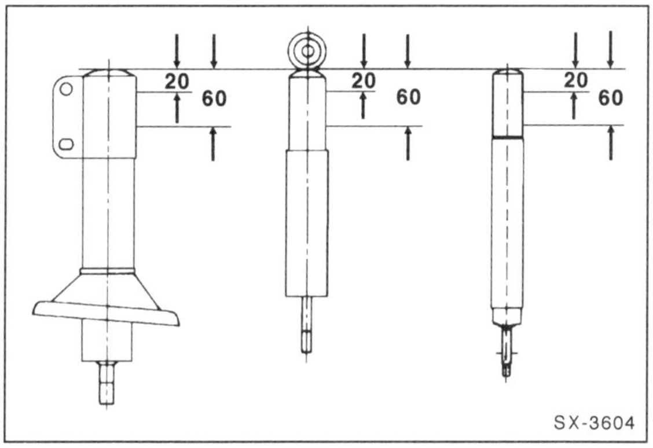

- Stoßdämpfer senkrecht mit der Kolbenstange nach unten in den Schraubstock spannen.
- Etwa 20 mm unterhalb des Bodens das Dämpferrohr mit einem Bohrer, ∅ = 3 mm, anbohren, um das Gas entweichen zu lassen. Das entweichende Gas ist farblos, geruchlos und ungiftig.
- Etwa 60 mm unterhalb des Bodens ein weiteres Loch mit ∅ = 5 mm für das Öl bohren.
- Durch mehrmaliges Auf- und Abbewegen der Kolbenstange das Dämpferöl herauspumpen und auffangen.

Achtung: Altöl nicht einfach wegschütten oder in den Hausmüll geben. Stoßdämpferöl ist Mineralöl und kann laut Abfallgesetz zusammen mit Motorenöl entsorgt werden.

Stabilisator aus- und einbauen

Ausbau

- Fahrzeug vorn aufbocken.

- Verbindungsstange –1– für Stabilisator –2– am Querlenker –3– abschrauben.

Achtung: Reihenfolge und Einbaulage der Unterlegscheiben und Gummilager notieren, damit sie beim Einbau an derselben Stelle wieder eingesetzt werden können

- Verbindungsstange am Stabilisator abschrauben.

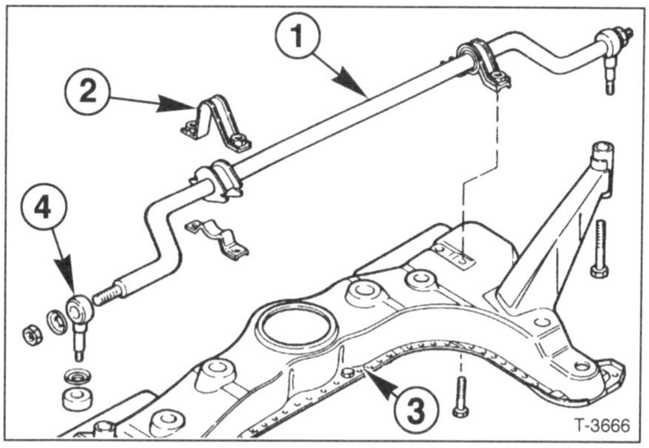

- Stabilisator –1– am Querträger –3– abschrauben. Haltebügel –2– für Gummilager abnehmen und Stabilisator herausnehmen. 4 – Verbindungsstange.
- Gummilager auf Porosität, Risse oder sonstige Beschädigungen prüfen, gegebenenfalls ersetzen.

Einbau

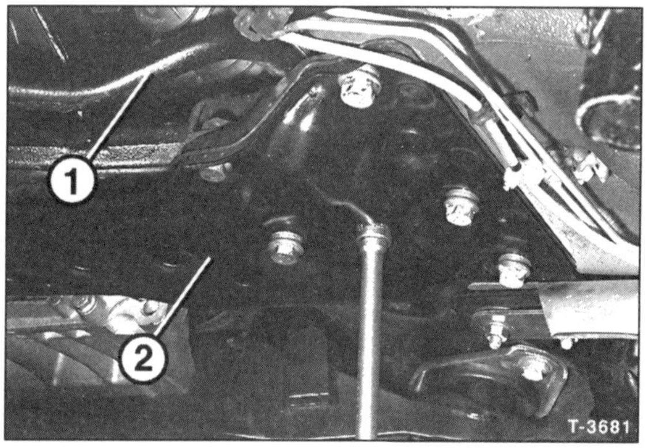

- Stabilisator –1– am Querträger –2– mit **40 Nm** anschrauben.

Achtung: Unterlegscheiben für Verbindungsstange so auflegen, daß die erhöhte Seite (kleinerer Durchmesser) zum Gummipuffer zeigt. Andernfalls verschleißt der Gummipuffer schneller.

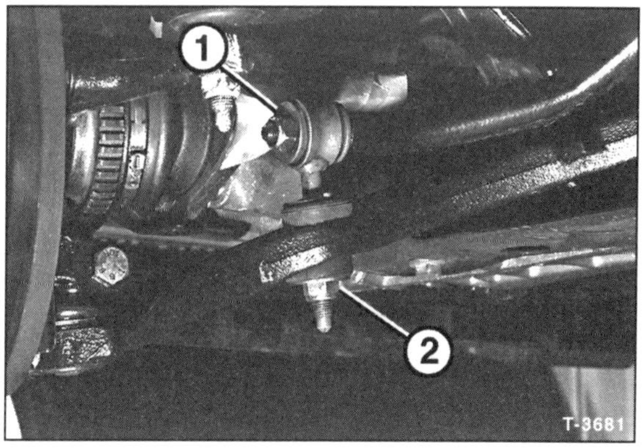

- Verbindungsstange am Stabilisator mit **70 Nm** anschrauben –1–.
- Verbindungsstange am Querlenker mit **30 Nm** anschrauben –2–. Fahrzeug ablassen.

Querlenker aus- und einbauen

Ausbau

- Stellung des Vorderrades zur Radnabe mit Farbe kennzeichnen. Dadurch kann das ausgewuchtete Rad wieder in derselben Position montiert werden. Radschrauben lösen, dabei muß das Fahrzeug auf dem Boden stehen. Fahrzeug vorn aufbocken und Vorderrad abnehmen.

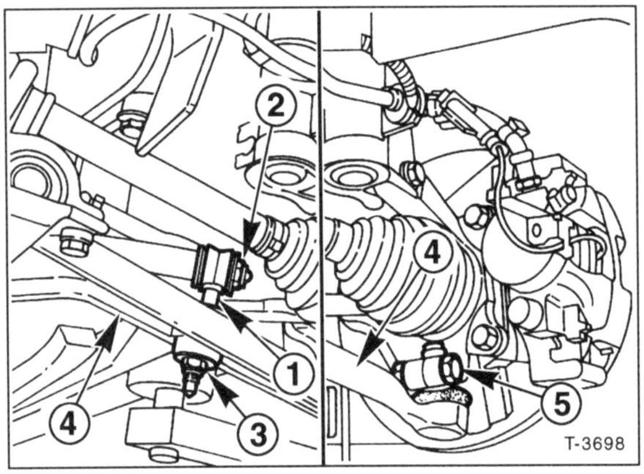

T-3698

- Verbindungsstange –1– von Stabilisator und Querlenker –4– abbauen. Dazu die beiden Muttern –2– und –3– abschrauben.

Achtung: Reihenfolge und Einbaulage der Unterlegscheiben und Gummilager notieren, damit sie beim Einbau an derselben Stelle wieder eingesetzt werden können

- Klemmschraube –5– abschrauben und Achsgelenk aus dem Achsschenkel herausdrücken. Bei Schwergängigkeit Montierhebel zwischen Querlenker und Fahrzeugrahmen ansetzen und Querlenker –4– herausdrücken. **Achtung:** Manschette des Kugelgelenks mit einem Lappen umwickeln, um sie vor Beschädigungen bei der weiteren Montage zu schützen.

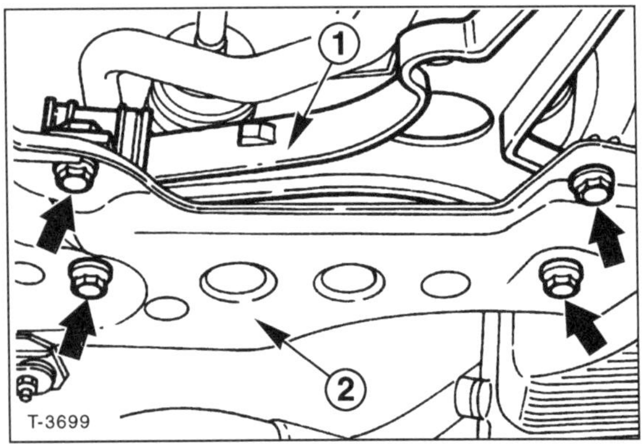

T-3699

- Querlenker –1– vom Querträger –2– abschrauben. Dabei Querlenker mit einem Hydraulikheber abstützen.
- Querlenker in Richtung Achsschenkel herausnehmen.

Einbau

- Querlenker am Querträger ausrichten, mit Hydraulikheber abstützen und handfest anziehen.

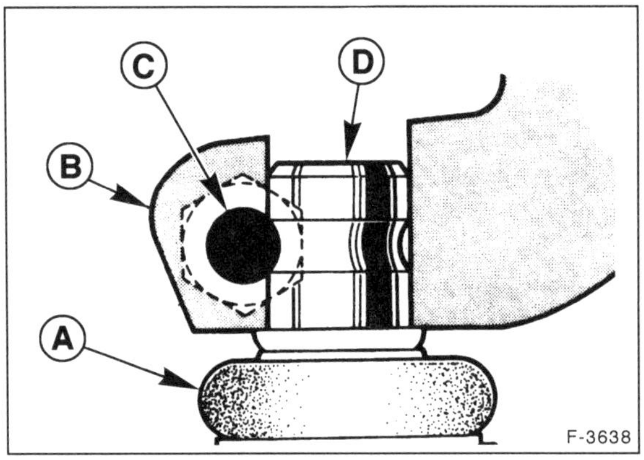

F-3638

- Querlenker bis zum Anschlag in den Achsschenkel eindrücken. Bolzen –C– von vorn einsetzen, er greift in die Nut am Querlenkerzapfen ein. **Achtung:** Der Schraubenkopf soll, in Fahrtrichtung, nach hinten zeigen. Bolzenmutter mit **70 Nm** festziehen, dabei darf sich der Bolzen nicht mitdrehen.

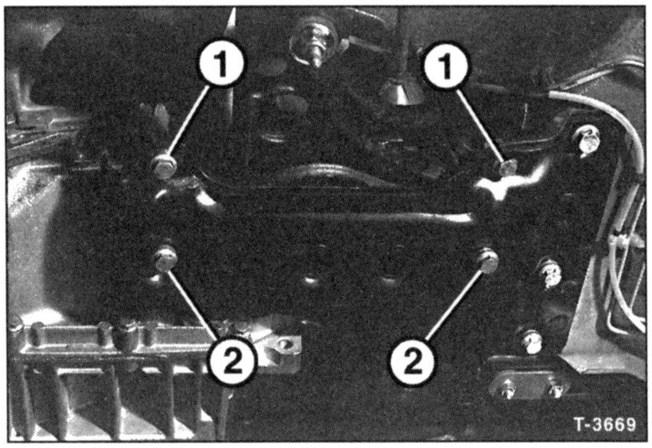

T-3669

- Zunächst äußere Befestigungsschrauben –1– für Querlenker am Querträger, dann innere Befestigungsschrauben –2– für Querlenker am Querträger mit **70 Nm** festziehen.
- Verbindungsstange am Stabilisator mit **70 Nm** und am Querlenker mit **30 Nm** anschrauben.
- Vorderrad so ansetzen, daß die beim Ausbau angebrachten Markierungen übereinstimmen. Vorher Zentriersitz der Felge an der Radnabe sowie die Kegelfläche der Radschrauben mit Wälzlagerfett leicht einfetten. Gewinde der Radschrauben **nicht** fetten oder ölen. Rad anschrauben. Fahrzeug ablassen und Radschrauben über Kreuz mit **90 Nm** festziehen.
- Spur einstellen lassen, siehe auch Seite 167.

Die Gelenkwelle

Linke Gelenkwelle 1,4-/1,6-/1,9-l-Motor

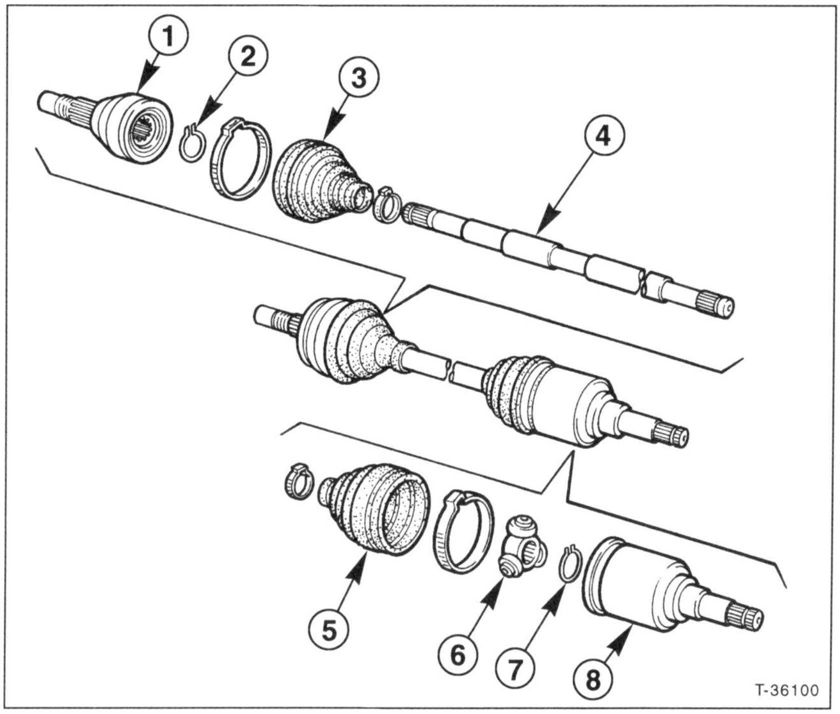

1 – Äußeres Gleichlaufgelenk
2 – Sicherungsring
3 – Schutzmanschette
4 – Profilwelle
5 – Schutzmanschette
6 – Tripodegelenk
Hinweis: Beim 1,6-l-Motor ist das Tripodegelenk direkt in das Ausgleichgetriebe gesteckt.
7 – Sicherungsring
8 – Gehäuse für inneres Gelenk
Nur 1,4-l-Motor.

Rechte Gelenkwelle 1,4-/1,6-/1,9-l-Motor

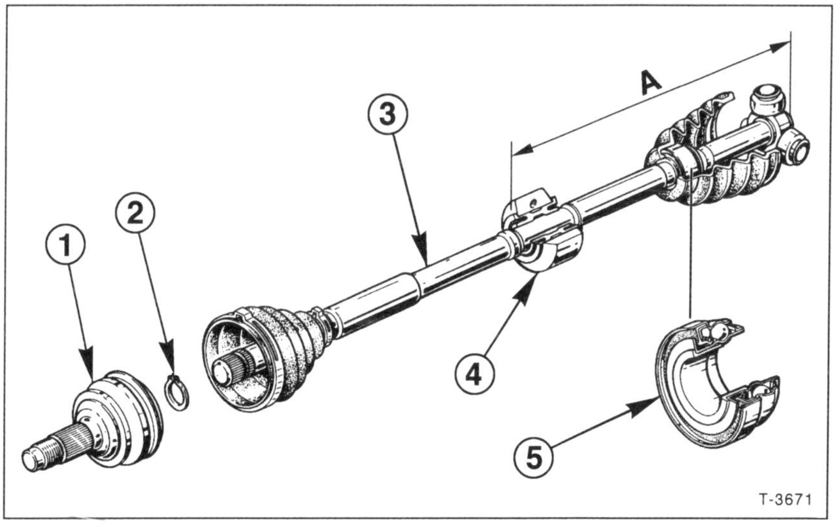

1 – Äußeres Gleichlaufgelenk rechts
2 – Sicherungsring
3 – Gelenkwelle rechts
4 – Tilgergewicht
5 – Dichtungslager
A – Abstand Tilgergewicht von Gelenkwellenende:
1,4-l-Motor: A = 201 mm
1,6-l-Motor: A = 290 bis 295 mm oder 292 bis 297 mm
1,9-l-Motor: A = 305 bis 310 mm oder 307 bis 312 mm

Rechte Gelenkwelle 1,8-/2,0-l-Motor

Das innere Gelenk ist im Gegensatz zu den 1,4-/1,6-l-Motoren als Kugel-Gleichlaufgelenk ausgeführt. Der 2,0-l-Motor besitzt kein Tilgergewicht.

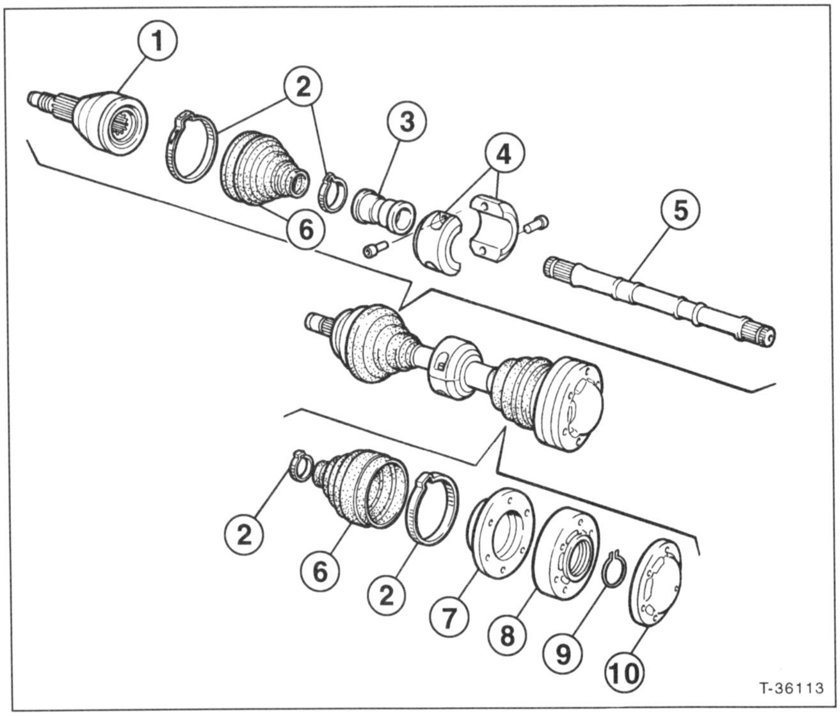

1 – **Äußeres Gleichlaufgelenk** Radseite
2 – **Halteschellen**
3 – **Gummilager** Für Tilgergewicht (nur 1,8-l-Motor).
4 – **Tilgergewicht** Halbschalen (nur 1,8-l-Motor).
5 – **Profilwelle**
6 – **Manschette**
7 – **Flansch Getriebeseite**
8 – **Inneres Gleichlaufgelenk** Getriebeseite
9 – **Sicherungsring**
10 – **Schutzdeckel**

Gelenkwelle aus- und einbauen

Bei eingefallenem Faltenbalg braucht die Gelenkwelle nicht ausgebaut zu werden. Kleine Klemmschelle entfernen. Balg mit Schraubendreher anheben und dadurch entlüften. Anschließend Balg mit neuer Klemmschelle befestigen.

Ausbau

- Gang einlegen, Handbremse anziehen.
- Radabdeckung abnehmen.

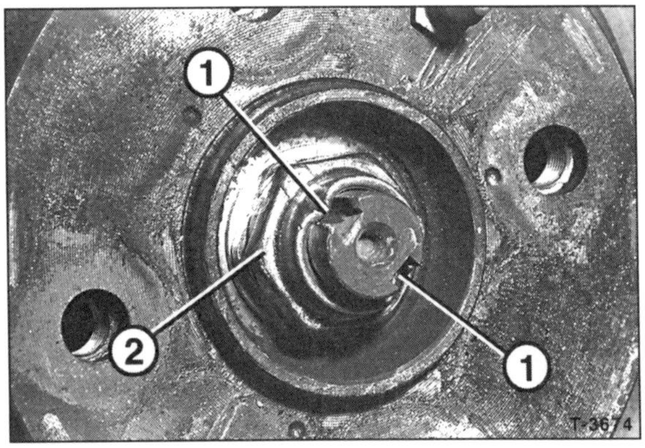

- Sicherung –1– zurückbiegen und Nabenmutter –2– lösen, SW32. **Achtung:** Die Mutter ist mit hohem Drehmoment angezogen, das Fahrzeug muß dabei auf dem Boden stehen! Sonst besteht Unfallgefahr!
- Batterie-Massekabel (–) abklemmen. **Achtung:** Dadurch werden elektronische Speicher gelöscht, wie zum Beispiel Motor-Betriebswerte. Hinweise im Kapitel »Batterie aus- und einbauen« beachten.
- Stellung der Vorderräder zur Radnabe mit Farbe kennzeichnen. Dadurch kann das ausgewuchtete Rad wieder in derselben Position montiert werden. Radschrauben lösen, dabei muß das Fahrzeug auf dem Boden stehen. Fahrzeug vorn aufbocken und Vorderräder abnehmen.
- Spurstangengelenk am Achsschenkel abdrücken, siehe Seite 162.

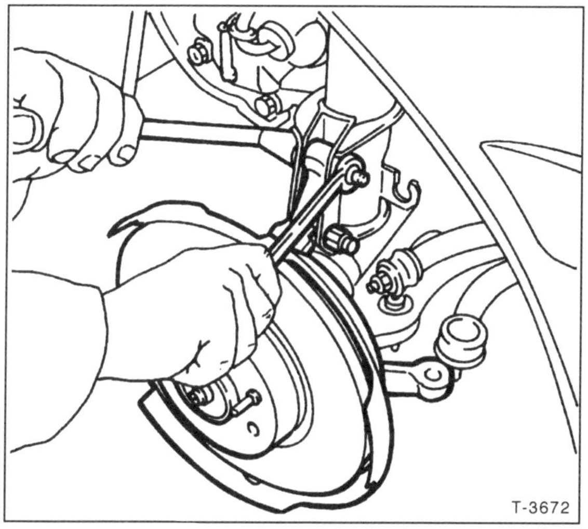
T-3672

● Achsschenkel vom Federbein abschrauben.

● Gelenkwelle mit Draht hochbinden, damit die Gelenke beim Ausbau einer Seite nicht bis zum Anschlag gebeugt werden.

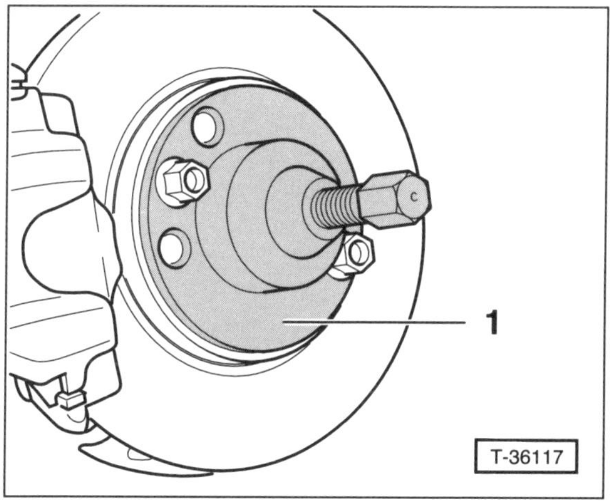

T-36117

● Gelenkwelle von Hand aus der Vorderradnabe herausziehen, indem der Achsschenkel nach außen gezogen wird. Falls das nicht möglich ist, Gelenkwelle mit handelsüblichem Radnabenabzieher –1– herausdrücken.

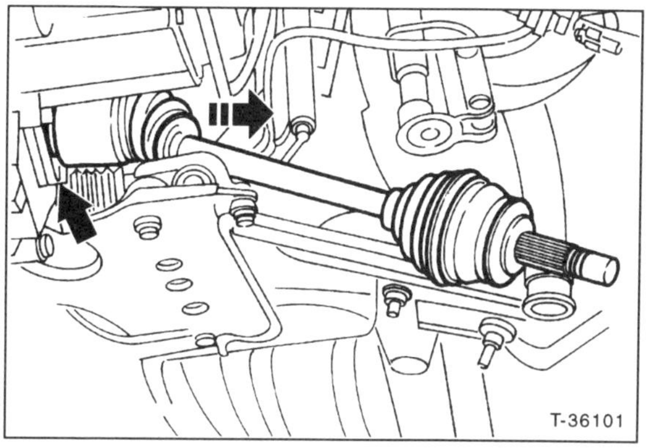
T-36101

● **1,4-l-Motor:** Gelenkwelle am Ausgleichgetriebe durch leichtes Hebeln am Einsteckpunkt herausziehen und beiseite legen.

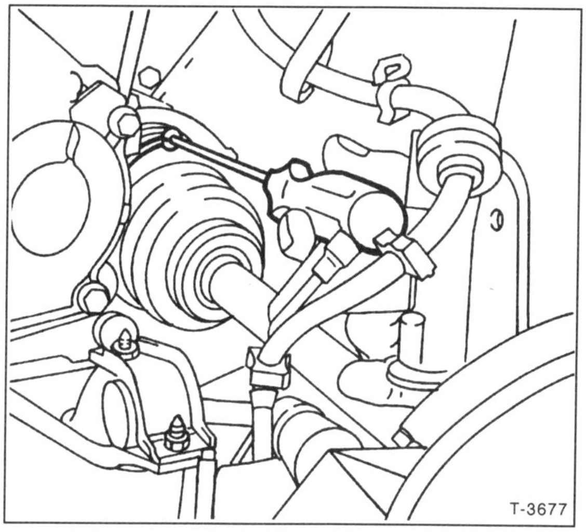
T-3677

● **1,6-l-Motor:** Am inneren Gelenk Halteband mit großem Durchmesser lösen und Tripodegelenk herausziehen.

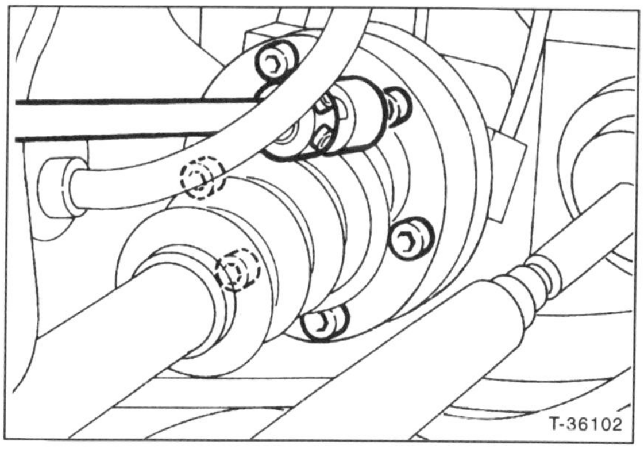
T-36102

● **1,8-/2,0-l-Motor:** Inneres Gelenk für linke Gelenkwelle vom Getriebeflansch abschrauben. Inneres Gelenk für rechte Gelenkwelle vom Flansch der Zwischenwelle abschrauben.

● Gelenkwelle abnehmen.

Einbau

- Vor dem Einbau Verzahnung der Gelenkwelle und Radnabe mit Benzin reinigen (fett- und ölfrei) sowie alle Rückstände entfernen.
- Gelenkwelle am Getriebe einsetzen.
- **1,8-/2,0-l-Motor:** Inneres Gelenk mit **40 Nm** anschrauben.
- Gelenkwelle in die Verzahnung der Vorderradnabe einsetzen.
- Gewindeschaft der Achswelle mit einer Drahtbürste reinigen und mit Druckluft trockenblasen.
- **Neue Scheibe** auflegen und **neue Achsmutter** handfest auf die Gelenkwelle aufschrauben, noch nicht festziehen.
- Achsschenkel am Federbein anschrauben, siehe Seite 140.
- Spurstangenkopf am Lenkhebel einsetzen und mit **neuer selbstsichernder Mutter** anschrauben, siehe Seite 162.

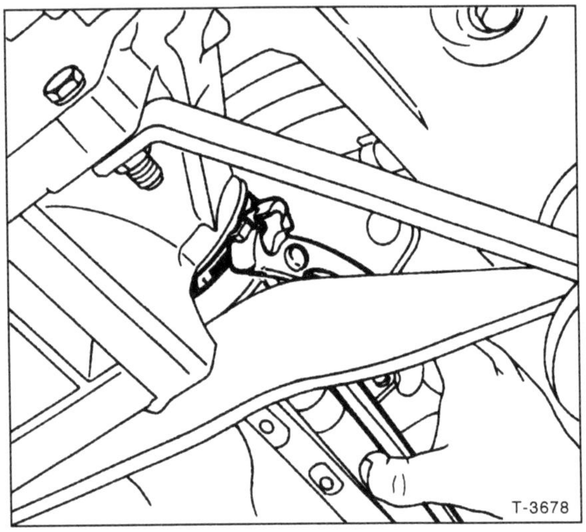

- **1,6-l-Motor:** Am inneren Gelenk Halteband mit großem Durchmesser festziehen.
- Vorderräder so ansetzen, daß die beim Ausbau angebrachten Markierungen übereinstimmen. Vorher Zentriersitz der Felge an der Radnabe sowie die Kegelfläche der Radschrauben mit Wälzlagerfett leicht einfetten. Gewinde der Radschrauben **nicht** fetten oder ölen. Räder anschrauben. Fahrzeug ablassen und Radschrauben über Kreuz mit **90 Nm** festziehen.
- Achsmutter der Gelenkwelle abschrauben. Gewinde von Mutter und Welle mit Spiritus reinigen.
- Sicherungsmittel, zum Beispiel Loctite 270, auf das gesamte Gewinde des Wellenschafts auftragen.

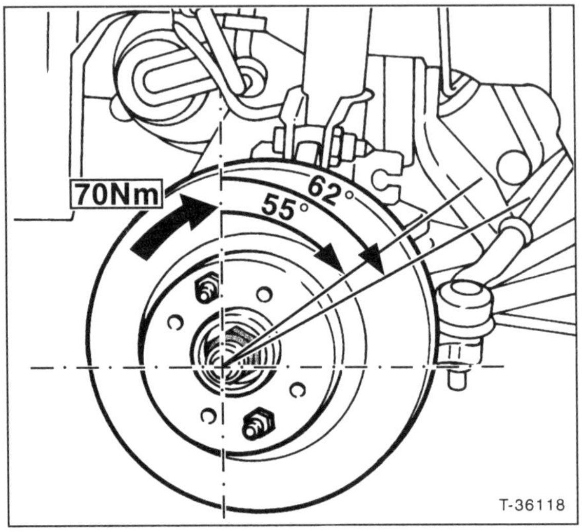

- Nabenmutter mit **70 Nm** anziehen. Anschließend Mutter mit einem starren Schlüssel um einen Drehwinkel weiter anziehen.

Motor	Mutter	Drehwinkel
1,4-/1,6-/1,8-l	M22 x 1,5	**55°**
1,9-/2,0-l	M24 x 1,5	**62°**

Achtung: Beim Anziehen der Nabenmutter (Achsmutter) muß das Fahrzeug auf dem Boden stehen, Gang einlegen und von Helfer Bremspedal treten lassen. Achsmutter nach jedem Lösen ersetzen. Die Mutter muß innerhalb von 5 Minuten nach Auftragen des Sicherungsmittels festgezogen werden.

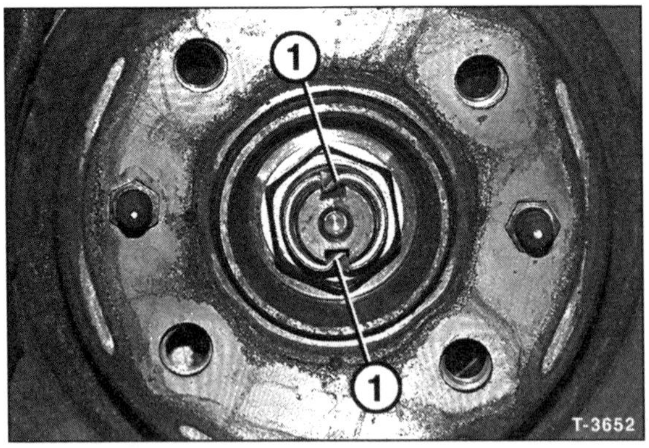

- Achsmutter (Nabenmutter) an der Kante gegenüber der Festziehrichtung mit einem Meißel verstemmen, siehe Abbildung.
- Radabdeckung einbauen.
- Batterie-Massekabel (–) anklemmen.
- Zeituhr einstellen.
- Falls erforderlich, Diebstahlcode für Radio eingeben.

Gelenkwelle zerlegen

Defekte Manschetten sofort erneuern. Zum Erneuern der Schutzhüllen muß die Gelenkwelle zerlegt werden. Falls Schmutz in das Fett eingedrungen ist, Gelenk auswaschen und mit neuem TUTELA MRM2-Fett von FIAT (Lithium-MoS_2-Fett) schmieren. Defekte Kugeln oder Laufringe in den Lagern machen sich durch Lastwechselschlagen und Knackgeräusche bemerkbar. In diesem Fall Gelenke komplett erneuern.

Die Beschreibung bezieht sich auf die Modelle mit 1,4-/1,6-/1,9-l-Motoren. Abweichungen für die 1,8-/2,0-l-Motoren stehen am Ende des Kapitels.

Falls die Profilwelle und/oder das äußere Gleichlaufgelenk ersetzt werden, unbedingt auf gleiche Kennzeichnung achten. Zu einer Profilwelle mit blauer Kennzeichnung passen Gleichlaufgelenke mit blauer oder weißer Kennzeichnung. Zu einer Profilwelle mit roter Kennzeichnung passen Gleichlaufgelenke mit roter oder weißer Kennzeichnung.

Achtung: Bei demontierter Gelenkwelle darf das Fahrzeug nicht geschoben werden, da bei fehlender axialer Vorspannung die Wälzkörper des Radlagers beschädigt werden.

Zerlegen

- Gelenkwelle ausbauen und in einen Schraubstock spannen.
- Einbaulage der Manschetten mit einem Filzstift markieren.

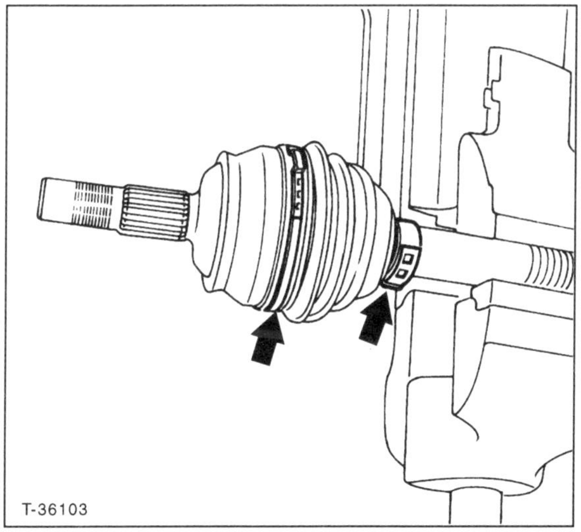

T-36103

- Schlauchbinder an der äußeren Gelenkschutzhülle mit Seitenschneider aufschneiden und abnehmen. Gelenkschutzhülle zurückschieben.

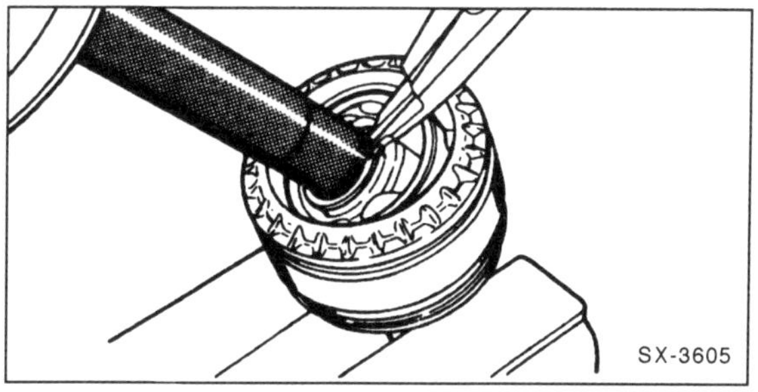

SX-3605

- Fett abwischen, mit Spitzzange Sicherungsring spreizen und Gelenkwelle aus dem Gelenkflansch herausziehen. Darauf achten, daß die Kugeln nicht aus dem Gelenk rutschen können.

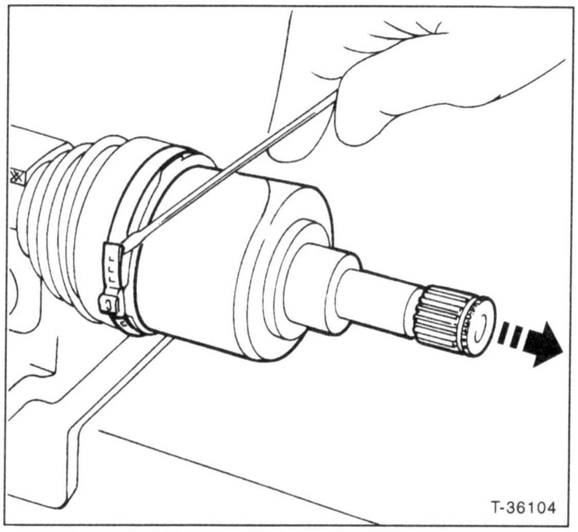

T-36104

- **1,4-l-Motor:** Schlauchschelle am inneren Tripodegelenk öffnen und Gelenkgehäuse abziehen.

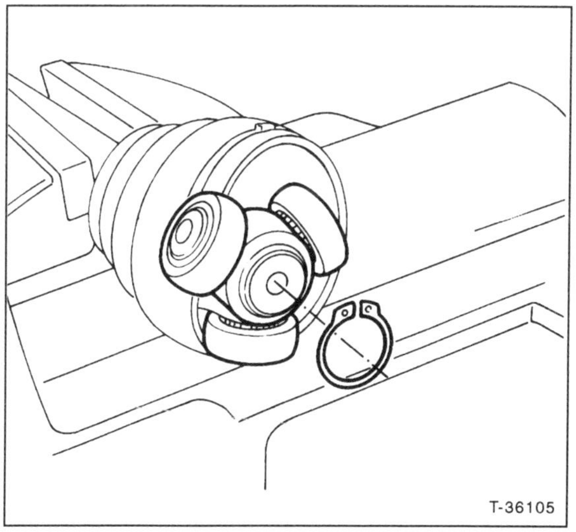

T-36105

- Inneres Tripodegelenk abziehen, vorher Sicherungsring mit geeigneter Zange spreizen und abnehmen. Einbauposition des Gelenks mit Filzstift markieren. Zum Ausbau ist unter Umständen ein geeigneter Abzieher erforderlich.

- Schlauchklemmen am kleinen Durchmesser der Manschetten mit Seitenschneider aufschneiden und abnehmen.
- Gummimanschetten abnehmen.
- Einbauposition des Dichtungslagers markieren und Lager mit handelsüblichem Zweiarm-Abzieher abziehen, siehe auch Abbildung T-3671 auf Seite 145.
- Einbauposition des Tilgergewichts markieren und Tilgergewicht abschrauben, siehe auch Abbildung T-3671 auf Seite 145.
- Gleichlaufgelenke mit Benzin gründlich auswaschen und auf einwandfreien Zustand sichtprüfen. Kugeln und Laufbahnen müssen spiegelglatt sein und dürfen keine Einlaufspuren oder Riefen aufweisen. Defektes Gelenk erneuern.
- Gelenkwelle sichtprüfen. Die Welle darf nicht verformt sein oder einen Schlag aufweisen. Die Berührungsflächen der Manschetten dürfen nicht abgenutzt sein.

Zusammenbau

- Gelenkschutzhüllen grundsätzlich erneuern.
- Gelenkwellenoberfläche leicht einfetten, damit die Manschette leichter rutscht.
- **Neue** Gelenkschutzhülle mit Schlauchbinder für äußeres Gelenk auf die Welle schieben.

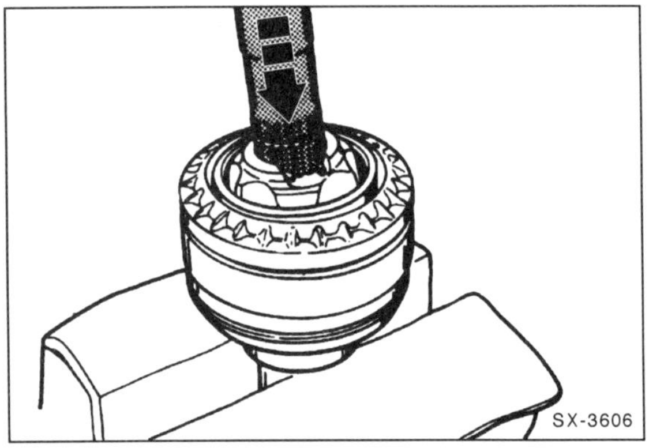

SX-3606

- Welle mit **neuem** Sicherungsring gerade in die Verzahnung des Gelenks eindrücken, bis der Sicherungsring einrastet.
- Äußeres Gelenk mit TUTELA MRM2-Schmierfett – jeweils die Hälfte von jeder Seite – füllen. Wenn nur die Gelenkschutzhülle erneuert wird, gegebenenfalls Gelenk nur nachfetten.

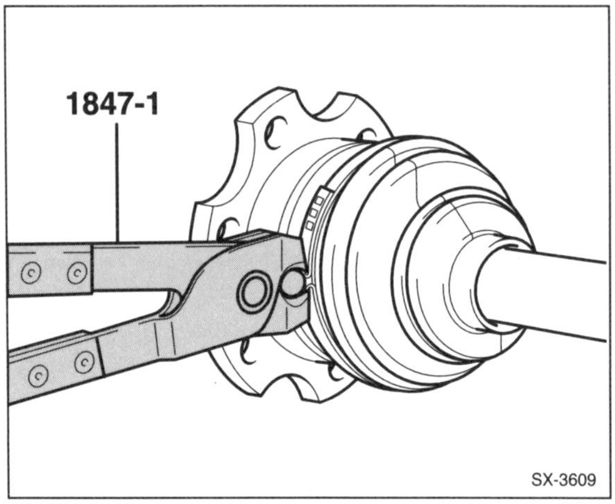

SX-3609

- Gelenkschutzhülle in richtige Lage bringen, Schlauchbänder mit Zange festklemmen, zum Beispiel HAZET 1847-1.

Achtung: Die Gelenkschutzhülle wird beim Aufsetzen auf den Gelenkkörper häufig eingedrückt. Dadurch entsteht in der Gelenkschutzhülle ein Unterdruck, der im Fahrbetrieb eine Falte nach innen zieht. Deshalb vor Montage der kleinen Schlauchschelle, Schutzhülle am kleinen Durchmesser kurz mit einem Schraubendreher anlüften und so für einen Druckausgleich sorgen.

- **Neue** Gummimanschette für inneres Gelenk mit Halteband für kleinen Durchmesser auf die Welle schieben.
- Falls ausgebaut, Tilgergewicht entsprechend der angebrachten Markierung ansetzen und mit 10 Nm anschrauben, siehe auch Abbildung T-3671 auf Seite 145.

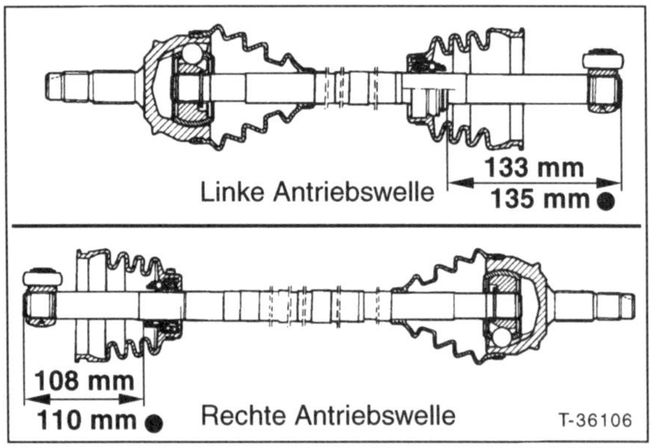

T-36106

- 1,6-/1,9-l-Motor: Dichtungslager bis zur richtigen Position auftreiben, siehe Abbildung. ● = Alternativ-Maß.

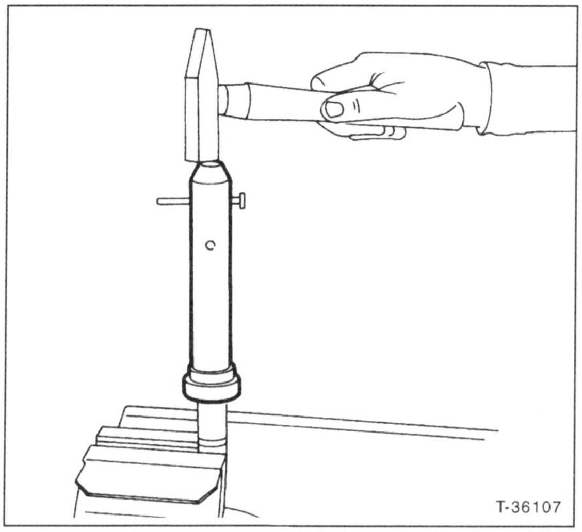

● Dichtungslager mit Schlagrohr auftreiben. Der FIAT-Treibdorn besitzt schon die Bohrungen für den Anschlagstift im richtigen Abstand, siehe Abbildung.

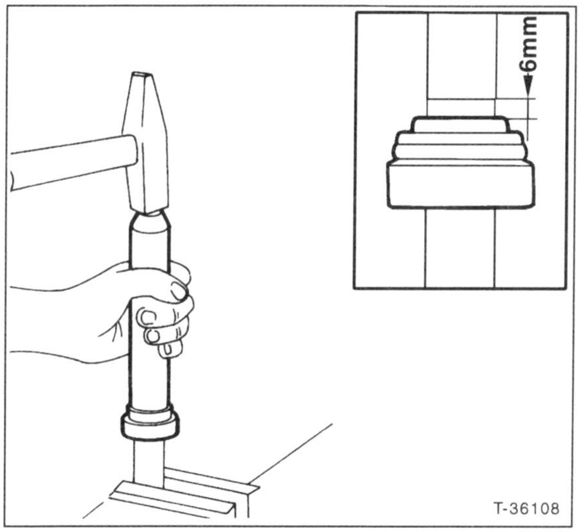

Achtung: Falls ein Dichtungslager vom Typ »NARDELLA« eingebaut wird, richtige Einbauposition prüfen, siehe Bildausschnitt.

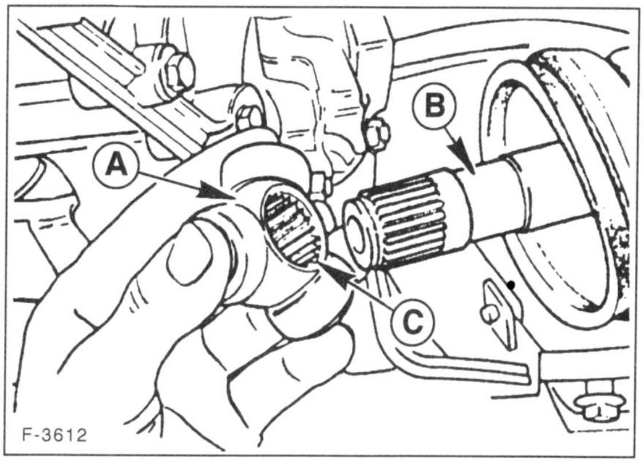

● Inneres Gelenk: Tripode –A– auf die Gelenkwelle –B– schieben und mit **neuem** Sicherungsring sichern. Dabei auf die beim Ausbau angebrachte Markierung achten. Tripodestern gegebenenfalls mit einem geeigneten Rohr bis zum Anschlag auftreiben. **Achtung:** Dabei Lagersitz der Gleichlaufrollen nicht beschädigen.

● Gummimanschette in Einbauposition bringen und mit Halteband am kleinen Durchmesser befestigen.

● **1,4-l-Motor:** Manschette mit Schlauchschelle am Gehäuse des Gelenks befestigen.

● Gelenkwelle einbauen.

1,8-/1,9-/2,0-l-Motor

● Haltebänder für inneres Gleichlaufgelenk durchkneifen.

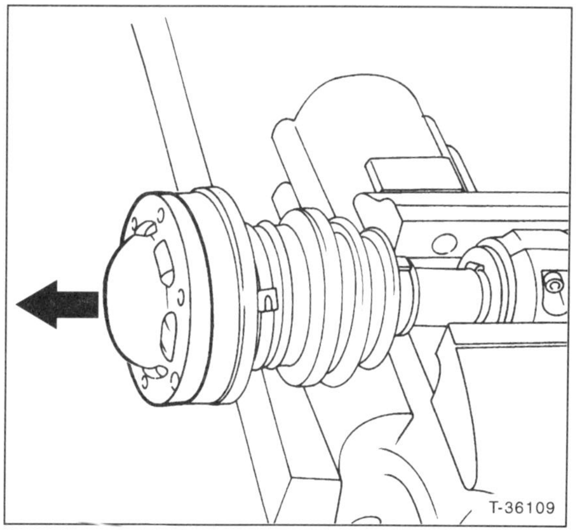

● Schutzdeckel vom inneren Gelenk abtreiben.

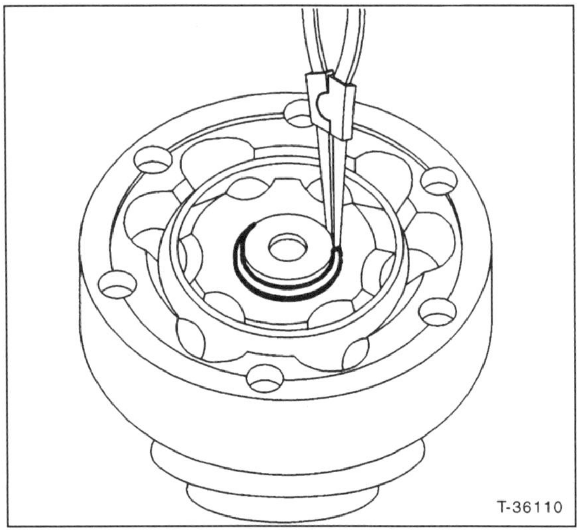

- Inneres Gleichlaufgelenk ausbauen. Dazu Sicherungsring mit Spitzzange spreizen und Gelenk von der Welle abziehen.
- Gummimanschette, Haltebänder und Federscheibe von der Gelenkwelle abziehen.

Achtung: Innere Gelenke und Wellen besitzen Farbkennzeichnungen (blau/rot). Darauf achten, daß Wellen und Gelenke dieselbe Farbkennzeichnung aufweisen müssen. Ein Gelenk mit weißer Kennfarbe kann für beide Wellenklassen (blau oder rot) verwendet werden.

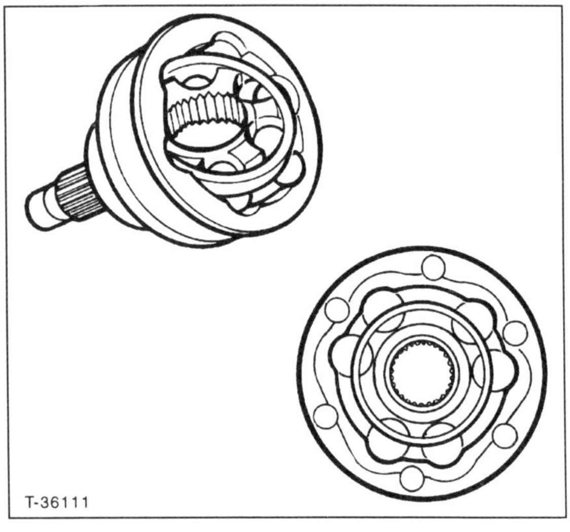

- Gleichlaufgelenke mit Benzin oder Diesel gründlich auswaschen und auf einwandfreien Zustand sichtprüfen. Kugeln und Laufbahnen müssen spiegelglatt sein und dürfen keine Einlaufspuren oder Riefen aufweisen. Defektes Gelenk erneuern.

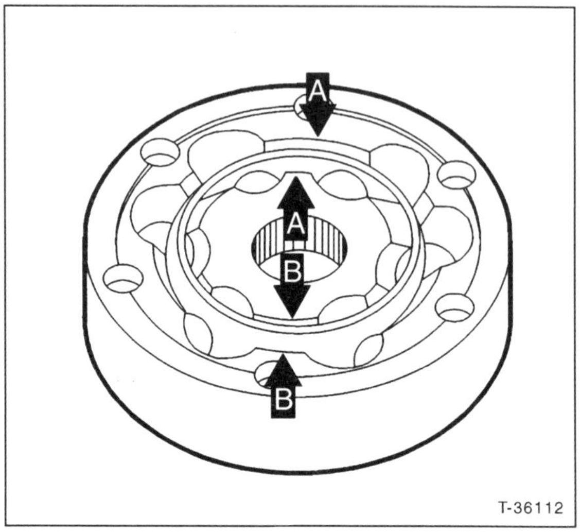

Achtung: Falls beim Ausbau der Gelenke die Kugeln herausfallen, müssen für den Einbau die abgebildeten Markierungen beachtet werden. –A– muß mit –A– und –B– mit –B– zusammen sein, sonst blockiert das Gelenk.

Zwischenwelle aus- und einbauen

1,8-/2,0-l-Motor

Achtung: Das Lager der Zwischenwelle ist nicht als Ersatzteil erhältlich. Gegebenenfalls komplette Zwischenwelle erneuern.

Ausbau

- Rechte Gelenkwelle am Zwischenwellenflansch abschrauben und mit Draht aufhängen, damit das äußere Gleichlaufgelenk nicht zu stark gebeugt wird.

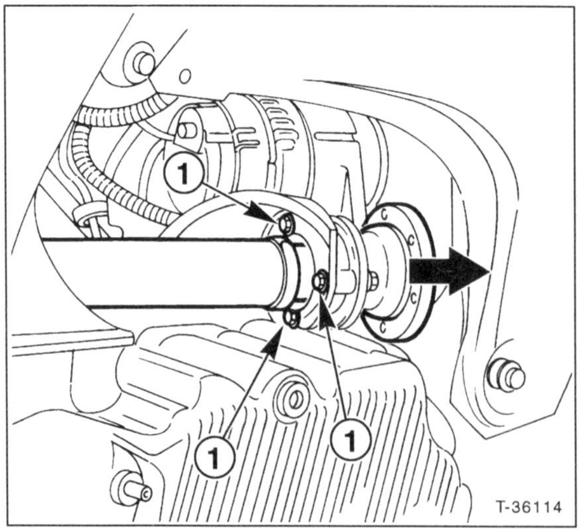

- 3 Befestigungsschrauben –1– der Zwischenwelle am Lager herausschrauben.

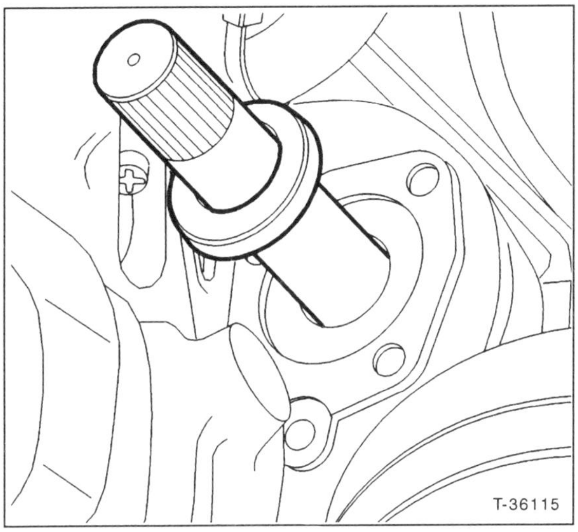

- Zwischenwelle komplett aus dem Getriebe herausziehen. Staubschutzring abnehmen.

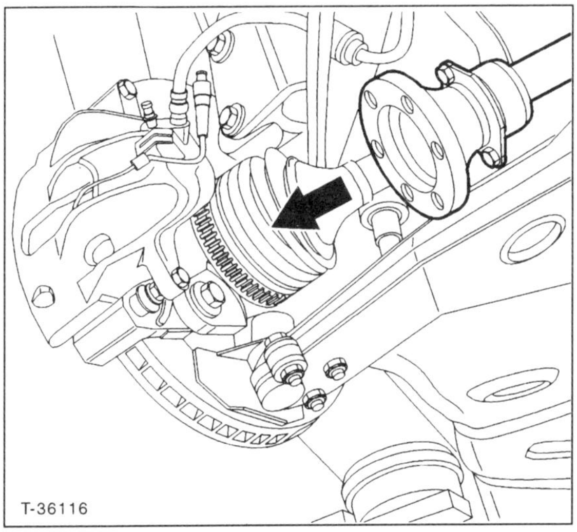

- Zwischenwelle vorsichtig aus dem Motorraum herausführen.

Einbau

- Staubschutzring aufschieben und Zwischenwelle in das Getriebe einsetzen.
- Zwischenwelle am Zwischenlager anschrauben.
- Rechte Gelenkwelle am Zwischenwellenflansch anschrauben.

Das Radlager

Defekte Radlager machen sich folgendermaßen bemerkbar: Geräusche in engen Kurven; Schwergängigkeit des Rades bei gelöster Bremse. Die Radlager sitzen so fest im Achsschenkel, daß sie nur mit geeigneten Einziehwerkzeugen fachgerecht montiert werden können. Diese Arbeiten sollten von einer FIAT-Werkstatt ausgeführt werden. Zum Ersetzen des Radlagers müssen zuvor der komplette Achsschenkel und die Radnabe ausgebaut werden.

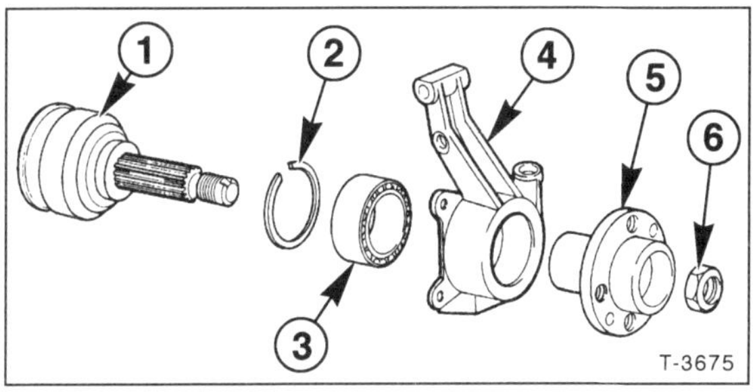

1 – Äußeres Gleichlaufgelenk
2 – Gummihaltering für Radlager
3 – Radlager
4 – Achsschenkel
5 – Radnabe
6 – Achsmutter

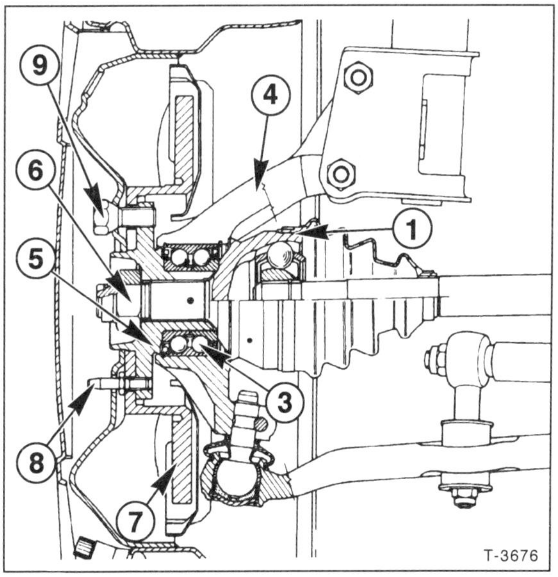

1 – Äußeres Gleichlaufgelenk
3 – Radlager
4 – Achsschenkel
5 – Radnabe
6 – Achsmutter
7 – Bremsscheibe
8 – Befestigungsschraube für Bremsscheibe
9 – Radschraube

Hinterachse

Die hinteren Radführungselemente sind am Hinterachsträger befestigt, der über 4 Gummi-Metallager mit der Karosserie verschraubt ist. Zwei untenliegende Querlenker übernehmen zusammen mit den Stoßdämpfern die Radführung. Zur Abfederung der Hinterräder dienen 2 separat angeordnete Schraubenfedern.

Ein zusätzlicher Querstabilisator sorgt für reduzierte Seitenneigung der Karosserie bei Kurvenfahrt.

Achtung: Schweiß- und Richtarbeiten am Achskörper und an den Achszapfen sind nicht zulässig.

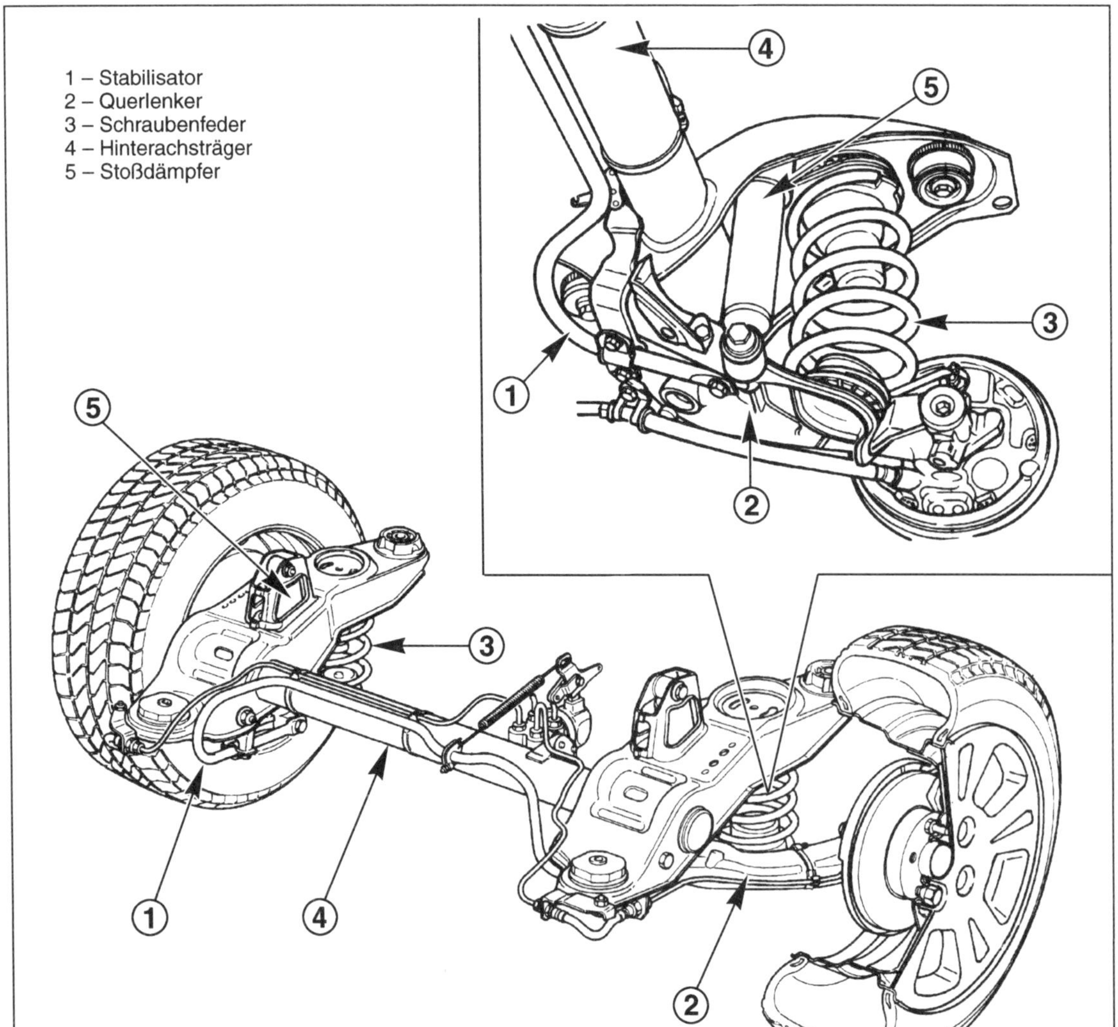

Stoßdämpfer hinten aus- und einbauen

Ausbau

- Stellung der Hinterräder zur Radnabe mit Farbe kennzeichnen. Dadurch kann das ausgewuchtete Rad wieder in derselben Position montiert werden. Radschrauben lösen, dabei muß das Fahrzeug auf dem Boden stehen. Fahrzeug vorn aufbocken und Hinterräder abnehmen.

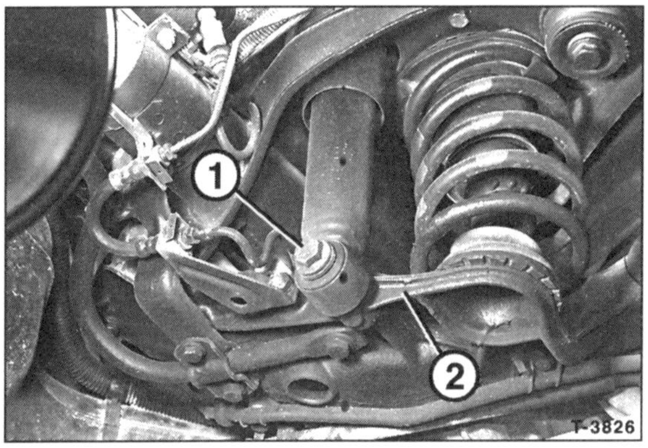

- Untere Befestigungsschraube –1– für Stoßdämpfer am Querlenker –2– herausschrauben. **Achtung:** Dabei Querlenker unterhalb der Schraubenfeder mit Werkstattwagenheber abstützen (etwas anheben). Sonst kann beim Lösen der Schraube durch das Gewicht von Querlenker und Radnabe das Gewinde beschädigt werden.
- Querlenker etwas absenken.

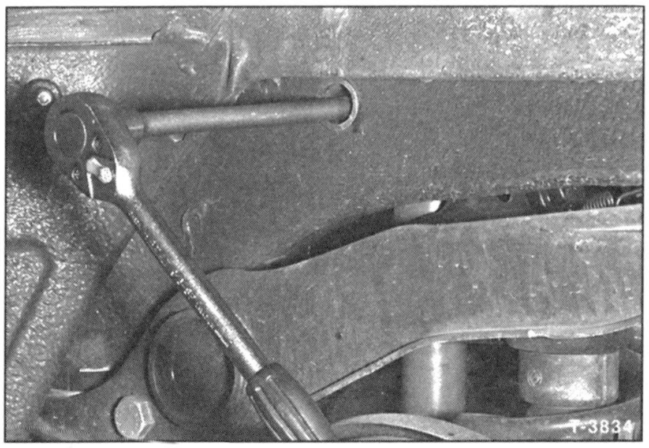

- Obere Befestigungsschraube für Stoßdämpfer durch die Öffnung im Innenkotflügel abschrauben (SW15) und Stoßdämpfer herausnehmen.

Einbau

Achtung: Die untere Befestigungsschraube des Stoßdämpfers wird erst festgezogen, wenn das Fahrzeug auf den Rädern steht.

- Stoßdämpfer oben handfest anschrauben.
- Querlenker anheben, bis das Auge des Stoßdämpfers mit der Befestigungsbohrung übereinstimmt. Stoßdämpfer unten handfest anschrauben.
- Obere Befestigungsschraube –A– (Abbildung T-3840) mit **60 Nm** festziehen.
- Hinterräder so ansetzen, daß die beim Ausbau angebrachten Markierungen übereinstimmen. Vorher Zentriersitz der Felge an der Radnabe sowie die Kegelfläche der Radschrauben mit Wälzlagerfett leicht einfetten. Gewinde der Radschrauben **nicht** fetten oder ölen. Räder anschrauben. Fahrzeug ablassen und Radschrauben über Kreuz mit **90 Nm** festziehen.

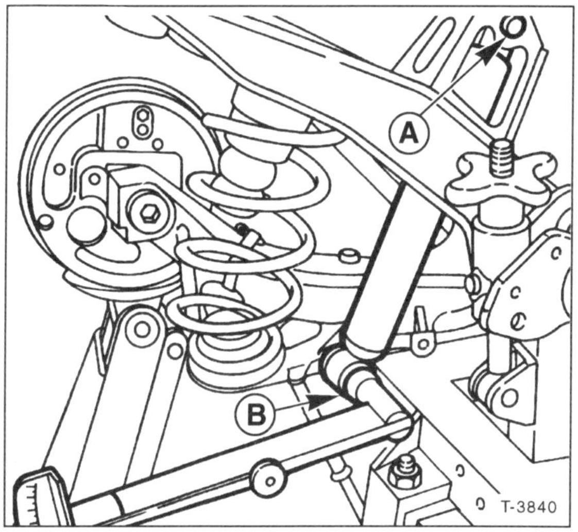

- Untere Befestigungsschraube –B– für Stoßdämpfer mit **90 Nm** festziehen.

Schraubenfeder hinten aus- und einbauen

Achtung: Schraubenfedern sind in 2 Klassen eingeteilt, die durch einen gelben oder grünen Farbstrich auf einer der mittleren Federwindungen unterschieden werden können. Nur Schraubenfedern gleicher Klassifizierung verwenden.

Ausbau

- Stoßdämpfer ausbauen.
- Querlenker so weit absenken, bis die Schraubenfeder ganz entlastet ist und herausgenommen werden kann.

Einbau

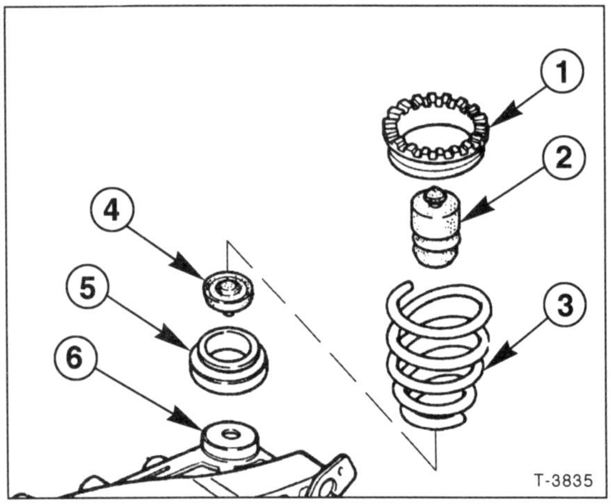

- Schraubenfeder –3– mit Federauflagen –1/5– und Gummipuffern –2/4– einsetzen.
- Querlenker –6– mit Werkstattwagenheber langsam anheben, dabei darauf achten, daß Federauflagen und Federenden sich in ihrem Sitz befinden.
- Stoßdämpfer einbauen.

Radnabe/Radlager aus- und einbauen

Ein defektes Radlager macht sich durch Laufgeräusche und übermäßiges Spiel bemerkbar. Das Radlager ist nicht einstellbar und kann nicht einzeln ausgetauscht werden. Bei defektem Radlager muß die komplette Radnabe ersetzt werden.

Die Abbildung zeigt einen Schnitt durch die Hinterradnabe.

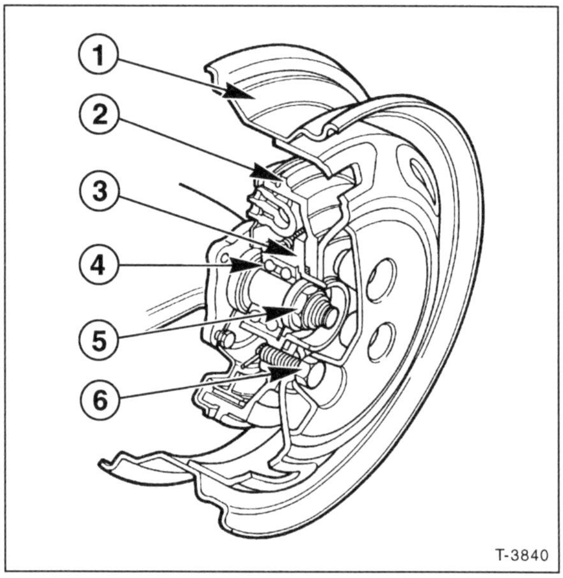

1 – Felge
2 – Bremstrommel
3 – Radnabe
4 – Radlager
5 – Achsmutter
6 – Radschraube

Ausbau

- Stellung der Hinterräder zur Radnabe mit Farbe kennzeichnen. Dadurch kann das ausgewuchtete Rad wieder in derselben Position montiert werden. Radschrauben lösen, dabei muß das Fahrzeug auf dem Boden stehen. Fahrzeug vorn aufbocken und Hinterräder abnehmen.
- Fettkappe (Radnabendeckel) von der Radnabe vorsichtig abdrücken. Das Abdrücken der Fettkappe kann mit unterschiedlichen Werkzeugen erfolgen, dabei ist jedoch darauf zu achten, daß die Fettkappe nicht beschädigt wird. Durch eine verbeulte oder deformierte Fettkappe kann Wasser in das Radlager eindringen, wodurch dieses in kurzer Zeit zerstört wird. Beschädigte Fettkappe deshalb immer ersetzen.
- Hinterräder wieder anschrauben und Fahrzeug ablassen. Handbremse anziehen.

- Befestigungsmutter mit Stecknuß SW32 an der Radnabe lösen. Gegebenenfalls Achszapfen von der Rückseite her mit Innensechskantschlüssel SW18 gegenhalten. **Achtung:** Das Fahrzeug muß dabei auf dem Boden stehen, Unfallgefahr durch hohes Drehmoment. Die Achsmutter muß nach jedem Lösen erneuert werden.
- Handbremse lösen, Fahrzeug aufbocken, Hinterräder abschrauben.

T-3830

- Bremstrommel –1– mit 2 Halteschrauben –2– abschrauben und abnehmen.
- Achsmutter abschrauben und Radnabe mit Radlager vom Achszapfen abziehen. Falls erforderlich, handelsübliche Abziehvorrichtung verwenden.

Einbau

- Achszapfen vor dem Einbau der Radnabe sichtprüfen. Er darf keine Risse, Verformungen oder Anzeichen von Verschleiß aufweisen, sonst muß der komplette Längslenker ersetzt werden.
- Radnabe mit Radlager am Achszapfen aufdrücken. Dabei Distanzringe vor und hinter dem Lager nicht vergessen. Mutter kräftig festziehen. **Achtung:** Dabei darf kein Bremsstaub auf den Achszapfen oder ins Radlager gelangen. Eingedrungener Schmutz zerstört mit der Zeit das Lager.
- Bremstrommel ansetzen und mit 2 Schrauben und 10 Nm festziehen.
- Hinterräder so ansetzen, daß die beim Ausbau angebrachten Markierungen übereinstimmen. Vorher Zentriersitz der Felge an der Radnabe sowie die Kegelfläche der Radschrauben mit Wälzlagerfett leicht einfetten. Gewinde der Radschrauben **nicht** fetten oder ölen. Räder anschrauben. Fahrzeug ablassen und Radschrauben über Kreuz mit **90 Nm** festziehen.
- Radnabe mit **neuer** Befestigungsmutter und **280 Nm** festziehen. **Achtung:** Unfallgefahr, da hohes Drehmoment! Nur stabilen Drehmomentschlüssel verwenden. Das Fahrzeug muß beim Anziehen auf dem Boden stehen.

T-3821

- Fettkappe mit handelsüblichem Lithiumfett füllen, z. B. TUTELA MR3. Rand der Fettkappe mit sauberem Lappen abwischen und Radnabendeckel vorsichtig auftreiben. Statt dem FIAT-Sonderwerkzeug kann auch ein geeignetes Rohr verwendet werden. Der Innendurchmesser des Rohres muß dabei am Wulst der Fettkappe anliegen. Gegebenenfalls Radnabendeckel vorsichtig mit einem Gummihammer auftreiben. Ist die Fettkappe auch nur geringfügig verformt, muß sie erneuert werden.

Lenkung

Die Lenkung besteht aus dem Lenkrad, der Lenkspindel, dem Lenkgetriebe und dem Lenkgestänge. Das Lenkrad ist auf der Lenkspindel aufgeschraubt, welche die Lenkbewegungen über das Lenkgetriebe und das Lenkgestänge auf die Räder überträgt.

Die Bedienung der Lenkung wird durch eine hydraulische Lenkhilfe erleichtert. Die hydraulische Lenkhilfe (Servolenkung) sorgt dafür, daß der Kraftaufwand beim Einschlagen der Lenkung gering gehalten wird.

Die Lenkhilfe besteht aus der Ölpumpe (Servopumpe), dem Vorratsbehälter und den Öldruckleitungen. Angetrieben wird die Ölpumpe über einen Keilriemen. Die Pumpe saugt das Hydrauliköl aus dem Vorratsbehälter an und fördert es mit hohem Druck zum Lenkgetriebe. Dort sorgt eine Regeleinheit für die erforderliche Lenkunterstützung.

Achtung: Selbstsichernde Muttern immer ersetzen. Schweiß- und Richtarbeiten an Lenkungsteilen sind nicht zulässig.

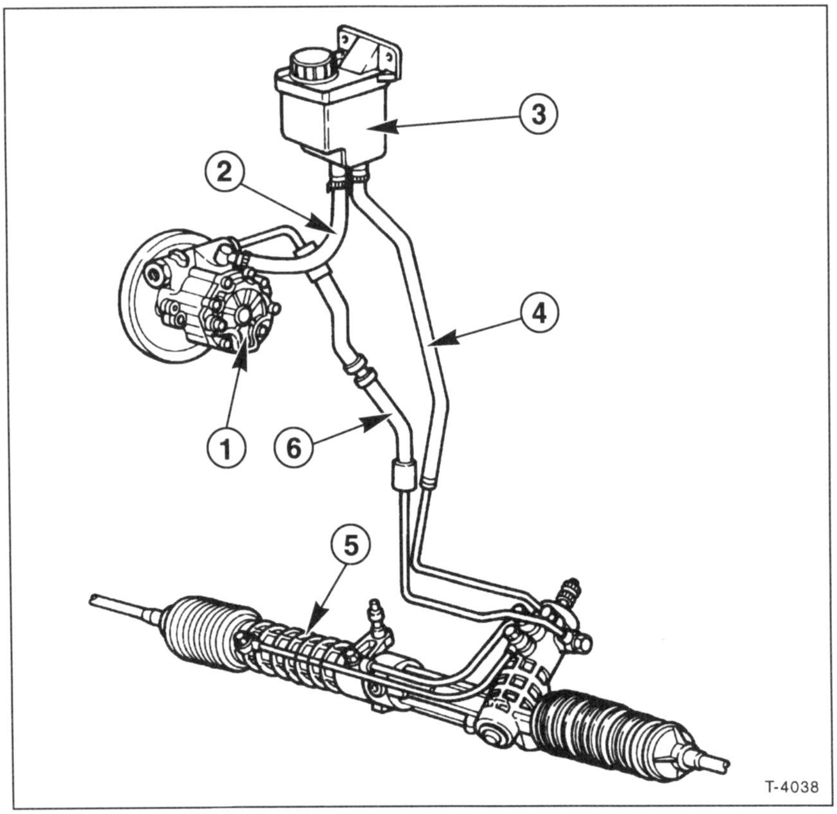

1 – Servopumpe

2 – Ölzuleitung zur Pumpe

3 – Vorratsbehälter

4 – Ölrückflußleitung zum Vorratsbehälter

5 – Servolenkgetriebe

6 – Öldruckleitung

Lenkrad mit Airbag

Der Fahrer-**Airbag** ist als zusammengefalteter Luftsack im Lenkrad untergebracht. Im Fall einer stärkeren Frontalkollision wird über ein Steuergerät eine kleine Sprengladung in der Airbag-Einheit gezündet, die Abgase der Explosion blasen den Luftsack innerhalb weniger Millisekunden auf. Diese Zeit reicht aus, den Aufprall des nach vorn schnellenden Fahrers zu dämpfen. Der Airbag fällt dann innerhalb weniger Sekunden in sich zusammen, da die Gase durch Austrittsöffnungen entweichen.

Achtung: Arbeiten am Airbag-System müssen aus Sicherheitsgründen von einer FIAT-Werkstatt durchgeführt werden. Explosionsgefahr!

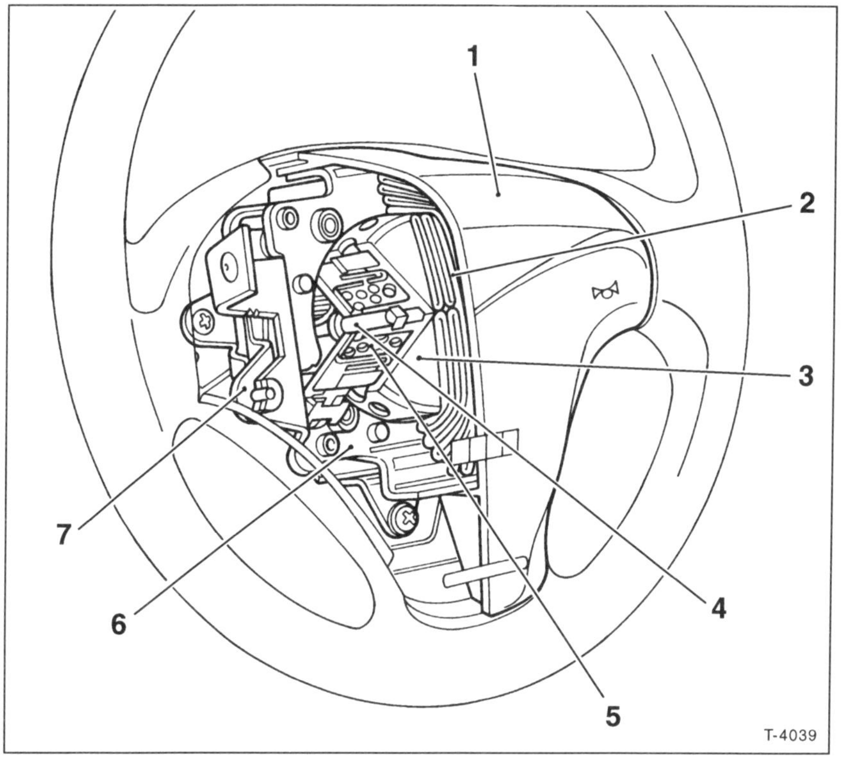

1 – Airbag-Modul
2 – Luftsack
3 – Gasgenerator
4 – Auslösevorrichtung
5 – Zündladung
6 – Einbauplatte des Gasgenerators
7 – Wippe für Signalhorn
8 – Lenkrad

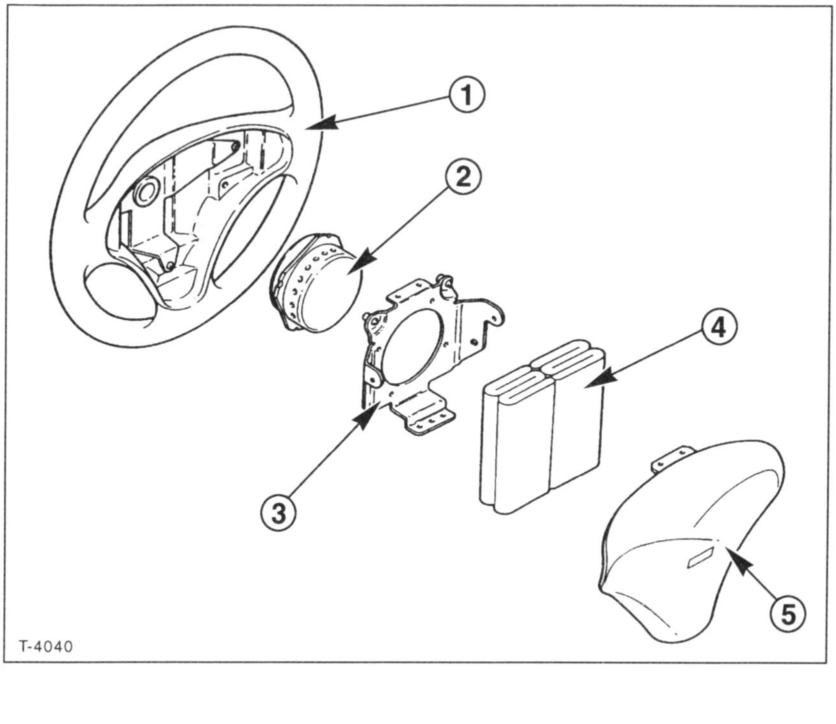

1 – Lenkrad
2 – Gasgenerator
3 – Einbauplatte für Airbag
4 – Luftsack
5 – Deckel für Luftsack

Sicherheitsmaßnahmen zum Airbag

- Austausch- und Überprüfungsarbeiten am Airbag-System dürfen nur von der Fachwerkstatt durchgeführt werden. Grundsätzlich dürfen keinerlei Veränderungen vorgenommen werden.
- Das Airbag-Lenkrad darf nur durch ein vom Fahrzeughersteller freigegebenes Lenkrad ersetzt werden.
- Die Polsterplatte des Lenkrades darf weder beklebt noch überzogen oder andersweitig bearbeitet werden. Sie darf nur mit einem trockenen oder einem durch Wasser angefeuchteten Tuch sowie mit einem vom Fahrzeughersteller freigegebenen Reiniger gereinigt werden.
- Der Airbag ersetzt nicht das Anlegen des Sicherheitsgurtes. Die Fahrzeuginsassen müssen angeschnallt sein, nur dann werden sie optimal geschützt.
- Der Fahrersitz muß immer der Körpergröße entsprechend richtig eingestellt sein.
- Bei Fahrzeugen mit Beifahrer-Airbag dürfen auf dem Beifahrersitz keine Babysitze montiert werden, Kindersitze nur in bestimmten Ausführungen. Dabei muß der Beifahrersitz ganz nach hinten geschoben werden. Welche Sitze zugelassen sind, kann aus der Betriebsanleitung ersehen oder beim FIAT-Händler erfragt werden.
- Wurde aufgrund eines Unfalls der Airbag ausgelöst, müssen Steuergerät, Airbag-Einheit und Kontakteinheit durch Neuteile ersetzt werden (Werkstattarbeit).
- Vor Aufnahme von Arbeiten am Airbag-System, in der Nähe des Airbag-Systems, auf den Sitzen oder an der elektrischen Anlage Zündschlüssel auf »STOP« drehen. Batterie-Massekabel abklemmen. Anschließend Minuspol an der Batterie isolieren, um versehentlichen elektrischen Kontakt zu vermeiden. Sicherung für das elektronische Steuergerät des Airbag-Systems herausziehen. Anschließend ca. 10 Minuten warten, bis sich der Kondensator des Systems entladen hat.
- Vor Ausbau des Lenkrades ist die Lenksäule in der Stellung Geradeausfahrt zu arretieren, damit bei späterer Montage die Kontakteinheit nicht zerstört wird.
- Die Airbag-Einheit ist immer so aufzubewahren, daß die gepolsterte Seite nach oben zeigt.
- Eine nicht ausgelöste, ausgebaute Airbag-Einheit muß bei länger andauernder Fahrzeug-Reparatur unter Verschluß gelagert werden.
- Die Airbag-Einheit darf nicht mit Fett, Reinigungs- oder ähnlichen Mitteln (aggressiven Stoffen) behandelt werden.
- Die Airbag-Einheit und das Steuergerät sind schlagempfindlich. Falls sie von einer größeren Höhe als 50 cm herunterfallen, dürfen diese nicht mehr eingebaut werden. Bei geringerer Höhe Airbag in der Werkstatt prüfen lassen.
- Bei Schweißarbeiten muß die Polklemme des Schweißgerätes unmittelbar an der Schweißstelle angebracht werden. Auf jeden Fall sind das Steuergerät vom Kabelsatz zu trennen und die Steckverbindung zum Gasgenerator zu trennen.
- Das Steuergerät des Airbag-Systems befindet sich unter Armaturenbrett und Mittelkonsole auf dem Fahrzeugtunnel.
- Die Airbag-Einheit sowie das Steuergerät dürfen auch kurzzeitig keiner Temperatur von mehr als +90° C ausgesetzt werden. Beschädigte bzw. defekte Einzelteile dürfen keinesfalls repariert werden. Die Komponenten des Airbag-Systems dürfen nicht gewaltsam geöffnet werden. Vor dem Einbau erneut überprüfen, ob die Batterie abgeklemmt, der Minuspol abgedeckt und der Zündschlüssel in 0-Stellung gebracht ist.
- Auf keinen Fall darf der Airbag selbst entsorgt werden. Explosionsgefahr!
- Hinweise zum Gurtstraffersystem beachten, siehe Seite 225.
- Beim Ausbau des Airbag-Moduls Schutzbrille tragen.
- Airbag-Modul nie an den Kabeln oder am Stecker auf der Unterseite anheben oder wegtragen.
- Keine Spannung am ausgebauten Airbag-Modul anlegen.

Systemkontrolle

- Die Kontrolleuchte für Airbag/Gurtstraffersystem muß beim Einschalten der Zündung aufleuchten und nach etwa 4 Sekunden erlöschen.
- Eine Systemstörung liegt auch vor, wenn die Kontrollleuchte beim Einschalten der Zündung nicht aufleuchtet.
- Erlischt die Leuchte nicht oder leuchtet sie während der Fahrt auf, liegt eine Störung im Airbag-System vor. Es muß davon ausgegangen werden, daß das Airbag-System dann nicht mehr funktionsfähig ist.

Lenkrad aus- und einbauen

Achtung: Unbedingt »Sicherheitsmaßnahmen zum Airbag« durchlesen.

Ausbau

- Zündung ausschalten.
- Batterie-Massekabel (–) abklemmen. **Achtung:** Dadurch werden elektronische Speicher gelöscht, wie zum Beispiel Motor-Betriebswerte. Hinweise im Kapitel »Batterie aus- und einbauen« beachten.
- Minuspol an der Batterie isolieren, um versehentlichen elektrischen Kontakt zu vermeiden.
- Sicherung für das elektronische Steuergerät des Airbag-Systems herausziehen. Anschließend ca. 10 Minuten warten, bis sich der Kondensator des Systems entladen hat. Sicherungen, siehe Seite 248.

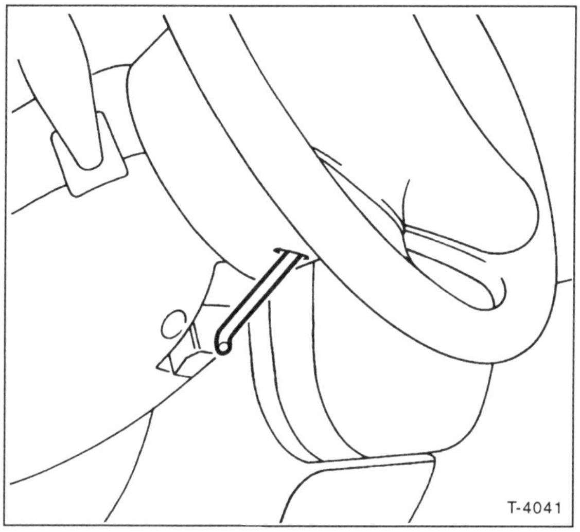

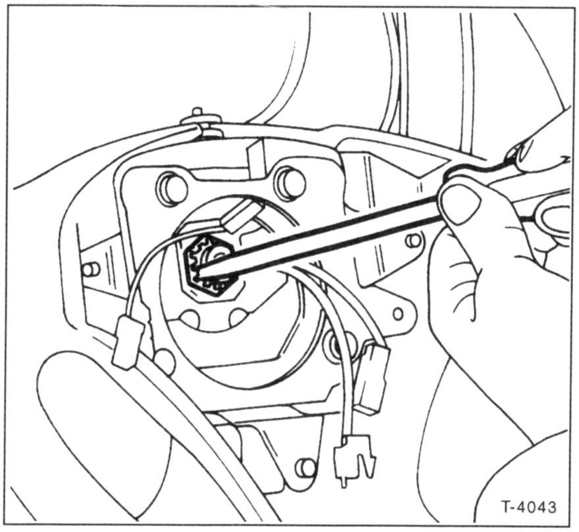

- Airbag-Modul von hinten durch die Öffnungen im Lenkrad mit Innensechskantschlüssel SW5 abschrauben.
- Haltescheibe für Lenkradmutter abnehmen, dazu die Zähne mit Schraubendreher anheben.

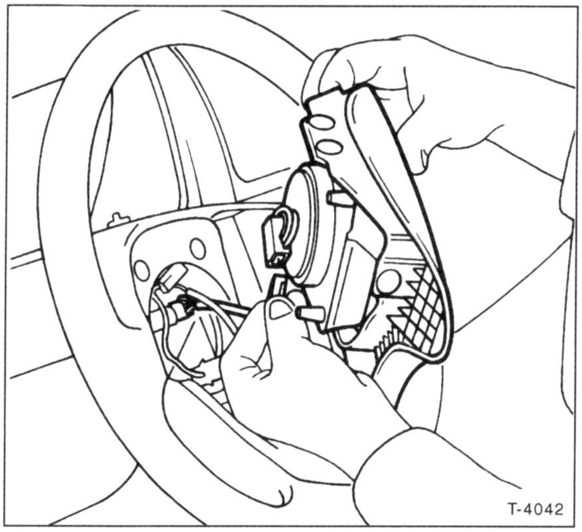

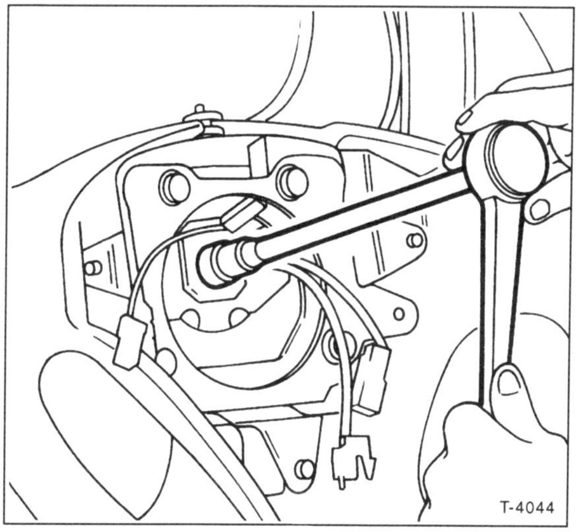

- Airbag-Modul abheben und etwas nach rechts drehen. Elektrische Anschlüsse abziehen, dabei nicht an den Kabeln ziehen.
- Airbag-Modul herausnehmen.
- Airbag auf weicher Unterlage ablegen. Dabei muß der Airbag für den Fall eines unbeabsichtigten Auslösens mit nach unten gerichtetem Mechanismus abgelegt werden. Die Abdeckung des Airbag zeigt nach oben.
- Mutter für Lenkrad herausdrehen, dabei Lenkrad von Hand festhalten.
- Stellung des Lenkrades zur Lenkspindel markieren. Dazu mit Filzstift einen Strich über Lenkrad und Lenkspindel ziehen.
- Lenkrad von der Lenkspindel abziehen. Dazu ist eine kräftige Person erforderlich, da das Lenkrad recht fest sitzt.

Einbau

- Prüfen, ob sich der Blinkerhebel in Mittelstellung befindet, sonst kann beim Aufschieben des Lenkrades der Nocken beschädigt werden.
- Anschlußkabel für Airbag auf einwandfreien Zustand sichtprüfen.
- Sicherstellen, daß sich die Räder in Geradeausstellung befinden.

- Lenkrad am Lenkstockschalter ansetzen und Kabel auf der rechten Seite durch den Schlitz des Lenkrades führen.
- Lenkrad in den Lenkstockschalter einsetzen und Zentrierung der beiden »Köpfe« der Spiralkabelvorrichtung suchen. Dabei darauf achten, daß die elektrischen Kabel nicht eingeklemmt werden.
- Lenkrad so auf den Konus der Lenkspindel aufschieben, daß die beim Ausbau angebrachten Markierungen übereinstimmen.
- Befestigungsmutter für Lenkrad mit **50 Nm** anschrauben. Dabei Lenkrad festhalten.

Achtung: Beim Einbau des Airbag-Moduls darauf achten, daß man sich immer seitlich neben dem Modul aufhält.

- Airbag-Modul ansetzen. Mehrfachstecker für Airbag (gelb) und Hupenstecker (weiß) aufschieben. Die Stecker müssen hörbar einrasten.
- Airbag vorsichtig einsetzen und zunächst mit einer Schraube leicht anschrauben, nicht festziehen. **Achtung:** Keine Kraft auf das Modul ausüben, wenn es sich nicht problemlos einbauen läßt. Keine spitzen oder scharfen Werkzeuge verwenden.
- Zweite Halteschraube anschrauben. Dabei darauf achten, daß das Airbag-Modul am Lenkrad zentriert wird.
- Beide Schrauben für Airbag-Modul mit **8 Nm** festziehen.
- Prüfen, ob die Zündung ausgeschaltet ist.
- Batterie-Massekabel (–) anklemmen.
- Sicherung für elektronisches Airbag-Steuergerät einsetzen.
- Zündschlüssel auf »MARCIA« stellen und prüfen, ob die Airbag-Kontrolleuchte nach ca. 6 Sekunden ausgeht. Andernfalls Airbag-System in der Fachwerkstatt überprüfen lassen.
- Zeituhr einstellen.
- Falls erforderlich, Diebstahlcode für Radio eingeben.

Spurstangenkopf aus- und einbauen

Achtung: Auf Rechts- beziehungsweise Links-Innengewinde der Spurstangenköpfe achten. Die Spurstangenköpfe sind mit »TRW-L« und »TRW-R« gekennzeichnet.

Ausbau

- Stellung der Vorderräder zur Radnabe mit Farbe kennzeichnen. Dadurch kann das ausgewuchtete Rad wieder in derselben Position montiert werden. Radschrauben lösen, dabei muß das Fahrzeug auf dem Boden stehen. Fahrzeug vorn aufbocken und Vorderräder abnehmen.

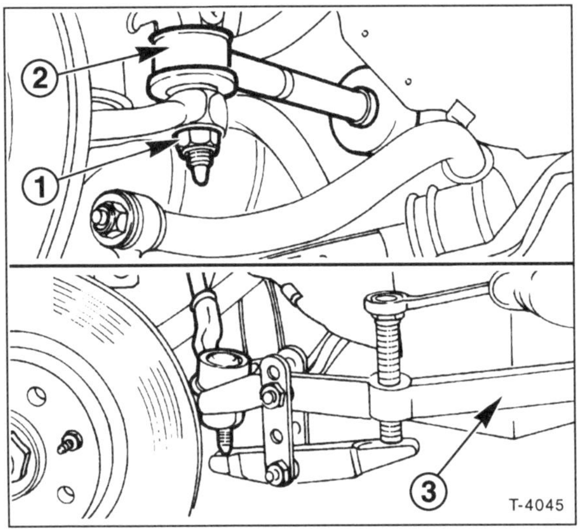

- Selbstsichernde Mutter –1– vom Spurstangengelenk –2– abschrauben.
- Spurstangengelenk mit handelsüblichem Ausdrücker –3– ausdrücken.

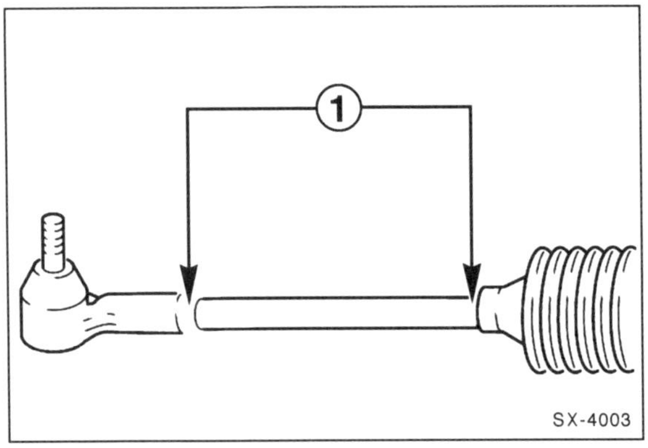

- Aufschraubtiefe –1– des Spurstangenkopfes auf der Spurstange messen und notieren.

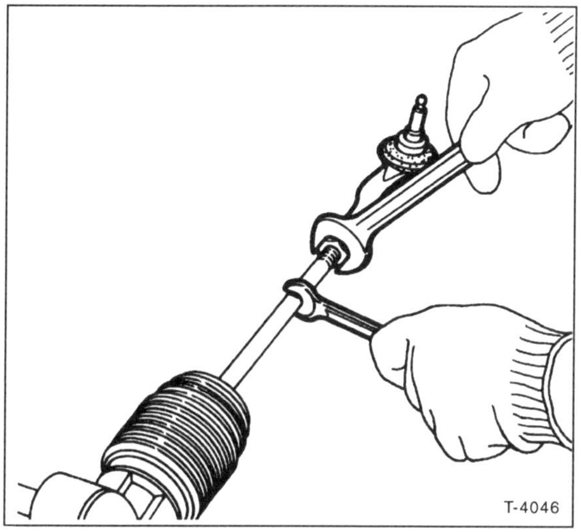

- Kontermutter lösen, dabei mit Maulschlüssel am Sechskant der Spurstange gegenhalten.
- Spurstangenkopf von der Spurstange abschrauben. **Achtung:** Zusätzlich Umdrehungen notieren, um Gelenk beim Einbau gleich weit aufschrauben zu können.

Einbau

- Spurstangengelenk entsprechend dem notierten Maß oder der gezählten Umdrehungen aufschrauben, Kontermutter noch nicht festziehen.

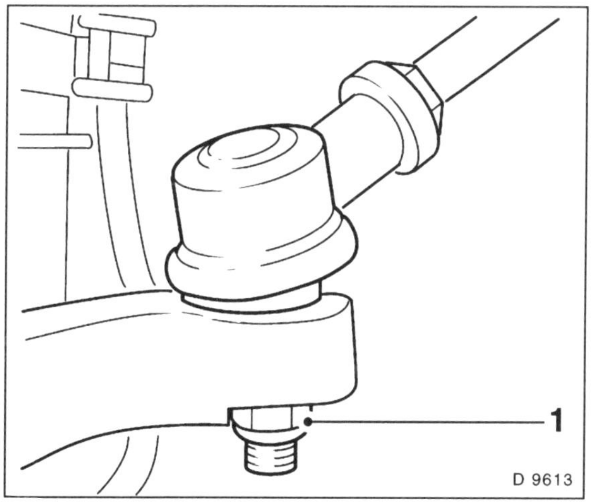

- Gelenk in den Lenkhebel einsetzen, **neue selbstsichernde Mutter** –1– mit **35 Nm** festziehen.
- Kontermutter für Spurstangenkopf festziehen, dabei mit Maulschlüssel am Sechskant der Spurstange gegenhalten.
- Vorderräder so ansetzen, daß die beim Ausbau angebrachten Markierungen übereinstimmen. Vorher Zentriersitz der Felge an der Radnabe sowie die Kegelfläche der Radschrauben mit Wälzlagerfett leicht einfetten. Gewinde der Radschrauben **nicht** fetten oder ölen. Räder anschrauben. Fahrzeug ablassen und Radschrauben über Kreuz mit **90 Nm** festziehen.
- Fahrzeug vermessen, gegebenenfalls Spur einstellen (Werkstattarbeit).

Spurstange aus- und einbauen

Ausbau

- Spurstangenkopf ausbauen.
- Manschette für die Spurstange ausbauen. Dazu Schlauchschellen mit Seitenschneider durchkneifen, Manschette abziehen.
- Lenkrad einschlagen, damit die Spurstange möglichst weit aus dem Lenkgetriebe heraussteht.

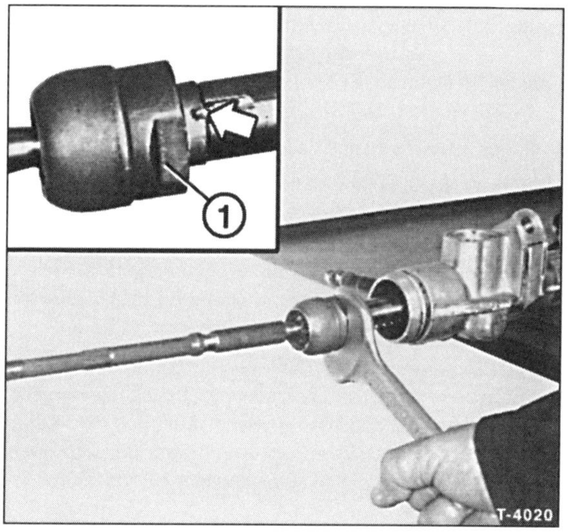

- Kugelbolzen von der Zahnstange abschrauben, dazu Gabelschlüssel an der abgeflachten Stelle –1– ansetzen.

Einbau

- Kugelkopf vor dem Einbau prüfen, gegebenenfalls ersetzen. Der Kugelbolzen darf nicht zu schwergängig sein, er muß sich frei in jeder Richtung bewegen lassen, darf sich aber nicht durch sein Eigengewicht verstellen.
- Kugelbolzen auf die Zahnstange aufschrauben. Anschließend Bund des Kugelbolzens mit der Nut der Zahnstange verstemmen –Pfeil–.
- Manschette einbauen.
- Spurstangenkopf mit **neuer, selbstsichernder Mutter** einbauen.
- Spur einstellen lassen.

Gummimanschette für Lenkung aus- und einbauen

Ausbau

- Stellung der Vorderräder zur Radnabe mit Farbe kennzeichnen. Dadurch kann das ausgewuchtete Rad wieder in derselben Position montiert werden. Radschrauben lösen, dabei muß das Fahrzeug auf dem Boden stehen. Fahrzeug vorn aufbocken und Vorderräder abnehmen.
- Spurstangenkopf ausbauen.
- Schellen an beiden Enden der Manschette mit Seitenschneider durchkneifen und beim Einbau durch neue Schellen ersetzen. Es können auch Schraubschellen verwendet werden.
- Gummimanschette nach außen abziehen.

Achtung: Falls Schmutz in das Lenkgetriebe eingedrungen ist, wovon man in der Regel ausgehen kann, wenn bereits eine Zeitlang mit defekter Manschette gefahren wurde, Fettfüllung im Lenkgetriebe erneuern. Eingedrungene Schmutzpartikel, mit dem Fett vermischt, wirken wie Schleifpaste und können das Lenkgetriebe über kurz oder lang zerstören.

- In diesem Fall beide Manschetten ausbauen und von der Spurstange abziehen, Lenkrad langsam nach beiden Seiten drehen und dadurch das Schmierfett aus dem Lenkgetriebe herausdrücken. Das Fett wird dadurch zwar nicht ganz, aber doch in ausreichender Menge herausgedrückt.

Einbau

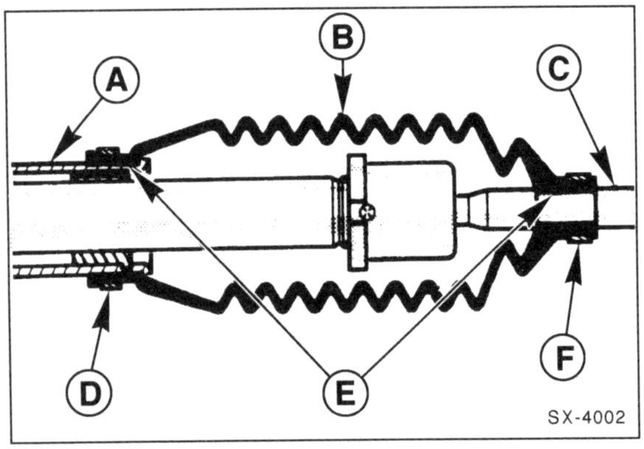

SX-4002

- Manschette innen am Bund etwas fetten –E– und über die Spurstange –C– aufziehen.
- Linke Gummimanschette vorerst ohne Schellen montieren, da hier das Fett eingefüllt wird.
- Rechte Manschette mit Schraubschelle –D– am Zahnstangengehäuse –A– und Spurstange –C– befestigen.
- Spurstangengelenke einbauen.
- Fahrzeug so aufbocken, daß die linke Fahrzeugseite etwas höher steht als die rechte Seite, damit das Fett beim Einfüllen durch das Lenkgetriebe läuft.
- »Spezialfett K-854« von FIAT seitlich in das Lenkgetriebe einfüllen. Zur Erleichterung des Einfüllvorgangs Zahnstange hin- und herbewegen.
- Linke Manschette mit Schraubschellen am Gehäuse und an der Spurstange befestigen.
- Vorderräder so ansetzen, daß die beim Ausbau angebrachten Markierungen übereinstimmen. Vorher Zentriersitz der Felge an der Radnabe sowie die Kegelfläche der Radschrauben mit Wälzlagerfett leicht einfetten. Gewinde der Radschrauben **nicht** fetten oder ölen. Räder anschrauben. Fahrzeug ablassen und Radschrauben über Kreuz mit **90 Nm** festziehen.

Lenkhilfepumpe (Servopumpe) aus- und einbauen

1,4-l-Motor

Ausbau

- Batterie-Massekabel (–) abklemmen. **Achtung:** Dadurch werden elektronische Speicher gelöscht, wie zum Beispiel Motor-Betriebswerte. Hinweise im Kapitel »Batterie aus- und einbauen« beachten.

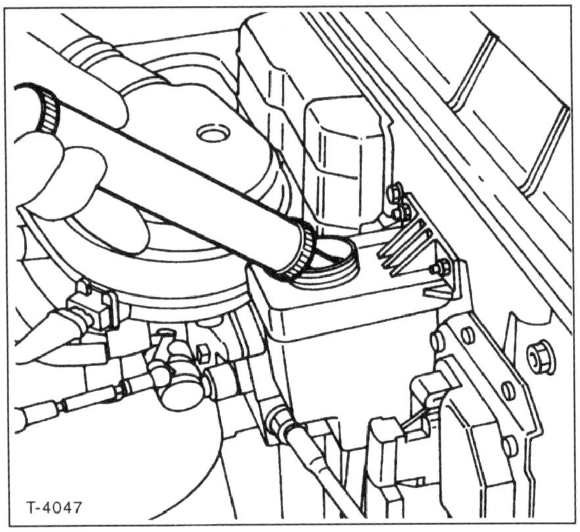
T-4047

- Vorratsbehälter mit einem handelsüblichen Saugheber entleeren.
- Auffangbehälter unter die Lenkhilfepumpe stellen und das beim Lösen der Leitungen austretende Hydrauliköl auffangen.

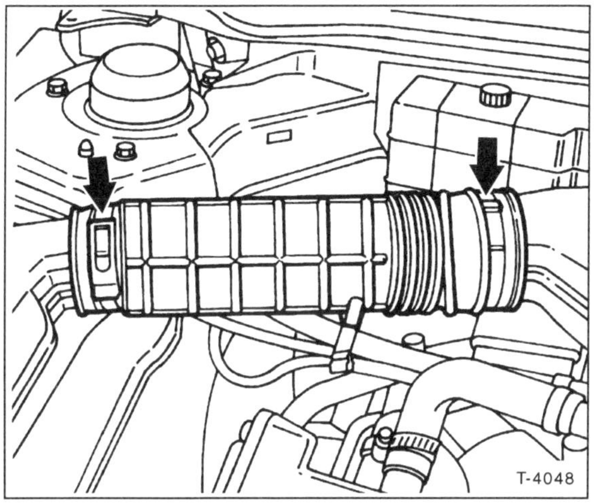

- Luftansaugleitung an beiden Enden abziehen und herausnehmen, vorher Schlauchschellen –Pfeile– lösen und zurückschieben.

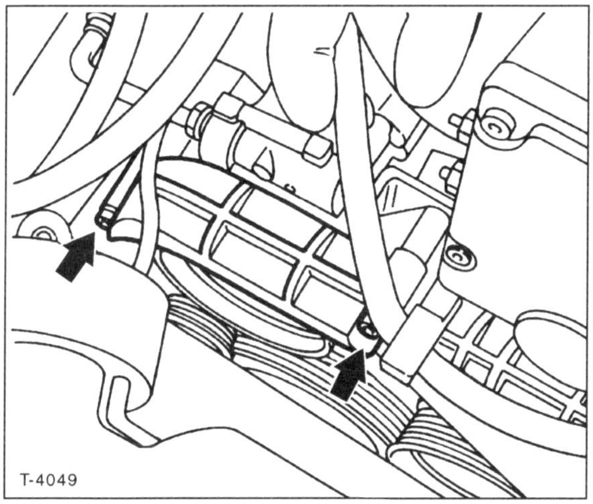

- Riemenschutzabdeckung abschrauben.

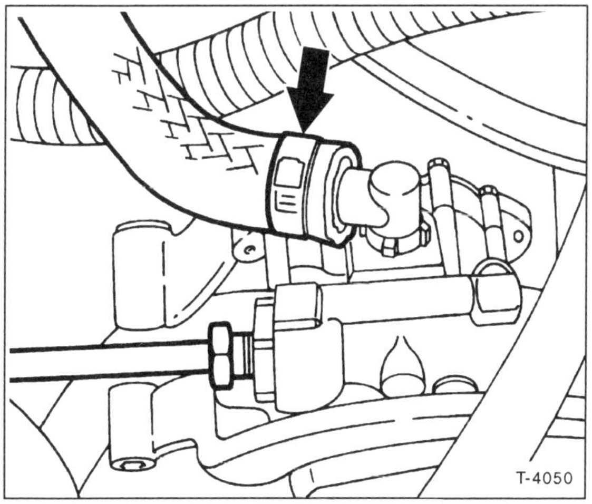

- Ölzulaufleitung von der Pumpe abziehen, vorher Schlauchschelle –Pfeil– öffnen.
- Ölrücklaufleitung mit Überwurfmutter von der Pumpe abschrauben.
- Stellung des rechten Vorderrades zur Radnabe mit Farbe kennzeichnen. Dadurch kann das ausgewuchtete Rad wieder in derselben Position montiert werden. Radschrauben lösen, dabei muß das Fahrzeug auf dem Boden stehen. Fahrzeug vorn aufbocken und Vorderrad abnehmen.

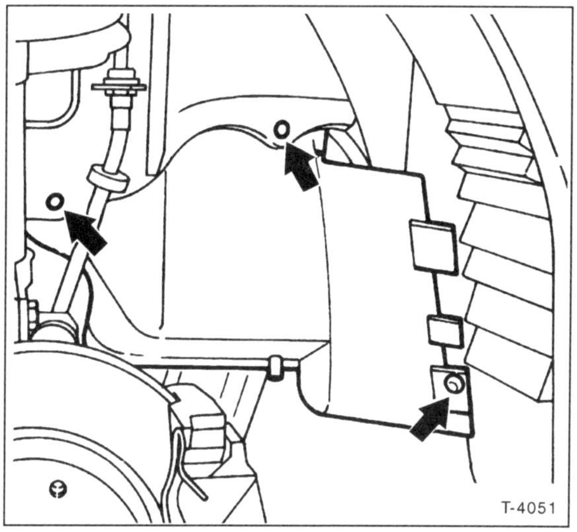

- Rechte Radkastenverkleidung abschrauben und ausclipsen.
- Befestigungsschrauben für Riemenscheibe der Servopumpe lösen.
- Keilrippenriemen entspannen und abnehmen, siehe Seite 58.
- Riemenscheibe abschrauben und herausnehmen.

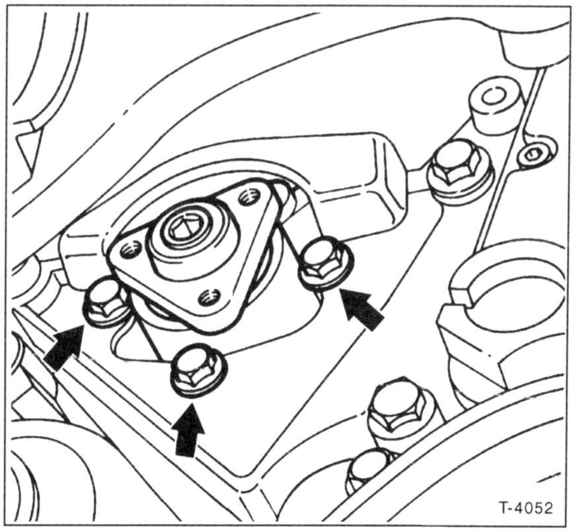

- Servopumpe am Halter abschrauben und herausnehmen.

Einbau

- Lenkhilfepumpe in den Halter einsetzen und anschrauben. M6/M8-Schrauben mit **25 Nm,** M10-Schrauben mit **50 Nm** festziehen.
- Keilrippenriemen einbauen und spannen, siehe Seite 58.
- Druckleitung mit **neuem** O-Ring an die Pumpe mit **35 Nm** anschrauben.
- Saugschlauch vom Vorratsbehälter an der Pumpe aufstecken und mit Schelle sichern.
- Vorratsbehälter mit **neuer** Hydraulikflüssigkeit auffüllen. **Spezifikation:** Hydrauliköl entsprechend FIAT-Spezifikation: TUTELA GI/A, entspricht ATF-Flüssigkeit »Dexron II«.

Achtung: Grundsätzlich nur neues Öl nachfüllen, da selbst kleinste Verunreinigungen zu Störungen an der hydraulischen Anlage führen können. Darauf achten, daß das Hydrauliköl vor dem Einfüllen nicht geschüttelt wird, da es sonst zur Bildung von Luftblasen kommt.

- Öl langsam einfüllen, um die Entstehung von Luftblasen zu vermeiden.
- Batterie-Massekabel (–) anklemmen.
- Zeituhr einstellen.
- Diebstahlcode für Radio eingeben.
- Lenksystem entlüften.

Speziell 1,6-l-Motor:

- Kühlleitung für Generator ausbauen.

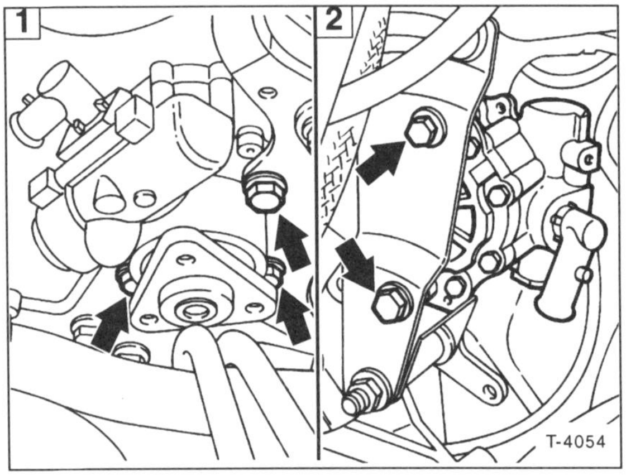

- Servopumpe mit 3 Schrauben vorn –1– und 2 Schrauben hinten –2– vom Halter abschrauben und herausnehmen.

Lenkhilfe entlüften

Luft im Hydrauliksystem macht die Lenkhilfe unwirksam. Die Luft kann in das System eindringen, wenn die Anlage bei Reparaturen geöffnet wurde, oder wenn durch Undichtigkeiten der Flüssigkeitsspiegel im Vorratsbehälter soweit abgesunken ist, daß die Pumpe Luft ansaugt.

Zum Nach- beziehungsweise Auffüllen darf nur **neue** Hydraulikflüssigkeit (ATF-Öl) verwendet werden. FIAT-Spezifikation TUTELA GI/A oder ATF-Flüssigkeit »Dexron II«.

Achtung: Die Hydraulikflüssigkeit darf vor dem Einfüllen nicht geschüttelt werden, da es sonst zur Luftblasenbildung kommen kann.

Entlüften

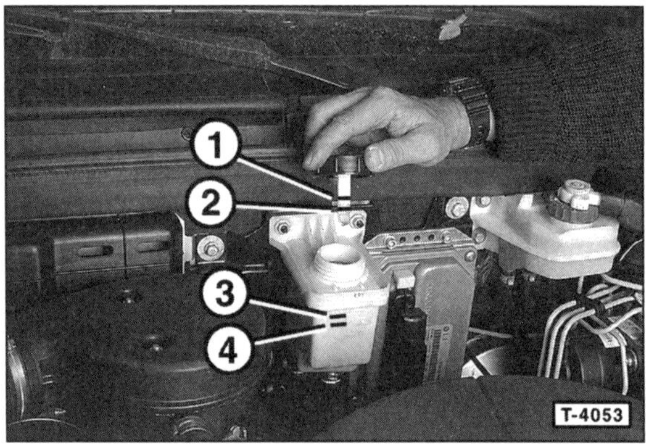

- Vorratsbehälter mit neuer, sauberer und blasenfreier Hydraulikflüssigkeit bis zur »MAX«-Markierung –1/3– auffüllen. **Achtung:** Das Öl muß langsam eingefüllt werden, um Blasenbildung zu vermeiden.
- Motor starten und dabei das Lenkrad langsam drei bis viermal von Anschlag zu Anschlag drehen.
- Von Helfer Flüssigkeitsstand im Vorratsbehälter beobachten lassen. Der Flüssigkeitsstand darf nicht unter die MIN-Markierung –2/4– sinken, gegebenenfalls Hydraulikflüssigkeit nachfüllen.
- Vorgang solange wiederholen, bis keine Luftblasen mehr im Vorratsbehälter aufsteigen.
- Lenkhilfe auf Undichtigkeit hin untersuchen. Leitungsanschlüsse, Manschetten der Zahnstange und Ventilgehäuse auf Ölverlust nach außen überprüfen.
- Motor abstellen und Ölstand nochmals prüfen, gegebenenfalls Hydrauliköl nachfüllen.

Fahrzeugvermessung

Optimale Fahreigenschaften und geringster Reifenverschleiß sind nur dann zu erzielen, wenn die Stellung der Räder einwandfrei ist. Bei erhöhter und ungleichmäßiger Reifenabnutzung sowie mangelhafter Straßenlage – bei schlechter Richtungsstabilität in Geradeausfahrt sowie schlechten Lenkeigenschaften in Kurvenfahrt – sollte die Werkstatt aufgesucht werden, um den Wagen optisch vermessen zu lassen.
Die Fahrzeugvermessung kann ohne eine entsprechende Meßanlage nicht durchgeführt werden. Ich beschränke mich deshalb hier auf die Beschreibung der für die Vermessung erforderlichen Grundbegriffe.

Spur/Sturz/Spreizung/Nachlauf

Als **Spur** bezeichnet man den seitlichen Abstand der Räder voneinander. Vorspur bedeutet, daß die Räder – in Höhe des Radmittelpunktes gemessen – vorn etwas enger zusammenstehen als hinten. Nachspur bedeutet, daß die Vorderräder vorn etwas weiter auseinanderstehen als hinten.
Sturz und Spreizung vermindern die Übertragung von Fahrbahnstößen auf die Lenkung und halten bei Kurvenfahrt die Reibung möglichst gering.

Sturz ist der Winkel, um den die Radebene von der Senkrechten abweicht. Die Vorderräder stehen also schräg, bei negativem Sturz beispielsweise im Radaufstandspunkt mehr auseinander als oben.

Spreizung ist der Winkel zwischen der Schwenkachse des Achsschenkels und der Senkrechten im Reifenaufstandspunkt, in Längsrichtung des Wagens gesehen.

Nachlauf ist der Winkel zwischen der Schwenkachse des Achsschenkels und der Senkrechten im Reifenaufstandspunkt in Querrichtung des Fahrzeuges gesehen. Der Nachlauf beeinflußt maßgeblich die Geradeausführung der Vorderräder. Zu geringer Nachlauf begünstigt ein Abweichen aus der Fahrtrichtung auf schlechten Straßen oder bei Seitenwind und läßt zudem nach der Kurvenfahrt die Lenkung nicht weit genug zur Mittelstellung zurücklaufen.

Prüfvoraussetzungen

- Lenkung richtig eingestellt.
- Kein unzulässiges Spiel in den Spurstangen- und Achsgelenken sowie Radlagern. Felgen und Reifen in einwandfreiem Zustand.
- Reifenfülldruck auf Sollwert eingestellt.
- Fahrzeug in Leergewichtszustand: Reserverad und Wagenheber befinden sich an den dafür vorgesehenen Stellen. Sonst muß das Fahrzeug leer sein. 5 l Kraftstoff im Vorratsbehälter.
- Fahrzeug vorher kräftig durchgefedert

Achseinstellwerte

vorn	Vorspur	0 ± 1 mm
	Radsturz*	– 0°7' ± 30' (– 0°33' ± 30')
	Nachlauf*	3°30' ± 30' (2°50' ± 30')
hinten	Vorspur*	– 0,5 ± 2,0 mm
	Radsturz*	– 1°± 30'

*) nicht einstellbar – Klammerwerte = BRAVO '96

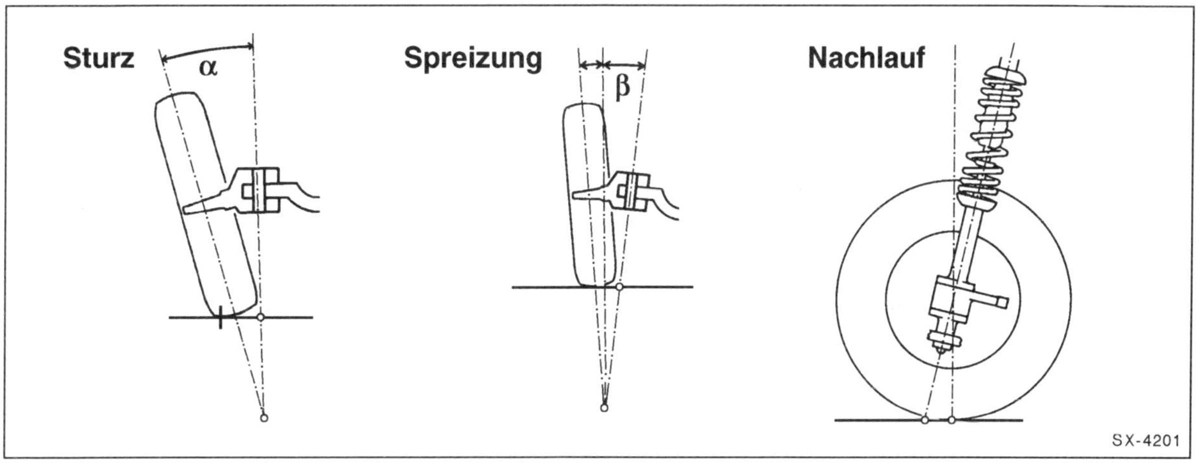

Bremsanlage

Das Bremssystem besteht aus dem Hauptbremszylinder, dem Bremskraftverstärker, den Scheibenbremsen für die Vorderräder und den Trommelbremsen für die Hinterräder. Leistungsstarke Modelle und Fahrzeuge mit ABS besitzen an beiden Achsen Scheibenbremsen.

Das hydraulische Bremssystem ist in zwei Kreise aufgeteilt, die diagonal wirken. Und zwar wirkt jeweils ein Bremskreis vorn rechts/hinten links und der andere Bremskreis vorn links/hinten rechts. Dadurch kann bei Ausfall eines Bremskreises, zum Beispiel durch Undichtigkeit, das Fahrzeug über den anderen Bremskreis zum Stehen gebracht werden. Der Druck für beide Bremskreise wird im Tandem-Hauptbremszylinder über das Bremspedal aufgebaut.

Der Bremsflüssigkeitsbehälter befindet sich im Motorraum über dem Hauptbremszylinder und versorgt das ganze Bremssystem mit Bremsflüssigkeit.

Der Bremskraftverstärker speichert beim Benzinmotor einen Teil des vom Motor erzeugten Ansaug-Unterdruckes. Bei Bedarf wird die Pedalkraft durch den Unterdruck verstärkt. Da beim Dieselmotor der Ansaug-Unterdruck nicht ausreicht, erzeugt eine am Zylinderkopf angeflanschte Vakuumpumpe den Unterdruck für den Bremskraftverstärker. Die Vakuumpumpe wird durch die Nockenwelle angetrieben.

Ein Bremskraftregler an der Hinterachse steuert in Abhängigkeit von der Fahrzeugbelastung den Bremsdruck für die Hin-

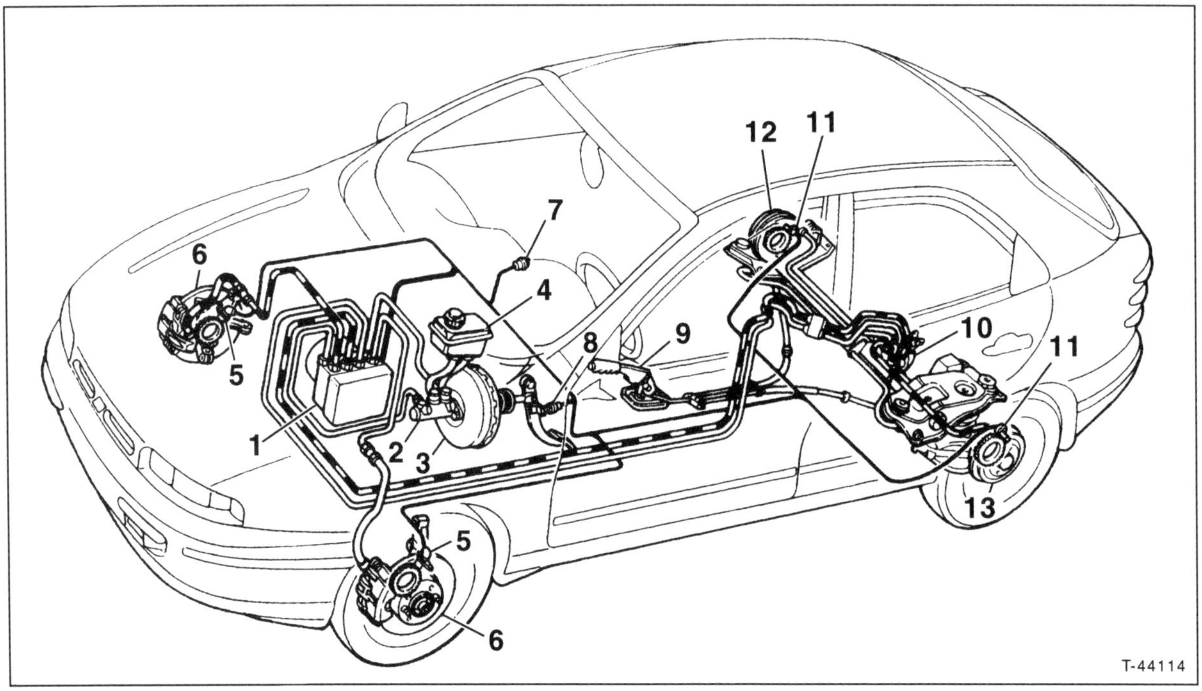

Bremsanlage mit ABS (Antiblockiersystem)

1 – Elektrohydraulische Steuereinheit
2 – Hauptbremszylinder
3 – Bremskraftverstärker
4 – Bremsflüssigkeitsbehälter
5 – Drehzahlfühler vorn
6– Scheibenbremse vorn
7 – ABS-Kontrolleuchte
8 – Bremslichtschalter
9 – Handbremshebel
10 – Bremskraftregler
11 – Drehzahlfühler hinten
12 – Trommelbremsen hinten (außer 2,0-l)
▭ Bremskreis rechts vorn/links hinten
▬ Bremskreis links vorn/rechts hinten

terräder. Dadurch wird ein Überbremsen der Hinterräder vermieden und die Stabilität des Fahrzeuges beim Bremsen verbessert.

Die vorderen Scheibenbremsen sind mit einem sogenannten Faustsattel ausgestattet. Bei einem Faustsattel wird nur ein Kolben benötigt, um beide Bremsbeläge gegen die Bremsscheibe zu drücken.

Die Handbremse wirkt über Seilzüge auf die Hinterräder.

Die Scheibenbremsbeläge wie auch die Bremsbacken der hinteren Trommelbremse stellen sich automatisch nach, so daß eine Einstellung der Hinterradbremse nur nach einer Reparatur, bei der die Bremsanlage zerlegt wurde, erforderlich wird.

Beim Reinigen der Bremsanlage fällt Bremsstaub an. Dieser Staub kann zu gesundheitlichen Schäden führen. Deshalb beim Reinigen der Bremsanlage darauf achten, daß der Bremsstaub nicht eingeatmet wird.

Die Bremsbeläge sind Bestandteil der Allgemeinen Betriebserlaubnis (ABE), außerdem sind sie vom Werk auf das jeweilige Fahrzeugmodell abgestimmt. Es empfiehlt sich deshalb, nur von FIAT beziehungsweise vom Kraftfahrtbundesamt freigegebene Bremsbeläge zu verwenden. Diese Bremsbeläge haben eine KBA-Freigabenummer.

Das Arbeiten an der Bremsanlage erfordert peinliche Sauberkeit und exakte Arbeitsweise. Falls die nötige Arbeitserfahrung fehlt, sollten die Arbeiten an der Bremse von einer Fachwerkstatt durchgeführt werden.

Hinweis: Auf stark regennassen Fahrbahnen sollte während des Fahrens die Bremse von Zeit zu Zeit betätigt werden, um die Bremsscheiben von Rückständen zu befreien. Durch die Zentrifugalkraft während der Fahrt wird zwar das Wasser von den Bremsscheiben geschleudert, doch bleibt teilweise ein dünner Film von Silikonen, Gummiabrieb, Fett und Verschmutzungen zurück, der das Ansprechen der Bremse vermindert.

Wird das Fahrzeug nach einer Regenfahrt abgestellt, insbesondere im Winter bei Streusalzeinwirkung, ist es zweckmäßig, die Bremse vorher mit leichter Pedalkraft bis zum Stillstand zu betätigen. Dadurch trocknen die Bremsscheiben und können nicht so leicht korrodieren.

Nach dem Einbau von neuen Bremsbelägen müssen diese eingebremst werden. Während einer Fahrtstrecke von rund 200 km sollten unnötige Vollbremsungen unterbleiben.

Korrodierte Scheibenbremsen erzeugen beim Abbremsen einen Rubbeleffekt, der sich auch durch längeres Abbremsen nicht beseitigen läßt. In diesem Fall müssen die Bremsscheiben erneuert werden.

Eingebrannter Schmutz auf den Bremsbelägen und zugesetzte Regennuten in den Bremsbelägen führen zur Riefenbildung auf den Bremsscheiben. Dadurch kann eine verminderte Bremswirkung eintreten.

Achtung: Wird nach einer Kurvenfahrt ein unterschiedlicher Pedalweg festgestellt, dann muß die Bremsscheibe am äußeren Durchmesser auf Seitenschlag geprüft werden, gegebenenfalls ist die Bremsscheibe zu erneuern.

Die ABS-Anlage

Je nach Modell und Ausstattung besitzt der FIAT BRAVO/BRAVA serienmäßig ein Anti-Blockier-System. Ein nachträglicher Einbau des Anti-Blockier-Systems (ABS) ist nicht möglich.

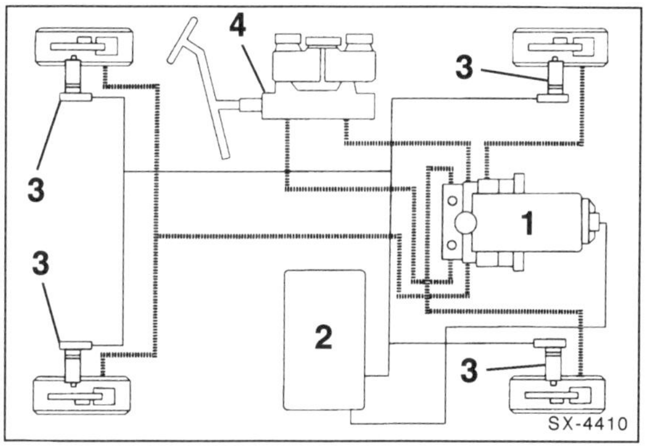

Das ABS besteht aus der elektrohydraulischen Steuereinheit –1– mit integriertem elektronischen Steuergerät –2–, der ABS-Kontrolleuchte, den Drehzahlfühlern –3– und Impulszahnrädern an allen vier Rädern. 4 – Hauptbremszylinder.

Das ABS verhindert bei scharfem Abbremsen das Blockieren der Räder. Dadurch bleibt bei einer Vollbremsung das Fahrzeug lenkbar. Für den Fahrer ist die Antiblockier-Regelung am Pulsieren des Bremspedals und an Geräuschen der Hydraulikeinheit im Motorraum erkennbar.

Eine Sicherheitsschaltung im elektronischen Steuergerät sorgt dafür, daß sich das ABS bei einem Defekt (z. B. Kabelbruch) oder bei zu niedriger Betriebsspannung (Batteriespannung unter 10,5 Volt) selbst abschaltet, dies wird durch das Leuchten der ABS-Kontrollampe am Armaturenbrett angezeigt. Die herkömmliche Bremsanlage bleibt dabei in Betrieb. Das Fahrzeug verhält sich dann beim Bremsen so, als ob keine ABS-Anlage eingebaut wäre.

Leuchtet die ABS-Kontrollampe im Armaturenbrett während der Fahrt auf, folgende Punkte beachten:

- Fahrzeug kurz anhalten, Motor abstellen und wieder starten.
- Batteriespannung prüfen. Wenn die Spannung unter 10,5 Volt liegt, Batterie laden.

Achtung: Wenn die ABS-Kontrolleuchte am Anfang einer Fahrt aufleuchtet und nach einiger Zeit wieder erlöscht, deutet das darauf hin, daß die Batteriespannung zunächst zu gering war, bis sie sich während der Fahrt durch Ladung über den Generator wieder erhöht hat.

- Prüfen, ob die Batterieklemmen richtig festgezogen sind und einwandfreien Kontakt haben.
- Fahrzeug aufbocken, Räder abnehmen, elektrische Leitungen zu den Drehzahlfühlern auf äußere Beschädigungen (Scheuerstellen) prüfen. Weitere Prüfungen des ABS sollten der Werkstatt vorbehalten bleiben.

Achtung: Vor Schweißarbeiten mit einem elektrischen Schweißgerät muß der Stecker vom elektronischen Steuergerät abgezogen werden. Stecker nur bei ausgeschalteter Zündung abziehen. Bei Lackierarbeiten darf das Steuergerät mit max. +85° C belastet werden.

Technische Daten Bremsanlage

Scheibenbremse

Motor	1,4-/1,6-l-Benziner 1,9-l TD	1,8-l 16V	2,0-l 16V vorn	2,0-l 16V hinten
Bremsscheiben-Durchmesser, neu	257 mm	257 mm	283,8 - 284,2 mm	240 mm
Bremsscheiben-Dicke, neu	11,8 - 12,1 mm	19,8 - 20,1 mm	21,9 - 22,1 mm	10,8 - 11,1 mm
Mindestdicke der Bremsscheibe nach Feinstdrehen	11,1 mm	18,6 mm	20,6 mm	10,1 mm
Verschleißgrenze der Bremsscheibe	10,2 mm	18,2 mm	20,2 mm	9,2 mm
Mindestdicke der Bremsbeläge (ohne Rückenplatte)	1,5 mm	1,5 mm	1,5 mm	1,5 mm

Trommelbremse hinten

Motor	1,4-/1,6-/1,8-l Benziner	1,9-l TD
Bremstrommel-Durchmesser, neu	180 - 180,25 mm	203,1 - 203,4 mm
Mindest-∅ der Bremstrommel nach Feinstdrehen	180,95 mm	204,1 mm
Verschleißgrenze der Bremstrommel	181,35 mm	204,7 mm
Mindestdicke der Bremsbeläge (ohne Bremsbacke)	1,5 mm	1,5 mm
Durchmesser Radbremszylinder	22,0 mm	22,0 mm

Bremsbeläge vorn aus- und einbauen

Bremssattel vorn

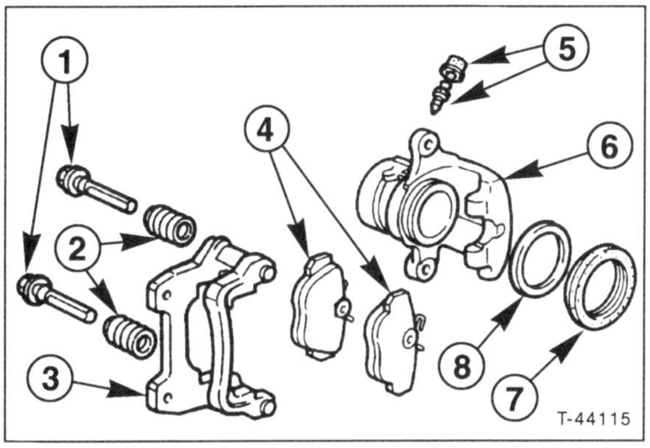

1 – Halteschrauben
2 – Gummimanschetten
3 – Bremsträger
4 – Bremsbeläge
5 – Entlüftungsschraube
6 – Bremssattel
7 – Schutzkappe
8 – Dichtung

Ausbau

Achtung: Sollen die Bremsbeläge wieder verwendet werden, so müssen sie beim Ausbau gekennzeichnet werden. Ein Wechsel der Beläge vom rechten zum linken Rad und umgekehrt ist nicht zulässig. Der Wechsel kann zu ungleichmäßiger Bremswirkung führen. Grundsätzlich sollte man nur Original FIAT-, beziehungsweise von FIAT freigegebene Bremsbeläge verwenden. **Grundsätzlich alle Scheibenbremsbeläge vorn gleichzeitig ersetzen, auch wenn nur ein Belag die Verschleißgrenze erreicht hat.**

- Stellung der Vorderräder zur Radnabe mit Farbe kennzeichnen. Dadurch kann das ausgewuchtete Rad wieder in derselben Position montiert werden. Radschrauben lösen, dabei muß das Fahrzeug auf dem Boden stehen. Fahrzeug vorn aufbocken und Vorderräder abnehmen.
- Bremssattel von Hand nach außen ziehen und dadurch den Bremskolben etwas zurückdrücken.

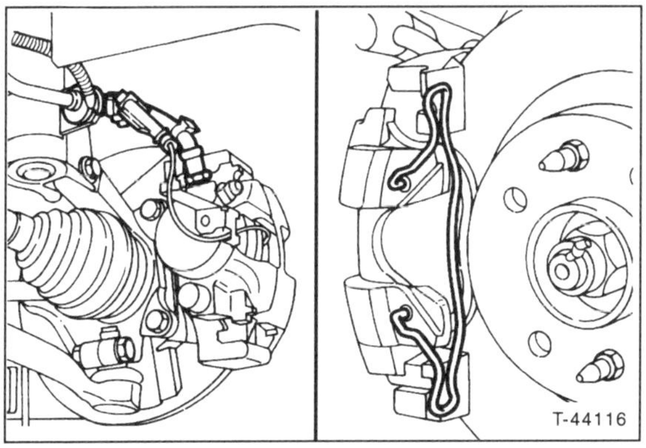

- Bremsschlauch aus dem Halter am Federbein herausziehen.
- Steckverbindung für Bremsbelagverschleißanzeige trennen.
- Haltefeder mit Schraubendreher heraushebeln.

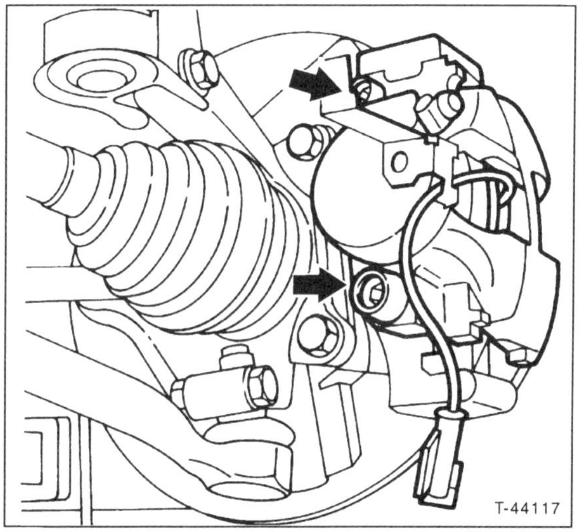

- Abdeckkappen abnehmen und Halteschrauben mit Innensechskantschlüssel SW7 herausdrehen. Bremssattel abnehmen und mit Draht am Aufbau aufhängen. **Achtung:** Der Bremsschlauch bleibt angeschlossen, sonst muß die Anlage nach dem Einbau entlüftet werden. Darauf achten, daß der Bremsschlauch nicht auf Zug beansprucht wird.
- Bremsschlauch auf einwandfreien Zustand sichtprüfen, siehe Kapitel »Wartung«.

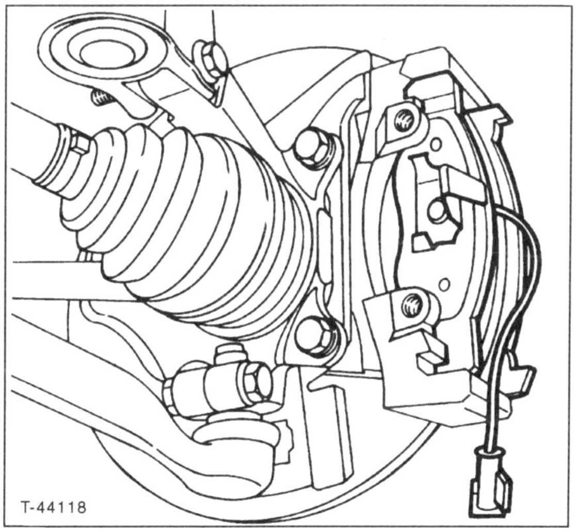

- Bremsbeläge herausnehmen.

Einbau

Achtung: Bei ausgebauten Bremsbelägen nicht auf das Bremspedal treten, sonst wird der Kolben aus dem Gehäuse herausgedrückt. Wurde der Kolben versehentlich herausgedrückt, Bremssattel ausbauen und in der Fachwerkstatt zusammensetzen lassen.

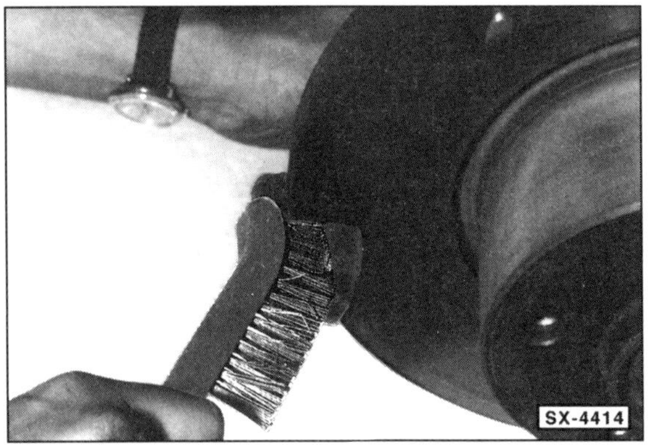

- Führungsfläche bzw. Sitz der Beläge im Gehäuseschacht mit geeigneter Weichmetallbürste reinigen oder mit einem Lappen und Spiritus auswischen. Keine mineralölhaltigen Lösungsmittel oder scharfkantigen Werkzeuge verwenden. Falls die Bremsbeläge wiederverwendet werden, Beläge ebenfalls reinigen.
- Vor Einbau der Beläge ist die Bremsscheibe durch Abtasten mit den Fingern auf Riefen zu untersuchen. Riefige Bremsscheiben sind zu erneuern. Bremsscheiben mit grauer oder blauer Verfärbung vor dem Einbau neuer Beläge reinigen.
- Bremsscheibendicke messen, siehe Seite 176.

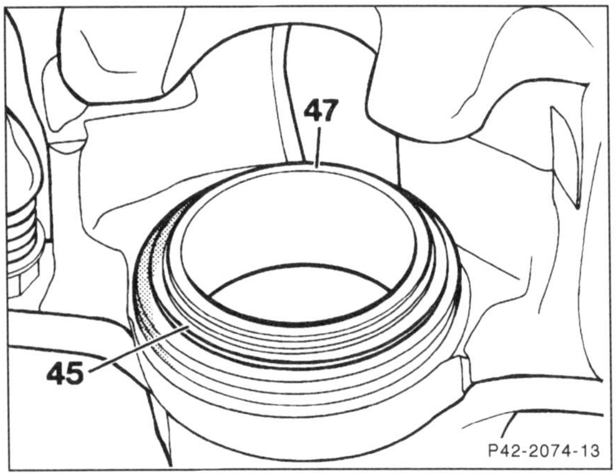

- Staubkappe –45– auf Anrisse prüfen. Eine beschädigte Staubkappe umgehend ersetzen lassen, da eingedrungener Schmutz schnell zu Undichtigkeiten des Bremssattels führt. Der Faustsattel muß hierzu ausgebaut und zerlegt werden (Werkstattarbeit).

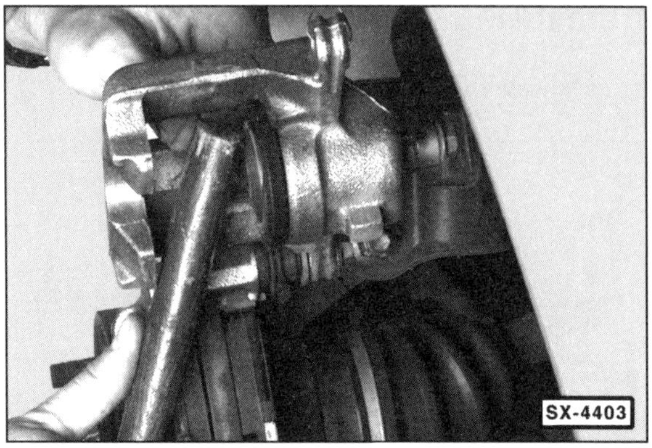

- Bremskolben mit Rücksetzvorrichtung zurückdrücken. Es geht auch mit einem Hartholzstab (Hammerstiel), dabei jedoch besonders darauf achten, daß der Kolben nicht verkantet wird und Kolbenfläche sowie Staubkappe nicht beschädigt werden.

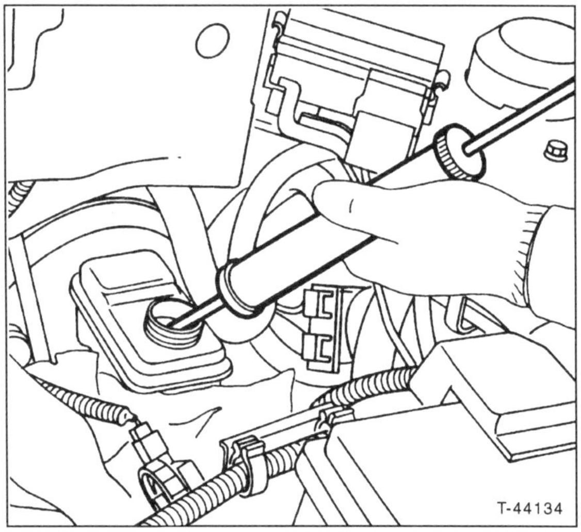

Achtung: Beim Zurückdrücken der Kolben wird Bremsflüssigkeit aus den Bremszylindern in den Ausgleichbehälter gedrückt. Flüssigkeit im Behälter beobachten, eventuell Bremsflüssigkeit mit einem Saugheber absaugen.

Zum Absaugen eine Entlüfter- oder Plastikflasche verwenden, die nur mit Bremsflüssigkeit in Berührung kommt. Keine Trinkflaschen verwenden! **Bremsflüssigkeit ist giftig und darf auf gar keinen Fall mit dem Mund über einen Schlauch abgesaugt werden. Saugheber verwenden. Auch nach dem Belagwechsel darf die MAX.-Marke am Bremsflüssigkeitsbehälter nicht überschritten werden, da sich die Flüssigkeit bei Erwärmung ausdehnt. Ausgelaufene Bremsflüssigkeit läuft am Hauptbremszylinder herunter, zerstört den Lack und führt zur Rostbildung.**

Achtung: Unterschiedlich abgenutzte Bremsbeläge sind kein Grund zur Beanstandung. Bei mehr als 2 mm Differenz zwischen innerem und äußerem Belag sind jedoch die Bremssattel-Führungsbolzen beziehungsweise die Kolben auf Leichtgängigkeit zu prüfen. Dazu Holzklotz in den Bremssattel einsetzen und durch Helfer langsam auf das Bremspedal treten lassen. Der Bremskolben muß sich leicht heraus-

und hineindrücken lassen. Zur Prüfung muß der andere Bremssattel eingebaut sein. Darauf achten, daß der Bremskolben nicht ganz herausgedrückt wird. Bei schwergängigem Kolben Bremssattel instandsetzen lassen (Werkstattarbeit).

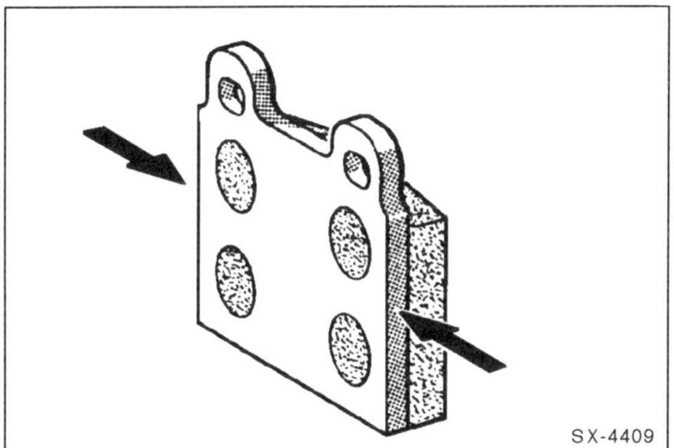

SX-4409

- Der folgende Arbeitsgang ist nicht unbedingt notwendig: Um ein Quietschen der Scheibenbremsen zu verhindern, können die Rückseite der Bremsbeläge sowie Seitenteile der Rückenplatte –Pfeile– mit Schmiermittel (z. B. Plastilube, Tunap VC 582/S, Chevron SRJ/2, Liqui Moly LM-36 oder LM-508-ASC) **dünn** eingestrichen werden. **Die Paste darf keinesfalls auf den eigentlichen Bremsbelag oder auf die Bremsscheibe kommen.** Gegebenenfalls Paste sofort abwischen und Bremsbelag mit Spiritus reinigen.

Achtung: Die Paste darf keinesfalls auf die Staubmanschette, den eigentlichen Bremsbelag oder auf die Bremsscheibe kommen. Gegebenenfalls Paste sofort abwischen und mit Spiritus reinigen beziehungsweise Staubkappe ersetzen lassen.

- Gewinde im Bremsträger mit Gewindebohrer vorsichtig reinigen.

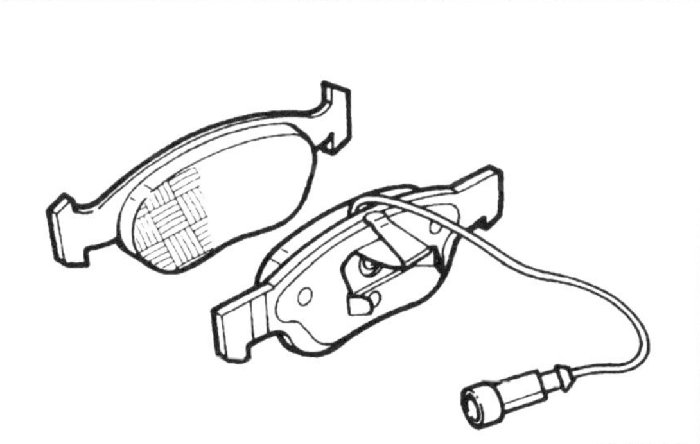

T-44119

- Bremsbeläge am Bremsträger einsetzen. Der Bremsbelag mit Haltefeder und Anschlußkabel für Verschleißanzeige wird innen eingesetzt.
- Bremssattel am Bremsträger ansetzen. Dabei darauf achten, daß der Bremsschlauch nicht verdreht wird.
- Bremssattel mit **neuen selbstsichernden** Schrauben und **50 Nm** anschrauben und Abdeckkappen aufdrücken. **Achtung: Die selbstsichernden Befestigungsschrauben müssen nach jedem Lockern oder Lösen ersetzt werden.**
- Klammer auf Bremssattel aufdrücken.
- Steckverbindung für Bremsbelagverschleißanzeige verbinden.
- Bremsschlauch mit Befestigungsgummi in den Halter am Federbein einsetzen. Sichtprüfen, daß der Befestigungsgummi den gleichen Sitz am Bremsschlauch einnimmt wie vor dem Herausziehen aus dem Halter.
- Vorderräder so ansetzen, daß die beim Ausbau angebrachten Markierungen übereinstimmen. Vorher Zentriersitz der Felge an der Radnabe sowie die Kegelfläche der Radschrauben mit Wälzlagerfett leicht einfetten. Gewinde der Radschrauben **nicht** fetten oder ölen. Räder anschrauben. Fahrzeug ablassen und Radschrauben über Kreuz mit **90 Nm** festziehen.

Achtung: Bremspedal im Stand mehrmals kräftig niedertreten, bis fester Widerstand spürbar ist. Dadurch legen sich die Bremsbeläge an die Bremsscheibe an und nehmen einen dem Betriebszustand entsprechenden Sitz ein.

- Bremsflüssigkeit im Ausgleichbehälter prüfen, gegebenenfalls bis zur MAX.-Marke auffüllen.

Achtung, Sicherheitskontrolle durchführen:

- Sind die Bremsschläuche festgezogen?
- Befindet sich der Bremsschlauch in der Halterung?
- Sind die Entlüftungsschrauben angezogen?
- Ist genügend Bremsflüssigkeit eingefüllt?
- Bei laufendem Motor Dichtheitskontrolle durchführen. Hierzu Bremspedal mit 200 bis 300 N (entspricht 20 bis 30 kg) etwa 10 sec. betätigen. Das Bremspedal darf nicht nachgeben. Sämtliche Anschlüsse auf Dichtheit kontrollieren.

- Neue Bremsbeläge vorsichtig einbremsen, dazu Fahrzeug auf wenig befahrener Straße mehrmals von ca. 80 km/h auf 40 km/h mit geringem Pedaldruck abbremsen. Dazwischen Bremse etwas abkühlen lassen.

Achtung: Bis zu einer Fahrstrecke von ca. 200 km sollten keine Vollbremsungen vorgenommen werden.

Hinweis: Bremsbeläge sind als Sondermüll zu entsorgen. Die örtlichen Behörden geben darüber Auskunft, ob auch eine Entsorgung über den hausmüllähnlichen Gewerbemüll zulässig ist.

Scheibenbremsbeläge hinten aus- und einbauen

Bremssattel hinten

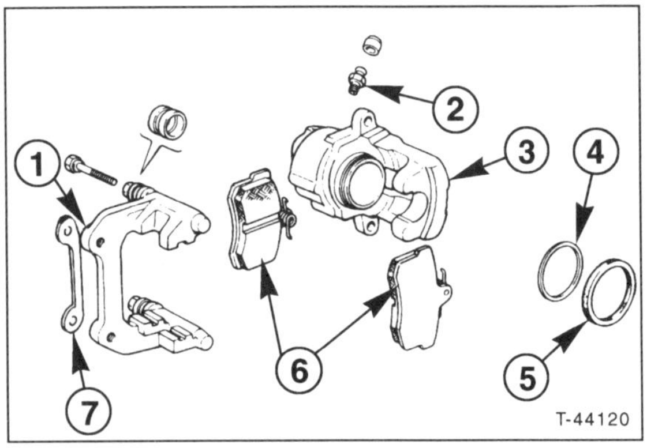

1 – Bremsträger
2 – Entlüftungsschraube
3 – Bremssattel
4 – Dichtung
5 – Schutzkappe
6 – Bremsbeläge
7 – Zwischenblech

Ausbau

Achtung: Sollen die Bremsbeläge wieder verwendet werden, so müssen sie beim Ausbau gekennzeichnet werden. Ein Wechsel der Beläge vom rechten zum linken Rad und umgekehrt ist nicht zulässig. Der Wechsel kann zu ungleichmäßiger Bremswirkung führen. Grundsätzlich sollte man nur Original FIAT-, beziehungsweise von FIAT freigegebene Bremsbeläge verwenden. **Grundsätzlich alle Scheibenbremsbeläge vorn gleichzeitig ersetzen, auch wenn nur ein Belag die Verschleißgrenze erreicht hat.**

- Stellung der Hinterräder zur Radnabe mit Farbe kennzeichnen. Dadurch kann das ausgewuchtete Rad wieder in derselben Position montiert werden. Radschrauben lösen, dabei muß das Fahrzeug auf dem Boden stehen. Fahrzeug vorn aufbocken und Hinterräder abnehmen.
- Handbremshebel lösen. Einstellmutter für Handbremsseil lockern.

- Beide Befestigungsschrauben für Bremssattel herausdrehen, dabei am Führungsbolzen mit Maulschlüssel gegenhalten.

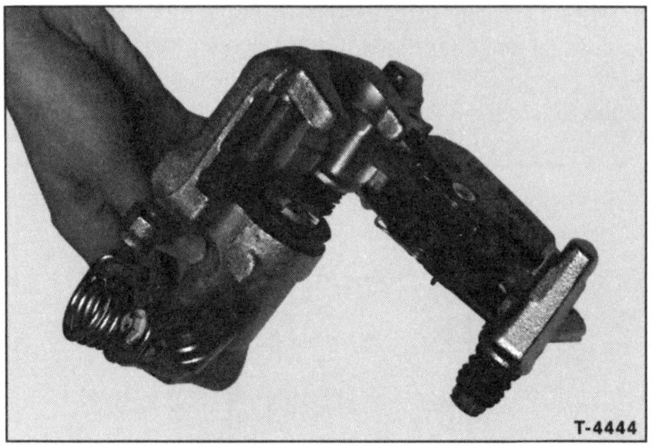

- Bremssattel abnehmen und mit Draht an der Hinterfeder aufhängen. Dabei darf der Bremsschlauch nicht auf Zug beansprucht werden.

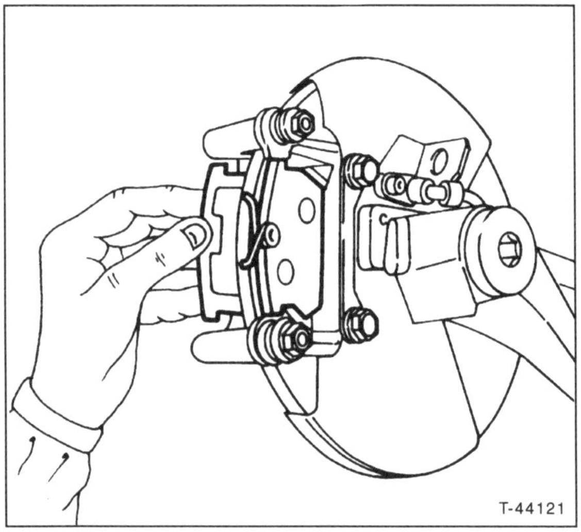

- Bremsbeläge aus dem Bremsträger herausnehmen.

Einbau

Achtung: Bei ausgebauten Bremsbelägen nicht auf das Bremspedal treten, sonst wird der Kolben aus dem Gehäuse herausgedrückt. Wurde der Kolben versehentlich herausgedrückt, Bremssattel ausbauen und in der Fachwerkstatt zusammensetzen lassen.

- Führungsfläche bzw. Sitz der Beläge im Gehäuseschacht mit geeigneter Weichmetallbürste und Staubsauger reinigen, oder mit einem Lappen und Spiritus auswischen. Keine mineralölhaltigen Lösungsmittel oder scharfkantigen Werkzeuge verwenden.
- Vor Einbau der Beläge ist die Bremsscheibe durch Abtasten mit den Fingern auf Riefen zu untersuchen. Riefige Bremsscheiben sind zu erneuern. Bremsscheiben mit grauer oder blauer Verfärbung vor dem Einbau neuer Beläge reinigen.
- Bremsscheibendicke messen, siehe Seite 176.

- Dichtung und Schutzkappe auf Anrisse prüfen. Beschädigte Teile umgehend ersetzen lassen, da eingedrungener Schmutz schnell zu Undichtigkeiten des Bremssattels führt. Der Faustsattel muß hierzu ausgebaut und zerlegt werden (Werkstattarbeit).

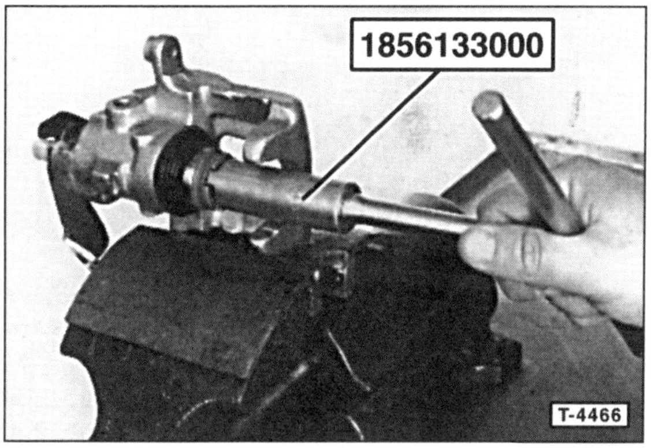

T-4466

- Kolben durch Rechtsdrehen (im Uhrzeigersinn) mit dem Spezial-Schlüssel FIAT-1856133000 unter kräftigem Druck einschrauben. Falls das Spezialwerkzeug nicht zur Verfügung steht, Flacheisen durch 2 Nuten des Bremskolbens führen und Kolben zurückdrehen. **Achtung:** Der Bremskolben darf **nicht** mit einer Kolbenrücksetzvorrichtung oder mit einem Hammerstiel zurückgedrückt werden, sonst wird die automatische Nachstellung im Bremssattel zerstört.

Achtung: Beim Zurückdrehen der Kolben wird Bremsflüssigkeit aus den Bremszylindern in den Ausgleichbehälter gedrückt. Flüssigkeit im Behälter beobachten, eventuell Bremsflüssigkeit mit einem Saugheber absaugen.

Zum Absaugen eine Entlüfterflasche oder eine Plastikflasche verwenden, die nur mit Bremsflüssigkeit in Berührung kommt. Keine Trinkflaschen verwenden! **Bremsflüssigkeit ist giftig und darf auf gar keinen Fall mit dem Mund über einen Schlauch abgesaugt werden. Saugheber verwenden. Auch nach dem Belagwechsel darf die MAX.-Marke am Bremsflüssigkeitsbehälter nicht überschritten werden, da sich die Flüssigkeit bei Erwärmung ausdehnt. Ausgelaufene Bremsflüssigkeit läuft am Hauptbremszylinder herunter, zerstört den Lack und führt zur Rostbildung.**

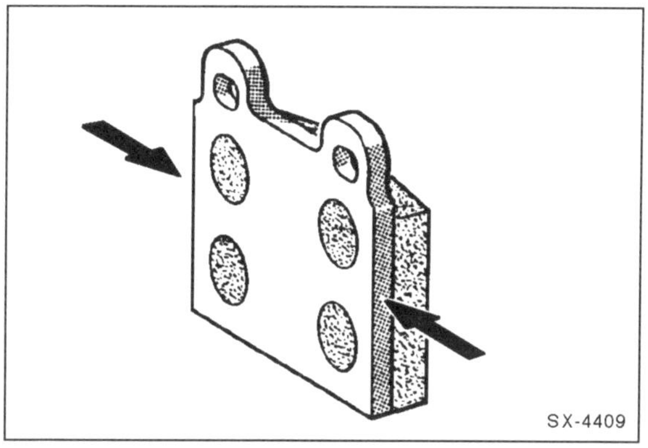

SX-4409

- Der folgende Arbeitsgang ist nicht unbedingt notwendig: Um ein Quietschen der Scheibenbremsen zu verhindern, können die Rückseite der Bremsbeläge sowie Seitenteile der Rückenplatte –Pfeile– mit Schmiermittel (z. B. Plastilube, Tunap VC 582/S, Chevron SRJ/2, Liqui Moly LM-36 oder LM-508-ASC) **dünn** eingestrichen werden. **Die Paste darf keinesfalls auf den eigentlichen Bremsbelag oder auf die Bremsscheibe kommen.** Gegebenenfalls Paste sofort abwischen und Bremsbelag mit Spiritus reinigen.

Achtung: Die Paste darf keinesfalls auf die Staubmanschette, den eigentlichen Bremsbelag oder auf die Bremsscheibe kommen. Gegebenenfalls Paste sofort abwischen und mit Spiritus reinigen beziehungsweise Staubkappe ersetzen lassen.

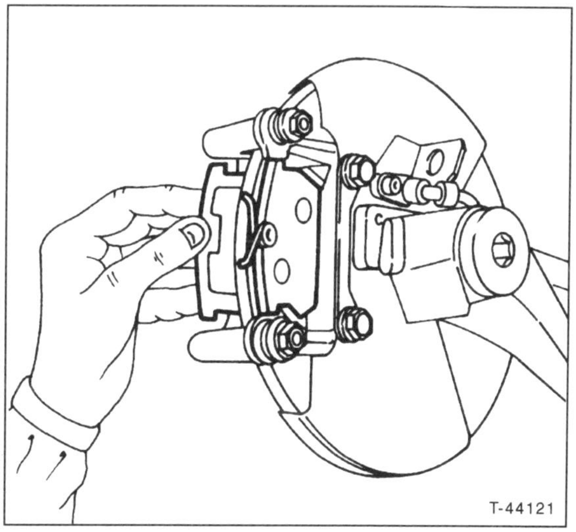

T-44121

- Beide Bremsbeläge in den Bremsträger einsetzen. Dabei darauf achten, daß die Druckfedern parallel zur Belagoberkante stehen.

T-4491

- Bremssattel ansetzen, andrücken und am Bremsträger mit **neuen selbstsichernden** Schrauben und **50 Nm** festschrauben. Dabei mit Maulschlüssel am Führungsbolzen gegenhalten. **Achtung: Die selbstsichernden Befestigungsschrauben müssen nach jedem Lockern oder Lösen ersetzt werden.**
- Hinterräder so ansetzen, daß die beim Ausbau angebrachten Markierungen übereinstimmen. Vorher Zentriersitz der Felge an der Radnabe sowie die Kegelfläche der Radschrauben mit Wälzlagerfett leicht einfetten. Gewinde der Radschrauben **nicht** fetten oder ölen. Räder anschrauben. Fahrzeug ablassen und Radschrauben über Kreuz mit **90 Nm** festziehen.
- Handbremse einstellen.

Achtung, Sicherheitskontrolle durchführen:

- ◆ Sind die Bremsschläuche festgezogen?
- ◆ Befindet sich der Bremsschlauch in der Halterung?
- ◆ Sind die Entlüftungsschrauben angezogen?
- ◆ Ist genügend Bremsflüssigkeit eingefüllt?
- ◆ Bei laufendem Motor Dichtheitskontrolle durchführen. Hierzu Bremspedal mit 200 bis 300 N (entspricht 20 bis 30 kg) etwa 10 sec. betätigen. Das Bremspedal darf nicht nachgeben. Sämtliche Anschlüsse auf Dichtheit kontrollieren.

- Neue Bremsbeläge vorsichtig einbremsen, dazu Fahrzeug auf wenig befahrener Straße mehrmals von ca. 80 km/h auf 40 km/h mit geringem Pedaldruck abbremsen. Dazwischen Bremse etwas abkühlen lassen.

Achtung: Bis zu einer Fahrstrecke von ca. 200 km sollten keine Vollbremsungen vorgenommen werden.

Hinweis: Bremsbeläge sind als Sondermüll zu entsorgen. Die örtlichen Behörden geben darüber Auskunft, ob auch eine Entsorgung über den hausmüllähnlichen Gewerbemüll zulässig ist.

Bremsscheibendicke prüfen

Prüfen

- Stellung der Räder zur Radnabe mit Farbe kennzeichnen. Dadurch kann das ausgewuchtete Rad wieder in derselben Position montiert werden. Radschrauben lösen, dabei muß das Fahrzeug auf dem Boden stehen. Fahrzeug vorn aufbocken und Räder abnehmen.

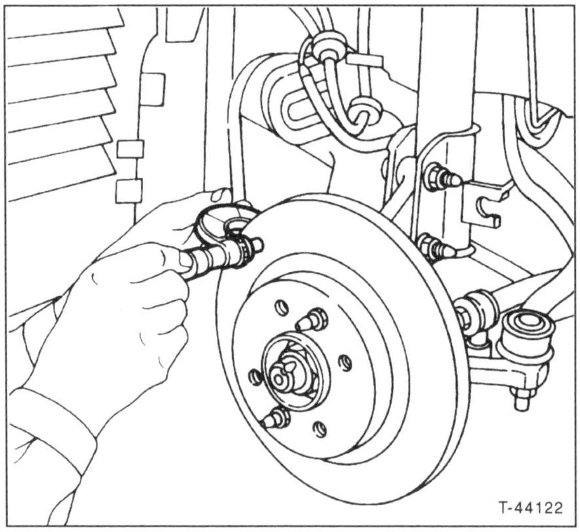

T-44122

- Bremsscheibendicke messen. Die Werkstätten benutzen dazu einen speziellen Meßschieber oder eine Mikrometer-Bügelmeßschraube, da sich durch Abnutzung der Bremsscheibe ein Rand bildet.

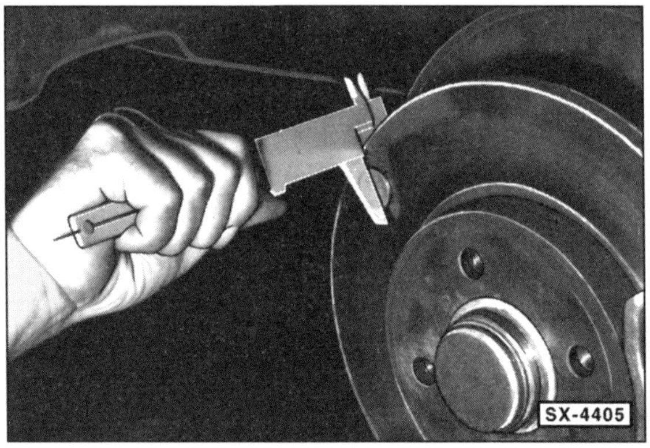

SX-4405

- Man kann die Bremsscheibendicke auch mit einer normalen Schieblehre messen, allerdings muß dann auf jeder Seite der Bremsscheibe eine entsprechend starke Unterlage zwischengelegt werden (beispielsweise 2 Zehn-Pfennig-Stücke). Um das exakte Maß der Bremsscheiben zu ermitteln, müssen von dem gemessenen Wert die Dicke der Zehn-Pfennig-Stücke beziehungsweise der Unterlage abgezogen werden. **Achtung:** Messung an mehreren Punkten der Bremsscheibe vornehmen.

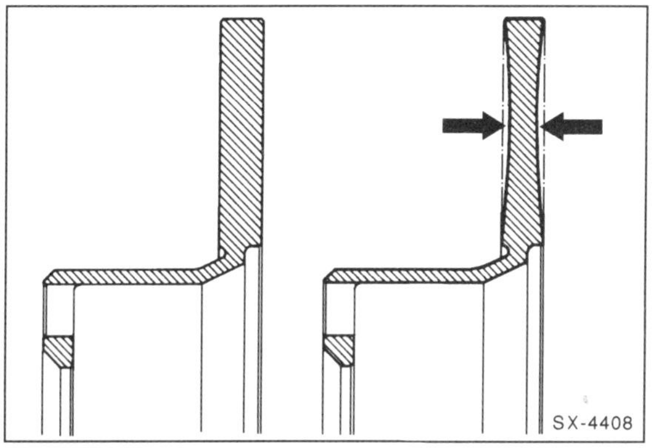

Achtung: Bremsscheibendicke immer an der dünnsten Stelle –Pfeile– messen.

- Maße für Bremsscheibe, siehe Seite 170.
- Wird die Verschleißgrenze erreicht, Bremsscheibe erneuern.
- Bei größeren Rissen oder bei Riefen, die tiefer als 0,5 mm sind, Bremsscheibe erneuern.

Hinweis: Die Werkstatt kann die Bremsscheibe auf Schlag prüfen. Der Seitenschlag darf maximal 0,15 mm betragen. Gemessen wird 2 mm vom äußeren Rand der Bremsfläche.

- Räder so ansetzen, daß die beim Ausbau angebrachten brachten Markierungen übereinstimmen. Vorher Zentriersitz der Felge an der Radnabe sowie die Kegelfläche der Radschrauben mit Wälzlagerfett leicht einfetten. Gewinde der Radschrauben **nicht** fetten oder ölen. Räder anschrauben. Fahrzeug ablassen und Radschrauben über Kreuz mit **90 Nm** festziehen.

Bremsscheibe aus- und einbauen

Achtung: Falls eine Bremsscheibe ersetzt werden muß, immer beide Bremsscheiben einer Achse sowie alle 4 Bremsbeläge erneuern.

Ausbau

- Stellung der Räder zur Radnabe mit Farbe kennzeichnen. Dadurch kann das ausgewuchtete Rad wieder in derselben Position montiert werden. Radschrauben lösen, dabei muß das Fahrzeug auf dem Boden stehen. Fahrzeug vorn aufbocken und Räder abnehmen.

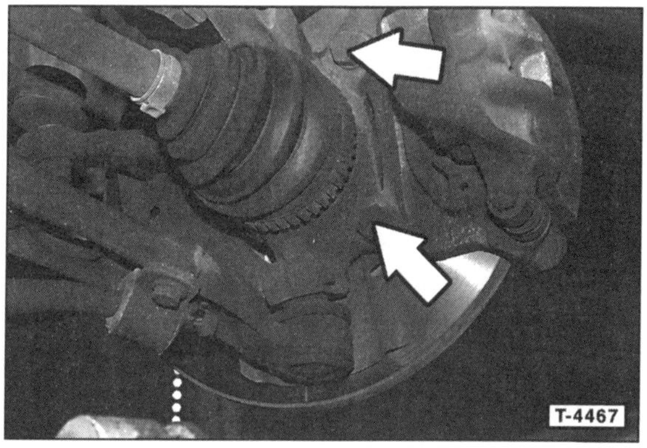

- Bremsträger am Achsschenkel abschrauben, mit Bremsbelägen abnehmen und mit Drahthaken am Federbein aufhängen. Dabei darf der Bremsschlauch nicht verdreht oder auf Zug beansprucht werden.

- Bremsscheibe abschrauben und abnehmen.

Einbau

Um beidseitig ein gleichmäßiges Bremsen zu gewährleisten, müssen beide Bremsscheiben die gleiche Oberfläche bezüglich Schliffbild und Rauhtiefe aufweisen. Deshalb **grundsätzlich beide** Bremsscheiben ersetzen, beziehungsweise abdrehen lassen.

- Bremsscheibendicke messen.
- Falls vorhanden, Rost am Flansch der Bremsscheibe und der Vorderradnabe mit einer Weichmetallbürste entfernen.

- Neue Bremsscheiben mit Nitro-Verdünnung vom Schutzlack reinigen.
- Bremsscheibe auf Radnabe aufsetzen und mit 10 Nm anschrauben.
- Bremsträger mit Bremsbelägen ansetzen und am Achsschenkel mit **55 Nm** (2,0-l-Motor: **105 Nm**) anschrauben.
- Räder so ansetzen, daß die beim Ausbau angebrachten brachten Markierungen übereinstimmen. Vorher Zentriersitz der Felge an der Radnabe sowie die Kegelfläche der Radschrauben mit Wälzlagerfett leicht einfetten. Gewinde der Radschrauben **nicht** fetten oder ölen. Räder anschrauben. Fahrzeug ablassen und Radschrauben über Kreuz mit **90 Nm** festziehen.

Achtung: Bremspedal im Stand mehrmals kräftig niedertreten, bis fester Widerstand spürbar ist. Dadurch legen sich die Bremsbeläge an die Bremsscheibe an und nehmen einen dem Betriebszustand entsprechenden Sitz ein.

- Gegebenenfalls Handbremse einstellen.
- Bremsflüssigkeit im Ausgleichbehälter prüfen, gegebenenfalls bis zur MAX.-Marke auffüllen.

Achtung, Sicherheitskontrolle durchführen:
- Sind die Bremsschläuche festgezogen?
- Befindet sich der Bremsschlauch in der Halterung?
- Sind die Entlüftungsschrauben angezogen?
- Ist genügend Bremsflüssigkeit eingefüllt?
- Bei laufendem Motor Dichtheitskontrolle durchführen. Hierzu Bremspedal mit 200 bis 300 N (entspricht 20 bis 30 kg) etwa 10 sec. betätigen. Das Bremspedal darf nicht nachgeben. Sämtliche Anschlüsse auf Dichtheit kontrollieren.

- Neue Bremsbeläge vorsichtig einbremsen, dazu Fahrzeug auf wenig befahrener Straße mehrmals von ca. 80 km/h auf 40 km/h mit geringem Pedaldruck abbremsen. Dazwischen Bremse etwas abkühlen lassen.

Achtung: Bis zu einer Fahrstrecke von ca. 200 km sollten keine Vollbremsungen vorgenommen werden.

Hinweis: Bremsbeläge sind als Sondermüll zu entsorgen. Die örtlichen Behörden geben darüber Auskunft, ob auch eine Entsorgung über den hausmüllähnlichen Gewerbemüll zulässig ist.

Bremstrommel/Bremsbacken hinten aus- und einbauen

Trommelbremse hinten

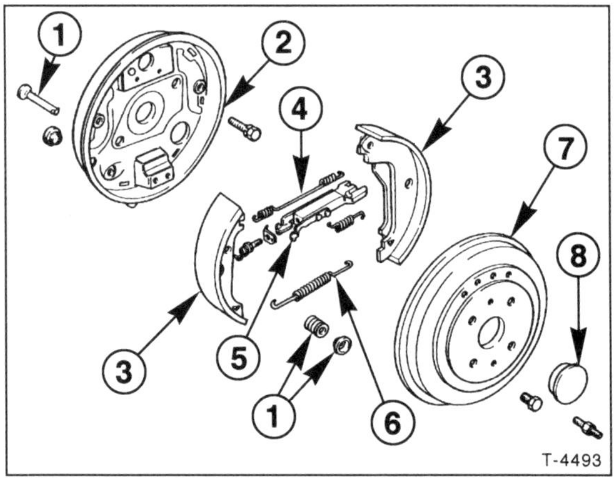

1 – Haltestift für Bremsbacken
2 – Bremsträger
3 – Bremsbacke
4 – Obere Rückzugfeder
5 – Nachstelleinheit
6 – Untere Rückzugfeder
7 – Bremstrommel
8 – Fettkappe

Ausbau

Achtung: Grundsätzlich alle Bremsbeläge einer Achse erneuern, auch wenn nur ein Belag verölt oder verschlissen ist.

- Stellung der Hinterräder zur Radnabe mit Farbe kennzeichnen. Dadurch kann das ausgewuchtete Rad wieder in derselben Position montiert werden. Radschrauben lösen, dabei muß das Fahrzeug auf dem Boden stehen. Fahrzeug vorn aufbocken und Hinterräder abnehmen.

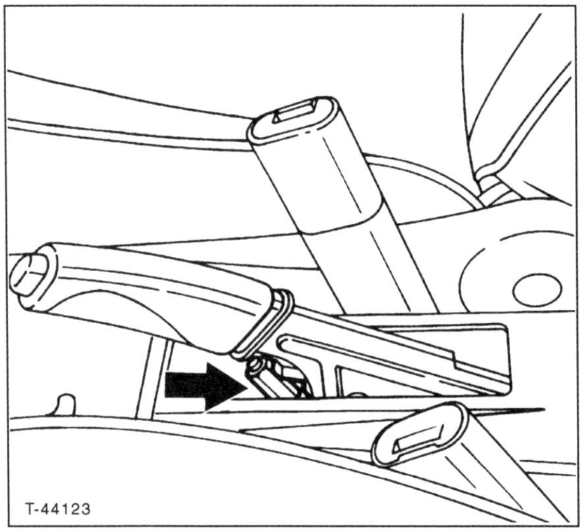

- Handbremshebel lösen. Einstellmutter für Handbremsseil lockern.
- Bremstrommel zur Radnabe mit Filzstift oder Kreidestrich markieren. Die Bremstrommel kann dann lagerichtig wieder eingebaut werden.

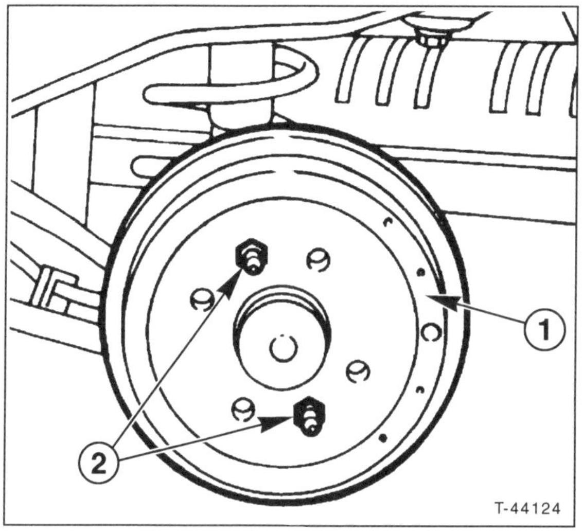

- Bremstrommel –1– mit 2 Schrauben –2– abschrauben und abnehmen. Falls die Trommel an der Radnabe festgerostet ist, Bremstrommel durch leichte Schläge mit einem Kunststoff- oder Gummihammer lösen.

- Obere und untere Rückzugfeder aus den Bremsbacken aushängen. Zum Aushängen Rohrzange oder handelsübliche Bremsfedernzange verwenden, z.B. HAZET-797.

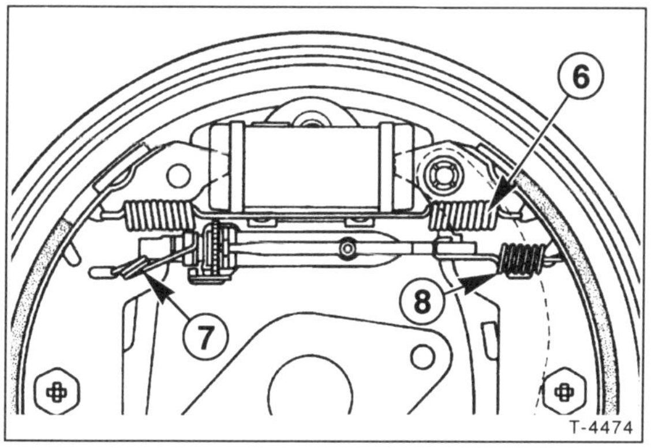

- Linke Rückzugfeder –7– aushängen.

- 2 Haltestifte für Bremsbacken herausnehmen. Dazu Federteller mit Kombizange entgegen der Federkraft gegen die Bremsbacke drücken, Federteller um 90° nach links oder rechts drücken und dadurch aus Haltestift aushängen. Gleichzeitig den Haltestift von Hand hinten am Bremsträger gegenhalten. Haltefeder entspannen und mit Federteller und Haltestift abnehmen.

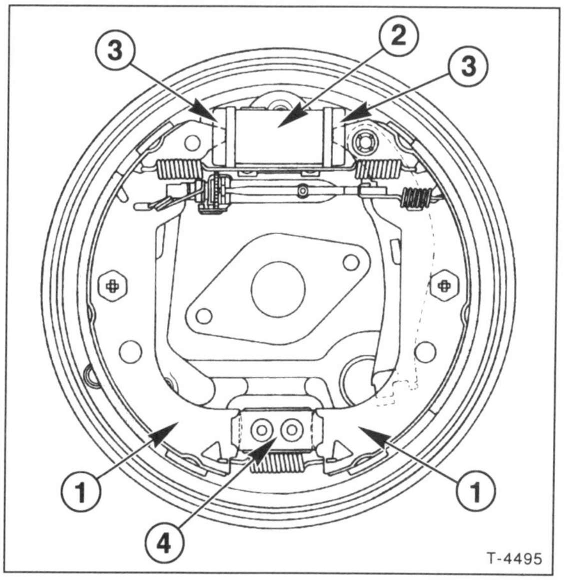

- Beide Bremsbacken –1– vom Radbremszylinder –2– abdrücken und abnehmen, dabei Staubkappen –3– nicht beschädigen. Anschließend Bremsbacken unten vom Stützlager –4– abheben.

Achtung: Beim Abheben der Bremsbacken vom Radbremszylinder darauf achten, daß die Kolben nicht herausgezogen werden. Gegebenenfalls ein Gummiband über beide Kolben ziehen, damit sie im Radbremszylinder verbleiben.

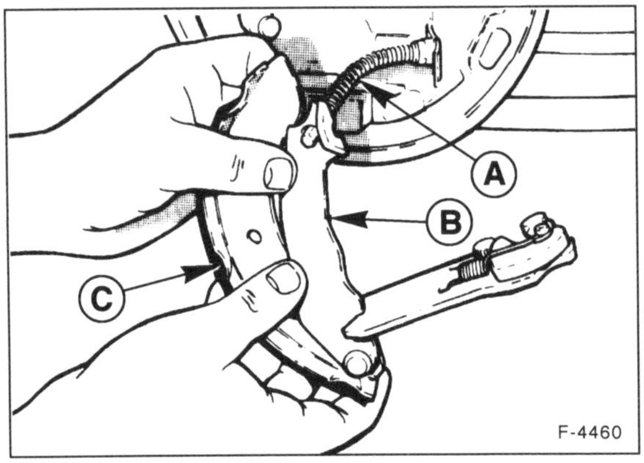

F-4460

- Hintere Bremsbacke –C– um 90° nach unten schwenken, und Handbremsseil –A– am Bremshebel –B– aushängen. Dazu Feder mit einer Zange zurückschieben und Nippel aus der Bremsbacke aushängen.

Einbau

Grundsätzlich alle 4 Bremsbacken ersetzen und gleiches Fabrikat verwenden. Bremstrommel und Bremsträger mit Preßluft ausblasen oder mit Spiritus reinigen.

Achtung: Den gesundheitsschädlichen Bremsstaub nicht einatmen. Während die Bremsbacken ausgebaut sind, **nicht auf die Fußbremse treten,** da sonst die Bremskolben aus dem Radbremszylinder rutschen. Falls der Radbremszylinder durch Bremsflüssigkeit feucht ist, Radbremszylinder ersetzen.

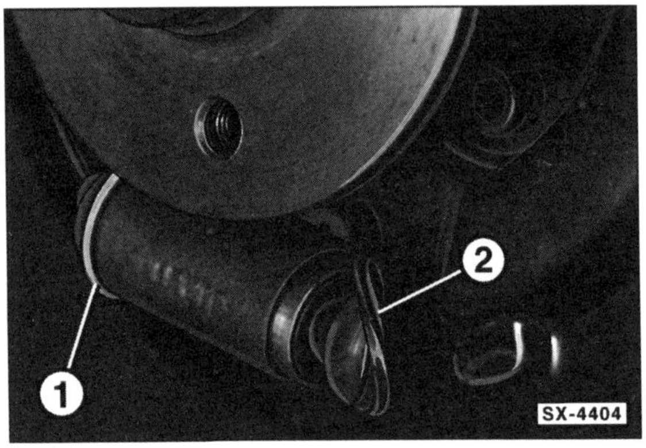

SX-4404

- Am Radbremszylinder Staubmanschetten –1– und –2– abziehen. **Achtung: Dabei darf der Bremskolben nicht herausgezogen werden.** Kontrollieren, ob es hinter der Staubmanschette feucht ist. Gegebenenfalls Radbremszylinder austauschen. Staubmanschette wieder aufsetzen.
- Bremsfläche der Trommel mit dem Finger auf Riefen prüfen. Riefige Bremstrommeln ersetzen, dabei grundsätzlich beide Bremstrommeln ersetzen.
- Geringe Unebenheiten und Rostspuren an der Bremsfläche mit einem feinen Schmirgelleinen (Körnung 120 bis 150) beseitigen.
- Bremsbeläge probehalber in die Bremstrommel halten und sicherstellen, daß beide Teile eine annähernd gleiche Krümmung besitzen. Gegebenenfalls Bremstrommel erneuern.

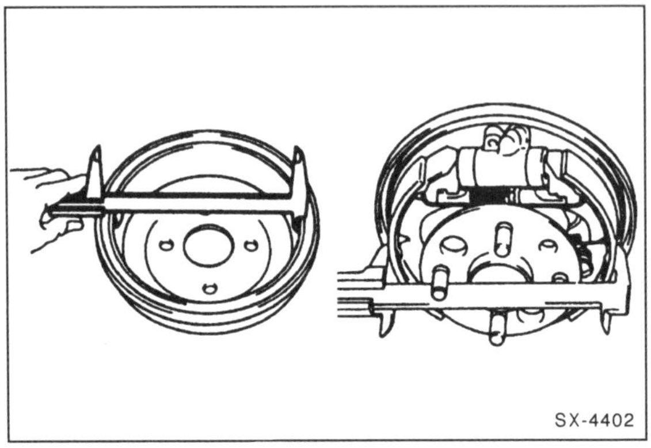
SX-4402

- Innendurchmesser der Bremstrommel messen, gegebenenfalls ausdrehen lassen. Wenn die Verschleißgrenze erreicht ist, Trommel ersetzen. Dabei immer beide Bremstrommeln einer Achse ersetzen.

T-4470

- Die sechs Kontaktflächen zwischen Bremsbacken und Bremsträger reinigen und vor dem Einbau der Bremsbacken dünn mit hitzebeständigem Fett, zum Beispiel Liqui Moly LM-36 oder LM-508-ASC, bestreichen. Vorher diese Stellen gegebenenfalls mit einer Weichmetallbürste reinigen.
- Handbremsseil in Bremshebel einhängen.

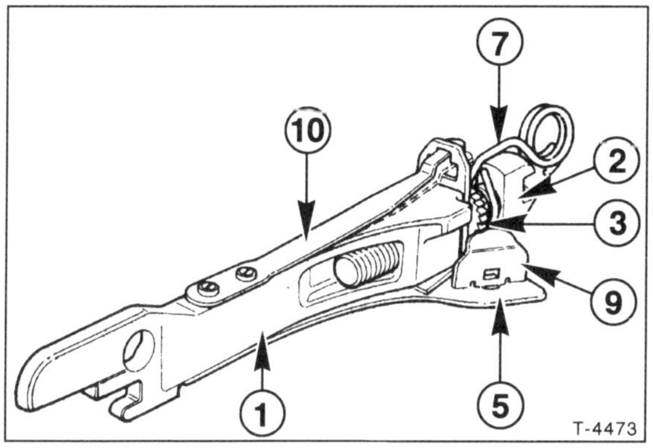

● Nachstelleinheit in der Druckstange zurückstellen. Dazu Klammer –9– entgegen der Federkraft der Blechfeder –5– zurückzehen. Ritzel –3– gegen den Uhrzeigersinn drehen. Dadurch verkürzt die Einstellschraube –2– die Druckstange –1–. Anschließend Ritzel im Uhrzeigersinn drehen, bis die Feder –7– berührt wird. Danach Ritzel im Uhrzeigersinn ½ Umdrehung weiterdrehen.

Hinweis: Bei stark erhitzter Bremse (+100 bis +110° C) verbiegt sich die Bimetallfeder –10– nach oben und blockiert die Lasche –4– in neutraler Stellung. Dadurch wird eine fehlerhafte Nachstellung bei stark erwärmter Bremse verhindert.

● Falls ausgebaut, Nachstelleinheit an der hinteren Bremsbacke ansetzen und Haltefeder –8– einhängen, siehe Abbildung T-4474 auf Seite 153.

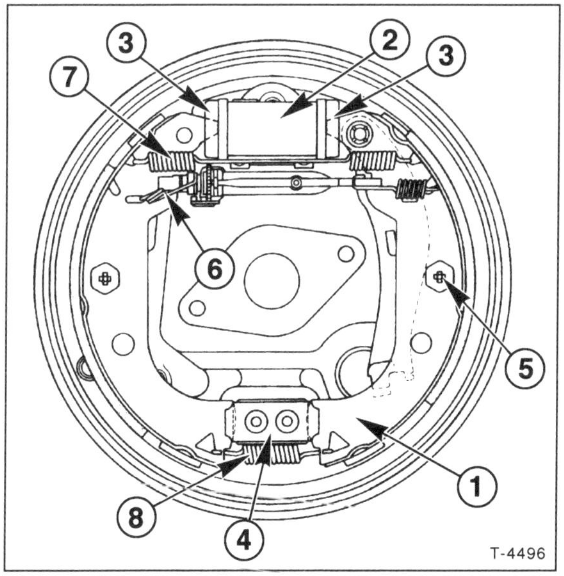

● Hintere Bremsbacke –1– an Radbremszylinder –2– und Stützlager –4– ansetzen, gegen den Bremsträger drücken und mit Schraubzwinge fixieren. Stift –5– von hinten durch Bremsträger und Bremsbacke durchschieben. Feder ansetzen und mit Federteller und Kombizange zusammendrücken, um 90° drehen und Federteller in den Haltestift einhängen. **Achtung:** Beim Einsetzen der Bremsbacken die Staubmanschetten –3– am Radbremszylinder nicht beschädigen.

● Vordere Bremsbacke auf dieselbe Weise einbauen.

● Linke Haltefeder –6– für Nachstelleinheit einhängen.

● Obere –7– und untere Rückzugfeder –8– einhängen.

● Falls verwendet, Schraubzwingen abnehmen.

● Falls eingebaut, Gummizug vom Radbremszylinder abnehmen.

● Bremstrommel entsprechend der beim Ausbau angebrachten Markierung aufsetzen und mit 10 Nm anschrauben.

● Hinterräder so ansetzen, daß die beim Ausbau angebrachten Markierungen übereinstimmen. Vorher Zentriersitz der Felge an der Radnabe sowie die Kegelfläche der Radschrauben mit Wälzlagerfett leicht einfetten. Gewinde der Radschrauben **nicht** fetten oder ölen. Räder anschrauben. Fahrzeug ablassen und Radschrauben über Kreuz mit **90 Nm** festziehen.

● Fußbremse mehrmals betätigen damit sich die Bremsbacken zentrieren und nachstellen.

● Handbremse einstellen, siehe Seite 188.

Achtung, Sicherheitskontrolle durchführen:

◆ Sind die Bremsschläuche festgezogen?
◆ Befindet sich der Bremsschlauch in der Halterung?
◆ Sind die Entlüftungsschrauben angezogen?
◆ Ist genügend Bremsflüssigkeit eingefüllt?
◆ Bei laufendem Motor Dichtheitskontrolle durchführen. Hierzu Bremspedal mit 200 bis 300 N (entspricht 20 bis 30 kg) etwa 10 sec. betätigen. Das Bremspedal darf nicht nachgeben. Sämtliche Anschlüsse auf Dichtheit kontrollieren.

● Neue Bremsbeläge vorsichtig einbremsen, dazu Fahrzeug auf wenig befahrener Straße mehrmals von ca. 80 km/h auf 40 km/h mit geringem Pedaldruck abbremsen. Dazwischen Bremse etwas abkühlen lassen.

Achtung: Bis zu einer Fahrstrecke von ca. 200 km sollten keine Vollbremsungen vorgenommen werden.

Hinweis: Bremsbeläge sind als Sondermüll zu entsorgen. Die örtlichen Behörden geben darüber Auskunft, ob auch eine Entsorgung über den hausmüllähnlichen Gewerbemüll zulässig ist.

Radbremszylinder aus- und einbauen

Ausbau

- Bremstrommel ausbauen.
- Bremsbacken oben so weit auseinanderziehen, daß der Radbremszylinder frei wird und die Nachstellautomatik die Backen in dieser Stellung arretiert.
- Überwurfmutter für Bremsleitung lösen, nicht abschrauben. Vorher Leitungsanschluß reinigen.

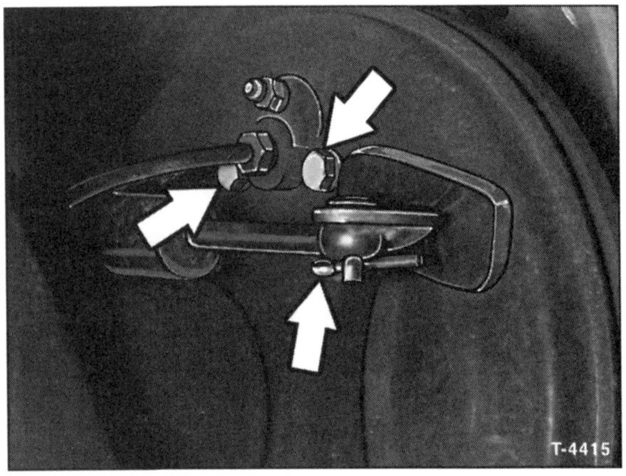

- 2 Befestigungsschrauben für Radbremszylinder hinten am Bremsträger herausdrehen –obere Pfeile–.

Einbau

- Lappen unter Bremsträgerblech legen.
- Mutter für Bremsleitung herausschrauben und sofort am neuen Radbremszylinder handfest anschrauben. Dadurch ist sichergestellt, daß nur wenig Bremsflüssigkeit ausläuft.
- Schrauben für Radbremszylinder einschrauben und mit 10 Nm festziehen.
- Überwurfmutter für Bremsleitung mit 15 Nm, also nicht zu fest, anziehen.
- Bremsbacken zurückstellen und Bremstrommel einbauen.
- Bremsanlage entlüften. Dabei genügt es in der Regel, nur den Radbremszylinder zu entlüften, dessen Leitung geöffnet wurde. Wenn der Bremsdruck nach dem Entlüften schwammig ist, gesamte Bremsanlage entlüften.
- Fußbremse mehrmals kräftig durchtreten. Damit ist die Hinterradbremse eingestellt.

Achtung, Sicherheitskontrolle durchführen:

- Sind die Bremsleitungen festgezogen?
- Befindet sich die Bremsleitung in der Halterung?
- Sind die Entlüftungsschrauben angezogen?
- Ist genügend Bremsflüssigkeit eingefüllt?
- Bei laufendem Motor Dichtheitskontrolle durchführen. Hierzu Bremspedal mit 200 bis 300 N (entspricht 20 bis 30 kg) etwa 10 sec. betätigen. Das Bremspedal darf nicht nachgeben. Sämtliche Anschlüsse auf Dichtheit kontrollieren.

- Anschließend einige Bremsungen auf Straße mit geringem Verkehr durchführen.

Hinweis: Bremsflüssigkeit ist als Sondermüll zu entsorgen.

Radbremszylinder instand setzen

Falls der Radbremszylinder nicht erneuert werden soll, kann er auch in eingebautem Zustand zerlegt werden. Dann müssen allerdings vorher die Bremsbacken ausgebaut werden. Der Radbremszylinder ist spätestens immer dann zu ersetzen, wenn Bremsflüssigkeit durch die Manschetten dringt. Beim Bremsbelagwechsel zur Kontrolle immer Staubkappen vom Radbremszylinder abziehen und in den Bremszylinder schauen. Wenn es hinter den Staubkappen feucht ist oder der gesamte Radbremszylinder mit Bremsflüssigkeit überzogen ist, Bremszylinder austauschen. Außerdem ist ein Austausch notwendig, wenn die Kolben im Radbremszylinder nicht mehr leichtgängig hin- und hergleiten, Riefen oder Korrosionsstellen aufweisen. In einem solchen Fall wird das Rad entweder nicht abgebremst oder es bremst ständig.

Ausbau

- Bremsbacken ausbauen.

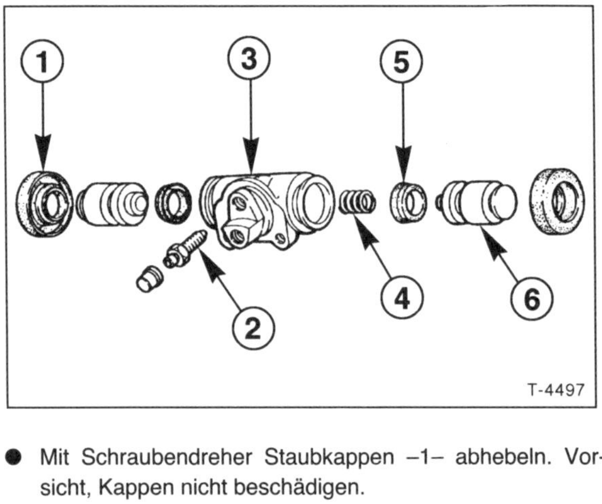

- Mit Schraubendreher Staubkappen –1– abhebeln. Vorsicht, Kappen nicht beschädigen.
- Beide Kolben –6– mit den Manschetten –5– herausziehen. **Achtung:** Dabei kann etwas Bremsflüssigkeit auslaufen, Lappen unterlegen.
- Feder –4– aus Radbremszylinder –3– herausnehmen. Zusätzlich dargestelltes Teil: 2 – Entlüftungsschraube.

- Manschetten von den Kolben abziehen, dabei Kolben nicht beschädigen.
- Radbremszylinder innen mit staubfreiem Lappen auswischen. Es dürfen keine Riefen oder Rostnarben auf der Lauffläche sein, gegebenenfalls Radbremszylinder ersetzen.
- Alle Teile mit Spiritus oder Bremsflüssigkeit reinigen. Hinweise zur Bremsflüssigkeit beachten. **Achtung:** Keine Flüssigkeiten auf Mineralölbasis, wie Benzin oder Kerosin, verwenden, andernfalls können später Bremsdefekte auftreten. Die Fachwerkstatt verwendet die Reinigungsflüssigkeit »FIAT-LDC«.

Einbau

- Entlüfterschraube gangbar machen, eventuell erneuern.
- Vor dem Zusammenbau alle Innenteile in saubere Bremsflüssigkeit tauchen. Grundsätzlich kompletten Reparatursatz verwenden.
- Manschetten so auf die Kolben aufziehen, daß die Dichtlippen gegen die Druckrichtung der Hydraulikflüssigkeit, also nach innen, zeigen.
- Linken Kolben in den Radbremszylinder einsetzen.
- Von rechts Feder einsetzen, Entlüfterschraube öffnen, Kolben einschieben. Nach dem komplettieren Entlüfterschraube schließen. Vorsicht: nicht überdrehen. Drehmoment maximal 5 Nm.
- Schutzkappen aufsetzen.
- Bremsbacken und Bremstrommel einbauen.
- Bremsanlage entlüften. Dabei genügt es in der Regel, nur denjenigen Bremszylinder zu entlüften, dessen Leitung geöffnet wurde. Wenn der Bremsdruck nach dem Entlüften schwammig ist, gesamte Bremsanlage entlüften.
- Fußbremse mehrmals kräftig durchtreten. Damit ist die Hinterradbremse eingestellt.

Achtung, Sicherheitskontrolle durchführen:

- ◆ Sind die Bremsleitungen festgezogen?
- ◆ Befindet sich die Bremsleitung in der Halterung?
- ◆ Sind die Entlüftungsschrauben angezogen?
- ◆ Ist genügend Bremsflüssigkeit eingefüllt?
- ◆ Bei laufendem Motor Dichtheitskontrolle durchführen. Hierzu Bremspedal mit 200 bis 300 N (entspricht 20 bis 30 kg) etwa 10 sec. betätigen. Das Bremspedal darf nicht nachgeben. Sämtliche Anschlüsse auf Dichtheit kontrollieren.

- Anschließend einige Bremsungen auf Straße mit geringem Verkehr durchführen.

Die Bremsflüssigkeit

Beim Umgang mit Bremsflüssigkeit ist zu beachten:

- Bremsflüssigkeit ist giftig. Keinesfalls Bremsflüssigkeit mit dem Mund über einen Schlauch absaugen. Bremsflüssigkeit nur in Behälter füllen, bei denen ein versehentlicher Genuß ausgeschlossen ist.
- Bremsflüssigkeit ist ätzend und darf deshalb nicht mit dem Autolack in Berührung kommen, gegebenenfalls sofort abwischen und mit viel Wasser abwaschen.
- Bremsflüssigkeit ist hygroskopisch, das heißt, sie nimmt aus der Luft Feuchtigkeit auf. Bremsflüssigkeit deshalb nur in geschlossenen Behältern aufbewahren.
- **Bremsflüssigkeit, die schon einmal im Bremssystem verwendet wurde, darf nicht wieder verwendet werden. Auch beim Entlüften der Bremsanlage nur neue Bremsflüssigkeit verwenden.**
- Bremsflüssigkeits-Spezifikation: **DOT 4** (F.M.V.S.S. Nr. 116) beziehungsweise FIAT-**TUTELA TOP 4 (270°C)**.
- Bremsflüssigkeit darf nicht mit Mineralöl in Berührung kommen. Schon geringe Spuren Mineralöl machen die Bremsflüssigkeit unbrauchbar, beziehungsweise führen zum Ausfall des Bremssystems.
- Bremsflüssigkeit alle 2 Jahre wechseln, möglichst nach der kalten Jahreszeit.
- Alte Bremsflüssigkeit bei der örtlichen Deponie für Sondermüll abgeben, nicht in die Kanalisation schütten. Bremsflüssigkeit nicht mit Motoröl vermischen.

Bremsanlage entlüften

Nach jeder Reparatur an der Bremse, bei der die Anlage geöffnet wurde, kann Luft in die Druckleitungen eingedrungen sein. Dann ist das Bremssystem zu entlüften. Luft ist auch dann in den Leitungen, wenn sich beim Tritt auf das Bremspedal der Bremsdruck schwammig anfühlt. In diesem Fall muß die Undichtigkeit beseitigt und die Bremsanlage entlüftet werden.

Die Bremsanlage wird durch Pumpen mit dem Bremspedal entlüftet, dazu ist eine zweite Person notwendig.

Muß die ganze Anlage entlüftet werden, jeden Radbremszylinder einzeln entlüften. Das ist immer dann der Fall, wenn Luft in jeden einzelnen Bremszylinder gedrungen ist. Falls nur ein Bremssattel erneuert bzw. überholt wurde, genügt in der Regel das Entlüften des betreffenden Zylinders. Ebenso kann auch jeder Bremskreis individuell entlüftet werden. Beim Entlüften der gesamten Anlage mit einem vorderen Bremssattel beginnen, dann den diagonal gegenüberliegenden hinteren Bremszylinder entlüften.

Achtung: Bei Fahrzeugen mit Bremskraftregler muß beim Entlüften der hinteren Bremszylinder das Fahrzeug auf den Rädern stehen, damit der Bremskraftregler nicht in Aktion ist.

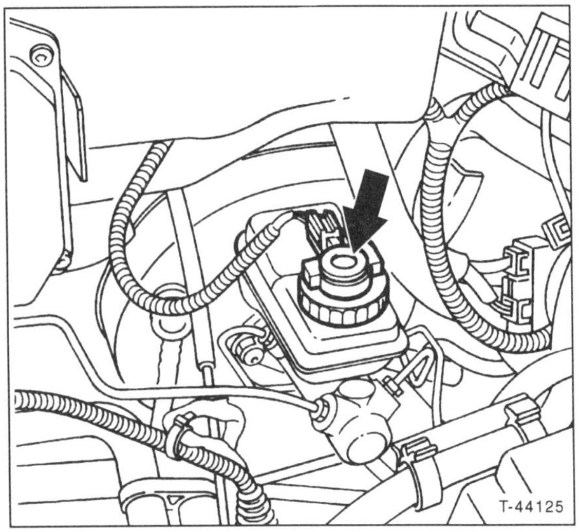
T-44125

- Deckel vom Vorratsbehälter für Bremsflüssigkeit abschrauben, dabei Sensor für Bremsflüssigkeitsstand mit dem Finger festhalten.

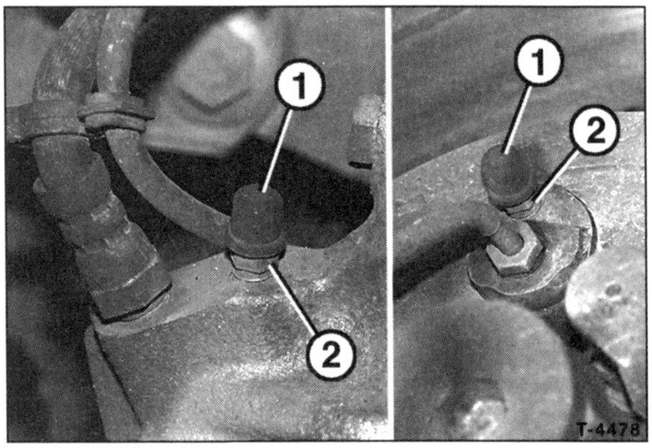

T-4478

- Staubkappe –1– von der Entlüfterschraube –2– des Bremszylinders abnehmen. Entlüfterschraube reinigen, sauberen Entlüfterschlauch aufstecken.

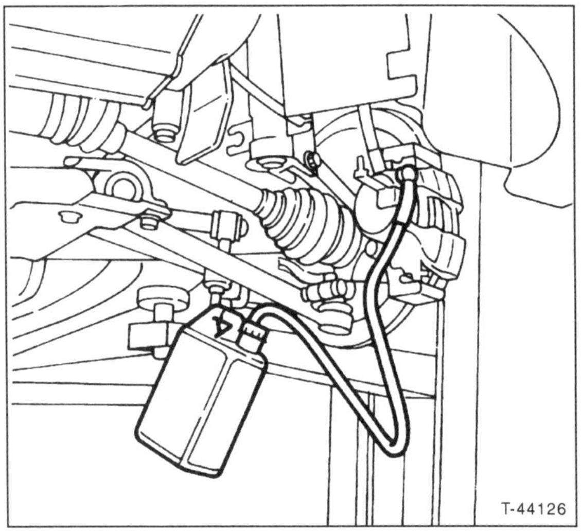
T-44126

- Anderes Schlauchende in eine mit Bremsflüssigkeit halbvoll gefüllte Flasche stecken. Bei älteren Fahrzeugen Entlüfterschraube vorsichtig gangbar machen.
- Von einer Hilfsperson Bremspedal so oft niedertreten lassen, »pumpen«, bis sich im Bremssystem Druck aufgebaut hat. Zu spüren am wachsenden Widerstand beim Betätigen des Pedals.
- Ist genügend Druck vorhanden, Bremspedal ganz durchtreten, Fuß auf dem Bremspedal halten.
- Entlüfterschraube am Bremssattel etwa eine halbe Umdrehung mit Ringschlüssel öffnen. Ausfließende Bremsflüssigkeit in der Flasche sammeln. Darauf achten, daß sich das Schlauchende in der Flasche ständig unterhalb des Flüssigkeitsspiegels befindet.
- Sobald der Flüssigkeitsdruck nachläßt, sofort Entlüfterventil schließen.
- Pumpvorgang wiederholen, bis sich Druck aufgebaut hat. Bremspedal niedertreten, Fuß auf dem Bremspedal lassen, Entlüfterschraube öffnen, bis der Druck nachläßt, Entlüfterschraube schließen.

- Entlüftungsvorgang an einem Bremszylinder so lange wiederholen, bis sich in der Bremsflüssigkeit, die in die Entlüfterflasche strömt, keine Luftblasen mehr zeigen.
- Anschließend bei durchgetretenem Bremspedal Entlüfterschraube vorsichtig anziehen, max. 5 Nm.
- Schlauch von Entlüfterschraube abziehen, Staubkappe auf Ventil stecken.
- Die anderen Bremszylinder auf gleiche Weise entlüften.

Achtung: Während des Entlüftens ab und zu den Ausgleichbehälter beobachten. Der Flüssigkeitsspiegel darf nicht zu weit sinken, sonst wird über den Ausgleichbehälter Luft angesaugt. **Immer nur neue Bremsflüssigkeit nachgießen!**

- Gegebenenfalls Bremsflüssigkeit bis zur »MAX.«-Markierung auffüllen. **Achtung:** Der Bremsflüssigkeitsspiegel darf bei aufgeschraubtem Deckel nicht über der »MAX.«-Markierung liegen.
- Deckel für Ausgleichbehälter festschrauben.

Achtung, Sicherheitskontrolle durchführen:

◆ Sind die Bremsschläuche festgezogen?
◆ Befindet sich der Bremsschlauch in der Halterung?
◆ Sind die Entlüftungsschrauben angezogen?
◆ Ist genügend Bremsflüssigkeit eingefüllt?
◆ Bei laufendem Motor Dichtheitskontrolle durchführen. Hierzu Bremspedal mit 200 bis 300 N (entspricht 20 bis 30 kg) etwa 10 sec. betätigen. Das Bremspedal darf nicht nachgeben. Sämtliche Anschlüsse auf Dichtheit kontrollieren.

- Anschließend einige Bremsungen auf Straße mit geringem Verkehr durchführen.

Hinweis: Bremsflüssigkeit ist als Sondermüll zu entsorgen.

Bremsleitung/Bremsschlauch aus- und einbauen

Für das Bremsleitungssystem, das zusammen mit den druckfesten Bremsschläuchen für die Räder die Verbindung vom Hauptbremszylinder zu den vier Radbremsen herstellt, werden Rohre verwendet.

Die Rohrverbindungen zu den Bremszylindern und Verteilerstücken sind als sogenannte Kegelkupplungen ausgebildet.

Die Rohrenden sind vorn gestaucht und haben dann eine kegelförmige Anlagefläche für die ebenfalls mit einem kegeligen Grund versehenen Gewindeöffnungen in den Bremszylindern beziehungsweise Verteilerstücken. Bevor die Rohrenden gestaucht werden, wird eine Rohrmutter auf das Rohr gesteckt, die dann später nach dem Einschrauben die kegelige Anlagefläche des Rohres gegen den kegeligen Grund der Gewindeöffnung drückt und damit zuverlässig abdichtet.

Die Bremsschläuche stellen die flexiblen Verbindungen zwischen den starren und beweglichen Fahrzeugteilen her. Die Bremsschläuche dürfen keine Scheuerstellen aufweisen.

Ausbau

- Fahrzeug aufbocken.

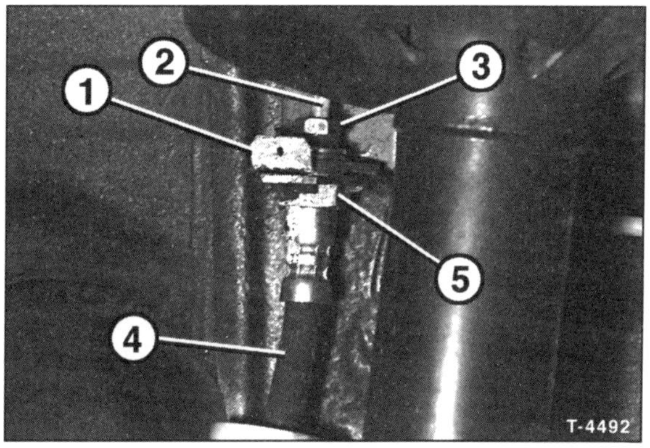

- Sicherungsklammer –1– mit einer Zange abziehen.
- Bremsleitung –2– mit der Überwurfmutter –3– lösen und abnehmen. Dabei Bremsschlauch –4– mit Maulschlüssel am Sechskant –5– gegenhalten.
- Leitungsanschluß in Richtung Hauptbremszylinder mit geeignetem Stopfen verschließen.

Einbau

- Neue Bremsleitung möglichst an gleicher Stelle verlegen.
- Neuen Bremsschlauch so einbauen, daß er ohne Drall durchhängt und mit 15 Nm am Bremssattel festziehen.
- Beim Anschließen der Bremsleitung die kegelige Anlagefläche mit einigen Tropfen Bremsflüssigkeit benetzen und mit 5 Nm festziehen.

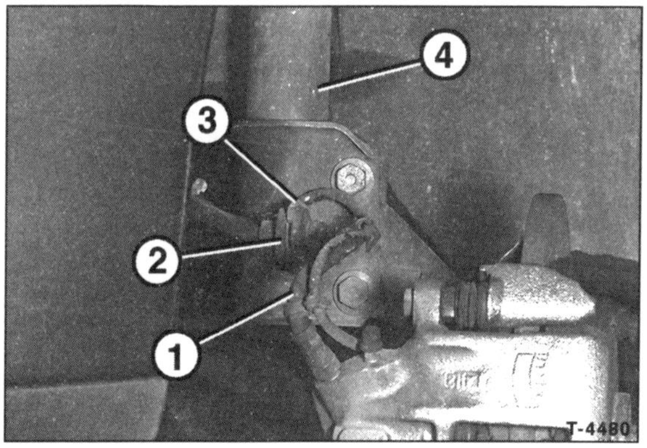

- Vorderen Bremsschlauch –1– mit Gummihalter –2– in den Halter –3– am Federbein –4– einsetzen.

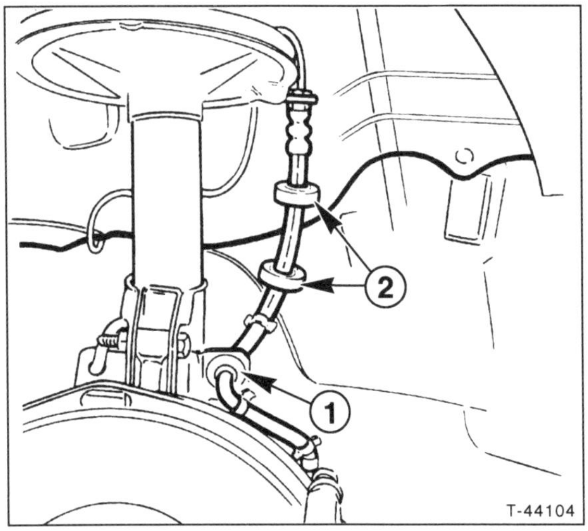

- Nach dem Einbau prüfen, ob die Gummitülle –1– sicher in der Aufnahme sitzt. Die Abstandsringe –2– müssen wie in der Abbildung dargestellt positioniert sein, damit der Bremsschlauch beim Einschlagen der Räder nicht an den Radkasten oder andere Teile gedrückt werden kann.
- Nach dem Einbau bei entlastetem Rad prüfen (Wagen angehoben), ob der Schlauch allen Radbewegungen folgt, ohne irgendwo anzuscheuern.

Achtung: Bremsschläuche nicht mit Öl oder Petroleum in Berührung bringen, nicht lackieren oder mit Unterbodenschutz besprühen.

- Bremsanlage entlüften.
- Fahrzeug ablassen.
- Bei auf dem Boden stehendem Fahrzeug Räder nach links und rechts bis zum Anschlag einschlagen und prüfen, ob der Schlauch allen Radbewegungen folgt, ohne irgendwo anzuscheuern.

Achtung, Sicherheitskontrolle durchführen:

- ◆ Sind die Bremsschläuche festgezogen?
- ◆ Befindet sich der Bremsschlauch in der Halterung?
- ◆ Sind die Entlüftungsschrauben angezogen?
- ◆ Ist genügend Bremsflüssigkeit eingefüllt?
- ◆ Bei laufendem Motor Dichtheitskontrolle durchführen. Hierzu Bremspedal mit 200 bis 300 N (entspricht 20 bis 30 kg) etwa 10 sec. betätigen. Das Bremspedal darf nicht nachgeben. Sämtliche Anschlüsse auf Dichtheit kontrollieren.

- Anschließend einige Bremsungen auf Straße mit geringem Verkehr durchführen.

Hinweis: Bremsflüssigkeit ist als Sondermüll zu entsorgen.

Bremskraftregler einstellen/ersetzen

Der Bremskraftregler steuert in Abhängigkeit von der Fahrzeugbelastung den Bremsdruck für die Hinterräder. Dadurch wird ein Überbremsen der Hinterräder vermieden und die Stabilität des Fahrzeuges beim Bremsen verbessert. Der Bremskraftregler ist hinten am Aufbau befestigt und wird über eine Feder von der Hinterachse aus gesteuert.

Einstellen

- Vorderräder in Geradeausstellung bringen. Fahrzeug (fahrbereit) auf ebener Fläche mit Rädern am Boden abstellen.
- Kofferraum je nach Modell mit folgenden Gewichten belasten, und zwar möglichst direkt über der Hinterachse:

Modell/Motor	1,4-/1,6-l	1,8-l	2,0-l
BRAVO	94 kg 85,5* kg	85,5 kg 75* kg	85,5 kg 75* kg
BRAVA	64 kg 55* kg	55 kg 46* kg	– –

*) Gewicht für Fahrzeuge mit vollständigem Zubehör.

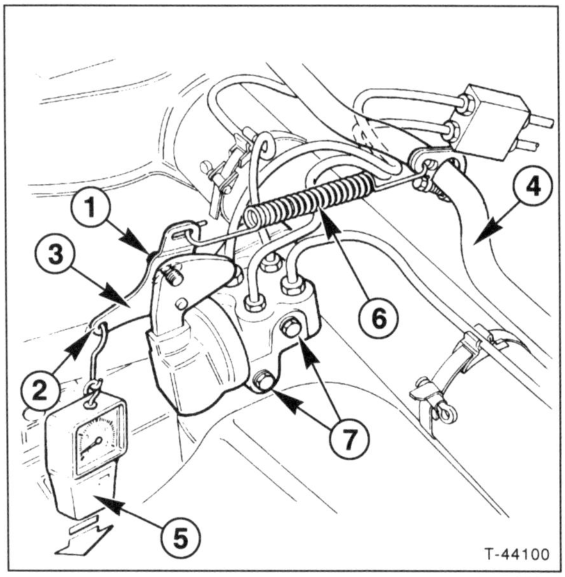

- Bügelbefestigungsschraube –1– lösen.
- An der Öse –2– des Bügels –3– eine Federwaage –5– einhängen. Bügel mit der Federwaage und folgender Kraft nach unten ziehen.
  1,4-/1,6-/1,8-l: **5,5 kp (55 N)**
  2,0-l: **4 kp (40 N)**
- Bügel –3– in dieser Position halten und Bügelbefestigungsschraube –1– mit 20 Nm anziehen.

Achtung: Im Falle einer Fehlfunktion muß der Bremskraftregler vollständig ausgetauscht werden.

Ausbau

- Fahrzeug hinten aufbocken.
- Hinteren Teil der Abgasanlage absenken, dazu hinteren und mittleren Halter vom Aufbau abschrauben.

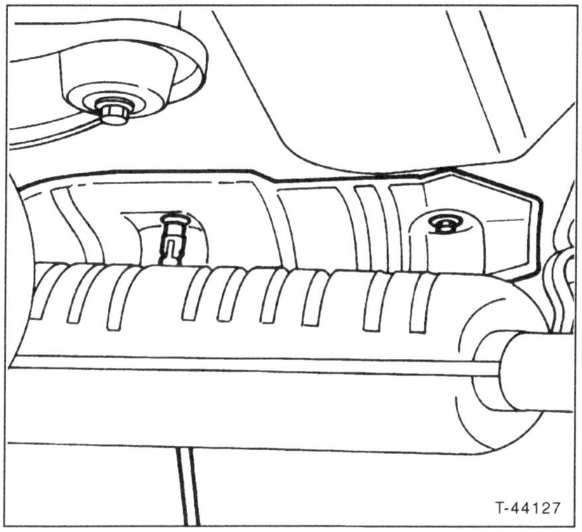

- Wärmeschutzblech für Abgasanlage abschrauben, damit der Bremskraftregler zugänglich wird.

- Bremsleitungen am Bremskraftregler abschrauben (SW11 und SW13) und verschließen –linke Abbildung–.
- Feder –Pfeil– am Bremskraftregler mit einer Flachzange aushängen.

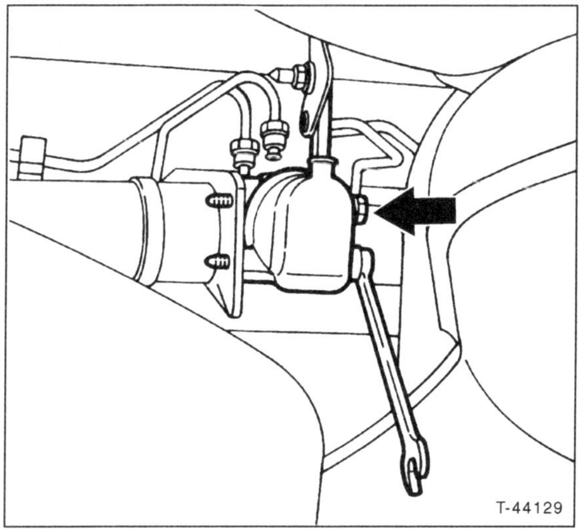

- Bremskraftregler abschrauben.

Einbau

- Neuen Bremskraftregler mit **10 Nm** anschrauben.
- Bremsleitungen mit Überwurfmuttern und ca. 5 Nm anschrauben.
- Feder in die Öse am Regler einhängen.
- Hinteren Halter für Abgasanlage am Aufbau anschrauben.
- Handbremsseil in die Halterung am Kraftstoffvorratsbehälter einhängen.
- Fahrzeug ablassen.
- Bremskraftregler einstellen.
- Bremsanlage entlüften.

Achtung, Sicherheitskontrolle durchführen:

- ◆ Sind die Bremsschläuche festgezogen?
- ◆ Befindet sich der Bremsschlauch in der Halterung?
- ◆ Sind die Entlüftungsschrauben angezogen?
- ◆ Ist genügend Bremsflüssigkeit eingefüllt?
- ◆ Bei laufendem Motor Dichtheitskontrolle durchführen. Hierzu Bremspedal mit 200 bis 300 N (entspricht 20 bis 30 kg) etwa 10 sec. betätigen. Das Bremspedal darf nicht nachgeben. Sämtliche Anschlüsse auf Dichtheit kontrollieren.

- Anschließend einige Bremsungen auf Straße mit geringem Verkehr durchführen.

Bremskraftverstärker prüfen

Der Bremskraftverstärker ist auf Funktion zu überprüfen, wenn zur Erzielung ausreichender Bremswirkung die Pedalkraft außergewöhnlich hoch ist.

- Bremspedal bei stehendem Motor mindestens 5mal kräftig durchtreten, dann bei belastetem Bremspedal Motor starten. Das Bremspedal muß jetzt unter dem Fuß spürbar nachgeben. Das Bremssystem ist dann in Ordnung.
- Andernfalls Unterdruckschlauch am Bremskraftverstärker abbauen, Motor starten. Durch Fingerauflegen am Ende des Unterdruckschlauches prüfen, ob bei laufendem Motor Unterdruck erzeugt wird.
- Ist kein Unterdruck vorhanden: Unterdruckschlauch auf Undichtigkeiten und Beschädigungen prüfen, gegebenenfalls ersetzen. Sämtliche Schellen fest anziehen.
- **Dieselmotor:** Unterdruckschlauch von der Vakuumpumpe abziehen und mit dem Finger prüfen, ob Unterdruck am Schlauchanschluß anliegt.
- Ist Unterdruck vorhanden: Unterdruck messen, gegebenenfalls Bremskraftverstärker ersetzen lassen (Werkstattarbeit). **Achtung:** Dabei immer Rückschlagventil in der Unterdruckleitung ersetzen, da die Membrane im Bremskraftverstärker durch eindringende Kraftstoffdämpfe (bei defektem Rückschlagventil) beschädigt werden kann.

Die Handbremse

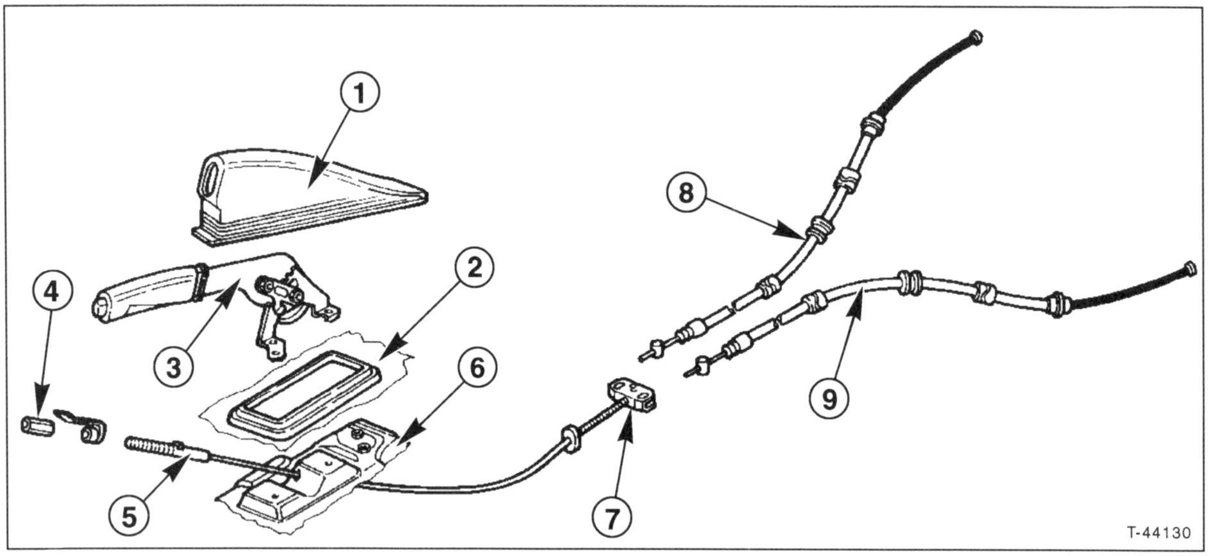

1 – Manschette
2 – Rahmen
3 – Handbremshebel
4 – Einstellmutter
5 – Vorderes Handbremsseil
6 – Halteplatte
7 – Ausgleichstück
8 – Hinteres Handbremsseil rechts
9 – Hinteres Handbremsseil links

Handbremse prüfen/einstellen

Das Spiel der Handbremse muß nur dann eingestellt werden, wenn der Leerweg am Handbremshebel bis zum Blockieren der Hinterräder mehr als 5 Rasten beträgt oder wenn der Handbremshebel beziehungsweise die Bremsseile ausgebaut wurden.

Einstellen

- Fahrzeug hinten aufbocken.
- Handbremshebel lösen.
- Bremspedal mehrmals betätigen, um eine richtige Selbstnachstellung zu gewährleisten.
- Hinterräder von Hand drehen und sicherstellen, daß sie freigängig drehen.
- **Einstellung prüfen:** Dazu Handbremshebel 3 Rasten ziehen. Hinterräder drehen. Die Räder dürfen sich nicht mehr drehen lassen, gegebenenfalls Handbremse einstellen.
- Verkleidung für Handbremshebel abziehen.
- Falls gelöst, Handbremshebel auf 3. Raste anziehen.

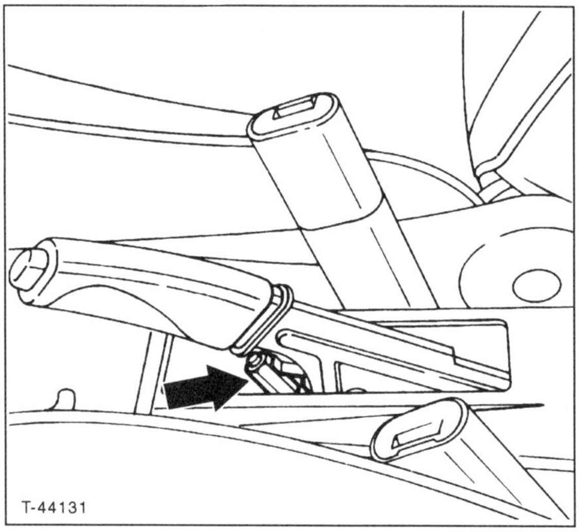

- Einstellmutter –Pfeil– im Uhrzeigersinn drehen, bis der Handbremszug gespannt ist.
- Prüfen, ob die Hinterräder blockiert sind.
- Handbremshebel wieder lösen. Die Hinterräder müssen sich jetzt frei drehen können.
- Hebel anziehen und überprüfen, ob er sich bis zur 3. oder 4. Raste bewegen läßt. Andernfalls Einstellung wiederholen.
- Manschette für Handbremshebel aufschieben.
- Fahrzeug ablassen.

Handbremsseilzug aus- und einbauen

Ausbau

- Handbremse lösen.
- Fahrzeug aufbocken.

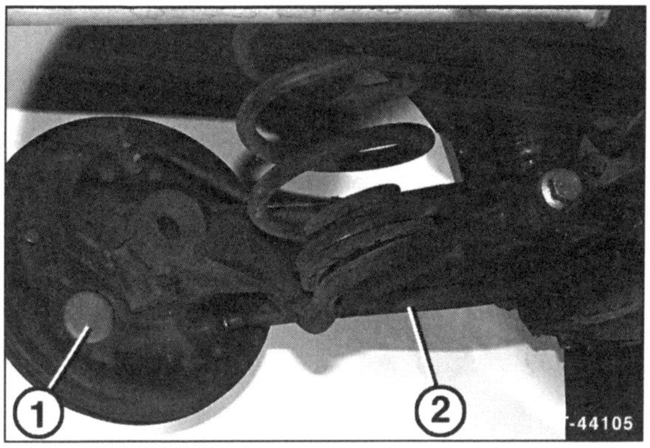

- **Trommelbremse**: Abdeckung –1– mit Schraubendreher abdrücken. Seilzugnippel mit Spitzzange entgegen der Federkraft nach hinten ziehen und aus dem Handbremshebel aushängen. Seilzug –2– aus dem Bremsträger herausziehen.

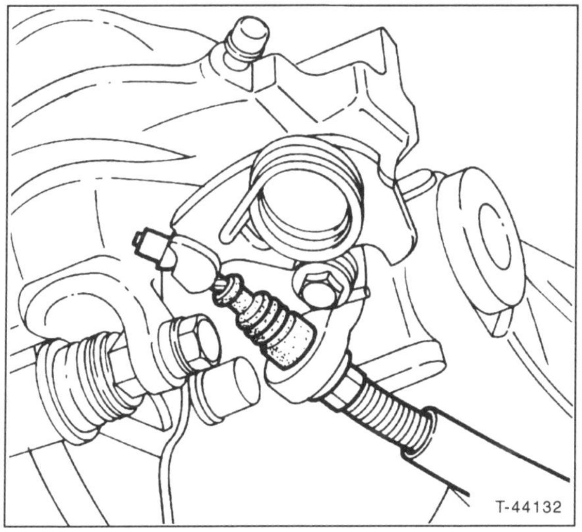

- **Scheibenbremse:** Seilzug mit Zange aus dem Bremshebel des hinteren Bremssattels aushängen.

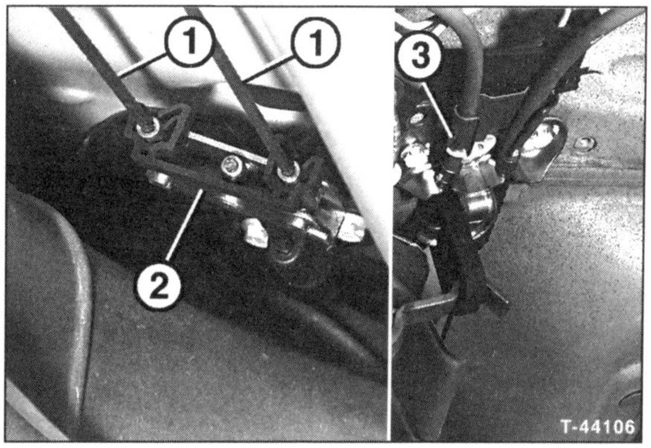

- Seilzug –1– am Ausgleichstück –2– aushängen. Dazu Haltenasen mit Schraubendreher eindrücken.
- Seilzugverlegung am Unterboden mit Filzstift markieren und Seilzughülle aus den Haltern –3– herausnehmen.

Einbau

- Seilzug mit Hülle entsprechend den Markierungen am Unterboden verlegen und in die Halter einsetzen.
- **Scheibenbremse:** Seilzug mit Zange am Bremshebel des hinteren Bremssattels einhängen.
- **Trommelbremse**: Seilzug durch die vordere Öffnung im Bremsträger in die Bremstrommel einführen. Seilzugnippel mit Spitzzange festhalten, Rückzugfeder mit Schraubendreher entgegen der Federkraft zurückdrücken und Seilzug in den Handbremshebel der Trommelbremse einsetzen. Gummistopfen in die Öffnung des Bremsträgers einsetzen.
- Seilzug am Ausgleichstück einhängen und einrasten.
- Verlegung des Seilzuges nochmals prüfen und Handbremse einstellen.
- Fahrzeug ablassen.

Bremslichtschalter ersetzen

Der Bremslichtschalter sitzt im Fußraum am Pedalbock. Wenn das Bremslicht nicht aufleuchtet, zuerst Sicherung überprüfen. Anschließend Glühlampen überprüfen. Wenn die betreffenden Glühlampen nicht defekt sind, Bremslichtschalter überprüfen, siehe Seite 241.

Ausbau

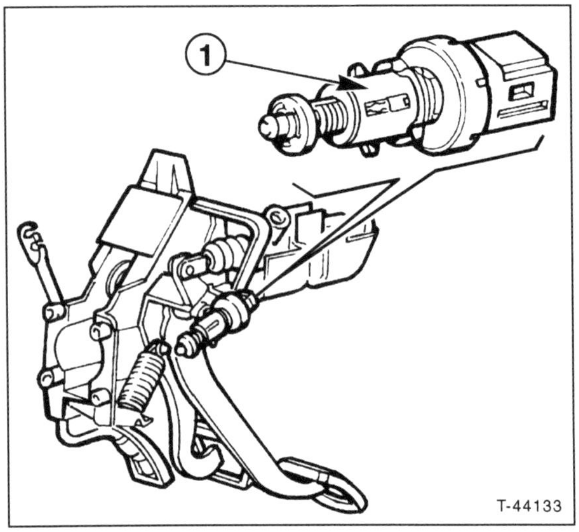

- Stecker vom Bremslichtschalter –1– abziehen.
- Bremslichtschalter am Sechskant mit Maulschlüssel SW 14 um 60° nach links drehen und herausnehmen.

Einbau

- Bremspedal von Hand niederdrücken und halten.

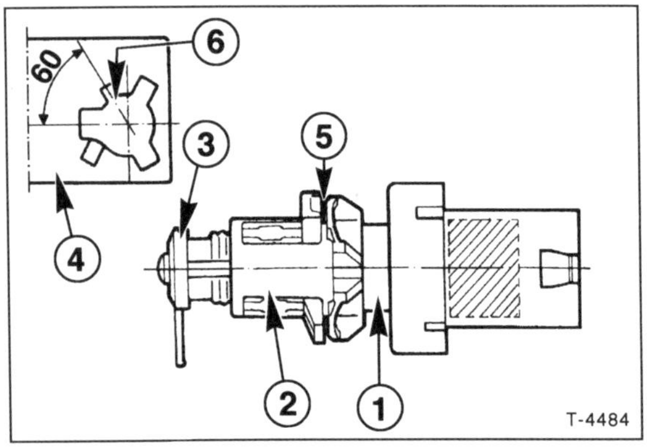

- Neuen Schalter am Halter –4– ausrichten und einsetzen;
- Schalter um etwa 60° im Uhrzeigersinn drehen, bis er am Anschlag anliegt. Der Haltezahn –5– muß dabei in der Nut –6– einrasten.
- Bremspedal in Ruhestellung zurückstellen (loslassen). Der Schalter richtet sich selbsttätig an der Buchse –2– aus.
- Pedal niederdrücken und Abstandsstück –3–, das während der Einstellung als Schutz verwendet wurde, entfernen.

Hinweis: Das Abstandsstück –3– legt einen Haltezahn frei, der jede weitere Verschiebung zwischen Schalter und Buchse –2– verhindert.

- Funktion des neuen Bremslichtschalters kontrollieren: Zündung einschalten. Die Bremslichter müssen schon bei leichter Betätigung des Bremspedals aufleuchten.

Störungsdiagnose Bremse

Störung	Ursache	Abhilfe
Leerweg des Bremspedals zu groß.	Bremsbeläge teilweise oder völlig abgenutzt.	■ Bremsbeläge erneuern.
	Ein Bremskreis ausgefallen.	■ Bremskreise auf Flüssigkeitsverlust prüfen.
	Speziell bei Trommelbremse:	
	Nachstellautomatik der Trommelbremse klemmt.	■ Nachstelleinheit gangbar machen.
Bremspedal läßt sich weit und federnd durchtreten.	Luft im Bremssystem.	■ Bremse entlüften.
	Zu wenig Bremsflüssigkeit im Ausgleichbehälter.	■ Neue Bremsflüssigkeit nachfüllen Bremse entlüften.
	Dampfblasenbildung. Tritt meist nach starker Beanspruchung auf, z. B. Paßabfahrt.	■ Bremsflüssigkeit wechseln. Bremse entlüften.
Bremswirkung läßt nach, und Bremspedal läßt sich durchtreten.	Undichte Leitung.	■ Leitungsanschlüsse nachziehen oder Leitung erneuern.
	Beschädigte Manschette im Haupt- oder Radbremszylinder.	■ Manschette erneuern. Beim Hauptbremszylinder Innenteile ersetzen, ggf. Hauptbremszylinder ersetzen.
	Speziell bei Scheibenbremse:	
	Stationärer Gummidichtring beschädigt.	■ Bremssattel überholen.
Schlechte Bremswirkung trotz hohen Fußdrucks.	Bremsbeläge verölt.	■ Bremsbeläge erneuern.
	Ungeeigneter oder verhärteter Bremsbelag.	■ Beläge erneuern. Nur Original-Bremsbeläge vom Automobilhersteller verwenden.
	Bremskraftverstärker defekt, Unterdruckleitung porös, defekt.	■ Bremsservo, Unterdruckleitung prüfen.
	Speziell bei Scheibenbremse:	
	Bremsbeläge abgenutzt.	■ Bremsbeläge erneuern.
Bremse zieht einseitig.	Unvorschriftsmäßiger Reifendruck.	■ Reifendruck prüfen und berichtigen.
	Bereifung ungleichmäßig abgefahren.	■ Abgefahrene Reifen ersetzen.
	Bremsbeläge verölt.	■ Bremsbeläge erneuern.
	Verschiedene Bremsbelagsorten auf einer Achse.	■ Beläge erneuern. Nur Original-Bremsbeläge vom Automobilhersteller verwenden.
	Schlechtes Tragbild der Bremsbeläge.	■ Bremsbeläge austauschen.
	Speziell bei Scheibenbremse:	
	Verschmutzte Bremssattelschächte.	■ Sitz- und Führungsflächen der Bremsbeläge im Bremssattel reinigen.
	Korrosion in den Bremssattelzylindern.	■ Bremssattel erneuern.
	Bremsbelag ungleichmäßig verschlissen.	■ Bremsbeläge erneuern (beide Räder), Bremssättel auf Leichtgängigkeit prüfen.
	Speziell bei Trommelbremse:	
	Kolben in den Radbremszylindern schwergängig.	■ Radbremszylinder instand setzen.

Störung	Ursache	Abhilfe
Bremse zieht von selbst an.	Ausgleichsbohrung im Hauptbremszylinder verstopft.	■ Hauptbremszylinder reinigen und Innenteile erneuern lassen.
	Spiel zwischen Betätigungsstange und Hauptbremszylinderkolben zu gering.	■ Spiel prüfen.
Bremsen erhitzen sich während der Fahrt.	Ausgleichsbohrung im Hauptbremszylinder verstopft.	■ Hauptbremszylinder reinigen und Innenteile erneuern lassen.
	Spiel zwischen Betätigungsstange und Hauptbremszylinder zu gering.	■ Spiel prüfen.
	Bremse schwergängig.	■ Bewegliche Teile der Trommelbremse schmieren. Bremssattel überholen lassen (Werkstattarbeit).
	Speziell bei Scheibenbremse:	
	Drosselbohrung im Spezial-Bodenventil verstopft.	■ Hauptbremszylinder reinigen, Innenteile ersetzen und Bremsflüssigkeit erneuern.
	Speziell bei Trommelbremse:	
	Bremsbacken-Rückzugfedern erlahmt.	■ Rückzugfedern erneuern.
Bremsen rattern.	Ungeeigneter Bremsbelag.	■ Beläge erneuern. Nur Original-Bremsbeläge vom Automobilhersteller verwenden.
	Speziell bei Scheibenbremse:	
	Bremsscheibe stellenweise korrodiert.	■ Scheibe mit Schleifklötzen sorgfältig glätten.
	Bremsscheibe hat Seitenschlag.	■ Scheibe nacharbeiten oder ersetzen.
	Speziell bei Trommelbremse:	
	Bremsbeläge verschlissen.	■ Beläge erneuern. Nur Original-Bremsbeläge vom Automobilhersteller verwenden.
	Bremstrommel unrund.	■ Bremstrommel ersetzen.
Bremsbeläge lösen sich nicht von der Bremsscheibe, Räder lassen sich schwer von Hand drehen.	**Speziell bei Scheibenbremse:** Korrosion in den Bremssattelzylindern.	■ Bremssattel überholen, eventuell austauschen.
Ungleichmäßiger Belag-Verschleiß.	**Speziell bei Scheibenbremse:**	
	Ungeeigneter Bremsbelag.	■ Beläge erneuern, Nur Original-Bremsbeläge vom Automobilhersteller verwenden.
	Bremssattel verschmutzt.	■ Bremssattelschächte reinigen.
	Kolben nicht leichtgängig.	■ Kolben gangbar machen.
	Bremssystem undicht.	■ Bremssystem auf Dichtigkeit prüfen.
Keilförmiger Bremsbelag-Verschleiß.	**Speziell bei Scheibenbremse:**	
	Bremsscheibe läuft nicht parallel zum Bremssattel.	■ Anlagefläche des Bremssattels prüfen.
	Korrosion in den Bremssätteln.	■ Verschmutzung beseitigen.

Störung	Ursache	Abhilfe
Bremse quietscht.	Oft auf atmosphärische Einflüsse (Luftfeuchtigkeit) zurückzuführen.	■ Keine Abhilfe erforderlich, und zwar dann, wenn Quietschen nach längerem Stillstand des Wagens bei hoher Luftfeuchtigkeit auftrat, aber nach den ersten Bremsungen sich nicht wiederholt.
	Speziell bei Scheibenbremse:	
	Ungeeigneter Bremsbelag.	■ Beläge erneuern. Nur Original-Bremsbeläge vom Automobilhersteller verwenden Rückenplatte mit Anti-Quietsch-Paste bestreichen.
	Bremsscheibe läuft nicht parallel zum Bremssattel.	■ Anlagefläche des Bremssattels prüfen.
	Verschmutzte Schächte im Bremssattel.	■ Bremssattelschächte reinigen.
	Speziell bei Trommelbremse:	
	Ungeeigneter Bremsbelag.	■ Beläge erneuern. Nur Original-Bremsbeläge vom Automobilhersteller verwenden.
	Belag liegt nicht satt auf.	■ Beläge erneuern. Nur Original-Bremsbeläge vom Automobilhersteller verwenden.
	Bremse verschmutzt.	■ Radbremsen reinigen.
	Rückzugfedern zu schwach.	■ Rückzugfedern erneuern.
Bremse pulsiert.	**ABS** in Funktion.	■ Normal, keine Abhilfe.
	Speziell bei Scheibenbremse:	
	Seitenschlag oder Dickentoleranz der Bremsscheibe zu groß.	■ Schlag und Toleranz prüfen. Scheibe nacharbeiten oder ersetzen.
	Bremsscheibe läuft nicht parallel zum Bremssattel.	■ Anlagefläche des Bremssattels prüfen.
	Speziell bei Trommelbremse:	
	Anlagefläche des Scheibenrades an der Bremstrommel nicht plan, dadurch Verzug der Bremstrommel.	■ Es kann versucht werden, die Scheibenräder untereinander auszutauschen.

Räder und Reifen

Der FIAT BRAVA/BRAVO ist je nach Modell und Ausstattung mit Reifen und Felgen unterschiedlicher Größe ausgerüstet. Neben der Felgenbreite ist auch die Einpreßtiefe wichtig. Die Einpreßtiefe ist das Maß von der Felgenmitte bis zur Anlagefläche der Radschüssel an die Bremsscheibe.

Alle Scheibenräder sind als sogenannte Hump-Felgen ausgelegt. Der Hump ist ein in die Felgenschulter eingepreßter Wulst, der auch bei extrem scharfer Kurvenfahrt nicht zuläßt, daß der schlauchlose Reifen von der Felge gedrückt wird.

Sofern Reifen und/oder Felgen montiert werden, die nicht in den Fahrzeugpapieren vermerkt sind, ist eine Eintragung in die Fahrzeugpapiere erforderlich. Dazu wird in der Regel eine Freigabebescheinigung von FIAT benötigt.

Achtung: Der Gesetzgeber verlangt, daß Reifen lediglich bis zu einer Profiltiefe von 1,6 mm abgefahren werden dürfen, und zwar muß die gesamte Lauffläche noch 1,6 mm Tiefe aufweisen. Es empfiehlt sich jedoch, sicherheitshalber die Sommerreifen bei bei einer Profiltiefe von 2 mm und die Winterreifen bei einer Tiefe von 4 mm auszutauschen.

Räder- und Reifenmaße, Reifenfülldruck

Modell	**Motor**	**Scheibenrad** (Felge)	**Reifengröße** Gürtelreifen (schlauchlos)	**Reifenfülldruck (Überdruck) in bar**			
				halbe Zuladung		volle Zuladung	
				vorn	hinten	vorn	hinten
BRAVA	1,4-l	5½ J x 14	175/65 R 14 82 T	2,2	2,2	2,3	2,5
	1,6-l	5½ J x 14 (Stahl) 6 J x 14 (Leichtmetall)	175/65 R 14 82 T 185/60 R 14 82 H	2,2	2,2	2,3	2,5
	1.8-l	6 J x 14 (Leichtmetall)	185/60 R 14 82 H	2,2	2,2	2,3	2,5
	1.9 TD	5½ J x 14	175/65 R 14 82 T	2,3	2,2	2,3	2,5
BRAVO	1,4-l	5½ J x 14	175/65 R 14 82 T	2,2	2,2	2,3	2,5
	1,6-l	6 J x 14 (Stahl)	185/60 R 14 82 H	2,2	2,2	2,3	2,5
	1.8-l	6 J x 15 (Leichtmetall)	185/55 R 15 81 V	2,2	2,2	2,3	2,5
	1.9 TD	5½ J x 14	175/65 R 14 82 T	2,3	2,2	2,3	2,5
	2.0-l	6 J x 15	195/55 R 15 84 V	2,5	2,2	2,7	2,4
Notrad	Alle	4,00 B x 14	105/70 R 14 84 M	4,2	4,2	4,2	4,2
	Alle	4,00 B x 15	115/70 R 15 90 M	4,2	4,2	4,2	4,2

- Sämtliche Reifendruckangaben beziehen sich auf kalte Reifen. Der sich bei längerer Fahrt einstellende, um ca. 0,2 bis 0,4 bar höhere Überdruck darf nicht reduziert werden. Winterreifen werden in der Regel mit einem 0,2 bis 0,3 bar höheren Überdruck gefahren. Die Luftdruckempfehlungen des jeweiligen Reifenherstellers bei Winterreifen sind zu beachten. Da die Winterreifen einer Geschwindigkeitsbeschränkung unterliegen, muß ein Hinweis über die zulässige Höchstgeschwindigkeit im Blickfeld des Fahrers angebracht werden (§ 36, Absatz 1 StVZO).
- Bei Anhängerbetrieb Reifenfülldruck auf den unter »volle Zuladung« angegebenen Wert erhöhen
- Radschrauben für Leichtmetallfelgen dürfen **nicht** für Stahlfelgen verwendet werden und umgekehrt.

Achtung: Die technische Entwicklung geht ständig weiter. Es kann sein, daß inzwischen auch für ältere Fahrzeug-Modelle andere Reifenfülldrücke beziehungsweise andere Reifen-Felgen-Kombinationen zugelassen sind. Es empfiehlt sich deshalb, die aktuellen Daten bei der Fachwerkstatt zu erfragen.

■ Bei sportlicher Fahrweise empfiehlt es sich, den Reifenüberdruck an Vorder- und Hinterrädern um 0,2 bar zu erhöhen. Bei dieser Erhöhung ist vom Basis-Überdruck auszugehen, wie er für die verschiedenen Belastungszustände vorgeschrieben ist.

Reifen- und Scheibenrad-Bezeichnungen

Beispiel Reifen-Bezeichnungen:

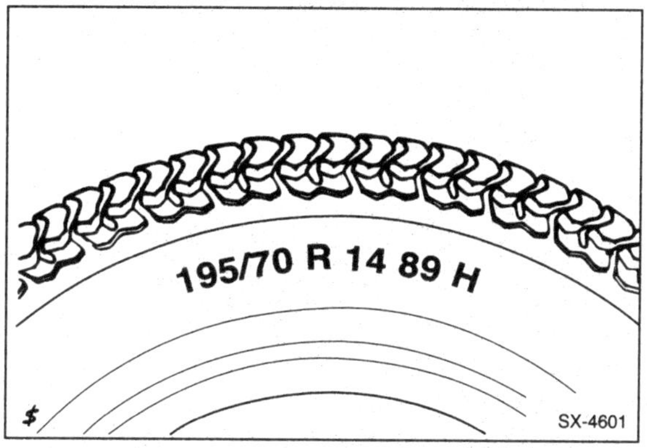

SX-4601

195 = Reifenbreite in mm

/70 = Verhältnis Höhe zu Breite (die Höhe des Reifenquerschnitts beträgt 70 % von der Breite)

Fehlt eine besondere Angabe des Querschnittverhältnisses (z. B. 155 R 13), so handelt es sich um das »normale« Höhen-Breiten-Verhältnis. Es beträgt bei Gürtelreifen 82 %.

R = Radial-Bauart (= Gürtelreifen).

14 = Felgendurchmesser in Zoll.

89 = Tragfähigkeits-Kennzahl.

Achtung: Steht zwischen den Angaben 14 und 89 die Bezeichnung M+S, dann handelt es sich um einen Reifen mit Winterprofil.

H = Kennbuchstabe für zulässige Höchstgeschwindigkeit, H: bis 210 km/h.

Der Geschwindigkeitsbuchstabe steht hinter der Reifengröße. Die Geschwindigkeitssymbole gelten sowohl für Sommer- als auch für Winterreifen.

Geschwindigkeits-Kennbuchstabe

Kennbuchstabe	Zulässige Höchstgeschwindigkeit
Q	160 km/h
S	180 km/h
T	190 km/h
H	210 km/h
V	240 km/h
W	270 km/h

Reifen-Herstellungsdatum

Das Herstellungsdatum steht auf dem Reifen im Hersteller-Code.

Beispiel: DOT CUL2 UM8 476 ◁ TUBELESS

DOT = Department of Transportation (US-Verkehrsministerium)

CU = Kürzel für Reifenhersteller

L2 = Reifengröße

UM8 = Reifenausführung

476 = Herstellungsdatum = 47. Produktionswoche 1996

◁ = Symbol für dieses Jahrzehnt (1990 bis 1999)

TUBELESS = schlauchlos (TUBETYPE = Schlauchreifen)

Beispiel Scheibenrad-Bezeichnungen: 5½ J x 14

5½ = Maulweite der Felge in Zoll

J = Kennbuchstabe für Höhe und Kontur des Felgenhorns (B = niedrigere Hornform)

x = Kennzeichen für einteilige Tiefbettfelge

14 = Felgen-Durchmesser in Zoll

Austauschen und auswuchten der Räder

Es ist nicht zweckmäßig, bei einem Austausch der Räder die Drehrichtung der Reifen zu ändern, da sich die Reifen nur unter vorübergehend stärkerem Verschleiß der veränderten Drehrichtung anpassen. Bei einigen Reifen ist eine Laufrichtung durch einen Pfeil auf der Seitenwand vorgegeben, die Laufrichtung ist dann unbedingt einzuhalten.

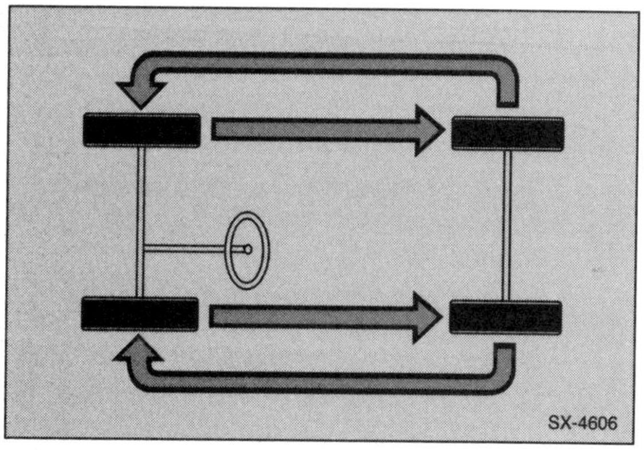
SX-4606

Bei deutlich stärkerer Abnutzung der vorderen Reifen empfiehlt es sich, die Vorderräder gegen die Hinterräder zu tauschen. Dadurch haben alle 4 Reifen etwa die gleiche Lebensdauer.

Reifen nicht einzeln, sondern mindestens achsweise ersetzen. Dabei Reifen mit der größeren Profiltiefe immer hinten montieren.

Achtung: Beim Erneuern und Demontieren schlauchloser Reifen ist aus Sicherheitsgründen unbedingt das Gummiventil mit auszutauschen.

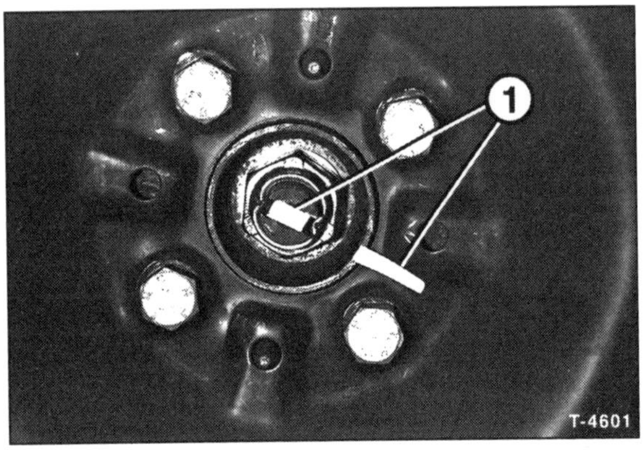

- Vor der Demontage Rad mit Kreide zur Radnabe markieren, damit es in gleicher Stellung wieder montiert werden kann.
- Radschrauben lösen, wenn das Fahrzeug auf dem Boden steht. Dazu Handbremse anziehen oder 1. Gang einlegen, damit das Fahrzeug nicht wegrollt.

Achtung: Leichtmetallfelgen sind durch einen Klarlacküberzug gegen Korrosion geschützt. Beim Radwechsel darauf achten, daß die Schutzschicht nicht beschädigt wird, andernfalls mit Klarlack ausbessern.

- Zum Schutz gegen Festrosten des Rades ist der Zentriersitz des Scheibenrades an den Radnaben vorn und hinten bei jeder Demontage des jeweiligen Rades mit Wälzlagerfett leicht einzufetten.
- Verschmutzte Schrauben und Gewinde reinigen. Kegelfläche der Radschrauben mit Wälzlagerfett leicht einfetten. Gewinde der Radschrauben **nicht** fetten oder ölen.
- Radschrauben über Kreuz in mehreren Durchgängen festziehen. Zum Festziehen der Radschrauben sollte immer ein Drehmomentschlüssel verwendet werden. Dadurch wird sichergestellt, daß die Radschrauben gleichmäßig fest angezogen sind. **Das Anzugsdrehmoment beträgt für alle Radschrauben 90 Nm.**

Achtung: Durch einseitiges oder unterschiedlich starkes Anziehen der Radschrauben können das Rad und/oder die Radnabe verspannt werden.

Auswuchten der Räder

Die serienmäßigen Räder werden im Werk ausgewuchtet. Das Auswuchten ist notwendig, um unterschiedliche Gewichtsverteilung und Materialungenauigkeiten auszugleichen.

Im Fahrbetrieb macht sich die Unwucht durch Trampel- und Flattererscheinungen bemerkbar. Das Lenkrad beginnt dann bei höherem Tempo zu zittern.

In der Regel tritt dieses Zittern nur in einem bestimmten Geschwindigkeitsbereich auf und verschwindet wieder bei niedrigerer und höherer Geschwindigkeit.

Solche Unwuchterscheinungen können mit der Zeit zu Schäden an Achsgelenken, Lenkgetriebe und Stoßdämpfern führen.

Räder nach jeder Reifenreparatur auswuchten lassen, da sich durch Abnutzung und Reparatur die Gewichts- und Materialverteilung am Reifen ändert.

Reifenpflegetips

Generell gilt, daß Reifen sozusagen ein »Gedächtnis« haben und unsachgemäße Behandlung – dazu zählt beispielsweise auch schnelles oder häufiges Überfahren von Bordstein- oder Schienenkanten – oft erst viel später zu Reifenpannen führt.

Reifen reinigen

- Reifen möglichst nicht mit einem Dampfstrahlgerät reinigen. Wird die Düse des Dampfstrahlers zu nahe an den Reifen gehalten, dann wird dessen Gummischicht innerhalb weniger Sekunden irreparabel zerstört, selbst bei Verwendung von kaltem Wasser. Ein auf diese Weise gereinigter Reifen sollte sicherheitshalber ersetzt werden.
- Ersetzt werden sollte auch ein Reifen, der über längere Zeit mit Öl oder Fett in Berührung kam. Der Reifen quillt an den betreffenden Stellen zunächst auf, nimmt jedoch später wieder seine normale Form an und sieht äußerlich unbeschädigt aus. Die Belastungsfähigkeit des Reifens nimmt aber ab.

Reifen lagern

- Reifen sollten kühl, dunkel und trocken aufbewahrt werden. Sie dürfen nicht mit Fett und Öl in Berührung kommen.
- Räder liegend oder an den Felgen aufgehängt in der Garage oder im Keller lagern.
- Bevor die Räder abmontiert werden, Reifenfülldruck etwas erhöhen (ca. 0,3–0,5 bar).
- Für Winterreifen eigene Felgen verwenden, denn das Ummontieren der Reifen auf dieselben Felgen lohnt sich aus Kostengründen nicht.

Reifen einfahren

Neue Reifen haben vom Produktionsprozeß her eine besonders glatte Oberfläche. Deshalb müssen neue Reifen – das gilt auch für das neue Ersatzrad – eingefahren werden. Bei diesem Einfahren rauht sich durch die beginnende Abnutzung die glatte Oberfläche auf.

Während der ersten 300 km sollte man mit neuen Reifen speziell auf Nässe besonders vorsichtig fahren.

Gleitschutzketten

Die Verwendung von Gleitschutzketten (Schneeketten) ist nur an der Antriebsachse (Vorderachse) erlaubt.

Mit Gleitschutzketten darf nicht schneller als 50 km/h gefahren werden. Auf schnee- und eisfreien Straßen sind die Gleitschutzketten abzunehmen.

Es sollten nur von FIAT freigegebene Gleitschutzketten verwendet werden.

Das Notrad

Bei der Benutzung des platzsparenden Reserve-Notrades sind folgende Punkte zu beachten:

- Das Notrad darf an Vorder- oder Hinterachse montiert werden.
- Das Notrad ist nur für den vorübergehenden und kurzzeitigen Einsatz bestimmt. Muß das Rad bei einer Reifenpanne montiert werden, ist es deshalb so schnell wie möglich wieder durch ein Normalrad zu ersetzen.
- Nach Montage des Notrades muß der **Reifenfülldruck so schnell wie möglich geprüft werden.**
- Mit montiertem Notrad darf **nicht schneller als 80 km/h** gefahren werden. Vollgasbeschleunigungen, starkes Bremsen und rasante Kurvenfahrten sind zu vermeiden.
- Das Notrad ist schmaler als das Normalrad und sollte nur kurze Zeit verwendet werden, bis das Normalrad repariert ist. Der Reifen des Notrades ist für eine Gesamtlaufstrecke von ca. 3000 km ausgelegt.
- Das Notrad ist speziell für den Wagentyp entwickelt. Es darf daher nicht für andere Wagentypen benutzt werden. Ebensowenig dürfen Noträder anderer Fahrzeugtypen verwendet werden.
- Die Verwendung von Gleitschutzketten (Schneeketten) auf dem platzsparenden Notrad ist aus technischen Gründen nicht zulässig. Falls mit Gleitschutzketten gefahren werden muß, ist bei einer Vorderrad-Reifenpanne das Notrad an der Hinterachse zu montieren und der hintere Reifen auf die Vorderachse zu wechseln. Dabei empfiehlt es sich, bereits vor der Montage des Rades die Gleitschutzkette aufzulegen.
- Auf die Felge des Notrades darf kein Sommer- oder Winterreifen montiert werden.
- Niemals zwei oder mehr Noträder gleichzeitig montieren.

Fehlerhafte Reifenabnutzung

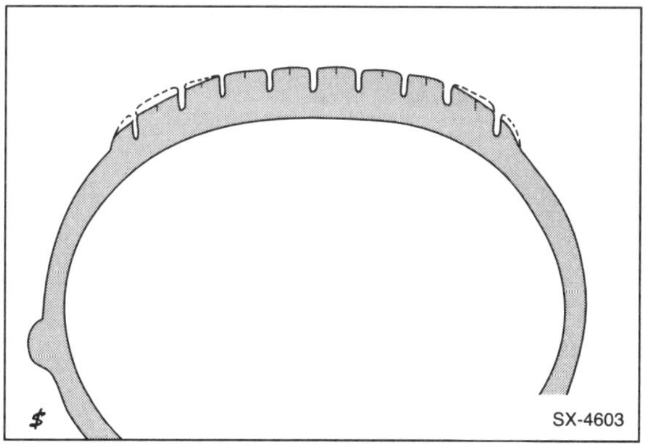

SX-4603

- An den Vorderrädern ist eine etwas größere Abnutzung der Reifenschultern gegenüber der Laufflächenmitte normal, wobei aufgrund der Straßenneigung die Abnutzung der zur Straßenmitte zeigenden Reifenschulter (linkes Rad: außen, rechtes Rad: innen) deutlicher ausgeprägt sein kann.
- Ungleichmäßiger Reifenverschleiß ist zumeist die Folge zu geringen oder zu hohen Reifenfülldrucks und kann auf Fehler in der Radeinstellung oder Radauswuchtung sowie auf mangelhafte Stoßdämpfer oder Felgen zurückzuführen sein.
- In erster Linie ist auf vorschriftsmäßigen Reifenfülldruck zu achten, wobei spätestens alle vier Wochen eine Prüfung vorgenommen werden sollte.
- Reifenfülldruck nur bei kühlen Reifen prüfen. Der Reifenfülldruck steigt nämlich mit zunehmender Erhitzung bei schneller Fahrt an. Dennoch ist es völlig falsch, aus erhitzten Reifen Luft abzulassen.
- Bei zu hohem Reifenfülldruck wird die Laufflächenmitte mehr abgenutzt, da der Reifen an der Lauffläche durch den hohen Innendruck mehr gewölbt ist.
- Bei zu niedrigem Reifenfülldruck liegt die Lauffläche an den Reifenschultern stärker auf, und die Laufflächenmitte wölbt sich nach innen durch. Dadurch ergibt sich ein stärkerer Reifenverschleiß der Reifenschultern.

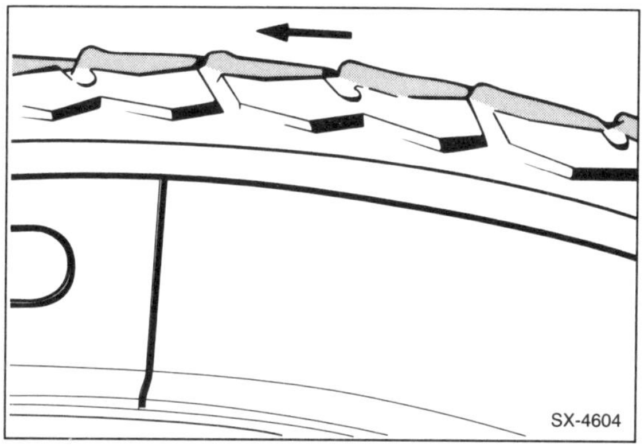

SX-4604

- Sägezahnförmige Abnutzung des Profils ist in der Regel auf eine Überbelastung des Fahrzeuges zurückzuführen.
- Falsche Radeinstellung und Unwucht ergeben jeweils typische Reifenverschleißbilder, auf die in der Störungsdiagnose hingewiesen wird.

Vorderwagenunruhe beseitigen

Das Lenkradflattern bei bestimmten Geschwindigkeiten ist in der Regel auf eine Unwucht der Räder zurückzuführen.

Prüfen

- Reifenfülldruck prüfen, gegebenenfalls korrigieren.
- Probefahrt durchführen. Störung möglichst genau eingrenzen, Geschwindigkeitsbereich, Fahrbahnbeschaffenheit, Kurven- oder Geradeausfahrt.
- Fahrzeug aufbocken.
- Mittenzentrierung der Felgen prüfen. Dabei müssen die Radnabe oder Bremstrommel über den Kragen der Scheibenräder hinausragen oder zumindest bündig damit abschließen. Andernfalls Felge austauschen.
- Radaufhängung prüfen. Dazu Gummi-Metallager, Gelenke, Stoßdämpfer und Felgen auf einwandfreien Zustand prüfen.
- Räder ausbauen und reinigen. Dabei beispielsweise auch Steine aus dem Profil entfernen.
- Reifen auf Bremsplatten untersuchen. Das sind Stellen geringerer Profiltiefe, die bei Vollbremsungen mit blockierenden Rädern entstehen können.
- Profiltiefe der einzelnen Reifen prüfen und miteinander vergleichen. Bei abnormalem Reifenverschleiß vorn und/oder hinten muß das Fahrzeug vorn und hinten vermessen und gegebenenfalls eingestellt werden. Dabei ist die Einstellung der Vorspur an die obere Toleranzgrenze zu legen. **Achtung:** Für die Vermessung ist eine entsprechende Meßanlage erforderlich, die in der Regel nur in einer Fachwerkstatt vorhanden ist.
- Probefahrt durchführen und prüfen, ob die Störungen noch vorhanden sind.

Höhen- und Seitenschlag der Räder prüfen

- Bei aufgebocktem Fahrzeug geeignete Meßuhr an der Lauffläche und danach an der Reifenflanke ansetzen. Rad von Hand langsam drehen, Zeigerausschlag der Meßuhr ablesen und Stelle des maximalen Höhenschlags am Reifen mit Kreide kennzeichnen.

Sollwerte: Maximaler Höhenschlag = 3 mm; maximaler Seitenschlag = 3 mm.

- Falls diese Werte nicht eingehalten werden, Räder auf stationärer Auswuchtmaschine auswuchten. Dabei müssen die Räder in gleicher Weise wie am Fahrzeug mittenzentriert werden. Konische Spannvorrichtungen, die das Rad in der Mittenbohrung zentrieren, sind nicht zulässig. Die zulässige Restunwucht in beiden Wuchtebenen beträgt 5 Gramm.

Höhenschlag beseitigen (matchen):

- Luft aus dem Reifen lassen und Reifenwülste in das Felgenbett drücken.
- Reifen auf der Felge um 120° verdrehen.
- Reifen aufpumpen und Höhenschlag erneut prüfen.
- Falls der Maximalwert überschritten wird, Reifen auf der Felge um weitere 120° verdrehen und Höhenschlag prüfen.
- Falls der Maximalwert eingehalten wird, Räder auswuchten.

Höhen- und Seitenschlag der Felge prüfen

- Felge ohne Reifen mittenzentriert auf die Auswuchtmaschine oder am Fahrzeug montieren. Meßuhr anbringen.

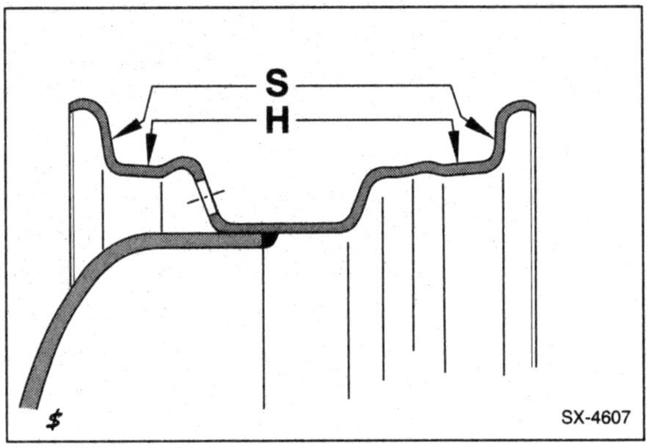

- Höhen- und Seitenschlag der Felge prüfen. Der Höhenschlag (Rundlaufabweichung) wird an der Felgenschulter, der Seitenschlag an der seitlichen Fläche des Felgenhornes gemessen. Dabei sind punktuelle Ausschläge der Meßuhr, die durch Materialerhöhungen oder -vertiefungen entstehen, nicht zu berücksichtigen.

Sollwerte: Maximaler Höhenschlag = 3 mm; maximaler Seitenschlag = 3 mm.

- Falls die Sollwerte überschritten werden, Felge ersetzen.

Montage der Räder am Fahrzeug

- Bei aufgebocktem Fahrzeug Räder so ansetzen, daß sich die Stelle des maximalen Höhenschlages oben befindet. Radschrauben in diesem Zustand über Kreuz mit einem Drehmomentschlüssel und **90 Nm** festziehen.

Achtung: Wenn die Verschleißunterschiede der einzelnen Reifen klein sind, Räder mit dem geringsten Höhenschlag und den kleinsten Auswuchtgewichten an der Vorderachse montieren.

- Probefahrt durchführen. Falls immer noch Vorderwagenunruhe oder Lenkradschütteln festgestellt wird, kann es sich um Restunwuchten handeln, die durch Nachwuchten am Fahrzeug beseitigt werden.

Räder am Fahrzeug nach- oder auswuchten

- Beim Auswuchten der Antriebsräder unbedingt beide Reifen einer Achse auf Rollen (Geberböcke) setzen.
- Der Antrieb der Räder muß durch den Fahrzeugmotor erfolgen, damit die Räder synchron laufen.
- Probefahrt durchführen.

Falls immer noch Störungen auftreten, so sind die Radial- oder Taumelbewegungen eines oder mehrerer Reifen zu hoch. Mit Werkstattmitteln kann das nicht gemessen werden. In diesem Fall bleibt nur der Austausch der vorderen und/oder hinteren Reifen. Dabei sollten die Reifen grundsätzlich paarweise ersetzt werden.

Störungsdiagnose Reifen

Abnutzung	Ursache
Stärkerer Reifenverschleiß auf beiden Seiten der Lauffläche.	■ Zu niedriger Reifenfülldruck.
Stärkerer Reifenverschleiß in der Mitte der Lauffläche, über den gesamten Umfang.	■ Zu hoher Reifenfülldruck.
Auswaschungen der Profilseite.	■ Statische und dynamische Unwucht des Rades. Eventuell zu großer Seitenschlag der Felge, zu großes Spiel in den Traggelenken.
Auswaschungen in der Mitte des Reifenprofils.	■ Statische Unwucht des Rades. Eventuell Folge von zu großem Höhenschlag.
Starke Abnutzung an einzelnen Stellen in der Mitte der Lauffläche.	■ Blockierspuren von Vollbremsungen.
Schuppenförmige oder sägezahnähnliche Abnutzung des Profils. In krassen Fällen mit Gewebebrüchen verbunden, die nach einiger Zeit außen sichtbar werden.	■ Überbelastung des Wagens. Innenseite der Reifen auf Gewebebrüche untersuchen!
Gummizungen an den seitlichen Profilkanten.	■ Fehlerhafte Radeinstellung. Reifen radiert. Bei Hinterrädern auch Zustand der Stoßdämpfer prüfen!
Gratbildung an einer Profilseite des Vorderrades.	■ Falsche Spureinstellung. Reifen radiert. Häufiges Fahren auf stark gewölbter Fahrbahn. Schnelle Kurvenfahrt.
Stoßbrüche im Reifenunterbau. Anfangs nur im Innern des Reifens sichtbar.	■ Überfahren von kantigen Steinen, Schienenstößen und ähnlichem bei hohen Geschwindigkeiten.
Einseitig abgefahrene Laufflächen.	■ Sturzeinstellung überprüfen.

Karosserie

Die Karosserie des FIAT BRAVO/BRAVA ist selbsttragend. Bodengruppe, Seitenteile und Dach sind miteinander verschweißt. Größere Karosserie-Reparaturen können daher nur von einer Fachwerkstatt durchgeführt werden.

Motorhaube, Heckklappe, Türen und die Kotflügel sind angeschraubt und lassen sich leicht auswechseln. Beim Einbau ist dann unbedingt das richtige Luftspaltmaß (= Breite der Fugen zwischen jeweiliger Klappe und umliegender Karosserie) einzuhalten, sonst klappert beispielsweise die Tür, oder es können erhöhte Windgeräusche während der Fahrt auftreten. Der Luftspalt muß auf jeden Fall parallel verlaufen, das heißt, der Abstand zwischen den Karosserieteilen muß auf der gesamten Länge des Spaltes gleich groß sein. Abweichungen bis zu 1 mm sind zulässig.

Sicherheitshinweise bei Karosseriearbeiten

- Soweit Schweißarbeiten oder andere funkenerzeugende Arbeiten durchgeführt werden, grundsätzlich die Batterie komplett abklemmen (Plus- und Minuskabel) und beide Klemmen (+) und (–) sorgfältig isolieren. Bei Arbeiten in Batterienähe muß die Batterie ausgebaut werden. **Achtung:** Dadurch werden elektronische Speicher gelöscht. Vor dem Abklemmen daher unbedingt Hinweise im Kapitel »Batterie aus- und einbauen« durchlesen.
- Im Rahmen einer Reparatur-Lackierung darf im Trockenofen oder in seiner Vorwärmzone das Fahrzeug bis maximal +85° C aufgeheizt werden. Sonst besteht die Gefahr der Beschädigung elektronischer Steuergeräte im Fahrzeug.

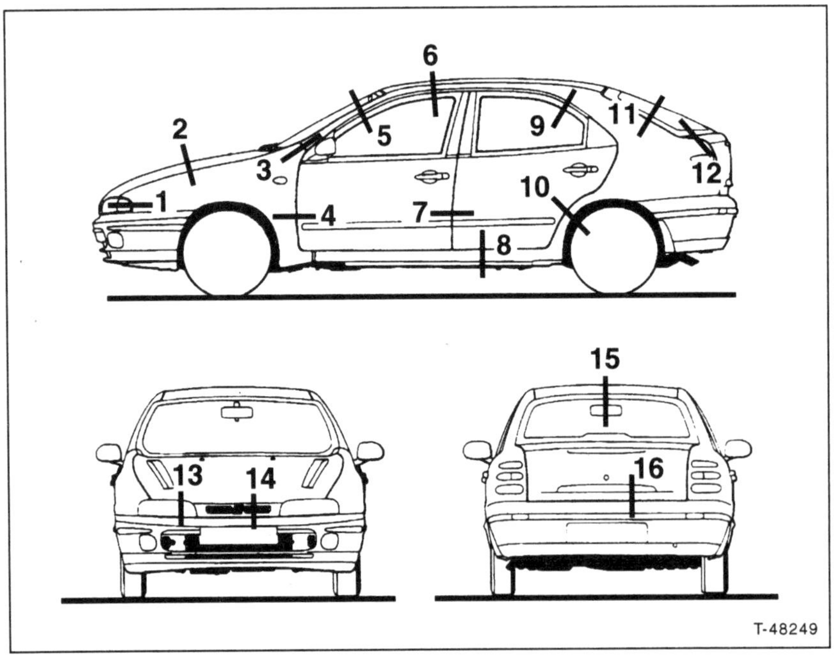

1 – $3_{\pm 1}$ mm

2 – $4^{+0,5}/_{-1,5}$ mm

3 – 2,5 ± 1,2 mm

4 – $4^{+0,2}/_{-0,8}$ mm
Innen: $14^{+1,5}/_{-2,0}$ mm

5 – $6,6^{+2,0}/_{-1,0}$ mm
Innen: $14^{+1,5}/_{-2,5}$ mm

6 – $6,6^{+2,0}/_{-1,0}$ mm
Innen: $14^{+1,5}/_{-2,5}$ mm

7 – $4^{+0,2}/_{-0,8}$ mm
Innen: $14^{+1,5}/_{-2,0}$ mm

8 – $4^{+1,5}/_{-0,5}$ mm

9 – $6,6^{+2,0}/_{-1,0}$ mm
Innen: $14^{+1,5}/_{-2,5}$ mm

10 – $4^{+0,2}/_{-0,8}$ mm
Innen: $14^{+1,5}/_{-2,0}$ mm

11 – $4^{+1,7}/_{-1,3}$ mm, Höhenunterschied: $-0,7^{+0,0}/_{-1,0}$ mm

12 – $4^{+0,5}/_{-1,0}$ mm

13 – Oben: $7,4^{+0,5}/_{-1,0}$ mm
Unten: $7_{\pm 0,5}$

14 – $6,3^{+1,0}/_{-2,0}$ mm

15 – $7^{+0,5}/_{-0,0}$ mm, Höhenunterschied: $-0,7^{+0,0}/_{-1,0}$ mm

16 – $6^{+1,0}/_{-1,5}$ mm

Stoßfänger vorn aus- und einbauen

Ausbau

- Motorhaube öffnen.

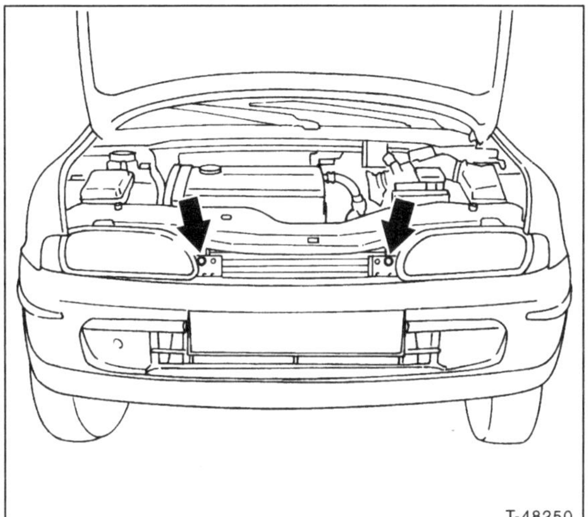

T-48250

- Stoßfänger oben von der Verkleidung des vorderen Querträgers abschrauben.

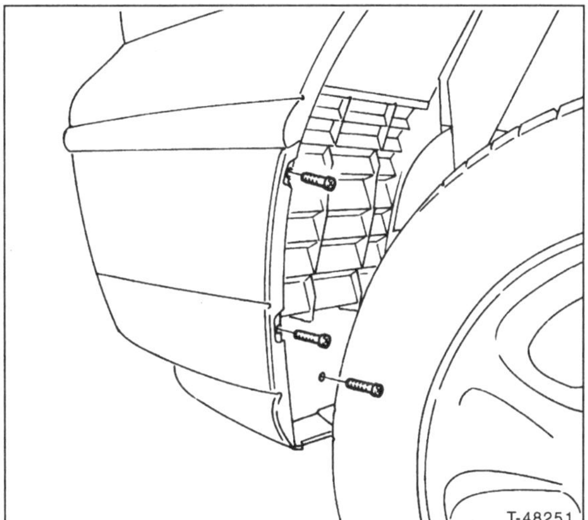

T-48251

- Stoßfänger links und rechts vom vorderen Innenkotflügel abbauen. Dazu 3 Schrauben herausdrehen und 1 Clip (in Abbildung nicht sichtbar) abhebeln.

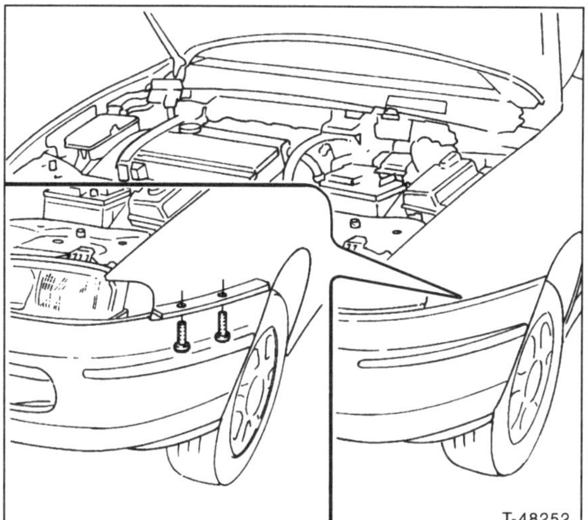

T-48252

- Stoßfänger von den vorderen Kotflügeln abschrauben.

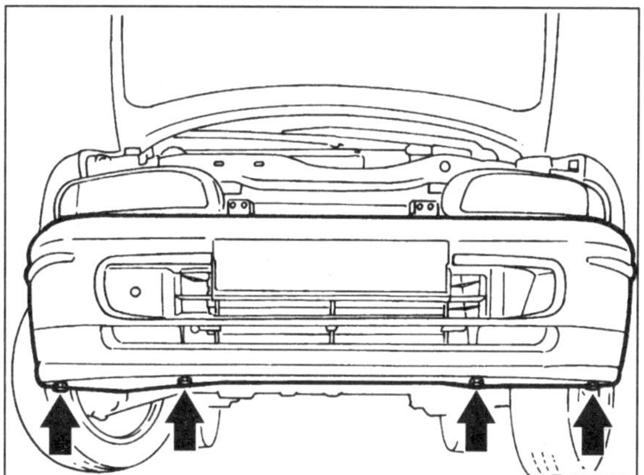

T-48253

- Untere Schrauben herausdrehen und Stoßfänger mit Helfer nach vorn abnehmen.

Einbau

- Stoßfänger mit Helfer ansetzen und unten anschrauben.
- Stoßfänger an den Kotflügeln anschrauben.
- Vordere Radkastenverkleidung einbauen.
- Stoßfänger oben anschrauben.
- Motorhaube schließen.

Stoßfänger hinten aus- und einbauen

Hinweis: Die Abbildungen zeigen den BRAVA.

Ausbau

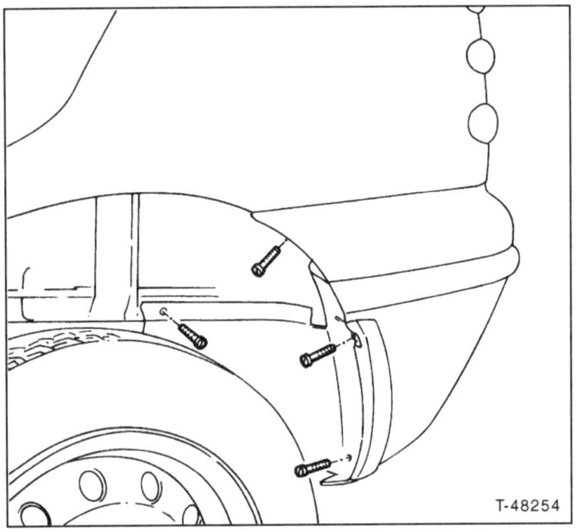

- Linken Innenkotflügel vom Stoßfänger abschrauben.

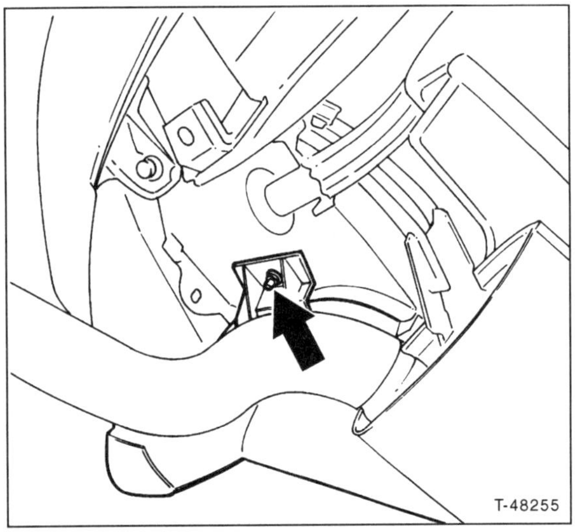

- Befestigungsmutter abschrauben und linken Innenkotflügel herausnehmen. BRAVO: 2 Muttern abschrauben.
- Rechten Innenkotflügel auf dieselbe Weise ausbauen.

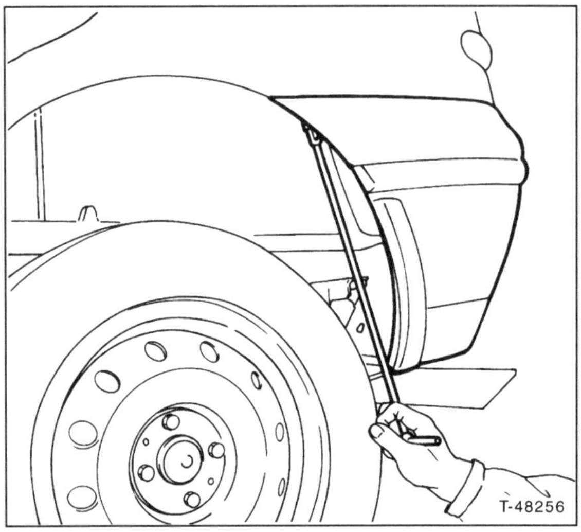

- Stoßfänger links und rechts vom hinteren Kotflügel abschrauben.
- Kofferraumdeckel öffnen.

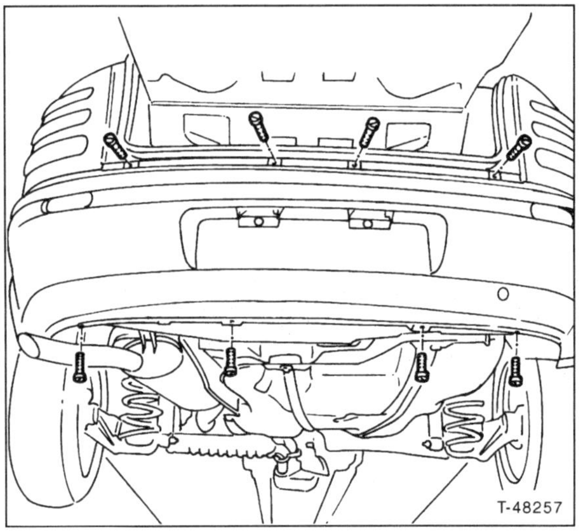

- Stoßfänger von der Verkleidung des hinteren Querträgers abschrauben.

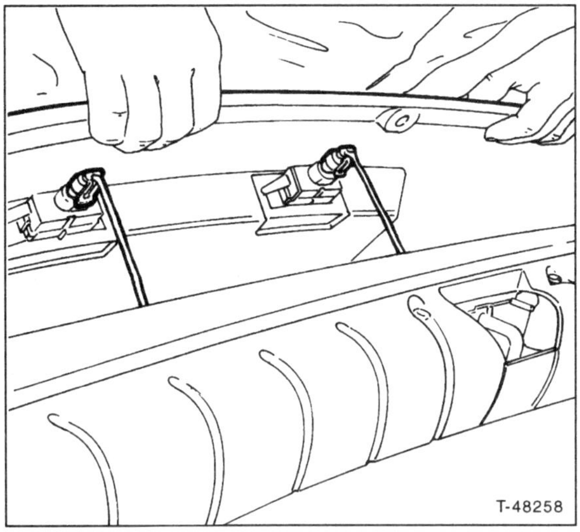

- Stoßfänger etwas nach hinten ziehen, und die Steckverbindungen für die Kennzeichenleuchten trennen.
- Stoßfänger mit Helfer nach hinten abnehmen.

Einbau

- Stoßfänger mit Helfer ansetzen und anschrauben.
- Stoßfänger an den Kotflügeln anschrauben.
- Hintere Innenkotflügel einbauen.

Seitliche Stoßleiste auswechseln

- Je ein Abdeckband oberhalb und unterhalb dicht neben der Stoßleiste ankleben. Dadurch wird beim Ausbau der Lack geschützt. Außerdem wird der Einbau einer neuen Stoßleiste erleichtert.

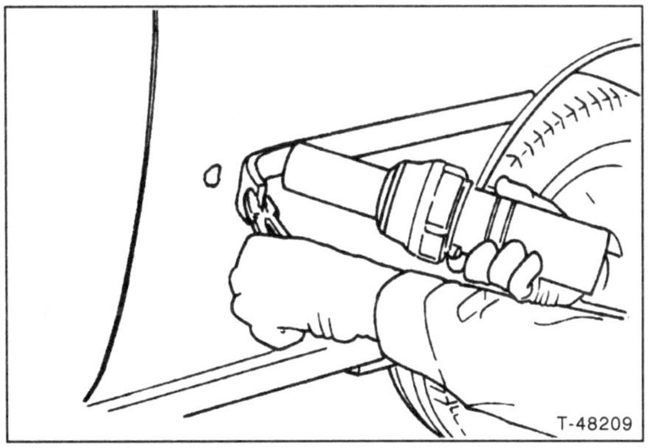

- Stoßleiste an einem Ende mit einem Heißluftfön auf ca. 300° C erhitzen und dadurch Klebeverbindung aufweichen. Anschließend Stoßleiste mit einer Zange gleichmäßig Stück für Stück von der Karosserie abziehen. Dabei das abzuziehende Teilstück jeweils vorher erwärmen.
- Reste der Klebeverbindung mit Spiritus abwaschen und Klebestelle trocknen lassen.
- Neue Stoßleiste probehalber ansetzen und ausrichten. Der Abstand zu den äußeren Karosseriekanten soll etwa 2 mm betragen. Stoßleiste an der Tür mit Klebeband ankleben und prüfen, ob sich die Tür ohne Behinderung öffnen läßt. Einbaulage der Stoßleiste mit Klebeband markieren.
- Klebefläche der neuen Stoßleiste mit Spiritus abwaschen und dadurch entfetten.

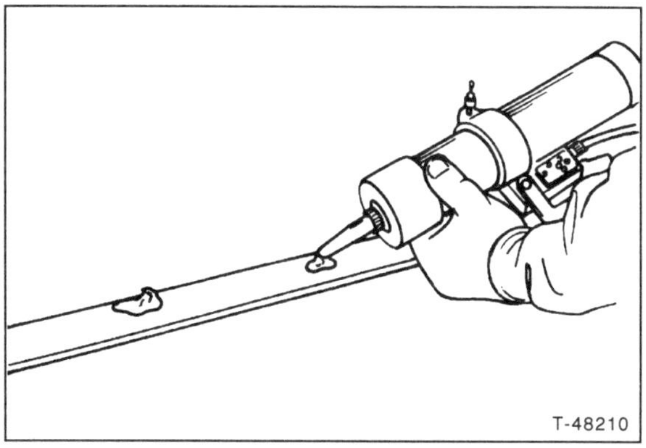

- Kleber Betaseal oder gleichwertiges Produkt auf die Stoßleiste in gleichmäßigen Abständen so auftragen, daß die vorher abgeklebten Stellen am Aufbau nicht wieder berührt werden.
- Stoßleiste genau nach dem Klebeband an der Karosserie ausrichten und fest anpressen.
- Zur Verbesserung der Klebewirkung Stoßleiste auf der gesamten Länge mit geeigneter Handrolle aus Holz beziehungsweise Kunststoff andrücken.

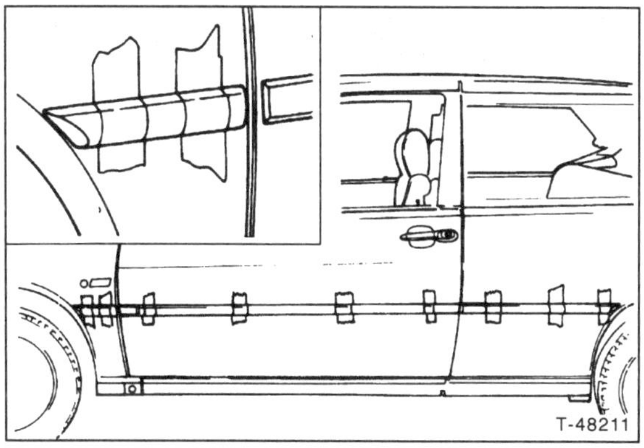

- Stoßleiste, wie in der Abbildung dargestellt, mit Klebeband fixieren und Klebstoff aushärten lassen.

Achtung: Fahrzeug nach dem Kleben mindestens 3 Stunden nicht bewegen und erst nach ca. 24 Stunden wieder in Gebrauch nehmen.

- Abdeckband entfernen.

Kotflügel vorn aus- und einbauen

Ausbau

- Scheinwerfer und vordere Blinkleuchten ausbauen, siehe Seite 270.
- Stellung der Vorderräder zur Radnabe mit Farbe kennzeichnen. Dadurch kann das ausgewuchtete Rad wieder in derselben Position montiert werden. Radschrauben lösen, dabei muß das Fahrzeug auf dem Boden stehen. Fahrzeug vorn aufbocken und Vorderräder abnehmen.

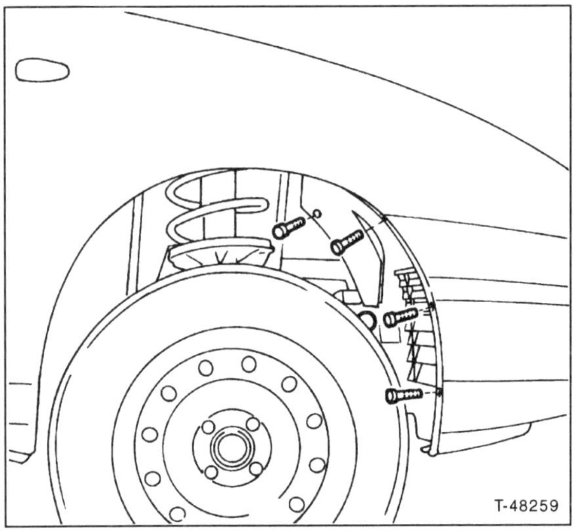

- Innenkotflügel vorn mit 4 Schrauben abschrauben. 1 Clip mit Schraubendreher heraushebeln.

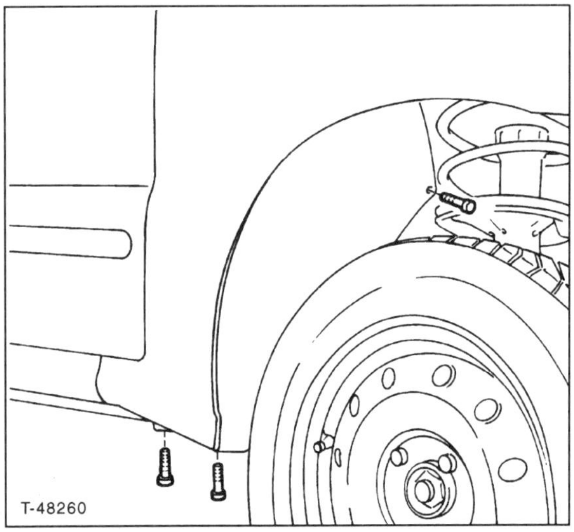

- Innenkotflügel hinten mit 3 Schrauben abschrauben.
- Seitliche Blinkleuchte ausbauen, siehe Seite 264.

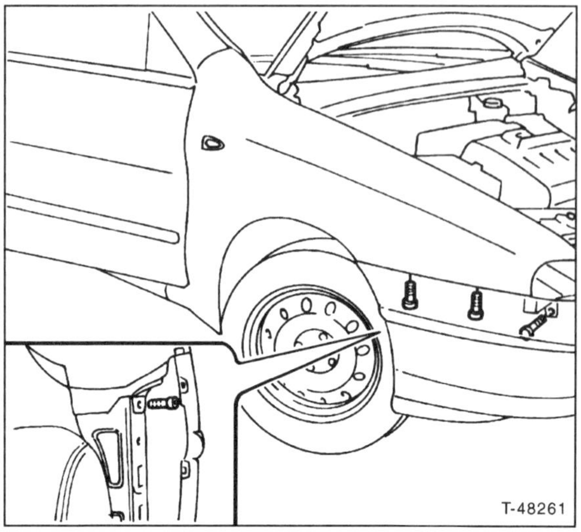

- Kotflügel vom Stoßfänger und vom vorderen Seitenteil abschrauben.

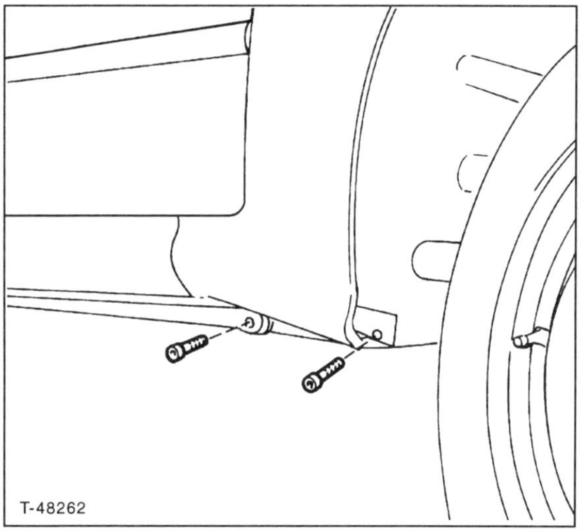

- Kotflügel vorn von der Verkleidung des Türschwellers abschrauben.

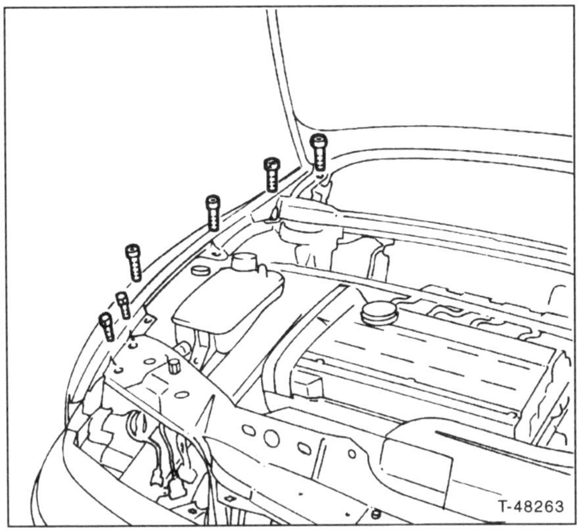

● Kotflügel oben abschrauben.

● Tür öffnen und Kotflügel von der A-Säule abschrauben.

● Durch die Abdichtmasse sitzt der Kotflügel sehr fest. Kotflügelabdichtung mit einem scharfen Messer trennen. Zum Lösen des Kotflügels kann ein Fön verwendet werden, der mindestens eine Temperatur von 600° C erreicht. Fön mit Flachdüse ausrüsten, Dichtmasse ringsum nacheinander aufweichen und Kotflügel Stück für Stück vorsichtig abziehen.

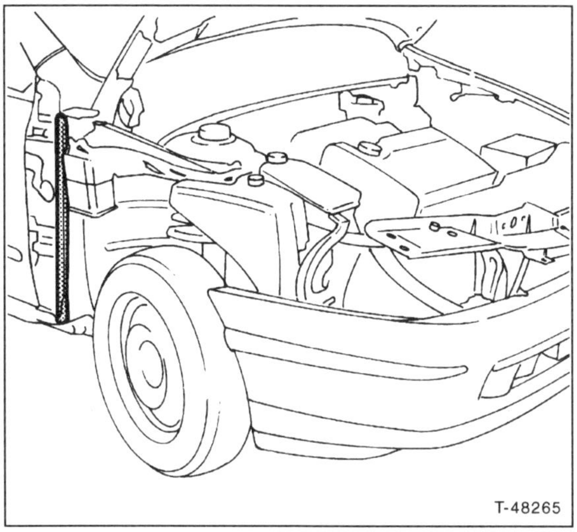

● Dichtmasse von der Karosserie abschaben. Dabei darauf achten, daß der Lack nicht beschädigt wird.

Einbau

● Neuen Kotflügel vor dem Einbau an den später unzugänglichen Stellen lackieren.

● Anlageflächen des Kotflügels reinigen, gegebenenfalls ausrichten.

● Kotflügel kurz montieren, ausrichten und wieder abbauen.

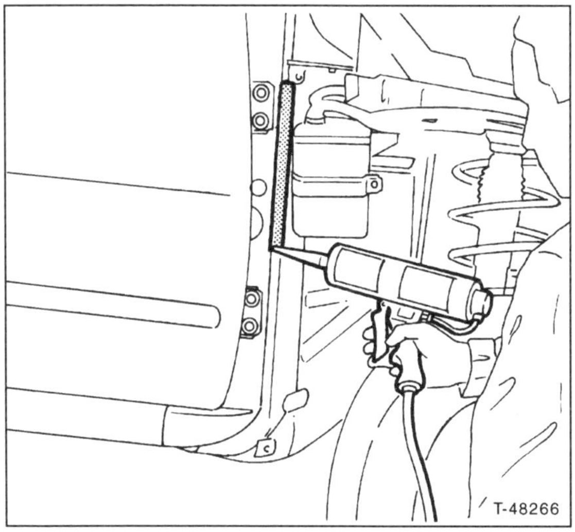

● Auf den Anlageflächen handelsübliches Kotflügelabdichtband auflegen oder bei Umgebungstemperatur aushärtende Dichtungsmasse, zum Beispiel Sikaflex 221 (Firma SIKA), auftragen.

● Kotflügel ansetzen, ausrichten und mit 10 Nm anschrauben.

● Überschüssige Dichtmasse mit Messer glätten beziehungsweise entfernen.

● Auf der Innenseite des Kotflügels Unterbodenschutz auftragen.

- Seitliche Blinkleuchte einbauen, siehe Seite 264.
- Innenkotflügel einsetzen und anschrauben, Clip aufdrücken.
- Verkleidung für vorderen Türschweller anschrauben.
- Scheinwerfer und vordere Blinkleuchten einbauen, siehe Seite 270.
- Vorderräder so ansetzen, daß die beim Ausbau angebrachten Markierungen übereinstimmen. Vorher Zentriersitz der Felge an der Radnabe sowie die Kegelfläche der Radschrauben mit Wälzlagerfett leicht einfetten. Gewinde der Radschrauben **nicht** fetten oder ölen. Räder anschrauben. Fahrzeug ablassen und Radschrauben über Kreuz mit **90 Nm** festziehen.

Motorhaube aus- und einbauen/ ersetzen und ausrichten

Ausbau

- Motorhaube öffnen und abstützen.

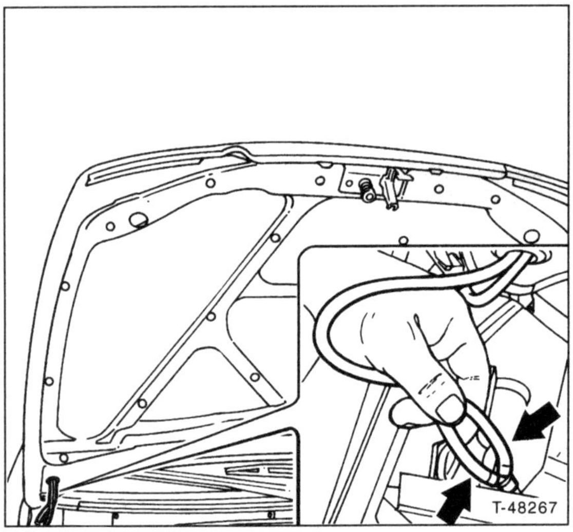

- Schläuche für Scheibenwaschdüsen abziehen, mit geeignetem Stopfen verschließen und von der Motorhaube abclipsen.

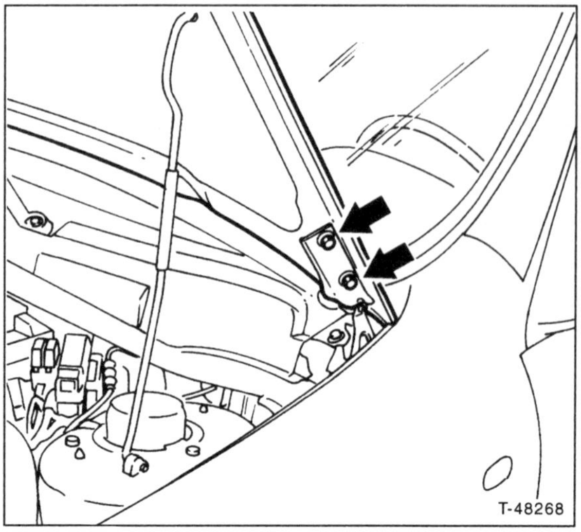

- Einbaulage der Scharniere mit Filzstift markieren. Dazu Scharniere mit Filzstift an der Motorhaube umkreisen.
- Auf jeder Seite die 2 Befestigungsschrauben herausdrehen und Motorhaube mit Helfer abnehmen.

Einbau

- Motorhaube mit Helfer an die Scharniere ansetzen und lose anschrauben.
- Motorhaube entsprechend den Markierungen ausrichten und mit 10 Nm anschrauben.
- Schläuche für Scheibenwaschdüsen in die Clips einsetzen. Schläuche auf die Düsen aufschieben.
- Motorhaube schließen und prüfen, ob das Spaltmaß zu den umliegenden Karosserieteilen ringsum gleich groß ist, gegebenenfalls Motorhaube neu ausrichten.

Einbau einer neuen Haube/Motorhaube ausrichten

- Halter für Haubenstütze, Wasserspritzdüsen, Schließzapfen und Dämmatte umbauen.
- Haube ohne Schließplatte einsetzen und lose anschrauben.

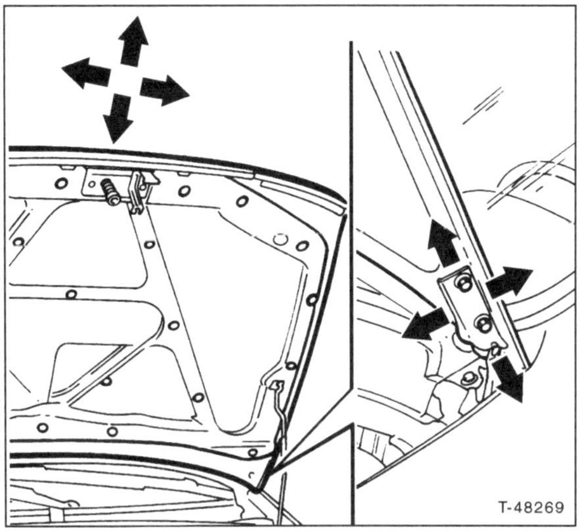

T-48269

- Befestigungsschrauben lockern und geschlossene Haube so ausrichten, daß der Abstand zwischen Motorhaube und Kotflügel links und rechts gleich groß ist und parallel verläuft. Die Pfeile zeigen die möglichen Einstellrichtungen.
- Motorhaube vorsichtig öffnen und Schrauben festziehen.

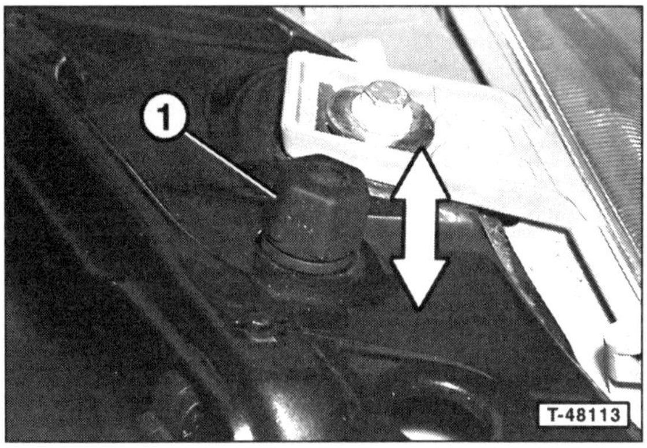

T-48113

- 2 Gummipuffer –1– für Motorhaube links und rechts ganz in das Abschlußblech einschrauben.

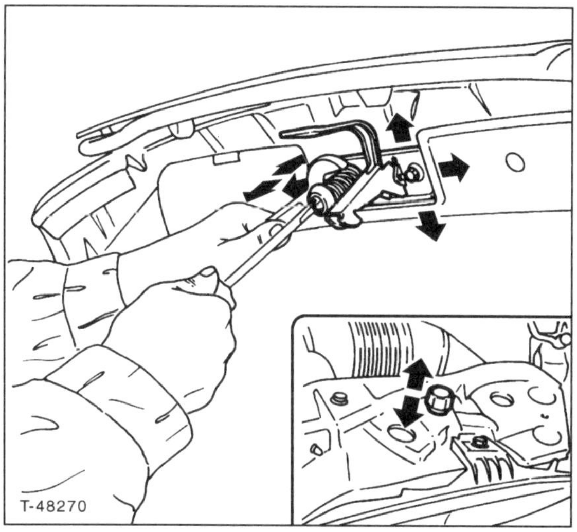

T-48270

- Kontermutter am Schließzapfen lösen und Schließzapfen mit Schraubendreher verstellen, bis die Klappe in geschlossenem Zustand parallel zu den Kotflügeloberkanten steht. Die Pfeile zeigen die möglichen Einstellrichtungen.
- Anschlagpuffer jetzt so weit herausdrehen, daß die Motorhaube beim Schließen leicht vorgespannt ist und parallel zu den Kotflügeloberkanten steht.

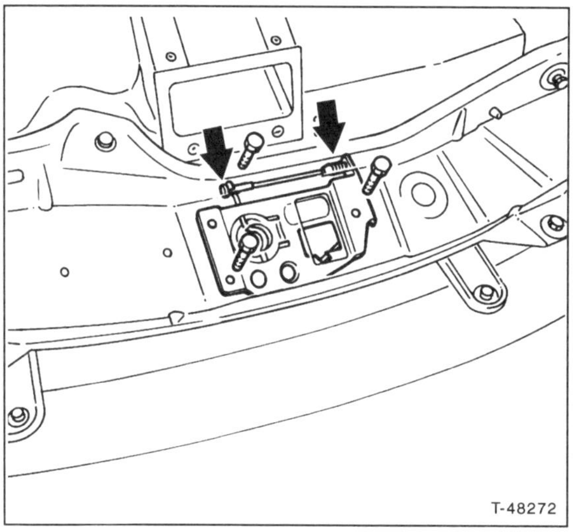

T-48272

- Falls erforderlich, Schließplatte einstellen. Dazu 3 Schrauben lösen und Schließblech verschieben. Anschließend Schrauben festziehen.
- Waschdüsen anschließen.

Schließplatte für Motorhaube aus- und einbauen

Ausbau

- Motorhaube öffnen.

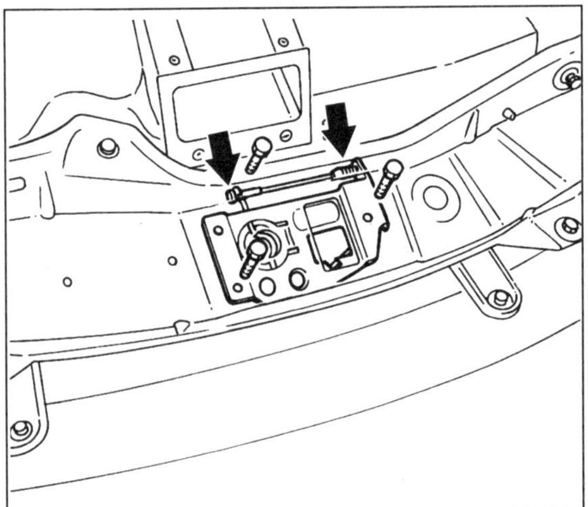

T-48272

- Betätigungshebel an der Schließplatte in Öffnungsrichtung drücken und Bowdenzug aus dem Hebel aushängen.
- Zughülle am Widerlager aushängen.
- Einbaulage der Befestigungsschrauben für die Schließplatte markieren. Dazu Schraubenköpfe mit Filzstift umkreisen.
- Schließplatte abschrauben und herausnehmen.

Einbau

- Schließplatte einsetzen, nach den Markierungen ausrichten und anschrauben.
- Bowdenzug an Widerlager und Schloßhebel einhängen.
- Falls erforderlich, Schließplatte einstellen. Dazu 3 Schrauben lösen und Schließblech verschieben. Anschließend Schrauben festziehen.

Kühlergrill aus- und einbauen

Ausbau

- Motorhaube öffnen.

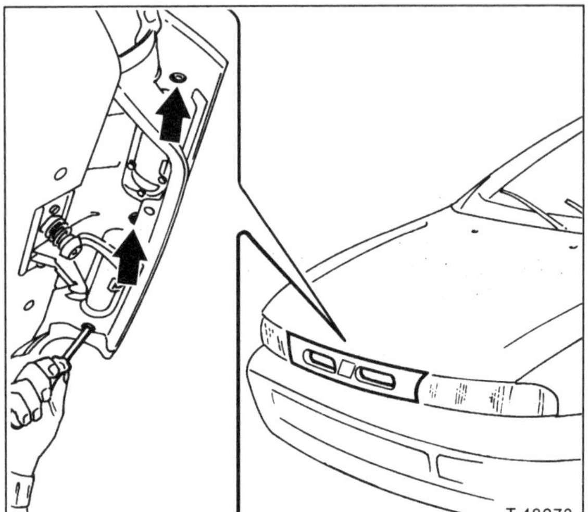

T-48273

- Kühlergrill mit 3 Schrauben von der Motorhaube abschrauben.

Einbau

- Kühlergrill ansetzen, ausrichten und anschrauben.
- Motorhaube schließen.

Heckklappe aus- und einbauen

Ausbau

Achtung: Damit die elektrischen Leitungen und auch die Wasserschläuche leichter wieder eingebaut werden können, vor dem Ausbau an das Ende der Kabel eine Paketschnur anbinden. Die Schnur verbleibt anschließend in der ausgebauten Heckklappe. Beim Einbau können mit Hilfe der Schnur die elektrischen Leitungen und Wasserschläuche leichter eingezogen werden.

- Kordel zum Anheben der Hutablage an der Heckklappe aushängen.

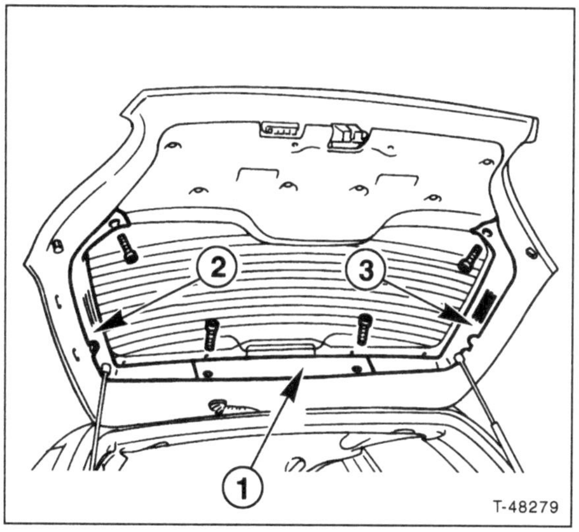

- BRAVO: Obere Innenverkleidungen der Heckklappe abschrauben. Verkleidungen in der gezeigten Reihenfolge abnehmen.

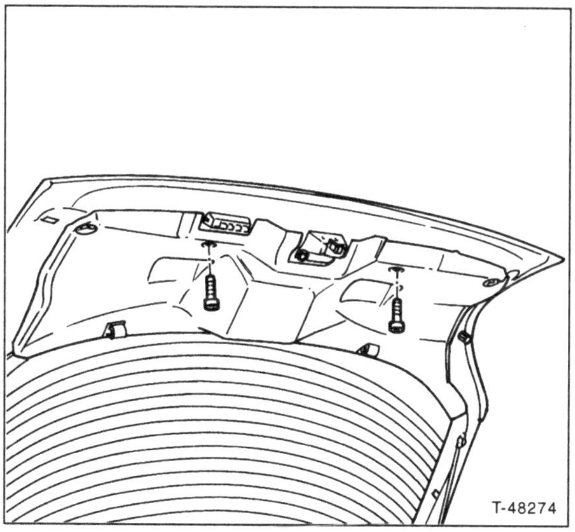

- 2 Schrauben für Heckklappenverkleidung herausdrehen.

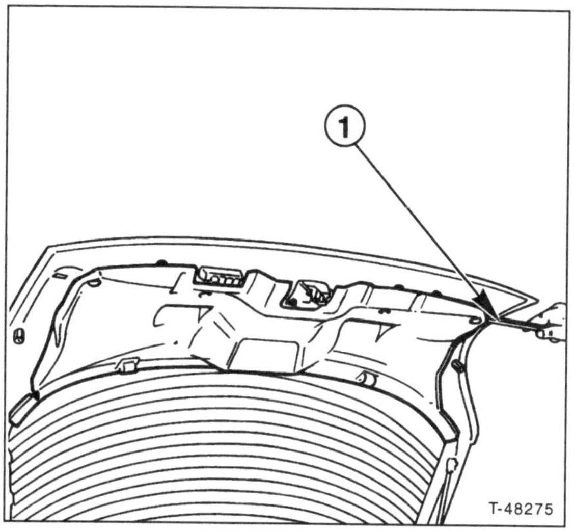

- Verkleidung für Heckklappe ausclipsen.

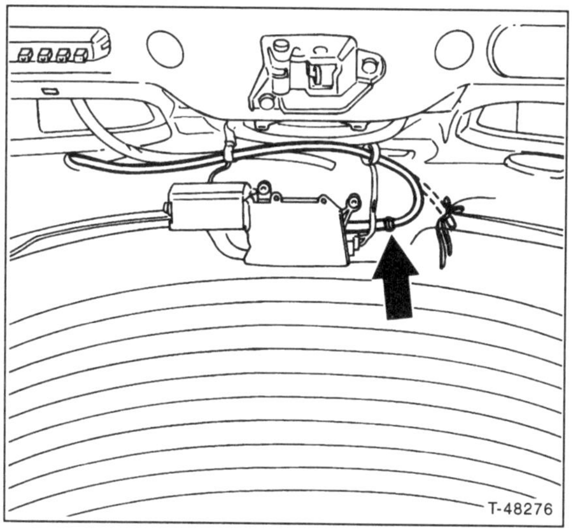

- Schlauch an Scheibenwaschdüse abbinden und abziehen.

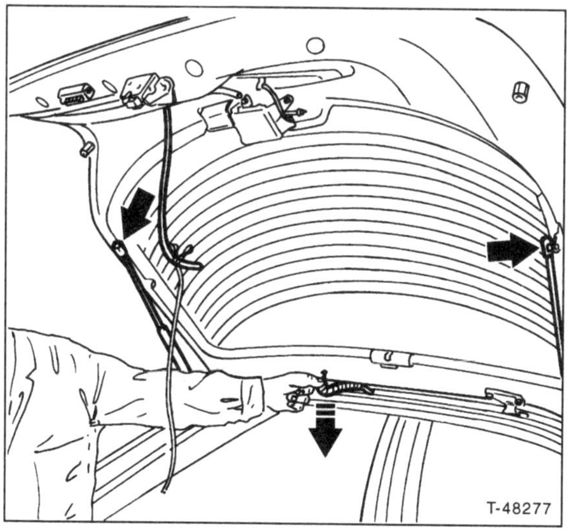

- Schlauch für Heckscheibenwaschanlage aus der Heckklappe herausziehen.

- Heckklappe abstützen.

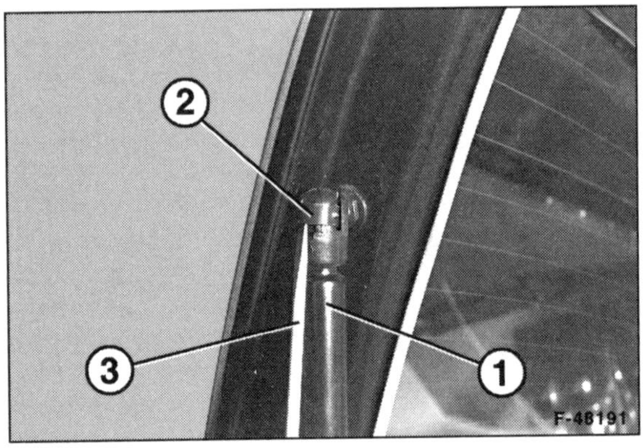

- Dämpfer –1– vom Kugelkopf an der Heckklappe abziehen. Dazu Clip –2– des Gasdruckdämpfers mit Schraubendreher –3– etwas anheben.

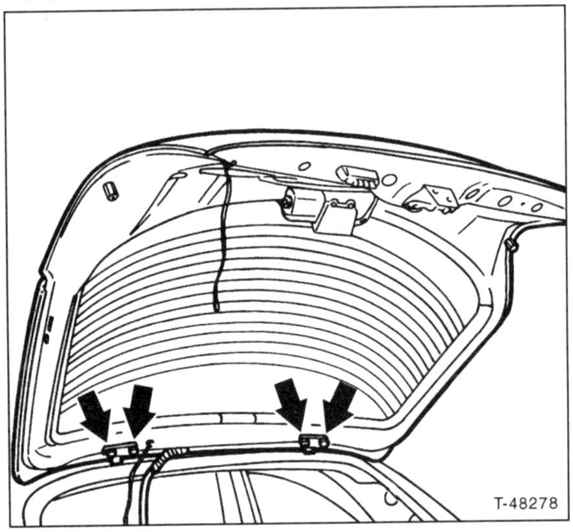

- Einbaulage der Scharnierschrauben markieren. Dazu Schraubenköpfe mit Filzstift umkreisen.
- 4 Schrauben an den Scharnieren abschrauben und Heckklappe mit Helfer herausnehmen.

Einbau

Achtung: Die Anlageflächen der Scharniere am Aufbau sind mit einem Acrylklebstoff versiegelt. Vor dem Einsetzen der Heckklappe, alte Versiegelung entfernen und neue Versiegelung auftragen, zum Beispiel FIAT-Acrylversiegelung Typ IVI 854.210.

- Heckklappe an den Scharnieren anschrauben.
- Gasdruckdämpfer am Kugelkopf aufdrücken.
- Wasserschlauch mit Hilfe der eingezogenen Schnüre einziehen. Gummitülle in die Heckklappe einsetzen.
- Wasserschlauch auf die Waschdüse aufschieben.
- Heckklappe schließen und Einstellung prüfen. Gegebenenfalls Heckklappe einstellen.
- Verkleidung für Heckklappe einclipsen und anschrauben.
- Kordel für Hutablage einhängen.

Heckklappe einstellen

Die Heckklappe wird ohne Schloß an den Scharnieren eingestellt.

- Heckklappe schließen und umlaufenden Spalt zu den angrenzenden Bauteilen prüfen. Der Spalt muß parallel verlaufen. Spaltmaße siehe Seite 200.

Einstellen

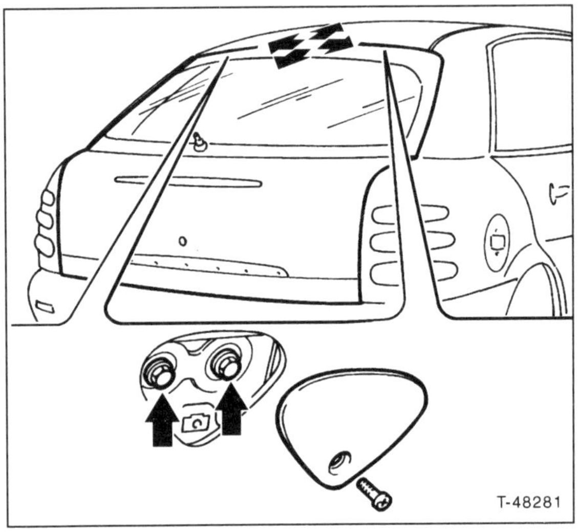

- Scharnier-Abdeckungen am Fahrzeughimmel abschrauben.
- Scharnierschrauben lockern und Heckklappe zu den angrenzenden Bauteilen ausrichten. Die Pfeile zeigen die möglichen Einstellrichtungen.
- Nach der Einstellung Scharnierschrauben festziehen. **Achtung:** Die Anlageflächen der Scharniere am Aufbau sind mit einem Acrylklebstoff versiegelt. Nach dem Ausrichten, alte Versiegelung entfernen und am Umfang des Scharniers neue Versiegelung auftragen, zum Beispiel FIAT-Acrylversiegelung Typ IVI 854.210.
- Heckklappenschloß anschrauben.

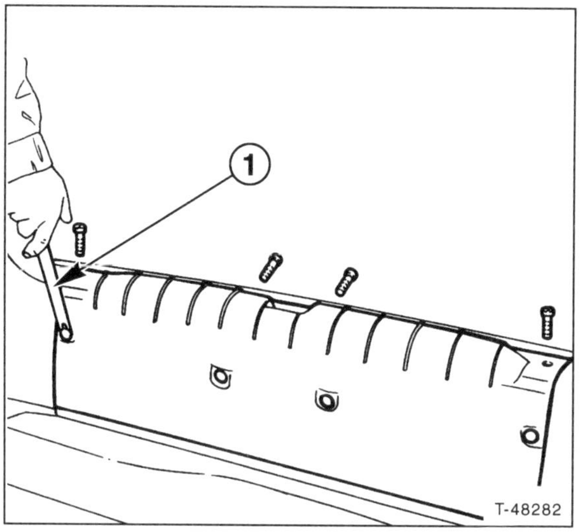

- Hintere Kofferraumverkleidung abschrauben, Clips mit geeignetem Hebel –1– herausdrücken und Verkleidung abnehmen.

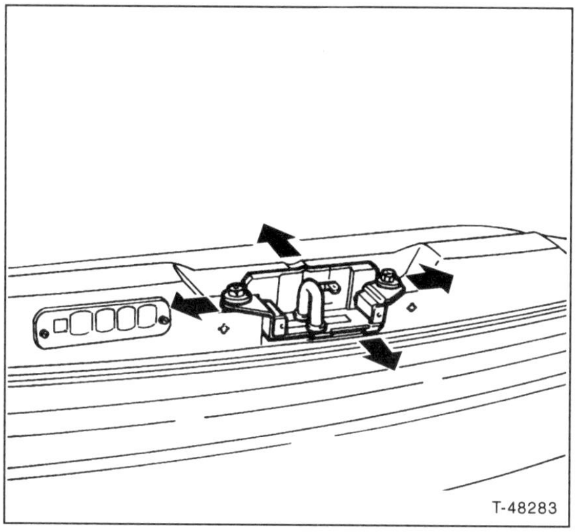

- Schrauben für Schließblech lockern. Die Pfeile zeigen die möglichen Einstellrichtungen.
- Heckklappe vorsichtig schließen und dadurch Schließblech in die richtige Position bringen.
- Heckklappe vorsichtig öffnen, damit sich das Schließblech nicht verstellen kann und Schließblech festschrauben.

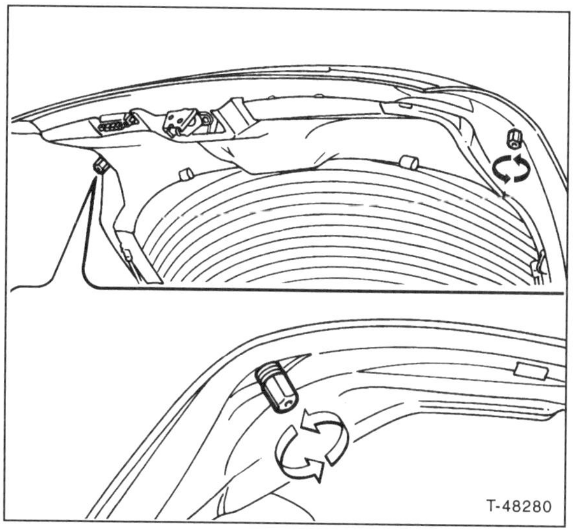

- Heckklappenoberfläche auf die gleiche Höhe wie die angrenzenden Bauteile einstellen. Dazu Gummianschläge entsprechend heraus- oder hineindrehen.

Achtung: Bei nicht richtig eingestellten Gummipuffern kann sich die Heckklappe später verziehen oder das Schloß kann sich lockern.

- Scharnierabdeckung am Fahrzeughimmel anschrauben.
- Heckklappe schließen, dabei muß das Schloß ohne allzu großen Kraftaufwand einrasten und sicher schließen.
- Hintere Kofferraumverkleidung einsetzen, anschrauben und Clips eindrücken.

Schloß für Heckklappe aus- und einbauen

Ausbau

- Innenverkleidung für Heckklappe ausbauen, siehe unter »Heckklappe aus- und einbauen«.

- Schloß für Heckklappe abschrauben und etwas herausziehen.

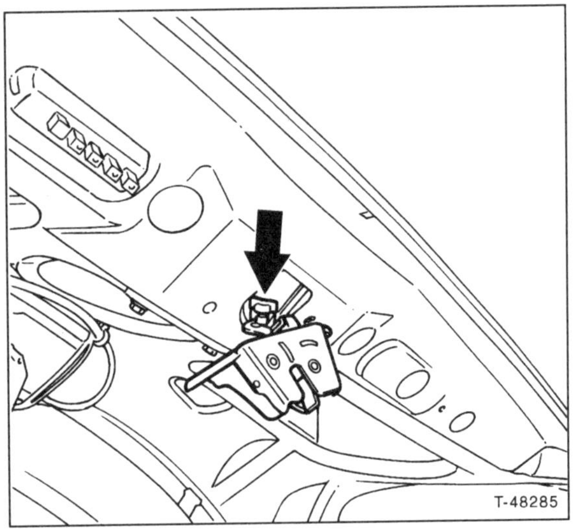

T-48285

- Zugstange zum Schließzylinder aushängen und Schloß ganz herausnehmen.

Einbau

- Zugstange vom Schließzylinder am Schloß einhängen.
- Schloß ansetzen und festschrauben.
- Innenverkleidung für Heckklappe einbauen.

Schließzylinder für Heckklappenschloß aus- und einbauen

Ausbau

- Innenverkleidung für Heckklappe ausbauen, siehe unter »Heckklappe aus- und einbauen«.

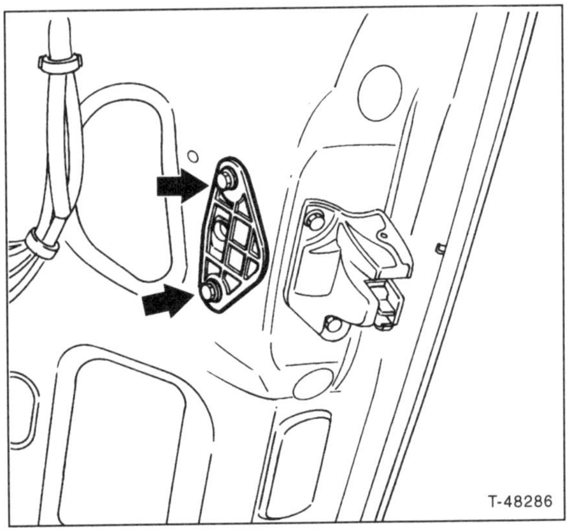

T-48286

- Schließzylinder von innen abschrauben und etwas herausziehen.
- Verbindungsstange zum Schloß aushängen und Schließzylinder abnehmen.

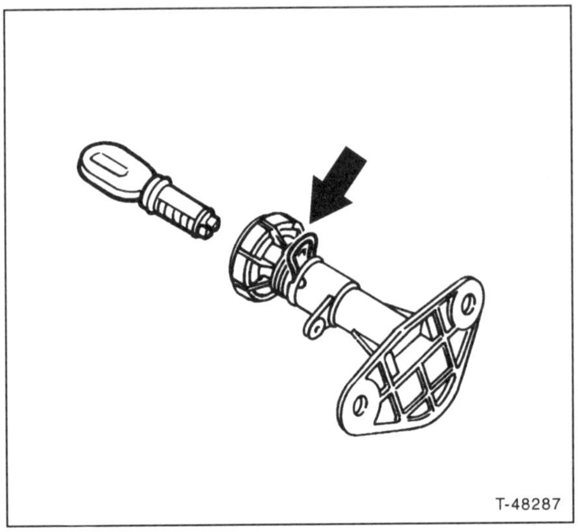

T-48287

- Schlüssel in den Schließzylinder stecken, Haltefeder mit Schraubendreher abhebeln und Schließzylinder aus dem Gehäuse herausziehen. **Achtung:** Der Schlüssel muß im Schließzylinder stecken, damit die Schließplättchen nicht herausfallen können.

Einbau

- Schließzylinder in das Gehäuse einsetzen und mit Federring sichern. Schlüssel abziehen.
- Schließzylinder an der Heckklappe einsetzen und Verbindungsstange zum Schloß einhängen.
- Schließzylinder mit 2 Schrauben anschrauben.
- Innenverkleidung für Heckklappe einbauen.

Windschutzscheibe/Heckscheibe einkleben

Die Windschutzscheibe/Heckscheibe ist direkt in den Falz des Fensterausschnitts eingeklebt. Dadurch ist die Verwindungsfestigkeit der Karosserie höher und die Abdichtung gegen eindringendes Wasser besser. Zudem verringert sich der Luftwiderstand, und Gewicht wird eingespart. Zum Auswechseln der Scheibe ist neben verschiedenen Spezialwerkzeugen eine gewisse Erfahrung nötig. Aus diesem Grund sollte diese Arbeit von einer Werkstatt ausgeführt werden.

Vordertür aus- und einbauen/einstellen

Ausbau

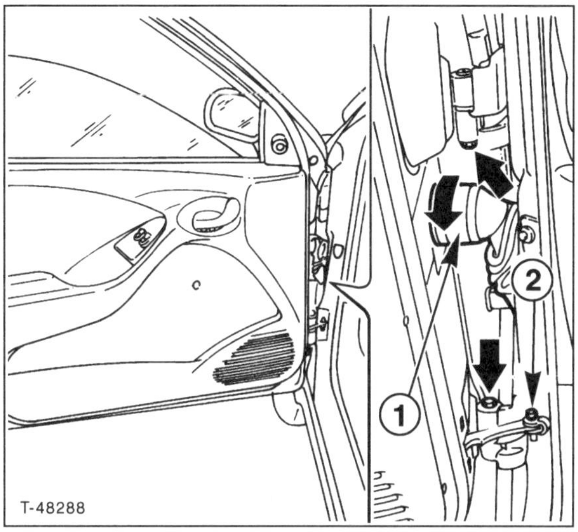

- Elektrische Verbindung zur Tür trennen. Dazu Stecker –1– nach links drehen und entriegeln, siehe rechte Abbildung oben.
- Federstift –2– für Türbremse herausdrücken.
- Befestigungsschrauben –Pfeile– am oberen und unteren Türscharnier herausdrehen.
- Vordertür anheben und dadurch die Scharniere aus den konischen Stiften herausheben. Tür abnehmen.

Einbau

- Vordertür einsetzen.
- Bohrungen für Türbremse ausrichten und Federstift einsetzen.
- Vordertür mit 15 Nm anschrauben.
- Tür schließen und Spalt zwischen Tür und Türausschnitt prüfen. Der Spalt muß jeweils auf der gesamten Länge gleich groß sein, andernfalls Tür einstellen.
- Elektrische Leitungen verbinden. Stecker ansetzen und durch Rechtsdrehen verriegeln.

Einstellen

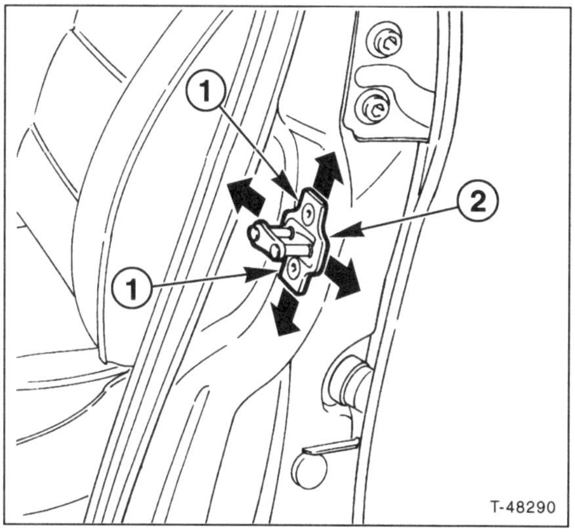

- Türschließbolzen abschrauben –1–. Vorher Einbaulage der Schließplatte –2– mit Filzstift markieren.

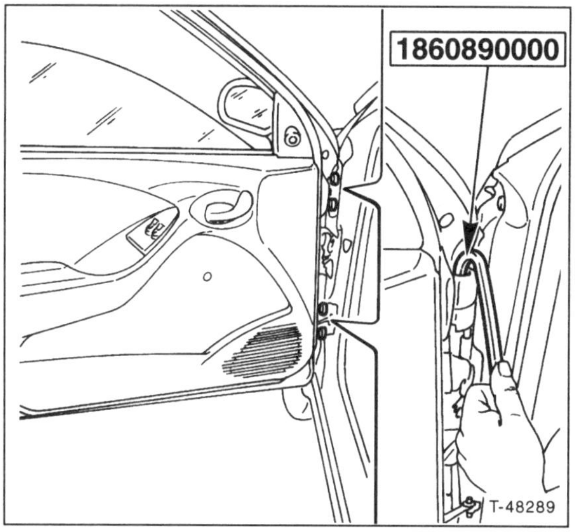

- Scharnierschrauben an der Tür lockern.
- Tür mit geeignetem Richthebel, zum Beispiel FIAT-1860890000, zu den umliegenden Bauteilen ausrichten. Der Spalt muß jeweils auf die gesamte Länge parallel sein. Spaltmaße siehe Seite 200.
- Türscharniere mit **45 Nm** festschrauben.
- Türschließbolzen entsprechend der angebrachten Markierung einsetzen, Schrauben beiziehen, nicht festziehen. Der Schließbolzen muß sich mit etwas Kraftaufwand verschieben lassen.
- Türschließbolzen einstellen.

Türschließbolzen einstellen

Der Schließmechanismus ist so eingestellt, daß bei geschlossener Tür die Türdichtungen unter Spannung stehen und diese damit das Eindringen von Zugluft und Regenwasser sowie das Auftreten von Klappergeräuschen verhindern.

Im Laufe der Zeit können sich die Gummidichtungen etwas setzen, was zu den oben aufgeführten Störungen führen kann. In diesem Fall sowie gegebenenfalls nach dem Türeinbau Türschließbolzen einstellen.

Achtung: Für die richtige Einstellung des Schließbolzens können auch Abstandstücke notwendig werden.

Einstellen

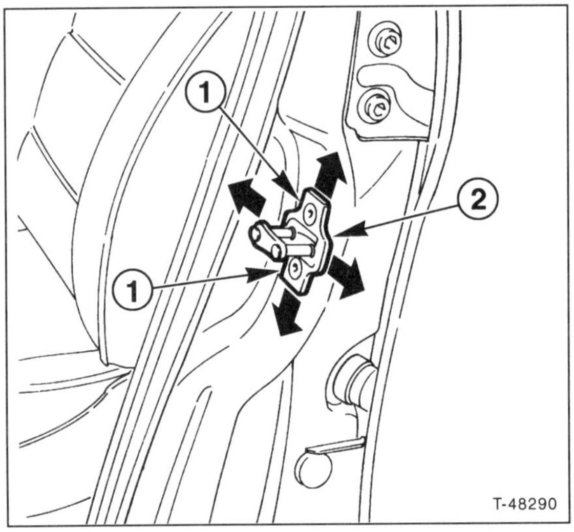

- Befestigungsschrauben –1– für Türschließbolzen soweit lockern, daß sich der Schließbolzen mit etwas Kraftaufwand verschieben läßt. Vorher Einbaulage der Schließplatte –2– mit Filzstift markieren.
- Bolzen etwas nach innen schieben und wieder festziehen.
- Wurde die Tür neu eingebaut, Tür vorsichtig schließen und gelockerten Schließbolzen dadurch in die richtige Position verschieben.
- Tür vorsichtig öffnen, damit sich der Schließbolzen nicht verstellt. Bolzen in dieser Position festziehen.
- Tür schließen, dabei muß das Türschloß ohne allzu großen Kraftaufwand einrasten.

Türverkleidung aus- und einbauen

Ausbau

- Türfenster ganz nach unten fahren.

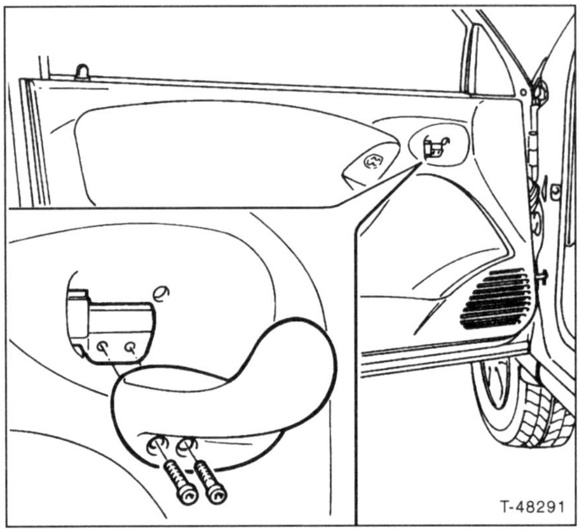

- Türgriff mit 2 Schrauben abschrauben und abnehmen.

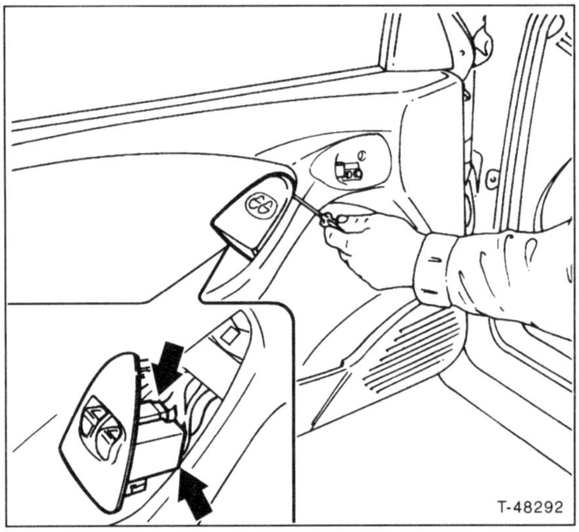

- Schalterplatte für elektrische Fensterbetätigung mit Schraubendreher abhebeln. Dabei Papierpolster oder Lappen unterlegen, damit die Türverkleidung nicht beschädigt wird.
- Mehrfachstecker abziehen und Schalter abnehmen.

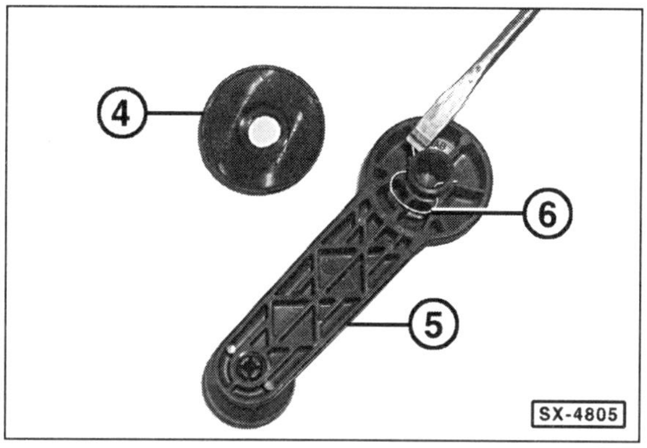

- Falls vorhanden, Fensterkurbel ausbauen. Dazu Schraubendreher zwischen Rosette –4– und Kurbel –5– neben der Kurbelachse einführen und Sicherungsklammer –6– abdrücken, siehe Abbildung. Fensterkurbel von der Kurbelachse abziehen. Gleich nach dem Ausbau Sicherungsklammer wieder in die Kurbel einsetzen.

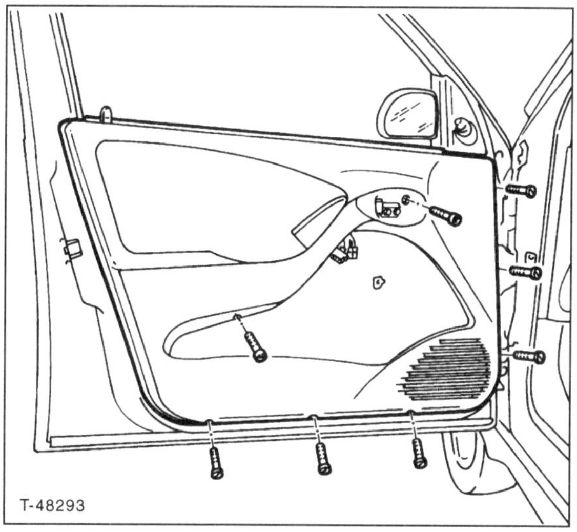

- Türverkleidung abschrauben und abnehmen. Befestigungsschrauben der hinteren Türverkleidung, siehe Ende des Kapitels.

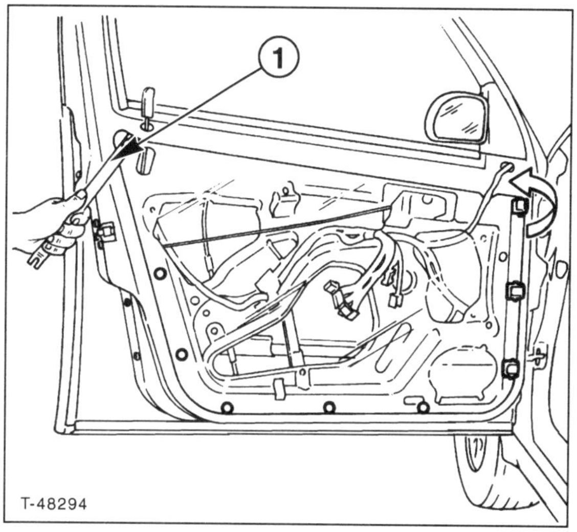

- Befestigungsclips mit geeignetem Hebel –1– heraushebeln. In diesem Fall, Lappen zwischenlegen, damit der Lack nicht verkratzt wird. Seitliche Türanschläge drehen, siehe Pfeil rechts, und herausnehmen.

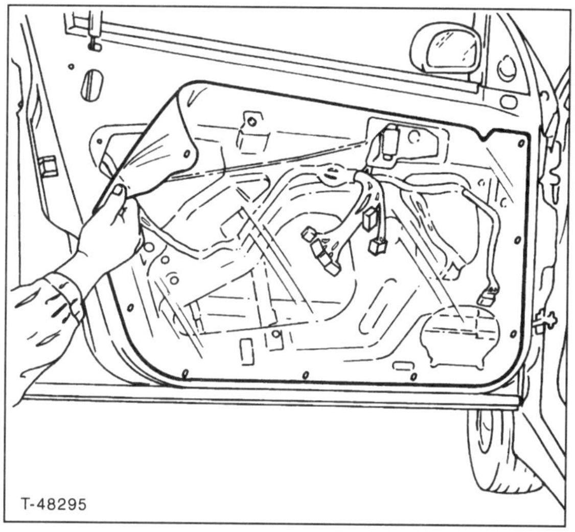

- Türfolie vorsichtig von der Tür abziehen. Darauf achten, daß die Folie nicht einreißt.

Achtung: Die Türfolie kann später einfach wieder angedrückt werden, vorausgesetzt der Kleber trocknet nicht aus und wird nicht verschmutzt. Die freiliegenden Klebeflächen nicht berühren, da sonst die Klebewirkung für den späteren Wiedereinbau beeinträchtigt wird.

Einbau

- Türfolie ansetzen und an den Klebestellen andrücken. Beschädigte Schutzfolie und beschädigte Klebestellen sorgfältig mit doppelseitigem Klebeband ausbessern. Bei größeren Rissen oder Beschädigungen Türfolie ersetzen. **Achtung:** Besonders auf dichten Sitz der Türfolie achten. Es kann sonst im Fahrzeug ziehen oder es kann Wasser in den Innenraum eindringen.

- Kunststoffclips auf einwandfreien Zustand, eindrücken und festen Sitz prüfen. Beschädigten Clip ersetzen.
- Türverkleidung in den Türausschnitt einsetzen und jeweils Befestigungsclips mit dem Handballen einschlagen.
- Türverkleidung anschrauben.
- Falls vorhanden, Fensterkurbel mit eingesetzter Stahlfeder auf die Verzahnung der Achse schieben, bis er einrastet. Der Hebel der Fensterkurbel zeigt bei geschlossenem Fenster nach vorn.
- Mehrfachstecker auf die Schalter für die elektrische Fensterbetätigung aufstecken. Schalterplatte einsetzen und einrasten.
- Türgriff mit 2 Schrauben anschrauben.

Befestigungsschrauben der hinteren Türverkleidung:

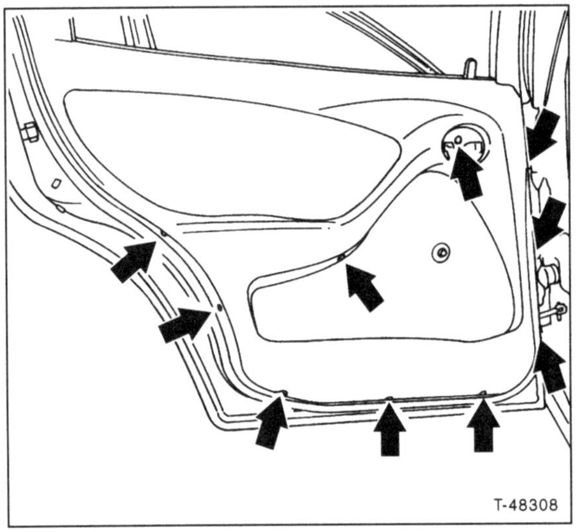

Türaußengriff aus- und einbauen

Ausbau

- Türverkleidung ausbauen, siehe Seite 214.

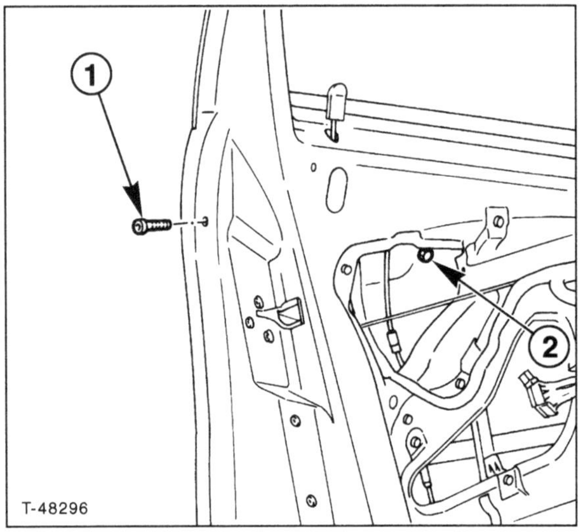

- Türaußengriff mit 1 Schraube –1– und 1 Mutter –2– abschrauben.

- Zughebel zwischen Türschloß und Außengriff aushängen.
- Türaußengriff herausnehmen.

Einbau

- Zughebel zwischen Türschloß und Außengriff einhängen.
- Türaußengriff einsetzen und mit Schraube und Mutter anschrauben.
- Türverkleidung einbauen.

Schließzylinder aus- und einbauen

Ausbau

- Schlüssel in Schließzylinder einstecken.

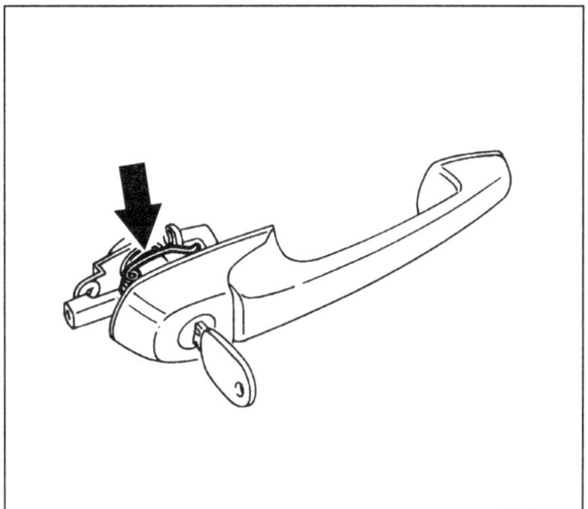

T-48298

- Haltefeder für Schließzylinder herausziehen.
- Schließzylinder aus dem Gehäuse herausnehmen. **Achtung:** Der Schlüssel muß dabei eingesteckt bleiben, damit die Schließplättchen nicht herausfallen können.

Einbau

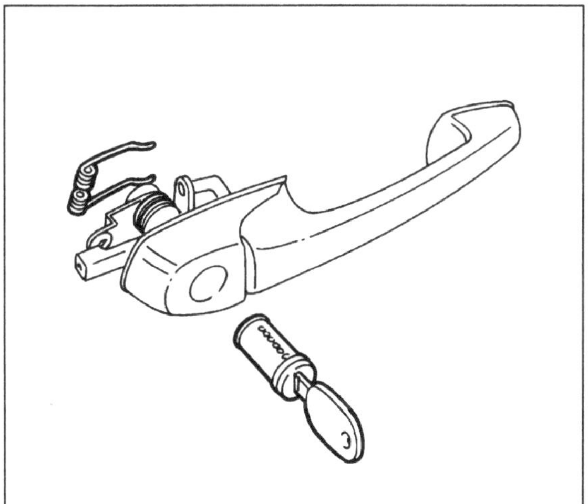

T-48299

- Schließzylinder in das Gehäuse am Türaußengriff einsetzen und mit Haltefeder sichern.
- Schlüssel abziehen.
- Türaußengriff einbauen.
- Funktion des Schließzylinders prüfen.

Türschloß aus- und einbauen

Ausbau

- Türaußengriff ausbauen.

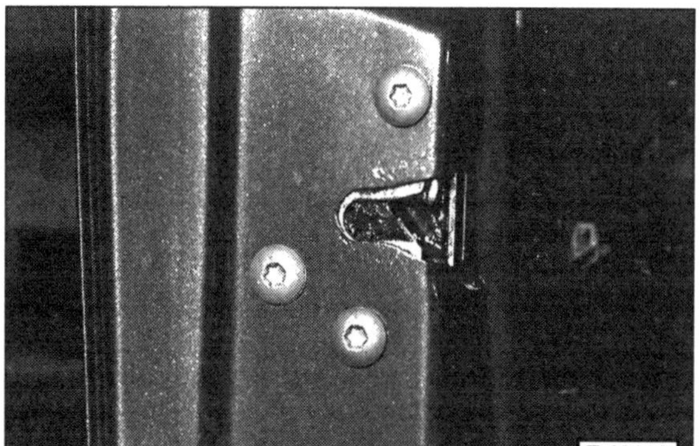

T-48116

- Türschloß mit 3 Schrauben abschrauben.

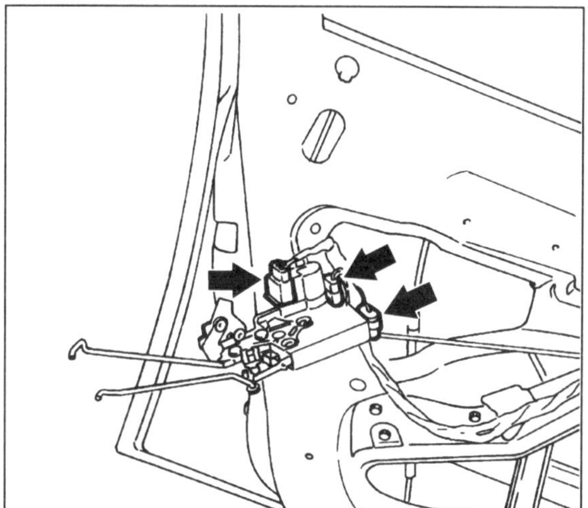

T-48300

- Türschloß mit Türverriegelungsknopf und Verbindungsstange herausnehmen.
- Verbindungsstange vom Türinnenbetätigungshebel am Schloß aushängen.
- Falls vorhanden, Stecker für Zentralverriegelung am Türschloß abziehen.

Einbau

- Stecker für Zentralverriegelung am Türschloß aufstecken.
- Verbindungsstange vom Türinnenbetätigungshebel am Schloß einhängen.
- Türschloß mit Türverriegelungsknopf und Verbindungsstange einsetzen und anschrauben. Schrauben für Türschloß mit 10 Nm festziehen.
- Türaußengriff einbauen.
- Wenn die Tür nicht einwandfrei schließt, Türschloßbolzen einstellen, siehe Seite 214.

Türinnenbetätigungshebel aus- und einbauen

Ausbau

- Türverkleidung ausbauen.

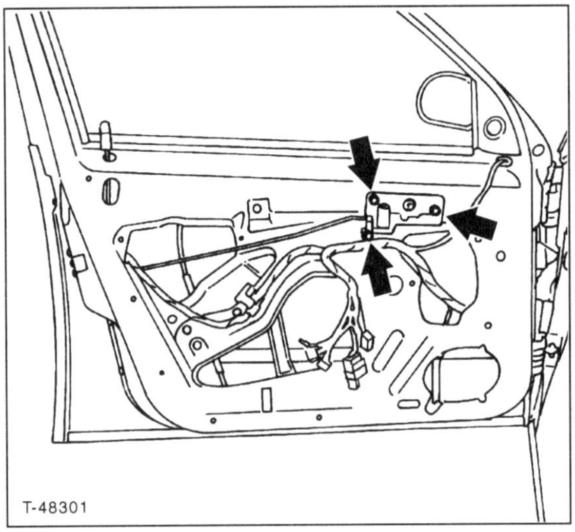

T-48301

- Betätigungshebel für Türschloß am Türrahmen abschrauben.

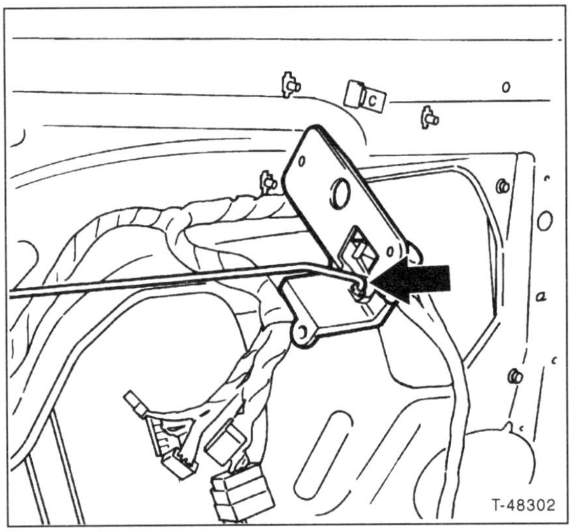

T-48302

- Verbindungsstange am Türinnenbetätigungshebel aushängen.
- Innenbetätigungshebel abnehmen.

Einbau

- Verbindungsstange am Türinnenbetätigungshebel einhängen.
- Betätigungshebel in den Türrahmen einsetzen und anschrauben.
- Türverkleidung einbauen.

Türfenster aus- und einbauen

Ausbau

- Türverkleidung ausbauen.
- Fensterheber so weit verstellen, bis der Fensterhalter im Türausschnitt liegt. Je nach Modell Fensterkurbel kurzzeitig aufstecken oder Mehrfachstecker kurz an der elektrischen Fensterbetätigung aufstecken.

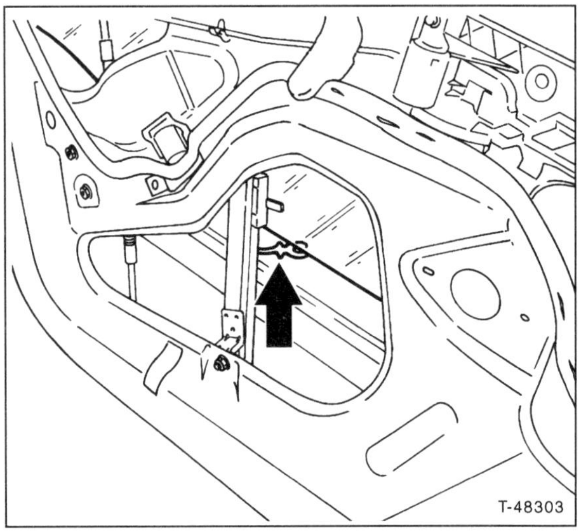

T-48303

- Fensterscheibe am Fensterheber ausclipsen. Dazu Kunststoffhalter –Pfeil– am Clip der Scheibe aushängen.

T-48304

- Fensteraußen- und -innendichtung teilweise abziehen.
- Fenster vorsichtig nach oben aus dem Türschacht herausführen. Dazu Fenster etwas absenken und nach vorn neigen.

Einbau

- Fensterscheibe vorsichtig in den Türschacht ablassen und am Halter des Fensterhebers einclipsen.
- Fensterdichtung einsetzen.
- Fenster ganz nach unten und nach oben fahren und Leichtgängigkeit prüfen.
- Türverkleidung einbauen.

Fensterheber aus- und einbauen

Ausbau

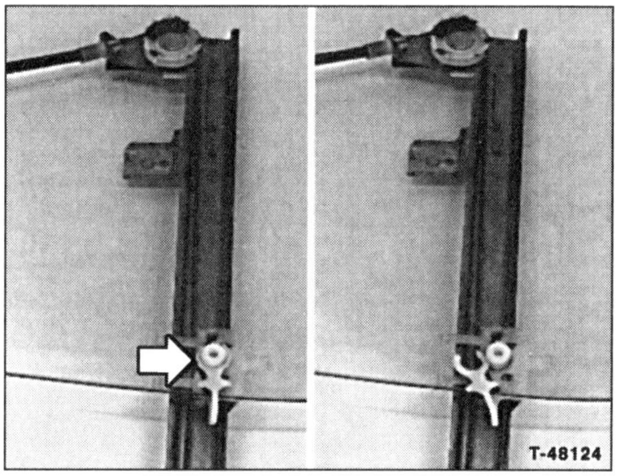

- Fensterscheibe am Fensterheber ausclipsen und Scheibe ausbauen.

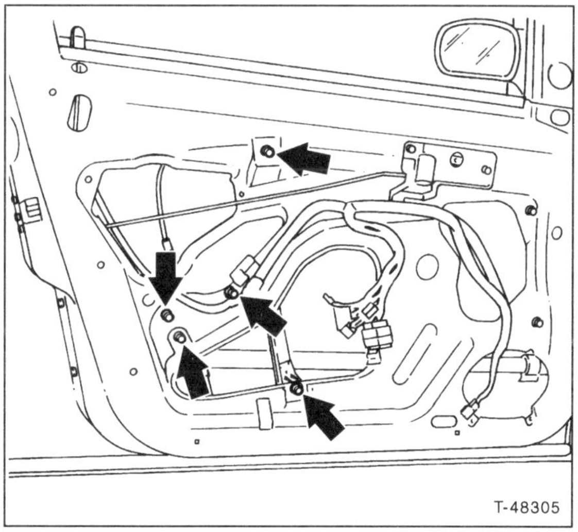

- Fensterheber vom Türrahmen abschrauben.

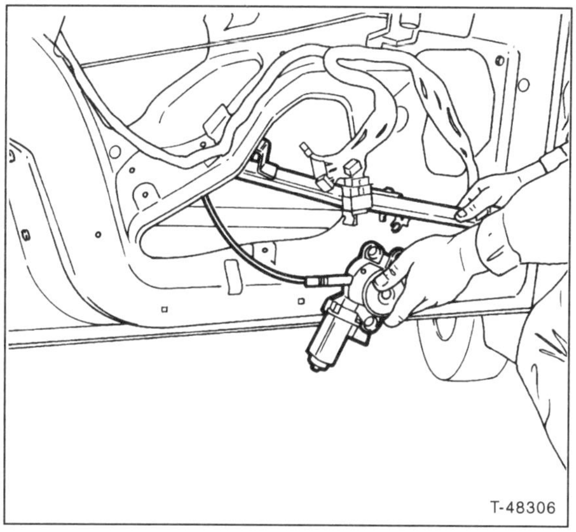

- Fensterheber aus dem Türrahmen herausnehmen.

Einbau

- Fensterheber in den Türrahmen einsetzen und anschrauben.
- Fensterscheibe einbauen.
- Fenster ganz nach unten und nach oben fahren und Leichtgängigkeit prüfen.
- Türverkleidung einbauen.

Außenspiegel aus- und einbauen

Ausbau

Achtung: Beim elektrisch verstellbaren Außenspiegel muß die Türverkleidung ausgebaut werden, damit die Mehrfachsteckverbindung für die Spiegelsteuerung im Türrahmen getrennt werden kann.

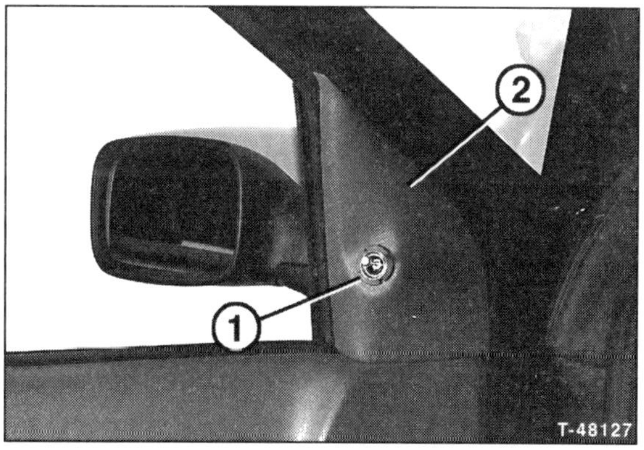

- Innere Abdeckung für Außenspiegel mit kleinem Schraubendreher abdrücken. Dabei Lappen oder Papierpolster unterlegen, damit der Lack nicht verkratzt wird. Bei manuell innenverstellbarem Spiegel, Betätigungsknopf abziehen, Nutmutter –1– abschrauben und Abdeckung –2– abdrücken.

- Außenspiegel abschrauben, dabei Spiegel außen festhalten damit er nicht herunterfallen kann.
- Außenspiegel von der Tür abnehmen.

Einbau

- Außenspiegel ansetzen und anschrauben.
- Spiegelabdeckung einclipsen beziehungsweise mit Nutmutter anschrauben.
- Betätigungsknopf für Spiegelverstellung aufdrücken.

Vordersitz aus- und einbauen

Ausbau

- Vordersitz ganz nach hinten schieben.

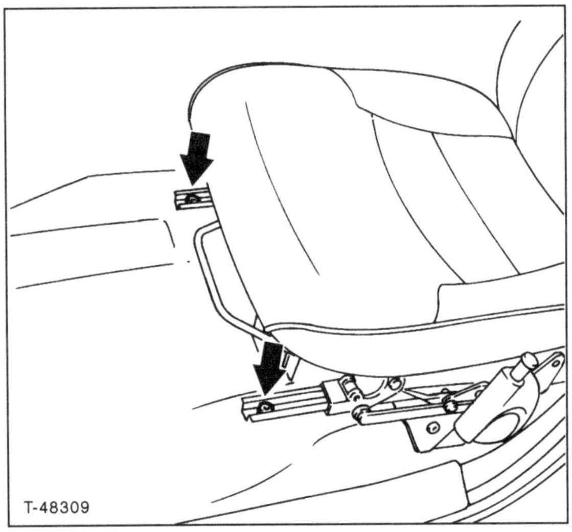

- Vordere Schrauben herausdrehen.
- Vordersitz bis zur vordersten Position schieben.

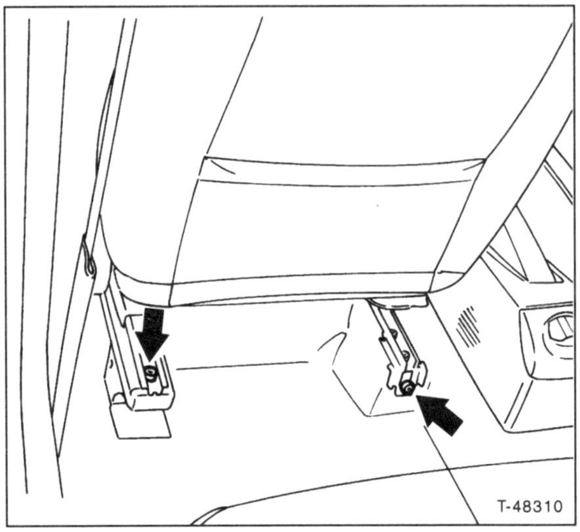

- Hintere Befestigungsschrauben herausdrehen und Sitz mit Rahmen aus dem Fahrzeug herausheben.

Einbau

- Vordersitz einsetzen, ausrichten und anschrauben. Schrauben noch nicht festziehen.
- Zuerst die beiden vorderen, dann die hinteren Schrauben festziehen.
- Prüfen ob die Verriegelung der Sitzverstellung eingreift.

Rücksitz aus- und einbauen

Ausbau

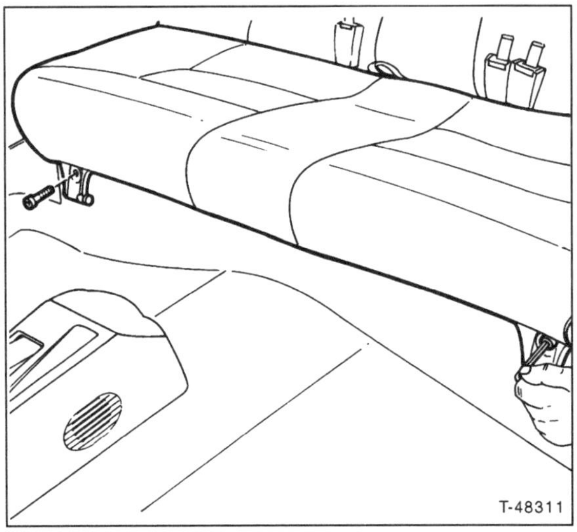

- Scharniere der Rücksitzbank von der Karosserie abschrauben.
- Rücksitzbank herausnehmen.

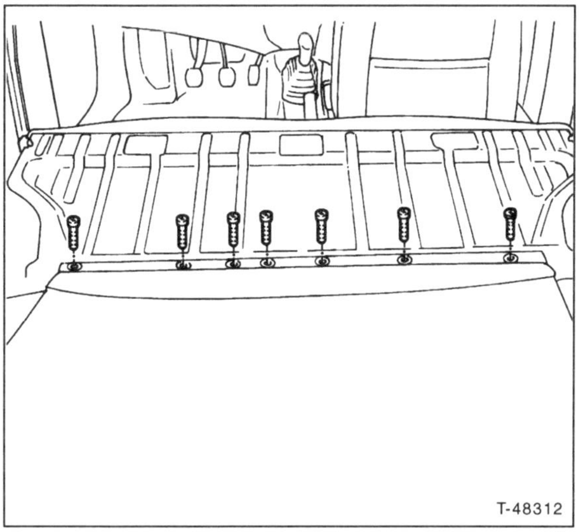

- Sitzlehnen-Arretierung lösen und Lehne nach vorn klappen.
- Verkleidung zum Kofferraum abschrauben.

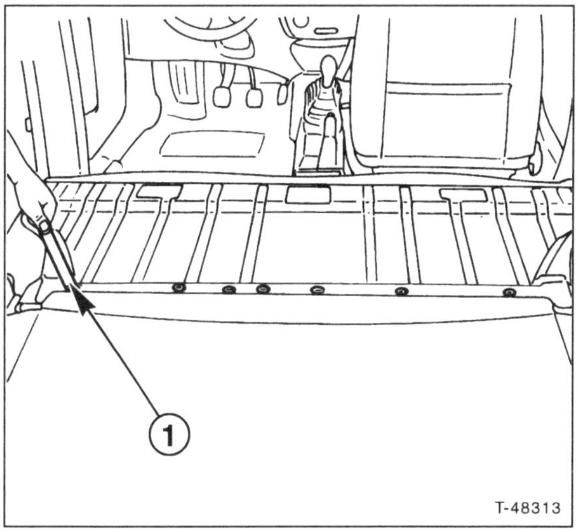

- Clips mit geeignetem Hebel –1– herausdrücken und Verkleidung von der Lehne abnehmen.

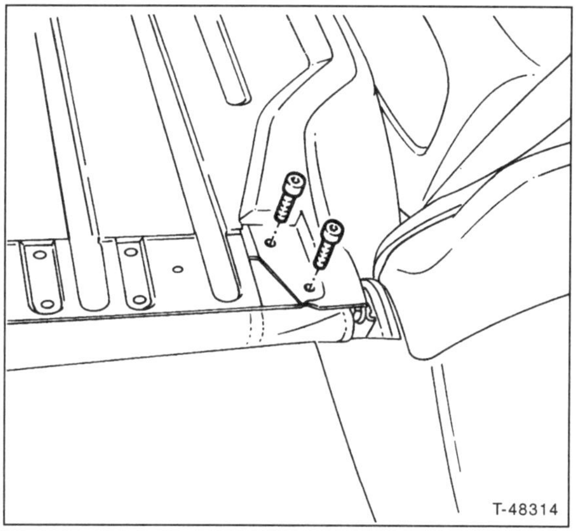

- Verkleidung beiseite schieben und Rückenlehne von den Kippbügeln abschrauben.
- Rückenlehne herausnehmen.

Einbau

- Rückenlehne ausrichten und anschrauben.
- Verkleidung zum Kofferraum ansetzen, Clips reindrücken und anschrauben.
- Lehne in senkrechte Stellung bringen und prüfen, ob die Arretierung einrastet. Gegebenenfalls Sitzlehne beziehungsweise Scharniere so ausrichten, daß die Arretierung sicher funktioniert.
- Rücksitzbank einsetzen und mit den Scharnieren an die Karosserie anschrauben.

Seitliche Innenverkleidung aus- und einbauen

BRAVO

Ausbau

- Rücksitzbank ausbauen.

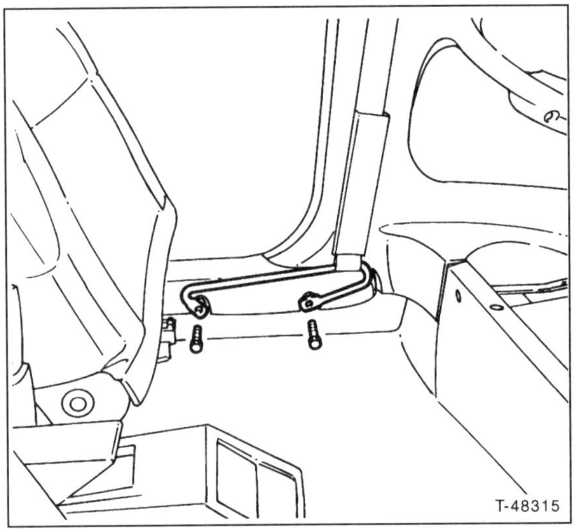

T-48315

- Schiene für Sicherheitsgurt abschrauben.

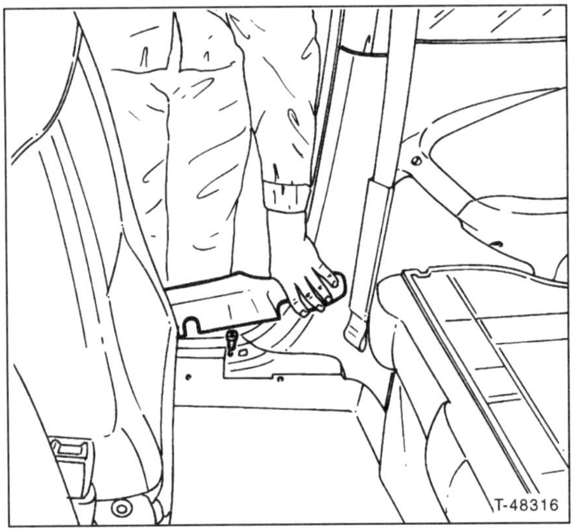

T-48316

- Innere Schwellerleiste anheben und darunterliegende Schraube herausdrehen.

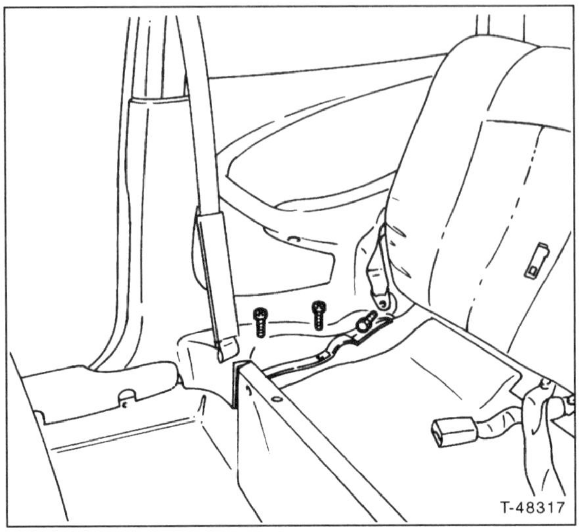

T-48317

- Untere Befestigungsschrauben (2 Stück) am Aufbau herausdrehen.
- Halteschraube für hinteren Sicherheitsgurt herausdrehen. Vorher Abdeckkappe abdrücken.

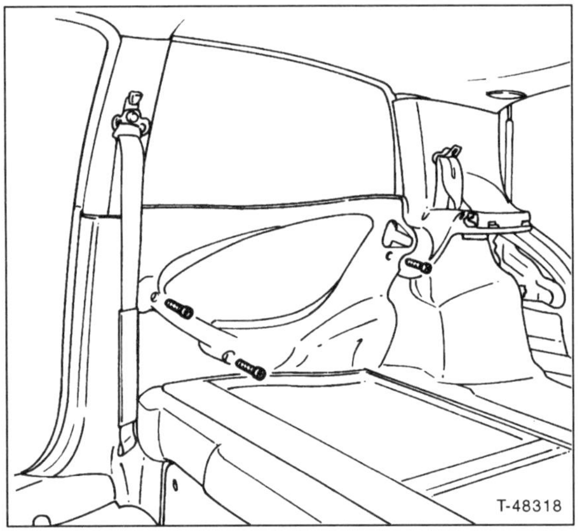

T-48318

- Rückenlehne vorklappen.
- 3 Schrauben für Seitenverkleidung herausdrehen.

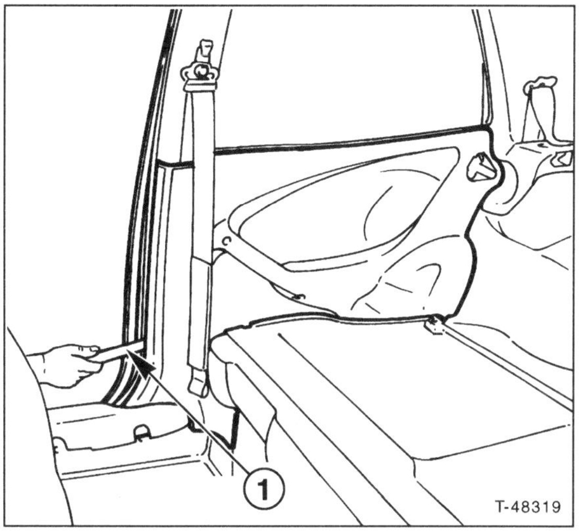

- Türdichtung etwas abheben und Seitenverkleidung geeignetem Hebel –1– abclipsen.

Einbau

- Seitenverkleidung einsetzen und unter die hintere Türdichtung schieben.
- Seitenverkleidung mit 3 Schrauben anschrauben.
- Rückenlehne zurückklappen.
- Verkleidung unten anschrauben.
- Hinteren Sicherheitsgurt anschrauben, Abdeckkappe auf Schraubenkopf aufdrücken.
- Innere Schwellerleiste anheben und darunterliegende Schraube hineindrehen.
- Schiene für Sicherheitsgurt anschrauben.
- Rücksitzbank einbauen.

Mittelkonsole aus- und einbauen

Ausbau

- Batterie-Massekabel (–) abklemmen. **Achtung:** Dadurch werden elektronische Speicher gelöscht, wie zum Beispiel Motor-Betriebswerte. Hinweise im Kapitel »Batterie aus- und einbauen« beachten.
- Manschette für Schalthebel ausclipsen und hochklappen.

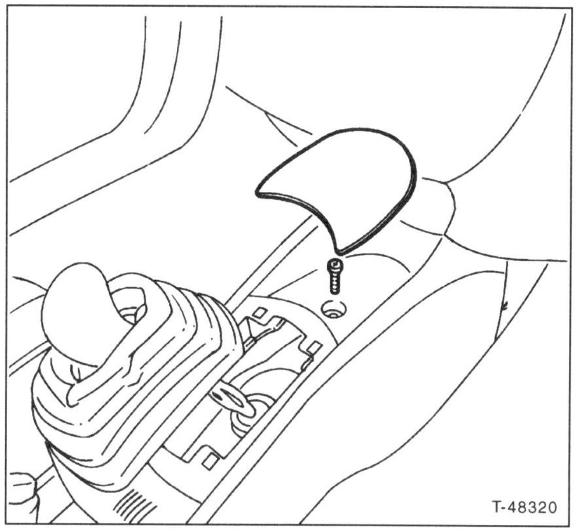

- Boden für hintere Ablage heraushebeln und darunterliegende Schraube herausdrehen.

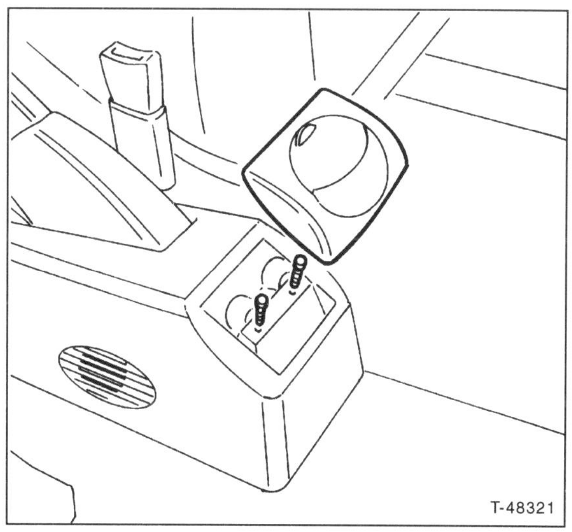

- Aschenbecher herausnehmen und darunterliegende Schrauben herausdrehen.

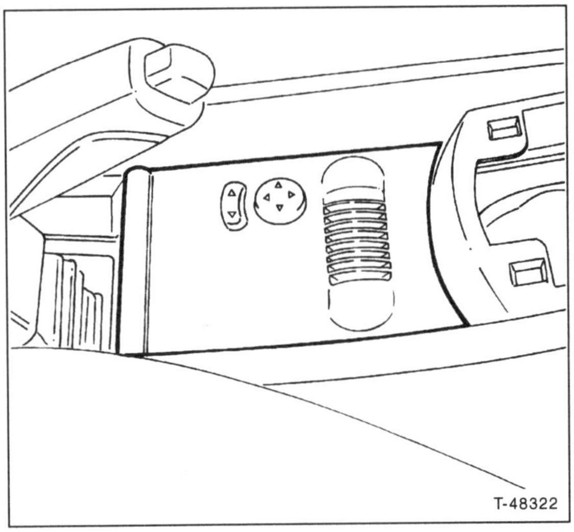

- Haltelasche für die Schalterblende vor dem Handbremshebel anheben.
- Stecker für elektrische Außenspiegelverstellung von der Rückseite der Blende abziehen.

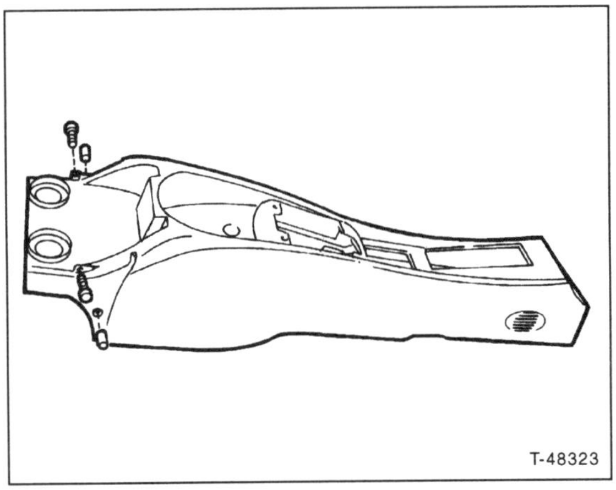

- Im vorderen Teil der Mittelkonsole 2 Clips herausdrücken und 2 Schrauben herausdrehen.
- Mittelkonsole nach oben abheben.

Einbau

- Mittelkonsole einsetzen und mit 2 Clips sowie 2 Schrauben befestigen.
- Stecker für elektrische Außenspiegelverstellung an der Schalterblende aufstecken, Blende einrasten.
- Mittelkonsole hinten anschrauben und Boden für hintere Ablage einsetzen.
- Manschette für Schalthebel herunterklappen und einclipsen.
- Batterie-Massekabel (–) anklemmen.
- Zeituhr einstellen.
- Falls erforderlich, Diebstahlcode für Radio eingeben.

Handschuhkasten aus- und einbauen

Ausbau

- Handschuhkasten öffnen.

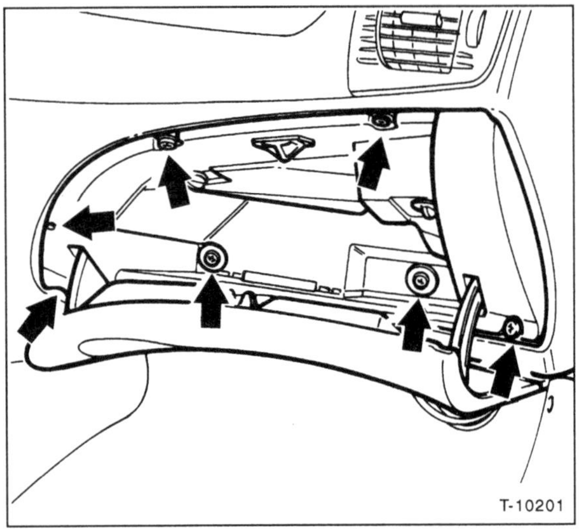

- Befestigungsschrauben –Pfeile– herausdrehen.
- Handschuhfach herausnehmen.

Einbau

- Handschuhfach einsetzen und anschrauben.

Der Gurtstraffer

Die pyrotechnischen Gurtstraffer sind in die vorderen Gurtaufrollautomaten integriert. Bei einem Frontalaufprall sorgen die Gurtstraffer für eng am Körper anliegende Sicherheitsgurte. Dadurch wird verhindert, daß die Insassen unter dem Sicherheitsgurt wegrutschen. Ausgelöst werden die Gurtstraffer nur bei einem Frontalaufprall. Geringere Verzögerungen, wie beispielsweise extrem scharfes Bremsen, bewirken kein Auslösen der Gurtstraffer.

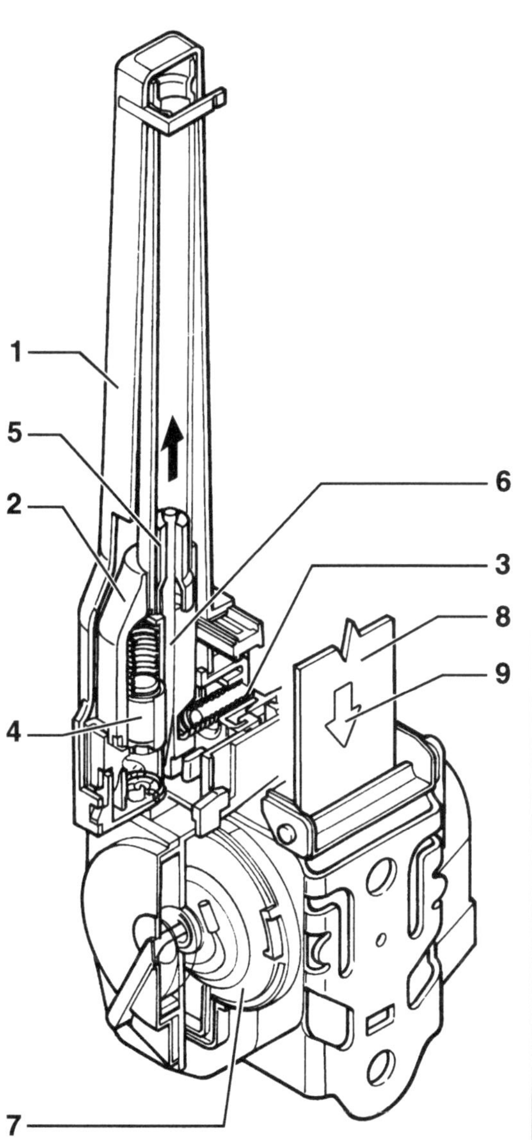

T-48324

Beim Auslösen des Gurtstraffers –1– wird die Schwungmasse –2– gegen die Kraft der Feder –3– verschoben und dadurch der Gasgenerator –4– gezündet. Das Gas dehnt sich blitzartig aus und stößt den Kolben –5– in der Expansionskammer nach oben. Gleichzeitig wird über das Zugseil –6– die Aufrollvorrichtung –7– des Gurtes –8– gespannt, wodurch der angelegte Gurt in Pfeilrichtung –9– gezogen wird und sich um ein festgelegtes Maß verkürzt.

Der Gurtstraffer ist wartungsfrei. Wenn der Sicherheitsgurt blockiert, ist entweder der Gurtstraffer ausgelöst oder die Aufrollautomatik defekt. In beiden Fällen muß der Gurtstraffer ersetzt werden (Werkstattarbeit). **Achtung:** Vor der Entsorgung eines nicht ausgelösten Gurtstraffers muß dieser zwangsausgelöst werden (Werkstattarbeit).

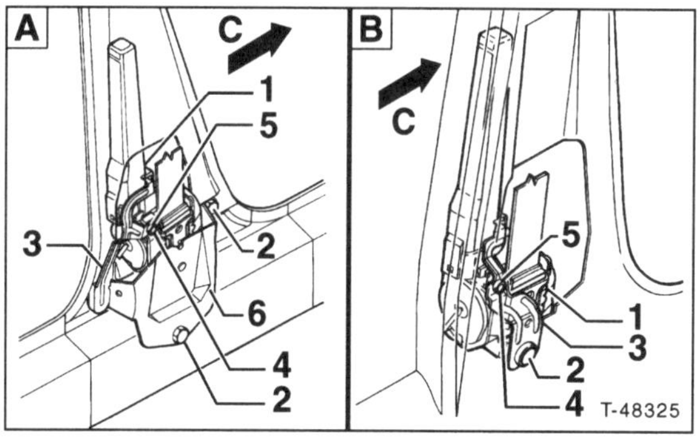

T-48325

Achtung: Der Aus- und Einbau der vorderen Sicherheitsgurte sollte aus Sicherheitsgründen der Werkstatt vorbehalten bleiben. Um ein ungewolltes Auslösen des Gurtstraffers zu vermeiden, muß vor allen Arbeiten am vorderen Sicherheitsgurt der Schärfebügel –3– mit Schraube –4– abgeschraubt werden. 1– Gurtstraffer, 2 – Befestigungsschraube am Aufbau, 5 – Sicherungsring für Abreißschraube –4–, 6 – Halterung, A – Ausführung BRAVA, B – Ausführung BRAVO, C – Fahrtrichtung.

Im Umgang mit dem Gurtstraffer ebenfalls die Sicherheitshinweise zum Airbag beachten, siehe Seite 160.

Blende für Heizungsbedienung aus- und einbauen

Ausbau

- Radio ausbauen, siehe Seite 277.

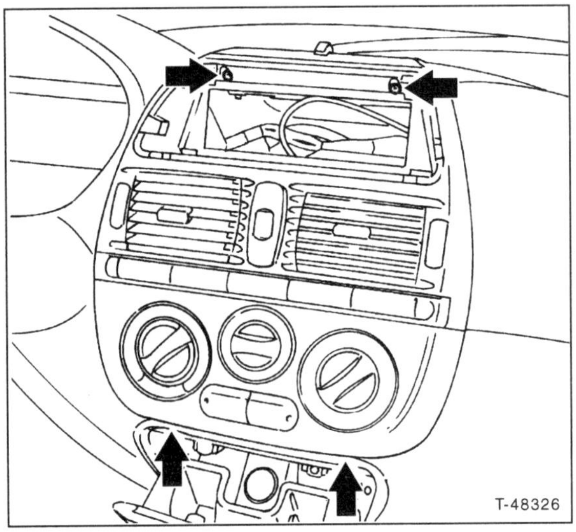

- Blende oben und unten abschrauben.
- Drehknopf für Heizgebläse abziehen.

- Darunterliegende Schraube herausdrehen.
- Blende etwas abnehmen und Mehrfachstecker auf der Rückseite abziehen.

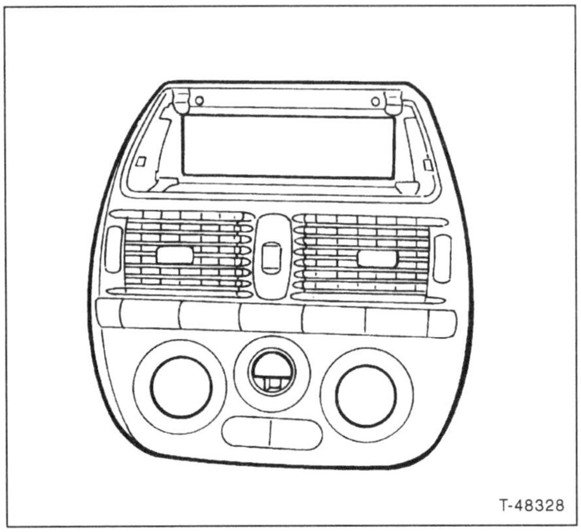

- Blende mit Schaltern herausnehmen.

Einbau

- Mehrfachstecker auf der Rückseite der Blende aufstecken.
- Blende ansetzen und anschrauben.
- Drehknopf für Heizgebläse aufstecken.
- Radio einbauen, siehe Seite 277.

Das Schiebedach

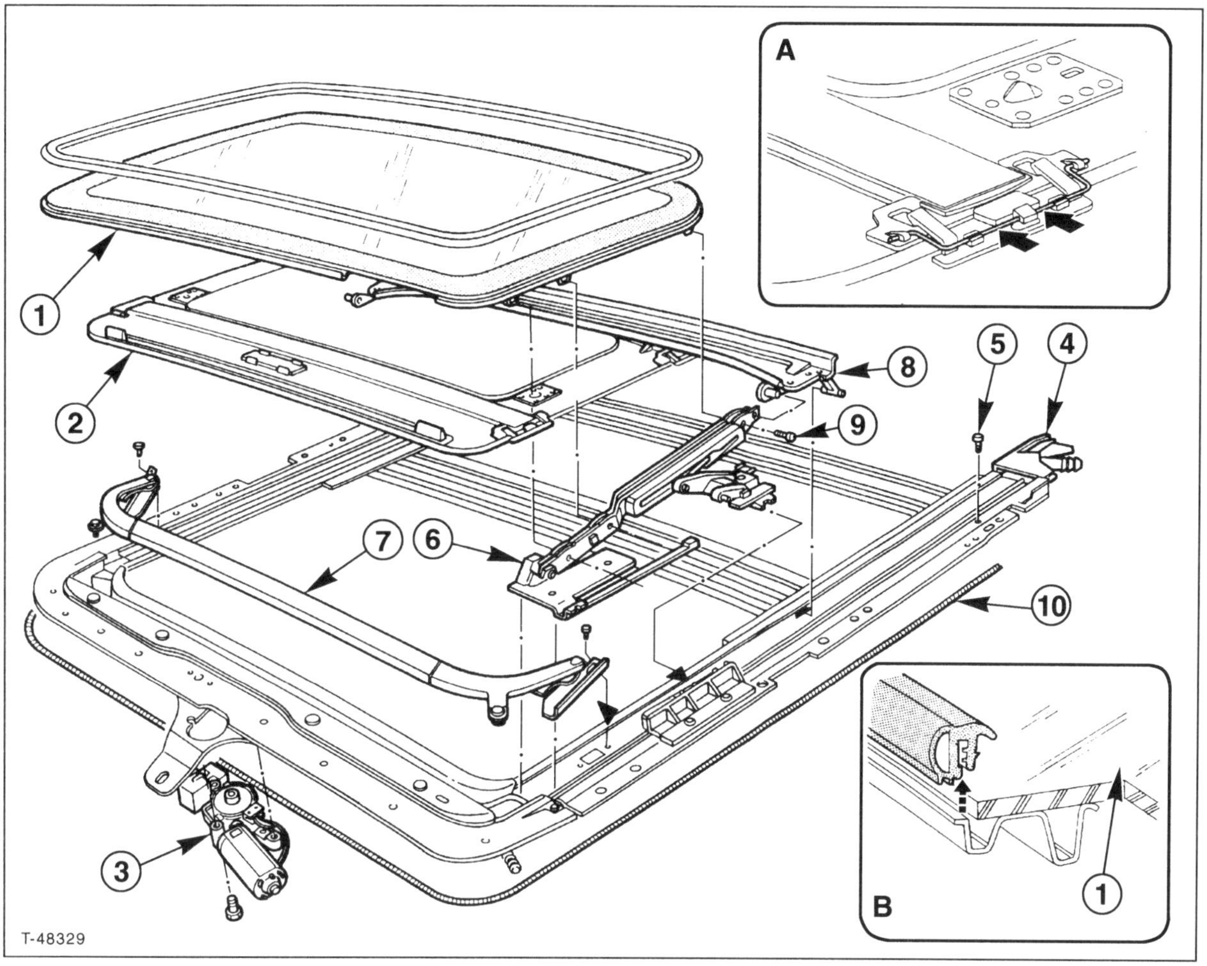

1 – Glasscheibe
2 – Sonnenblende
3 – Elektromotor
4 – Endstücke mit Wasserablauf
Mit »Betaseal« angeklebt.
5 – Anschlagschrauben (2 Stück)
6 – Scherenschlitten
7 – Windabweiser
8 – Wasserablaufrinne
9 – Befestigungsschrauben für Glasscheibe
Achtung: Schrauben sind selbstsichernd. Nach etwa sechsmaligem Ein- und Ausschrauben Gewinde mit neuem Sicherungsmittel bestreichen.
10 – Betätigungsseilzug
A – Befestigung der Sonnenblende in den Führungen
B – Befestigung der Dichtung auf der Glasscheibe

Hinweis: Glasscheibe, Dichtung, Elektromotor und Sonnenblende können bei eingebautem Schiebedach ausgebaut werden.

Sämtliche Gleitteile mit Mehrzweckfett, zum Beispiel »Molykote PG 30 L«, schmieren.

Schiebedach manuell schließen

Wenn der Elektromotor defekt oder abgeklemmt ist, kann das Schiebedach folgendermaßen manuell betätigt werden:

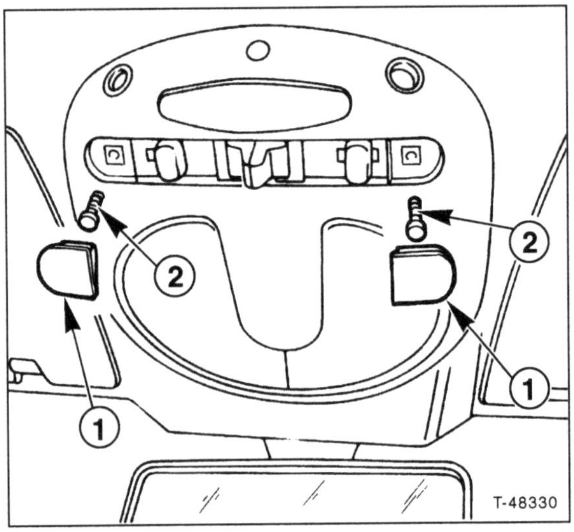

T-48330

- Stopfen –1– mit kleinem Schraubendreher vorsichtig heraushebeln.
- 2 Schrauben –2– herausdrehen.

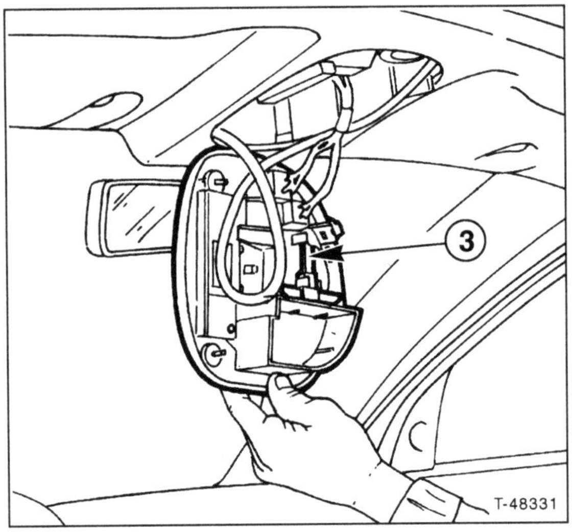

T-48331

- Innenleuchte nach unten klappen.
- Schlüssel –3– herausziehen.

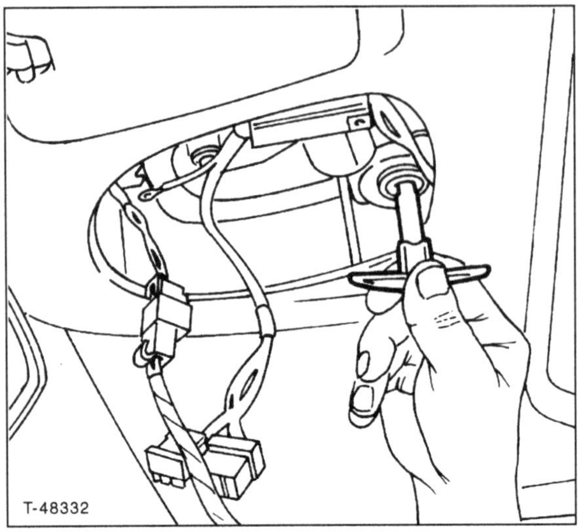
T-48332

- Schlüssel in die Nut des Motors stecken und drehen, um das Schiebedach zu bewegen.

Schiebedach einstellen

Hinweis: Sämtliche Gleitteile mit Mehrzweckfett, zum Beispiel »Molykote PG 30 L«, schmieren.

Öffnungsvorrichtung einstellen

- Glasscheibe –1– von den Schlitten –6– abschrauben –9– und herausnehmen. Die Bezeichnungen beziehen sich auf Abbildung T-48329.

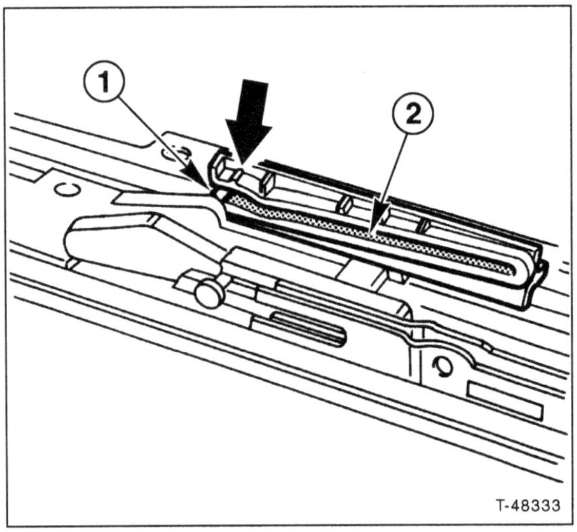

T-48333

- Gleitrollen –1– der Schlitten genau am Anfang der Führungsnut –2– vor der Kerbe –Pfeil– stellen.

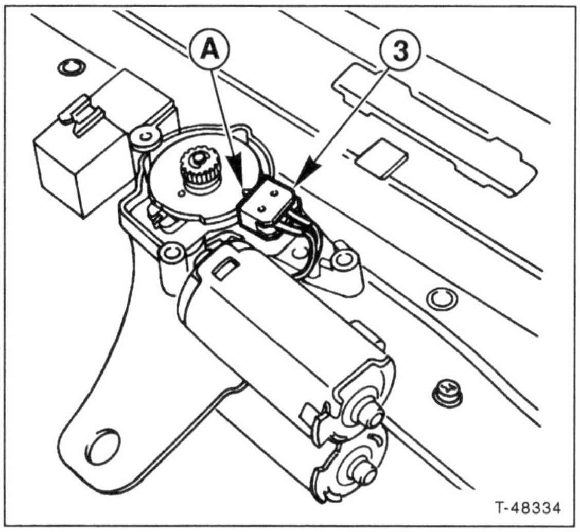

- Motor so einbauen, daß sich die Kerbe –A– gegenüber dem Mikroschalter –3– befindet.
- Glasscheibe einbauen.

Glasscheibe einstellen

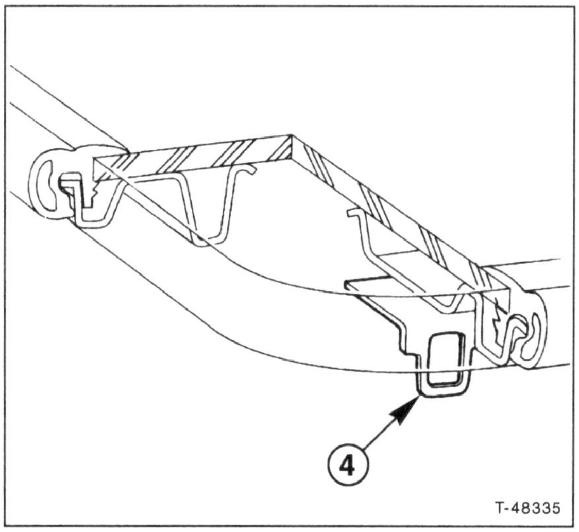

- Falls erforderlich, Ausrichtung der Glasscheibe mit dem Dachprofil an den Ösen im Rahmen –4– einstellen.

Windabweiser einstellen

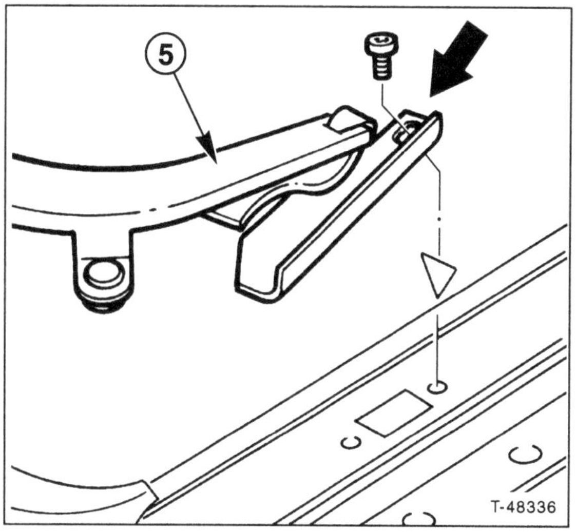

- Windabweiser –5– mit dem Dachprofil ausrichten. Dazu die Schrauben an den beiden Ösen –Pfeil– links und rechts lösen, und die Ösen entsprechend verschieben. Anschließend Schrauben wieder festziehen.

Heizung

Für die Heizung wird die Frischluft von außen unterhalb der Windschutzscheibe angesaugt und über das Gebläse –8– in den Fahrzeuginnenraum gedrückt. Die Luft durchströmt dabei das Heizungsgehäuse –1– und wird über verschiedene Klappen auf die einzelnen Luftaustrittsdüsen verteilt. Die Klappen für die Luftverteilung werden durch Bowdenzüge betätigt. Je nach Ausstattung kann am Frischlufteinlaß ein Pollenfilter eingebaut sein. Die Heizung kann auf »Umluftschaltung« umgestellt werden. In diesem Fall wird die Heizluft aus dem Fahrzeuginnenraum angesaugt und aufgeheizt.

Sobald die Heizung auf »warm« gestellt wird, öffnet die Warmluftklappe und leitet die kühle Luft über den Wärmetauscher –7–. Der Wärmetauscher befindet sich im Heizungsgehäuse und wird durch die heiße Kühlflüssigkeit aufgeheizt. Die vorbeistreichende Frischluft erwärmt sich an den heißen Lamellen des Wärmetauschers und gelangt dann in den Fahrzeuginnenraum. Die Warmluftklappe wird vom Warmluftregler –3– über einen Bowdenzug betätigt.

Zur Verstärkung der Heizleistung dient ein vierstufiges Heizungsgebläse. Damit das Gebläse in den einzelnen Stufen mit unterschiedlicher Geschwindigkeit läuft, werden Widerstände –9– vorgeschaltet. Bei Ausfall eines Widerstandes läuft der Motor in der entsprechenden Geschwindigkeitsstufe nicht. Weitere Bauteile:

2 – Bedieneinheit
4 – Gebläseschalter
5 – Schiebehebel für Umluftklappe
6 – Drehregler für Luftverteilung

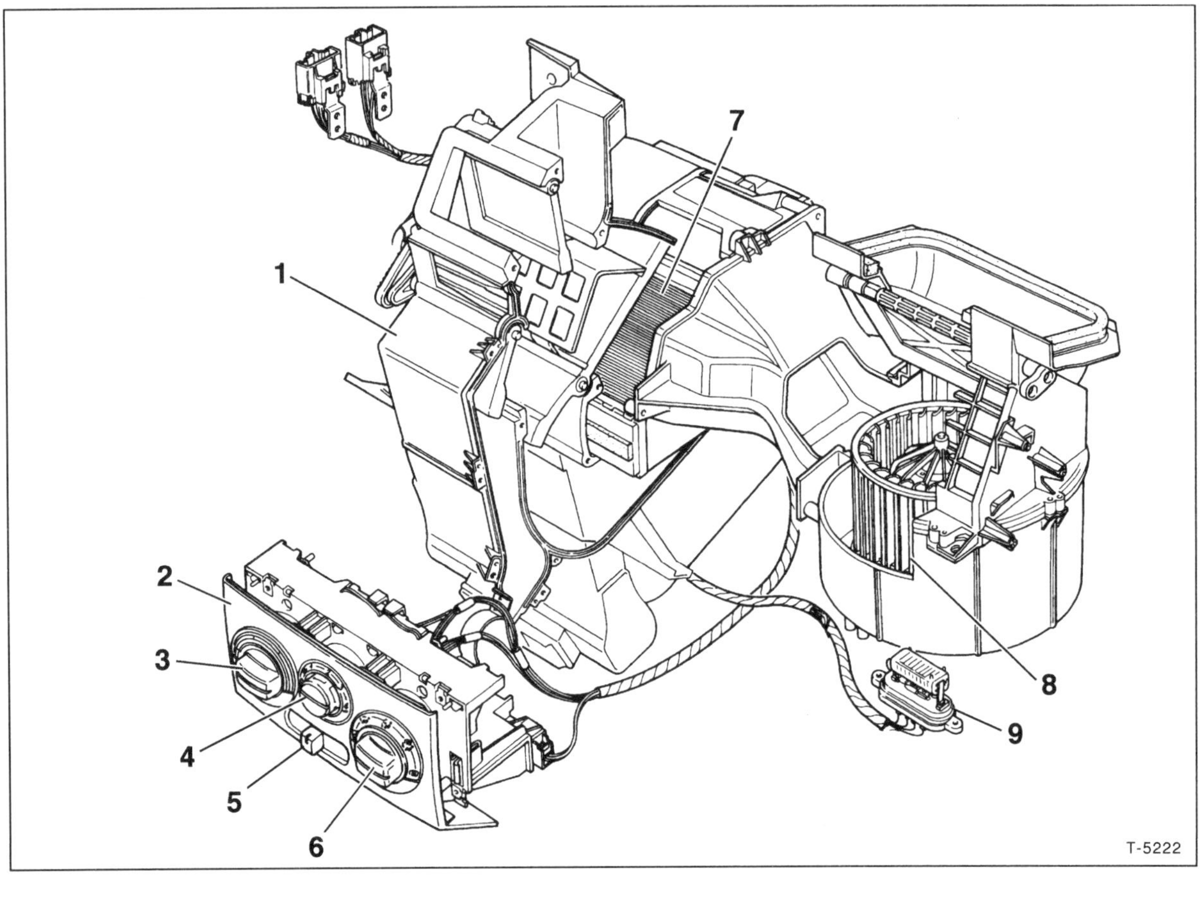

Schnittzeichnung Heizungskasten

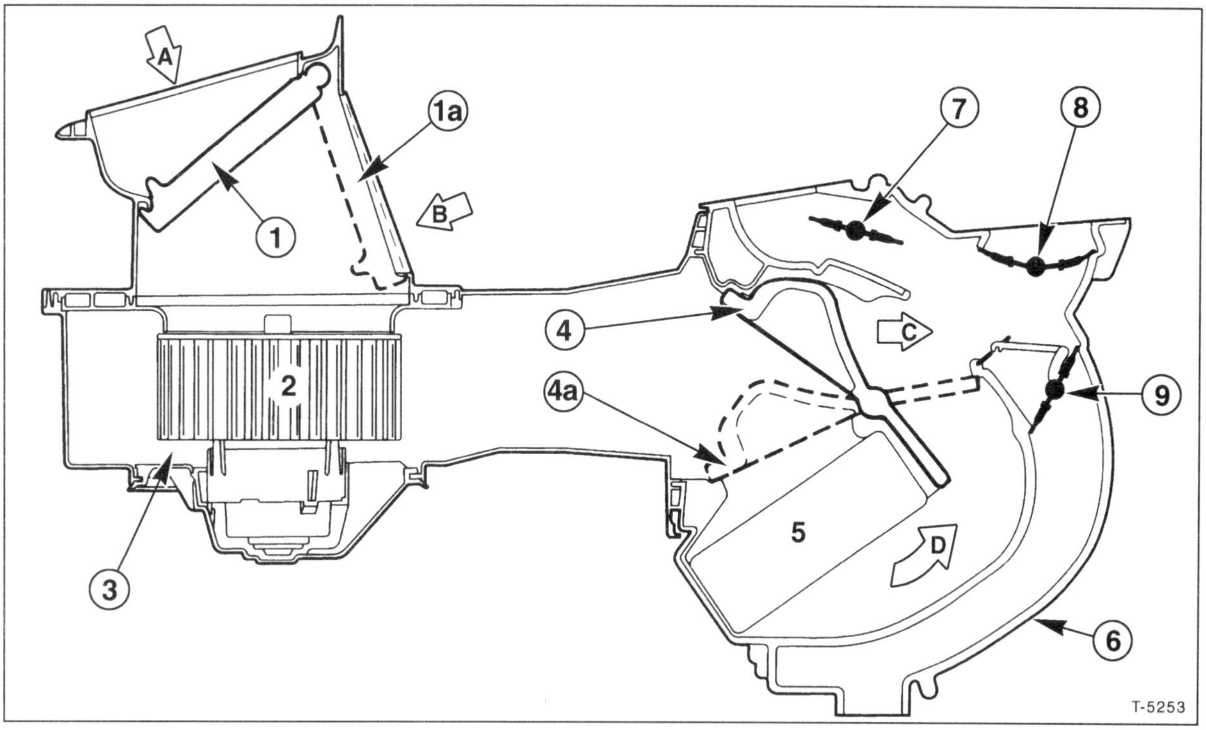

1 – Luftklappe in Umluftstellung
1a – Luftklappe in Frischluftstellung
2 – Heizgebläse
3 – Position der Vorwiderstände
4 – Mischluftklappe in Heizstellung
4a – Mischluftklappe in Frischluftstellung
5 – Wärmetauscher
6 – Heizgehäuse
7 – Luftverteilungsklappe für Windschutzscheibe
8 – Luftverteilungsklappe für obere Lufteintrittsdüsen
9 – Luftverteilungsklappe für Fußraumdüsen
A – Frischluft
B – Umluft
C – Kühle Luft
D – Erwärmte Luft

Explosionszeichnung Heizungszüge

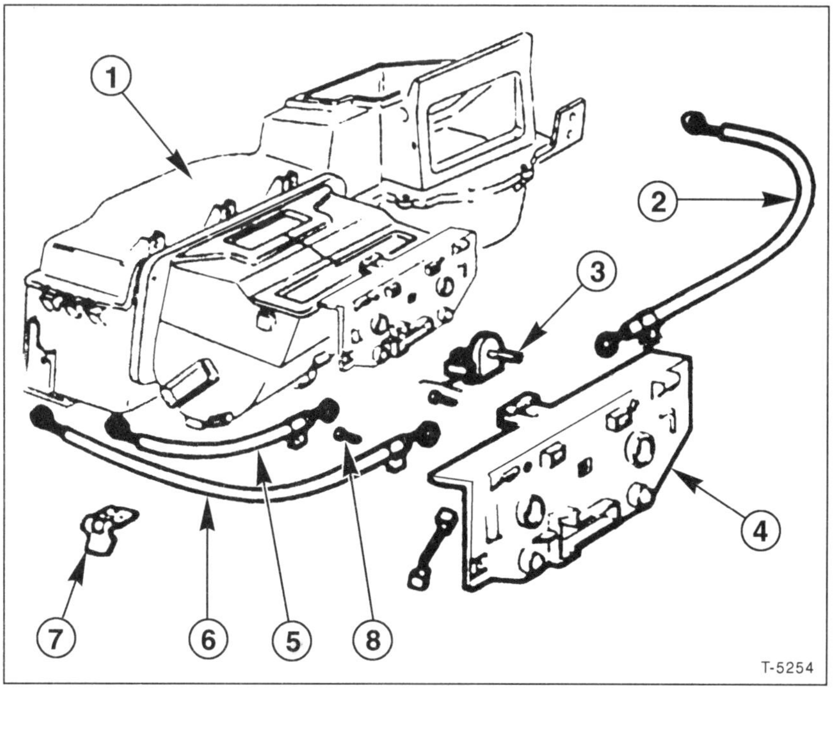

1 – Heizungsgehäuse
2 – Seilzug für Umluftklappe
3 – Drehschalter
4 – Bedieneinheit für Heizung
5 – Heizungszug für Luftverteilung (schwarz)
6 – Heizungszug für Warmluftregelung (grün)
7 – Federklammer
8 – Kreuzschlitzschraube

Heizungszug aus- und einbauen

Ausbau

- Blende für Heizungsbedienung ausbauen, siehe Seite 226.

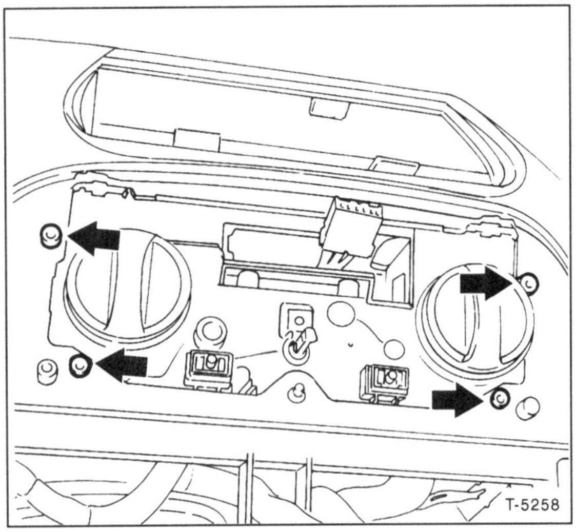

- Heizungsbedienung vom Armaturenbrett abschrauben.
- Aus Platzgründen gegebenenfalls Aramturenbrett ausbauen (im Buch nicht beschrieben).

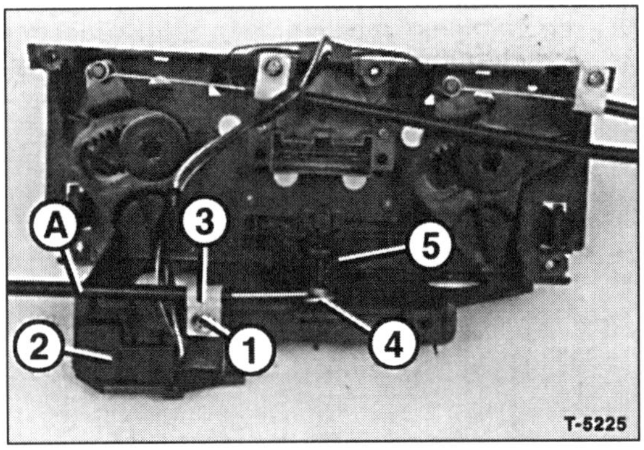

- Heizungszug von der Bedieneinheit abbauen, Beispiel: Seilzug für Umluftklappe:
  - Sicherungsring –4– entfernen und Seilzugende vom Zapfen des Hebels –5– aushängen.
  - Schraube –1– lösen und Seilzug –A– aus der Klammer –3– herausziehen.

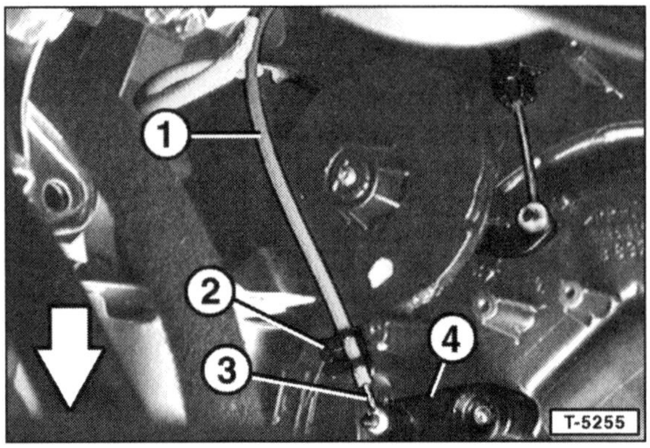

- Heizungszug vom Heizungsgehäuse abbauen, Beispiel: Seilzug für Mischluftklappe:
  - Seilzug –1– am Hebel –4– aushängen, vorher Sicherungsklammer abhebeln. Federklammer –2– öffnen und Zughülle –1– herausziehen.

Einbau

- Vor dem Einbau des Heizungszuges, Stellung der Luftklappe(n) prüfen.
- Heizungszug an der Bedieneinheit einhängen und sichern. Federklammer anschrauben. Drehknopf bis zum Anschlag nach links drehen.
- Heizungszug am Betätigungshebel am Heizungsgehäuse einhängen und mit Klammer sichern.
- Betätigungshebel am Heizungskasten bis zum Anschlag nach vorn drehen, in Fahrtrichtung gesehen. Der Pfeil in Abbildung T-5255 zeigt in Fahrtrichtung.
- In dieser Stellung Federklammer auf die Zughüllen aufdrücken.
- Heizungsbedienung unter das Armaturenbrett schieben und anschrauben.
- Drehknopf betätigen und Leichtgängigkeit prüfen. Der Betätigungshebel am Heizungsgehäuse muß sich von Anschlag zu Anschlag bewegen lassen, sonst Einstellung des Heizungszuges wiederholen.
- Blende für Heizungsbedienung einbauen, siehe Seite 226.

Gebläsemotor aus- und einbauen

Der Gebläsemotor befindet sich im Beifahrerfußraum unterhalb des Handschuhfachs.

Ausbau

- Batterie-Massekabel (–) abklemmen. **Achtung:** Dadurch werden elektronische Speicher gelöscht, wie zum Beispiel Motor-Betriebswerte. Hinweise im Kapitel »Batterie aus- und einbauen« beachten.

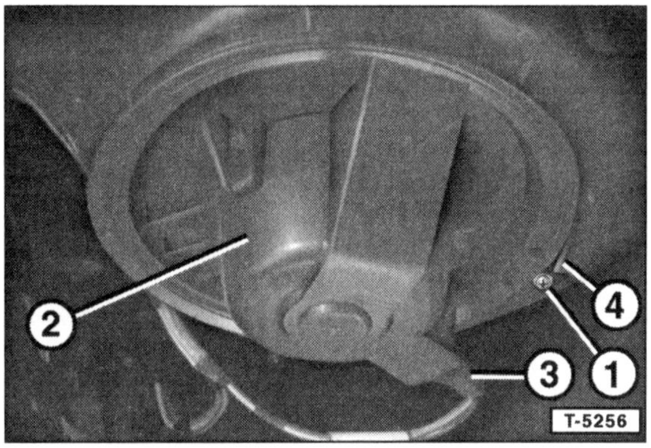

- Kreuzschlitzschraube –1– herausdrehen.
- Gebläsemotor –2– nach rechts drehen und herausnehmen.
- Mehrfachstecker –3– abziehen.

Einbau

- Mehrfachstecker aufstecken.
- Gebläsemotor so einsetzen, daß die Kunststoffnasen in die Aussparungen am Heizungsgehäuse eingreifen.
- Gebläsemotor bis zum Anschlag –4– nach links drehen.
- Kreuzschlitzschraube einschrauben.
- Batterie-Massekabel (–) anklemmen.
- Zeituhr einstellen.
- Diebstahlcode für Radio eingeben.

Vorwiderstände für Heizungsgebläse aus- und einbauen

Die Vorwiderstände sind neben dem Gebläsemotor am Heizungsgehäuse angeschraubt. Die Widerstände können nur komplett ausgewechselt werden.

Ausbau

- Batterie-Massekabel (–) abklemmen. **Achtung:** Dadurch werden elektronische Speicher gelöscht, wie zum Beispiel Motor-Betriebswerte. Hinweise im Kapitel »Batterie aus- und einbauen« beachten.

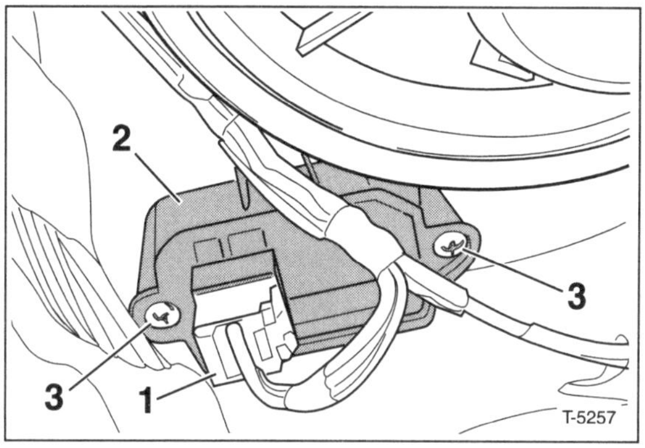

- Mehrfachstecker –1– von den Vorwiderständen –2– abziehen.
- Schrauben –3– herausdrehen und Vorwiderstände nach unten aus dem Gehäuse herausziehen.

Einbau

- Vorwiderstände einsetzen und anschrauben.
- Mehrfachstecker aufstecken.
- Batterie-Massekabel (–) anklemmen.
- Zeituhr einstellen.
- Diebstahlcode für Radio eingeben.

Funktion der Klimaanlage

Als zusätzliche Ausstattung ist für den FIAT BRAVO/BRAVA auch eine Klimaanlage erhältlich.

Die Klimaanlage besteht aus Kältekompressor, Kondensator, Drossel, Verdampfer, Auffangbehälter und den Druckleitungen.

Der **Kältekompressor** wird über einen Keilriemen beziehungsweise Keilrippenriemen durch die Kurbelwelle angetrieben. Er erhöht den Druck im Kältemittelkreislauf auf maximal 30 bar, wodurch sich das Kältemittelgas erhitzt. Im **Kondensator** nimmt die vorbeiströmende Luft die Wärme auf (Kühlluft, bleibt im Außenbereich), dadurch kühlt das heiße Kältemittelgas ab und kondensiert. Das Kältemittel wird flüssig. Es durchfließt unter weiterhin hohem Druck eine **Drossel**, die den Druck reduziert. Daraufhin verdunstet das Kältemittel im Kreislauf und gleichzeitig kühlt es nochmals stark ab. Im **Verdampfer** nimmt das Kältemittel von der vorbeiströmenden Luft Wärme auf. Dadurch wird die Luft abgekühlt. Diese kühlere Luft wird nun in den Innenraum des Fahrzeuges geleitet. Durch die aufgenommene Wärme im Verdampfer wird das Kältemittel gasförmig und wird mit niedrigem Druck zum Kompressor geleitet. Dort beginnt der Kreislauf von vorn. Der **Auffangbehälter** dient als Expansionsgefäß und Vorratsbehälter für das Kältemittel.

Achtung: Reparaturen an der **Klimaanlage** werden nicht beschrieben. Bis auf die Wartung (Keilriemen für Kältekompressor spannen/Reinluftfilter erneuern) sollten alle Arbeiten an der Klimaanlage von einer Fachwerkstatt durchgeführt werden. Insbesondere darf der **Kältemittelkreislauf nicht geöffnet** werden, da das Kältemittel bei Hautberührung Erfrierungen hervorrufen kann.

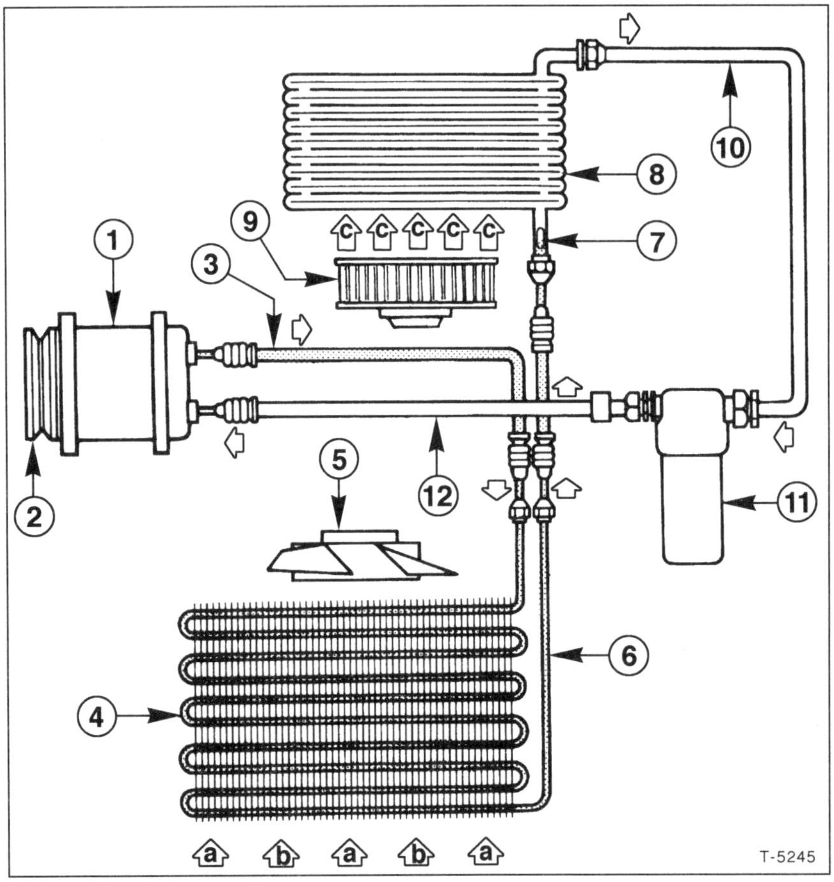

1 – **Kompressor**
2 – **Riemenscheibe mit elektromagnetischer Kupplung**
3 – **Hochdruckleitung zum Kondensator**
4 – **Kondensator**
5 – **Elektrolüfter für Kondensator**
6 – **Verbindungsleitung Kondensator - Verdampfer**
7 – **Expansionsventil**
8 – **Verdampfer**
9 – **Elektrolüfter für Verdampfer**
10 – **Verbindungsleitung Verdampfer - Entwässerungsfilter**
11 – **Entwässerungsfilter**
12 – **Niederdruckleitung zum Kompressor**

a – Fahrtwind zur Kondensatorkühlung.
b – Luftstrom zur Kondensatorkühlung durch Elektrolüfter bei stehendem Fahrzeug.
c – Luftstrom für Verdampfer durch Heizgebläse.

Hochdruckkreislauf
Niederdruckkreislauf

Störungsdiagnose Heizung

Störung	Ursache	Abhilfe
Heizgebläse läuft nicht.	Sicherung für Gebläsemotor defekt.	■ Sicherung für Gebläse prüfen, gegebenenfalls ersetzen.
	Gebläseschalter defekt.	■ Prüfen, ob an den Vorwiderständen Spannung anliegt. Wenn nicht, Gebläse-schalter ausbauen und prüfen.
	Elektromotor defekt.	■ Gebläsemotor prüfen.
Heizgebläse läuft nur in einer Geschwindigkeitsstellung nicht.	Vorwiderstand defekt.	■ Anschlußplatte ersetzen.
Heizleistung zu gering.	Kühlmittelstand zu niedrig.	■ Kühlmittelstand prüfen, gegebenenfalls Kühlmittel auffüllen.
	Heizungsbetätigung schwergängig, defekt.	■ Heizungsbetätigung prüfen, gegebenenfalls Bowdenzug ersetzen.
	Wärmetauscher undicht oder verstopft.	■ Wärmetauscher ersetzen (Werkstattarbeit).
Heizung läßt sich nicht ausschalten.	Heizungsbetätigung schwergängig, defekt.	■ Heizungsbetätigung prüfen, gegebenenfalls Bowdenzug ersetzen.
Geräusche im Bereich des Heizgebläses.	Eingedrungener Schmutz, Laub.	■ Gebläse ausbauen, reinigen, Luftkanal säubern.
	Lüfterrad hat Unwucht, Lager defekt.	■ Gebläsemotor ausbauen und auf leichten Lauf prüfen.

Elektrische Anlage

Bei der Überprüfung der elektrischen Anlage stößt der Heimwerker in den technischen Unterlagen immer wieder auf die Begriffe Spannung, Stromstärke und Widerstand.

Die Spannung wird in Volt (V) gemessen, die Stromstärke in Ampere (A) und der Widerstand in Ohm (Ω). Mit dem Begriff Spannung ist beim Auto in der Regel die Batteriespannung gemeint. Es handelt sich dabei um eine Gleichspannung von ca. 12 Volt. Die Höhe der Batteriespannung hängt vom Ladezustand der Batterie und von der Außentemperatur ab. Sie kann zwischen 10 bis 13 Volt betragen. Demgegenüber wird die Bordspannung vom Generator (Lichtmaschine) erzeugt, die bei mittleren Drehzahlen ca. 14 Volt beträgt.

Der Begriff Stromstärke taucht im Bereich der Automobil-Elektrik relativ selten auf. Die Stromstärke ist beispielsweise auf der Rückseite von Sicherungen angegeben und weist auf den maximalen Strom hin, der fließen kann, ohne daß die Sicherung durchbrennt und damit den Stromkreis unterbricht.

Überall wo Strom fließt, muß er einen Widerstand überbrücken. Der Widerstand ist unter anderem von folgenden Faktoren abhängig: Leitungsquerschnitt, Leitungsmaterial, Stromaufnahme usw. Ist der Widerstand zu groß, treten Funktionsstörungen auf. Beispielsweise darf der Widerstand in den Zündleitungen nicht zu hoch sein, sonst fehlt ein ausreichend starker Zündfunke an den Zündkerzen, der das Kraftstoff-Luftgemisch entzündet und damit den Motor zum Laufen bringt.

Meßgeräte

Zum Messen der Bord-Elektrik gibt es im Handel sogenannte Mehrfach-Meßgeräte. Sie vereinen in einem Gerät das Voltmeter, um Spannungen zu messen, das Amperemeter, um die Stromstärke zu messen und das Ohmmeter, um den Widerstand zu messen. Die im Handel befindlichen Meßgeräte unterscheiden sich hauptsächlich im Meßbereich und in der Meßgenauigkeit. Durch den Meßbereich wird festgelegt, in welchem Bereich Spannungen oder Widerstände liegen müssen, damit sie überhaupt vom Gerät erfaßt werden können.

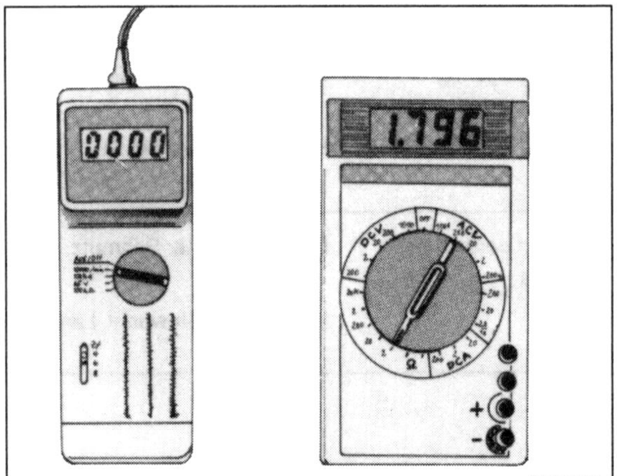

SX-5401

Für den Heimwerker gibt es Vielfach-Meßgeräte, die speziell für Prüfarbeiten am Auto abgestimmt sind. Mit solch einem Gerät können Motordrehzahl, Zünd-Schließwinkel und Spannungen bis zu 20 Volt gemessen werden. Bei Widerstandsmessungen beschränkt sich das Gerät in der Regel auf den Kilo-Ohm-Bereich, also etwa 1–1000 kΩ.

Darüber hinaus werden Meßgeräte zur Überprüfung von elektrischen und elektronischen Bauteilen angeboten. Sie erlauben eine umfassende Messung von kleinen Widerständen in Ohm (Ω) bis zu großen Widerständen im Mega-Ohm-Bereich (MΩ). Spannungen (in Volt) können sehr exakt gemessen werden, was vor allem bei elektronischen Bauteilen erforderlich ist.

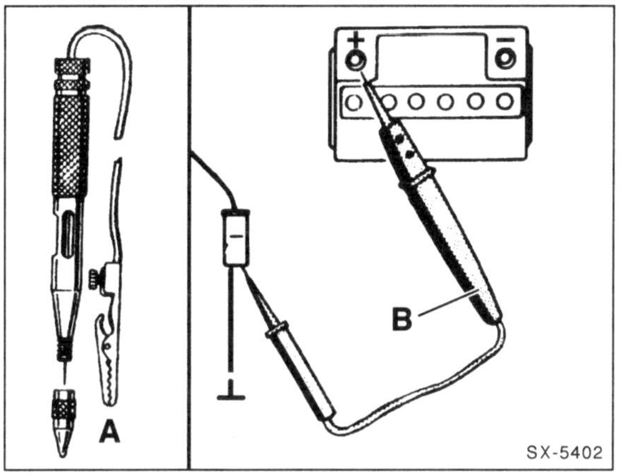

Wenn nur geprüft werden soll, ob überhaupt Spannung (V) anliegt, eignet sich hierzu eine einfache Prüflampe –A–. Dies gilt allerdings nur für Stromkreise, in denen sich keine elektronischen Bauteile befinden. Denn Elektronikteile reagieren äußerst empfindlich auf zu hohe Ströme. Unter Umständen können sie bereits durch Anschließen einer Prüflampe zerstört werden. Achtung: Bei der Prüfung elektronischer Bauteile (Transistoren, Dioden, und Steuergeräte) ist ein hochohmiger Spannungsprüfer –B– erforderlich. Er arbeitet wie eine Prüflampe, jedoch ohne daß elektronische Bauteile geschädigt werden, und eignet sich für sämtliche Prüfarbeiten.

Meßtechnik

Spannung messen

Spannung kann schon mit einer einfachen Prüflampe oder einem Spannungsprüfer nachgewiesen werden. Allerdings erkennt man dann nur, ob überhaupt Spannung anliegt. Um die Höhe der anliegenden Spannung zu prüfen, muß ein Voltmeter (Spannungs-Meßgerät) angeschlossen werden.

Zunächst ist beim Voltmeter der Meßbereich einzustellen, in dem sich die zu messende Spannung voraussichtlich befindet. Spannungen am Fahrzeug sind in der Regel nicht höher als ca. 14 Volt. Eine Ausnahme bildet die Zündanlage; hier kann die Zündspannung bis zu 30.000 Volt betragen. Diese hohe Spannung ist nur mit einem speziellen Meßgerät oder einem Oszilloskop meßbar.

Während man bei Meßgeräten, die speziell auf das Auto abgestimmt sind, am Wählschalter nur das Voltmeter einschalten muß, sind bei einem allgemeinen Vielfachmeßgerät erst eine Reihe von Entscheidungen zu fällen. Zunächst wird mit dem Wählschalter der Bereich Gleichspannung (DCV im Gegensatz zu ACV=Wechselspannung) eingestellt. Dann wird der Meßbereich gewählt. Da beim Auto außer an der Zündanlage keine höheren Spannungen als ca. 14 Volt auftreten, sollte die Obergrenze des einzustellenden Meßbereiches etwas höher liegen (ca. 15 bis 20 Volt). Falls sicher ist, daß die gemessene Spannung wesentlich niedriger ist, zum Beispiel im Bereich von 2 Volt, kann der Meßbereich heruntergeschaltet werden, um eine größere Anzeigegenauigkeit zu erreichen. Liegen höhere Spannungen an, als sie vom Meßbereich des Gerätes erfaßt werden, kann das Meßgerät zerstört werden.

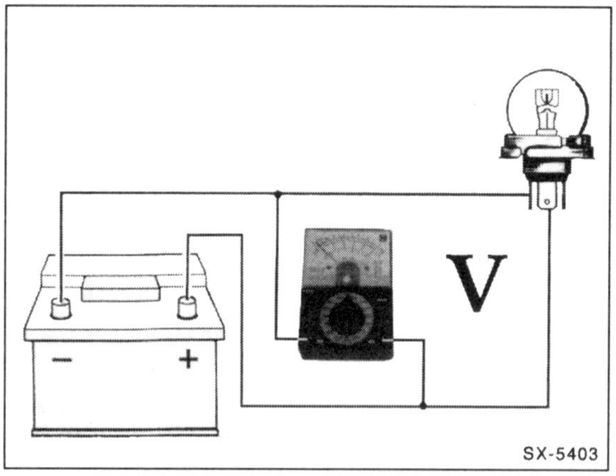

Die Kabel des Meßgerätes entsprechend der Zeichnung parallel zum Verbraucher anschließen. Dabei wird das rote Meßkabel an die vom Batterie-Pluspol kommende Leitung angelegt, das schwarze Meßkabel an die Masse-Leitung oder an Fahrzeugmasse, wie zum Beispiel den Motorblock.

Prüfbeispiel: Wenn der Motor nicht richtig anspringt, weil der Anlasser zu langsam dreht, ist es zweckmäßig, die Batteriespannung zu prüfen, während der Anlasser betätigt wird. Dazu das Voltmeter mit dem roten Kabel (+) an den Batterie-Pluspol und mit dem schwarzen Kabel an Fahrzeugmasse (–) anklemmen. Anschließend durch einen Helfer den Anlasser betätigen lassen und den Spannungswert ablesen. Liegt die Spannung unter ca. 10 Volt (bei einer Batterie-Temperatur von +20°C), muß die Batterie überprüft und eventuell vor den nächsten Startversuchen geladen werden.

Stromstärke messen

Am Auto ist es relativ selten erforderlich, die Stromstärke zu messen. Beispiel, siehe Kapitel »Batterie entlädt sich selbständig«. Benötigt wird hierzu ein Amperemeter, welches ebenfalls in einem Vielfachmeßgerät integriert ist.

Vor der Strommessung wird das Meßgerät auf den Meßbereich eingestellt, in dem sich die zu messende Stromstärke voraussichtlich befindet. Falls das nicht bekannt ist, höchsten Meßbereich einstellen und, falls keine Anzeige erfolgt, nacheinander in die nächstniedrigeren Meßbereiche schalten.

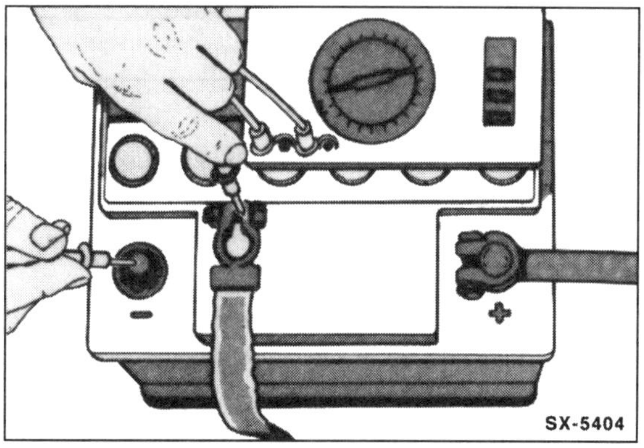

Für die Messung der Stromstärke muß der Stromkreis aufgetrennt werden, das Meßgerät (Amperemeter) wird dazwischengeschaltet. Dazu wird beispielsweise der Stecker abgezogen und das rote Kabel (+) des Amperemeters an die stromführende Leitung angeschlossen. Das schwarze Kabel (–) wird an den Kontakt angelegt, an dem normalerweise die unterbrochene Leitung angeschlossen ist. Die Massekontakte zwischen Verbraucher und Stecker müssen dann mit einem Hilfskabel verbunden werden.

Achtung: Keinesfalls sollte mit einem normalen Amperemeter die Stromstärke in der Leitung zum Anlasser (ca. 150 A) oder zu den Glühkerzen beim Dieselmotor (bis 60 A) gemessen werden. Durch die hierbei auftretenden hohen Ströme kann das Meßgerät zerstört werden. Die Werkstatt benutzt für diese Messungen ein Amperemeter mit Gleichstromzange. Dabei wird eine Stromzange über das isolierte Stromkabel geklemmt und der Stromwert durch Induktion gemessen.

Widerstand messen

Vor der Prüfung des Widerstandes ist grundsätzlich sicherzustellen, daß am Bauteil, an welches das Ohmmeter angeschlossen wird, keine Spannung anliegt. Also immer vorher Stecker abziehen, Zündung ausschalten, Leitung beziehungsweise Aggregat ausbauen oder Batterie abklemmen. Andernfalls kann das Meßgerät beschädigt werden.

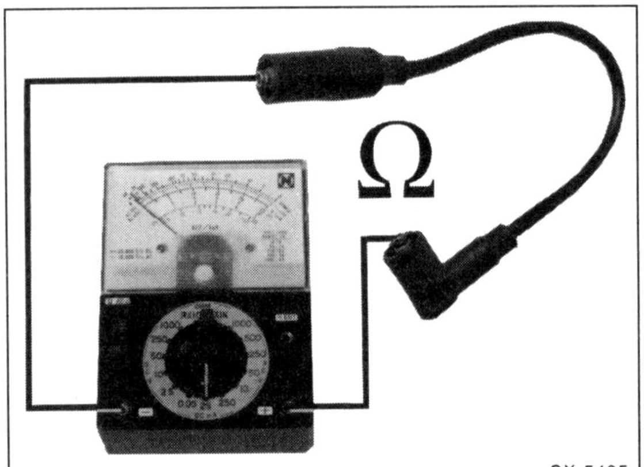

SX-5405

Das Ohmmeter wird an die 2 Anschlüsse eines Verbrauchers oder an die 2 Enden einer elektrischen Leitung angeschlossen. Dabei spielt es keine Rolle, welches Kabel (+/–) des Meßgerätes an welchen Kontakt angeklemmt wird.

Die Widerstandsmessung am Auto erstreckt sich weitgehend auf 2 Bereiche:

1. Kontrolle eines in den Stromkreis integrierten Widerstandes oder Bauteils.

2. »Durchgangsprüfung« einer elektrischen Leitung, eines Schalters oder einer Heizwendel. Dabei wird geprüft, ob eine elektrische Leitung im Fahrzeug unterbrochen ist und deshalb das angeschlossene elektrische Gerät nicht funktionieren kann. Zur Messung wird das Ohmmeter an die beiden Enden der betreffenden elektrischen Leitung angeschlossen. Beträgt der Widerstand 0 Ω, dann ist „Durchgang" vorhanden. Das heißt, die elektrische Leitung ist in Ordnung. Bei unterbrochener Leitung zeigt das Meßgerät ∞ (unendlich) Ω an.

Elektrisches Zubehör nachträglich einbauen

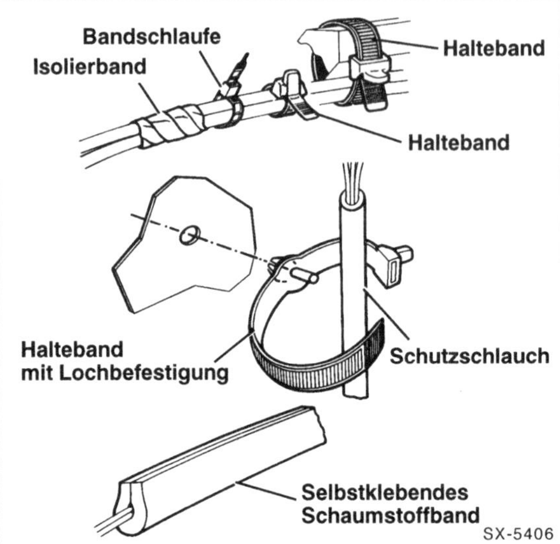

SX-5406

Kabel, die beim Einbau von Zubehör zusätzlich zu dem serienmäßig eingebauten Kabelsatz im Fahrzeug verlegt werden müssen, sind nach Möglichkeit immer entlang der einzelnen Kabelstränge unter Verwendung der vorhandenen Kabelschellen und Gummitüllen zu verlegen.

Falls erforderlich, sind die neu verlegten Kabel, um Geräuschen während der Fahrt vorzubeugen und das Scheuern von Kabeln zu vermeiden, mit Isolierband, plastischer Masse, Kabelbändern und dergleichen zusätzlich festzulegen. Hierbei ist besonders darauf zu achten, daß zwischen den Bremsleitungen und den festverlegten Kabeln ein Mindestabstand von 10 mm sowie zwischen den Bremsleitungen und den Kabeln, die mit dem Motor oder anderen Teilen des Fahrzeuges schwingen, ein Mindestabstand von 25 mm vorliegt.

Beim Bohren von Karosserie-Löchern müssen die Lochränder anschließend entgratet, grundiert und lackiert werden. Die beim Bohren zwangsläufig anfallenden Späne sind restlos aus der Karosserie zu entfernen.

Bei allen Einbauarbeiten, die das elektrische Leitungssystem berühren, ist, um der Gefahr von Kurzschlüssen im elektrischen Leitungssystem vorzubeugen, grundsätzlich das Massekabel (–) von der Fahrzeugbatterie abzuklemmen und zur Seite zu hängen.

Achtung: Wird die Batterie abgeklemmt, werden unter Umständen der Fehlerspeicher für Motor- und Getriebesteuerung, Antiblockiersystem sowie andere elektrische Geräte wie zum Beispiel das Radio und die Zeituhr stillgelegt, beziehungsweise Speicherwerte gelöscht. Spezielle Hinweise zu diesem Thema stehen im Kapitel »Batterie-Ausbau«.

Sofern zusätzliche elektrische Verbraucher eingebaut werden, ist in jedem Fall zu überprüfen, ob die erhöhte Belastung noch von dem vorhandenen Drehstromgenerator mit übernommen werden kann. Falls erforderlich, sollte ein Generator mit größerer Leistung vorgesehen werden.

Fehlersuche in der elektrischen Anlage

Beim Aufspüren eines Defekts in der elektrischen Anlage ist es wichtig, systematisch vorzugehen. Dies gilt sowohl beim Überprüfen von ausgefallenen Glühlampen wie auch bei nicht laufenden Elektromotoren.

Der **erste Schritt** ist immer die Überprüfung der Sicherung, sofern das elektrische Bauteil abgesichert ist. Die aktuelle Sicherungsbelegung ergibt sich aus dem Aufdruck auf dem Sicherungskastendeckel, siehe auch unter Kapitel »Sicherungen auswechseln«.

Defekte Sicherung gegebenenfalls auswechseln und nach Einschalten des elektrischen Verbrauchers kontrollieren, ob diese nicht unmittelbar wieder durchbrennt. In diesem Fall muß zuerst der Fehler aufgespürt und behoben werden, in der Regel handelt es sich um einen Kurzschluß. Das bedeutet, an irgend einer Stelle, mitunter auch intern im elektrischen Gerät, sind Masse- und Plusanschluß miteinander verbunden.

Zweiter Prüfschritt: Wenn bei intakter Sicherung die Glühlampe nicht leuchtet beziehungsweise der Elektromotor nicht anläuft, ist die Stromversorgung zu überprüfen.

Glühlampe prüfen

- Lampe ausbauen und sichtprüfen. Ist der Glühfaden durchgebrannt oder sitzt der Glaskolben locker im Sockel, Lampe erneuern.
- Um einwandfrei festzustellen, ob die Glühlampe intakt ist, geht man folgendermaßen vor: Eine Plusleitung (+) und eine Masseleitung (–) direkt an die Pole der Batterie anschließen und mit der Lampe verbinden. Dabei ist es unwichtig, wie die Kabel an die Lampe angeschlossen werden. Ein Kabel an den Stromanschluß, das andere an das Glühlampengehäuse. Wenn jetzt die Lampe nicht leuchtet, Lampe erneuern. **Hinweis**: Es muß sichergestellt sein, daß die Kontakte an der Lampe und in der Lampenfassung nicht korrodiert sind. Gegebenenfalls korrodierte oder verbogene Anschlüsse abschmirgeln und einwandfreien Kontakt herstellen.
- Ist die Lampe intakt, Lampe einsetzen und einschalten. Leuchtet die Lampe nicht, mit Prüflampe Stromzuführung überprüfen. Dazu Prüflampe an Masse anlegen. Das bedeutet: Das eine Kabel der Prüflampe muß an eine gute Massestelle am Motor (blankes Metall) oder direkt am Batterie-Minuspol angeschlossen werden. Die andere Prüflampen-Prüfspitze (+) entweder an den stromführenden Stecker halten oder mit der Prüfspitze in das stromführende Kabel einstechen. Wenn die Prüflampe jetzt aufleuchtet und die Lampe dennoch nicht brennt, ist die Massezuführung zur Lampe unterbrochen. Um dies zu überprüfen, Massehilfsleitung an die Lampenfassung anlegen. Die Lampe muß jetzt leuchten.
  Hinweis: Es gibt Lampen, die nur eine spannungsführende Zuleitung haben, zum Beispiel Fahrzeuginnenbeleuchtung. Diese Lampen sind über ihr Gehäuse direkt mit der Fahrzeugmasse verbunden.
- Wenn das stromführende Kabel zur Lampe keine Spannung aufweist, die Prüflampe also nicht aufleuchtet, ist sehr wahrscheinlich der Schalter defekt. Schalter auf Durchgang prüfen.

Elektromotoren prüfen

Im Auto werden immer mehr Komfortfunktionen von kleinen Elektromotoren übernommen. Dazu gehören bespielsweise der Fensterheber, das Schiebedach, die elektrische Zentralverriegelung oder die elektrische Antenne.

Jeder Motor wird bei Bedarf über einen Schalter zugeschaltet, meist von Hand. Bei der elektrischen Antenne wird der Schalter automatisch vom Radio angesteuert.

- Sicherung des betreffenden Elektromotors prüfen, gegebenenfalls ersetzen.

Hinweis: Beim elektrischen Fensterheber und der Zentralverriegelung sollte vor einer erneuten Betätigung die Überlastungsursache beseitigt werden. Das können beispielsweise vereiste Scheiben und Schlösser oder verschmutzte Fenster-Führungsschienen sein.

- Brennt die Sicherung gleich wieder durch, liegt ein Kurzschluß vor.
- Um eindeutig zu klären, ob der Defekt im Motor liegt, 2 Hilfskabel (∅ ca. 2 mm) direkt von der Fahrzeugbatterie an den Motor anlegen. Pluskabel an den Pluspol, Massekabel an Massepol des Motors. Die Pol-Belegung ergibt sich im Zweifelsfall aus dem Stromlaufplan. Dazu muß der Motor gegebenenfalls ausgebaut werden. Alle elektrischen Motoren im Fahrzeug werden mit Bordspannung (12 bis 14 Volt) versorgt. Funktioniert der Motor jetzt ordnungsgemäß, war die Stromversorgung defekt. **Hinweis:** Ein zu langsam laufender oder aussetzender Elektromotor kann auf abgenützte Schleifkohlen hinweisen. In diesem Fall Schleifkohlen (Bürsten) ersetzen.
- Funktioniert der Motor, anhand des Stromlaufplans feststellen, welche Zuleitung am Elektromotor Spannung führt, wenn der Schalter betätigt wird und zuvor die Zündung eingeschaltet wurde.
- Spannungsführendes Kabel am Elektromotor mit Prüflampe prüfen. Da bei Elektromotoren ein großer Strom fließt, kann eine herkömmliche Prüflampe mit Glühlampe genommen werden. Diese haben spitze Prüfnadeln, mit denen das Anschlußkabel durchstochen werden kann. So läßt sich auf einfache Weise die Spannung prüfen. Motoren, die links/rechtsherum drehen, zum Beispiel Fensterhebermotoren, haben zwei Plus-Anschlüsse. **Achtung:** Scheibenwischermotor prüfen, siehe entsprechendes Kapitel.
- Liegt keine Spannung am Elektromotor an, ist die Stromversorgung defekt. Fehler in der Zuleitung nach Stromlaufplan suchen und beheben. Elektromotoren haben in der Regel aufgrund des hohen Strombedarfs zusätzliche Schaltrelais. Prüfung, siehe entsprechendes Kapitel.
- Wurde kein Fehler gefunden, Schalter prüfen.
- Ist ein Kabel defekt, ist es oft sinnvoller, man legt ein neues Kabel, da es schwierig ist, einen Defekt im Kabel zu lokalisieren.

Schalter auf Durchgang prüfen

Die meisten elektrischen Verbraucher werden über einen von Hand betätigten Schalter ein- und ausgeschaltet. Darüber hinaus gibt es auch Schalter, die automatisch betätigt werden. Zu diesen Schaltern zählen zum Beispiel der Öldruckschalter und der Geber für Bremsflüssigkeitsstand.

Grundsätzlich hat ein Schalter die Aufgabe, den Stromkreis zu schließen und zu unterbrechen. Es gibt Schalter, die die Masseleitung unterbrechen, und Schalter, die den Plusstrom unterbrechen.

Schalter für Lampen und Elektromotoren prüfen

- Betreffenden Schalter ausbauen.
- Einfache Schalter haben nur 2 Anschlüsse für die Kabel. In diesem Fall muß an einem Anschluß immer Spannung (+) anliegen und nach dem Einschalten an der anderen Klemme auch. Es gibt auch Schalter mit mehreren Klemmen. Bei diesen Schaltern anhand des Stromlaufplans klären, an welcher Klemme Spannung anliegen muß, gegebenenfalls vorher Zündung einschalten.
- Mit Prüflampe prüfen, ob am Schalter Spannung anliegt. Leuchtet die Prüflampe auf, Schalter betätigen und an der Ausgangsklemme prüfen, ob dort auch Spannung anliegt. Ist das der Fall, ist sichergestellt, daß der Schalter funktioniert.
- Wenn an der Eingangsklemme keine Spannung anliegt, liegt eine Unterbrechung in der Leitungs-Zuführung vor. Anhand des Stromlaufplans muß die Spannungszuführung kontrolliert und gegebenenfalls eine neue Leitung gelegt werden.

Geberschalter prüfen

Geberschalter sind bespielsweise: Öldruckschalter, Geber für Bremsflüssigkeits- und Kühlmittelstand.

- Durchgangsprüfer (Prüflampe oder Ohmmeter) an der Zu- und Ableitung des Schalters anschließen, dazu Kabel am Schalter abziehen. **Achtung:** Schalter, die im Motorblock eingeschraubt sind, haben in der Regel kein Massekabel, da das Schaltergehäuse über den Motorblock als Massepol dient.
- Bei geschlossenem Schalter muß der Durchgangsprüfer Durchgang anzeigen. Am besten ist ein Ohmmeter als Durchgangsprüfer: Bei geschlossenem Schalter muß es 0 Ω, bei geöffnetem Schalter ∞ Ω (unendlich) anzeigen.
- Die Funktionsfähigkeit etwa der Kühlmittel- oder Bremsflüssigkeitsstand-Warnschalter läßt sich am schnellsten prüfen, indem bei eingeschalteter Zündung die Zuleitung am Schalter abgezogen wird und an eine gute Massestelle, zum Beispiel gegen den Motorblock, gehalten wird. Spricht die Warnlampe im Schalttafeleinsatz jetzt an, liegt der Fehler am Schalter.
  Ein Sonderfall ist der Öldruckschalter: Bei stehendem Motor ist der Kontakt geschlossen (Warnlampe brennt), erst bei einem gewissen Öldruck öffnet der Schalter.

Relais prüfen

In vielen Stromkreisen ist ein Relais integriert. Ein Schaltrelais arbeitet wie ein Schalter. **Beispiel:** Wenn das Fernlicht über den Handschalter eingeschaltet wird, bekommt das Relais den Befehl, den Strom zum Fernlicht durchzuschalten. Man könnte natürlich den Strom auch direkt über den Lichtschalter von der Batterie zum Fernlicht legen. Bei allen Verbrauchern mit hoher Stromaufnahme (Fernscheinwerfer, Scheibenwischer, Nebelscheinwerfer) schaltet man jedoch ein Relais dazwischen, um den Schalter nicht zu überlasten beziehungsweise um kurze Stromwege sicherzustellen.

Schaltrelais prüfen

Beim Einschalten des betreffenden Verbrauchers wird das Relais angesteuert, das heißt durch den Schaltstrom zieht eine Magnetspule im Relaisinnern einen Kontakt an und schließt so den Stromkreis für den »Arbeitsstrom«. Der Arbeitsstrom läuft über das Relais zum Stromverbraucher weiter.

Am einfachsten läßt sich die Funktionsfähigkeit eines Relais prüfen, wenn man es gegen ein intaktes auswechselt. So macht man es auch in der Werkstatt. Da dem Heimwerker jedoch in den seltensten Fällen ein neues Relais sofort zur Verfügung steht, empfiehlt sich folgender Arbeitsschritt bei den sogenannten Schaltrelais, wie sie unter anderem zum Schalten von Nebel- und Hauptscheinwerfern verwendet werden. Die hier angegebenen Klemmenbezeichnungen können vor allem bei den serienmäßig eingebauten Relais auch anders lauten.

- Relais aus der Halterung herausziehen.
- Zündung und entsprechenden Schalter einschalten.
- Zuerst mit Spannungsprüfer feststellen, ob an Klemme 30 (+) im Relaishalter Spannung anliegt. Dazu Spannungsprüfer an Masse (–) anschließen und die andere Kontaktspitze vorsichtig in Klemme 30 einführen. Wenn die Leuchtdiode des Spannungsprüfers aufleuchtet, ist Spannung vorhanden. Zeigt der Spannungsprüfer keine Spannung an, Unterbrechung vom Batterie-Pluspol (+) zu Klemme 30 anhand des Schaltplanes aufspüren.
- Leitungsbrücke aus einem Stück isoliertem Draht herstellen, die Enden müssen blank sein.
- Mit dieser Brücke im Relaishalter die Klemme 30 (Batterie +, führt immer Spannung) mit dem Ausgang des Relais-Schließers Klemme 87 verbinden. Mit diesem Arbeitsschritt wird praktisch genau das getan, was ein intaktes Relais auch vornimmt. Wo sich die Klemmen im Relaishalter befinden, ist auf dem Relais beziehungsweise am Steckkontakt aufgeführt.
- Wenn bei eingesetzter Brücke zum Beispiel das Fernlicht aufleuchtet, kann man davon ausgehen, daß das Relais defekt ist.
- Wenn das Fernlicht nicht aufleuchtet, klären, ob die Masseverbindung zum Scheinwerfer intakt ist. Dann Unterbrechung in der Leitungsführung von Klemme 87 zum Hauptscheinwerfer anhand des Schaltplanes aufspüren und beheben.

- Falls erforderlich, neues Relais einsetzen.

Achtung: Falls ein Fehler nur zeitweise in einem Stromkreis auftritt, der mit einem Relais bestückt ist, dann liegt der Defekt in der Regel im Relais. Und zwar bleibt dann ein Kontakt im Relais ab und zu kleben, während das Relais in der übrigen Zeit einwandfrei funktioniert. Bei Auftreten des Fehlers leicht gegen das Relaisgehäuse klopfen. Wenn das Relais daraufhin durchschaltet, Relais ersetzen.

Scheibenwischermotor prüfen

Der Scheibenwischermotor sitzt im Wasserkasten unterhalb der Windschutzscheibe. Zum Prüfen muß die jeweilige Abdeckung und der Wasserschutz demontiert werden.

Wischermotor prüfen

Zunächst klären, ob der Wischermotor oder die Stromversorgung defekt ist. Dazu folgendermaßen vorgehen:

- Sicherung für Scheibenwischer prüfen, siehe Seite 247.
- Mehrfachstecker für Wischermotor am Relais abziehen.
- Mit 2 Hilfskabeln Spannung (+) und Masse (–) von der Fahrzeugbatterie an den Wischermotor anlegen, siehe auch Schaltplan Nr. 11. Anschlüsse am Wischermotor:
  - HG – Spannung für die erste Wischergeschwindigkeit und für die Intervallschaltung.
  - HN – Der Wischermotor wird nach dem Abschalten beim Zurücklaufen abgebremst, damit er nicht über die Parkstellung hinausläuft.
  - H – Spannung für die zweite Wischergeschwindigkeit (Nebenschlußwicklung).
  - N – Masseanschluß.
- Der Scheibenwischermotor muß jetzt laufen. Wenn nicht, ist der Motor defekt. Wischermotor ausbauen, siehe Seite 283.

Blinkanlage prüfen

Die Takte für die Blink- und Warnblinkanlage werden von einem Relais im Relaiskasten erzeugt, einem sogenannten Blinkgeber. Blink- und Warnblinkanlage sind über separate Sicherungen im Sicherungskasten abgesichert.

- Ist der Blinker-Rhythmus auf einer Seite schneller als auf der anderen Seite, ist auf der »schnellen« Seite eine Glühlampe defekt oder eine Leitungsunterbrechung vorhanden.
- Bei Ausfall der Blink- und Warnblinkanlage zunächst die Sicherungen 1 und 17 prüfen, siehe Seite 248.
- Bei allen anderen Störungen ist meist das Blinkrelais die Ursache. Das Blinkrelais sitzt hinter der unteren Lenksäulenabdeckung am Lenkstockschalter. Klemmenbelegung am Blinkgeber, die Anschlußfahnen sind markiert:

■ Klemme **31** ist Masse (minus, allgemein in der Fahrzeugelektrik)

■ Klemme **49** ist Relaiseingang (plus liegt ständig an), Klemme **49a** der Relaisausgang

■ Eine zusätzliche Leitung geht zur Kontrollampe im Schalttafeleinsatz, bei Anhängevorrichtung kann eine weitere Leitung für die Anhänger-Blinkkontrolle vorhanden sein.

- Steht kein neues Relais zur Verfügung, dünnen Draht vorsichtig zwischen Klemme **49** und **49a** im Relaisstecker einstecken. **Achtung:** Dabei dürfen die empfindlichen Relaiskontakte nicht beschädigt werden. Drahtenden vor dem Einstecken umbiegen, damit keine scharfen Kanten vorhanden sind. Defektes Blinkrelais wieder aufsetzen. Die Anschlußfahnen sind so lang, daß das Relais trotz Überbrückung wieder aufgesteckt werden kann.
- Zündung einschalten. Wird der Blinkhebel jetzt betätigt, leuchtet die betreffende Blinkerseite dauernd auf. Durch Ein- und Ausschalten mit dem Blinkerhebel kann ein Blinkrhythmus erzeugt werden.
- Leuchtet das Blinklicht trotz Überbrückung der Relaiskontakte nicht, liegt ein Defekt im Blinkerschalter oder in der elektrischen Zuleitung vor.

Bremslicht prüfen

- Brems-Glühlampen überprüfen, gegebenenfalls erneuern.

Sind die Brems-Glühlampen in Ordnung, anschließend Bremslichtschalter prüfen. Oberhalb des Bremspedals sitzt am Pedalbock der Bremslichtschalter. Beim Niedertreten des Bremspedals wandert ein Druckstift aus dem Schalter heraus. Der Schalterkontakt schließt, und die Bremslichter leuchten auf.

- Bremslichtschalter überprüfen. Der Schalter befindet sich im Fußraum am Lagerbock des Bremspedals.
- Zündung einschalten.
- Stecker vom Bremslichtschalter abziehen. Anschlüsse von Kabel AR (himmelblau/rot) und von Kabel RN (rot/schwarz) mit einer kurzen Hilfsleitung überbrücken. Wenn die Bremslichter jetzt aufleuchten, ist der Bremslichtschalter defekt, ersetzen.

Heizbare Heckscheibe prüfen

Bei eingeschalteter Heckscheibenheizung muß das Feld mit den sichtbaren Leiterbahnen nach einiger Zeit frei von Beschlag oder Eis sein.

- Bei Störungen zuerst Sicherung im Sicherungskasten überprüfen.
- Ist die Sicherung in Ordnung, anschließend festen Sitz der Kabelstecker links und rechts an der Heckscheibe überprüfen, gegebenenfalls von Korrosion reinigen.
- Da die Heckscheibe in der Heckklappe sitzt, Stromzufuhr zur Heckklappe prüfen. Dazu Heckklappe öffnen. Die Stromzufuhr erfolgt durch einen Kabelbaum, der mit einer Gummitülle abgedichtet ist.
- Zuleitungen und Schalter sowie Schaltrelais prüfen, siehe Seite 240.

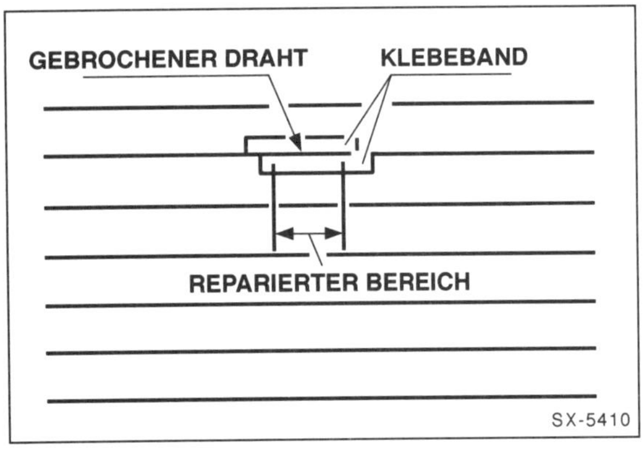

- Sind Heizfäden unterbrochen, hilft handelsüblicher Leitsilberlack zur Wiederherstellung der Verbindung. Dazu beschädigten Bereich mit Verdünner oder Ethylen reinigen.
- Unterbrochene Stelle von beiden Seiten mit Klebeband abkleben und mit einem kleinen Pinsel handelsüblichen Leitsilberlack auftragen.
- Farbe bei +25° C ca. 24 Stunden trocknen lassen. Es kann auch ein Heißluftfön verwendet werden. Bei +150°C trocknet die Farbe in ca. 30 Minuten.

Achtung: Heckscheibenheizung nicht einschalten, bevor die Farbe ganz trocken ist. Kein Benzin oder andere Lösungsmittel zum Reinigen des beschädigten Teils verwenden.

Hupe aus- und einbauen

Im BRAVO/BRAVA sind als Hupe 2 Signalhörner eingebaut, die über die Lenkradtaste auch bei ausgeschalteter Zündung betätigt werden können. Geschaltet werden sie über ein Relais, der Stromkreis wird über eine Sicherung abgesichert. Die Hörner befinden sich im Motorraum hinter dem rechten Scheinwerfer.

Ausbau

- Rechten Scheinwerfer ausbauen, siehe Seite 270.

- Stecker abziehen.
- Signalhörner mit Halter abschrauben und herausnehmen.

Einbau

- Hörner mit Halter anschrauben.
- Elektrische Leitungen aufstecken.
- Rechten Scheinwerfer einbauen, siehe Seite 270.

Steckerleiste/Warnblinkschalter aus- und einbauen

Ausbau

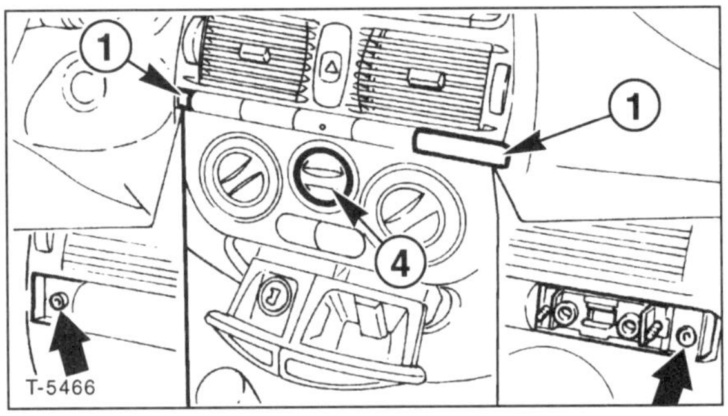

- Seitliche Blenden –1– mit kleinem Schraubendreher heraushebeln. Dabei Papierpolster oder Lappen unterlegen, damit die Verkleidung nicht beschädigt wird.
- Darunterliegende Innensechskantschrauben –Pfeile– mit 3 mm-Inbusschlüssel herausdrehen.

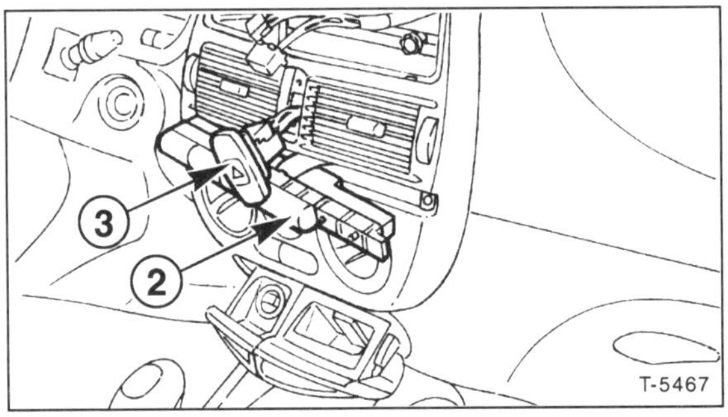

- Steckerleiste –2– abnehmen und Steckverbindung trennen.
- Warnblinkschalter –3– mit kleinem Schraubendreher heraushebeln. Dabei Papierpolster oder Lappen unterlegen, damit die Verkleidung nicht beschädigt wird.
- Mehrfachstecker abziehen.

Einbau

- Mehrfachstecker am Warnblinkschalter aufstecken, Schalter in die vorgesehene Öffnung eindrücken und einrasten.
- Elektrische Leitungen an der Steckerleiste aufstecken.
- Steckerleiste einsetzen und anschrauben.
- Seitliche Blenden aufdrücken.

Zentralverriegelung

Die elektrische Zentralverriegelung besteht aus vier Stellmotoren, die in den Schlössern der vier Türen integriert sind. Die Steuerung des Systems erfolgt über ein hinter dem Handschuhkasten installiertes Steuergerät. Beim Auf- oder Zuschließen der Vordertüren oder beim Betätigen der Fernbedienung veranlaßt das Steuergerät, daß gleichzeitig die Schlösser aller Türen auf- oder zugeschlossen werden.

Das elektronische Steuergerät besitzt eine Sicherheitsschaltung, die die Stromversorgung zu den Stellmotoren 15 bis 35 Sekunden nach einem Ver- bzw. Entriegelungsbefehl unterbricht. Dadurch wird verhindert, daß die Stellmotoren bei ständiger Einschaltung durchbrennen, wenn beispielsweise ein Schalter hängen bleibt.

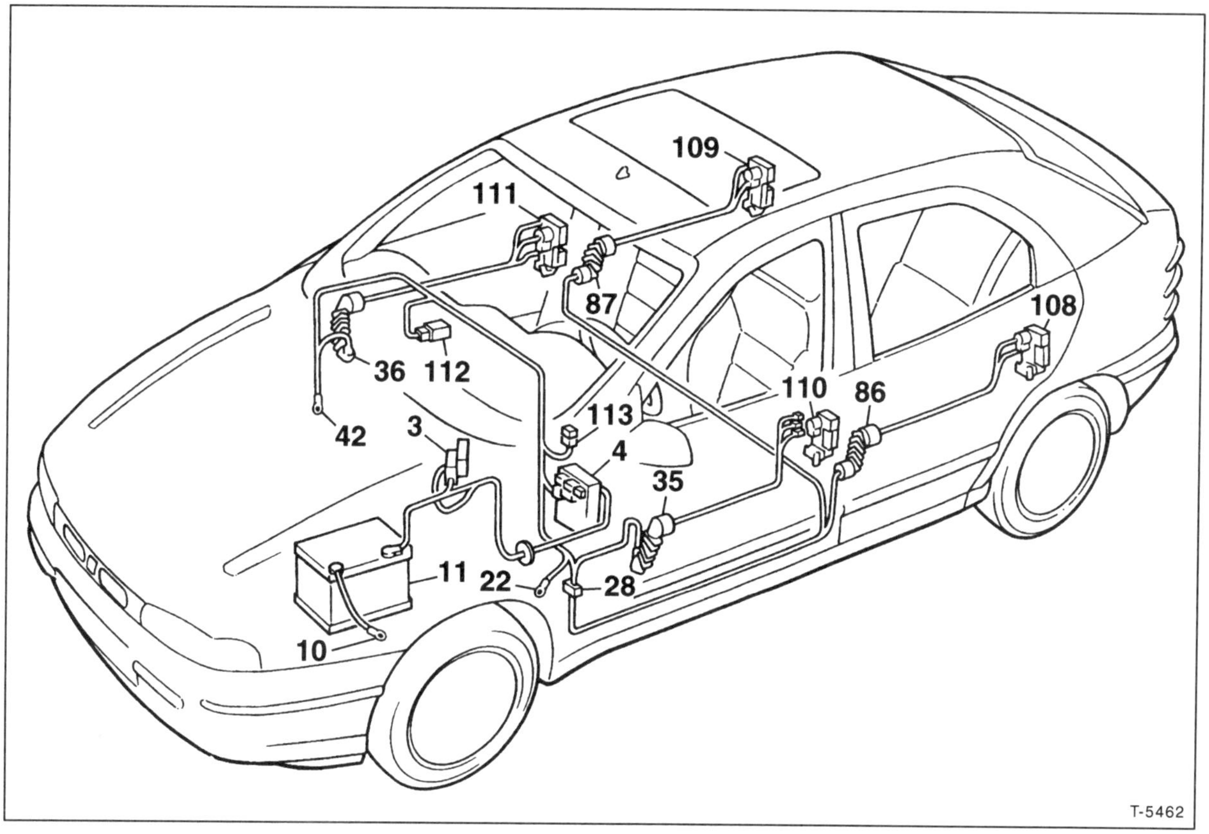

Die Abbildung zeigt die Ausführung ohne Diebstahlwarnanlage für die Modelle S - SX - GT.

3 – Sicherungskasten Leistungskreise:
- A – Schmelzsicherung 30A für Zünd- und Einspritzanlage (Benziner) bzw. 60A für Glühkerzen (Diesel)
- B – Schmelzsicherung 40A für Zündanlaßschalter
- C – Schmelzsicherung 60A für Zusatzausstattung
- D – Schmelzsicherung 80A Sicherungs- und Relaisplatte (Zentralelektrik)

4 – Sicherungs- und Relaisplatte
10 – Batterie-Masse am Aufbau
11 – Batterie
22 – Masse auf Armaturenbrett links
28 – Kabelverbindung Armaturenbrett/hintere Türverriegelung
35 – Kabelverbindung Armaturenbrett/Vordertür links
36 – Kabelverbindung Armaturenbrett/Vordertür rechts
42 – Masse auf Armaturenbrett rechts
86 – Kabelverbindung Längsrichtung/Tür hinten links
87 – Kabelverbindung Längsrichtung/Tür hinten rechts
108 – Verriegelungsantrieb hinten links/Schalter »Diebstahlwarnanlage EIN«
109 – Verriegelungsantrieb hinten rechts/Schalter »Diebstahlwarnanlage EIN«
110 – Verriegelungsantrieb vorne links/Schalter »Diebstahlwarnanlage EIN«
111 – Verriegelungsantrieb vorne rechts/Schalter »Diebstahlwarnanlage EIN«
112 – Türverriegelungssteuerung
113 – Schmelzsicherung 20A für Zentralverriegelung

Wegfahrsperre

Im BRAVO/BRAVA ist eine elektronische Wegfahrsperre mit Transponderansteuerung eingebaut. Aktiviert wird die Wegfahrsperre durch Abziehen des Schlüssels aus dem Zündschloß. Die Anlage verhindert das Anspringen des Motors, solange das System nicht mit dem richtig codierten Zündschlüssel gestartet wird.

Beim Einschalten der Zündung übermittelt ein Sender (Transponder) im Schlüsselgriff den Identifikationscode an das Steuergerät der Wegfahrsperre. Das Steuergerät befindet hinter dem Armaturenbrett oberhalb der Sicherungen. Der Sender im Schlüsselgriff benötigt keine Batterie, da die Spannungsversorgung drahtlos durch das Steuergerät erfolgt.

■ Dreht der Motor durch, ohne zu starten und die Code- sowie die Motorkontrolleuchte im Schalttafeleinsatz leuchten dauernd, dann ist das System aktiviert und der Empfänger am Zündschloß hat den Schlüsselcode nicht erkannt. Das kann folgende Ursachen haben:
  - Lesevorgang durch zusätzliche Schlüssel am Schlüsselbund behindert,
  - Schlüsselcode defekt.

■ In diesem Fall folgendermaßen vorgehen:
  - Zusätzliche Schlüssel vom Schlüsselbund entfernen und Startvorgang wiederholen.
  - Startvorgang mit einem anderen, zum Fahrzeug gehördenden Schlüssel wiederholen.
  - Notstart durchführen. Dabei wird der Notstart-Code entweder durch Betätigen des Gaspedals oder mit dem FIAT-Diagnose-Tester eingegeben. Der Notstart-Code befindet sich auf CODE-Karte, die mit den Fahrzeugschlüsseln ausgeliefert wurde.
  - System der Wegfahrsperre in der Fachwerkstatt überprüfen lassen.

Eingeben des Notstart-Codes über das Gaspedal

- Von der Code-Karte den 5stelligen Code ablesen. Beispiel: 42173.
- Zündung einschalten.
- Gaspedal ganz niedertreten und halten. Die Kontrolleuchte der Einspritzanlage leuchtet für 4 Sekunden auf, geht dann kurz aus und leuchtet wieder für 4 Sekunden.
- Bei Erlöschen der Kontrolleuchte Gaspedal loslassen. Daraufhin beginnt die Kontrolleuchte zu blinken. Blinkanzahl zählen. Sobald die erste Zahl des Codes erreicht ist, Gaspedal treten und halten. Beispiel: Kontrolleuchte blinkt 4mal, dann Gaspedal niedertreten.
- Die Kontrolleuchte leuchtet 4 Sekunden auf und erlöscht dann. Jetzt Gaspedal loslassen und Blinkanzahl für zweite Code-Ziffer zählen. Beispiel: Kontrolleuchte blinkt 2mal, dann Gaspedal niedertreten.
- Diesen Vorgang weitere 3mal durchführen bis die 5stellige Code-Nummer eingegeben ist. Beispiel: Die Zahlen 1 - 7 - 3 eingeben.
- Nach Eingabe der letzten Ziffer blinkt die Kontrolleuchte 4 Sekunden lang und zeigt an, daß der Code akzeptiert wurde. Der Motor kann jetzt gestartet werden. **Achtung:** Der Zündschlüssel darf jetzt nicht auf STOP gestellt werden, sonst muß die Code-Eingabe wiederholt werden.
- Leuchtet die Kontrollampe nach Code-Eingabe dauernd, dann wurde der Code vom Steuergerät nicht akzeptiert. Zündschlüssel auf STOP drehen und Eingabe der Code-Zahl wiederholen.

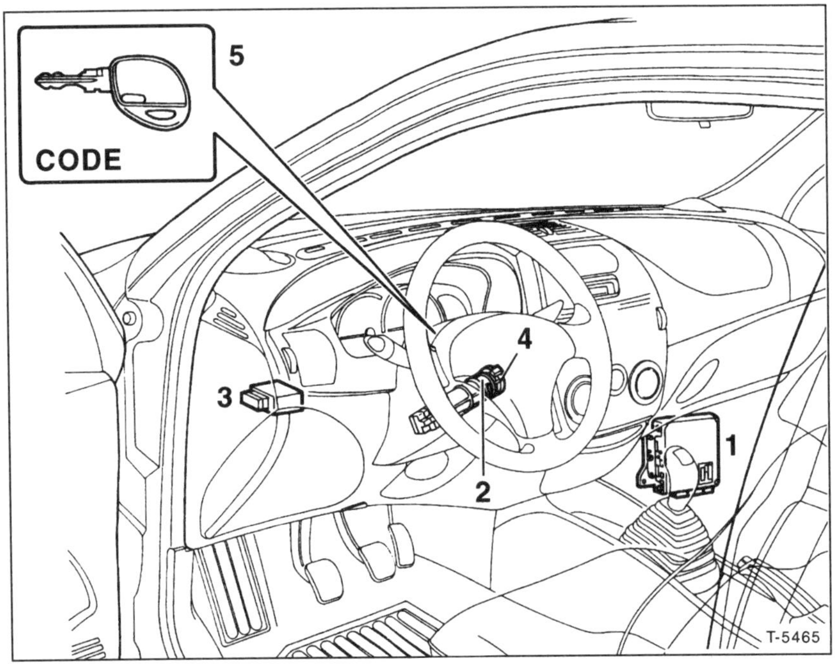

1 – Steuergerät für Einspritzanlage
2 – Zündschloßschalter
3 – Steuergerät für Wegfahrsperre
4 – Ringantenne für Transpondersteuerung
5 – Kontrolleuchte für Wegfahrsperre im Schalttafeleinsatz

Diebstahlwarnanlage

Ein- und Ausschalten

Die Diebstahlwarnanlage des FIAT BRAVO/BRAVA wird mit der Funk-Fernbedienung am Fahrzeugschlüssel aktiviert. Das Empfangsgerät ist in der Deckenleuchte untergebracht. Die Anlage funktioniert nur bei abgezogenem Zündschlüssel.

Zum Einschalten der Diebstahlwarnanlage die Taste der Fernsteuerung betätigen. Es wird dann ein »Piep«-Ton abgegeben und gleichzeitig leuchten die Blinker einmal auf. Während der gesamten Einschaltzeit der Diebstahlwarnanlage blinkt die rote LED (Leuchtdiode) am Armaturenbrett.

Zum Ausschalten der Diebstahlwarnanlage nochmals die Taste der Fernsteuerung drücken. Es werden zwei »Piep«-Töne abgegeben und die Blinker leuchten 2mal auf.

Die Diebstahlwarnanlage kann auch mit deaktivierter Sirene eingeschaltet werden. Das heißt, bei ausgelöstem Alarm werden nur die Blinker betätigt, während die Sirene stumm bleibt. Dazu Fernbedienung mehr als 4 Sekunden drücken: Vom System werden daraufhin 5 »Piep«-Töne abgegeben.

Alarmauslösung

Bei eingeschalteter Diebstahlwarnanlage wird der Alarm ausgelöst, wenn:

- eine der Türen, die Motorhaube oder die Heckklappe geöffnet wird
- die Batterie abgeklemmt, die Versorgungskabel durchtrennt werden oder die Zündung eingeschaltet wird
- ein starker Stoß gegen das Fahrzeug erfolgt
- sich etwas im Fahrgastraum bewegt (wenn zum Beispiel bei offener Scheibe eine Hand eingeführt wird).

Die letztgenannte Funktion der Innenraum-Absicherung kann folgendermaßen deaktiviert werden:

- durch folgende Betätigung des Zündschlüssels (vor Einschalten des Systems): Schlüssel einführen, Schlüssel auf STOP, Schlüssel auf MAR, Schlüssel auf STOP.

Die Deaktivierung der Raumüberwachung wird durch das Aufleuchten der Warn-LED für 2 Sekunden bestätigt.
Wird der Zündschlüssel in der Folge wieder auf MAR gestellt, wird die Raumüberwachung wieder aktiviert.
Hinweis: Der Schlüssel kann für maximal 30 Sek. wieder auf MAR gestellt werden, ohne daß die Raumüberwachung aktiviert wird. Diese Funktion wurde eingebaut, um das Schließen der Fenster, die eventuell nicht geschlossen waren, durchführen zu können.

Sobald ein Alarm ausgelöst wird, erfolgen zwei Dinge:

- Die Sirene heult in 3 Zyklen zu je 28 Sekunden mit Pausen von 6 Sekunden, und die Blinker blinken etwa 5 Minuten lang.
- Das Anlassen des Motors wird verhindert, indem Kraftstoffeinspritzung und Zündung abgeschaltet werden.

Am Ende des Alarmzustandes nimmt die Diebstahlwarnanlage wieder die normale Überwachungsfunktion auf.

Alarmzustand abbrechen:

Taste der Fernsteuerung drücken; ist dies erfolglos, so kann der Alarm abgebrochen werden, indem das System mit dem Notschlüssel ausgeschaltet wird.

Ausschalten der Diebstahlwarnanlage

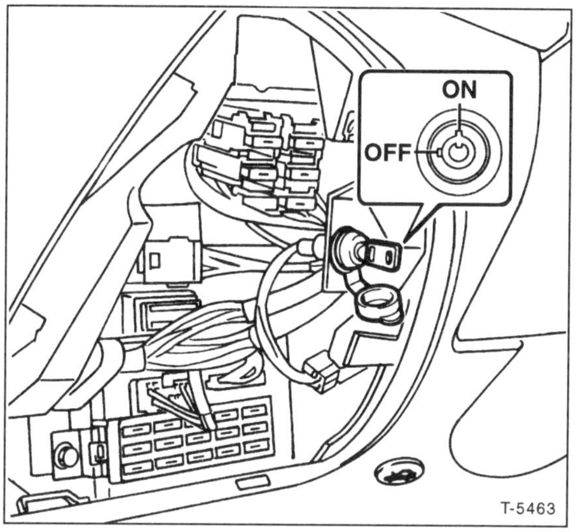

T-5463

Bei entladenen Batterien der Fernsteuerung oder Defekt in der Diebstahlwarnanlage, kann das System mit dem sogenannten Notschlüssel abgeschaltet werden.

- Auf der Fahrerseite untere Verkleidung am Armaturenbrett abschrauben und herausnehmen.
- Schutzkappe vom Schlüsselschalter abziehen.
- Notschlüssel einsetzen und Schloß in Position »OFF« drehen. Bei erfolgreicher Deaktivierung gibt das Steuergerät der Diebstahlwarnanlage ein Tonsignal ab.
- Schlüssel abziehen, Gummikappe aufschieben und Verkleidung anschrauben.
- Um das System wieder einzuschalten, Schlüssel in Stellung »ON« drehen.

Wird das Fahrzeug für länger als 1 Monat nicht benutzt, muß der Schlüssel auf OFF gestellt werden. Ist die Batterie bei Einschalten der Diebstahlsicherung nicht ausreichend aufgeladen, so ertönt ein akustisches Signal (10 »Piep«-Töne).

Programmierung

Bei neuem Fahrzeug müssen die Diebstahlwarnanlage und die Codes der 2 (auf Wunsch bis zu 8) zur Ausrüstung gehörenden Fernsteuerungen wie folgt abgestimmt werden:

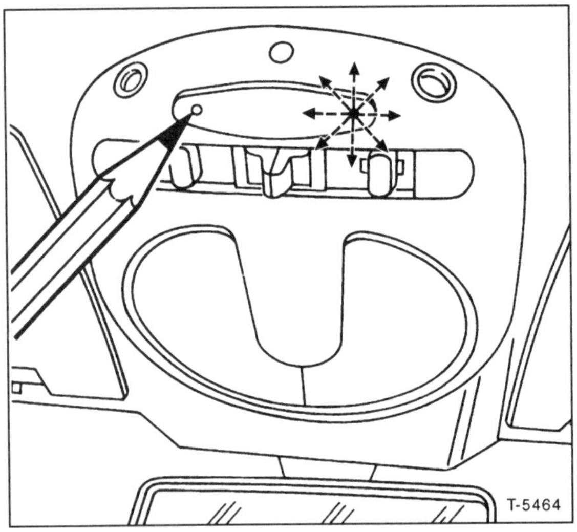

- Programmiertaste auf dem Empfänger der Fernbedienung mit einem spitzen Gegenstand (z. B. Kugelschreiber) gedrückt halten. Die rote LED-Leuchte blinkt.
- Programmiertaste gedrückt halten und mit einem Finger der anderen Hand die Taste der Fernsteuerung (am Schlüssel) betätigen. Der Schlüssel muß dazu auf den Empfänger gerichtet und ca. 40 cm entfernt sein.
- Die LED-Leuchte brennt nun mit Dauerlicht: Das bedeutet, daß das Signal gespeichert wurde. Nun können die beiden Tasten losgelassen werden.

Hinweis: Der Programmiervorgang muß an allen vorhandenen Fernsteuerungen bei **neuem** Fahrzeug erfolgen.

Jeder Sender besitzt einen Aufkleber mit einer vierstelligen Nummer (Paßwort), um die Programmierung durch Unbefugte unmöglich zu machen (geschützte Programmierung). Nach 256 Betätigungen der Diebstahlsicherung, oder auf Kundenwunsch bei FIAT schon vorher durch Eingabe des Paßworts, wird die vorher beschriebene, einfache Programmierung endgültig unmöglich gemacht.

Der Aufkleber muß nach dem Fahrzeugkauf entfernt und an einem sicheren Ort aufbewahrt werden. Jede neue Fernbedienung kann nur mit der Codenummer auf dem Aufkleber programmiert werden. Gehen die erste Fernbedienung und der Aufkleber mit der Codenummer verloren, erlaubt das System die Programmierung anderer Fernbedienungen nur noch mit dem Diagnosetester von FIAT.

Dadurch wird verhindert, daß Unbefugte dem Steuergerät eine andere Fernsteuerung zuordnen.

Eigendiagnose der Diebstahlwarnanlage

Wenn beim Einschalten der Diebstahlwarnanlage dem »Piep«-Ton nach einer Sekunde ein anderer, kürzerer »Piep«-Ton folgt, zuerst überprüfen, ob die Türen, die Haube und die Heckklappe geschlossen sind. Dann versuchen, die Diebstahlwarnanlage wieder einzuschalten. Falls sich der vorgenannte Zustand wiederholt, FIAT-Werkstatt zur Fehlerbeseitigung aufsuchen.

Wenn in Abwesenheit der Alarm ausgelöst wurde, meldet dies die LED-Leuchte nach dem Ausschalten der Anlage und spezifiziert dabei auch den Grund der Auslösung:

1 Blinksignal: rechte Vordertür; 2 Blinksignale: linke Vordertür; 3 Blinksignale: rechte Hintertür; 4 Blinksignale: linke Hintertür; 5 Blinksignale: Bewegungssensoren am Armaturenbrett (melden Bewegungen im Fahrgastraum); 6 Blinksignale: Motorhaube; 7 Blinksignale: Heckklappe; 8 Blinksignale: Eingriff in den Stromkreislauf Klemme 15 (Zündung eingeschaltet); 9 Blinksignale: Eingriff in den Stromkreislauf Klemme 30 (Dauer-Plus); 10 Blinksignale: mindestens drei Alarmgründe; Dauerlicht: Senderbatterie ist leer.

Batterien der Fernsteuerung wechseln

Falls beim Drücken der Taste an der Fernsteuerung die LED an der Fernsteuerung selbst nicht brennt oder nur einmal kurz aufleuchtet, sind die Batterien zu erneuern:

- Die Kunststoff-Gehäusehälften öffnen.
- Die neuen Batterien unter Berücksichtigung der angezeigten Polarität einsetzen.
- Die Gehäusehälften schließen.

Die verbrauchten Batterien aus Umweltschutzgründen nicht in den Hausmüll geben, sondern bei einer Sondermüllsammelstelle abgeben.

Sicherungen auswechseln

Um Kurzschluß- und Überlastungsschäden an den Leitungen und Verbrauchern der elektrischen Anlage zu verhindern, sind die einzelnen Stromkreise durch Schmelzsicherungen geschützt. Es werden Sicherungen verwendet, die mit Messerkontakten ausgestattet sind, so daß herkömmliche Sicherungen nicht mehr verwendet werden können.

Die Sicherungen sind vornehmlich in einem Sicherungs- und Relaiskasten im Armaturenbrett links neben dem Lenkrad untergebracht.

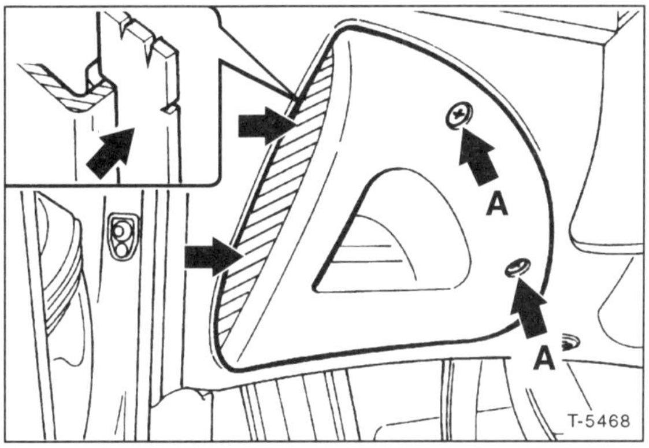

- Schrauben –A– mit dem Zündschlüssel oder mit geeignetem Schraubendreher herausschrauben.
- Auf den linken Teil der Abdeckung einen leichten Druck in Pfeilrichtung ausüben, dadurch die beiden seitlichen Haltenasen lösen und die Abdeckung abnehmen.

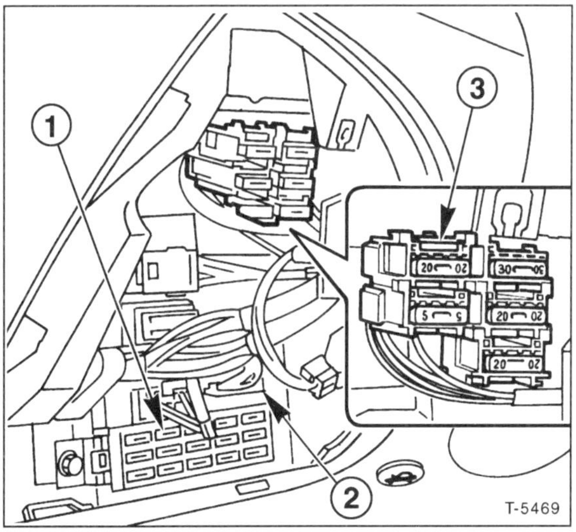

- Die Sicherungen –1– befinden sich unten in der Relaisplatte –2– und in einem Sicherungshalter –3– oberhalb der Relaisplatte.

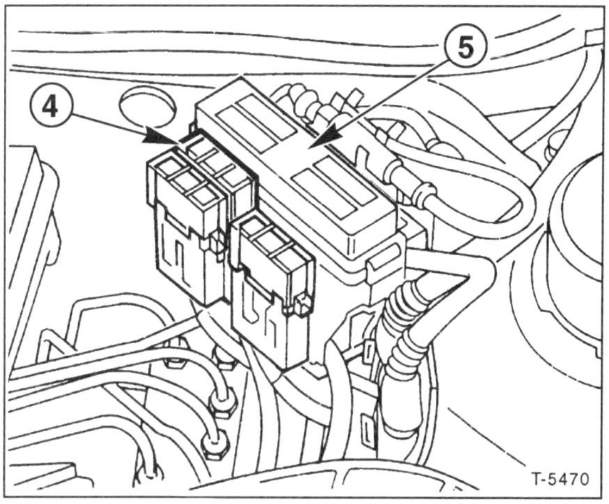

- Weitere Sicherungen –4– und –5– befinden sich im Motorraum an der Spritzwand unter einer Abdeckung mit der Beschriftung »FUSE«. Gegebenenfalls Abdeckung mit einer Schraube abschrauben und abnehmen. Außerdem sitzt ein Sicherungs- und Relaiskasten vor der Batterie am Batterie-Halter, siehe auch Seite 15.
- Die Sicherungen für das Einspritz-Zündsystem befinden sich unter einer Abdeckung im Motorraum an der Spritzwand (1,4-/1,6-l-Motor) oder hinter beziehungsweise unter dem Handschuhfach, siehe Seite 94.
- Vor dem Auswechseln einer Sicherung immer zuerst den betroffenen Verbraucher ausschalten.

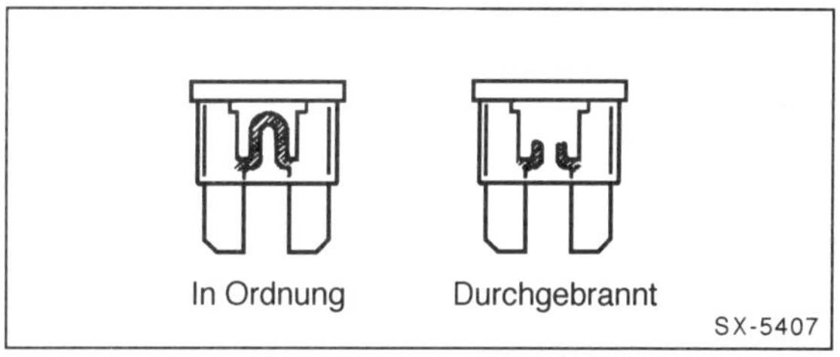

- Eine durchgebrannte Sicherung erkennt man am durchgeschmolzenen Metallstreifen.

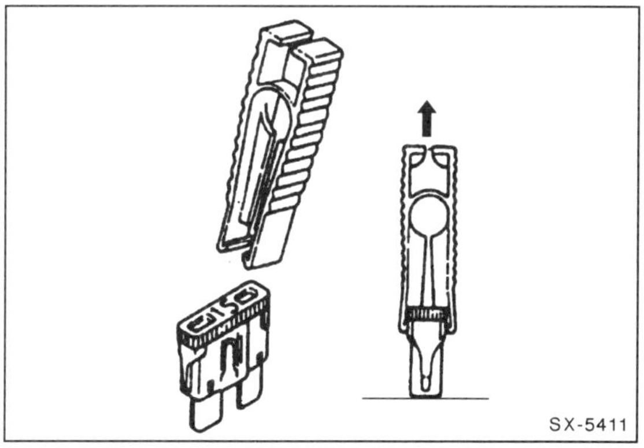

- Defekte Sicherung herausziehen. Zum Ausziehen der Sicherungen befindet im Haupt-Sicherungskasten eine Kunststoffpinzette.

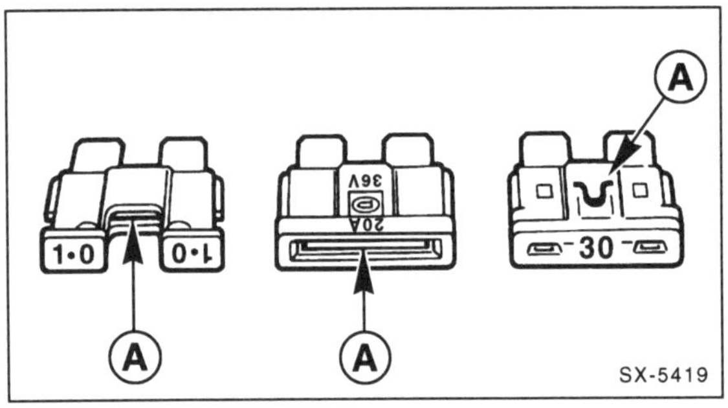

- Neue Sicherung **gleicher Sicherungsstärke** einsetzen. Die Nennstromstärke der Sicherung ist auf der Rückseite des Griffes aufgedruckt. Außerdem hat der Griff der Sicherungen eine Kennfarbe, an der ebenfalls die Nennstromstärke zu erkennen ist.

Nennstromstärke in Ampere	Kennfarbe
3	lila
7,5	braun
10	rot
15	blau
20	gelb
30	grün

- Brennt eine neu eingesetzte Sicherung nach kurzer Zeit wieder durch, muß der entsprechende Stromkreis überprüft werden.
- Auf keinen Fall Sicherung durch Draht oder ähnliche Hilfsmittel ersetzen, weil dadurch ernste Schäden an der elektrischen Anlage auftreten können.
- Es ist empfehlenswert, stets einige Ersatzsicherungen im Wagen mitzuführen. Zur Aufbewahrung befinden sich im Haupt-Sicherungskasten entsprechende Halterungen.

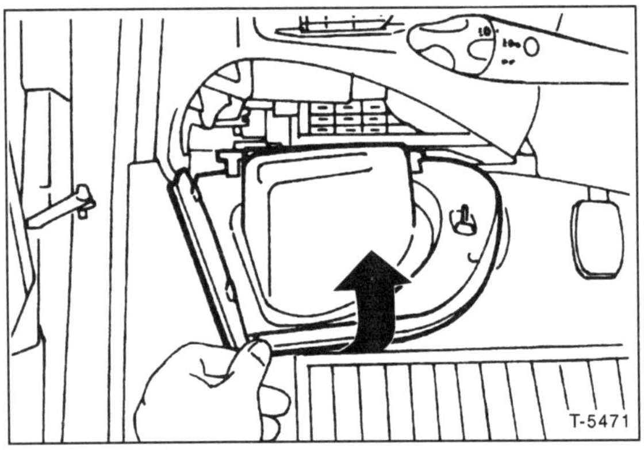

- Sicherungskasten-Abdeckung unten einhängen, nach oben klappen und links einrasten und mit den beiden Kreuzschlitzschrauben festschrauben.

Sicherungs- und Relaisbelegung

Hinweis: Die Sicherungsbelegung ist abhängig von der Ausstattung und vom Baujahr des Fahrzeuges. Die aktuelle Belegung der Sicherungen ist mit Symbolen im Deckel vom Sicherungskasten gekennzeichnet, sowie in der Betriebsanleitung enthalten.

Haupt-Sicherungsträger links neben Lenkrad

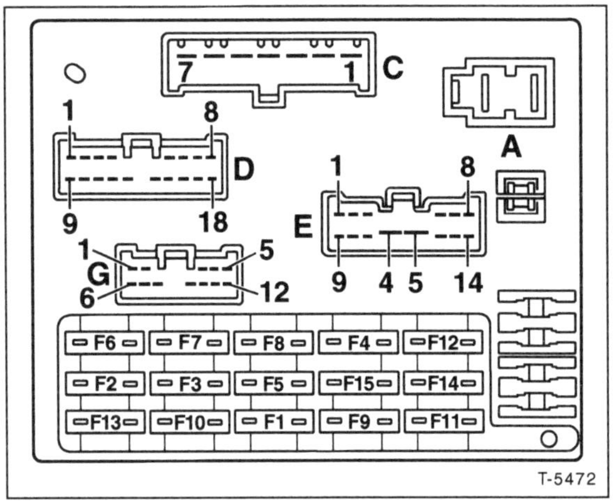

Symbol	Nr.	Amp.	Abgesicherte Stromkreise
SERVIZI SERVICES	1	15	Rückfahrscheinwerfer, Bremsleuchten, Zusatzbremsleuchte, Blinkrelais, Stromversorgung für Schalttafeleinsatz, Check-Panel, elektrischer Spiegel, Fernbedienung Radio
	2	10	Standlicht vorn rechts, hinten links, Kennzeichenleuchte rechts, Beleuchtung: Radio/Instrumente/Anzeige Standlicht/Zigarettenanzünder/Schalterfeld
	3	10	Standlicht vorn links, hinten rechts, Kennzeichenleuchte links, Beleuchtung: Schalter Heizung/Klimaanlage
	4	10	Abblendlicht links
	5	10	Abblendlicht rechts, Scheinwerfereinstellung
	6	10	Fernlicht rechts
	7	10	Fernlicht links, Fernlichtkontrolle
	8	10	Nebelschlußleuchten

Symbol	Nr.	Amp.	Abgesicherte Stromkreise
	9	10	Blinkgeber Warnblinkanlage
SERVIZI SERVICES	10	10	Innenbeleuchtung, Kofferraumleuchte, Uhr, Empfänger Fernbedienung, Radio, Handschuhfachleuchte, Zigarettenanzünder, Blinkgeber, Diebstahlsicherung
	11	30	Heckscheibenheizung, -kontrolle, Außenspiegelbeheizung
	12	30	Heizgebläse (Klimaanlage)
	13	20	Signalhörner
	14	20	Scheibenwischer, Heckscheibenwischer, Scheiben- und Heckscheibenwaschpumpe, Intervallgeber für Scheinwerferwaschanlage
	15	30	Heizgebläse (ohne Klimaanlage), Zigarettenanzünder, Klimaanlage: Relais für erste und zweite Gebläsestufe, Verzögerungsrelais für zweite Geschwindigkeitsstufe, Relais für Kompressor

Sicherungen im Sicherungshalter oberhalb der Relaisplatte

Hinweis: Die Sicherungen können je nach Modell in unterschiedlicher Reihenfolge gesteckt sein, daher erfolgt hier nur eine Zuordnung anhand der Sicherungsstärke.

Amp.	Verbraucher
20 A	Elektrisches Schiebedach, Sitzheizung
20 A	Nebelscheinwerfer
20 A	Zentralverriegelung
7,5 A	Außenspiegelheizung
30 A	Elektrische Fensterheber vorn
5A	Airbag
30 A	Elektrische Fensterheber hinten

Sicherungen im Motorraum

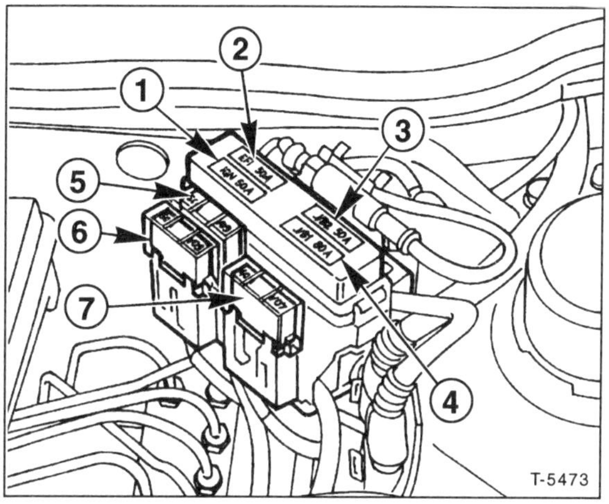

Nr.	Amp.	Verbraucher
1	40 A	Zündanlaßschalter
2	30 A	Zünd- und Einspritzanlage (Benziner)
2	60 A	Glühkerzen (Diesel)
3	60 A	Zusatzausstattung
4	80 A	Sicherungs- und Relaisplatte (Zentralelektrik)
5	40 A	Kühlerlüfter
6	60 A	ABS
7	50 A	Kühlerlüfter (Diesel und/oder Klimaanlage)

Weitere Sicherungen im Motorraum befindenden sich am Batterieträger:

20 A: Scheinwerfer-Reinigungsanlage
5 A: ABS

Das Radio ist zusätzlich über eine 10 A-Sicherung abgesichert. Die Sicherung befindet sich hinten im Radio neben den Steckanschlüssen.

Relaisbelegung

Relais hinter Handschuhkastenabdeckung

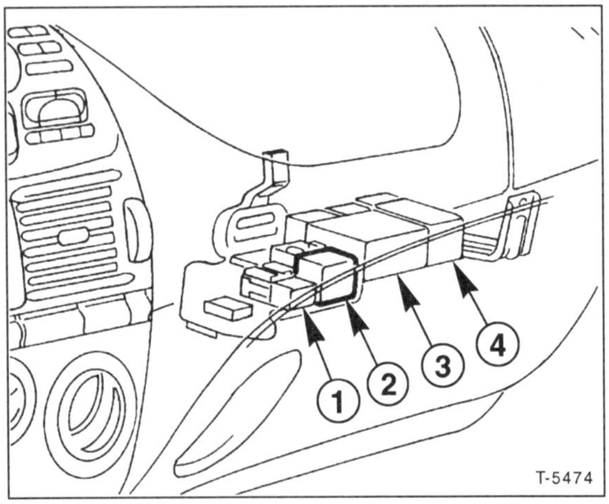

Relais neben oberem Sicherungshalter

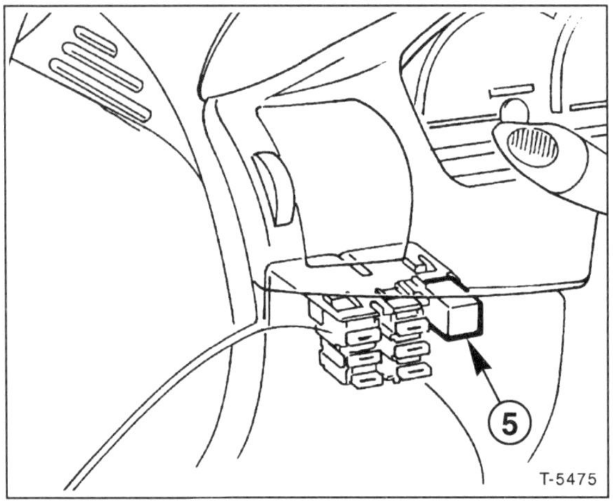

Relais	Abb.	Verbraucher	Einbauort
32	1	Relais für Nebelscheinwerfer	Handschuhkastenabdeckung
91	2	Leistungsrelais für elektrisches Fensterheber, Sitzheizung	Handschuhkastenabdeckung
71	3	Steuergerät für elektrische Fensterheber vorn	Handschuhkastenabdeckung
112	4	Zentralverriegelung	Handschuhkastenabdeckung
5	5	Abblendlicht	Neben oberem Sicherungshalter Zentralelektrik
E1	–	Entlastungsrelais Klemme 15 (Zündung ein)	Rückseite Zentralelektrik innen (Lenkradseite)
E2	–	Signalhorn	Rückseite Zentralelektrik mitte
E3	–	Heizbare Heckscheibe, Außenspiegelheizung	Rückseite Zentralelektrik außen
122	–	Niedrige Drehzahl Kühlerlüfter	Relaishalter vor der Batterie
123	–	Zeitgeber für hohe Drehzahl Kühlerlüfter	Relaishalter vor der Batterie
123A	–	Hohe Drehzahl Kühlerlüfter	Relaishalter vor der Batterie
124	–	Klimakompressor	Relaishalter vor der Batterie
200	–	Relais für Trägheitsschalter Kraftstoffabschaltung	Relaishalter vor der Batterie
212	–	Relais für Kühlerlüfter (1,8-l-Motor)	Relaishalter vor der Batterie
34C	–	Relais für Nebelschlußleuchte	Schaltergruppe über Heizungsbedienung
150	–	Relais für Einspritzanlage	Motorraum Spritzwand (1,4-/1,6-l-Motor)*
151	–	Relais für Lambdasonde, Elektrokraftstoffpumpe, Elektroeinspritzventil	Motorraum Spritzwand (1,4-/1,6-l-Motor)*
93A	–	Steuergerät elektrisches Schiebedach	Neben Motor für Schiebedach
204	–	Geschwindigkeitsstufe 1 des Innenraumgebläses (Klimaanlage)	Motorraum Spritzwand
205	–	Innenraumgebläse (Klimaanlage)	Motorraum Spritzwand

*) Relais und Sicherungen für Einspritzanlage siehe auch Seite 94.

Batterie aus- und einbauen

Die Batterie befindet sich im Motorraum auf der linken Seite.

Ausbau

Achtung: Durch das Abklemmen der Batterie werden im Fahrzeug folgende elektronische Speicher gelöscht:

- Im Einspritz-Steuergerät werden die sogenannten »gelernten« Betriebswerte für den Motorlauf gelöscht. Das ist zum Beispiel die individuell auf diesen Motor abgestimmte Leerlaufdrehzahl-Regelung. Nachdem die Batterie wieder angeklemmt wurde, können daher kurze Zeit Mängel im Fahrverhalten (Stottern, Aussetzer beim Beschleunigen oder unrunder Leerlauf) auftreten.
- Aus dem Fehlerspeicher werden alle eventuell gespeicherten Fehler des Einspritz- und Zündsystems gelöscht.
- Im Radio werden der Keycode für die Diebstahlsicherung und die eingestellten Sender gelöscht. Die Anti-Diebstahl-Codierung ist in der Regel bei serienmäßig eingebauten Autoradios vorhanden. Ist der Code nicht bekannt, kann nur eine FIAT-Werkstatt das Autoradio wieder in Betrieb nehmen.

Damit diese Speicher nicht gelöscht werden, verwendet die Werkstatt ein sogenanntes »Memory-Erhaltungskabel«. Dieses Kabel wird mit einer 9-Volt-Trockenbatterie verbunden und über den Zigarettenanzünder angeschlossen. Erhältlich ist das Kabel im Autozubehörhandel, es kann aber auch leicht selbst angefertigt werden.

- Steht das »Memory-Erhaltungskabel« nicht zur Verfügung, sollte vor dem Abklemmen der Batterie sichergestellt werden, daß der Keycode für die Radio-Diebstahlsicherung vorhanden ist und der Fehlerspeicher ausgelesen wurde (Werkstattarbeit).

Ausbau

- Motorhaube öffnen.

Achtung: Bevor die Batteriekabel abgeklemmt werden, sicherstellen, daß alle Stromverbraucher des Fahrzeuges ausgeschaltet sind.

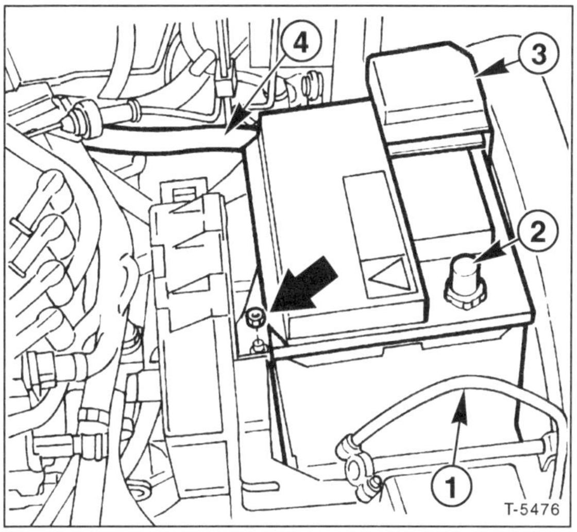

- Massekabel –1– vom Minuspol (–) –2– der Batterie abklemmen. Dazu Klemmschraube lösen, Kabel abheben und zur Seite legen.
- Abdeckung –3– hochklappen.
- Pluskabel –4– vom Pluspol (+) abklemmen und zur Seite legen.
- Befestigungsmutter –Pfeil– abschrauben und Halteplatte abnehmen. Gegebenenfalls Halteband aushängen.
- Batterie herausheben.

Achtung: Batterien enthalten giftige Substanzen, diese dürfen nicht in den Hausmüll gelangen. Altbatterien beim Kauf einer neuen beim Händler abgeben oder auf der Sondermülldeponie abgeben. Gemeinde- und Stadtverwaltungen informieren darüber, wo sich die nächste Annahmestelle befindet.

Einbau

- Vor dem Einbau Batterie-Pole blank kratzen, geeignet ist dazu eine Messingdrahtbürste.
- Batterie einsetzen. Halteplatte ansetzen und festschrauben.

Achtung: Bevor die Batteriekabel angeklemmt werden, prüfen, ob alle Stromverbraucher des Fahrzeuges ausgeschaltet sind. Andernfalls können beim Anklemmen Funken überspringen beziehungsweise elektrische Einrichtungen beschädigt werden. Auf einwandfreie Masseanschlüsse und saubere Kontakte achten. Hohe Übergangswiderstände führen, insbesondere beim Starten, zu einer Überlastung der elektronischen Steuergeräte und können im Extremfall sogar deren Zerstörung bewirken.

- Pluskabel am Pluspol (+), dann Massekabel am Minuspol (–) anklemmen. Am Pluspol Abdeckkappe aufsetzen. **Achtung:** Durch eine falsch angeschlossene Batterie können erhebliche Schäden am Generator und an der elektrischen Anlage entstehen.
- Zur Verhinderung von Korrosion beide Pole mit speziellem Säureschutzfett bestreichen, zum Beispiel Vaseline oder BOSCH-Polfett.
- Die Zeituhr einstellen.
- Diebstahlcode für Radio eingeben. Sender neu speichern.

Hinweise zur wartungsarmen Batterie

Der BRAVO/BRAVA ist serienmäßig mit einer wartungsarmen Batterie ausgestattet. Bei dieser Batterie muß nur selten im Rahmen der Wartung destilliertes Wasser nachgefüllt werden, dennoch sind einige Wartungspunkte zu beachten.

- Zum Laden können die normalen Ladegeräte verwendet werden. Der Ladestrom darf 5 Ampere nicht überschreiten; die Ladespannung soll zwischen 14 und 15 Volt liegen. Ein dauernd zu hoher Ladestrom überlädt die Batterie und führt zu einer wesentlich verringerten Lebensdauer.
- Die Batterie darf **nicht** mit einem Schnelladegerät geladen werden.
- Batterie nur im Freien oder in gut belüfteten Räumen laden.
- Bei zu niedrigem Säurestand, zum Beispiel durch längeren Aufenthalt in heißen Regionen, destilliertes Wasser nachfüllen, siehe Kapitel »Wartung«.
- Wird das Fahrzeug länger als 6 Wochen stillgelegt, Batterie ausgebaut und geladen lagern. Die günstigste Lagertemperatur liegt zwischen 0° C und +27° C. Bei diesen Temperaturen hat die Batterie die günstigste Selbstentladungsrate. **Spätestens nach 3 Monaten Batterie erneut aufladen, da sie sonst unbrauchbar wird.**
- Batteriepole regelmäßig reinigen und mit Vaseline oder Polfett einreiben.
- Starthilfegeräte dürfen **nicht** verwendet werden, da die Batterie hierdurch kurzfristig einer sehr hohen Stromstärke ausgesetzt wird.

Batterie laden

Achtung: Wenn die Batterie zu lange Zeit entladen war, kann sie nicht mehr vollständig beziehungsweise gar nicht mehr aufgeladen werden.

Die mit ■ gekennzeichneten Positionen entfallen bei der serienmäßig eingebauten wartungsarmen Batterie. Hinweise zur wartungsarmen Batterie beachten.

- ● Batterie niemals kurzschließen, das heißt Plus- (+) und Minuspol (–) dürfen nicht verbunden werden. Bei Kurzschluß erhitzt sich die Batterie und kann platzen. Nicht mit offener Flamme in Batterie leuchten. Batteriesäure ist ätzend und darf nicht in die Augen, auf die Haut oder die Kleidung gelangen, gegebenenfalls mit viel Wasser abspülen.
- ● Die Batterie kann auch in eingebautem Zustand geladen werden, vorher jedoch Masse- (–) und Pluskabel (+) abklemmen. **Achtung:** Dadurch werden aus dem Speicher des elektronischen Einspritz-Steuergerätes »Betriebswerte« und aus dem Speicher des Radios der Keycode für die Diebstahlsicherung sowie die eingestellten Sender gelöscht. Vor dem Abklemmen daher unbedingt Hinweise im Kapitel »Batterie aus- und einbauen« durchlesen.
- ● Vor dem Laden Säurestand prüfen, gegebenenfalls destilliertes Wasser nachfüllen.
- ● Gefrorene Batterie vor dem Laden auftauen. Eine geladene Batterie friert bei ca. –65° C, eine halbentladene bei ca. –30° C und eine entladene bei ca. –12° C.
- ■ Stopfen aus der Batterie herausschrauben oder mit schmalem Schraubendreher herausheben und leicht auf die Öffnungen legen. Dadurch werden Säurespritzer auf dem Lack vermieden, während die beim Laden entstehenden Gase entweichen können.
- ● Batterie nur in gut belüftetem Raum laden. Beim Laden der eingebauten Batterie Motorhaube geöffnet lassen.
- ■ Bei der Normalladung beträgt der Ladestrom ca. 10 % der Kapazität. (Bei einer 50-Ah-Batterie also etwa 5,0 A.) Als Richtwert für die Ladezeit können dann 10 Stunden genommen werden.
- ● Pluspol (+) der Batterie mit Pluspol, Minuspol (–) der Batterie mit Minuspol des Ladegerätes verbinden.
- ● Die Säuretemperatur darf während des Ladens +55° C nicht überschreiten, gegebenenfalls Ladung unterbrechen oder Ladestrom herabsetzen.
- ■ So lange laden, bis alle Zellen lebhaft gasen und bei drei im Abstand von je einer Stunde aufeinanderfolgenden Messungen das spezifische Gewicht der Säure und die Spannung nicht mehr angestiegen sind.
- ■ Nach der Ladung Säurestand prüfen, gegebenenfalls destilliertes Wasser nachfüllen.
- ■ Säuredichte prüfen. Liegt der Wert in einer Zelle deutlich unterhalb der anderen Werte (z. B. 5 Zellen zeigen 1,26 g/ml und 1 Zelle 1,18 g/ml), so ist die Batterie defekt und sollte erneuert werden.
- ■ Batterie ca. 20 Minuten ausgasen lassen, dann Verschlußstopfen einschrauben.

Achtung: Der Motor darf nicht bei abgeklemmter Batterie laufen, da sonst die elektrische Anlage beschädigt wird.

Batterie prüfen

Der Batterie-Zustand wird durch Messen der Spannung mit einem Voltmeter zwischen den Batteriepolen überprüft.

- Batteriepole abklemmen, siehe Seite 251.
- Vor der Prüfung muß die Batterie mindestens 2 Stunden abgeklemmt sein.

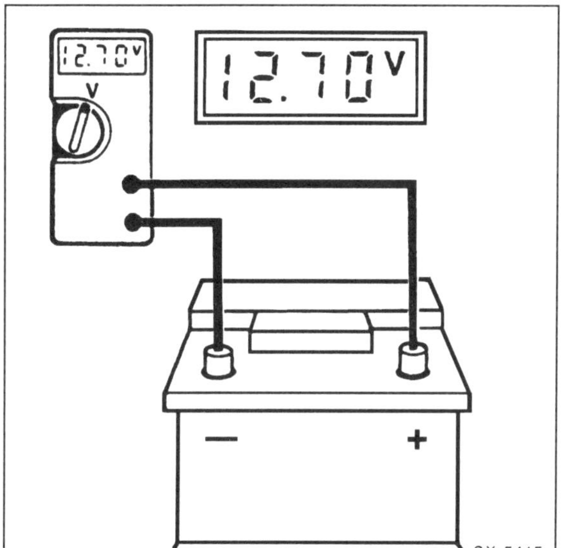

SX-5415

- Voltmeter an die Batteriepole anschließen und Spannung messen.
  Beurteilung:
  12,6 Volt oder darüber = Batterie in gutem Zustand
  12,4 Volt = normal
  12,3 Volt oder darunter = Batterie in schlechtem Zustand, Batterie laden oder ersetzen
- Batterie anklemmen, siehe Seite 251.

Batterie unter Belastung prüfen

- Voltmeter an den Polen der Batterie anschließen.
- Motor starten und Spannung ablesen.
- Während des Startvorganges darf bei einer vollen Batterie die Spannung nicht unter 10 Volt (bei einer Säuretemperatur von ca. +20° C) abfallen.
- Bricht die Spannung sofort zusammen und wurde in den Zellen eine unterschiedliche Säuredichte festgestellt, so ist auf eine defekte Batterie zu schließen.

Säuredichte prüfen

T-5421

- Die Säuredichte ergibt in Verbindung mit der Spannungsmessung genauen Aufschluß über den Ladezustand der Batterie. Deckelleiste mit Schraubendreher abhebeln.

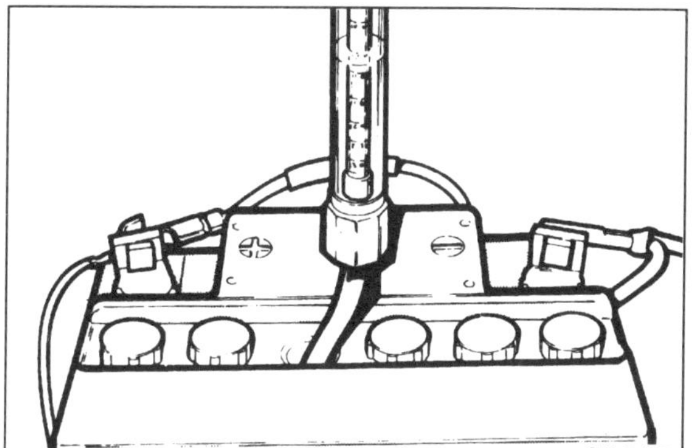
SX-5408

- Zur Prüfung dient ein Säureheber, der recht preiswert in Fachgeschäften angeboten wird. Je größer das spezifische Gewicht (Säuredichte) der angesaugten Batteriesäure ist, desto mehr taucht der Schwimmer auf. An der Skala kann man die Säuredichte in spezifischem Gewicht (g/ml) oder Baumégrad (+°Bé) ablesen. Folgende Werte müssen erreicht werden:

Ladezustand	+°Bé	g/ml
entladen	16	1,15
halb entladen	24	1,22
gut geladen	30	1,26

- Nacheinander jede Batteriezelle prüfen, alle Zellen müssen die gleiche Säuredichte (maximale Differenz 0,04 g/ml) haben. Sonst kann auf eine defekte Batterie geschlossen werden.

Batterie entlädt sich selbständig

Je nach Fahrzeugausstattung addiert sich zur natürlichen Selbstentladung der Batterie auch die Stromaufnahme der verschiedenen Steuergeräte im Ruhezustand. Daher sollte die Batterie in einem abgestellten Fahrzeug spätestens alle 6 Wochen nachgeladen werden. Wenn der Verdacht auf Kriechströme besteht, Bordnetz nach folgender Anleitung prüfen:

- Zur Prüfung geladene Batterie verwenden.

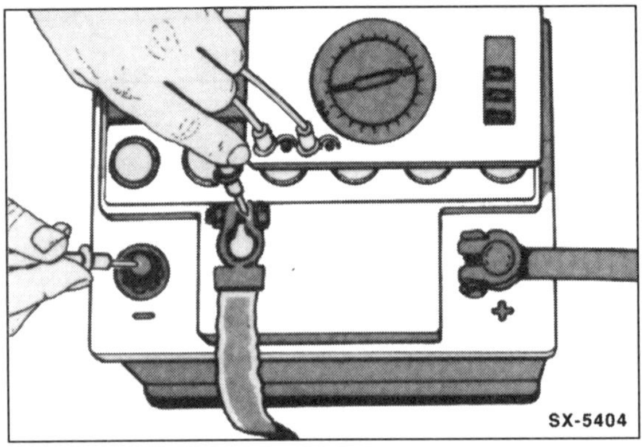

- Am Amperemeter (Meßbereich von 0–5 mA und 0–5 A) den höchsten Meßbereich einstellen. Massekabel (–) von der Batterie abklemmen. **Achtung:** Dadurch werden aus dem Speicher des elektronischen Einspritz-Steuergerätes »Betriebswerte« und aus dem Speicher des Radios der Keycode für die Diebstahlsicherung sowie die eingestellten Sender gelöscht. Vor dem Abklemmen daher unbedingt Hinweise im Kapitel »Batterie aus- und einbauen« durchlesen.
- Amperemeter zwischen Batterie-Minuspol (–) und Massekabel (–) schalten. Amperemeter-Plus- (+) Anschluß an Massekabel (–) und Amperemeter-Minus-Anschluß an Batterie-Minuspol (–).

Achtung: Die Prüfung kann auch mit einer Prüflampe durchgeführt werden. Leuchtet die Lampe zwischen Masseband und Minuspol der Batterie jedoch nicht auf, ist auf jeden Fall ein Amperemeter zu verwenden.

- Alle Verbraucher ausschalten, vorhandene Zeituhr (und andere Dauerverbraucher) abklemmen, Türen schließen.
- Vom Amperebereich solange auf den Milliamperebereich zurückschalten, bis eine ablesbare Anzeige erfolgt (1–3 mA sind zulässig).
- Durch Herausnehmen der Sicherungen nacheinander die verschiedenen Stromkreise unterbrechen. Wenn bei einem der unterbrochenen Stromkreise die Anzeige auf Null zurückgeht, ist hier die Fehlerquelle zu suchen. Fehler können sein: korrodierte und verschmutzte Kontakte, durchgescheuerte Leitungen, interner Schluß in Aggregaten.
- Wird in den abgesicherten Stromkreisen kein Fehler gefunden, so sind die Leitungen an den nicht abgesicherten Aggregaten, wie Generator und Anlasser, abzuziehen.
- Geht beim Abklemmen von einem der ungesicherten Aggregate die Anzeige auf Null zurück, betreffendes Bauteil überholen oder austauschen. Bei Stromverlust in Anlasser- oder Zündanlage immer auch den Zünd-Anlaßschalter nach Stromlaufplan prüfen.
- Batterie-Massekabel (–) anklemmen.
- Zeituhr einstellen.
- Diebstahlcode für Radio eingeben.

Störungsdiagnose Batterie

Störung	Ursache	Abhilfe
Säurestand zu niedrig.	Überladung, Verdunstung (besonders im Sommer).	■ Destilliertes Wasser bis zur vorgeschriebenen Höhe nachfüllen (bei geladener Batterie).
Säure tritt aus dem Entlüftungdeckel aus.	Ladespannung zu hoch.	■ Spannungsregler prüfen, ggf. austauschen.
	*) Säurestand zu hoch.	■ Überschüssige Säure mit Säureheber absaugen.
Säuredichte zu niedrig.	Säuredichte in einer Zelle deutlich niedriger als in den übrigen Zellen.	■ Kurzschluß in einer Zelle. Batterie erneuern.
	Säuredichte in zwei benachbarten Zellen deutlich niedriger als in den übrigen Zellen.	■ Trennwand undicht, dadurch entsteht eine leitende Verbindung zwischen den Zellen, wodurch die Zellen entladen werden. Batterie erneuern.
	Batterie entladen.	■ Batterie laden.
	Generator nicht in Ordnung.	■ Generator prüfen, ggf. reparieren oder austauschen.
	Kurzschluß im Leitungsnetz.	■ Elektrische Anlage überprüfen.
	*) Säure infolge Wartungsfehler verwässert.	■ Säureausgleich durchführen.
*) Säuredichte zu hoch.	Säure wurde nachgefüllt.	■ Säureausgleich durchführen.
Abgegebene Leistung ist zu gering, Spannung fällt stark ab.	Batterie entladen.	■ Batterie nachladen.
	Ladespannung zu niedrig.	■ Spannungsregler prüfen, ggf. austauschen.
	Anschlußklemmen lose oder oxydiert.	■ Anschlußklemmen reinigen und besonders Unterseite mit Säureschutzfett leicht einfetten, Befestigungsschrauben anziehen.
	Masseverbindungen Batterie-Motor-Karosserie sind schlecht.	■ Masseverbindung überprüfen, ggf. metallische Verbindungen herstellen oder Schraubverbindungen festziehen.
	Zu große Selbstentladung der Batterie durch Verunreinigung der Batteriesäure.	■ Batterie austauschen.
	Evtl. Batterie sulfatiert (grauweißer Belag auf den Plus- und Minusplatten).	■ Batterie mit kleinem Strom laden, damit sich der Belag langsam zurückbildet. Falls nach wiederholter Ladung und Entladung die abgegebene Leistung immer noch zu gering ist, Batterie austauschen.
	Batterie verbraucht, aktive Masse der Platten ausgefallen.	■ Batterie austauschen.
Nicht ausreichende Ladung der Batterie.	Fehler an Generator, Spannungsregler oder Leitungsanschlüssen.	■ Generator und Spannungsregler überprüfen, instand setzen bzw. austauschen; Leitungen einwandfrei befestigen.
	Keilriemen locker, Spannvorrichtung defekt.	■ Keilriemen spannen oder austauschen, Spannvorrichtung prüfen.
	Zu viele Verbraucher angeschlossen.	■ Größere Batterie einbauen; evtl. auch größeren Generator verwenden.
Dauernde Überladung.	Fehler am Spannungsregler, evtl. auch am Generator.	■ Spannungsregler austauschen bzw. Generator überprüfen.

*) Die mit *) gekennzeichneten Hinweise gelten nicht für die serienmäßige, wartungsarme Batterie.

Der Generator

Der BRAVO/BRAVA ist mit einem Drehstromgenerator der Marken BOSCH oder MARELLI ausgerüstet. Je nach Modell und Ausstattung sind Generatoren mit unterschiedlicher Leistung eingebaut.

Der Generator wird von der Kurbelwelle über den Keilriemen angetrieben. Dabei dreht sich der Läufer mit der Erregerwicklung innerhalb der feststehenden Ständerwicklung mit etwa doppelter Motordrehzahl.

Über Kohlebürsten und Schleifringe fließt der Erregerstrom durch die Erregerwicklung. Dabei bildet sich ein Magnetfeld. Die Lage des magnetischen Feldes zur Ständerwicklung ändert sich ständig, entsprechend der Umdrehung des Läufers. Dadurch wird in der Ständerwicklung ein Drehstrom erzeugt.

Da die Batterie aber nur mit Gleichstrom geladen werden kann, wird der Drehstrom durch Gleichrichter in der Diodenplatte in Gleichstrom umgewandelt. Der Spannungsregler verändert den Ladestrom durch Ein- und Ausschalten des Erregerstromes, entsprechend dem Ladezustand der Batterie. Gleichzeitig hält der Regler die Betriebsspannung konstant bei ca. 14 Volt, unabhängig von der Drehzahl.

Sicherheitshinweise bei Arbeiten am Drehstromgenerator

Bei Arbeiten am Drehstromgenerator sind verschiedene Punkte zu beachten, um Schäden an der Anlage zu vermeiden. Das komplette Zerlegen und Überholen des Drehstromgenerators sollte von einer Fachwerkstatt durchgeführt werden.

- Wenn eine zusätzliche Batterie (z. B. als Starthilfe) angeschlossen wird, unbedingt darauf achten, daß die gleichen Batteriepole miteinander verbunden werden.
- Beim Anschließen eines Ladegerätes Leitungen des Laders mit den richtigen Batterieklemmen verbinden. Masseband- und Pluskabel während des Ladevorganges von Batterie abklemmen.
- Motor nicht ohne Batterie laufen lassen.
- Klemmen am Drehstromgenerator und am Regler niemals kurzschließen.
- Drehstromgenerator nicht umpolen.

Generator-Ladespannung prüfen

- Voltmeter zwischen Plus- und Minuspol der Batterie anschließen.
- Motor starten. Die Spannung darf beim Startvorgang bis 9,5 Volt absinken.
- Fernlicht einschalten.
- Bei einer Motordrehzahl von 3.000/min soll die Spannung 14 – 15 Volt betragen. Dies ist ein Beweis dafür, daß Generator und Regler arbeiten.

Falls die Ladespannung des Generators zu gering ist:

- Elektrische Anschlüsse am Generator auf festen Sitz und guten Kontakt prüfen. Dazu elektrische Leitungen abschrauben und Kontaktflächen sichtprüfen. Kabelschuhe mit Unterlegscheiben anschrauben.
- Sämtliche Anschlüsse der dicken Leitung B+ vom Generator zum Pluspol der Batterie auf festen Sitz und guten Kontakt prüfen.
- Anschluß des Batterie-Massekabels an der Karosserie auf festen Sitz und guten Kontakt prüfen. Gegebenenfalls Korrosion entfernen.
- Anschlußkabel an der Batterie auf festen Sitz und guten Kontakt prüfen.
- Wurde kein Fehler gefunden, Schleifkohlen prüfen beziehungsweise Generator überholen (Werkstattarbeit).

Generator aus- und einbauen

Achtung: Den Generator gibt es je nach Typ auch als Austauschteil. Das bedeutet, daß ein defekter Generator unter Umständen bei Kauf eines überholten oder neuen Generators vom Hersteller in Zahlung genommen wird, daher Altteil zum Händler mitnehmen.

- **Wichtig:** Batterie-Massekabel (–) von der Batterie abklemmen. **Achtung:** Dadurch werden die elektronischen Speicher gelöscht, wie zum Beispiel der Motorfehlerspeicher oder der Radiocode. Vor dem Abklemmen der Batterie sollten auch die Hinweise im Kapitel »Batterie aus- und einbauen« durchgelesen werden.

Ausbau 1,6-l-Motor

- Keilrippenriemen entspannen und von der Generator-Riemenscheibe abnehmen.

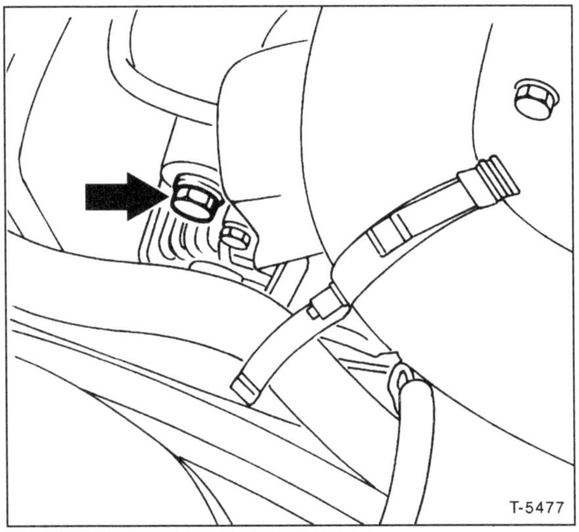

- Obere Befestigungsschraube für Generator herausdrehen.

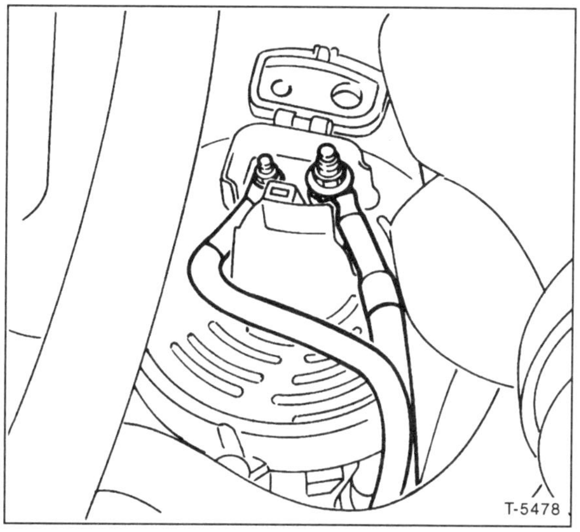

- Kabel an der Generator-Rückseite abschrauben, beziehungsweise abziehen.

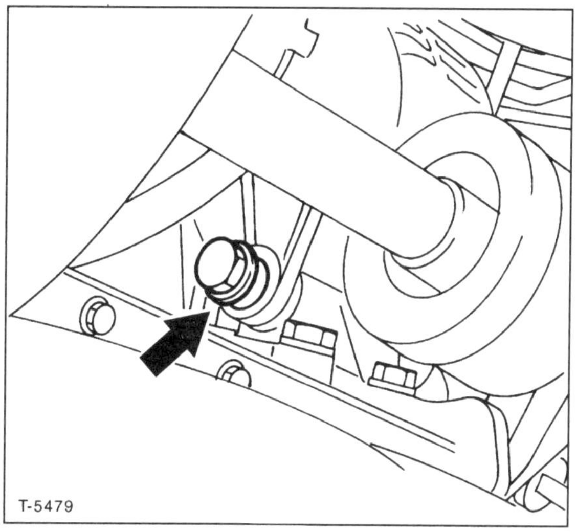

- Untere Befestigungsschraube für Generator herausschrauben.

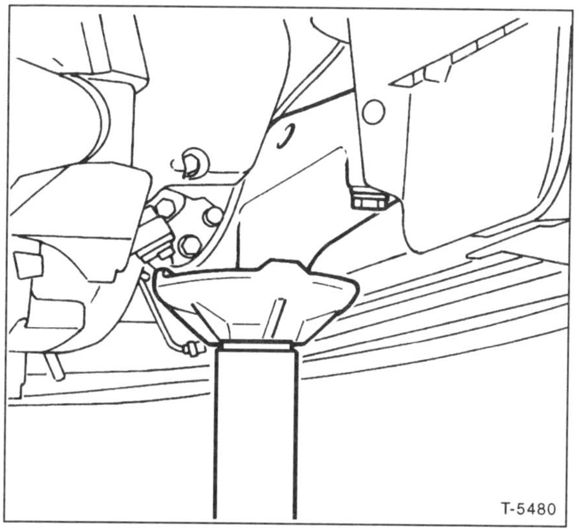

- Werkstattwagenheber unter der Motorhalterung ansetzen, siehe Abbildung.

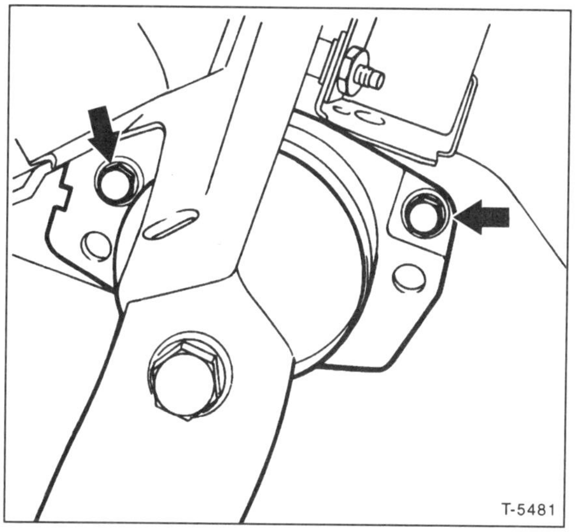

- Motorhalterung von der Karosserie abschrauben.

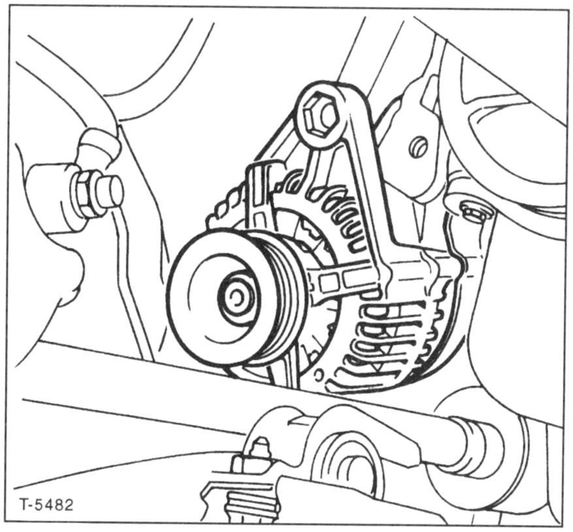

- Generator vom Halter abschrauben.

- Wagenheber soweit absenken, daß der Generator herausgenommen werden kann.

Einbau

- Generator einsetzen und anschrauben.
- Motorhalterung anheben und anschrauben. Werkstattwagenheber entfernen.
- Untere Befestigungsschraube für Generator festziehen.
- Mehrfachstecker am Generator aufstecken, dickes Kabel anschrauben.
- Keilrippenriemen einbauen und spannen, siehe Seite 58.
- Batterie-Massekabel (–) anklemmen. Vorhandene Zeituhr einstellen und Diebstahlcode für Radio eingeben.

Schleifkohlen für Generator/ Spannungsregler ersetzen/prüfen

Ausbau BOSCH-Generator

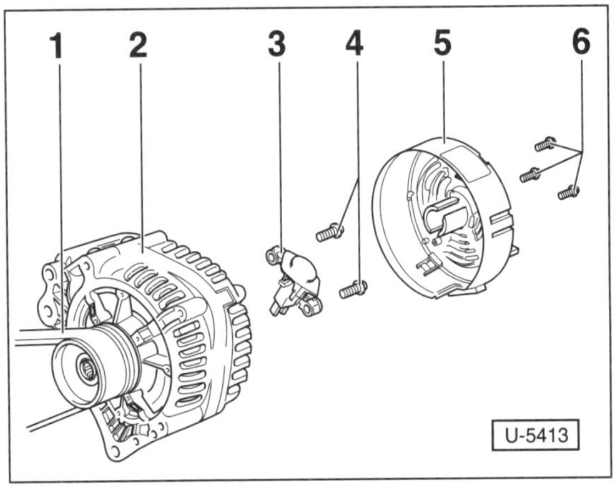

- Keilrippenriemen –1– und Generator –2– ausbauen.
- Generator-Schutzkappe –5– mit 3 Schrauben –6– abschrauben.
- Spannungsregler –3– an der Rückseite des Generators abschrauben (2 Schrauben –4–) und vorsichtig herausziehen.

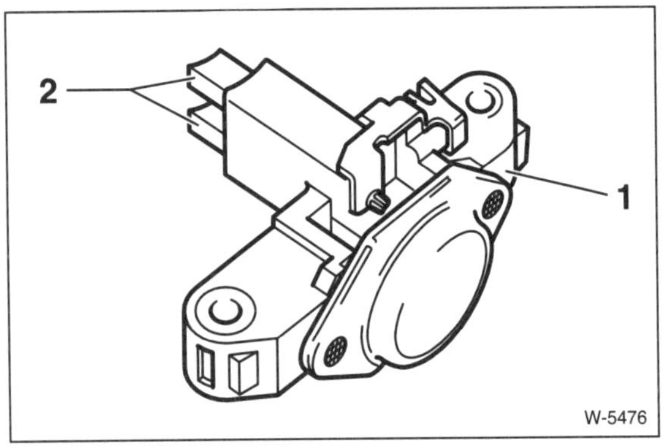

- Schleifkohlen –2– ersetzen, wenn die Länge 5 mm oder weniger beträgt. Dazu Anschlußlitze auslöten.
- Schleifringe auf Verschleiß prüfen, gegebenenfalls feinstüberdrehen und polieren.
- Kontaktfläche reinigen und Vorspannung der Kontaktfeder prüfen, gegebenenfalls erneuern.

Einbau

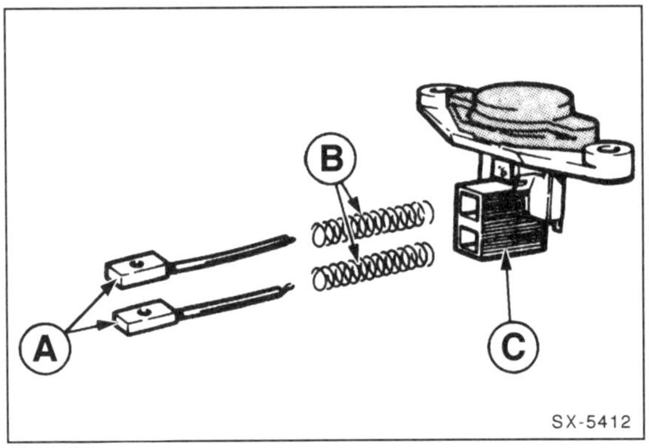

- Kohlebürsten –A– und Federn –B– in den Bürstenhalter –C– einsetzen und Anschlüsse verlöten.
- Damit beim Anlöten der neuen Bürsten kein Lötzinn in der Litze hochsteigen kann, Anschlußlitze der Bürsten mit einer Flachzange fassen. **Achtung:** Durch hochsteigendes Lötzinn würde die Litze steif und die Kohlebürste unbrauchbar werden.
- Der Isolierschlauch über der Litze muß neben der Lötstelle mit der vorhandenen Öse festgeklemmt werden.
- Nach dem Einbau neue Kohlebürsten auf leichten Lauf in den Bürstenhaltern prüfen.
- Spannungsregler erst mit einer Schraube von Hand befestigen, dann vorsichtig in endgültige Einbaulage drücken und festschrauben.
- Schutzkappe hinten am Generator anschrauben.
- Generator einbauen.

Speziell MARELLI-Generator:

- Kunststoffabdeckung von der Rückseite des Generators mit Schraubendreher ausclipsen und abnehmen.

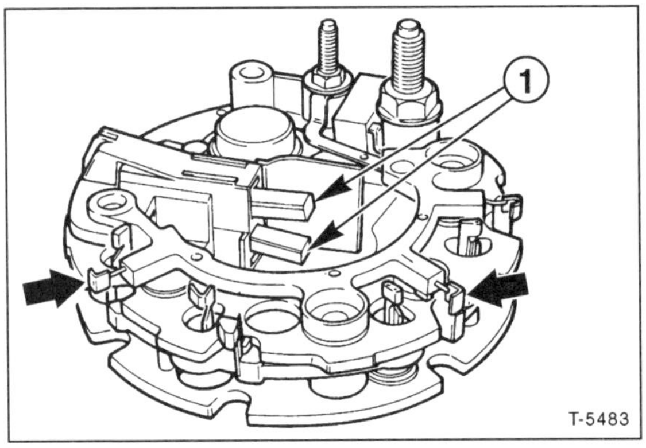

Die Abbildung zeigt die Schleifkohlen –1– bei ausgebauter Diodenplatte.

Störungsdiagnose Generator

Störung	Ursache	Abhilfe
Ladekontrollampe brennt nicht bei eingeschalteter Zündung.	Batterie leer.	■ Laden.
	Kabel an Generator locker oder korrodiert.	■ Kabel auf einwandfreien Kontakt prüfen, Schraube festziehen.
	Ladekontrollampe durchgebrannt.	■ Ersetzen.
	Regler defekt.	■ Regler prüfen, gegebenenfalls austauschen.
	Unterbrechung in der Leitungsführung zwischen Generator, Zündschloß und Kontrollampe.	■ Mit Voltmeter nach Stromlaufplan untersuchen.
	Steckverbindungen zwischen Gleichrichterplatte und Spannungsregler nicht gesteckt.	■ Generator demontieren, gegebenenfalls Stecker ersetzen.
	Kohlebürsten liegen nicht auf dem Schleifring auf.	■ Freigängigkeit der Kohlebürsten und Mindestlänge (5 mm) prüfen.
	Erregerwicklung im Generator durchgebrannt.	■ Läufer austauschen.
Ladekontrollampe verlöscht nicht bei Drehzahlsteigerung.	Keilrippenriemen locker.	■ Keilrippenriemen spannen.
	Kohlebürsten abgenutzt.	■ Kohlebürsten sichtprüfen, gegebenenfalls austauschen.
	Regler defekt.	■ Regler prüfen, gegebenenfalls austauschen.
	Leitung zwischen Drehstromgenerator und Regler defekt.	■ Leitung und Kontakte prüfen, ggf. Leitungsstrang ersetzen.
Ladekontrollampe brennt bei ausgeschalteter Zündung.	Plusdiode hat Kurzschluß.	■ Dioden prüfen, gegebenenfalls Diodenplatte austauschen.

Der Anlasser

Zum Starten des Verbrennungsmotors ist ein kleiner elektrischer Motor, der Anlasser, erforderlich. Damit der Motor überhaupt anspringen kann, muß der Anlasser den Verbrennungsmotor auf eine Drehzahl von mindestens 300 Umdrehungen in der Minute beschleunigen. Das funktioniert aber nur, wenn der Anlasser einwandfrei arbeitet und die Batterie hinreichend geladen ist.

Der Anlasser besteht aus einem Antriebs-, Pol- und Kollektorgehäuse. In dem Pol- und Kollektorgehäuse sind Anker und Kollektor gelagert sowie der Bürstenhalter. Im Bürstenhalter befinden sich Kohlebürsten, die sich zwar langsam, aber stetig abnutzen. Bei hoher Abnutzung der Kohlebürsten kann der Anlasser nicht mehr einwandfrei arbeiten.

In dem vorderen Antriebsgehäuse ist der Ritzelantrieb untergebracht. Wenn der Anlasser über den Zündanlaßschalter Spannung erhält, wird über den Magnetschalter, der auf dem Anlassergehäuse sitzt, das Ritzel auf einem Steilgewinde gegen den Zahnkranz des Motor-Schwungrades geschoben. Sobald das Ritzel bis zum Anschlag auf der Spindel vorgelaufen ist, ist es kraftschlüssig mit dem Schwungrad verbunden. Nun kann der Anlasser den Motor auf die erforderliche Anlaßdrehzahl bringen. Wenn der Verbrennungsmotor anläuft, wird das Ritzel vom Motor her beschleunigt, es läuft also kurzzeitig schneller als der Anlassermotor und spurt aus, wodurch die Verbindung zum Verbrennungsmotor aufgehoben ist.

Da zum Starten eine hohe Stromaufnahme erforderlich ist, ist im Rahmen der Wartung auf eine einwandfreie Kabelverbindung zu achten. Korrodierte Anschlüsse säubern und mit Polschutzfett einstreichen.

Achtung: Den Anlasser gibt es je nach Typ auch als Austauschteil. Das bedeutet, daß ein defekter Anlasser unter Umständen bei Kauf eines überholten oder neuen Anlassers vom Hersteller in Zahlung genommen wird, daher Altteil zum Händler mitnehmen.

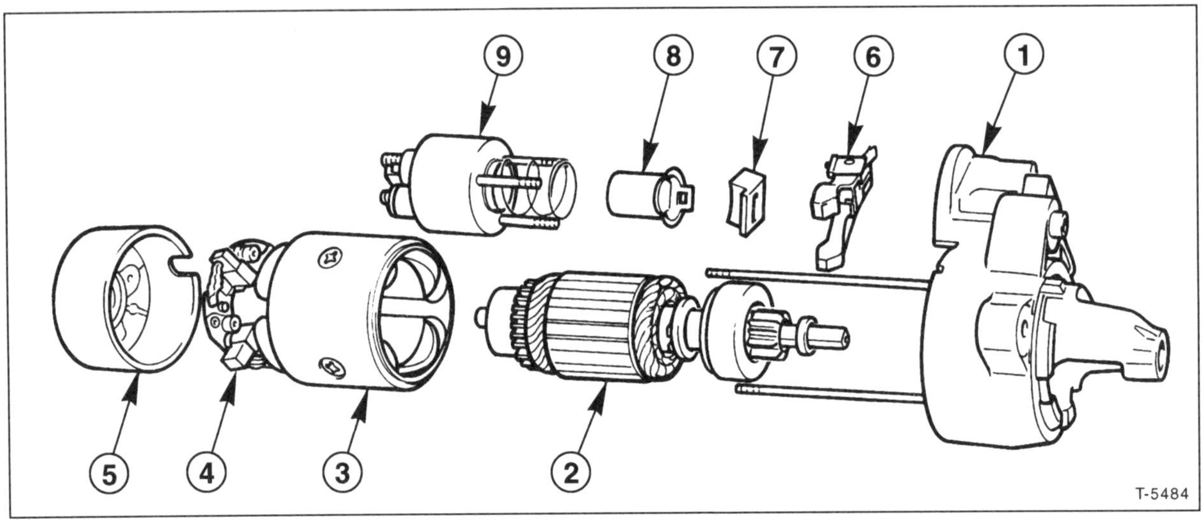

1 – Antriebsgehäuse
2 – Anker (Rotor und Ritzel mit Freilauf)
3 – Polgehäuse
4 – Bürstenhalter
5 – Kollektorgehäuse
6 – Ritzel-Einrückgabel
7 – Sicherungspuffer
8 – Federführungsbuchse
9 – Magnetschalter

Magnetschalter prüfen/ aus- und einbauen

Bei einem Defekt des Magnetschalters wird das Ritzel im Anlasser nicht gegen den Zahnkranz des Schwungrades gezogen. Dadurch kann der Anlasser den Motor nicht durchdrehen. Dieser Defekt tritt häufiger auf als daß der Anlassermotor selbst schadhaft ist.

Prüfen in eingebautem Zustand

- Gang herausnehmen, Schalthebel in Leerlaufstellung.
- Prüfvoraussetzung: Batterie voll geladen.
- Mit Hilfskabel Klemme 30 (= dickes Pluskabel) und 50 (dünnes Kabel, zum Zündschloß) am Anlasser kurz überbrücken, das Anlasserritzel muß nach vorne schnellen (klicken) und der Anlasser anlaufen. Wenn nicht, Anlasser abschrauben und Magnetschalter ersetzen.

Ausbau

- Anlasser ausbauen und Prüfung bei ausgebautem Anlasser mit einer Autobatterie wiederholen. Als Zuleitung zu Klemme 50 des Anlassers eignet sich ein Starthilfekabel. Schnellt das Ritzel nach vorne, ohne daß der Anlasser anläuft, Anlassermotor von einer Werkstatt überholen lassen.

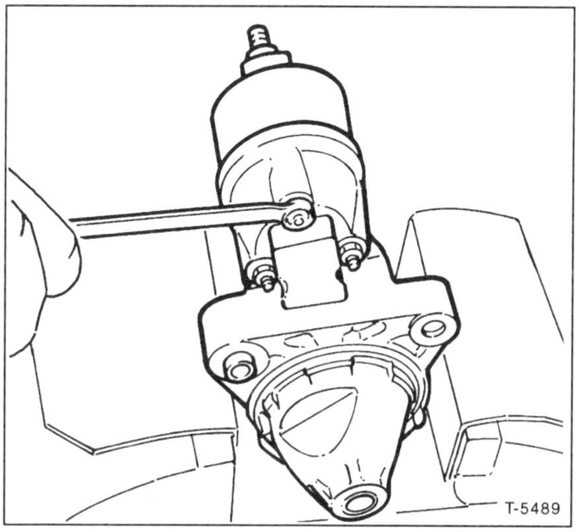

- Schnellt das Ritzel nicht nach vorn, Magnetschalter abschrauben und ersetzen.

Einbau

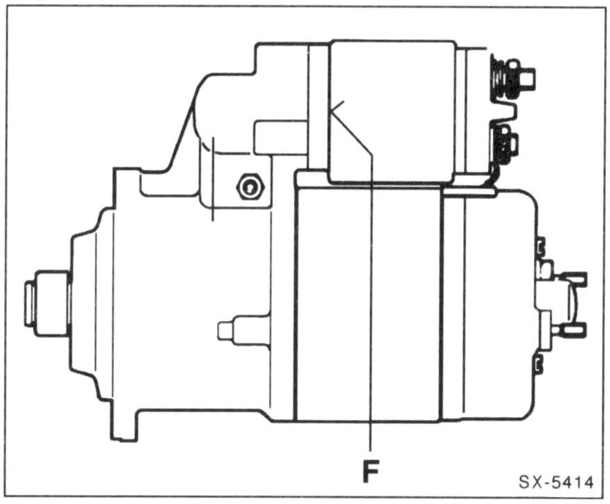

- Trennfuge –F– zum Anlasser mit geeignetem Dichtmittel abdichten.
- Magnetschalter an Gabelhebel im Anlasser einhängen, dann anschrauben.
- Leitung für Magnetschalter anschrauben.
- Anlasser erneut prüfen, wie oben beschrieben.
- Anlasser einbauen.

Anlasser aus- und einbauen

Achtung: Den Anlasser gibt es je nach Typ auch als Austauschteil. Das bedeutet, daß ein defekter Anlasser unter Umständen bei Kauf eines überholten oder neuen Anlassers vom Hersteller in Zahlung genommen wird, daher Altteil zum Händler mitnehmen.

Ausbau 1,4-l-Motor

- **Wichtig: Batterie-Massekabel (–) von der Batterie abklemmen. Achtung:** Dadurch werden die elektronischen Speicher gelöscht, wie zum Beispiel der Motorfehlerspeicher oder der Radiocode. Vor dem Abklemmen der Batterie sollten auch die Hinweise im Kapitel »Batterie aus- und einbauen« durchgelesen werden.

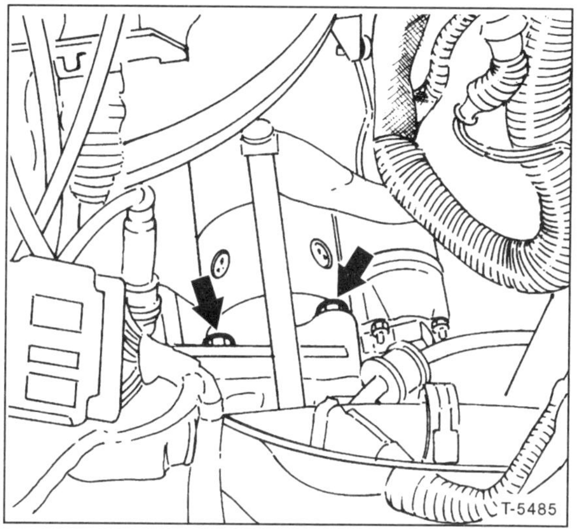

- Obere 2 Befestigungsschrauben für Anlasser herausdrehen.
- Fahrzeug aufbocken.

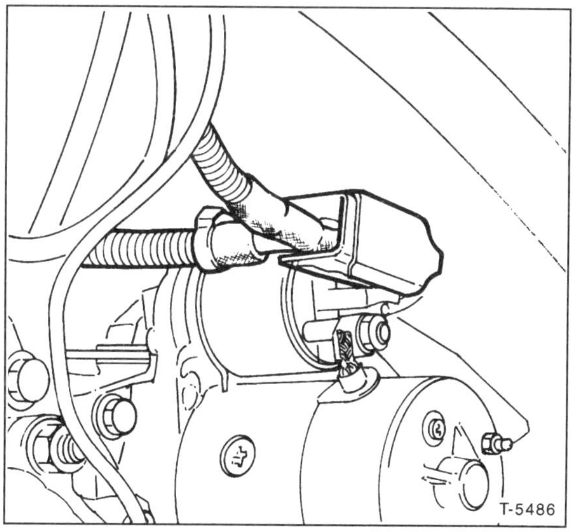

- Schutzmanschette von den Stromanschlüssen abheben.
- Dickes Kabel, Klemme 30, abschrauben.

- Dünnes Kabel, Klemme 50, abziehen.

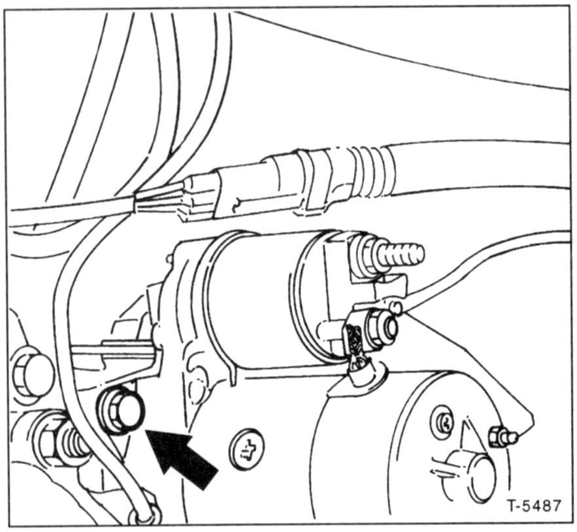

- Untere Befestigungsschraube für Anlasser herausdrehen und Anlasser herausnehmen.

Einbau

- Anlasser einsetzen und mit 3 Schrauben befestigen.
- Kabel am Magnetschalter anklemmen, siehe Abbildung T-5486.
- Fahrzeug ablassen.
- Batterie-Massekabel (–) anklemmen. Vorhandene Zeituhr einstellen und Diebstahlcode für Radio eingeben.
- Anlasser auf Funktion überprüfen.

Speziell 1,6-l-Motor:

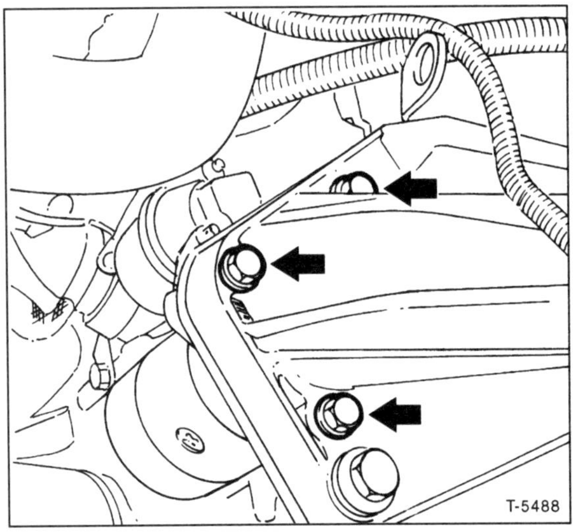

- Anlasser von unten mit 3 Schrauben –Pfeile– abschrauben und herausnehmen.

Speziell 1,8-/2,0-l-Motor:

Damit die oberen beiden Anlasser-Befestigungsschrauben zugänglich werden, müssen folgende Teile ausgebaut werden:

- Batterie ausbauen und herausnehmen.
- Luftmengenmesser mit Luftansaugschlauch ausbauen.
- Elektrische Leitungen vom Drosselklappenstutzen abziehen. Drosselklappenstutzen abschrauben und zur Seite schieben.

Störungsdiagnose Anlasser

Wenn ein Anlasser nicht durchdreht, ist zunächst zu prüfen, ob beim Starten des Motors an der Klemme 50 des Magnetschalters die zum Einziehen benötigte Spannung von mindestens 10 Volt vorhanden ist. Liegt die Spannung unter dem genannten Wert, dann müssen die Leitungen, die zum Anlasserstromkreis gehören, nach dem Stromlaufplan überprüft werden. Ob der Anlasser bei voller Batteriespannung einzieht, kann folgendermaßen geprüft werden:

- Keinen Gang einlegen, Zündung eingeschaltet.
- Mit einer Leitung (Querschnitt mindestens 4 mm^2) die Klemmen 30 und 50 am Anlasser überbrücken, siehe auch Stromlaufplan.

Spurt der Anlasser dabei einwandfrei ein, so liegt der Fehler in der Leitungsführung zum Anlasser. In diesem Fall Anlasser in ausgebautem Zustand überprüfen.

Prüfvoraussetzung: Leitungsanschlüsse müssen festsitzen und dürfen nicht oxydiert sein.

Störung	Ursache	Abhilfe
Anlasser dreht sich nicht beim Betätigen des Zündanlaßschalters.	Batterie entladen.	■ Batterie laden.
	Klemmen 30 und 50 am Anlasser überbrücken: Anlasser läuft an. Leitung 50 zum Zündanlaßschalter unterbrochen, Anlaßschalter defekt.	■ Unterbrechung beseitigen, defekte Teile ersetzen.
	Kabel oder Masseanschluß ist unterbrochen. Batterie entladen.	■ Batteriekabel und Anschlüsse prüfen. Spannung der Batterie messen, ggf. laden.
	Ungenügender Stromdurchgang infolge lockerer oder oxydierter Anschlüsse.	■ Batteriepole und -klemmen reinigen. Stromsichere Verbindungen zwischen Batterie, Anlasser und Masse herstellen.
	Keine Spannung an Klemme 50 (Magnetschalter).	■ Leitung unterbrochen Zündanlaßschalter defekt.
Anlasser dreht sich zu langsam und zieht den Motor nicht durch.	Batterie entladen.	■ Batterie laden.
	Kein Winteröl bzw. Mehrbereichsöl im Motor.	■ Mehrbereichsöl einfüllen.
	Ungenügender Stromdurchgang infolge lockerer oder oxydierter Anschlüsse.	■ Batteriepole und -klemmen und Anschlüsse am Anlasser reinigen, Anschlüsse festziehen.
	Kohlebürsten liegen nicht auf dem Kollektor auf, klemmen in ihren Führungen, sind abgenutzt, gebrochen, verölt oder verschmutzt.	■ Kohlebürsten überprüfen, reinigen bzw. auswechseln. Führungen prüfen.
	Ungenügender Abstand zwischen Kohlebürsten und Kollektor.	■ Kohlebürsten ersetzen und Führungen für Kohlebürsten reinigen.
	Kollektor riefig oder verbrannt und verschmutzt.	■ Kollektor abdrehen oder Anker ersetzen.
	Spannung an Klemme 50 fehlt (mind. 10 Volt).	■ Zündanlaßschalter oder Magnetschalter überprüfen.
	Magnetschalter defekt.	■ Schalter auswechseln.
Anlasser spurt ein und zieht an, Motor dreht nicht oder nur ruckweise.	Ritzelgetriebe defekt.	■ Ritzelgetriebe ersetzen.
	Ritzel verschmutzt.	■ Ritzel reinigen.
	Zahnkranz am Schwungrad defekt.	■ Zahnkranz nacharbeiten, falls erforderlich, Schwungrad erneuern.
Ritzelgetriebe spurt nicht aus.	Ritzelgetriebe oder Steilgewinde verschmutzt bzw. beschädigt.	■ Ritzelgetriebe reinigen, ggf. ersetzen.
	Magnetschalter defekt.	■ Magnetschalter ersetzen.
	Rückzugfeder schwach oder gebrochen.	■ Rückzugfeder erneuern.
Anlasser läuft weiter, nachdem der Zündschlüssel losgelassen wurde.	Magnetschalter hängt, schaltet nicht ab.	■ Zündung sofort ausschalten, Magnetschalter ersetzen.
	Zündschloß schaltet nicht ab.	■ Sofort Batterie abklemmen, Zündschloß ersetzen.

Beleuchtungsanlage

Zur Beleuchtungsanlage zählen: Hauptscheinwerfer, Heckleuchten, Bremsleuchten, Rückfahrscheinwerfer, Blinkleuchten, Nebelschlußleuchten, Kennzeichenleuchten und Innenleuchten. Die Instrumentenbeleuchtung wird im Kapitel »Armaturen« abgehandelt.

Glühlampen verschleißen mit der Zeit. Etwa alle 2 Jahre sollten sie deshalb ausgewechselt werden, auch wenn sie noch intakt sind. Dies gilt nicht für Halogenlampen, wie sie beispielsweise in den Hauptscheinwerfern verwendet werden. Sie halten normalerweise wesentlich länger und müssen erst bei einem Defekt gewechselt werden. Eine Glühlampe mit verminderter Leuchtkraft erkennt man auch an schwarzen Ablagerungen auf dem Glaskolben.

Vor dem Auswechseln einer Glühlampe Schalter des betreffenden Verbrauchers ausschalten. **Achtung: Glaskolben nicht mit bloßen Fingern anfassen.** Der Fingerabdruck würde verdunsten und sich – aufgrund der Wärme – auf dem Reflektor niederschlagen und diesen erblinden lassen. Grundsätzlich Glühlampe nur durch eine gleiche Ausführung ersetzen. Versehentlich entstandene Berührungsflecken mit sauberem, nicht faserndem Tuch und Spiritus entfernen.

Lampentabelle

Um jederzeit eine Lampe auswechseln zu können, sollte stets ein Kasten mit Ersatzlampen im Fahrzeug mitgeführt werden. Der FIAT-Kundendienst führt solche Ersatzlampenboxen.

12-V-Glühlampe für:	Typ	Leistung
Abblend-, Fern-, Nebellicht	H1	55 W
Standlicht	Glassockel	5 W
Blinker vorn/hinten (orange)	Bajonett	21 W
Blinker seitlich	Glassockel	5 W
Schlußleuchte (BRAVO) 3x	Bajonett	5 W
Nebelschlußleuchte (BRAVO)	Bajonett	21 W
Schlußleuchte/Nebelschlußleuchte (BRAVA)	Bajonett	5/21 W
Rückfahrscheinwerfer	Bajonett	21 W
Bremsleuchte	Bajonett	21 W
Hochgesetzte Bremsleuchte (4x)	Glassockel	5 W
Kennzeichenleuchte (2x)	Glassockel	5 W

Glühlampen auswechseln

- Schalter der betreffenden Lampe ausschalten.

Scheinwerfer

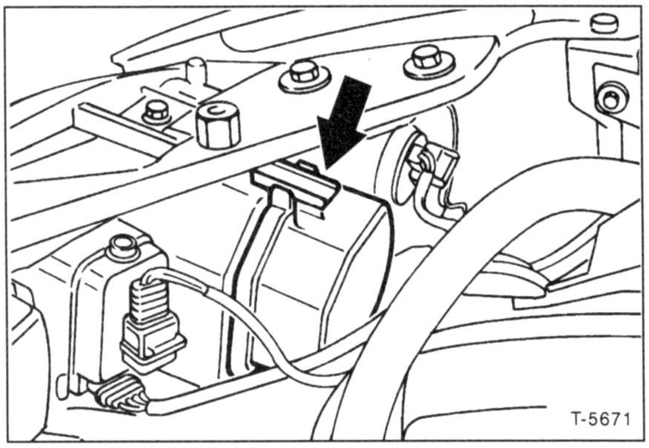

- Zunge –Pfeil– nach unten drücken und Abdeckkappe abnehmen.

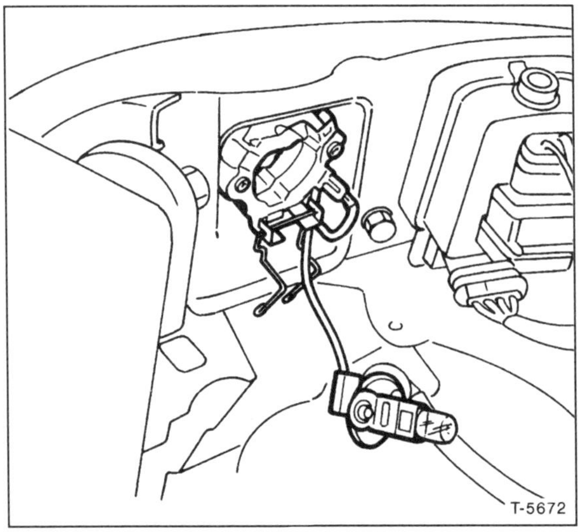

- Drahtklammern zusammendrücken, aus dem Halter aushaken und zur Seite schwenken.

- Halogenlampe für Fern-/Abblendlicht herausnehmen, Stecker abziehen.
- Stecker auf neue Halogenlampe aufstecken, dabei Glassockel nicht mit den bloßen Fingern berühren.
- Glühlampe für Fern-/Abblendlicht so einsetzen, daß die Nase am Lampensockel in die entsprechende Aussparung am Gehäuse paßt. Anschließend Federbügel nach innen klappen und einhaken.

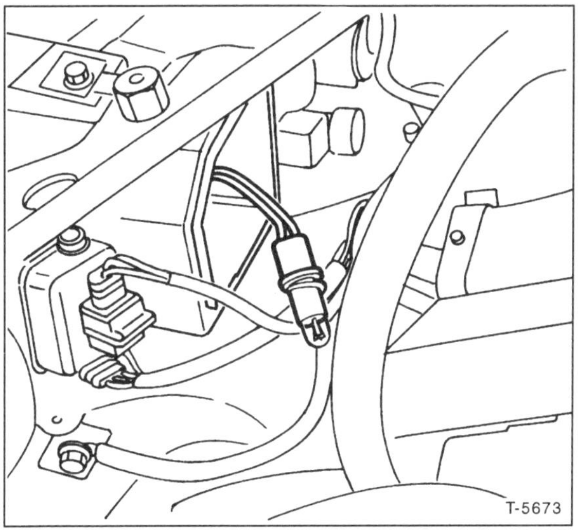
T-5673

- Die Stand- beziehungsweise Parkleuchte zum Wechseln am Lampensockel um 90° (¼ Umdrehung) nach links drehen und aus dem Reflektor herausziehen.

T-5624

- Standlichtlampe aus der Fassung gerade herausziehen.
- Neue Standlichtlampe in die Fassung eindrücken.
- Fassung der Standlichtlampe in den Reflektor einsetzen und um 90° drehen.
- Scheinwerfer-Abdeckkappe ansetzen und einrasten.

Blinkleuchte vorn

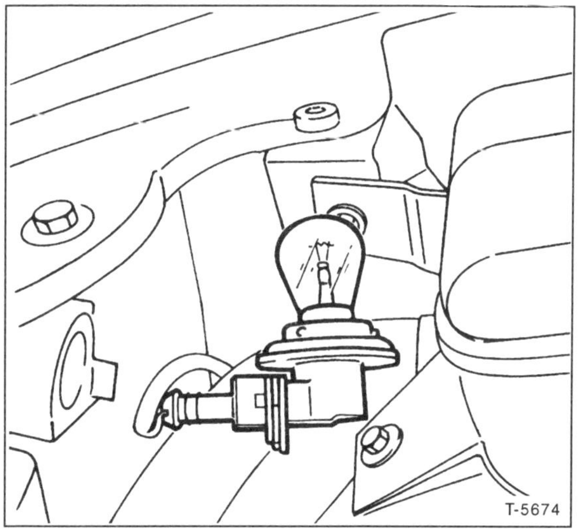
T-5674

- Lampenfassung um 90° (¼ Umdrehung) nach links drehen und aus dem Reflektor herausziehen.
- Glühlampe etwas in die Fassung eindrücken, nach links drehen und herausnehmen.
- Neue Glühlampe in die Fassung eindrücken, nach rechts drehen und einrasten.
- Fassung der Blinklichtlampe in den Reflektor einsetzen und um 90° nach rechts drehen.

Seitliche Blinkleuchte

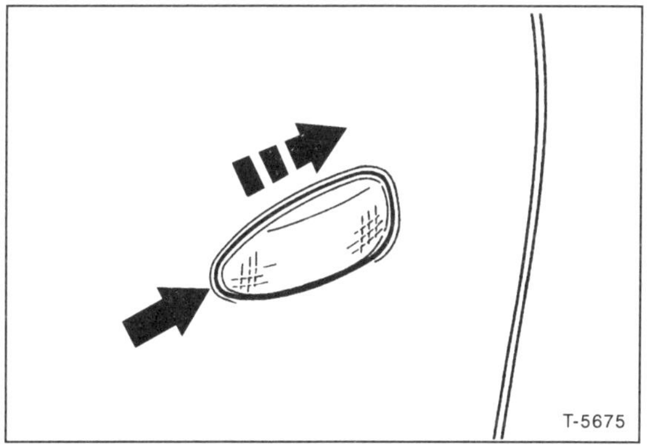
T-5675

- Kleinen Schraubendreher an der mit einem Pfeil gekennzeichneten Stelle ansetzen und seitliche Blinkleuchte vorsichtig heraushebeln. Dabei Leuchte etwas nach hinten schieben und dabei den Halter –2– zusammendrücken, siehe Abbildung T-5676. **Achtung:** Papierpolster oder Lappen unterlegen, damit der Lack nicht beschädigt wird.

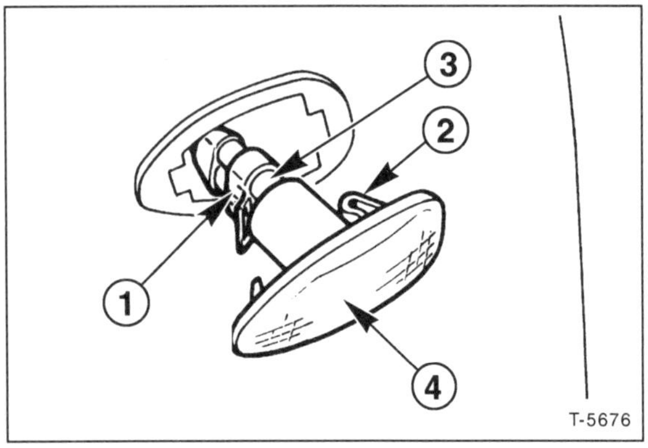

- Stecker –1– von der Lampenfassung –3– abziehen.
- Lampenfassung um 90° nach links drehen und herausnehmen.
- Lampe aus der Fassung ziehen und ersetzen.
- Lampenfassung am Streuglas –4– einsetzen und durch Rechtsdrehen befestigen.
- Leuchte vorn in die Aussparung einsetzen, hinten andrücken und einrasten.

Heckleuchte BRAVO

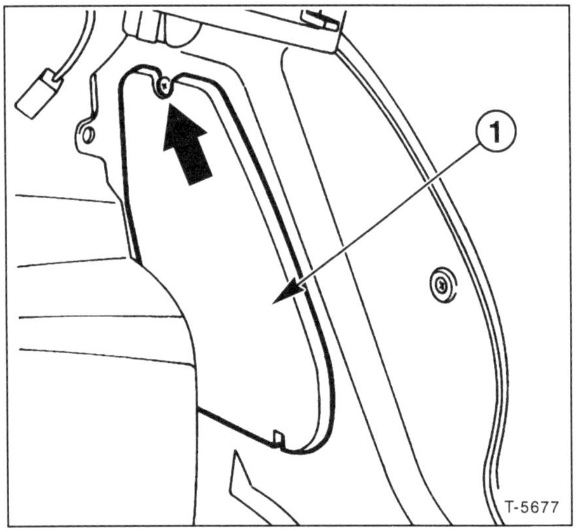

- Im Kofferraum Lampenabdeckung –1– ausbauen. Dazu Drehclip –Pfeil– mit Zündschlüssel um 90° nach links drehen. Abdeckung oben abdrücken, nach unten klappen und unten aushängen.

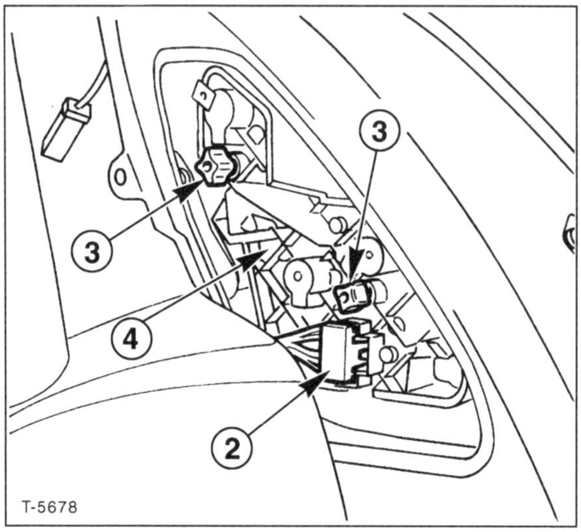

- Mehrfachstecker –2– abziehen.
- Kunststoffschrauben –3– herausdrehen und Lampenträger –4– abnehmen.

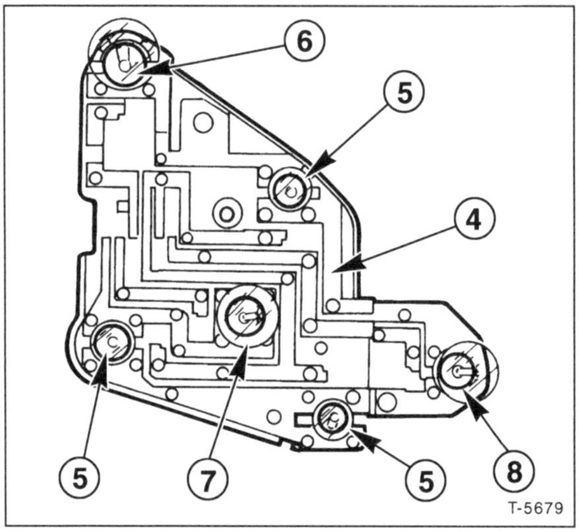

- Defekte Lampe in den Lampenträger eindrücken, 90° nach links drehen und herausnehmen.
  Lampenbelegung:
  5 – Rückleuchte (3 Lampen)
  6 – Bremslicht
  7 – Blinklicht
  8 – Nebelschlußlicht (linke Heckleuchte)
  Rückfahrlicht (rechte Heckleuchte)
- Neue Lampe eindrücken und durch Rechtsdrehen sichern.
- Lampenträger anschrauben.
- Stecker aufschieben.
- Abdeckung unten einhängen, oben andrücken und Befestigungsclip um 90° nach rechts drehen.

Heckleuchte BRAVA

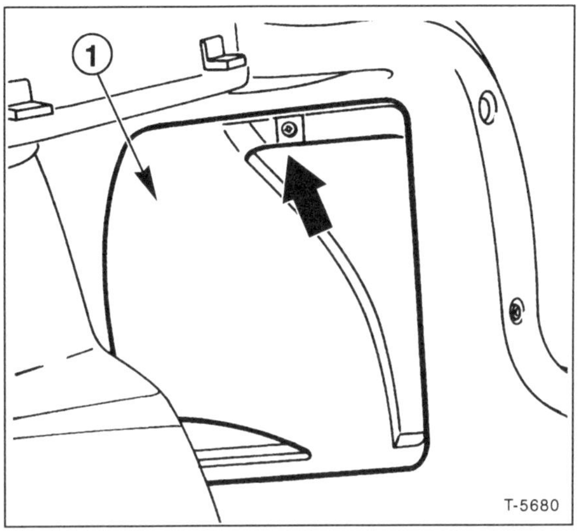

- Im Kofferraum Lampenabdeckung –1– ausbauen. Dazu Drehclip –Pfeil– mit Zündschlüssel um 90° nach links drehen. Abdeckung oben abdrücken, nach unten klappen und unten aushängen.

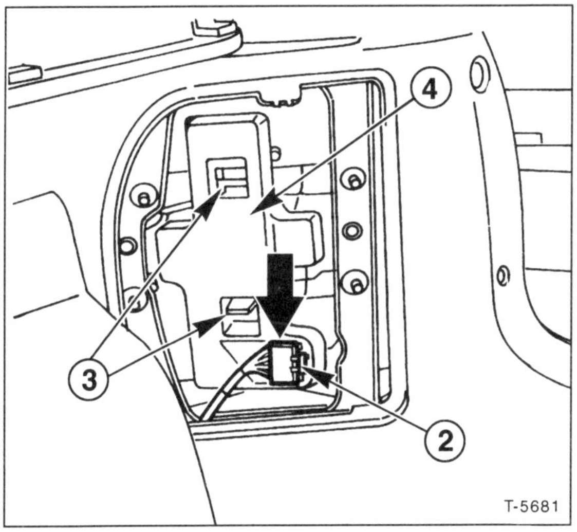

- Mehrfachstecker –2– abziehen.
- Beide Arretierzungen –3– zusammendrücken (obere Zunge nach unten und gleichzeitig untere Zunge nach oben drücken) und Lampenträger –4– abnehmen.

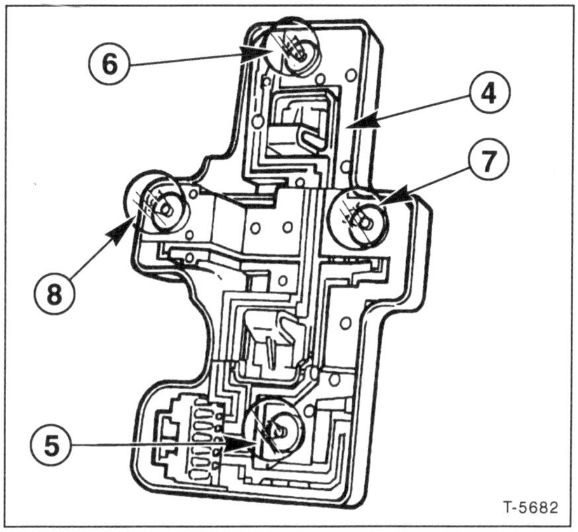

- Defekte Lampe in den Lampenträger –4– eindrücken, 90° nach links drehen und herausnehmen.
  Lampenbelegung:
  5 – Zweifadenlampe für Rücklicht und Nebelschlußlicht
  6 – Bremslicht
  7 – Blinklicht
  8 – Rückfahrlicht (rechte Heckleuchte)
- Neue Lampe eindrücken und durch Rechtsdrehen sichern.
- Lampenträger anschrauben.
- Stecker aufschieben.
- Abdeckung unten einhängen, oben andrücken und Befestigungsclip um 90° nach rechts drehen.

Nebelscheinwerfer

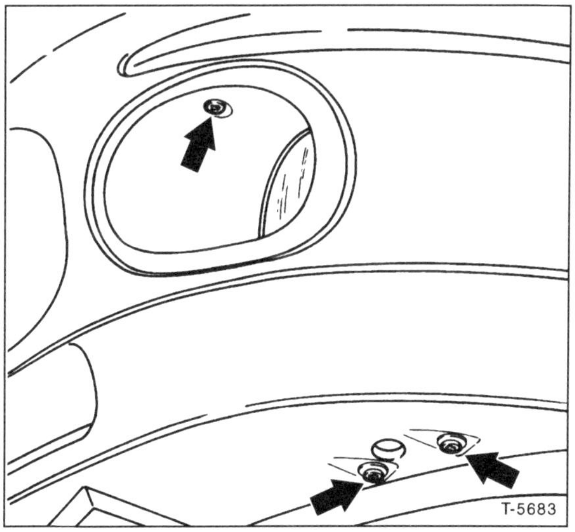

- 3 Schrauben herausdrehen.
- Schraubendreher in die obere Befestigungsbohrung einsetzen und Scheinwerfereinheit nach vorn herausziehen.
- Mehrfachstecker abziehen.

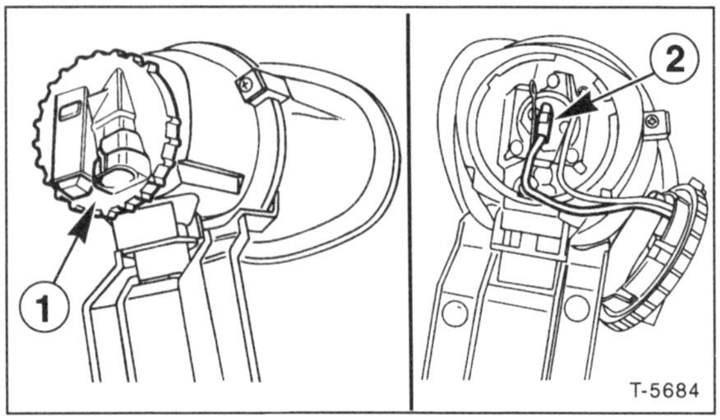

- Deckel –1– nach links drehen und abnehmen.
- Stecker –2– von der Lampe abziehen.

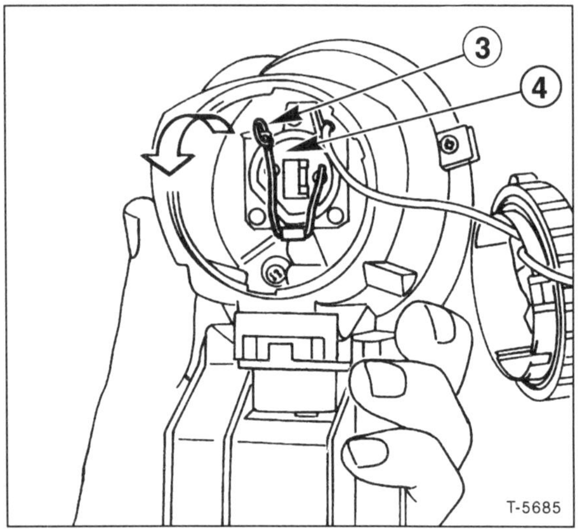

- Drahtbügel –3– aus dem Halter aushängen und zur Seite klappen.
- Lampe –4– herausnehmen und ersetzen.
- Drahtbügel zurückklappen und einhängen.
- Elektrische Leitung aufstecken.
- Deckel anschrauben.
- Mehrfachstecker aufschieben.
- Scheinwerfereinheit einsetzen und anschrauben.

Hochgesetzte Bremsleuchte BRAVO

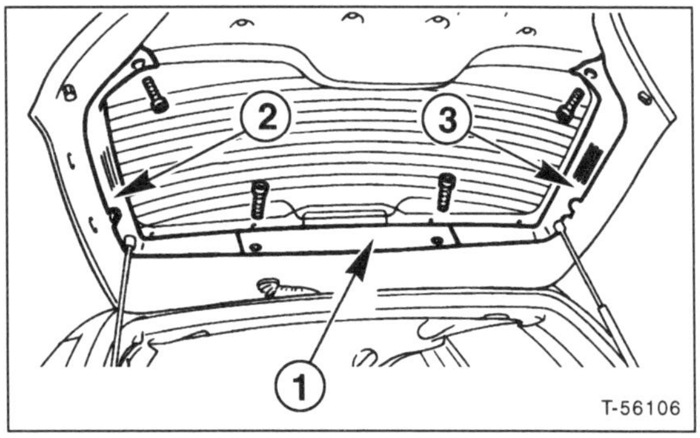

- Obere Heckklappenverkleidung –1– abschrauben, vorher Kunststoffabdeckungen mit kleinem Schraubendreher herausdrücken.
- Leuchte von der Verkleidung mit 2 Schrauben abschrauben.
- Lampenhalter von der Leuchte mit 2 Schrauben abschrauben.
- Defekte Lampe herausziehen und ersetzen.
- Lampenhalter an Leuchte und Leuchte an Verkleidung anschrauben.
- Verkleidung an der Heckklappe anschrauben, 2 Blenden aufdrücken.

Hochgesetzte Bremsleuchte BRAVA

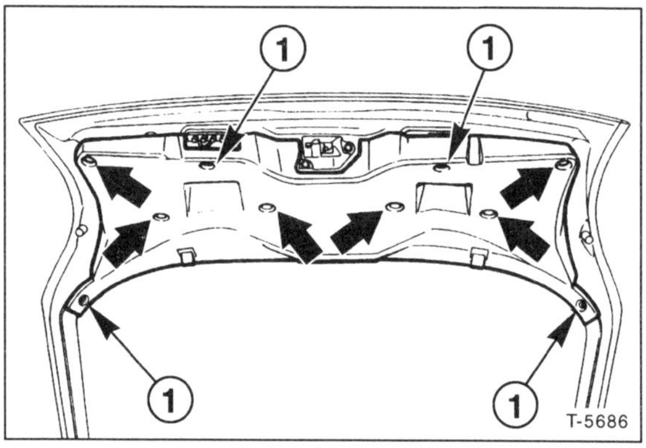

- Heckklappenverkleidung mit 4 Schrauben –1– abschrauben.
- Verkleidung ausclipsen –Pfeile– und abnehmen.
- Durch die Öffnungen im inneren Rahmen der Heckklappe 2 Kunststoffmuttern abschrauben.
- Zusatzbremsleuchte nach außen abnehmen.
- Lampenhalter mit 3 Schrauben von der Leuchte abschrauben.
- Defekte Lampe herausziehen und ersetzen.
- Lampenhalter an Leuchte anschrauben.

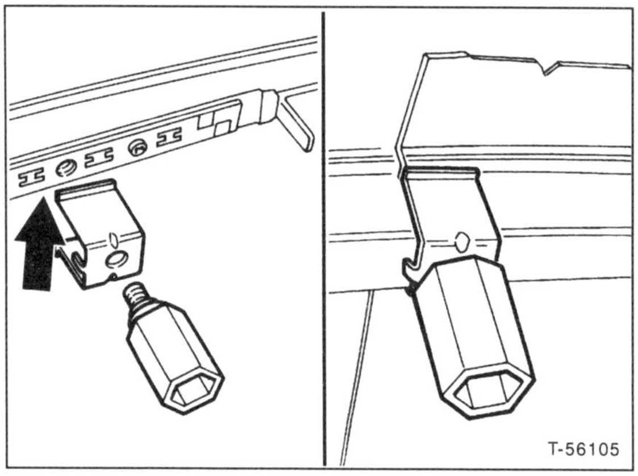

- Leuchte in die Heckklappe einsetzen und anschrauben. **Achtung:** Beim Einbau muß die Haltefeder, wie in der Abbildung gezeigt, ausgerichtet werden. Das heißt, die Haltefeder muß mit dem Stift in die Öffnung der Grundplatte auf Höhe der 8. Glühbirne (vom Stecker aus gezählt) eingeführt werden. Abbildung 2 zeigt den zeigt die richtige Einbauanordnung der Haltefeder.

- Verkleidung an der Heckklappe einclipsen und anschrauben.

Kennzeichenleuchte

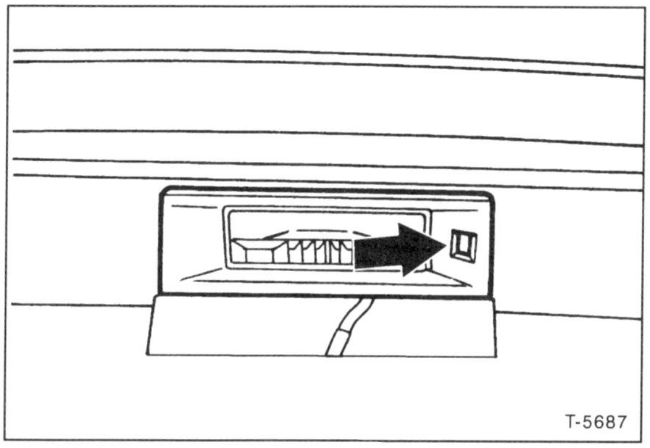

- Arretierhaken mit schmalem Schraubendreher eindrücken und dadurch Leuchte aus dem hinteren Stoßfänger ausrasten.

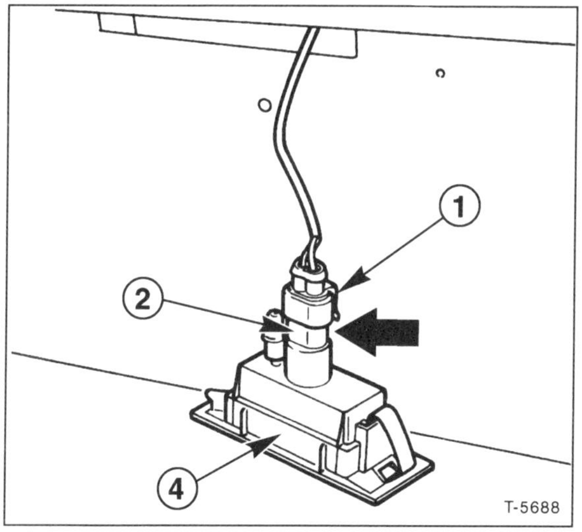

- Stecker –1– von der Lampenfassung –2– abziehen.
- Lampenfassung um 90° nach links drehen und herausnehmen.
- Lampe aus der Fassung ziehen und ersetzen.
- Lampenfassung an der Leuchte –4– einsetzen und durch Rechtsdrehen befestigen.
- Leuchte an der linken Seite in die Aussparung einsetzen, rechts andrücken und einrasten.

nnenleuchte

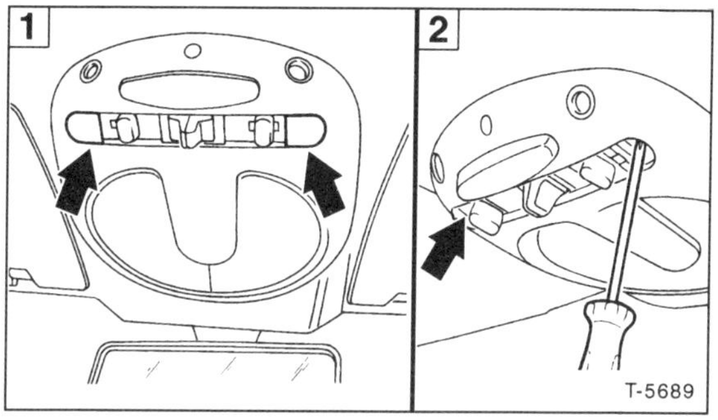

- 2 Blenden mit kleinem Schraubendreher abhebeln –1–.
- Darunterliegende Schrauben herausdrehen –2–.

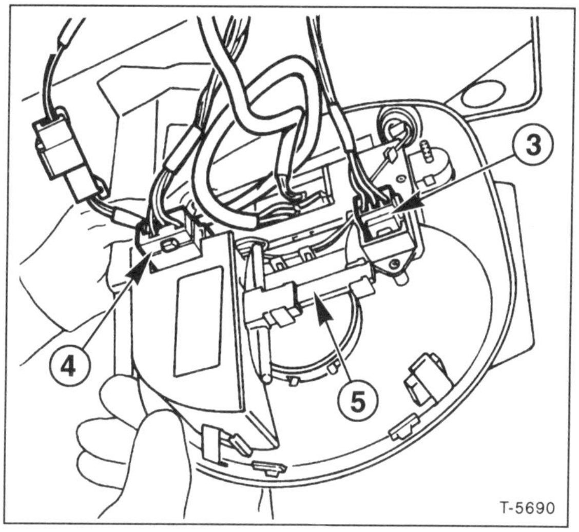

- Innenleuchte nach unten klappen.
- Mehrfachstecker –3– und –4– abziehen.
- Falls vorhanden, Notschlüssel –5– für Schiebedach ausclipsen und herausnehmen.

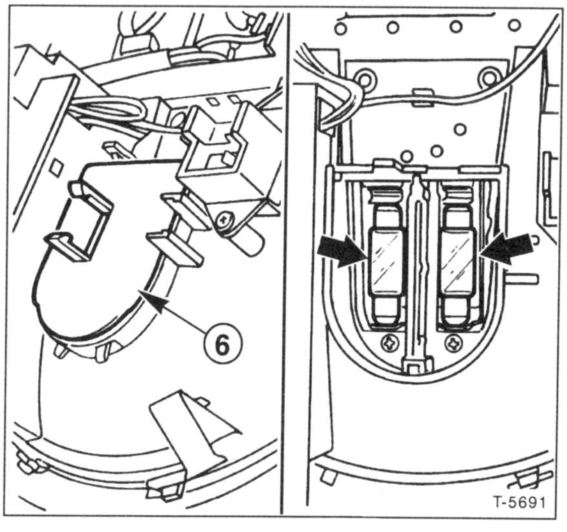

- Abdeckung –6– für Innenleuchte ausclipsen.

- Defekte Soffittenlampe aus den Federklammern herausziehen und ersetzen.
- Abdeckung für Leuchte einclipsen.
- Notschlüssel für Schiebedach einclipsen.
- Mehrfachstecker aufschieben.
- Innenleuchte vorn einhängen und hinten anschrauben. Schraubenblenden aufdrücken.

Handschuhkastenleuchte

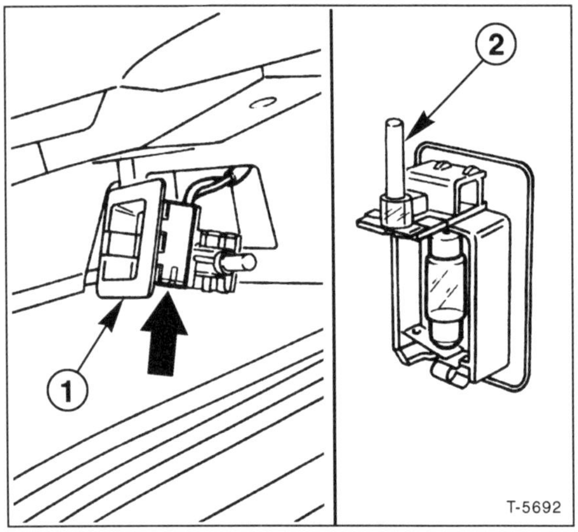

- Leuchte –1– aus der seitlichen Verkleidung des Handschuhkastens heraushebeln beziehungsweise mit den Fingern herausziehen.
- Stecker –Pfeil– abziehen und Leuchte herausnehmen. **Hinweis:** Läßt sich die Leuchte nicht weit genug herausziehen, obere Verkleidung des Handschuhkastens ausbauen und elektrische Leitungen für Leuchte von Hand nachführen. Zum Ausbauen der Verkleidung 2 Drehclips um 90° drehen.
- Defekte Soffittenlampe aus den Federklammern herausziehen und ersetzen. 2 – Schalter für Handschuhkastenleuchte.
- Mehrfachstecker aufschieben.
- Handschuhkastenleuchte in die Öffnung eindrücken und einclipsen.

Kofferraumleuchte

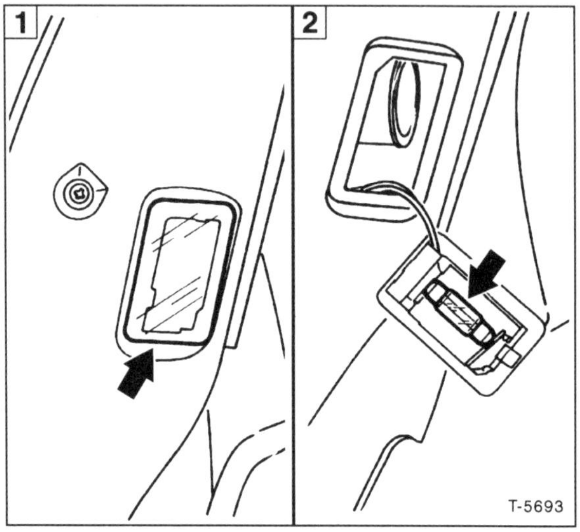

- Leuchte aus der seitlichen Verkleidung des Handschuhkastens heraushebeln beziehungsweise mit den Fingern herausziehen –1–.
- Defekte Soffittenlampe aus den Federklammern herausziehen und ersetzen –2–.
- Leuchte in die Öffnung eindrücken und einclipsen.

Scheinwerfer aus- und einbauen

Ausbau

- Batterie-Massekabel (–) abklemmen. **Achtung:** Dadurch werden elektronische Speicher gelöscht, wie zum Beispiel Motor-Betriebswerte. Hinweise im Kapitel »Batterie aus- und einbauen« beachten.

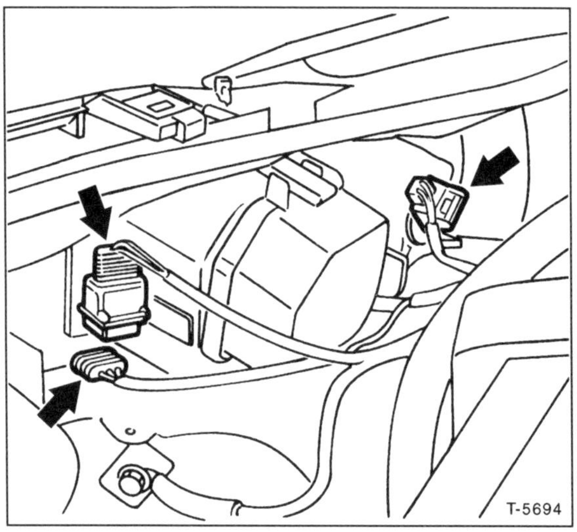

- Motorhaube öffnen und sämtliche elektrischen Anschlüsse vom Scheinwerfereinsatz abziehen.

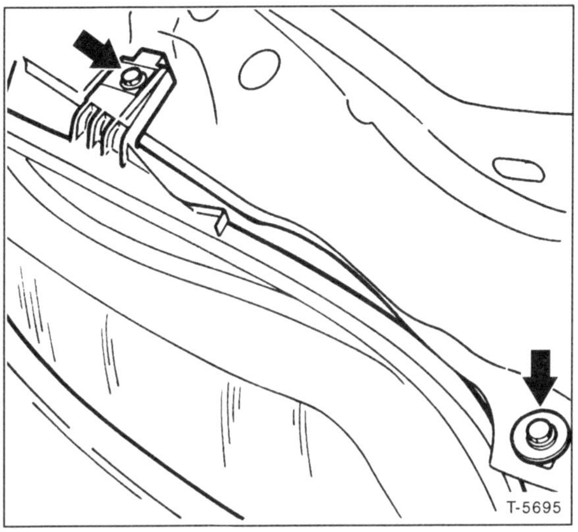

- Scheinwerfer von der Karosserie abschrauben.

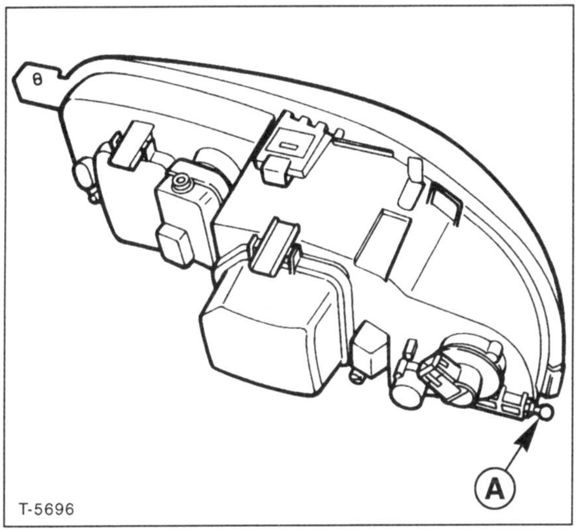

- Scheinwerfereinsatz mit dem Stift –A– aus dem Kunststoffeinsatz an der Karosserie herausziehen und abnehmen.

Einbau

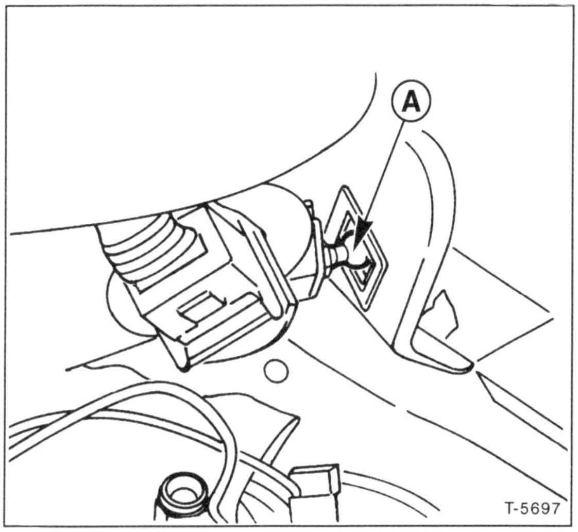

- Scheinwerfereinsatz so einsetzen, daß der Stift –A– in die Öffnung am Kunststoffeinsatz der Karosserie eingreift.
- Scheinwerfer ganz leicht, mit 6 Nm, anschrauben.
- Sämtliche Mehrfachstecker aufschieben.
- Batterie-Massekabel (–) anklemmen.
- Zeituhr einstellen.
- Falls erforderlich, Diebstahlcode für Radio eingeben.
- Scheinwerfer einstellen lassen.

Scheinwerfer/Nebelscheinwerfer einstellen

Für die Verkehrssicherheit ist die richtige Einstellung der Scheinwerfer von großer Bedeutung. Die exakte Einstellung der Scheinwerfer ist nur mit einem Spezialeinstellgerät möglich. Es wird deshalb nur gezeigt, wo der Scheinwerfer eingestellt werden kann und welche Bedingungen zum richtigen Einstellen der Scheinwerfer erfüllt sein müssen.

- Reifen müssen den vorgeschriebenen Reifenfülldruck haben.
- Das Fahrzeug muß vollgetankt sein. Falls der Tank nur halbvoll ist, muß ein Gewicht von ca. 30 kg in den Kofferraum gelegt werden.
- Das unbeladene Fahrzeug muß mit 75 kg (eine Person) auf dem Fahrersitz belastet sein.
- Fahrzeug auf ebene Fläche stellen.
- Vorderwagen mehrmals kräftig nach unten drücken, damit die Federung der Vorderradaufhängung sich setzt.
- Sicherstellen, daß die Leuchtweitenregulierung am Armaturenbrett auf »0« steht. Gegebenenfalls Drehknopf auf »0« stellen, Zündung und Abblendlicht einschalten. Dadurch werden die Scheinwerfer durch den Stellmotor in Position »0« gebracht.

- Die Scheinwerfer dürfen nur bei Abblendlicht eingestellt werden. Das Neigungsmaß beträgt für Normalscheinwerfer 13 cm auf 10 m Entfernung (= 1,3%).

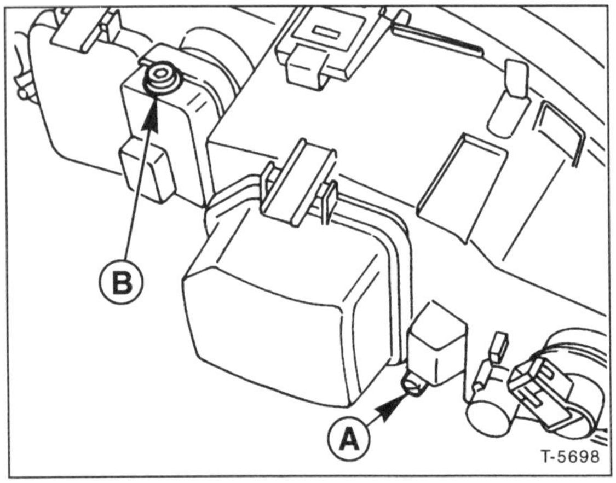

- Lage der Einstellschrauben:
  A = Schraube für Seitenverstellung
  B = Schraube für Höhenverstellung

Achtung: Die Einstellschrauben können durch Öffnungen im oberen Querträger von oben mit einem Kreuzschlitzschraubendreher, Größe 2, verdreht werden.

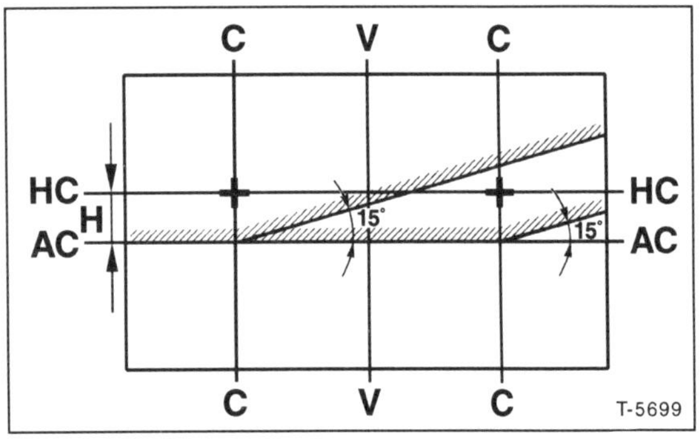

- Falls ein Scheinwerfer-Einstellgerät nicht zur Verfügung steht, Fahrzeug auf eine ebene Fläche mit einem Abstand von 10 m vor einer weißen Wand abstellen und Abblendlicht einschalten.
- Die Helldunkelgrenze –AC-AC– muß sich H = 13 cm unter dem Maß –HC-HC– (Abstand des Scheinwerfer-Mittelpunktes vom Boden) befinden. C-C = Abstand der beiden Scheinwerfer-Mittelpunkte. V = Mittelachse.

Nebelscheinwerfer

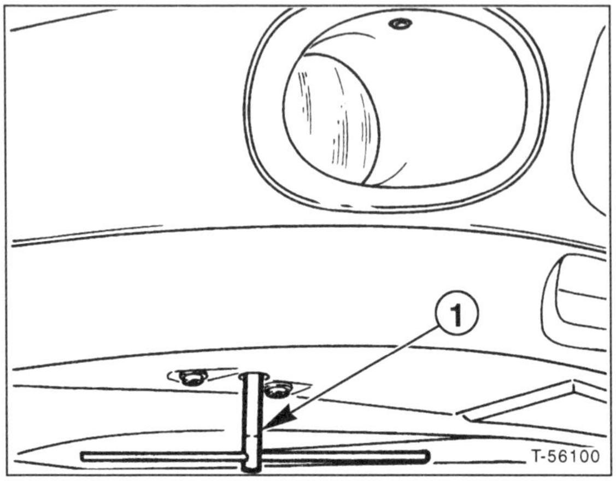

- Die Einstellschraube für Höhenverstellung besitzt einen Sechskantkopf aus Kunststoff und wird mit einem 11 mm-Steckschlüssel –1– durch die Bohrung im Stoßfänger verstellt.
- Das Neigungsmaß beträgt für Nebelscheinwerfer 22 cm auf 10 m Entfernung (= 2,2%).

Heckleuchte aus- und einbauen

Ausbau

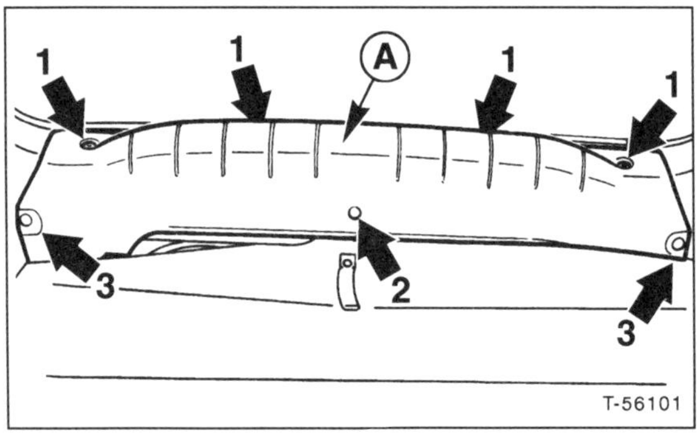

- Im Kofferraum mittlere Verkleidung –A– ausbauen. Dazu 4 Kreuzschlitzschrauben –1– herausdrehen, Clip –2– mit kleinem Schraubendreher heraushebeln und 2 Innensechskantschrauben –3– SW 7 mm herausdrehen.

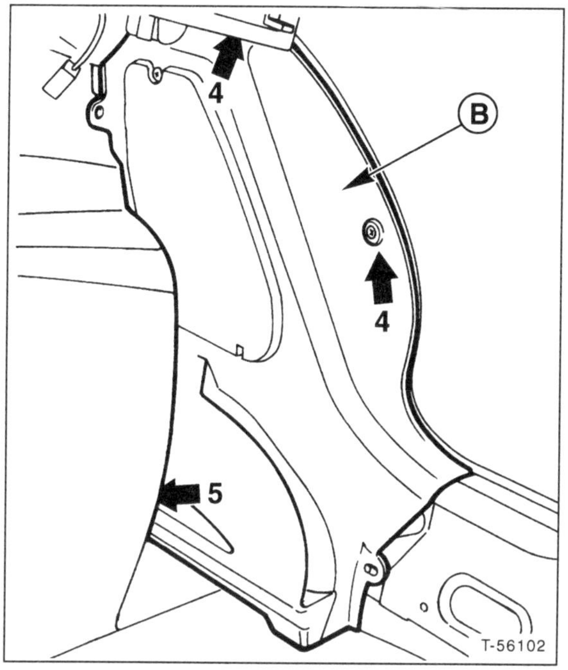

- Seitenverkleidung –B– ausbauen. Dazu Kreuzschlitzschrauben –4– herausdrehen und bei der linken Verkleidung Clip –5– mit kleinem Schraubendreher heraushebeln. In der Abbildung ist die rechte Verkleidung des BRAVO dargestellt.

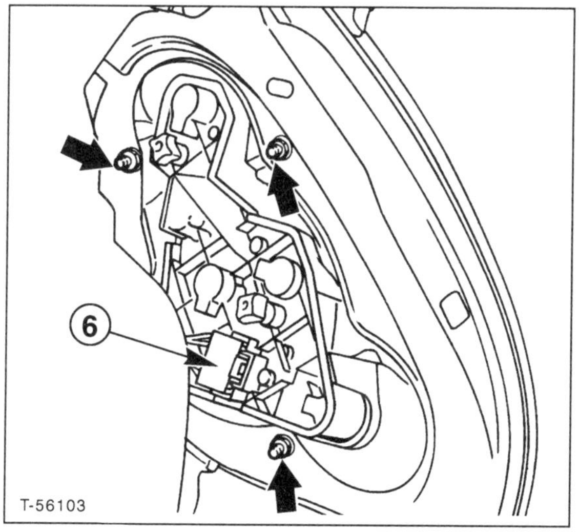

- BRAVO: Mehrfachstecker –6– abziehen.
- BRAVO: Muttern –Pfeile– abschrauben und Heckleuchte nach außen abnehmen.

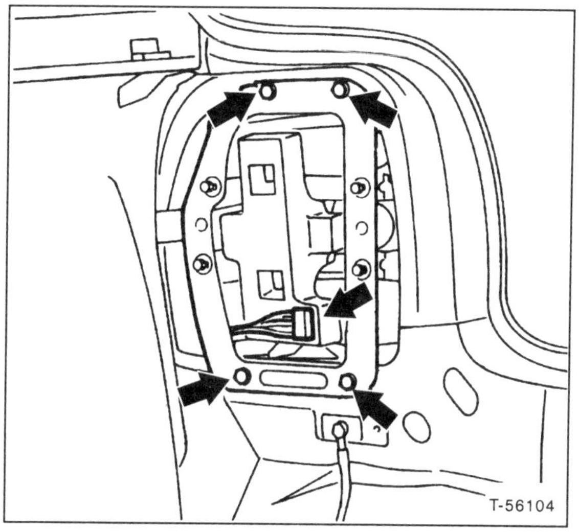

- BRAVA: Mehrfachstecker abziehen.
- BRAVA: Schrauben –Pfeile– herausdrehen und Heckleuchte nach innen abnehmen.
- Dichtung für Heckleuchte auf Porosität oder Beschädigung prüfen, gegebenenfalls ersetzen.

Einbau

- Heckleuchte ansetzen und festschrauben.
- Mehrfachstecker aufschieben.
- Zuerst seitliche, dann mittlere Verkleidung ansetzen und anschrauben. Innensechskantschrauben mit 20 Nm festziehen. Clip(s) eindrücken.

Armaturen

Beim FIAT BRAVO/BRAVA sind die Armaturen in einem Schalttafeleinsatz zusammengefaßt. Der Schalttafeleinsatz muß beispielsweise ausgebaut werden, wenn Glühlampen der Instrumentenbeleuchtung oder Kontrolleuchten ersetzt werden sollen. Sind einzelne Instrumente defekt, kann der Schalttafeleinsatz zerlegt und das Instrument erneuert werden. In diesem Kapitel wird auch über den Ausbau der Lenkstockschalter für Scheibenwischer/Fern- und Abblendlicht/ Blinklicht berichtet.

Schalttafeleinsatz/Kontrollampen aus- und einbauen

Ausbau

- Batterie-Massekabel (–) abklemmen. **Achtung:** Dadurch werden elektronische Speicher gelöscht, wie zum Beispiel Motor-Betriebswerte. Hinweise im Kapitel »Batterie aus- und einbauen« beachten.

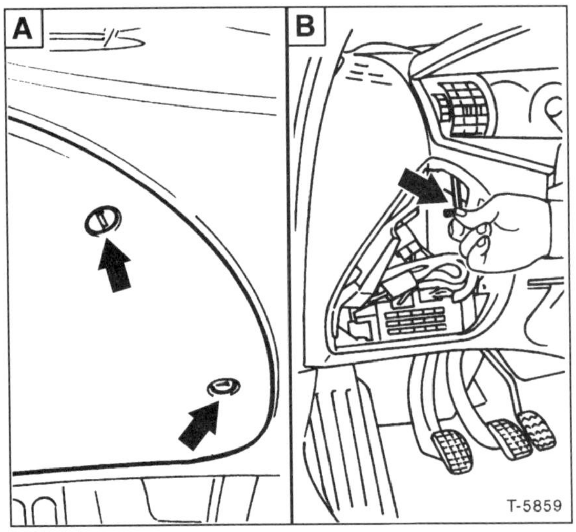

- Abdeckung für Sicherungs- und Relaiskasten abschrauben –A–, ausclipsen und abnehmen, siehe Seite 247.
- Äußere Befestigungsschraube für Schalttafelblende herausdrehen –B–.

- Schalttafelblende abschrauben.

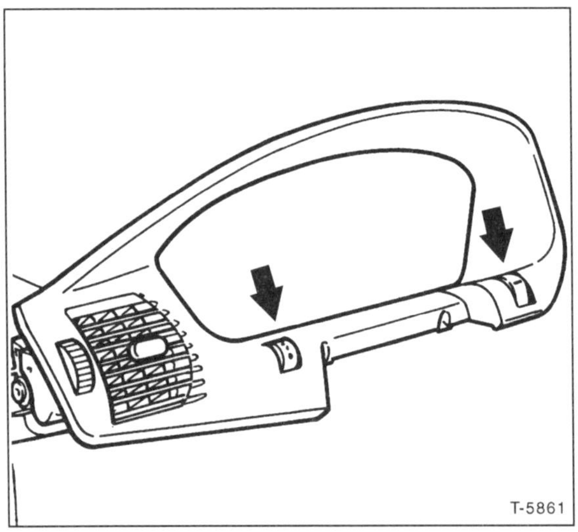

- Blende etwas vorziehen und Mehrfachstecker für die beiden Schalter von Scheinwerferhöhenregulierung und Instrumentenbeleuchtung abziehen.

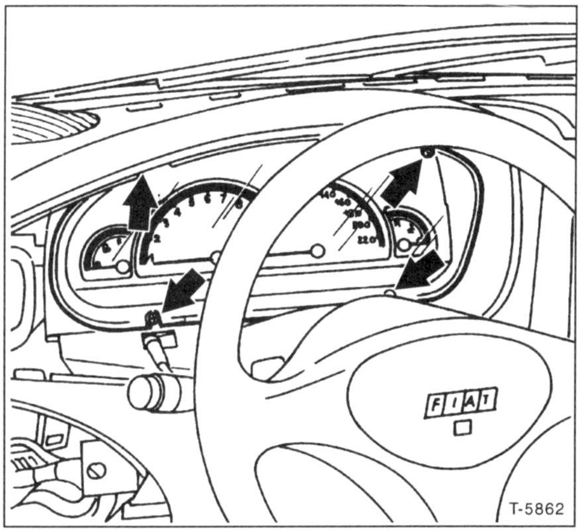

- Schalttafeleinsatz abschrauben.

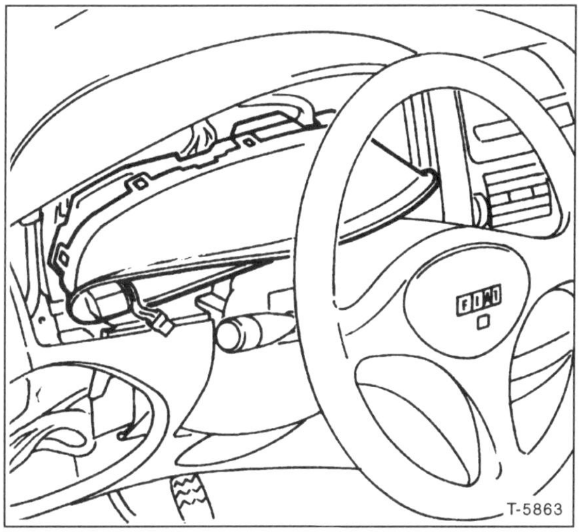

- Schalttafeleinsatz vorklappen und von der Rückseite sämtliche Stecker abziehen.
- Fassung der defekten Glühlampe leicht herunterdrücken und durch Linksdrehen herausheben. Lampe gerade aus der Fassung herausziehen und erneuern. Fassung mit Lampe durch Rechtsdrehen befestigen.

Einbau

- Mehrfachstecker am Schalttafeleinsatz aufstecken.
- Schalttafeleinsatz einsetzen und anschrauben.
- Stecker für Scheinwerferhöhenregulierung und Instrumentenbeleuchtung aufschieben.
- Schalttafelblende anschrauben.
- Abdeckung für Sicherungs- und Relaiskasten links einclipsen und rechts anschrauben.
- Batterie-Massekabel (–) anklemmen.
- Zeituhr einstellen.
- Falls erforderlich, Diebstahlcode für Radio eingeben.

Lenkstockschalter aus- und einbauen

Die Schalter für Blinker, Außenbeleuchtung sowie Scheibenwischer sind sogenannte Lenkstockschalter.

Ausbau

- Batterie-Massekabel (–) abklemmen. **Achtung:** Dadurch werden elektronische Speicher gelöscht, wie zum Beispiel Motor-Betriebswerte. Hinweise im Kapitel »Batterie aus- und einbauen« beachten.
- Lenkrad ausbauen, siehe Seite 160.

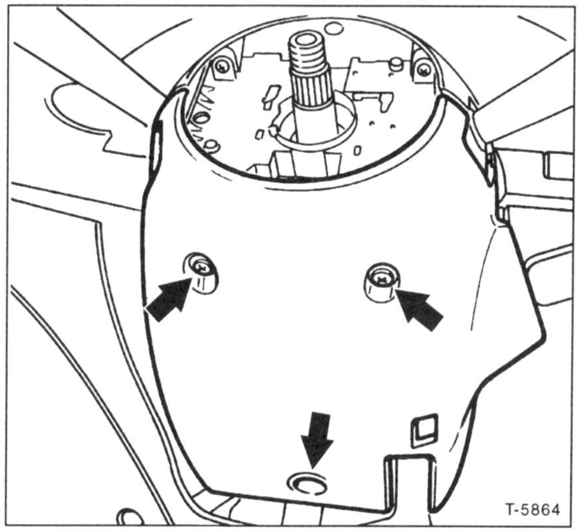

- Untere Lenksäulenverkleidung abschrauben und abnehmen.

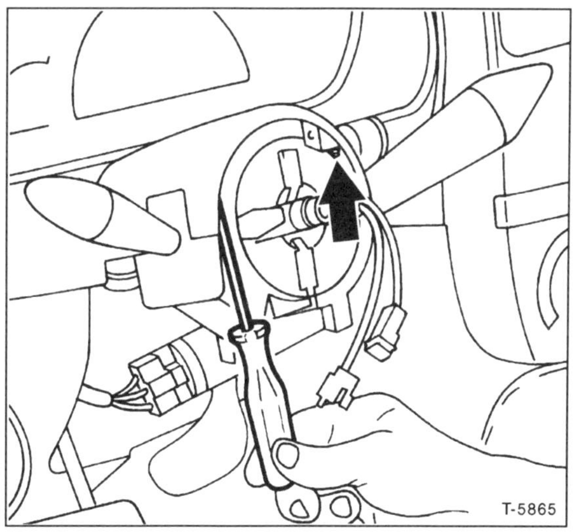

- Von unten die beiden Schrauben der oberen Lenksäulenverkleidung herausdrehen und Verkleidung abnehmen.

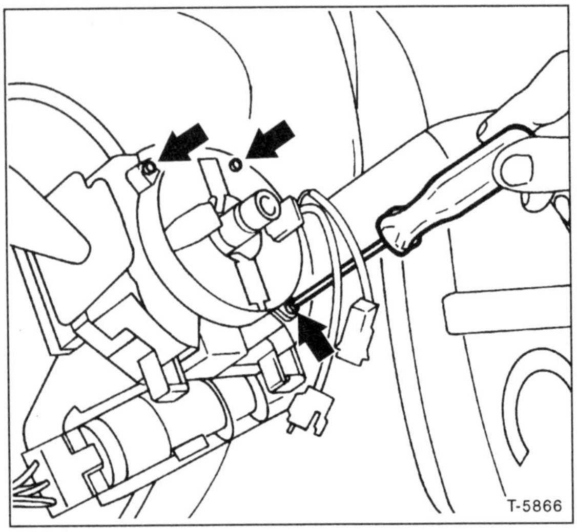

● Spiralkabelvorrichtung mit 3 Schrauben abschrauben. Dabei müssen sich die Räder in Geradeausfahrstellung befinden. **Achtung:** In der Spiralkabelvorrichtung sind die Verbindungskabel für Airbag und Signalhorn spiralförmig aufgewickelt, so daß sie der Bewegung des Lenkrades folgen können. Beim Ausbau des Lenkrades wird automatisch die Drehvorrichtung der Verbindungskabel blockiert, um eine einwandfreie Funktion nach dem Einbau zu gewährleisten.

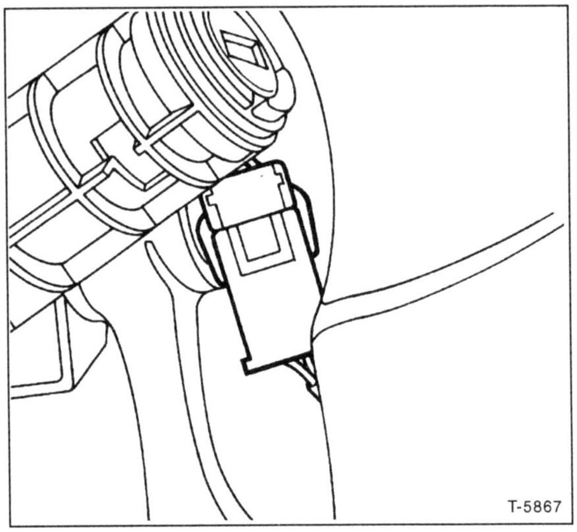

● Stecker für Spiralkabelvorrichtung und Stecker für Airbag-Stromversorgung abziehen.

● Einbaulage der Lenkstockschalter zur Lenksäule mit einem Filzstift kennzeichnen.

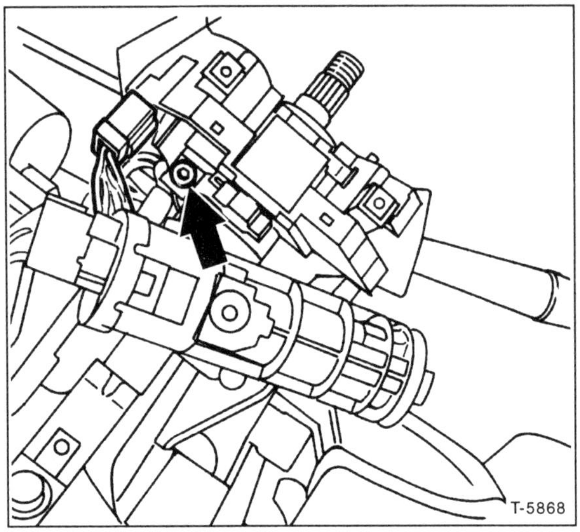

● Inbusschraube SW5 für die Befestigungsschelle der Lenkstockschalter herausdrehen.

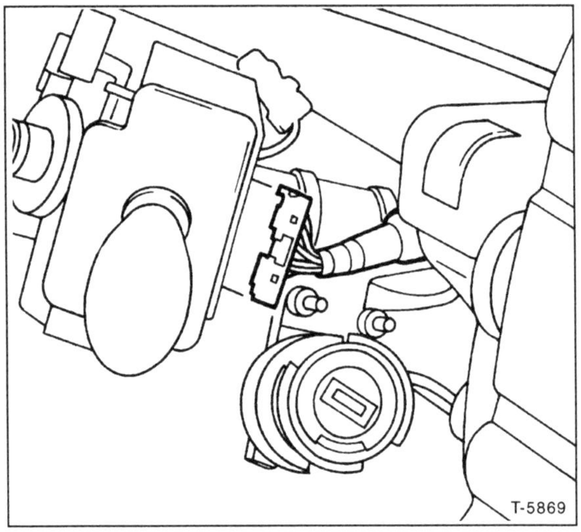

● Mehrfachstecker von der Rückseite abziehen und Lenkstockschalter von der Lenksäule abziehen.

Einbau

● Lenkstockschalter an der Lenksäule aufschieben, Mehrfachstecker aufschieben.

● Lenkstockschalter entsprechend der angebrachten Markierung ausrichten und anschrauben.

● Stecker Spiralkabelvorrichtung verbinden, Spiralkabelvorrichtung anschrauben. Dabei müssen sich die Räder in Geradeausfahrstellung befinden. **Achtung:** Beim Einbau des Lenkrades wird die Blockierung der Spiralkabelvorrichtung automatisch aufgehoben.

Achtung: Falls sich aus irgend einem Grund an der Spiralkabelvorrichtung die Stellung der oberen Scheibe zur unteren verstellt hat, muß die Vorrichtung ersetzt werden. Beim Austausch wird die Spiralkabelvorrichtung zusammen mit den Lenkstockschaltern geliefert. Unbedingt darauf achten, daß sich beim Einbau die Räder in Geradeausstellung befinden. Die Vorrichtung ist durch einen Kunststoffschlüssel blockiert, der beim Einbau des Lenkrades entfernt werden muß.

- Zunächst obere, dann untere Lenksäulenverkleidung anschrauben.
- Lenkrad einbauen, siehe Seite 160.
- Batterie-Massekabel (–) anklemmen.
- Alle Funktionen der Lenkstockhebel überprüfen.
- Zeituhr einstellen.
- Falls erforderlich, Diebstahlcode für Radio eingeben.

Radio aus- und einbauen

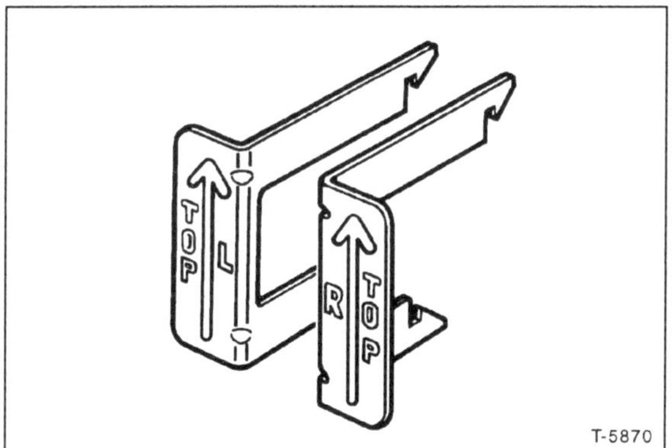

T-5870

Die vom Werk eingebauten Radiogeräte sind mit einer Einschubhalterung ausgestattet, die den schnellen Ein- und Ausbau des Radios ermöglicht. Allerdings gelingt das nur mit dem FIAT-Spezialwerkzeug 1860897000. Das Werkzeug besteht aus 2 Einschubteilen, die mit »L« für linke Seite und »R« für die rechte Seite gekennzeichnet sind. Die Pfeile auf den Griffen müssen beim Einsetzen nach oben zeigen.

Achtung: Das Radio kann nicht durch Herausziehen am Cassettenfach ausgebaut werden. Das angegebene Werkzeug ist auf jeden Fall erforderlich.

Ausbau

- Batterie-Massekabel (–) abklemmen. **Achtung:** Dadurch werden elektronische Speicher gelöscht, wie zum Beispiel Motor-Betriebswerte. Hinweise im Kapitel »Batterie aus- und einbauen« beachten.

Hinweis: Der Ausbau des Radios ist einfacher von der Beifahrerseite aus vorzunehmen.

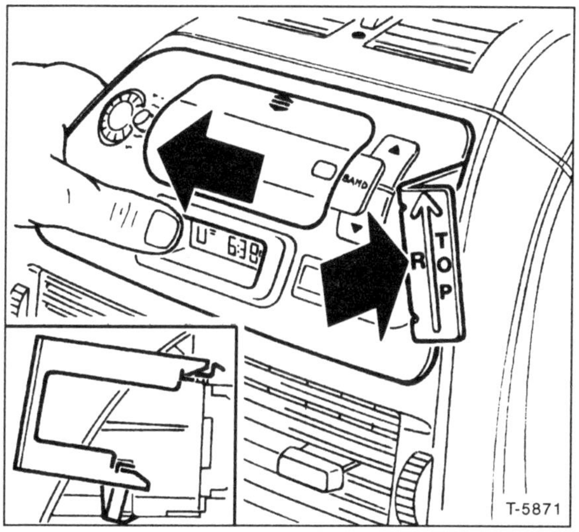

T-5871

- Radio von Hand nach links schieben, damit rechts der Schlitz etwas größer wird. Rechtes Teil »R« des Spezialwerkzeugs einschieben, bis es hörbar in die Haltefedern einrastet.

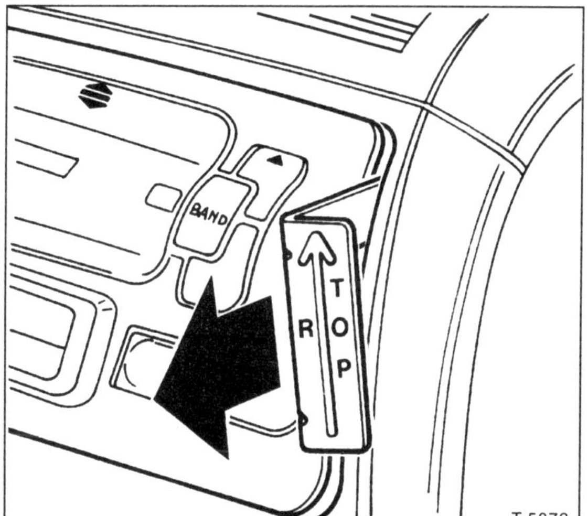

T-5872

- Radio auf der rechten Seite mit Werkzeug etwas herausziehen.

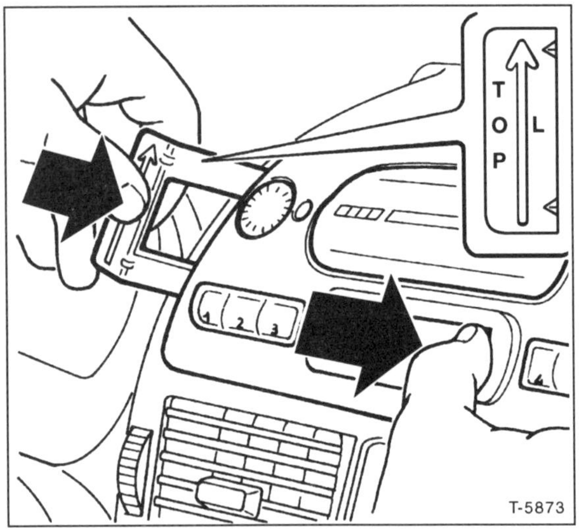

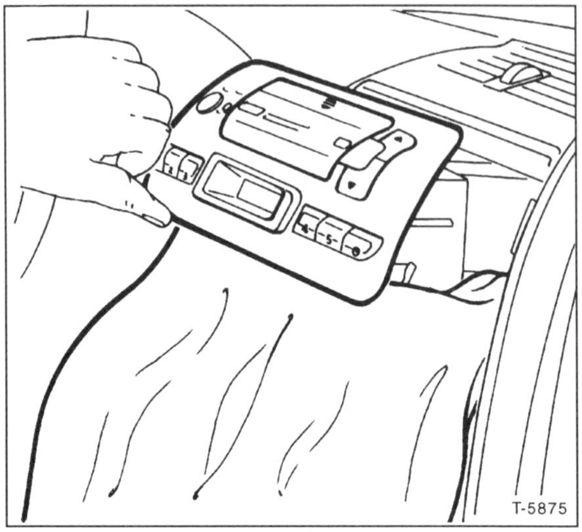

- Radio von Hand nach rechts schieben, damit links der Schlitz etwas größer wird. Linkes Teil »L« des Spezialwerkzeugs einschieben, bis es hörbar in die Haltefedern einrastet.
- Radio links etwas herausziehen, bis es parallel steht.

- Damit die Blende nicht beschädigt wird, dickes Tuch unter das Radio legen und Radio vollständig herausziehen.

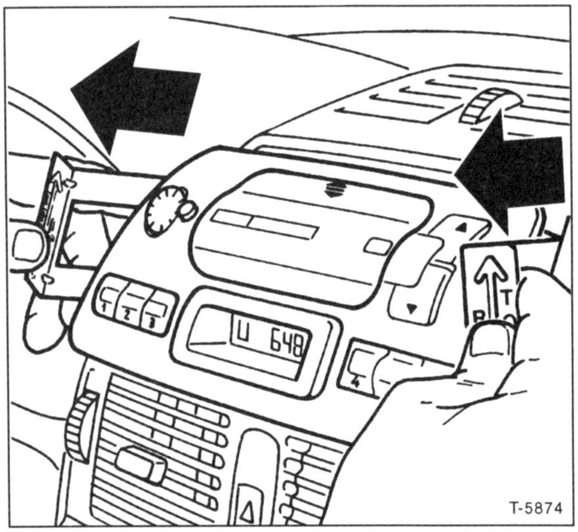

- Radio an den Werkzeuggriffen gleichmäßig soweit herausziehen, bis die Werkzeugteile aus den Federklammern ausgehängt werden können.

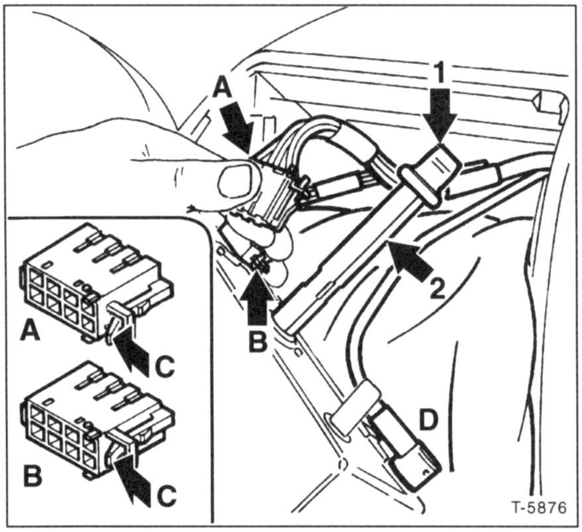

- Antennenkabel –D– abziehen.
- Stecker –A– und –B– folgendermaßen ausbauen: Stecker zum Radio hin drücken und die Haltefedern –C– (Bildausschnitt) abdrücken.
- Radio vollständig herausnehmen. **Achtung:** Falls die Gummitülle –1– in der Halterung am Querträger steckenbleibt, Gummitülle herausziehen und auf den Zentrierstift –2– aufstecken.

Einbau

- Elektrische Anschlüsse und Antenne an der Rückseite des Radiogerätes anbringen. **Achtung:** Dabei Blende mit einem Tuch abdecken, um Kratzer zu vermeiden.
- Prüfen, ob die Gummitülle auf dem Zentrierstift sitzt, gegebenenfalls aufstecken.

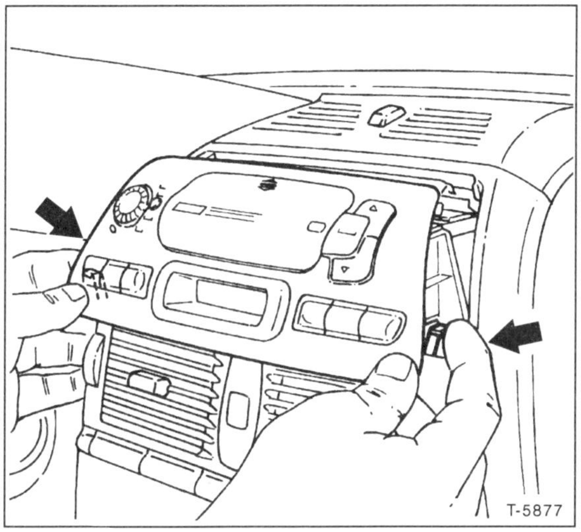

- Radio gleichmäßig am Armaturenbrett einschieben, dabei die beiden unteren Federn mit den Fingern eindrücken, damit die Blende nicht zerkratzt wird. Beim Einschieben des Radios darauf achten, daß der Zentrierstift in die Haltebohrung des Querträgers eingreift.
- Radio so weit in die Armaturentafel eindrücken, bis die Haltefedern hörbar einrasten. Dabei nur gegen die Radioblende, nicht aber gegen die Bedientasten drücken.
- Batterie-Massekabel (–) anklemmen.
- Radio einschalten und Funktion überprüfen. Falls das Radio mit einer Keycode-Diebstahlsicherung ausgerüstet ist, Keycode neu eingeben. Nach Wiederherstellen der Stromzufuhr funktioniert das Gerät erst wieder, wenn der richtige Keycode eingegeben wurde, siehe Bedienungsanleitung des Radios.
- Zeituhr einstellen.

Antenne aus- und einbauen

Achtung: Das Antennenkabel ist vom Dachbefestigungspunkt über die rechte A-Säule (Dachsäule vor der Vordertür) hinter dem Armaturenbrett zum Radio verlegt.

Ausbau

Achtung: Die Antennenpeitsche kann separat vom Antennenfuß abgeschraubt werden.

- Innenleuchte ausbauen, siehe Seite 221.
- Durch die Öffnung Antennenfuß abschrauben.
- Antennenkabel vom Antennenfuß abnehmen und Antenne mit Antennenfuß nach oben vom Dach abheben.

Einbau

- Antenne auf dem Dach ansetzen und Antennenfuß von unten zusammen mit dem Antennenkabel festschrauben.
- Antenne auf Funktion prüfen.
- Innenleuchte einbauen.

Lautsprecher aus- und einbauen

Lautsprecher auf dem Armaturenbrett

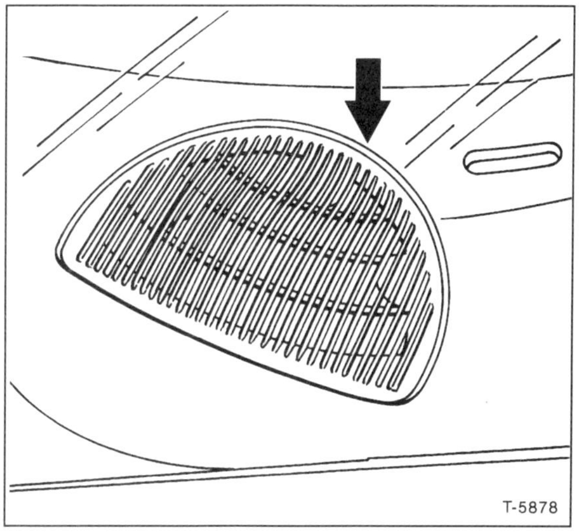

- Schutzgitter an der gezeigten Stelle –Pfeil– mit kleinem Schraubendreher vorsichtig abhebeln. Papierpolster oder Lappen unterlegen um Beschädigungen zu vermeiden.

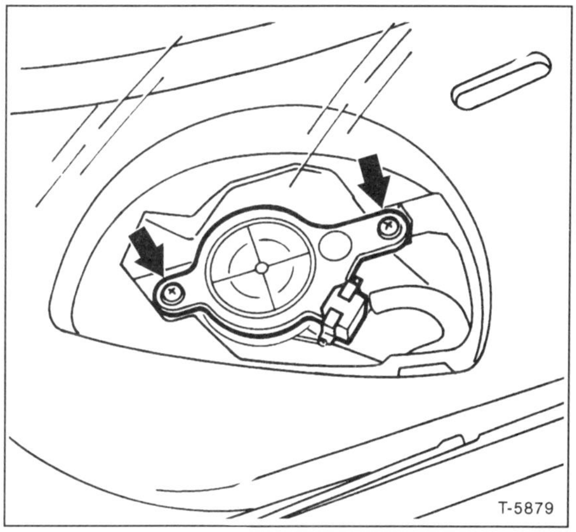

- Lautsprecher abschrauben.
- Stecker abziehen und Lautsprecher herausnehmen.

Hinterer Lautsprecher

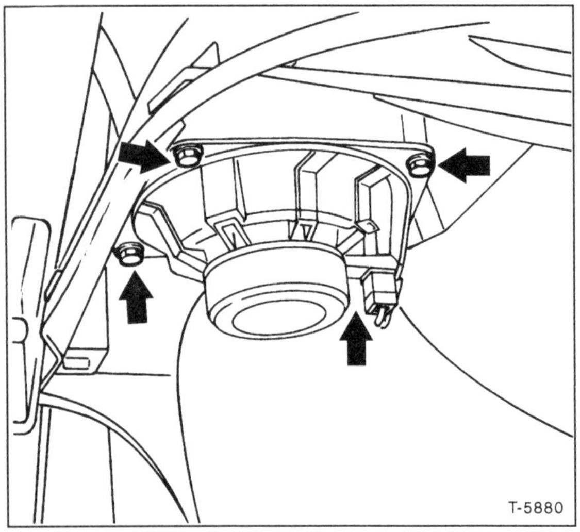

- Stecker abziehen und Lausprecher von unten abschrauben –Pfeile–.

Türlautsprecher

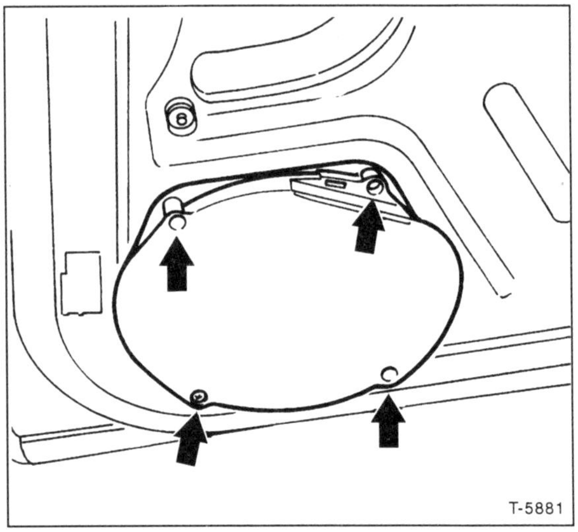

- Türverkleidung ausbauen, siehe Seite 214.
- Lautsprecher mit 4 Schrauben am Türrahmen abschrauben.
- Stecker abziehen und Lautsprecher abnehmen.
- Abdeckung vom Lautsprecher abnehmen, dazu 3 Haltenasen ausclipsen.
- Der Einbau der Lautsprecher erfolgt in umgekehrter Reihenfolge.

Radio-Codierung eingeben

Gilt nur für FIAT-Radio mit Codierung

Die Anti-Diebstahl-Codierung verhindert die unbefugte Inbetriebnahme des Gerätes, wenn die Stromversorgung unterbrochen wurde. Die Stromversorgung ist beispielsweise unterbrochen beim Abklemmen der Batterie, beim Ausbau des Radios oder wenn die Radiosicherung durchgebrannt ist.

Falls das Radio codiert ist, Radiocode vor Abklemmen der Batterie oder Ausbau des Radios feststellen. Ist der Code nicht bekannt, kann nur die FIAT-Werkstatt das Autoradio wieder in Betrieb nehmen.

Die individuelle Code-Nummer ist auf der mitgelieferten »Security Code Card« angegeben. Sie sollte nicht im Fahrzeug aufbewahrt werden.

Elektronische Sperre aufheben

- Stromversorgung herstellen.
- Zündung einschalten.
- Radio einschalten.
- Taste »TP« drücken, bis auf der Anzeige »CODE« oder »SAFE« für etwa 3 Sekunden erscheint. Hinweis: Wenn die Anzeige »CODE« erscheint ist der Diebstahlschutz deaktiviert, wenn »SAFE« erscheint ist der Diebstahlschutz aktiviert.
- Mit Hilfe der Stationstasten 1 bis 4 die geheime Code-Nummer eingeben.
- Um die erste Ziffer einzugeben, muß die Stationstaste 1 so oft gedrückt werden, bis die richtige Ziffer auf der Anzeige erscheint.
- Um die zweite Ziffer einzugeben, muß die Stationstaste 2 so oft gedrückt werden, bis die richtige Ziffer auf der Anzeige erscheint.
- Auf die gleiche Weise die weiteren Ziffern eingeben.
- Wenn die richtige Code-Nummer in der Anzeige lesbar ist, Eingabe der Code-Nr. bestätigen. Dazu die »TP«-Taste drücken, bis »SAFE« erscheint. Nach ca. 3 Sekunden schaltet das Gerät automatisch in den normalen Betriebszustand.

Achtung: Wurde ein falsche Eingabe bestätigt, erscheint im Display »SAFE« und das Radio bleibt blockiert. Nach Ablauf einer Wartezeit erlischt die Anzeige »SAFE« und die Anzahl der fehlgeschlagenen Eingabeversuche angezeigt. Jetzt kann der Diebstahlcode erneut eingegeben werden. Nach jedem falsch eingegebenem Code verlängert sich die Wartezeit bis der nächste Versuch möglich ist.

Diebstahlschutz deaktivieren

- Radio einschalten.
- Taste »TP« für ca. 3 Sekunden drücken, bis »SAFE« angezeigt wird.
- Codezahl eingeben.
- Taste »TP« für ca. 3 Sekunden drücken, bis »CODE« angezeigt wird. Nach ca. 3 Sekunden schaltet das Gerät automatisch in den normalen Betriebszustand. Der Diebstahlcode ist deaktiviert.

Scheibenwischeranlage

Scheibenwischergummi für Frontscheibe ersetzen

Die Scheibenwischergummis sind bei schlechtem Wischbild zu ersetzen. Im Handel werden sowohl komplette Scheibenwischerblätter (Wischergummi mit Träger) als auch einzelne Wischgummis angeboten. Wird nur das Wischgummi ersetzt, darauf achten, daß der Träger nicht verbogen wird.

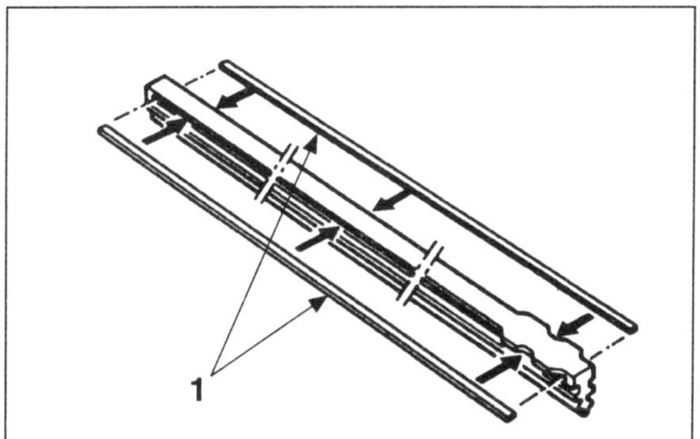

SX-6003

Das Wischergummi ist in 2 Metall-Halteschienen –1– geführt, die zum Ausbau einzeln demontiert werden müssen.

Ausbau

Achtung: Bei Arbeiten an der Wischeranlage den Zündschlüssel abziehen. Durch Bewegungen am Wischerarm oder Wischergestänge kann ab Zündschlüsselstellung »1« die Parkstellungsautomatik angeregt werden. Das heißt, der Wischer läuft los, bis er sich in Endstellung befindet. Verletzungsgefahr!

- Wischerblatt hochklappen und einrasten.
- Wischerblatt senkrecht zum Wischerarm stellen.

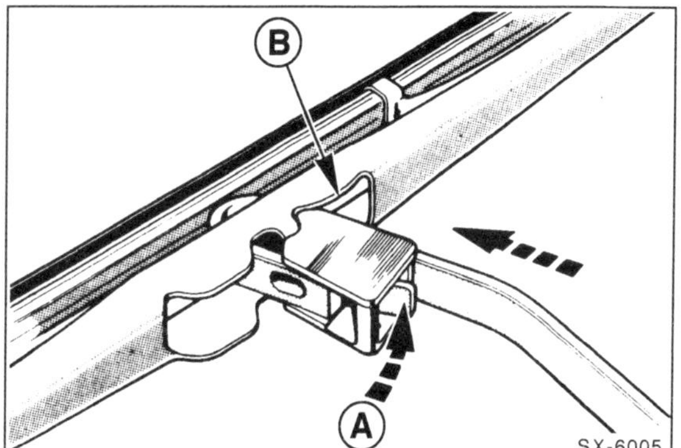

SX-6005

- Federklammer –A– niederdrücken und Wischerblatt nach unten aus dem Haken am Wischerarm schieben.
- Wischerblatt nach oben schieben und durch die Öffnung –B– vom Haken des Wischerarms abnehmen.

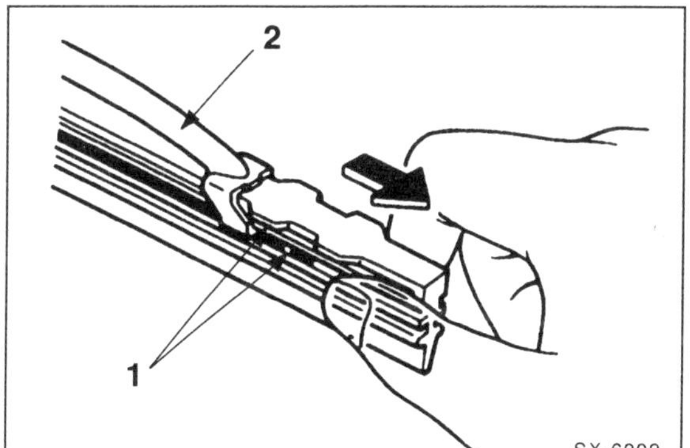

SX-6002

- An der geschlossenen Seite des Wischgummis beide Stahlschienen zusammendrücken (falls erforderlich, Kombizange verwenden), seitlich aus der oberen Klammer herausnehmen und Gummi komplett mit Schienen aus den restlichen Klammern des Wischerblattes herausziehen.

Einbau

- Neues Wischgummi ohne Halteschienen in die eine Klammer des Wischerblattes lose einlegen.

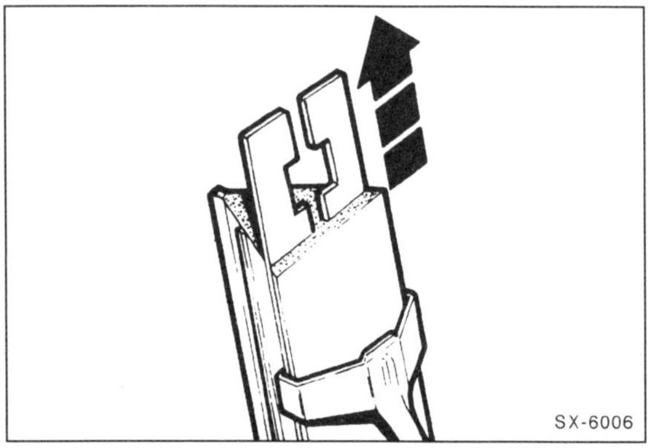

- Beide Schienen so in das Wischgummi einführen, daß die Aussparungen der Schienen zum Gummi zeigen und in die Gumminasen der Rille einrasten.
- Beide Stahlschienen und das Gummi zusammendrücken (mit Kombizange) und so in die andere Klammer einsetzen, daß die Klammernasen beidseitig in die Haltenuten des Wischgummis einrasten.
- Wischerblatt über den Wischerarm schieben und Federklammer in den Haken des Wischerarms einclipsen.
- Wischerarm zurückklappen. Darauf achten, daß das Wischgummi überall an der Scheibe anliegt.

Wischerblatt für Heckscheibe ersetzen

Ausbau

- Wischerblatt abklappen.

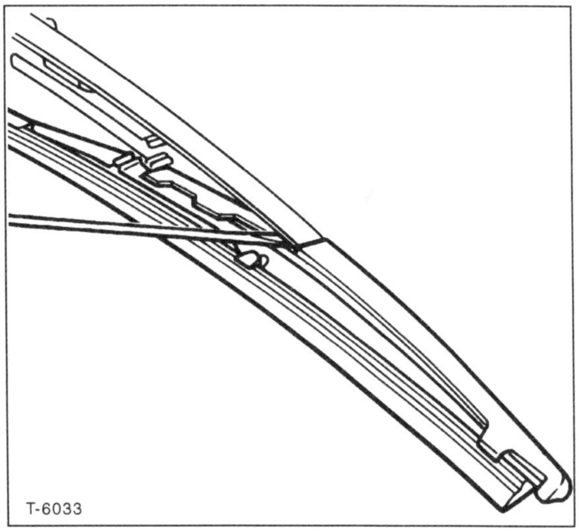

- Wischerblatt, wie in der Abbildung gezeigt, mit schmalem Schraubendreher ausclipsen.

Einbau

- Neues Wischerblatt so am Wischerarm ansetzen, daß die Nasen in die Aussparungen eingreifen. Wischerblatt andrücken und einrasten.
- Wischerarm herunterklappen.

Scheibenwaschdüsen einstellen

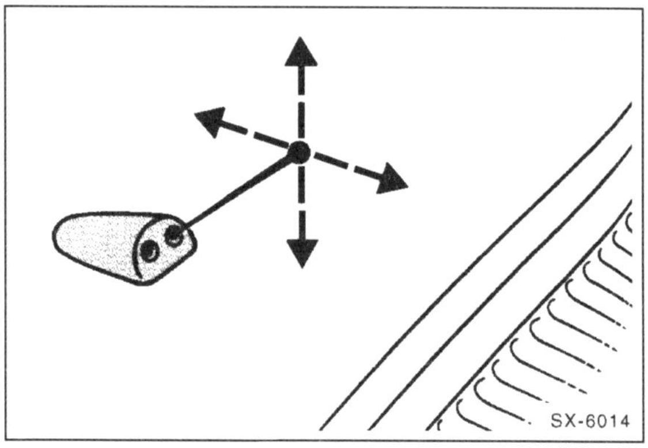

- Die Spritzrichtungen der Düsen können gegebenenfalls mit einer Nadel korrigiert werden. Im Stand soll der Spritzstrahl an der Oberkante des Wischfelds auftreffen.
- An der Heckscheibe kann die Spritzdüse an der Wischerachse mit einem Schraubendreher verstellt werden.

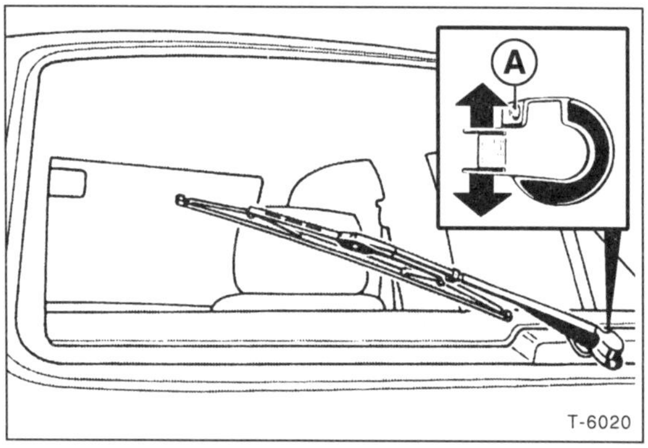

- An der Heckscheibe kann die Spritzdüse –A– ebenfalls mit einer Nadel eingestellt werden.
- Falls die Spritzdüsenkappe ausgebaut werden soll, Arretierzungen nach außen drücken –Pfeilrichtung– und Kappe abnehmen.
- Beim Einbau Kappe mit den Arretierzungen über die Haltestifte schieben, an der gegenüberliegenden Seite andrücken und einrasten.

Scheibenwischermotor vorn aus- und einbauen

Ausbau

- Windschutzscheibe mit Wasser benetzen.
- Scheibenwischeranlage ca. 2 Minuten laufen lassen und über den Scheibenwischerschalter abschalten. Dadurch läuft der Wischer in die Endstellung.
- Ruhestellung der Wischerblätter auf der Windschutzscheibe mit Abdeck-Klebeband markieren. Dazu einen Streifen Klebeband direkt neben das Wischerblatt auf die Windschutzscheibe kleben. Beim Einbau wird der Wischerarm wieder so auf die Verzahnung der Wischerachse gesetzt, daß sich das Wischerblatt direkt neben dem Klebestreifen befindet.
- Batterie-Massekabel (–) abklemmen. **Achtung:** Dadurch werden elektronische Speicher gelöscht, wie zum Beispiel Motor-Betriebswerte. Hinweise im Kapitel »Batterie aus- und einbauen« beachten.

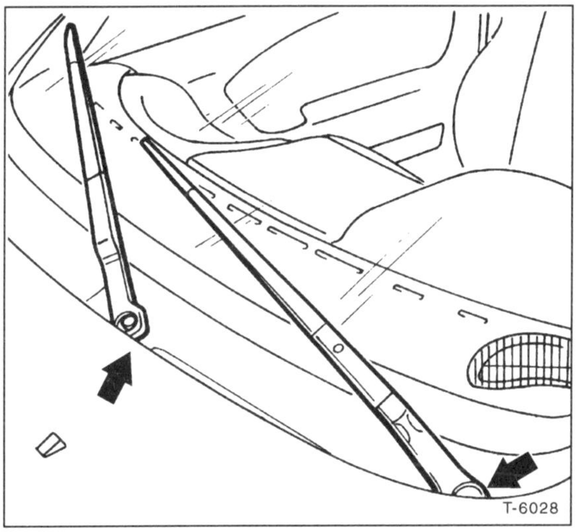

- Kunststoffkappen von den Wischerlagern mit schmalem Schraubendreher abhebeln.
- Befestigungsmutter ca. 2 Umdrehungen lösen. Wischerarm durch seitliche Bewegungen vom Konus des Tandemlagers lösen. Gegebenenfalls Scheibenwischerarme hochklappen.
- Wischerarm wieder zurückklappen, Mutter abschrauben und Wischerarm abnehmen. Zweiten Wischerarm auf gleiche Weise ausbauen.

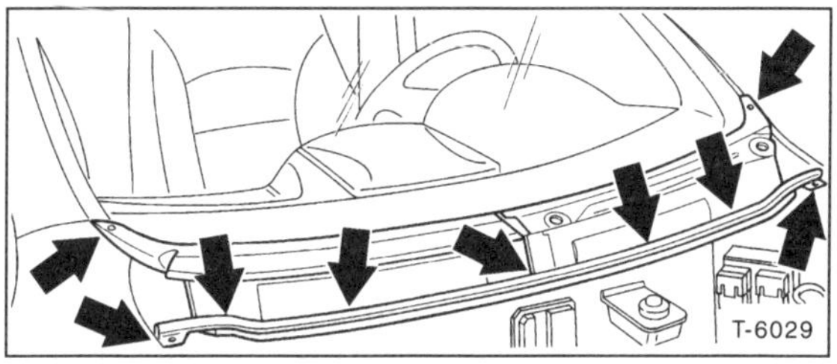

- Motorhaube öffnen und Verkleidung unterhalb der Windschutzscheibe abschrauben –Pfeile« und herausnehmen.

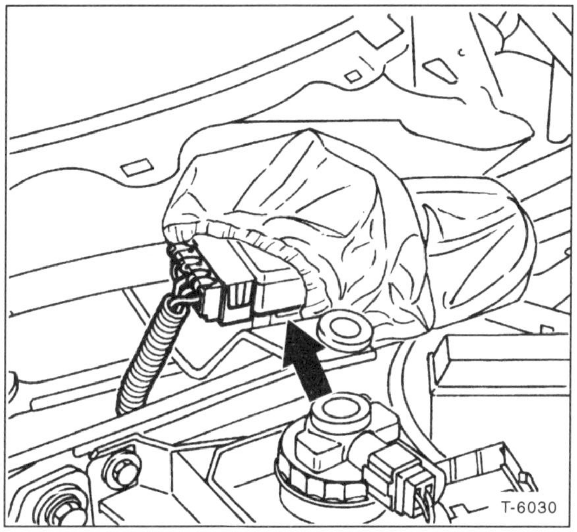

- Schutzabdeckung für Wischermotor anheben und Mehrfachstecker abziehen.

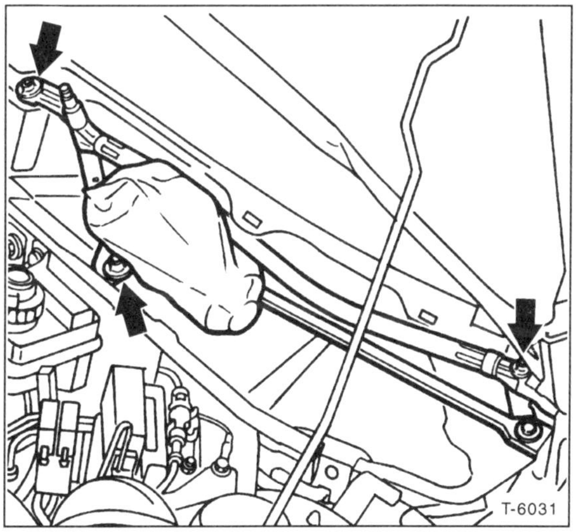

- 3 Befestigungsschrauben für Wischergestänge herausdrehen –Pfeile– und Gestänge mit Motor herausheben.

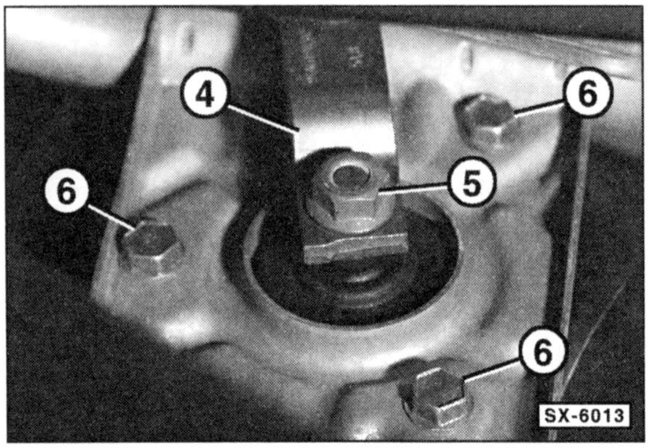

- Stellung der Kurbel –4– zur Montageplatte markieren. Dazu mit Filzstift entlang der Kurbel einen Strich auf der Montageplatte anbringen.
- Mutter –5– von der Antriebswelle abschrauben und Kurbel –4– vom Konus abziehen.
- 3 Befestigungsschrauben –6– für Wischermotor herausdrehen und Wischermotor von der Montageplatte abnehmen.

Einbau

Achtung: Vor dem Einbau prüfen, ob sich der Wischermotor in Endstellung befindet. Dazu kurzzeitig Mehrfachstecker aufschieben und Batterie-Massekabel anschließen. Motor kurz laufen lassen und anschließend mit Wischerschalter ausschalten, damit der Motor in Endstellung stehenbleibt.

- Wischermotor an der Montageplatte anschrauben.
- Kurbel entsprechend der beim Ausbau angebrachten Markierung ansetzen, gegenhalten und mit **25 Nm** festschrauben.
- Abdeckhaube über den Wischermotor schieben.
- Motor mit Wischergestänge einsetzen und die 4 Schrauben mit **10 Nm** festziehen.
- Mehrfachstecker anschließen.
- Abdeckung unter der Windschutzscheibe einbauen.
- Wischerarme einbauen. Dazu jeweiligen Wischerarm so auf den Konus des Tandemlagers aufsetzen, daß sich das Wischerblatt neben den Klebe-Markierungen auf der Windschutzscheibe befindet. Muttern leicht beiziehen, nicht festziehen.
- Batterie-Massekabel (–) anklemmen.
- Wischeranlage in der ersten Stufe laufen lassen und prüfen, ob die Wischerarme nicht an unterer Abdeckung oder Scheibenrand anschlagen. Gegebenenfalls Wischerarme umsetzen.
- Muttern für Wischerarme mit **15 Nm** festziehen. Kunststoffabdeckungen auf die Muttern aufdrücken.
- Zeituhr einstellen. Diebstahlcode für Radio eingeben.

Scheibenwischermotor hinten aus- und einbauen

Ausbau

- Heckscheibe mit Wasser benetzen.
- Heckscheiben-Wischeranlage ca. 2 Minuten laufen lassen und mit dem Scheibenwischerschalter abschalten. Dadurch läuft der Wischer in die Endstellung.
- Ruhestellung des Wischerblattes auf der Heckscheibe mit Abdeck-Klebeband markieren. Dazu einen Streifen Klebeband direkt neben das Wischerblatt auf die Heckscheibe kleben. Beim Einbau wird der Wischerarm wieder so auf die Verzahnung der Antriebswelle gesetzt, daß sich das Wischerblatt direkt neben dem Klebestreifen befindet.

- Kunststoffabdeckung nach oben ziehen. Befestigungsmutter –Pfeil– abschrauben und Wischerarm von der Lagerachse abziehen.

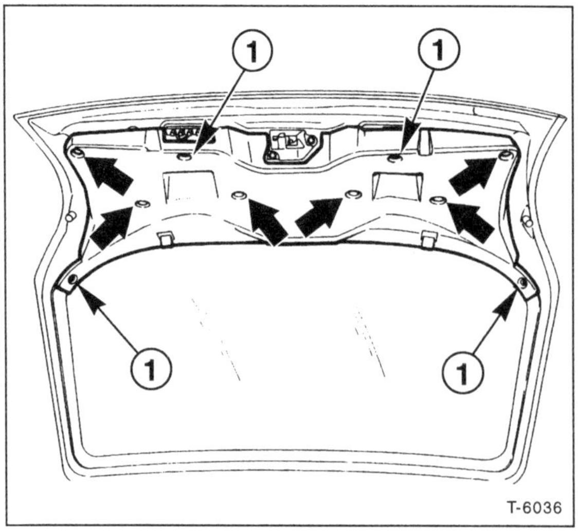

- Heckklappenverkleidung mit 4 Schrauben –1– abschrauben.
- Verkleidung ausclipsen –Pfeile– und abnehmen.

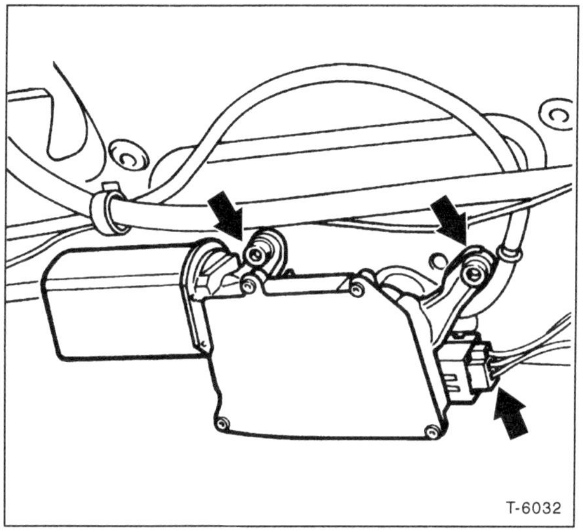

- Mehrfachstecker für Wischermotor abziehen. Motor komplett mit Halter abschrauben und herausnehmen.
- Innen- und Außendichtung für Wischerwelle in der Heckklappe auf Porosität oder Beschädigung prüfen. Eine defekte Dichtung muß unbedingt ausgewechselt werden, sonst kann Wasser in den Kofferraum eindringen.

Einbau

- Gegebenenfalls neue Dichtungen für Wischerwelle einsetzen.
- Wischermotor mit Halter an der Heckklappe anschrauben und festziehen.
- Mehrfachstecker anschließen.
- Batterie-Massekabel (–) kurzzeitig anklemmen.
- Wischermotor kurz laufen lassen und mit Wischerschalter abschalten, damit der Motor in Endstellung stehenbleibt.
- Wischerarm einbauen. Dazu Wischerarm auf den Konus der Antriebswelle auflegen, nach den Klebe-Markierungen auf der Heckscheibe ausrichten und aufdrücken.
- Federscheibe auflegen und Wischerarm mit Mutter und **15 Nm** festschrauben.
- Spritzdüsenkappe für Heckscheibenwischer einbauen, siehe Seite 282.
- Heckklappen-Verkleidung ansetzen, einclipsen und anschrauben.
- Batterie-Massekabel (–) anklemmen. Vorhandene Zeituhr einstellen und Diebstahlcode für Radio eingeben.

Scheibenwaschpumpe aus- und einbauen

Je nach Drehrichtung der Pumpe wird das Waschwasser entweder zur Windschutzscheibe oder zur Heckscheibe gefördert.

Ausbau

- Flüssigkeit aus dem Scheibenwaschbehälter ablassen und auffangen.

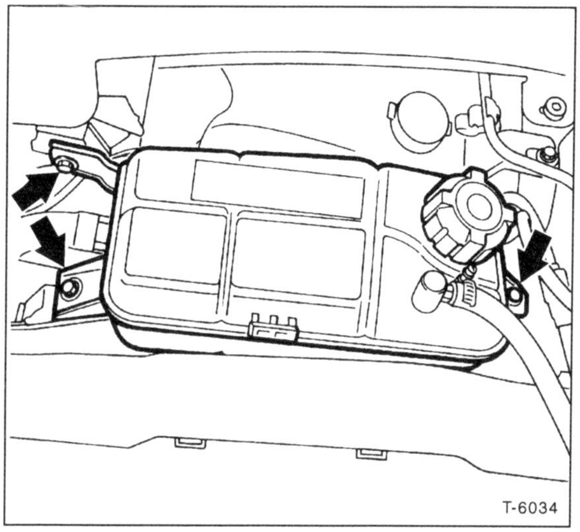

- Kühlmittel-Vorratsbehälter abschrauben und mit angeschlossenen Schläuchen zur Seite schieben.

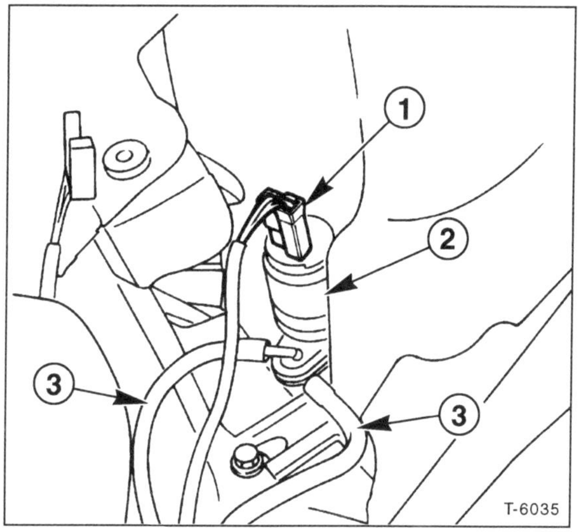

- Stecker –1– von der Waschpumpe –2– abziehen.
- Schläuche –3– von der Waschpumpe abziehen.
- Waschpumpe aus dem Vorratsbehälter herausziehen.

Einbau

- Neue Waschpumpe hineinstecken.
- Schläuche –3– auf neue Pumpe umbauen.
- Mehrfachstecker aufschieben.
- Scheibenwaschbehälter auffüllen und Funktion der Scheibenwaschpumpe prüfen.
- Kühlmittel-Vorratsbehälter anschrauben.

Störungsdiagnose Scheibenwischergummi

Wischbild	Ursache	Abhilfe
Schlieren.	Wischgummi verschmutzt.	■ Wischgummi mit harter Nylonbürste und einer Waschmittellösung oder Spiritus reinigen.
	Ausgefranste Wischlippe, Gummi ausgerissen oder abgenutzt.	■ Wischgummi erneuern.
	Wischgummi gealtert, rissige Oberfläche.	■ Wischgummi erneuern.
Im Wischfeld verbleibende Wasserreste ziehen sich sofort zu Perlen zusammen.	Windschutzscheibe durch Lackpolitur oder Öl verschmutzt.	■ Windschutzscheibe mit sauberem Putzlappen und einem Fett-Öl-Silikonentferner reinigen.
Wischerblatt wischt einseitig gut - einseitig schlecht, rattert.	Wischgummi einseitig verformt, »kippt nicht mehr«.	■ Neues Wischgummi einbauen.
	Wischerarm verdreht, Blatt steht schief auf der Scheibe.	■ Wischerarm vorsichtig verdrehen, bis richtige, senkrechte Stellung erreicht ist.
Nicht gewischte Flächen.	Wischgummi aus der Fassung herausgerissen.	■ Wischgummi vorsichtig in die Fassung einsetzen.
	Wischerblatt liegt nicht mehr gleichmäßig an der Scheibe an, da Federschienen oder Bleche verbogen.	■ Wischerblatt ersetzen. Dieser Fehler tritt vor allem bei unsachgemäßem Montieren eines Ersatzblattes auf.
	Anpreßdruck durch Wischerarm zu gering.	■ Wischerarmgelenke und Feder leicht einölen oder neuen Arm einbauen.

Wagenpflege

Werkzeug

Fahrzeug waschen

Aus Umweltschutzgründen ist in den meisten Gemeinden die Wagenwäsche auf öffentlichen Plätzen verboten. Inzwischen gibt es an vielen Tankstellen die Möglichkeit, dort seinen Wagen auch von Hand zu waschen. Da an diesen Tankstellen garantiert ist, daß das Schmutzwasser nicht in der Erde versickert, sollte die Wagenwäsche dort durchgeführt werden.

- Verschmutzten Wagen möglichst umgehend waschen.
- Tote Insekten **vor** der Wagenwäsche einweichen und abwaschen.
- Reichlich Wasser verwenden.
- Weichen Schwamm oder sehr weiche Waschbürste mit Schlauchanschluß benutzen.
- Lackierung nicht scharf abspritzen, sondern nur abbrausen und Schmutz aufweichen lassen.
- Aufgeweichten Schmutz von oben nach unten mit reichlich Wasser abwaschen.
- Schwamm oft ausspülen.
- Zum Abtrocknen sauberes Leder verwenden.
- Nur gute, rückfettende Markenwaschmittel verwenden (falls überhaupt). Mit klarem Wasser gründlich nachspülen, um die Reste des Waschmittels zu entfernen.
- Zum Schutz der Lackierung kann dem Waschwasser ein Waschkonservierer beigegeben werden.
- Bei regelmäßiger Benutzung von Waschmitteln muß öfter konserviert werden.
- Wagen niemals in der Sonne waschen oder trocknen. Wasserflecken auf der Lackierung sind sonst unvermeidlich.
- Durch Streusalze besonders gefährdet sind alle innenliegenden Falze, Flansche und Fugen an Türen und Hauben. Diese Stellen müssen deshalb bei jedem Wagenwaschen – auch nach der Wäsche in automatischen Waschstraßen – mit einem Schwamm gründlich gereinigt und anschließend abgespült und abgeledert werden.

Achtung: Nach der Wagenwäsche ergibt sich eine verringerte Bremswirkung durch Nässe. Deshalb Bremsscheiben kurz trockenbremsen.

Lackierung pflegen

Konservieren: So oft wie nötig soll die sauber gewaschene und getrocknete Lackierung mit einem Konservierungsmittel behandelt werden, um die Oberfläche durch eine porenschließende und wasserabweisende Wachsschicht gegen Witterungseinflüsse zu schützen.

Übergelaufenen Kraftstoff, übergelaufenes Öl oder Fett, beziehungsweise übergelaufene Bremsflüssigkeit **sofort entfernen,** sonst kommt es zu Lackverfärbungen.

Das Konservieren muß wiederholt werden, wenn Wasser nicht mehr vom Lack abperlt, sondern großflächig verläuft. Regelmäßiges Konservieren bewirkt, daß der ursprüngliche Glanz der Lackierung sehr lange erhalten bleibt.

Eine weitere Möglichkeit, den Lack zu konservieren, bieten Waschkonservierer. Waschkonservierer schützen die Lackierung jedoch nur ausreichend, wenn sie bei **jeder** Wagenwäsche verwendet werden und der zeitliche Abstand zwischen 2 Wäschen nicht mehr als 2 bis 3 Wochen beträgt. Nur Lackkonservierer verwenden, die Carnauba- oder synthetische Wachse enthalten.

Nach dem Anwenden von Waschmitteln (Schaumwäsche) ist eine Nachbehandlung mit einem Konservierungsmittel besonders zu empfehlen (Gebrauchsanweisung beachten).

Polieren: Das Polieren der Lackierung ist nur dann erforderlich, wenn der Lack infolge mangelhafter Pflege unter der Einwirkung von Straßenstaub, industriellen Abgasen, Sonne und Regen unansehnlich geworden ist und sich durch eine Behandlung mit Konservierungsmitteln kein Glanz mehr erzielen läßt. Zu warnen ist vor stark schleifenden oder chemisch stark angreifenden Poliermitteln, auch wenn der erste Versuch damit noch so sehr zu überzeugen scheint.

Vor jedem Polieren muß der Wagen sauber gewaschen und sorgfältig abgetrocknet werden. Im übrigen ist nach der Gebrauchsanweisung für das Poliermittel zu verfahren.

Die Bearbeitung soll in nicht zu großen Flächen erfolgen, um ein vorzeitiges Eintrocknen der Politur zu vermeiden. Bei manchen Poliermitteln muß anschließend noch konserviert werden. Nicht in der prallen Sonne polieren! Matt lackierte Teile dürfen nicht mit Konservierungs- oder Poliermitteln behandelt werden.

Teerflecke entfernen: Teerflecke fressen sich innerhalb kurzer Zeit in den Lack ein und können dann nicht mehr vollkommen entfernt werden. Frische Teerflecke können mit einem in Waschbenzin getränkten weichen Lappen entfernt werden. Notfalls kann auch Tankstellenbenzin, Petroleum oder Terpentinöl verwendet werden. Sehr gut gegen Teerflecke eignet sich auch ein Lackkonservierer. Bei Verwendung dieses Mittels kann auf ein Nachwaschen verzichtet werden.

Insekten entfernen: Die Reste von Insektenleichen tragen Stoffe in sich, die den Lackfilm beschädigen können, wenn sie nicht innerhalb kurzer Zeit entfernt werden. Einmal festgeklebt, lassen sie sich durch Wasser und Schwamm allein nicht entfernen, sondern müssen mit schwacher, lauwarmer Seifen- oder Waschmittel-Lösung abgewaschen werden. Es gibt auch spezielle Insekten-Entferner.

Baumaterial-Spritzer entfernen: Spritzer jeglichen Baumaterials mit einer lauwarmen Lösung neutraler Waschmittel abwaschen. Nur leicht reiben, da sonst die Lackierung zerkratzt werden kann. Nach dem Waschen sorgfältig mit klarem Wasser nachspülen.

Kunststoffteile pflegen: Kunststoffteile, Kunstledersitze, Himmel, Leuchtengläser sowie mattschwarz gespritzte Teile mit Wasser und eventuell einem Shampoo-Zusatz säubern, Himmel nicht durchfeuchten. Kunststoffteile gegebenenfalls mit Kunststoffreiniger behandeln. Keinesfalls Lösungsmittel wie Nitroverdünner, Kaltreiniger oder Kraftstoff verwenden.

Scheiben reinigen: Fensterscheiben innen und außen mit sauberem, weichem Lappen abreiben. Bei starker Verschmutzung helfen Spiritus oder Salmiakgeist und lauwarmes Wasser, oder auch ein spezieller Scheibenreiniger. Beim Reinigen der Windschutzscheibe Scheibenwischerarm nach vorn klappen.

Bei der Reinigung der Windschutzscheibe sind auch die Wischerblätter zu säubern.

Achtung: Bei Verwendung silikonhaltiger Mittel dürfen die zur Reinigung der Lackierung verwendeten Waschbürsten, Schwämme, Lederlappen und Tücher nicht für die Scheiben verwendet werden. Beim Einsprühen der Lackierung mit silikonhaltigen Pflegemitteln sollten die Scheiben mit Pappe oder anderem Material abgedeckt werden.

Gummidichtungen pflegen: Von Zeit zu Zeit Gummidichtungen durch Einpudern der Dicht- und Gleitflächen mit Talkum oder Besprühen mit Silikonspray geschmeidig halten. So werden auch quietschende oder knarrende Geräusche beim Türenschließen vermieden. Auch das Einreiben der betreffenden Flächen mit Schmierseife beseitigt die Geräusche.

Leichtmetall-Scheibenräder mit Felgenreiniger besonders während der kalten Jahreszeit pflegen, jedoch keine aggressiven, säurehaltigen, stark alkalischen und rauhen Reinigungsmittel oder Dampfstrahler über +60° C verwenden.

Sicherheitsgurte nur mit milder Seifenlauge in eingebautem Zustand säubern, nicht chemisch reinigen, da dadurch das Gewebe zerstört werden kann. Automatikgurte nur in trockenem Zustand aufrollen. Gurtband nicht bei einer Temperatur von über +80° C oder direkter Sonneneinstrahlung trocknen.

Unterbodenschutz/ Hohlraumkonservierung

Die gesamte Bodenanlage einschließlich der hinteren Radkästen ist mit Unterbodenschutz beschichtet. Die besonders stark gefährdeten Bereiche in den vorderen Radläufen sind mit Kunststoffschalen gegen Steinschlag geschützt. Darüber hinaus wurden korrosionsgefährdete Karosserieteile aus verzinktem Blech hergestellt. Vor der kalten Jahreszeit und nach einer Unterbodenwäsche sollte der Unterbodenschutz kontrolliert und gegebenenfalls nachkonserviert werden.

Im Schleuderbereich des Unterbaues können sich Staub, Lehm und Sand ablagern. Das Entfernen des angesammelten Schmutzes, der während der Winterzeit auch noch mit Salz angereichert sein kann, ist besonders wichtig.

Motorraum konservieren: Zur Verhinderung von Korrosion am Vorderwagen (z. B. Seitenteile, Längsträger oder Abschlußblech) und des Antriebaggregates muß der Motorraum einschließlich der im Motorraum befindlichen Teile der Bremsanlage sowie der Vorderachselemente und der Lenkung mit einem hochwertigen Konservierungswachs eingesprüht werden. Vor allen Dingen natürlich nach einer Motorwäsche. **Achtung:** Vor der Motorwäsche, die zum Beispiel mit Kaltreiniger und einem Dampfstrahlgerät durchgeführt werden kann, sind Generator, Sicherungskasten und Bremsflüssigkeitsbehälter mit Plastikhüllen abzudecken.

Polsterbezüge pflegen

Textilbezüge: Polsterbezüge mit Staubsauger absaugen oder mit einer nicht zu weichen Bürste ausbürsten. Bei starker Verschmutzung Textilbezüge mit Trockenschaum reinigen.

Fett- und Ölflecke mit Reinigungsbenzin oder Fleckenwasser behandeln. Das Reinigungsmittel darf aber nicht unmittelbar auf den Stoff gegossen werden, da sich sonst unweigerlich Ränder bilden. Fleck durch kreisförmiges Reiben von außen nach innen bearbeiten. Andere Verschmutzungen lassen sich meistens mit lauwarmem Seifenwasser entfernen.

Lederbezüge: Bei starker Sonneneinstrahlung und längerer Standzeit Sitze abdecken, damit sie nicht ausbleichen.

Trikot- oder Wollappen mit Wasser leicht anfeuchten und Lederflächen säubern, ohne das Leder oder die Nahtstellen zu durchfeuchten. Anschließend das getrocknete Leder mit einem sauberen und weichen Tuch nachreiben.

Stärker verschmutzte Lederflächen können mit einem milden Feinwaschmittel ohne Aufheller (2 Eßlöffel auf 1 Liter Wasser) gereinigt werden. Fett- und Ölflecke vorsichtig ohne Reiben mit Reinigungsbenzin abtupfen.

Die gereinigten (lackierten) Lederpolster müssen zur Lederpflege und als Anti-Elektrostatikum mit Karneol behandelt werden. Das Mittel vor Gebrauch gut schütteln und mit einem weichen Lappen dünn auftragen. Nach dem Eintrocknen mit einem sauberen und weichen Tuch nachreiben. Diese Behandlung empfiehlt sich bei normaler Beanspruchung alle 6 Monate.

Werkzeug

Der Aufwand an Werkzeug richtet sich ganz nach dem Umfang der Arbeiten, die am BRAVO/BRAVA ausgeführt werden sollen. Neben einer Grundausstattung ist in jedem Fall ein Drehmomentschlüssel empfehlenswert.

Gutes und stabiles Werkzeug wird von der Firma HAZET (42804 Remscheid, Postfach 100461) angeboten. In den Tabellen sind die Spezialwerkzeuge mit der HAZET-Bestellnummer aufgeführt. Vertrieben wird das Werkzeug über den Fachhandel.

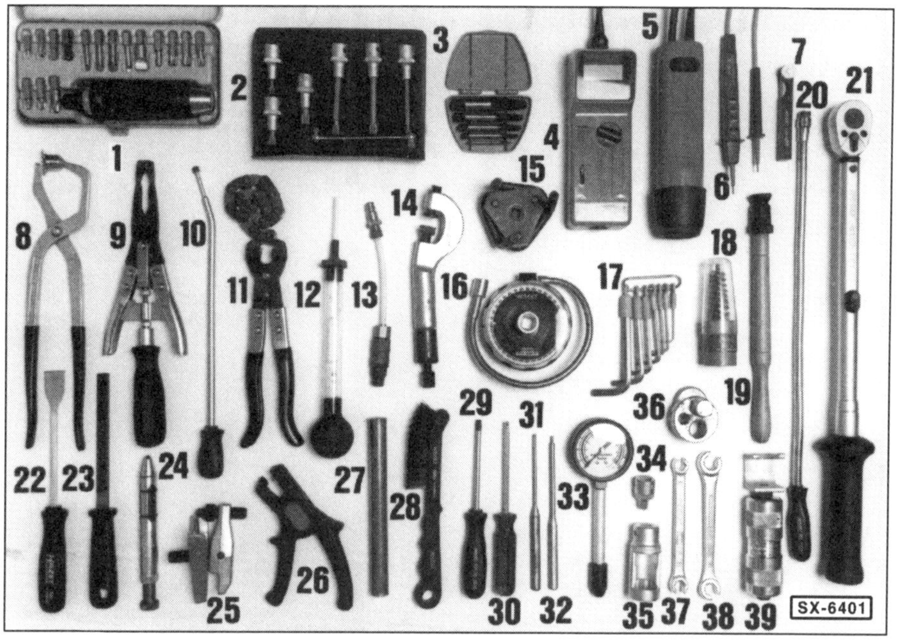

Abb.	Werkzeug	Hazet-Nr.
1	Schlag-Schraubendreher	2272/17
3	Schraubenausdreher für verschiedene Schrauben	840/5
4	Pocket-Motortester (Benziner)	BOSCH
5	Zündzeitpunkt-Stroboskop (Benziner)	BOSCH
6	Dioden-Prüflampe	–
7	Fühlerblattlehre 0,05–1,0 mm	2147
8	Bremsfederzange	797
9	Ausziehzange für Ventilschaftabdichtungen (Abbildung ähnlich)	791-5
10	Einschlagdorn für Eingriffsicherungen der Benzin-Einspritzanlage	4519-1
11	Ketten-Abgasrohrschneider	4682
12	Batteriesäureprüfer	4650-1
13	Druckluftadapter zum Ersetzen der Ventilschaftabdichtungen	3428
14	Hydraulischer Muttersprenger	846-22
15	Ölfilterschlüssel	2172
17	Satz Inbusschlüssel	2100/7R
18	Pol- und Klemmenreinigungsbürste	4650-4
19	Ventileinschleifer	795
20	Magnet-Sucher	1976
21	Drehmomentschlüssel 40 – 200 Nm	6122–1CT
22	Flachschaber zur Beseitigung von Dichtungsrückständen an Zylinderkopf sowie Motorblock	824
23	Bremssattelfeile	1968-1
24	Kupplungsdorn ∅ 15 – 19 mm	2173-1

Abb.	Werkzeug	Hazet-Nr.
25	Ausdrücker für Spurstangenköpfe	779
26	Abisolierzange	1862
27	Messingdorn	2534
28	Stahldrahtbürste für Bremssattelreinigung	1968
29	Torxschraubendreher (verschiedene Größen)	837-T20, -T25, -T30, -T40, -T45
31	Splinttreiber für Sicherungsstifte	748Lgb-4
32	Splinttreiber Hohlstifte	748-Lgb-6
33	Kompressionsdruckprüfer	–
34	Vierkantadapter 3/8" auf 1/2"	958-2
36	Stehbolzenausdreher	845
37 38	Offene Doppelringschlüssel für Überwurfmuttern der Bremsleitungen	612-8x10, 612-10x11
39	Schlag-Ausziehgerät für Scheibenwischerarme etc.	1966
ohne Abbildung:		
	Kupplungs-Zentrierwerkzeug	2174
	Klemmzange für Haltebänder der Gelenkwellenmanschetten	1847-1
	Spritzdüseneinsteller für Scheibenwaschanlage	4850-1
	Offener Steckschlüssel für Einspritzleitungen (Diesel)	4550
	Steckschlüssel für Diesel-Einspritzdüsen	4555-1
	Ventilplättchenzange (Diesel)	2599
	Öldienstschlüssel für Getriebe	3601-12

Hinweis: Die Werkzeuge zum Ventilspieleinstellen des Dieselmotors sind nicht im HAZET-Programm enthalten. Die dazu benötigten Ventil-Niederdrücker, Niederhaltewerkzeuge und Ventilplättchenzangen werden von der Werkzeugfirma HENI angeboten, Walter-Freitag-Straße 9a, Remscheid.

Motorstarthilfe

Fahrzeug abschleppen

Starthilfe

Achtung: Werden die vorgeschriebenen Anschlußhinweise nicht genau eingehalten, besteht die Gefahr der Verätzung durch austretende Batteriesäure. Außerdem können Verletzungen oder Schäden durch eine Batterieexplosion entstehen oder Defekte an der Fahrzeugelektrik auftreten.

- Der Leitungsquerschnitt der Starthilfekabel soll bei Ottomotoren bis ca. 2,5 l Hubraum mindestens 16 mm^2 (Durchmesser ca. 5 mm) betragen. Bei Dieselmotoren oder Ottomotoren über ca. 2,5 l Hubraum soll der Leitungsquerschnitt mindestens 25 mm^2 betragen. Maßgebend ist dabei jeweils das Fahrzeug mit der entladenen Batterie. Der Leitungsquerschnitt ist in der Regel auf der Packung der Starthilfekabel angegeben. Beim Neukauf ist ein Starthilfekabel mit isolierten Kabelzangen und 25 mm^2 Querschnitt empfehlenswert, da es sich auch für Motoren mit geringerem Hubraum eignet.
- Beide Batterien müssen die Spannung von 12 Volt haben.
- Eine entladene Batterie kann bereits bei –10° C gefrieren. Vor Anschluß der Starthilfekabel muß eine gefrorene Batterie unbedingt aufgetaut werden.
- Die entladene Batterie muß ordnungsgemäß am Bordnetz angeklemmt sein.
- Flüssigkeitsstand der entladenen Batterie prüfen, gegebenenfalls mit destilliertem Wasser auffüllen.
- Fahrzeuge so weit auseinanderstellen, daß kein metallischer Kontakt besteht. Andernfalls könnte bereits beim Verbinden der Pluspole ein Strom fließen.
- Bei beiden Fahrzeugen Feststellbremse anziehen. Schaltgetriebe in Leerlaufstellung, automatisches Getriebe in Parkstellung »P« schalten.
- Alle Stromverbraucher ausschalten.
- Grundsätzlich Motor des Spenderfahrzeuges während des Startvorganges mit Leerlaufdrehzahl drehen lassen. Dadurch wird eine Beschädigung des Generators durch Spannungsspitzen beim Startvorgang vermieden.
- Während des Starthilfevorganges offene Flammen oder brennende Zigaretten in der Nähe der Batterie vermeiden, da aus der Batterie brennbare Gase austreten können.
- Darauf achten, daß die Starthilfekabel nicht durch drehende Teile wie z. B. Kühlerventilator beschädigt werden.

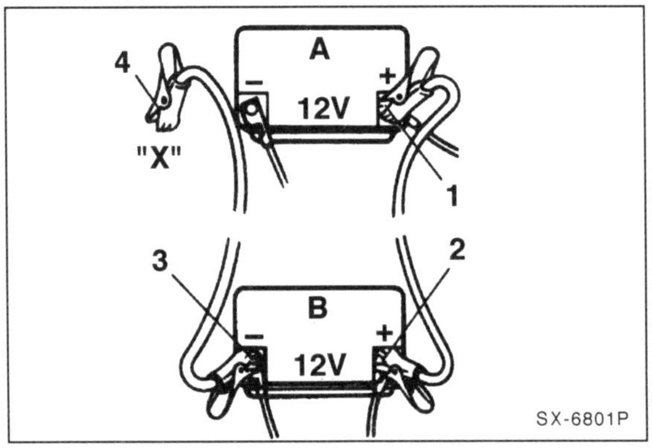

- Starthilfekabel in folgender Reihenfolge anschließen:
  1. Rotes Kabel an den Pluspol der entladenen Batterie –A– anklemmen.
  2. Das andere Ende des roten Kabels an den Pluspol der stromgebenden Batterie –B– anklemmen.
  3. Schwarzes Kabel an den Minuspol der stromgebenden Batterie anklemmen.
  4. Das andere Ende des schwarzen Kabels an eine gute Massestelle –X– des Empfängerfahrzeuges anschließen. Am besten eignet sich ein mit dem Motorblock verschraubtes Metallteil. Unter ungünstigen Umständen könnte beim Anschließen des Kabels an den Minuspol der leeren Batterie, durch Funkenbildung und Knallgasentwicklung, die Batterie explodieren.

Achtung: Die Klemmen der Starthilfekabel dürfen bei angeschlossenen Kabeln nicht in Kontakt miteinander kommen, beziehungsweise die Plusklemmen dürfen keine Massestellen (Karosserie oder Rahmen) berühren.

- Motor des Empfängerfahrzeuges (leere Batterie) starten und laufen lassen. Beim Starten Anlasser nicht länger als 10 Sekunden ununterbrochen betätigen, da sich durch die hohe Stromaufnahme Polzangen und Kabel erwärmen. Deshalb zwischendurch eine »Abkühlpause« von mindestens ½ Minute einlegen.
- Nicht über die Batterien beugen – Verätzungsgefahr!
- **Nach der Starthilfe** Kabel in **umgekehrter** Reihenfolge abklemmen: Zuerst schwarzes Kabel (–) am Empfängerfahrzeug, dann am stromgebenden Fahrzeug abklemmen. Rotes Kabel zuerst am stromgebenden und dann am Empfängerfahrzeug abklemmen.

Abschleppen

Abschleppöse vorn

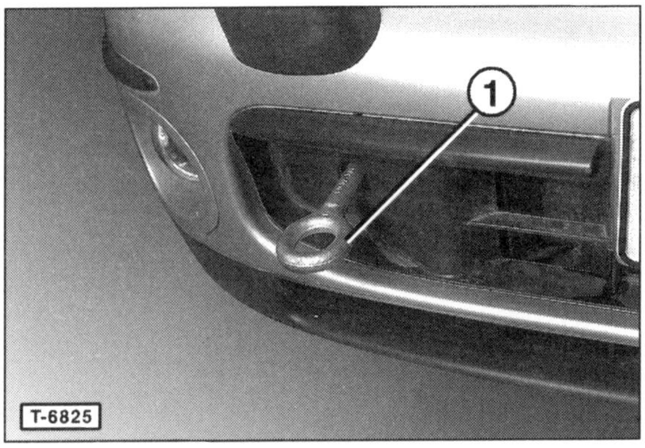

Abschleppöse hinten

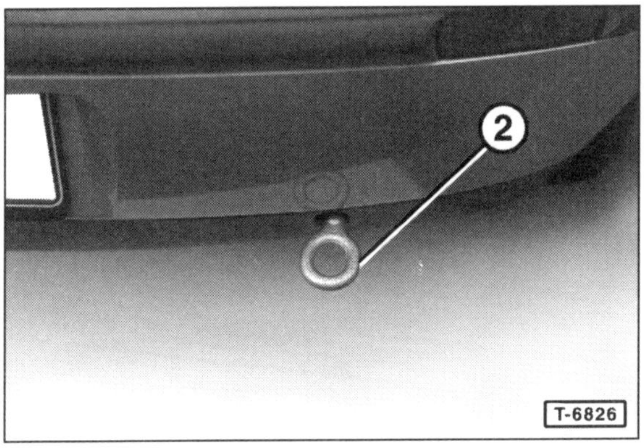

- Abschleppöse befindet sich beim Bordwerkzeug und wird bei Bedarf in die Bohrung rechts vorn –1– beziehungsweise rechts hinten –2– eingeschraubt. Die hintere Bohrung kann je nach Modell mit einer Kunststoffklappe verschlossen sein.

Regeln beim Abschleppen

- Zündung einschalten, damit das Lenkrad nicht blockiert ist, die Bremsleuchten funktionieren und das Signalhorn und die Scheibenwischer betätigt werden können.
- Getriebe in Leerlaufstellung bringen, bei Fahrzeugen mit Automatikgetriebe den Wählhebel in Stellung »N«.
- Warnblinkanlage bei ziehendem und gezogenem Fahrzeug einschalten.
- Da der Bremskraftverstärker und die Servolenkung nur bei laufendem Motor arbeiten, müssen bei nicht laufendem Motor das Bremspedal und das Lenkrad entsprechend kräftiger betätigt werden!
- **Empfehlenswert ist die Verwendung einer Abschleppstange.** Die Gefahr des Auffahrens ist bei Verwendung eines Abschleppseils groß. Ein Abschleppseil soll elastisch sein, damit das schleppende und das gezogene Fahrzeug geschont werden. Nur Kunstfaserseile oder Seile mit elastischen Zwischengliedern verwenden.

Besonderheiten bei Fahrzeugen mit Getriebeautomatik

Maximale Schleppgeschwindigkeit: **50 km/h!**
Maximale Schleppentfernung: **25 Kilometer!**

- Über große Entfernungen das Fahrzeug mit einem Abschleppwagen vorn anheben oder aufladen.
- Ohne Getriebeöl darf das Fahrzeug nur mit angehobenen Antriebsrädern abgeschleppt werden.

Achtung: Zur Vermeidung von Getriebeschäden, Fahrzeug niemals rückwärts mit drehenden Antriebsrädern abschleppen.

Fahrzeug anschleppen (Notstart des Motors durch das rollende Fahrzeug)

Achtung: Der BRAVO/BRAVA darf **nicht** angeschleppt werden, da sonst die Gefahr von Katalysatorschäden besteht. Bei Fahrzeugen mit Getriebeautomatik ist das Anschleppen auch nicht möglich.

Fahrzeug aufbocken

Bei Arbeiten unter dem Fahrzeug muß dieses, falls es nicht auf einer Hebebühne steht, auf zwei oder vier stabilen Unterstellböcken stehen. **Auf keinen Fall dürfen Arbeiten unter dem Fahrzeug ausgeführt werden, wenn dieses nicht ausreichend gesichert ist oder nur mit dem Wagenheber abgestützt wird. Lebensgefahr!**

- Das Fahrzeug nur in unbeladenem Zustand auf ebener, fester Fläche aufbocken.
- Die Räder, die beim Anheben auf dem Boden stehen bleiben, mit Keilen gegen Vor- oder Zurückrollen sichern. Nicht auf die Feststellbremse verlassen, diese muß bei einigen Reparaturen gelöst werden.
- Fahrzeug mit Unterstellböcken so abstützen, daß jeweils ein Bein seitlich nach außen zeigt.

Achtung: Durch eine geeignete Gummi- oder Holzzwischenlage werden beim Anheben Beschädigungen am Unterbau vermieden.

Anheb- und Aufbockpunkte:

Hebebühne

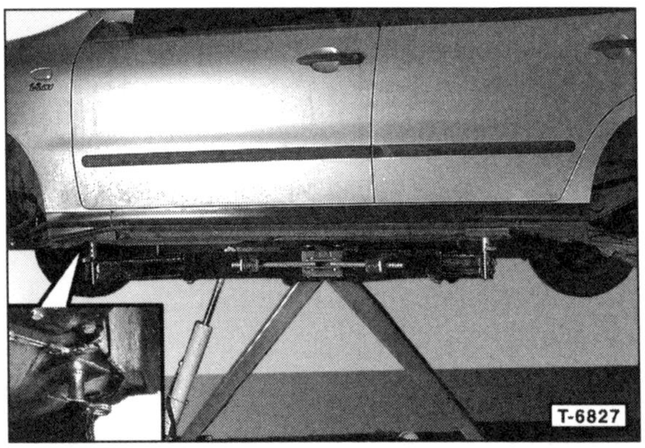

- Arme der Hebebühne vorn an den Töpfen –A– ansetzen, hinten an den Verstärkungen der Längsträger, ca. 20 cm vom hinteren Radkästen entfernt.

Werkstattwagenheber

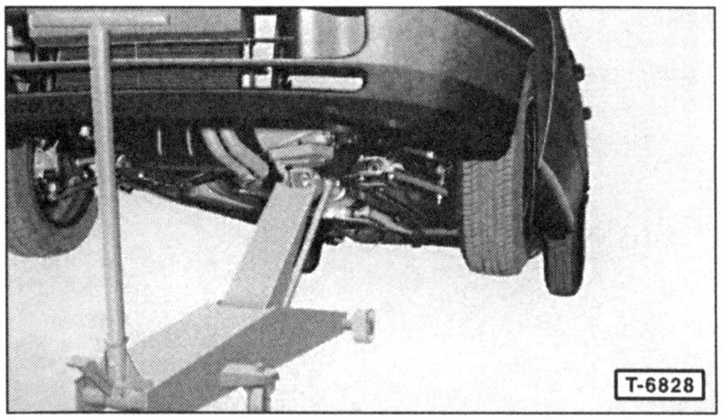

- Fahrzeug vorn nur am Getriebegehäuse anheben. **Achtung:** Fahrzeuge mit unterer Motorraumabdeckung dürfen vorn **nicht** angehoben werden.

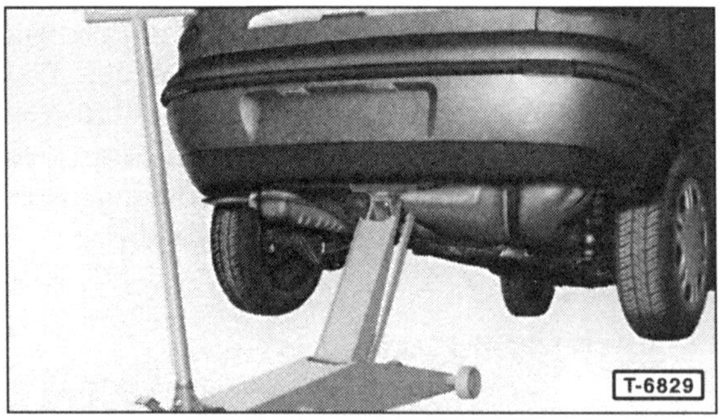

- Fahrzeug hinten an der gezeigten Stelle anheben.

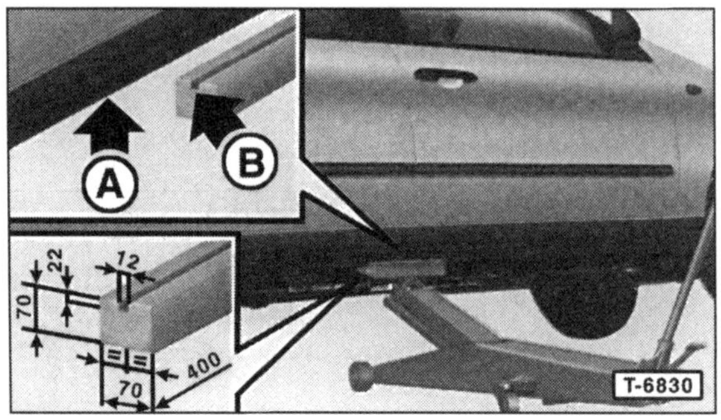

- Fahrzeug seitlich unter der B-Säule anheben. Dabei Holzleiste entsprechend den angegebenen Maßen (in mm) zwischenlegen. **Achtung:** Die Verstärkung –A– des Längsträgers muß in der Nut –B– der Leiste liegen.

Wartungsplan

FIAT BRAVO/BRAVA

Die Wartung ist mindestens **einmal jährlich** durchzuführen. Wurden in dieser Zeit **mehr als 20.000 km** gefahren, ist die Wartung bereits nach dieser Laufleistung durchzuführen. Die erste Wartung ist nach 20.000 km durchzuführen. Bei Modellen mit **Dieselmotor** muß zusätzlich **alle 10.000 km das Motoröl gewechselt und alle 5.000 km der Kraftstoffilter entwässert** werden. Bei erschwerten Betriebsbedingungen, wie überwiegend Stadt- und Kurzstreckenverkehr, häufigen Gebirgsfahrten, Anhängerbetrieb oder staubigen Straßenverhältnissen, Wartung entsprechend öfters durchführen. Alle 500 Kilometer oder vor langen Reisen sollten folgende Flüssigkeitsstände kontrolliert werden: Motoröl, Kühlmittel sowie Bremsflüssigkeitsstand. Außerdem ist der Reifenfülldruck zu überprüfen.

Motor

- Motoröl: Wechseln, Ölfilter ersetzen. Dieselmotor alle 10.000 km.
- Motor: Sichtprüfung auf Ölundichtigkeiten.
- Kühl- und Heizsystem: Flüssigkeitsstand prüfen, Konzentration des Frostschutzmittels prüfen. Sichtprüfung auf Undichtigkeiten und äußere Verschmutzung des Kühlers.
- Abgasanlage: Auf Beschädigungen prüfen.
- Abgastest durchführen (Leerlaufdrehzahl, Abgasreinigung prüfen, Fehlerspeicher abfragen) – Werkstattarbeit.
- Keilriemen: Spannung und Zustand prüfen.
- Kraftstoffilter, nur Dieselmotor: Erneuern.
- Luftfilter, nur Dieselmotor: Filtereinsatz erneuern (bei starkem Staubanfall öfters).

Getriebe, Kupplung, Achsantrieb

- Gelenkschutzhüllen: Auf festen Sitz, Undichtigkeiten und Beschädigungen prüfen.
- Schalt- und Automatikgetriebe: Auf Undichtigkeiten sichtprüfen.

Vorderachse und Lenkung

- Spurstangenköpfe: Spiel und Befestigung prüfen, Staubkappen prüfen.
- Achsgelenke: Staubkappen prüfen.
- Lenkung: Spiel prüfen, Faltenbälge auf Undichtigkeiten und Beschädigungen prüfen.
- Servolenkung: Ölstand prüfen.

Bremsen, Reifen, Räder

- Bremsanlage: Leitungen, Schläuche, Bremszylinder und Anschlüsse auf Undichtigkeiten und Beschädigungen prüfen. Bremsflüssigkeitsstand prüfen, gegebenenfalls auffüllen.
- Bremsbeläge: Verschleiß der Scheibenbremsbeläge vorn prüfen, ggf. Beläge auswechseln.
- Bereifung: Profiltiefe und Reifenfülldruck prüfen; Reifen auf Verschleiß und Beschädigungen (einschließlich Reserverad) prüfen. Bei unnormaler Abnutzung Spur prüfen lassen (Werkstattarbeit).
- Radschrauben: Auf Drehmoment **90 Nm** nachziehen.

Elektrische Anlage

- Alle Stromverbraucher: Funktion prüfen.
- Beleuchtungsanlage: Prüfen, gegebenenfalls Scheinwerfer einstellen.
- Signalhorn: Prüfen.
- Scheibenwischer: Wischergummis auf Verschleiß prüfen.
- Scheibenwaschanlage: Funktion prüfen, Düsenstellung kontrollieren, Flüssigkeit nachfüllen.
- Batterie: Säurestand prüfen.

Karosserie, Innenraum

- Motorhaube: Verschluß/Sicherungshaken auf Funktion prüfen und schmieren.
- Unterbodenschutz und Lackierung: Prüfen, defekte Stellen ausbessern.
- Reinluftfilter: Filtereinsatz erneuern.
- Sicherheitsgurte: Auf Beschädigungen prüfen.

Folgende Arbeiten zusätzlich durchführen:

Dieselmotor: Alle 5.000 km

- Kraftstoffilter: Entwässern.

Zusätzlich alle 40.000 km

- Luftfilter, Benzinmotoren: Filtereinsatz erneuern (bei starkem Staubanfall öfters).
- 2,0-l-Motor: Scheibenbremsbeläge hinten: Zustand und Abnutzung kontrollieren.
- Kraftstoffilter, Benzinmotoren: Erneuern.
- Zündkerzen: Erneuern, Zündkabel prüfen.
- Keilrippenriemen: Zustand prüfen.
- Dieselmotor: Ventilspiel prüfen.
- Kupplungsspiel: Prüfen (außer bei 2,0-l-Motor mit hydraulischer Kupplungsbetätigung).
- Automatikgetriebe: Öl wechseln.

Zusätzlich alle 60.000 km

- Bremstrommelbeläge, hinten: Zustand und Abnutzung kontrollieren.
- Benzinmotor: Aktivkohlefiltersystem (Kraftstoff-Verdunstungs-Rückhaltesystem): Leitungen sichtprüfen.
- Schalt- und Ausgleichgetriebe: Ölstand kontrollieren, ggf. nachfüllen.
- Motor-Kühlfüssigkeit: Wechseln.

Zusätzlich alle 100.000 km

- Kurbelgehäuse-Entlüftung: Leitungen an Luftfilter und Motorblock sichtprüfen.

Alle 120.000 km

- Schalt- und Ausgleichgetriebe: Öl wechseln.
- Zahnriemen der Motorsteuerung: Erneuern.

Alle 2 Jahre

- Bremsflüssigkeit: Wechseln.
- 2,0-l-Motor: Hydraulische Flüssigkeit für Kupplung wechseln.

Wartungsarbeiten

Hier werden, nach den verschiedenen Baugruppen des Fahrzeugs aufgeteilt, alle Wartungsarbeiten beschrieben, die gemäß dem Wartungsplan durchgeführt werden müssen. Auf die erforderlichen Verschleißteile sowie das möglicherweise benötigte Spezialwerkzeug wird jeweils hingewiesen.

Es empfiehlt sich, Reifendruck, Motorölstand und Flüssigkeitsstände für Kühlung, Wisch-/Wasch-Anlage etc. mindestens alle 4 bis 6 Wochen zu prüfen und gegebenenfalls zu ergänzen.

Achtung: Beim **Einkauf von Ersatzteilen** ist immer der **KFZ-Schein** mitzunehmen, da zur einwandfreien Fahrzeugidentifizierung die genaue Angabe der Fahrgestellnummer, des Modells oder des Baujahres erforderlich ist.

Um ganz sicher zu sein, daß man die richtigen Ersatzteile erhält, empfiehlt es sich oftmals, das Altteil auszubauen und zum Ersatzteilhändler mitzunehmen. Dort kann man es mit dem Neuteil vergleichen.

Motor und Abgasanlage

Folgende Wartungspunkte müssen nach dem Wartungsplan durchgeführt werden:

- Motor: Öl- und Filterwechsel, Sichtprüfung auf Ölundichtigkeiten.
- Abgastest durchführen (Leerlaufdrehzahl, Abgasreinigung prüfen, Fehlerspeicher abfragen) – Werkstattarbeit.
- Kühlmittelstand und Konzentration des Frostschutzmittels prüfen. Sichtprüfung auf Undichtigkeiten und äußere Verschmutzung des Kühlers.
- Kühlmittel wechseln, siehe Seite 71.
- Dieselmotor: Ventilspiel prüfen und einstellen, siehe Seite 55.
- Diesel-Kraftstoffilter entwässern beziehungsweise ersetzen.
- Keilriemen/Keilrippenriemen: Spannung und Zustand prüfen.
- Zündkerzen: Erneuern (Benzinmotor).
- Ansaugluftfilter: Filtereinsatz erneuern.
- Benzin-Kraftstoffilter: Erneuern.
- Sichtkontrolle des Aktivkohlefiltersystems, siehe Seite 109.
- Zahnriemen: Ersetzen.
- Kurbelgehäuseentlüftung: Prüfen, siehe Seite 101.
- Abgasanlage: Auf Beschädigungen prüfen.

Motorölwechsel

Zum Motorölwechsel ist folgendes Sonderwerkzeug erforderlich:

- Wenn Öl nicht abgesaugt wird: Eine Grube oder ein hydraulischer Werkstatt-Wagenheber mit Unterstellböcken.

Achtung: Das Motoröl darf auch mittels einer Sonde (an der Tankstelle) über das Ölmeßrohr abgesaugt werden. Allerdings muß das neue Öl dann meistens bei der betreffenden Tankstelle gekauft werden.

- Ein Spezialwerkzeug zum Lösen des Ölfilters (Ölfilterzange, Spannbandschlüssel oder HAZET-Werkzeug 2172).
- Eine Ölauffangschale, die mindestens 5 Liter Öl faßt (nur wenn Öl nicht abgesaugt wird).

Erforderliche Verschleißteile:

- Nur wenn Öl nicht abgesaugt wird: Aluminium- oder Kupfer-Dichtring für die Ölablaßschraube (wird manchmal mit dem Ölfilter mitgeliefert).
- Öl-Filterpatrone.
- Je nach Motor 3,8 bis 5,0 Liter Motoröl. Nur von FIAT freigegebenes Motoröl verwenden, siehe Seite 65.

Ölwechselmenge (mit Filterwechsel):

1,4-l-Motor: . . . . .4,1 Liter;
1,6-l-Motor: . . . . .3,8 Liter;
1,8-l-Motor: . . . . .4,3 Liter;
1,9-l-Motor (Diesel): . . .4,1 Liter;
2,0-l-Motor: . . . . .5,0 Liter

Die Mengendifferenz zwischen der MIN- und MAX-Markierung am Ölpeilstab beträgt ca. 1 Liter.

Ölwechsel beim Dieselmotor alle 10.000 km, beim Benziner alle 20.000 km durchführen. Falls sehr wenig gefahren wird, Ölwechsel einmal im Jahr vornehmen. Dabei wird gleichzeitig die Filterpatrone gewechselt.

Bei erschwerten Einsatzbedingungen wie Kurzstreckenverkehr, häufiger Kaltstart und staubige Straßenverhältnisse sollten Motoröl und Ölfilter in kürzeren Abständen gewechselt werden.

Achtung: Altöl, Ölfilter und ölgetränkte Putzlappen müssen auf jeden Fall bei den Altöl-Sammelstellen abgegeben werden. Die Öl-Verkaufsstellen nehmen die entsprechende Menge Altöl kostenlos entgegen, daher Quittung und Ölkanister für spätere Altölrückgabe aufbewahren! Außerdem informieren Gemeindeverwaltungen darüber, wo sich die nächste Altöl-Sammelstelle befindet. **Keinesfalls dürfen Altöl und Ölfilter einfach weggeschüttet oder dem Hausmüll mitgegeben werden.** Größere Umweltschäden wie beispielsweise Grundwasserverseuchung sind sonst unvermeidbar.

Motoröl ablassen

- Motor auf Betriebstemperatur bringen (+60° C Öltemperatur), dazu ist es notwendig, etwa 10 km weit zu fahren.
- Fahrzeug waagerecht aufbocken.
- Öleinfülldeckel oben am Motor abnehmen.
- Gefäß zum Auffangen des Altöls unter die Ölwanne stellen.
- 1,8-/2,0-l-Benziner sowie Dieselmotor: Abdeckung unterhalb der Ölwanne aus dem Motorunterschutz herausnehmen.

- Ölablaßschraube –1– unten an der Ölwanne herausdrehen und Altöl ganz ablassen. 2 – Ölfilter.

Achtung: Werden im Motoröl Metallspäne und Abrieb in größeren Mengen festgestellt, deutet dies auf Freßschäden hin, zum Beispiel Kurbelwellen- oder Pleuellagerschäden. Um Folgeschäden zu vermeiden, müssen nach der Motorreparatur die Ölkanäle und Ölschläuche sorgfältig gereinigt werden.

Ölfilter ersetzen

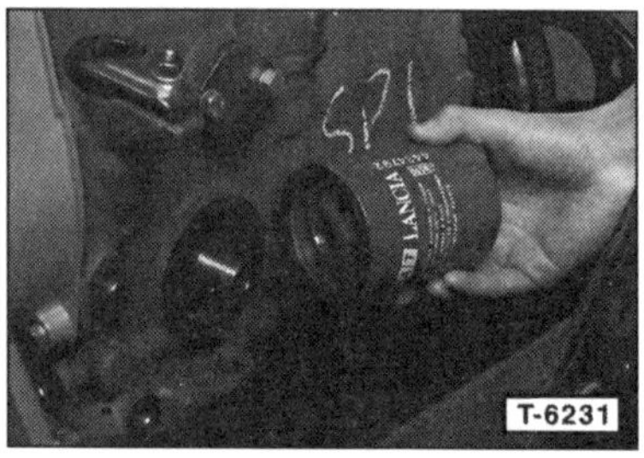

- Ölfilter abschrauben. Der Ölfilter sitzt vorn am Motorblock, die Abbildung zeigt den 1,6-l-Motor. Bei den anderen Motoren sitzt der Filter an einem separaten Flansch. Zum Lösen gibt es spezielle Werkzeuge, zum Beispiel HAZET 2172, oder ein Spannbandschlüssel. Man kann auch einen spitzen Dorn seitlich in den Ölfilter eintreiben, es läuft dann allerdings Öl aus – Gefäß unterstellen.
- Anlagefläche des Ölfilters am Flansch mit einem Lappen abwischen. Eventuell dort verbliebene Filterdichtung abnehmen.
- Gummidichtring am neuen Ölfilter dünn mit Motoröl bestreichen. Eventuelle Hinweise auf dem Ölfilter beachten.
- Neuen Ölfilter nur mit der Hand festschrauben. Wenn die Filterdichtung am Motorblock anliegt, Filter noch um mindestens ½ Umdrehung weiterdrehen.

Motoröl auffüllen

- Ölablaßschraube mit neuem Dichtring einschrauben und fest, aber nicht mit zu großer Gewalt anziehen. Anzugsdrehmoment: **25 Nm;** nur 1,6-l-Motor: **50 Nm**.

- Je nach Modell vorgeschriebene Menge neues Öl am Einfüllstutzen des Zylinderkopfdeckels –Pfeil– einfüllen. Deckel wieder aufschrauben. Die Abbildung zeigt den 1,4-l-Motor. **Achtung:** Zuviel eingefülltes Motoröl zerstört den Katalysator.
- Motor starten und laufen lassen bis die Ölkontrollampe erlischt (ca. 5 s). Motor abstellen.
- Nach 5minütiger Wartezeit Ölstand mit Meßstab kontrollieren.
- Nach Probefahrt Dichtigkeit der Ablaßschraube und des Ölfilters überprüfen, gegebenenfalls vorsichtig nachziehen.
- 1,8-/2,0-l-Benziner sowie Dieselmotor: Abdeckung unterhalb der Ölwanne in den Motorunterschutz einsetzen.
- Betriebswarmen Motor abstellen und Ölstand nach ca. 2 Minuten nochmals prüfen, gegebenenfalls korrigieren.
- Um die Betriebsverhältnisse des Motors besser überwachen zu können, soll beim Ölwechsel immer ein Öl gleichen Typs und möglichst auch gleicher Marke verwendet werden. Daher ist es zweckmäßig, bei jedem Ölwechsel ein Hinweisschild am Motor zu befestigen, auf dem Marke und Viskosität des Öles vermerkt sind.
- Wahllos abwechselnder Gebrauch verschiedener Öltypen ist ungünstig. Motorenöle gleichen Typs, aber verschiedener Marken sollen möglichst nicht gemischt werden. Motorenöle gleichen Typs und gleicher Marke, aber verschiedener Viskosität können im Bedarfsfall während jahreszeitlicher Überschneidung ohne weiteres nachgefüllt werden.

Sichtprüfung auf Ölverlust

Bei ölverschmiertem Motor und hohem Ölverbrauch überprüfen, wo das Öl austritt. Dazu folgende Stellen überprüfen:

- Öleinfülldeckel öffnen und Dichtung auf Porosität oder Beschädigung prüfen.
- Kurbelgehäuse-Entlüftung: Zum Beispiel Belüftungsschläuche vom Kurbelgehäuse zum Nockenwellengehäuse und vom Nockenwellengehäuse zum Luftsammelgehäuse.
- Zylinderkopfdeckel-Dichtung.
- Zylinderkopf-Dichtung.
- Ölfilterdichtung: Ölfilter am Ölfilterflansch.
- Ölablaßschraube (Dichtring).
- Öldruckschalter (Dichtring).
- Ölwannendichtungen.
- Wellendichtringe vorn und hinten für Nockenwelle und Kurbelwelle.

Da sich bei Undichtigkeiten das Öl meistens über eine größere Motorfläche verteilt, ist der Austritt des Öls nicht auf den ersten Blick zu erkennen. Bei der Suche geht man zweckmäßigerweise wie folgt vor:

- Motorwäsche durchführen. Motor mit handelsüblichem Kaltreiniger einsprühen und nach einer kurzen Einwirkungszeit mit Wasser abspritzen. Vorher Generator mit Plastiktüte abdecken.

Achtung: Aus Umweltschutzgründen ist in den meisten Gemeinden die Wagenwäsche auf öffentlichen Plätzen verboten. Inzwischen gibt es an vielen Tankstellen die Möglichkeit, dort seinen Wagen dampfzustrahlen. Da an diesen Tankstellen garantiert ist, daß das Schmutzwasser nicht in der Erde versickert, sollte die Wäsche dort durchgeführt werden.

- Trennstellen und Dichtungen am Motor von außen mit Kalk oder Talkumpuder bestäuben.
- Ölstand kontrollieren, gegebenenfalls auffüllen.
- Probefahrt durchführen. Da das Öl bei heißem Motor dünnflüssig wird und dadurch schneller an den Leckstellen austreten kann, sollte die Probefahrt über eine Strecke von ca. 30 km auf einer Schnellstraße durchgeführt werden.
- Anschließend Motor mit Lampe absuchen, undichte Stelle lokalisieren und Fehler beheben.

Motorölstand prüfen

Etwa alle 500 km sollte der Ölstand des Motors überprüft, gegebenenfalls ergänzt werden. Auf 1000 Kilometer soll ein Benzinmotor nicht mehr als 0,3 l, der Dieselmotor nicht über 0,8 l Öl verbrauchen. Mehrverbrauch ist ein Anzeichen für verschlissene Ventilschaftabdichtungen und/oder Kolbenringe beziehungsweise Dichtungen von Kurbel- und Nockenwelle oder Ölwanne.

- Das Fahrzeug muß beim Messen auf einer waagerechten Fläche stehen.
- Der Motor muß betriebswarm sein.
- Nach Abstellen des Motors mindestens 3 Minuten lang warten, damit sich das Öl in der Ölwanne sammelt.
- Ölpeilstab am Motor herausziehen und mit sauberem Lappen abwischen.

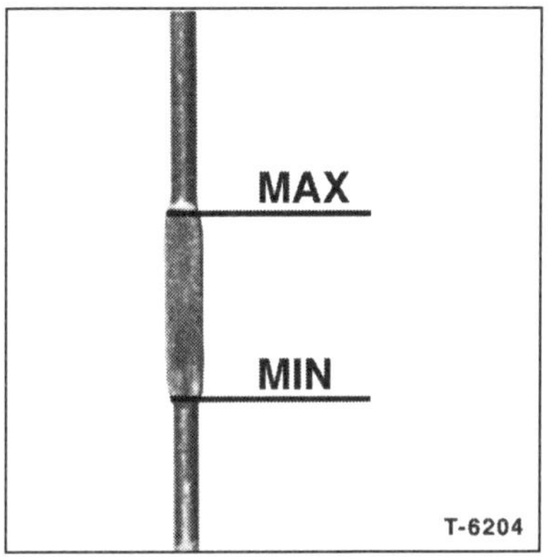

- Anschließend Meßstab bis zum Anschlag einführen und wieder herausziehen. Der Ölstand muß zwischen den beiden Markierungen liegen.
- Neues Öl erst nachfüllen, wenn sich der Ölstand der unteren Marke nähert. Die Mengendifferenz zwischen der MIN- und MAX-Markierung am Ölpeilstab beträgt ca. 1 Liter.
- Nachgefüllt wird am Verschluß des Zylinderkopfdeckels. Beim Nachfüllen richtige Ölsorte verwenden, keine Ölzusätze verwenden.

Achtung: Grundsätzlich nicht über die MAX-Markierung nachfüllen. Zuviel eingefülltes Motorenöl muß wieder abgesaugt werden, da sonst die Motordichtungen oder der Katalysator beschädigt werden können.

Kühlmittelstand prüfen

Der Kühlmittelstand sollte in regelmäßigen Abständen – etwa alle vier Wochen – geprüft werden, zumindest aber vor jeder größeren Fahrt.

Zum Nachfüllen – auch in der warmen Jahreszeit – nur eine Mischung aus Kühlerfrostschutzmittel und kalkarmem, sauberem Wasser verwenden.

Achtung: Um die Weiterfahrt zu ermöglichen, kann auch, insbesondere im Sommer, reines Wasser nachgefüllt werden. Der Kühlerfrostschutz muß dann jedoch baldmöglichst korrigiert werden.

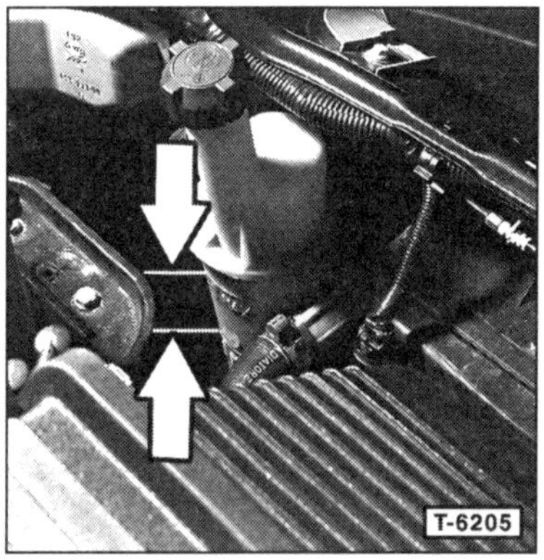

- **1,4-/1,6-l-Motoren:** Der Kühlmittelstand soll bei kaltem Motor (Kühlmitteltemperatur ca. +20° C) zwischen der MIN- und MAX-Markierung am Ausgleichbehälter liegen. Er darf nie unter die MIN-Marke sinken.

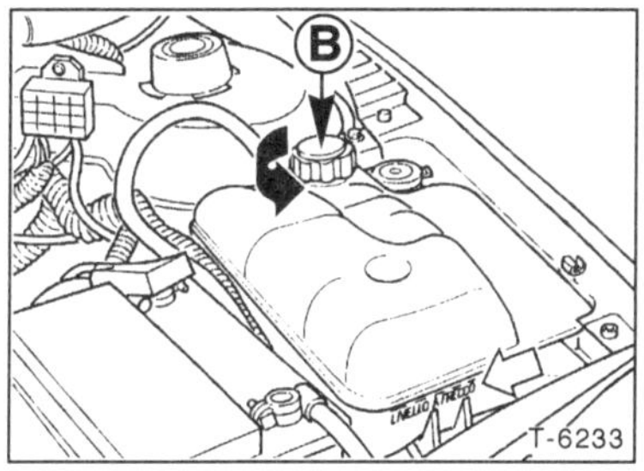

- **1,8-/2,0-l-Benzinmotoren und Dieselmotor:** Diese Motoren besitzen separate Ausgleichbehälter seitlich am Kotflügel. Bei kaltem Motor (Kühlmitteltemperatur ca. +20° C) muß der Kühlmittelstand zwischen der MIN- und MAX-Markierung am Ausgleichbehälter liegen. Er darf nie unter die MIN-Marke sinken. B – Verschlußdeckel.
- **Kaltes** Kühlmittel nur bei **kaltem Motor** nachfüllen, um Motorschäden zu vermeiden.

Achtung: Verschlußdeckel bei heißem Motor zuerst nur 1 Umdrehung öffnen, damit der Überdruck entweicht. Beim Öffnen Lappen über den Verschlußdeckel legen. Verschlußdeckel nur bei einer Kühlmittel-Temperatur unter +90°C öffnen. **Verbrühungsgefahr!**

- Sichtprüfung auf Dichtheit durchführen, wenn der Kühlmittelstand in kurzer Zeit absinkt.

Kühlsystem-Sichtprüfung auf Dichtheit

- Kühlmittelschläuche durch Zusammendrücken und Verbiegen auf poröse Stellen untersuchen, hartgewordene Schläuche ersetzen.
- Die Schläuche dürfen nicht zu kurz auf den Anschlußstutzen sitzen.
- Festen Sitz der Schlauchschellen kontrollieren. Gegebenenfalls neue Schraubschellen anstelle der bisherigen Klemmschellen einbauen.
- Dichtung des Verschlußdeckels auf Beschädigungen überprüfen.
- Festen Sitz der Kühler-Ablaßschraube und Entlüftungsschrauben kontrollieren.
- Wenn der Kühlmittelstand häufig absinkt, ohne daß eine undichte Stelle lokalisiert werden kann, Kühlsystem bei warmem Motor prüfen. Dazu Motor warmfahren und im Leerlauf so lange drehen lassen, bis der Lüfter einschaltet. Kontrollieren, ob Kühlflüssigkeit im Bereich der Kühlmittelpumpe austritt.
- Deutlicher Kühlmittelverlust und/oder Öl in der Kühlflüssigkeit sowie weiße Abgaswolken bei warmem Motor deuten auf eine defekte Zylinderkopfdichtung hin.

Achtung: Mitunter ist es schwierig, die Leckstelle ausfindig zu machen. Dann empfiehlt es sich, eine Druckprüfung durchzuführen, siehe Kapitel »Kühlsystem auf Dichtheit prüfen«. Hierbei kann ebenfalls das Überdruckventil des Verschlußdeckels geprüft werden.

Frostschutz prüfen

Erforderliches Prüfwerkzeug:

- Eine Prüfspindel, die es preiswert im Zubehörhandel zu kaufen gibt und auch oft an Tankstellen zur Benutzung bereitliegt.

Regelmäßig vor Winterbeginn sollte die Konzentration des Frostschutzmittels der Kühlflüssigkeit geprüft werden, insbesondere dann, wenn zwischendurch reines Wasser nachgefüllt wurde.

- Der Motor darf nicht warmgefahren sein. Auf dem Meßgerät ist die Soll-Temperatur für das Kühlmittel angegeben (meist +21° C, also Zimmertemperatur).
- Verschlußdeckel am Ausgleichbehälter öffnen.

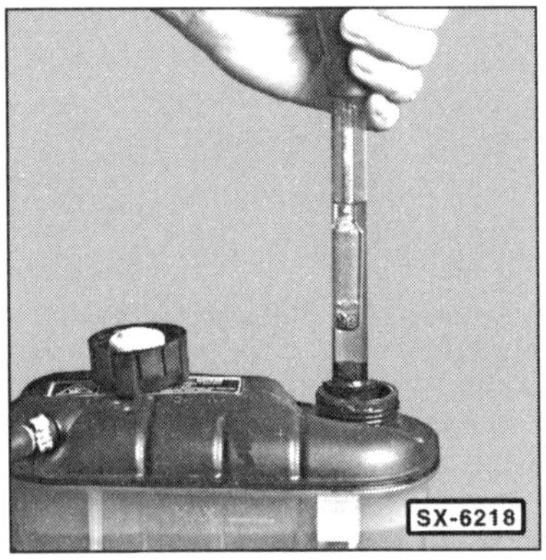

- Mit Meßspindel Kühlflüssigkeit ansaugen und am Schwimmer Kühlmitteldichte ablesen. Der Frostschutz soll in unseren Breiten bis –35° C reichen. Das Mischungsverhältnis von Kühlkonzentrat zu Wasser beträgt dann 1 : 1.

FIAT-Kühlkonzentrat ergänzen

Beispiel: Die Frostschutz-Messung mit der Spindel ergibt einen Frostschutz bis –10° C. In diesem Fall beim Dieselmotor 2,5 l Kühlflüssigkeit ablassen und dafür 2,5 l reines Frostschutzkonzentrat auffüllen. **Achtung:** Nur von FIAT freigegebenes Frostschutzmittel »Paraflu« nachfüllen. Es kann zum Nachfüllen die verwandte Sorte »Paraflu Formula Europa« verwendet werden. Wird diese Sorte nachgefüllt, während sich noch herkömmliches »Paraflu« im Kühlkreislauf befindet, wird allerdings die Messung mit der Frostschutzspindel ungenau.

Gemess. Wert in °C	0	–5	–10	–20
Motor	Differenzmenge in l			
1,4-/1,9-l	3,0	2,5	2,0	1,5
1,6-/1,8-l	3,5	3,0	2,5	1,5
2,0-l	3,7	3,0	2,5	1,5

- Verschlußdeckel am Ausgleichsbehälter verschließen und nach einer Probefahrt den Frostschutz erneut überprüfen.

Dieselmotor: Ventilspiel prüfen/einstellen

Wird die Arbeit falsch ausgeführt, kann dies zu erheblichen Motorschäden führen. Es ist auf eine exakte Arbeitsweise zu achten. Das Einstellen des Ventilspieles wird im Kapitel »Motor« beschrieben.

Erforderliche Spezialwerkzeuge:

- Fühlerblattlehre, Ventilplättchenzange, Ventilniederdrücker.

Erforderliche Verschleißteile:

- Ventildeckeldichtung. Einstellplättchen verschiedener Stärke.

Zündkerzen ersetzen/ Zündkabel prüfen

Benzinmotoren

Erforderliches Spezialwerkzeug:

- Ein 16mm-Zündkerzenschlüssel, der im Zubehörhandel zu kaufen ist.

Folgende Verschleißteile müssen gekauft werden:

- Die richtigen Zündkerzen, siehe Seite 92.

Ausbau

- Der Motor muß mindestens auf Handwärme abgekühlt sein, sonst kann beim Herausschrauben der Kerzen das Gewinde im Zylinderkopf beschädigt werden.

1,4-/1,6-l-Motor:

- **1,4-l-Motor:** Zündkabelabdeckung mit Torx T40-Schraubendreher abschrauben –Pfeile–. Die linke obere Schraube muß nur gelöst, nicht abgeschraubt werden.

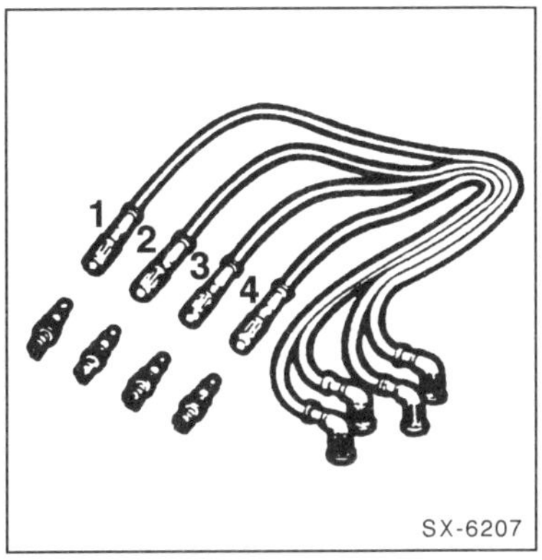

● Kerzenstecker vor dem Abziehen mit Tesaband von 1 bis 4 durchnumerieren, damit sie beim Aufstecken nicht vertauscht werden. Der erste Zylinder ist an der Zahnriemenseite des Motors.

● Sämtliche Kerzenstecker abziehen, dabei nur an den Steckern und nicht an den Kabeln ziehen.

● Zündkerzen-Nischen, wenn möglich, mit Preßluft ausblasen, damit bei ausgebauten Kerzen kein Schmutz in die Gewindebohrung fällt.

● **1,8-/2,0-l-Motor:** Zündspulen ausbauen, siehe Seite 86.

● Zündkerzen mit Zündkerzenschlüssel herausschrauben und den Zustand der Kerze (sogenanntes »Kerzengesicht«) prüfen. Mit einiger Erfahrung lassen sich daraus Rückschlüsse auf den Betriebszustand des Motors ziehen. Es gelten folgende Regeln:

Elektroden und Isolierkörper

■ Mittelgrau = Richtiges Arbeiten der Zündkerze und richtiges Gemisch

■ Schwarz = Gemisch zu fett

■ Hellgrau = Gemisch zu mager

■ Verölt = Aussetzen der betreffenden Zündkerze oder schlecht abdichtende Kolbenringe (Kompression prüfen).

● Isolatoren der Zündkerzen auf Kriechströme untersuchen. Kriechströme zeigen sich als dünne, unregelmäßige Spuren auf der Oberfläche. Falls Kriechstromspuren vorhanden sind, prüfen ob der Zündkerzenstecker undicht ist, gegebenenfalls austauschen.

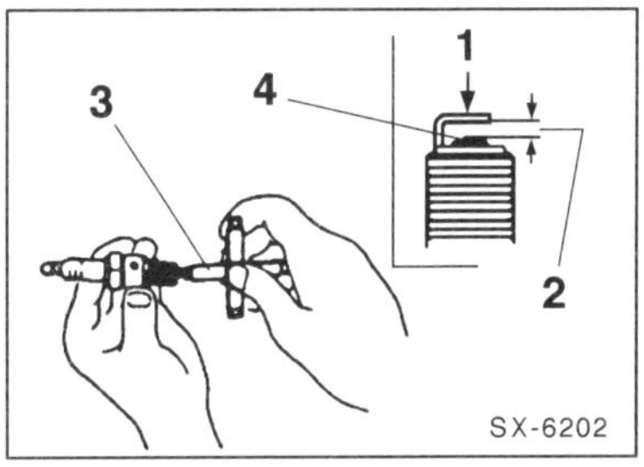

● Elektrodenabstand –2– mit Fühlerblattlehre prüfen. Sollwert: **0,8 mm.** Bei neuen Zündkerzen ist der Elektrodenabstand in der Regel richtig eingestellt, bei bestimmten Fabrikaten nicht mehr einstellbar, siehe Seite 92.

● Zum Einstellen des Kontaktabstandes Masse-Elektrode –1– nachbiegen. Dafür gibt es ein einfaches, praktisches Werkzeug –3–, andernfalls vorsichtig seitlich gegen die Masse-Elektrode klopfen. Beim Aufbiegen kleinen Schraubendreher am Gewinderand der Kerze abstützen, keinesfalls jedoch an der Mittel-Elektrode –4–, da diese sonst beschädigt wird.

● Zündkabel auf engen Radius biegen und auf Risse prüfen. Gegebenenfalls alle Zündkabel ersetzen.

Einbau

● Zündkerzengewinde mit sauberem Lappen reinigen.

● Zündkerzen von Hand bis zur Anlage am Zylinderkopf einschrauben. **Achtung:** Dabei Kerzen nicht verkantet ansetzen.

● Zündkerzen mit **25 Nm** festziehen.

Achtung: Steht kein Drehmomentschlüssel zur Verfügung, neue Zündkerzen mit Kerzenschlüssel um ca. ¼ Umdrehung) anziehen. Gebrauchte Zündkerzen nur ca. 15° anziehen. Zu fest angezogene Zündkerzen können beim Herausschrauben abreißen oder das Gewinde im Zylinderkopf beschädigen. In diesem Fall Kerzengewinde mit UTC- oder Heli-Coil-Einsätzen reparieren.

● **1,4-/1,6-l-Motor:** Kerzenstecker nach beim Ausbau angebrachter Markierung aufstecken. Beim 1,4-l-Motor anschließend Zündkabelabdeckung wieder anschrauben.

● **1,8-/2,0-l-Motor:** Zündspulen und Motorabdeckung einbauen, dabei auf richtigen Sitz der Kabelstecker und Massebänder achten, siehe Seite 86.

Luftfiltereinsatz wechseln

Kein Sonderwerkzeug erforderlich.

Erforderliche Verschleißteile:

● Luftfiltereinsatz.

Ausbau

● 4 Schrauben am Luftfilteroberteil mit Kreuzschlitzschraubendreher rausschrauben, die Gewindebuchsen sind in der Abbildung mit –Pfeilen– gekennzeichnet.

Hinweis: Beim 1,4-l-Motor befindet sich der Luftfilter am rechten Kotflügel, bei den anderen Modellen am linken Kotflügel.

● Luftfilterdeckel anheben und Filtereinsatz –1– herausnehmen.

● Filtergehäuse mit einem Lappen auswischen.

● Filtereinsatz bei geringer Verschmutzung vorsichtig mit der Schmutzseite nach unten ausklopfen.

Achtung: Filtereinsatz weder mit Benzin reinigen, noch mit Öl benetzen. Filtereinsatz nicht mit Preßluft ausblasen.

Einbau

● Neuen Filtereinsatz in das Luftfiltergehäuse einlegen.

● Luftfilteroberteil aufsetzen, Schrauben reinschrauben.

Kraftstoffilter ersetzen/ entwässern

Kein Sonderwerkzeug erforderlich.

Erforderliches Verschleißteil:

- Kraftstoffilter für den jeweiligen Motor. Beim Kauf Baujahr und Fahrzeugmodell angeben.
- Diesel: O-Dichtring für den Filter.

Benzinmotor

Kraftstoffilter ersetzen

Beim Ausbauen des Kraftstoffilters kann eine größere Menge Kraftstoff auslaufen, deshalb ist zum Auffangen ein kraftstoffresistentes Gefäß erforderlich.

Ausbau

Achtung: Kein offenes Feuer, Brandgefahr! Feuerlöscher bereitstellen.

- Batterie-Massekabel (–) von der Batterie abklemmen. **Achtung:** Dadurch werden elektronische Speicher gelöscht, wie zum Beispiel Motor-Betriebswerte. Hinweise im Kapitel »Batterie aus- und einbauen« beachten.

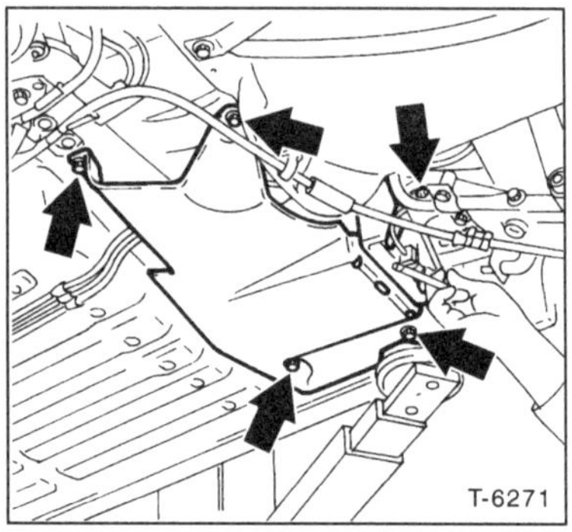

- Der Filter befindet sich am Fahrzeugunterboden vor dem Tank, in der Nähe des rechten Hinterrads. Fahrzeug hinten aufbocken und Abdeckung abschrauben –Pfeile–.
- Geeigneten Auffangbehälter unter den Kraftstoffilter stellen.
- Kraftstoffanschlüsse vor dem Lösen sorgfältig reinigen, zum Beispiel mit Kaltreiniger und einem Pinsel.

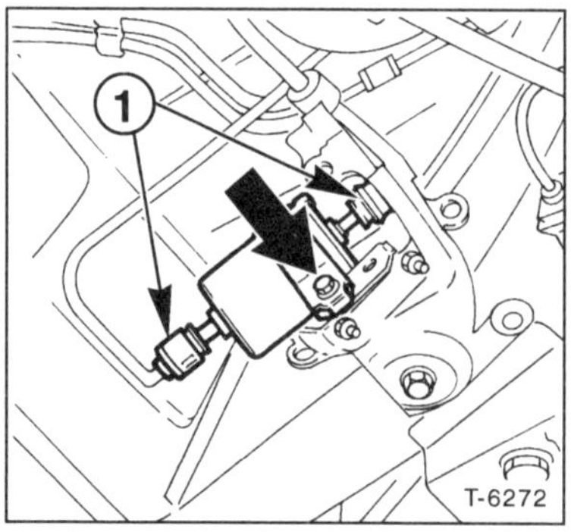

- Einen Lappen um die Kraftstoffleitungen legen. Kraftstoffleitungen abziehen, dabei seitliche Klammern der Schnellverschlüsse –1– mit den Fingern zusammendrücken.
- Halteschelle –Pfeil– des Filters lösen.
- Kraftstoffilter herausnehmen. Einbaulage des Filters für Wiedereinbau beachten.

Einbau

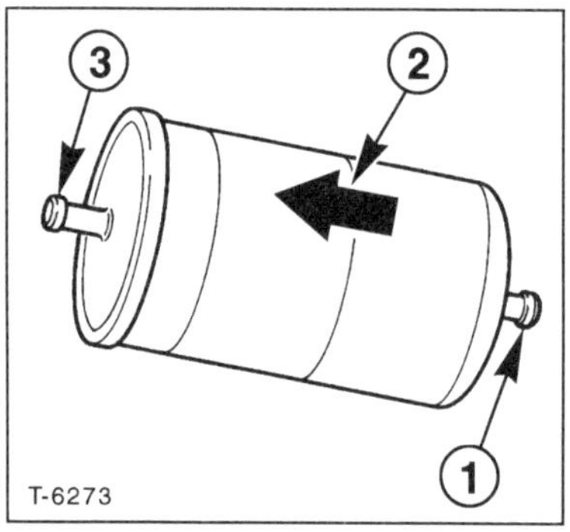

- Kraftstoffilter wie ausgebaut einsetzen. Die Durchflußrichtung ist mit einem Pfeil –2– am Filtergehäuse gekennzeichnet, sie zeigt vom Tank weg in Richtung Motor. 1 – Einlaßstutzen; 3 – Auslaßstutzen.
- Halteschelle festschrauben.
- Kraftstoffzu- und -ablaufleitung aufstecken, dabei rasten die Schnellverschlüsse ein.
- Kunststoff-Abdeckung montieren.
- Batterie-Massekabel (–) anklemmen. Vorhandene Zeituhr einstellen und Diebstahlcode für Radio eingeben.
- Fahrzeug ablassen.
- Nach Probelauf des Motors Dichtheit der Kraftstoffanschlüsse kontrollieren.

Dieselmotor

Kraftstoffilter entwässern/ersetzen

Zum Auffangen des Wassersatzes ist ein geeignetes Auffanggefäß erforderlich. **Achtung:** Auslaufender Dieselkraftstoff muß von Gummiteilen (z. B. Kühlmittelschläuche) sofort abgewischt werden, sonst werden die Gummiteile im Lauf der Zeit zerstört.

Entwässern

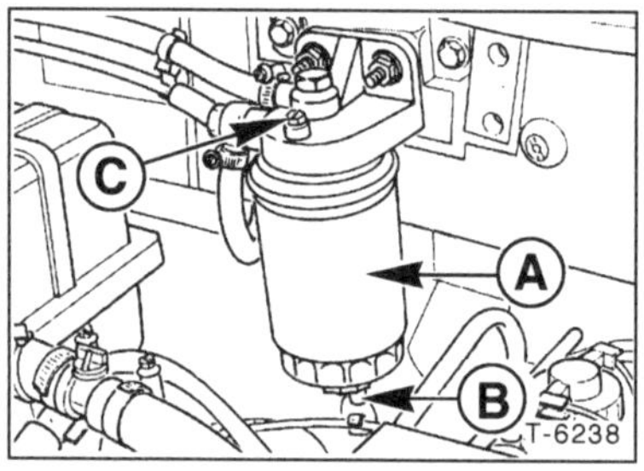

- Anläßlich der Wartung, Filter –A– entwässern. Geeignete Auffangwanne unter die Entwässerungsschraube –B– stellen.
- Damit der Kraftstoff besser ausläuft, Entlüftungsschraube –C– abschrauben. Entwässerungsschraube lösen und Flüssigkeit ablaufen lassen, bis wasserfreier Kraftstoff ausfließt. Es muß zum Schluß nur noch reiner Dieselkraftstoff austreten.
- Entwässerungsschraube und Entlüftungsschraube festziehen, Auffangwanne entfernen.
- Kraftstoffanlage auf Dichtheit prüfen. Dazu Motor starten. Die Kraftstoffanlage entlüftet sich dabei von selbst.

Filterwechsel

- Flüssigkeit vollständig aus dem Filter wie beim Entwässern ablassen.

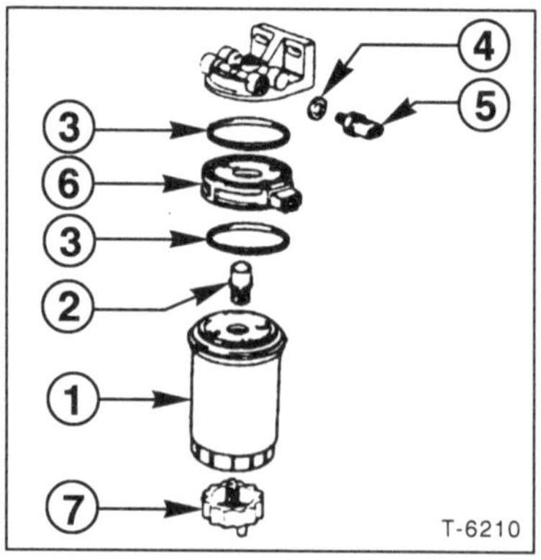

1 – Filtereinsatz
2 – Schraubstutzen
3 – O-Dichtringe
4 – Dichtring Thermofühler
5 – Thermofühler (wo vorhanden)
6 – Kraftstoff-Heizelement (wo vorhanden)
7 – Ablaßschraube

- Filtereinsatz von Hand oder mit Spannband vom Heizelement abschrauben.
- Gummidichtring am neuen Filter mit Diesel bestreichen, Filter randvoll mit Diesel füllen und anschrauben.
- Auffangbehälter und Abdeckung unter dem Filter entfernen.
- Motor starten, die Kraftstoffanlage entlüftet sich dabei von selbst. Falls der Motor nicht anspringt, Kraftstoffanlage entlüften, siehe Seite 114.
- Nach Probefahrt Dichtigkeit der Kraftstoffanlage überprüfen.

Keilriemen prüfen/spannen

Erforderliche Sonderwerkzeuge:

- Die FIAT-Werkstatt prüft die Keilriemenspannung mit einem Spezialgerät. Steht das Prüfgerät nicht zur Verfügung, »Daumenprobe« durchführen.

Erforderliche Verschleißteile:

- Keilriemen oder Keilrippenriemen. Die Länge ist von Ausstattung und Modell abhängig.

Achtung: Nebenaggregate wie Kühlmittelpumpe, Generator, Lenkhilfepumpe und Klimakompressor werden von einem gemeinsamen breiten Keilrippenriemen angetrieben. Nur beim 1,6-l-Motor und Dieselmotor werden zum Antrieb der Lenkhilfepumpe und des Klimakompressors (wo vorhanden) separate, zum Teil schmale Keilriemen verwendet.

Der Keilrippenriemen ist breiter als der Keilriemen und hat Rippen auf der Lauffläche. Da die Riemenspannung durch eine automatische Spannrolle konstant gehalten wird, braucht der Keilrippenriemen nicht nachgespannt zu werden und ist nahezu wartungsfrei.

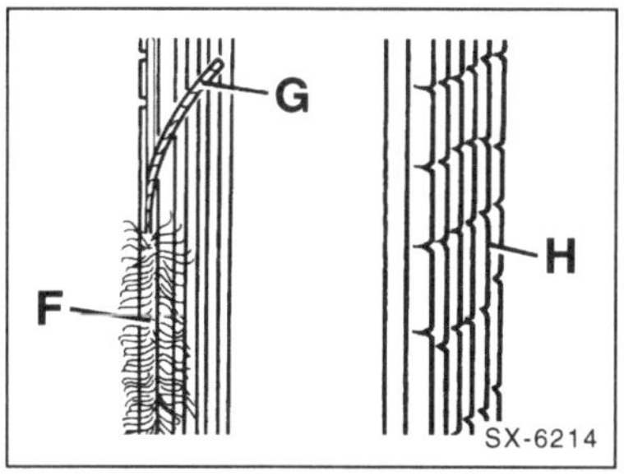

- Keilriemen und Keilrippenriemen müssen ersetzt werden bei: Übermäßiger Abnutzung, ausgefransten Flanken, Ölspuren, Porosität, Querschnittbrüchen, Einlagerungen von Schmutz und kleinen Steinen zwischen den Rippen. Die Abbildung zeigt Verschleißbilder eines Keilrippenriemens: Ausfransungen der Zugstränge –F–, Rippen herausgerissen –G–, Querrisse –H– in mehreren Rippen. Treten eines oder mehrere dieser Anzeichen auf, muß der Keilrippenriemen erneuert werden.
- **1,6-l-Motor:** Spannung der Riemen prüfen, und zwar durch kräftigen Daumendruck in der Mitte zwischen den beiden Riemenscheiben, die den größten Abstand voneinander haben. Wird die Spannung eines längere Zeit gelaufenen **Keilrippenriemens** geprüft, Riemen nur nachspannen, wenn er sich bei der Prüfung mehr als 6 mm durchdrücken läßt. Der **Keilriemen** darf sich um ca. 4 mm durchdrücken lassen.
- **1,4-/1,8-/1,9-/2,0-l-Motoren:** Die Spannung des Keilrippenriemens stellt sich durch den Riemenspanner automatisch ein und kann nicht korrigiert werden.
- **Keilriemen/Keilrippenriemen ersetzen beziehungsweise spannen, siehe Seite 58.**

Zahnriemen ersetzen

Da die Arbeit, falsch ausgeführt, zu erheblichen Motorschäden führen kann, ist auf eine exakte Arbeitsweise zu achten. Der Zahnriemenwechsel wird im Kapitel »Motor« beschrieben.

Beim **2,0-l-Motor** muß der Motor zuvor ausgebaut werden, daher empfehle ich, die Arbeit von der Fachwerkstatt durchführen zu lassen.

Sichtprüfung der Abgasanlage

- Fahrzeug aufbocken.
- Befestigungsschellen auf festen Sitz prüfen.
- Abgasanlage mit Lampe auf Löcher, durchgerostete Teile sowie Scheuerstellen absuchen.
- Stark gequetschte Abgasrohre ersetzen.
- Gummihalterungen durch Drehen und Dehnen auf Porosität überprüfen und gegebenenfalls austauschen.
- Fahrzeug ablassen.

Kupplung/Getriebe/Achsantrieb

- Kupplung: Einstellung prüfen.
- Antriebswellen: Gelenkschutzhüllen auf Undichtigkeiten und Beschädigungen prüfen.
- Schalt- und Automatikgetriebe: Sichtprüfung auf Ölundichtigkeiten. Ölstand prüfen/wechseln.
- Automatikgetriebe: Ölstand prüfen, Öl wechseln.

Achtung: Altöl muß auf jeden Fall bei den Altöl-Sammelstellen abgegeben werden. Die Verkaufsstellen für neues Getriebeöl müssen das Altöl kostenlos entgegen nehmen. Außerdem informieren Gemeindeverwaltungen darüber, wo sich die nächste Altöl-Sammelstelle befindet. **Keinesfalls darf Altöl einfach weggeschüttet oder dem Hausmüll mitgegeben werden.** Größere Umweltschäden wie beispielsweise Grundwasserverseuchung wären sonst unvermeidbar.

Kupplungsspiel einstellen

Kein Sonderwerkzeug erforderlich. Am Kupplungspedal soll kein nennenswertes Spiel vorhanden sein. Die Prüfung/Einstellung wird im Kapitel »Kupplung« beschrieben, siehe Seite 128.

Sichtprüfung auf Dichtheit

Folgende Leckstellen sind möglich:

- Trennstelle zwischen Motorblock und Getriebe (Schwungraddichtung/Wellendichtung-Getriebe).
- Trennstelle zwischen den Getriebegehäusehälften.
- Öleinfüll-/Ölablaßschraube.

Bei der Suche nach der Leckstelle folgendermaßen vorgehen:

- Getriebegehäuse mit Kaltreiniger reinigen.
- Ölstand kontrollieren, ggf. auffüllen.
- Mögliche Leckstellen mit Kalk oder Talkumpuder bestäuben.
- Probefahrt durchführen. Damit das Öl dünnflüssig wird, Probefahrt auf einer Schnellstraße über eine Entfernung von ca. 30 km durchführen.
- Anschließend Fahrzeug aufbocken und Getriebe mit einer Lampe nach der Leckstelle absuchen.
- Leckstellen umgehend beseitigen. Anschließend Öl auffüllen.

Gummimanschetten der Gelenkwellen prüfen

- Fahrzeug aufbocken.

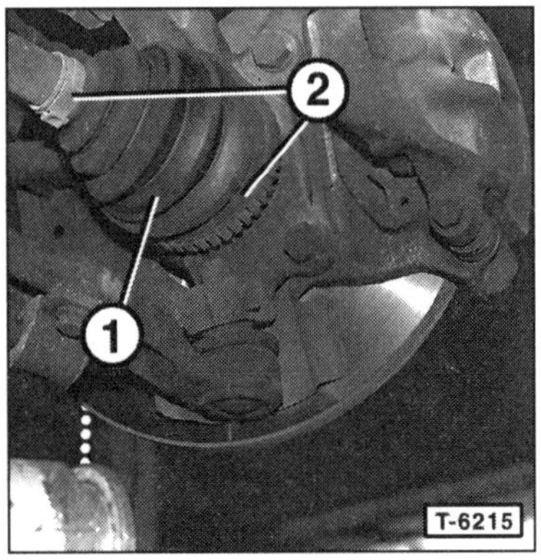

- Auf sichtbare Fettspuren an den Manschetten –1– und in deren Umgebung achten.
- Festen Sitz der Klemmschellen –2– prüfen.
- Gummi der Manschetten mit Lampe auf Porosität und Risse untersuchen. Eingerissene oder nach innen gezogene Gelenkschutzhüllen umgehend erneuern.

Schaltgetriebe: Ölstand prüfen/Öl wechseln

Ölstand im Schalt-/Ausgleichgetriebe alle 60.000 km prüfen. Nach 120.000 km Öl wechseln.

Benötigtes Sonderwerkzeug:

- 12-mm-Schlüssel für Innensechskantschrauben. Es gibt auch einen speziellen Öldienstschlüssel für FIAT-Modelle, z.B. von HAZET, Nr. 3601-12.

BenötigteVerschleißteile:

- Getriebeöl »TUTELA ZC 75 Synth« von FIAT oder anderes Öl SAE 75W EP der Spezifikation API-GL4.

Schaltgetriebe-Ölfüllmenge:

Modell mit 1,4-l-Motor: 1,7 Liter; alle anderen: 2,0 Liter.

Ölstand prüfen

- Fahrzeug waagerecht aufbocken. Falls vorhanden, Motor-Unterschutz ausbauen, siehe Seite 14.

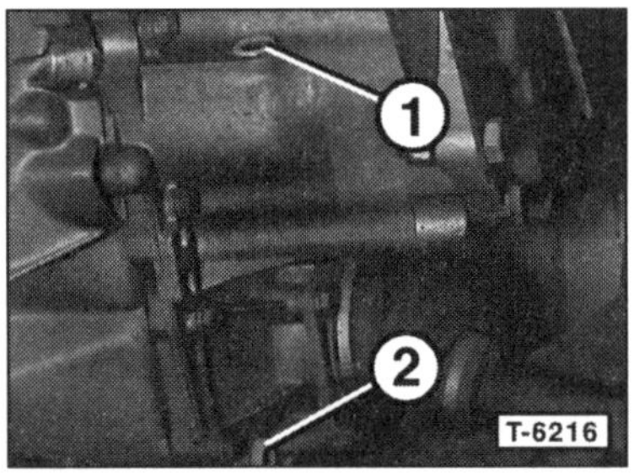

- Einfüllschraube –1– am Getriebe herausdrehen; die Einfüllschraube, Innensechskant SW 12, befindet sich auf der linken Vorderseite des Getriebes. –2– = Ablaßschraube Motoren ab 1,6 l Hubraum, 12 mm Innensechskant.

- Die Abbildung zeigt die Getriebe-Ölablaßschraube beim Modell mit 1,4-l-Motor.

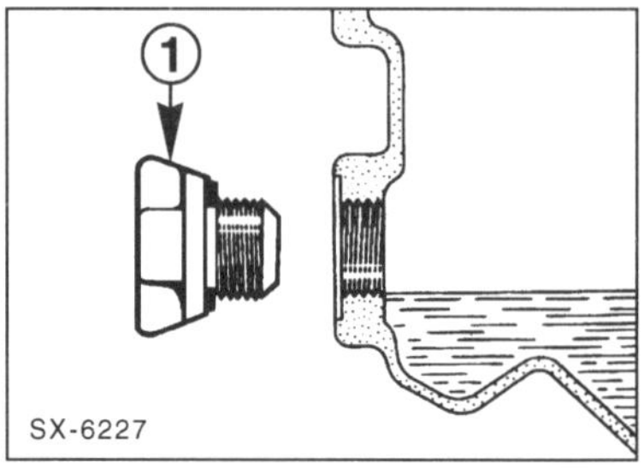

- Bei der Ölstandkontrolle mit Finger prüfen, ob der Ölstand bis zum unteren Rand der Einfüllbohrung reicht. Sonst Getriebeöl angegebener Spezifikation nachfüllen.

  Hierfür wird eine Ölspritzkanne benötigt. Beim Nachfüllen Gefäß unterstellen und überschüssiges Öl ablaufen lassen. Nicht zuviel Öl auf einmal einfüllen.
- Öleinfüllschraube mit **50 Nm** festziehen. Der Gewindekonus dichtet ohne weitere Dichtung ab.

Öl wechseln

- Öleinfüll- und -ablaßschraube herausdrehen und Öl ganz ablaufen lassen.
- Ölablaßschraube einschrauben. Das Anzugsmoment der Schraube richtet sich nach dem Gewinde-Außendurchmesser der Ölablaßschraube. M16-Gewinde (Außendurchmesser 16 mm): **20 Nm**; M22-Gewinde (Außendurchmesser 22 mm): **50 Nm**. Der Gewindekonus dichtet ohne weitere Dichtung ab.
- Neues Öl »TUTELA ZC 75 Synth« von FIAT einfüllen. Füllmenge: 1,4-l-Motor: 1,7 Liter; alle anderen: 2,0 Liter.
- Einfüllschraube mit **50 Nm** festziehen, Fahrzeug ablassen.

Automatik-Getriebe: Ölstand prüfen/Öl wechseln

Erforderliche Verschleißteile:

- Automatikgetriebeöl »TUTELA GI/2« von FIAT, oder anderes Öl der Spezifikation »DEXRON II«.
- Dichtring für Ölablaßschraube.

Ölstand prüfen

- Fahrzeug mindestens 15 km warmfahren, dann hat das Getriebe eine Öltemperatur von ca. +70° C bis +80° C.
- Fahrzeug auf waagerechter Fläche abstellen. Handbremse anziehen.

- Der Motor dreht während der Prüfung im Leerlauf. Mit dem Motor im Leerlauf den Wählhebel langsam von Stellung »P« bis auf Stellung »1«, dann zurück auf »P« schieben.

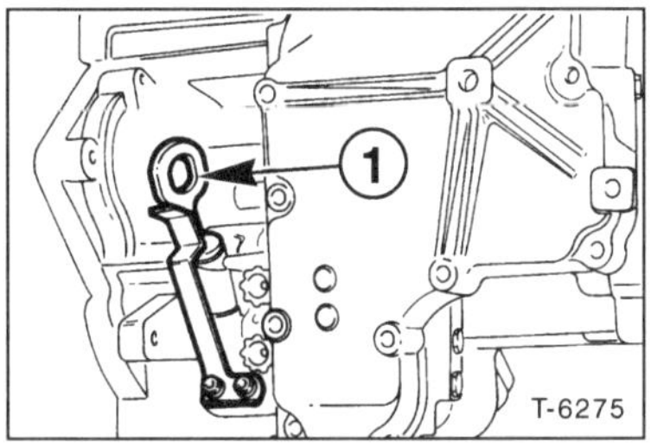

- Der Ölmeßstab –1– befindet sich an der Getriebe-Vorderseite. Hier wird auch, falls nötig, das Automatik-Getriebeöl eingefüllt.
- Ölmeßstab herausziehen und mit einem sauberen, nicht fasernden Lappen, am besten mit Leder abwischen. Anschließend Meßstab voll eintauchen, wieder herausziehen und Ölstand ablesen.

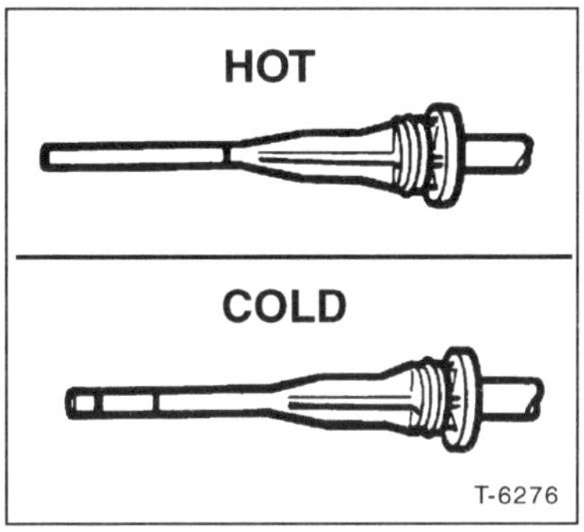

- Der Flüssigkeitsstand muß möglichst nahe unterhalb der Markierung auf der Seite des Peilstabs liegen, die mit »HOT« (heißes Öl) beschriftet ist.

Hinweis: Die Ölstandmessung kann auch bei kaltem Getriebe durchgeführt werden. Messung bei laufendem Motor vornehmen. In diesem Fall gilt die Markierung auf der Seite mit der Aufschrift »COLD« am Ölpeilstab. Empfehlenswert ist jedoch aufgrund der größeren Genauigkeit die anschließende Messung bei warmem Getriebe.

Der vorgeschriebene Ölstand ist für die einwandfreie Funktion des automatischen Getriebes äußerst wichtig. Darum ist die Prüfung mit großer Sorgfalt durchzuführen.

- Muß Getriebeöl nachgefüllt werden, sehr sauberen Trichter verwenden. Automatik-Getriebeöl bei stehendem Motor durch das Getriebe-Meßstabrohr einfüllen. Dabei ist auf allerpeinlichste Sauberkeit zu achten, es dürfen keine Verunreinigungen in das Getriebe gelangen.

Achtung: Nicht zuviel Öl einfüllen. Zuviel Öl kann Störungen in der Automatik hervorrufen. In jedem Fall muß zuviel eingefülltes Öl wieder abgelassen oder mit einer Spritze abgesaugt werden.

- Nach erfolgter Prüfung oder Korrektur des Ölstandes Meßstab wieder ganz einführen.

Automatik-Getriebeöl wechseln

Der Ölwechsel ist alle 40.000 km durchzuführen. Dabei ist auf allerpeinlichste Sauberkeit zu achten. Selbst geringste Verunreinigungen können zum Ausfall der Automatik führen. **Achtung:** Ohne Getriebeöl-Füllung darf der Motor nicht laufengelassen werden. Auch darf das Fahrzeug ohne Getriebeöl-Füllung nicht abgeschleppt werden.

- Fahrzeug mindestens 15 km warmfahren, dann hat das Getriebe eine Öltemperatur von ca. +70° C bis +80° C. Das Öl fließt dann besser ab.
- Fahrzeug waagerecht aufbocken.

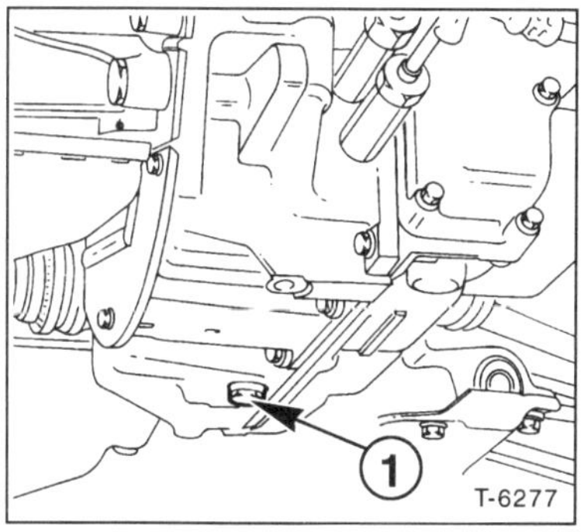

- Geeignete Auffangwanne unterstellen. Öl an Schraube –1– ablassen. Mindestens 10 Minuten abtropfen lassen, damit möglichst viel herausläuft.

Achtung: Hat das Öl einen verbrannten Geruch oder befindet sich Metallabrieb im Öl, muß das Getriebe überholt werden. Eine weißliche Färbung deutet auf Kühlmitteleintritt durch den Ölkühler hin.

- Ölablaßschraube mit **neuer** Dichtung einschrauben und mit **40 Nm** festziehen. Fahrzeug ablassen.
- **3,0 Liter** Automatiköl »TUTELA GI/2« von FIAT, oder anderes Öl der Spezifikation »DEXRON II« durch das Getriebe-Meßstabrohr einfüllen.

Achtung: Nicht zuviel Öl einfüllen. Zuviel Öl kann Störungen in der Automatik hervorrufen. In jedem Fall muß zuviel eingefülltes Öl wieder abgelassen oder mit einer Spritze abgesaugt werden.

- Ölstand kontrollieren, siehe unter »prüfen«.

Bremsen/Reifen/Räder

- Bremsflüssigkeit: Stand und Warnleuchte prüfen.
- Bremsanlage: Dicke der Bremsbeläge und elektrische Leitungen der Verschleißgeber an den vorderen Scheibenbremsen prüfen. Leitungen, Schläuche, Bremszylinder und Anschlüsse auf Undichtigkeiten und Beschädigungen prüfen.
- Bremstrommel ausbauen und sichtprüfen. Riefige Bremstrommeln ausdrehen lassen oder erneuern. Bremsscheibendicke prüfen. Hebelweg der Handbremse prüfen. Diese Wartungspunkte sind im Kapitel »Bremsanlage« beschrieben.
- Bereifung: Profiltiefe und Reifenfülldruck prüfen; Reifen auf Verschleiß und Beschädigungen (einschließlich Reserverad) prüfen.
- Radschrauben: Mit **90 Nm** über Kreuz nachziehen.

Bremsflüssigkeitsstand/ Warnleuchte prüfen

Der Vorratsbehälter für die Bremsflüssigkeit befindet sich im Motorraum. Er hat zwei Kammern, je eine für jeden Bremskreis. Der Schraubverschluß hat eine Belüftungsbohrung, die nicht verstopft sein darf.

Der Vorratsbehälter ist durchscheinend, so daß der Bremsflüssigkeitsstand jederzeit von außen überwacht werden kann. Außerdem wird ein zu niedriger Flüssigkeitsstand durch eine Warnleuchte im Schalttafeleinsatz angezeigt. Dennoch ist es ratsam, etwa alle 4 Wochen einen Blick auf den Flüssigkeitsstand im Vorratsbehälter zu werfen.

- Der Flüssigkeitsstand soll bei geschlossenem Deckel oberhalb der umlaufenden Schweißnaht –Pfeil– zwischen oberem und unterem Behälterteil liegen.
- Zum Nachfüllen nur **neue** Bremsflüssigkeit der Spezifikation **DOT4** oder »TUTELA TOP 4 270° C« von FIAT verwenden.
- Durch Abnutzung der Bremsbeläge entsteht ein geringfügiges Absinken der Bremsflüssigkeit. Das ist normal.
- Sinkt die Bremsflüssigkeit jedoch innerhalb kurzer Zeit stark ab, ist das ein Zeichen für Bremsflüssigkeitsverlust.

Die Leckstelle muß dann sofort ausfindig gemacht werden. In der Regel liegt es an verschlissenen Manschetten in den Radbremszylindern. Sicherheitshalber sollte die Überprüfung der Anlage von einer Fachwerkstatt durchgeführt werden.

- Mit Hilfsperson die Funktion der Warnleuchte für zu niedrigen Bremsflüssigkeitsstand prüfen. Dazu mit dem Daumen auf den Verschluß des Bremsflüssigkeitsbehälters drücken, siehe Abbildung. An der Armaturentafel muß dann bei gelöster Handbremse und eingeschalteter Zündung die Warnleuchte aufleuchten. Falls nicht, Kontrollampe und elektrische Leitungen überprüfen.

Bremsbelagdicke prüfen

- Rad zur Radfelge mit Farbe kennzeichnen, damit das ausgewuchtete Rad wieder an gleicher Stelle montiert werden kann. Radschrauben lösen.
- Fahrzeug aufbocken, Räder abnehmen.

Scheibenbremse

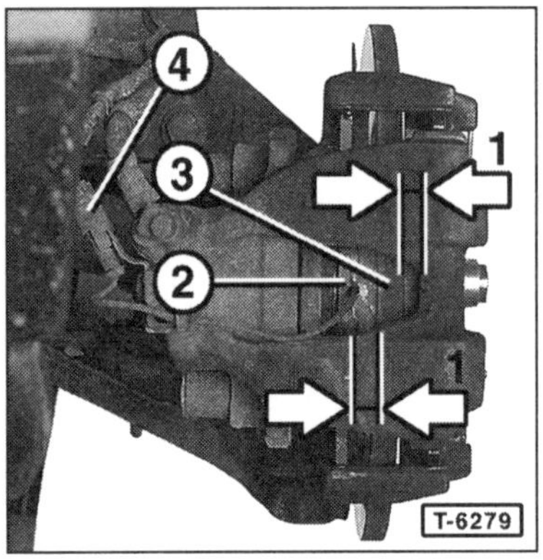

- Vorder- beziehungsweise Hinterräder abnehmen. Dicke der Bremsbeläge –1–, ohne metallne Rückenplatte –2–, von oben durch das Bremskolbengehäuse sichtprüfen. 3 – Bremsscheibe. Im Zweifelsfall Bremsbeläge ausbauen und Belagdicke mit Schieblehre messen.
- Die Verschleißgrenze der **Scheibenbremsbeläge** ist erreicht, wenn der Reibbelag nur noch eine Dicke von **1,5 mm** aufweist.

Hinweis: Nach einer Faustregel entspricht 1 mm Bremsbelag einer Fahrleistung von mindestens 1000 km. Diese Faustregel gilt unter ungünstigen Bedingungen. Im Normalfall halten die Beläge viel länger. Bei einer Belagdicke der Scheibenbremsbeläge von 5,0 mm (ohne Rückenplatte) beträgt die Restnutzbarkeit der Bremsbeläge also noch mindestens 3500 km.

- Kabel für Verschleißfühler auf Beschädigung sichtprüfen, Steckverbindung –4– für Kabel muß eingerastet sein.

Trommelbremse

- Hinterräder abnehmen. Bei Fahrzeugen mit Bremsbacken an der Hinterradbremse befindet sich in den Bremstrommeln eine Bohrung zur Kontrolle der Bremsbelagstärke. Mit Lampe in die Öffnung leuchten.

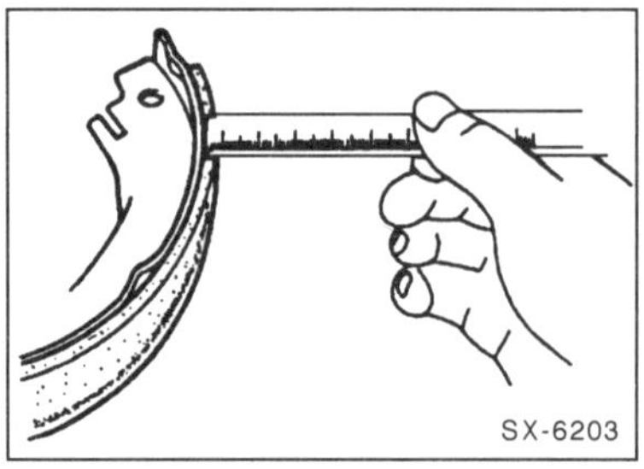

- Im Zweifelsfall Bremstrommel ausbauen und Bremsbelagstärke messen. Die Verschleißgrenze ist erreicht, wenn der Bremsbelag an der dünnsten Stelle eine Stärke von **1,5 mm** hat.
- Ist die Verschleißgrenze erreicht, Bremsbeläge auswechseln. Grundsätzlich alle Beläge einer Achse erneuern.
- Räder so ansetzen, daß die beim Ausbau angebrachten Markierungen übereinstimmen. Radschrauben **nicht** fetten oder ölen. Räder anschrauben. Fahrzeug ablassen und Radschrauben über Kreuz mit **90 Nm** festziehen.

Sichtprüfung der Bremsleitungen

- Fahrzeug aufbocken.
- Bremsleitungen mit Kaltreiniger reinigen.

Achtung: Die Bremsleitungen sind zum Schutz gegen Korrosion mit einer Kunststoffschicht überzogen. Wird diese Schutzschicht beschädigt, kommt es zur Korrosion der Leitungen. Aus diesem Grund dürfen Bremsleitungen nicht mit Drahtbürste, Schmirgelleinen oder Schraubendreher gereinigt werden.

- Bremsleitungen vom Hauptbremszylinder zum ABS-Aggregat und zu den einzelnen Radbremszylindern mit Lampe überprüfen. Der Hauptbremszylinder sitzt im Motorraum unter dem Vorratsbehälter für Bremsflüssigkeit.
- Bremsleitungen dürfen weder geknickt noch gequetscht sein. Auch dürfen sie keine Rostnarben oder Scheuerstellen aufweisen. Andernfalls Leitung bis zur nächsten Trennstelle ersetzen.
- Die Bremsschläuche verbinden die Bremsleitungen mit den Bremssätteln an den beweglichen Teilen des Fahrzeugs. Sie bestehen aus hochdruckfestem Material, können aber mit der Zeit porös werden, aufquellen oder durch scharfe Gegenstände ange-

schnitten werden. In einem solchen Fall sind sie sofort zu ersetzen.

F-6245

- Bremsschläuche mit der Hand hin- und herbiegen, um Beschädigungen festzustellen. Schläuche dürfen nicht verdreht sein.
- Lenkrad nach links und rechts bis zum Anschlag drehen. Die Bremsschläuche dürfen dabei in keiner Stellung an Fahrwerksteilen scheuern.
- Anschlußstellen von Bremsleitungen und -schläuchen dürfen nicht durch ausgetretene Flüssigkeit feucht sein.

Achtung: Wenn der Vorratsbehälter und die Dichtungen durch ausgetretene Bremsflüssigkeit feucht sind, so ist das nicht unbedingt ein Hinweis auf einen defekten Hauptbremszylinder. Vielmehr dürfte Bremsflüssigkeit durch die Belüftungsbohrung im Deckel oder durch die Deckeldichtung ausgetreten sein.

- Fahrzeug ablassen.

Bremsflüssigkeit wechseln

Erforderliches Sonderwerkzeug:

- Ringschlüssel für Entlüfterschrauben.

Erforderliches Verschleißteil:

- Etwa 0,7 Liter neue Bremsflüssigkeit der Spezifikation **DOT4** oder »TUTELA TOP 4 270° C« von FIAT.

Die Bremsflüssigkeit nimmt durch die Poren der Bremsschläuche sowie durch die Entlüftungsöffnung des Vorratsbehälters Luftfeuchtigkeit auf. Dadurch sinkt im Laufe der Betriebszeit der Siedepunkt der Bremsflüssigkeit. Bei starker Beanspruchung der Bremse kann es deshalb zu Dampfblasenbildung in den Bremsleitungen kommen, wodurch die Funktion der Bremsanlage stark beeinträchtigt wird.

Die Bremsflüssigkeit soll alle 2 Jahre, möglichst im Frühjahr, erneuert werden.

- Vorsichtsmaßregeln beim Umgang mit Bremsflüssigkeit beachten, siehe Seite 183.
- Mit einer Absaugflasche aus dem Bremsflüssigkeitsbehälter Bremsflüssigkeit bis zu einem Stand von ca. 10 mm absaugen.

Achtung: Vorratsbehälter nicht ganz entleeren, damit keine Luft in das Bremssystem gelangt.

- Vorratsbehälter ganz mit **neuer** Bremsflüssigkeit füllen.
- Die Reihenfolge der Entlüftung: Zuerst an einem vorderen Bremssattel beginnen, dann den diagonal gegenüberliegenden hinteren Bremszylinder entlüften. An der anderen Fahrzeugseite wiederholen.
- Am 1. Bremszylinder sauberen Schlauch auf Entlüfterventil aufschieben, geeignetes Gefäß unterstellen, siehe auch Abbildungen in Kapitel »Bremsanlage entlüften«, Seite 184.

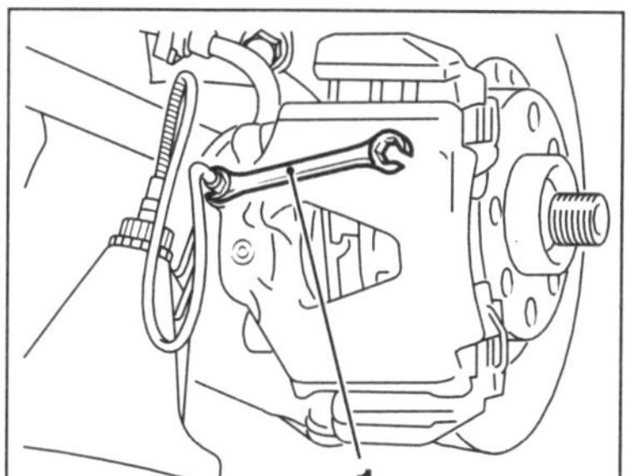

O-6275

- Von Helfer das Bremspedal mehrmals durchtreten lassen, bis sich ein Gegendruck aufgebaut hat. Bremspedal getreten lassen, gleichzeitig Entlüfterventil mit Ringschlüssel –1– öffnen und Bremsflüssigkeit durch den durchsichtigen Schlauch herausströmen lassen. Entlüfterventil schließen, wenn das Pedal am Bodenblech anstößt, Fuß vom Pedal nehmen lassen. Dieser Vorgang ist solange zu wiederholen (ca. 10 mal), bis nur noch neue Bremsflüssigkeit heraustritt. Neue Bremsflüssigkeit ist an der helleren Farbe zu erkennen.
- Entlüfterventil vorsichtig schließen, Staubkappe aufsetzen, Vorratsbehälter mit **neuer** Bremsflüssigkeit auffüllen.
- Auf die gleiche Weise alte Bremsflüssigkeit aus den anderen Bremszylindern herauspumpen. Reihenfolge beachten.

Achtung: Die abfließende Bremsflüssigkeit muß in jedem Fall klar und blasenfrei sein.

- Alte Bremsflüssigkeit bei der örtlichen Deponie für Sondermüll abgeben. **Achtung:** Alte Bremsflüssigkeit niemals in Trinkgefäßen und für Kinder erreichbar aufbewahren. **Vergiftungsgefahr.**

Achtung, Sicherheitskontrolle durchführen:

- ◆ Sind die Entlüftungsschrauben angezogen?
- ◆ Ist genügend Bremsflüssigkeit eingefüllt?
- ◆ Bei laufendem Motor Dichtheitskontrolle durchführen. Hierzu Bremspedal mit 200 bis 300 N (entspricht 20 bis 30 kg) etwa 10 sec. betätigen. Das Bremspedal darf nicht nachgeben. Sämtliche Anschlüsse auf Dichtheit kontrollieren.

- Anschließend einige Bremsungen auf Straße mit geringem Verkehr durchführen.

Reifenfülldruck prüfen

- Reifenfülldruck nur am kalten Reifen prüfen. Muß der Fülldruck oft ergänzt werden, Reifenventil prüfen beziehungsweise Reifen prüfen lassen.
- Reifenfülldruck einmal im Monat sowie im Rahmen der Wartung prüfen. Fülldrucktabelle, siehe Betriebsanleitung beziehungsweise Seite 194.
- Zusätzlich sollte der Fülldruck vor längeren Autobahnfahrten kontrolliert werden, da hierbei die Temperaturbelastung für den Reifen am größten ist.

Reifenventil prüfen

- Staubschutzkappe abschrauben.

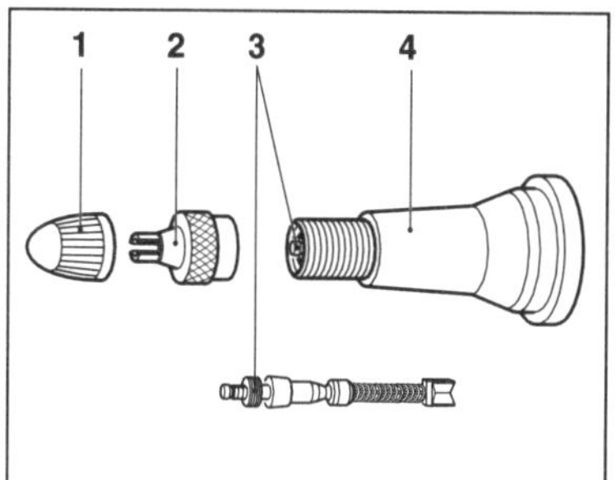

E 7761w

- Etwas Spucke auf das Ventil geben. Wenn sich eine Blase bildet, Ventileinsatz –3– mit umgedrehter Schutzkappe –2– festdrehen.

Achtung: Zum Anziehen des Ventileinsatzes kann nur eine Metallschutzkappe –2– verwendet werden. Metallschutzkappen sind an der Tankstelle erhältlich. 1 – Gummischutzkappe, 4 – Ventil.

- Ventil erneut prüfen. Falls sich wieder Blasen bilden oder sich das Ventil nicht weiter anziehen läßt, Ventileinsatz oder komplettes Ventil erneuern (Werkstattarbeit).
- Grundsätzlich Schutzkappe wieder aufschrauben.

Reifenprofil/Radbefestigung prüfen

Die Reifen ausgewuchteter Räder nutzen sich bei gewissenhaftem Einhalten des vorgeschriebenen Fülldrucks und bei fehlerfreier Radeinstellung und Stoßdämpferfunktion auf der gesamten Lauffläche annähernd gleichmäßig ab. Bei ungleichmäßiger Abnutzung, siehe Störungsdiagnose im Kapitel »Reifen«. Im übrigen läßt sich keine generelle Aussage über die Lebensdauer bestimmter Reifenfabrikate machen, denn die Lebensdauer hängt von unterschiedlichen Faktoren ab:

- Fahrbahnoberfläche
- Reifenfülldruck
- Fahrweise
- Witterung

Vor allem sportliche Fahrweise, scharfes Anfahren und starkes Bremsen fördern den schnellen Reifenverschleiß.

Achtung: Die Rechtsprechung verlangt, daß Reifen lediglich bis zu einer Profiltiefe von 1,6 mm abgefahren werden dürfen, und zwar müssen die Profilrillen auf der gesamten Lauffläche noch mindestens 1,6 mm Tiefe aufweisen. Es empfiehlt sich jedoch, sicherheitshalber die Reifen bereits bei einer Mindestprofiltiefe von 2 mm auszutauschen.

Nähert sich die Profiltiefe der gesetzlich zulässigen Mindestprofiltiefe, das heißt, weist der mehrmals am Reifenumfang angeordnete 1,6 mm hohe Verschleißanzeiger kein Profil mehr auf, müssen die Reifen gewechselt werden. Die Verschleißanzeiger sind über den gesamten Umfang des Reifens verteilt. Die jeweilige Position ist mit der seitlichen Aufschrift »TWI« und »▲« gekennzeichnet. TWI = Tread wear indicator.

Achtung: M + S-Reifen (Winterreifen) haben auf Matsch und Schnee nur ausreichende Wirkung, wenn ihr Profil noch mindestens 4 mm tief ist.

Achtung: Reifen auf Schnittstellen untersuchen und mit kleinem Schraubendreher Tiefe der Schnitte feststellen. Wenn die Schnitte bis zur Karkasse reichen, korrodiert durch eindringendes Wasser der Stahlgürtel. Dadurch löst sich unter Umständen die Lauffläche von der Karkasse, der Reifen platzt. Deshalb: Bei tiefen Einschnitten im Profil aus Sicherheitsgründen Reifen austauschen.

- Sämtliche Radschrauben über Kreuz mit **90 Nm** nachziehen. Radschrauben nicht ölen oder fetten.

Lenkung/Vorderachse

- Spurstangenköpfe: Spiel und Befestigung prüfen, Staubkappen prüfen.
- Achsgelenke: Staubkappen prüfen.
- Achsgelenke auf Spiel prüfen.
- Lenkung: Faltenbälge auf Undichtigkeiten und Beschädigungen prüfen.
- Servolenkung: Flüssigkeitsstand prüfen, gegebenenfalls Hydrauliköl auffüllen.

Staubkappen für Spurstangen-/Achsgelenke prüfen

- Fahrzeug vorn aufbocken.

Spurstangengelenk

Achsgelenk

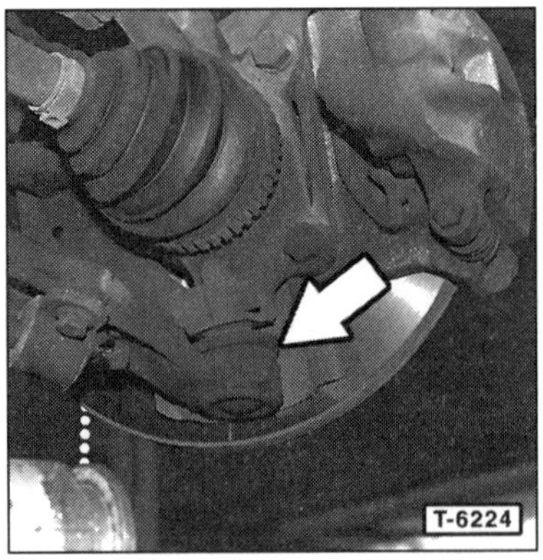

- Staubkappen links und rechts mit Lampe anstrahlen und auf Beschädigungen überprüfen, dabei auf Fettspuren an den Manschetten und in deren Umgebung achten.
- Manschetten auf Risse und Einschnitte prüfen.

- Bei beschädigter Staubkappe, sicherheitshalber entsprechendes Gelenk mit Schutzkappe auswechseln. Eingedrungener Schmutz zerstört das Gelenk.
- Fahrzeug ablassen.

Achsgelenke auf Spiel prüfen

- Fahrzeug vorn aufbocken.
- Einen geeigneten Hebel so ansetzen, daß sich der Hebel am inneren Felgenrand und am unteren Querlenker abstützt.

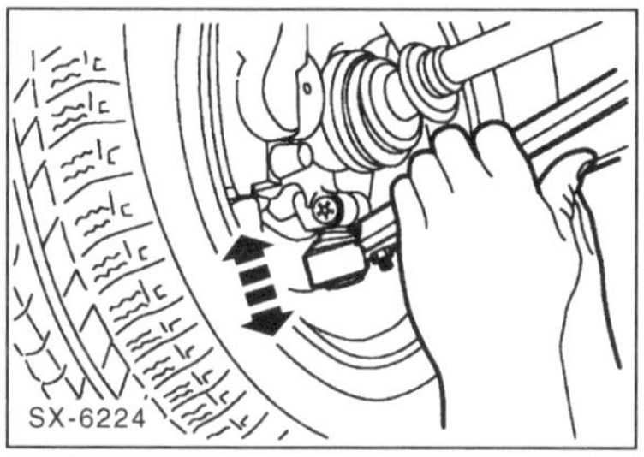

- Den Hebel vorsichtig nach oben drücken und das Spiel kontrollieren. Das Spiel ist die vom unteren Querlenker zurückgelegte Strecke, bis die Bewegung auf das Schwenklager übertragen wird.
- Das Spiel darf nicht größer als 0,5 mm sein. Wird dieser Wert überschritten, muß das verschlissene Gelenk erneuert werden.
- Fahrzeug ablassen.

Faltenbälge für Lenkung prüfen

- Auf sichtbare Fettspuren (ölig glänzender Schmutz) an den Faltenbälgen und in deren Umgebung achten.
- Festen Sitz der Schraub- oder Klemmschellen prüfen.

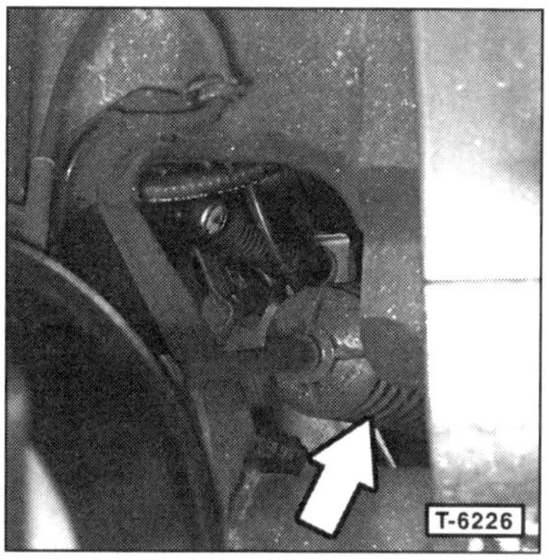

- Gummi der Faltenbälge mit einer Taschenlampe auf Porosität oder Risse untersuchen, dabei Räder nach beiden Seiten einschlagen.
- Defekten Faltenbalg umgehend ersetzen.

Ölstand für Servolenkung prüfen

Erforderliches Verschleißteil:

- ATF-Öl »TUTELA GI/A« von FIAT, oder anderes Öl, Typ »DEXRON II«.

Prüfen

- Motorhaube öffnen. Der Ölbehälter für die Servolenkung sitzt an der Motor-Spritzwand.

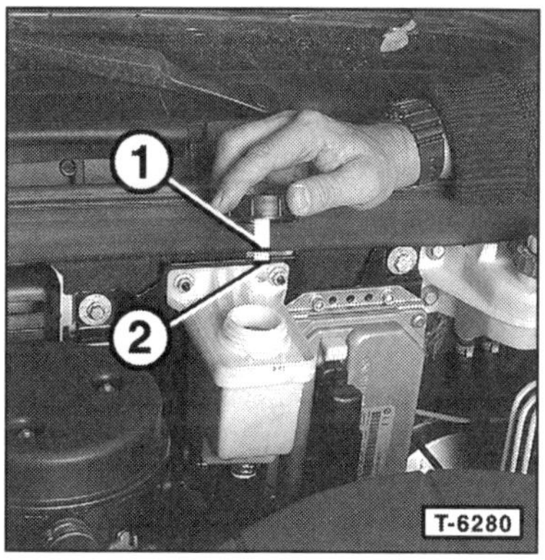

- Deckel vom Ölbehälter abschrauben. Meßstab am Deckel mit sauberem flusenfreiem Lappen, am besten mit Leder, abwischen. Deckel aufsetzen, ohne ihn aufzuschrauben, und dann wieder abnehmen.
- Der Ölstand soll bei kaltem Motor zwischen der MAX- und MIN-Markierung –1– und –2– des Peilstabs liegen. Er darf nie unter die MIN-Marke sinken. Bei warmem Motor kann der Ölstand auch über der MAX-Marke liegen. **Achtung:** Ist am Deckel kein Peilstab vorhanden, muß der Ölstand zwischen den Markierungen außen am durchsichtigen Behälter liegen.
- Falls nötig, Hydrauliköl nachfüllen. Dabei nur Hydrauliköl der angegebenen Spezifikation verwenden.
- Darauf achten, daß das Hydrauliköl vor dem Einfüllen nicht geschüttelt wird, da es sonst zur Bildung von Luftblasen kommt. Öl langsam einfüllen, um die Entstehung von Luftblasen zu vermeiden.
- Grundsätzlich nur **neues Öl** nachfüllen, da selbst kleinste Verunreinigungen zu Störungen an der hydraulischen Anlage führen können.
- Nach dem Auffüllen bei laufendem Motor das Lenkrad mehrmals von Anschlag zu Anschlag bewegen, dadurch entlüftet sich die Anlage.
- Falls Öl nachgefüllt werden mußte, ist das Lenksystem auf seine Dichtheit zu prüfen.

Lenkungsspiel prüfen

- Lenkrad in Mittelstellung bringen.
- Lenkrad hin- und herbewegen, dabei Vorderräder beachten. Am Lenkrad darf dabei maximal ein Spiel von etwa 30 mm vorhanden sein, ohne daß die Räder sich bewegen.
- Bei größerem Spiel am Lenkrad sind Lenkgestänge, Lenkgetriebe und die Lagerspiele der Vorderachse zu prüfen.
- Spurstangen kräftig von Hand hin- und herbewegen. Die Kugelgelenke dürfen kein Spiel aufweisen, sonst Gelenke oder Spurstange ersetzen.

- Beleuchtungsanlage: Alle Scheinwerfer, Schlußleuchten und Blinklampen prüfen, gegebenenfalls Scheinwerfer einstellen.
- Alle Stromverbraucher auf Funktion prüfen.
- Signalhorn: Prüfen.
- Scheibenwischer: Wischergummis auf Verschleiß prüfen.
- Scheiben- und Scheinwerferwaschanlage: Funktion prüfen, Düsenstellung kontrollieren, Flüssigkeit nachfüllen, Scheinwerfer-Waschanlage prüfen.
- Batterie: Spannung und Säurestand prüfen.
- Fernbedienung der Zentralverriegelung/Diebstahlwarnanlage: Batterien wechseln, wenn die rote Kontrollampe an der Schlüssel-Fernbedienung beim Betätigen einmal blinkt.

Achtung: Altbatterien nicht dem Hausmüll mitgeben, sondern bei einer Batterie-Sammelstelle entsorgen.

Batterie prüfen

Erforderliches Sonderwerkzeug:

- Stahldrahtbürste (Pol- und Klemmenreinigungsbürste).

Erforderliche Verschleißteile:

- Destilliertes Wasser.
- Polsäureschutzfett.

Batterie-Pole reinigen

Bei der regelmäßigen Durchsicht des Wagens sind auch die Batterie-Pole und Anschlußklemmen zu reinigen und mit Säureschutzfett einzureiben.

Säurestand prüfen

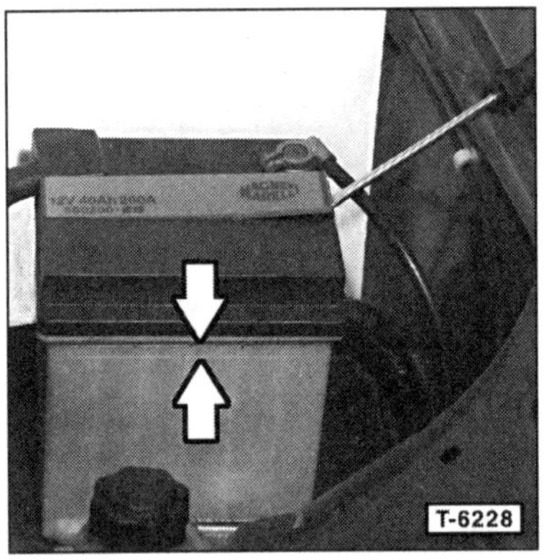

Bei der serienmäßig eingebauten Batterie reicht die einmal eingefüllte Säuremenge normalerweise für die gesamte Lebensdauer der wartungsarmen Batterie. Dennoch sollte der Säurestand regelmäßig kontrolliert werden.

Achtung: Nicht mit offener Flamme in die Batterie leuchten. Explosionsgefahr!

- Der Flüssigkeitsspiegel soll zwischen den Markierungen außen an der Batterie stehen. Bei niedrigerem Stand bis zur Sollhöhe auffüllen. Dazu die Deckelleiste abhebeln. Jede Zelle einzeln mit destilliertem Wasser auffüllen.

Achtung: Zum Nachfüllen nur destilliertes Wasser verwenden.

- Batteriespannung prüfen, siehe Seite 253.

Fernbedienung: Batterien wechseln

Batterien wechseln, wenn die rote Kontrollampe an der Schlüssel-Fernbedienung beim Betätigen nicht leuchtet oder nur kurz aufleuchtet. Die Batterie-Lebensdauer beträgt ca. 2 Jahre.

- Schlüsselgriff an der Aussparung mit schmalem Schraubendreher auseinanderhebeln.

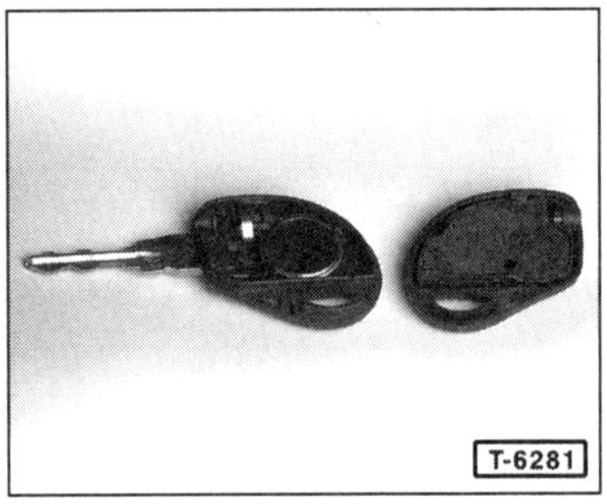

- Batterie durch neue gleicher Ausführung (Typ CR 2016) ersetzen, dabei auf »+/–«-Lage achten. Batterie in gleicher Lage wie die ausgebaute einsetzen.
- Deckel aufdrücken, er muß hörbar einrasten.

Karosserie/Innenraum

- Sicherheitsgurte: Auf Beschädigungen prüfen.
- Türfeststeller, Türscharniere, Motorhaubenschloß: Mit Mehrzweckfett fetten.
- Unterbodenschutz und Lackierung: Sichtprüfen, Beschädigungen ausbessern.
- Reinluftfilter für Heizung/Klimaanlage ersetzen (wo vorhanden).

Sicherheitsgurte sichtprüfen

Da es sich bei den Sicherheitsgurten um sicherheitsrelevante Teile handelt, müssen sie bei fehlerhafter Funktion oder Beschädigung umgehend erneuert werden.

Achtung: Geräusche, die beim Aufrollen des Gurtbandes entstehen, sind funktionsbedingt. Bei störenden Geräuschen kann nur der Sicherheitsgurt ausgetauscht werden. Auf keinen Fall darf zur Behebung von Geräuschen Öl oder Fett verwendet werden. Der Aufrollautomat darf nicht zerlegt werden, da hierbei die vorgespannte Feder herausspringen kann. Unfallgefahr!

- Sicherheitsgurt ganz herausziehen und Gurtband auf durchtrennte Fasern prüfen. Beschädigungen können zum Beispiel durch Einklemmen des Gurtes oder durch brennende Zigaretten entstehen. In diesem Fall Gurt austauschen.
- Sind Scheuerstellen vorhanden, ohne daß Fasern durchtrennt sind, braucht der Gurt nicht ausgewechselt zu werden.

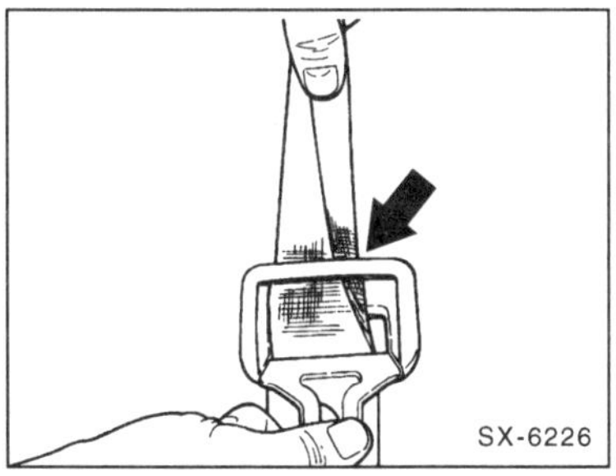
SX-6226

- Schwergängigen Gurt auf Verdrehungen prüfen, gegebenenfalls Verkleidung an der Mittelsäule ausbauen.
- Wenn die Aufrollautomatik nicht mehr funktioniert, Gurt auswechseln.
- Gurtbänder nur mit Seife und Wasser reinigen, keinesfalls Lösungsmittel oder chemische Reinigungsmittel verwenden.

Schließeinrichtungen schmieren

- Türschlösser an den Schließzapfen, Schließösen und Anlageflächen der Drehfallen mit Mehrzweckfett fetten, zum Beispiel mit »Optimol-Optitemp TT 1«.

Sichtkontrolle Unterboden/ Karosserie

Bei der regelmäßigen Pflege Augenmerk auf Lackbeschädigungen legen und auch Unterboden öfters reinigen, dabei auch auf Beschädigung des Unterbodenschutzes achten, siehe Seite 287.

Reinluftfiltereinsatz ersetzen

Es ist kein Sonderwerkzeug erforderlich.

Erforderliches Verschleißteil: Filtereinsatz.

Hinweis: Geringerer Luftdurchsatz als normal deutet auf die Notwendigkeit eines vorzeitigen Filterwechsels hin, sonst Filter im Wartungszyklus wechseln.

Der Filter sitzt unterhalb der Windschutzscheibe hinter einer Abdeckung.

Ausbau

- Motorhaube öffnen.

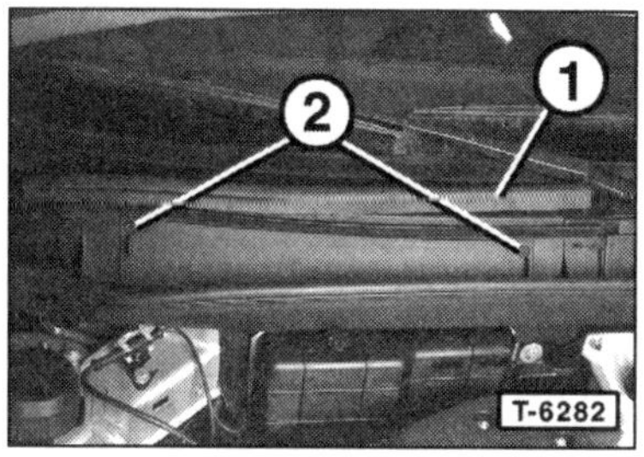

T-6282

- Gummidichtung –1– nach oben abziehen.
- Schrauben –2– abschrauben und Deckel abnehmen.
- Filtereinsatz herausnehmen.

Einbau

- Neuen Filtereinsatz einsetzen.
- Deckel aufsetzen, mit 2 Schrauben befestigen.
- Motorhaube schließen.

Schaltpläne

In einem Personenwagen werden bis zu 1000 Meter Leitungen verlegt, um alle elektrischen Verbraucher (Scheinwerfer, Radio usw.) mit Strom zu versorgen.

Will man einen Fehler in der elektrischen Anlage aufspüren oder nachträglich ein elektrisches Zubehör montieren, kommt man nicht ohne Stromlaufplan aus; anhand dessen der Stromverlauf und damit die Kabelverbindungen aufgezeigt werden. Um das Kabelgewirr zumindest auf dem Stromlaufplan übersichtlich zu ordnen, sind nur jeweils einzelne Schaltkreise auf Detailplänen angeordnet. Grundsätzlich muß der betreffende Stromkreis geschlossen sein, sonst kann der elektrische Strom nicht fließen. Es reicht beispielsweise nicht aus, wenn an der Plusklemme eines Scheinwerfers Spannung anliegt, wenn nicht gleichzeitig über den Masseanschluß der Stromkreis geschlossen ist.

Deshalb ist auch das Massekabel der Batterie mit der Karosserie verbunden. Mitunter reicht diese Masseverbindung jedoch nicht aus, und der betreffende Verbraucher bekommt eine direkte Masseleitung. In den einzelnen Stromkreisen können Schalter, Relais, Sicherungen, Meßgeräte, elektrische Motoren oder andere elektrische Bauteile integriert sein.

Am sinnvollsten geht man bei der Benutzung des Stromlaufplanes folgendermaßen vor:

Zuerst sucht man in der Legende das betreffende Bauteil, zum Beispiel den Schalter für das Heizgebläse. Neben der Bauteil-Benennung wird dann die entsprechende Nummer angezeigt, die im Stromlaufplan neben dem entsprechenden Bauteil wieder auftritt.

Um den Stromlaufplan lesen zu können, ist die Kenntnis einiger Bauteile erforderlich, außerdem sollte man die wichtigsten Schaltzeichen kennen.

Alle Schalter und Verbraucher sind in Ruhestellung gezeichnet. Der geänderte Stromverlauf nach Betätigung eines Schalters sei am Beispiel eines Zweistufen-Schalters erläutert:

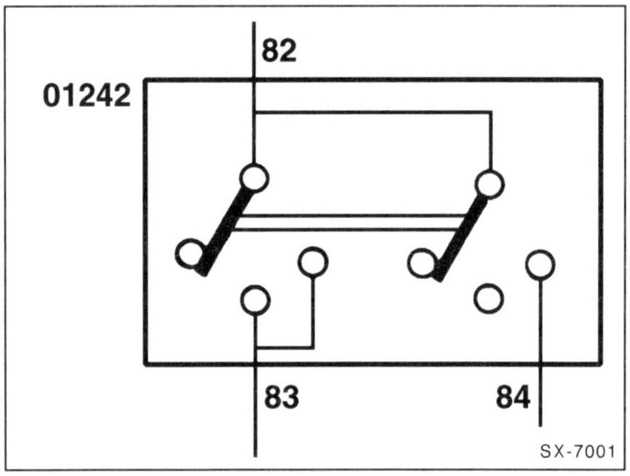

Wird am Schalter die erste Stufe gedrückt, fließt der Strom von der Klemme 82 kommend über die Klemme 83. Die Brücke der zweiten Schalterstufe rückt in Mittelstellung, jedoch ohne eine Verbindung herzustellen. Erst beim Drücken der zweiten Schalterstufe rückt die Brücke der zweiten Schalterstufe von der internen Leitung 82 auf 84 und gibt den Strom über 84 weiter. Dabei bleibt über die interne Verbindung im Schalter, rechts abgewinkelte Leitung von 83, der Stromfluß der ersten Schalterstufe bestehen.

Relais und Schalter haben oft mehrere Anschlüsse. Damit diese Bauteile richtig angeschlossen werden können, haben die einzelnen Kontakte entsprechende Klemmenbezeichnungen. Die wichtigsten Klemmenbezeichnungen sind:

Klemme 30. An dieser Klemme liegt immer die Batteriespannung an. Die Kabel sind meist rot.

Klemme 31 führt zur Masse. Die Masse-Leitungen sind in der Regel schwarz.

Klemme 15 wird über das Zündschloß gespeist. Die Leitungen führen nur bei eingeschalteter Zündung Strom.

Im Stromlaufplan sind die Farben der einzelnen Leitungen mit Buchstaben oder Buchstabenkombinationen gekennzeichnet.

Der Sicherungskasten mit den Sicherungen und Relais ist in jedem Detailplan mit den entsprechenden Sicherungen eingezeichnet. Sicherungs- und Relaisbelegung, siehe Seite 248.

Gebrauchsanleitung für Schaltpläne

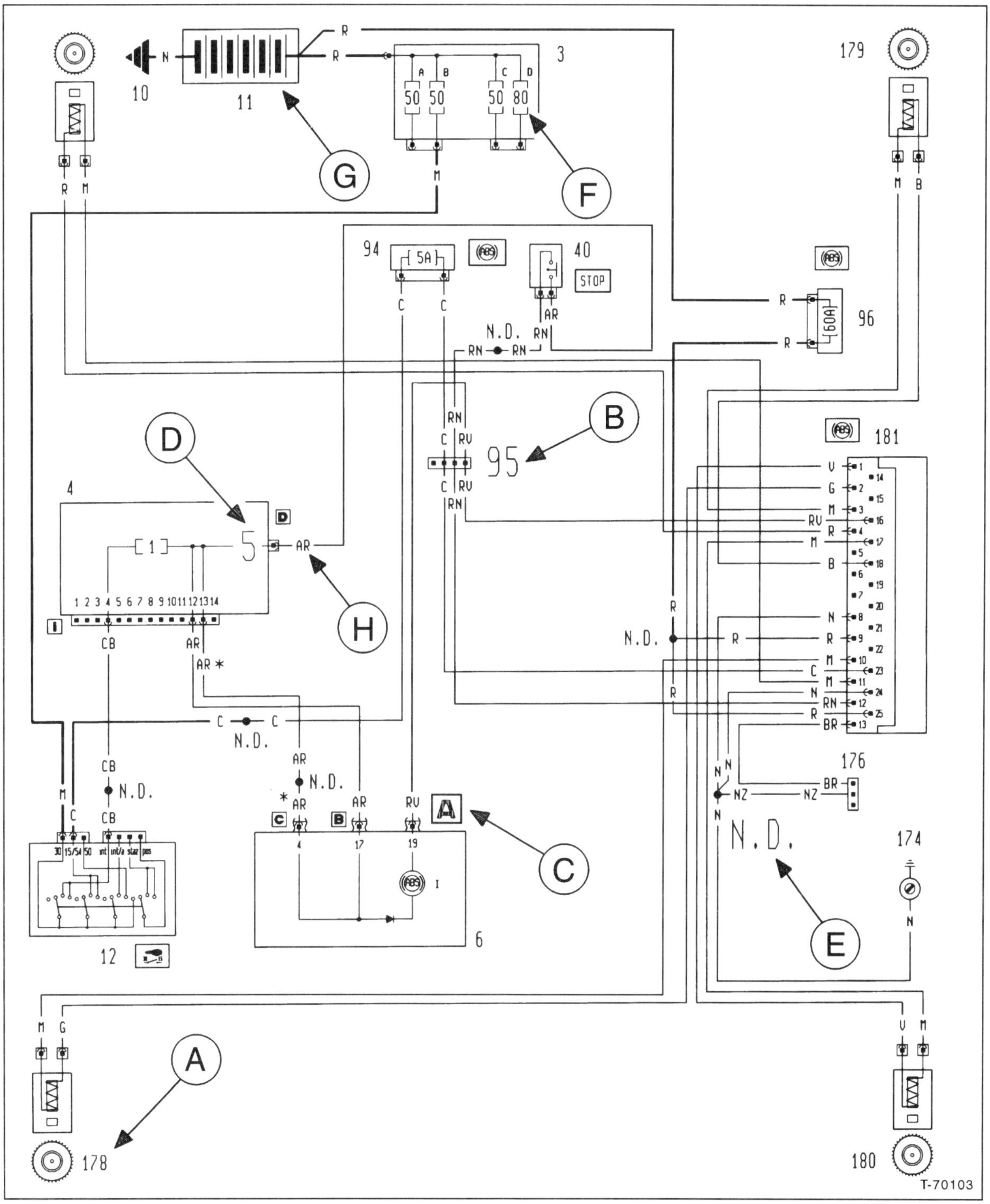

A – Nummer des Bauteils, hier: Drehzahlsensor für ABS, linkes Hinterrad.

B – Nummer des Anschlusses, hier: 95 = Kabelanschluß für ABS, vorn.

C – Bezeichnung des Steckers am Bauteil, hier: A

D – Nummer des Anschlußpins, hier: 5.

E – Ultraschallschweißung isoliert im Kabelbaum.

F – Sicherung, hier: Sicherung D, 80 Ampere.

G – Bauteilsymbol, hier: Batterie.

H – Kabelfarbe, hier: AR = Himmelblau-Rot.

Elektrische Symbole

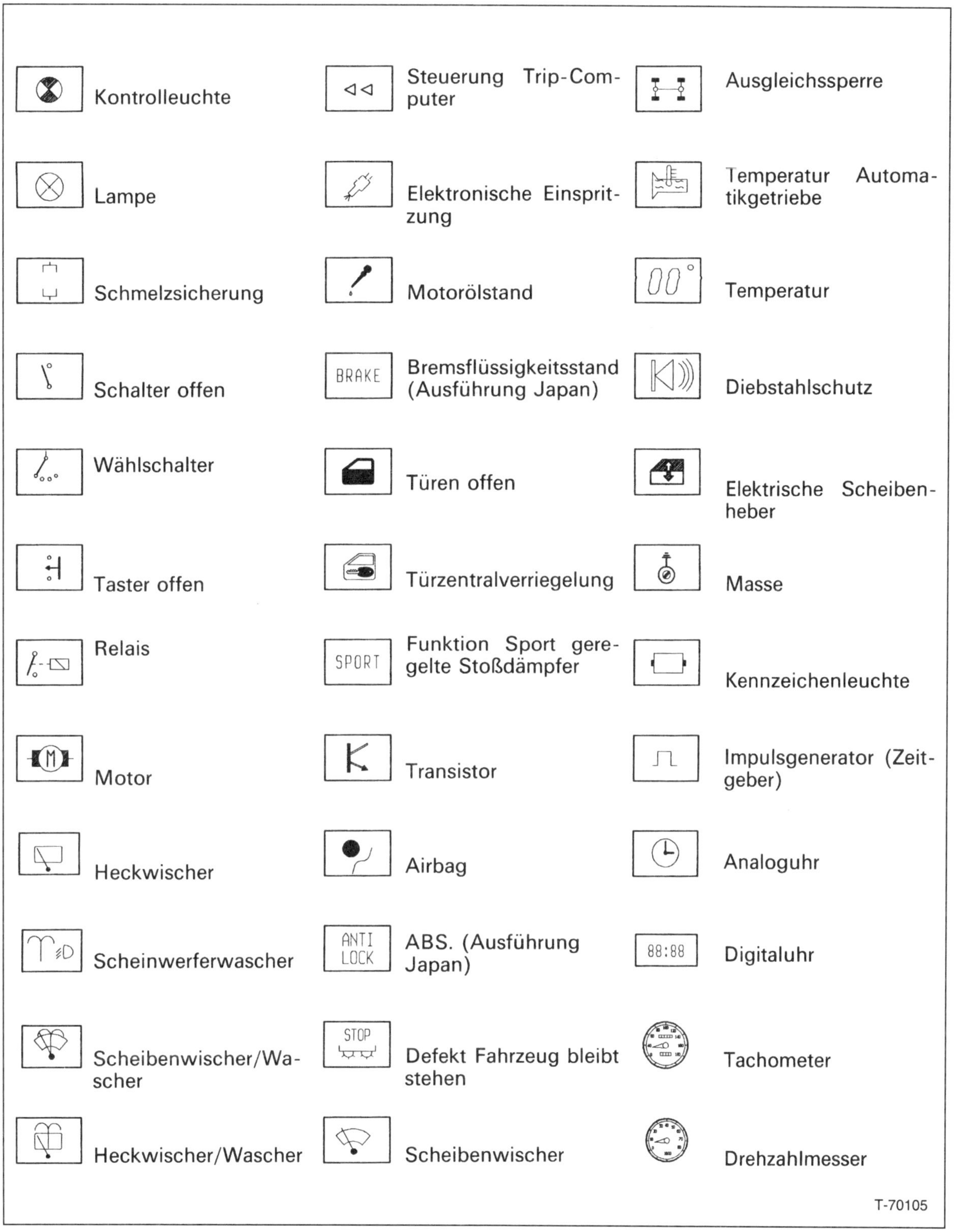
Kontrolleuchte
Steuerung Trip-Computer
Ausgleichssperre
Lampe
Elektronische Einspritzung
Temperatur Automatikgetriebe
Schmelzsicherung
Motorölstand
00°
Temperatur
Schalter offen
BRAKE
Bremsflüssigkeitsstand (Ausführung Japan)
Diebstahlschutz
Wählschalter
Türen offen
Elektrische Scheibenheber
Taster offen
Türzentralverriegelung
Masse
Relais
SPORT
Funktion Sport geregelte Stoßdämpfer
Kennzeichenleuchte
M
Motor
Transistor
Impulsgenerator (Zeitgeber)
Heckwischer
Airbag
Analoguhr
Scheinwerferwascher
ANTI LOCK
ABS. (Ausführung Japan)
88:88
Digitaluhr
Scheibenwischer/Wascher
STOP
Defekt Fahrzeug bleibt stehen
Tachometer
Heckwischer/Wascher
Scheibenwischer
Drehzahlmesser
T-70105

Legende für alle Schaltpläne

1 Scheinwerfer links
2 Scheinwerfer rechts
3 Kasten für Leistungssicherungen
  A Sicherung 30A für Einspritzanlage (Benziner) beziehungsweise 60A für Vorglühanlage (Diesel
  B Sicherung 40A für Zündung
  C Sicherung 60A für Zusatzeinrichtungen
  D Sicherung 80A für Verteiler
4 Verteiler:
  E1 Relais für Schalterreset
  E2 Relais für Signalhorn
  E3 Relais für heizbare Heckscheibe
5 Relais für Abblendlicht
6 Instrumententafel:
  A Kontrolleuchte für unzureichende Stromerzeugung der Lichtmaschine
  B Kontrolleuchte für Motoröldruck
  C Fahrtrichtungsanzeige links
  D Fahrtrichtungsanzeige rechts
  E Begrenzungsleuchten - Kontrolleuchte
  F Symbolebeleuchtung der Instrumententafel
  G Fernlicht-Kontrolleuchte
  H Warnleuchte für AIRBAG
  I Warnleuchte für ABS
  J Steuermodul für Kraftstoffreserve
  J1 Kontrolleuchte für Kraftstoffreserveanzeige
  K Kraftstoffstandanzeige
  L Warnleuchte für FIAT-CODE
  M Warnleuchte der Einspritzanlage BZ/DS
  N Kontrolleuchte für Höchstdruck des Turboladers
  O Kontrolleuchte der Vorglühanlage
  Q Kontrolleuchte für Bremsbelagverschleiß vorne
  R Kontrolleuchte Handbremse angezogen/Bremsflüssigkeitsmangel
  S Elektronikmodul für Anzeige des Ausfalls der Bremsleuchten
  T Kontrolleuchte zur Anzeige des Ausfalls der Bremsleuchten
  U Kontrolleuchte zur Anzeige Türen offen
  V Steuermodul des Tachometers
  V1 Tachometer
  W Drehzahlmesser
  X Kühlmitteltemperaturanzeige
  Z Anzeige für Tages-/Gesamtkilometer
  Z1 Druckknopf zum Nullstellen der Tageskilometer
7 Lenkstockschalter:
  A Umschalter für Scheibenwischergeschwindigkeit
  B Umschalter für Scheiben-/Scheinwerfer-/Heckscheibenwaschanlage
  C Heckscheibenwischerschalter
  D Druckknopf für Lichthupe
  E Umschalter für Abblendlicht/Fernlicht
  F Umschalter für Standlicht
  H Umschalterfür Fahrtrichtungsleuchten
  I Druckknopf für Signalhorn
8 Masseanschluß vorne links
9 Masseanschluß vorne rechts
10 Batteriemasseanschluß an der Karosserie
10A Masseanschluß Motor
11 Batterie
12 Zündschalter
13 Kabelanschluß vorne rechts/links
14 Kennzeichenleuchte links
15 Kennzeichenleuchte rechts
16 Heckleuchte links
17 Heckleuchte rechts
18 Masseanschluß hinten links
19 Masseanschluß hinten rechts
20 Blinkleuchte seitlich vorne links
21 Blinkleuchte seitlich vorne rechts
22 Masseanschluß Armaturenbrett links
23 Schaltergruppe für Warnblinkleuchten
  A Kontrolleuchte der Warnblinkanlage
  B Schalter für Warnblinkleuchten
  C Symbolebeleuchtung für Warnblinkleuchten
24 Scheibenwischermotor
25 Scheibenwaschelektropumpe/Heckscheibenwaschanlage
26 Heckscheibenwischermotor
27 Kontaktträger für Stromanschluß der Heckklappe
28 Kabelanschluß Armaturenbrett/hintere Stellglieder der Zentralverriegelung beziehungsweise Kontaktträger für Stromanschluß der Heckklappe
28A Kabelanschluß Armaturenbrett/Längskabel
29 Kabelanschluß vorne/Nebelscheinwerfer
30 Nebelscheinwerfer links
31 Nebelscheinwerfer rechts
32 Relais für Nebelscheinwerfer
33 Sicherung 20A für Nebelscheinwerfer
34 Schaltergruppe:
  A Kontrolleuchte Alarm eingeschaltet
  B Schalter für Nebelschlußleuchte
  C Relais für Nebelschlußleuchte
  D Nebelschlußleuchten-Kontrolleuchte
  E Schalter für heizbare Heckscheibe
  F Heckscheibenheizung-Kontrolleuchte
  G Leuchte für Symbolebeleuchtung der Schaltergruppe
  H Nebelscheinwerfer- Kontrolleuchte
  I Schalter für Nebelscheinwerfer Kabelanschluß
35 Kabelanschluß Armaturenbrett/Vordertür links
36 Kabelanschluß Armaturenbrett/Vordertür rechts
37 Heizwiderstand Außenspiegel links
38 Heizwiderstand Außenspiegel rechts
39 Heizbare Heckscheibe
40 Bremslichtschalter
41 Zusatzbremsleuchte
41A Kabelanschluß hinten für Zusatzbremsleuchte
42 Masseanschluß Armaturenbrett rechts
43 Elektrisches Stellglied für Scheinwerfereinstellung links
44 Elektrisches Stellglied für Scheinwerferseinstellung links
45 Steuerung für Scheinwerfereinstellvorrichtung
46 Signalhorn links
47 Signalhorn rechts
48 Radio mit Zeituhr
49 Lautsprecher vorne links (Tweeter)
50 Lautsprecher vorne rechts (Tweeter)
51 Lautsprecher an der Vordertür links
52 Lautsprecher an der Vordertür rechts
53 Lautsprecher hinten links
54 Lautsprecher hinten rechts
55 Kabelanschluß vorne für Motor

55A Kabelanschluß vorne links/Motor
55B Kabelanschluß vorne rechts/Motor
55C Kabelanschluß vorne links/Motor
56 Steuerung für Kraftstoffstandanzeige A
A Kraftstoffstandfühler
B Elektrokraftstoffpumpe
57 Trägheitsschalter für Kraftstoffabschaltung
58 Regelwiderstand für Beleuchtungsstärke der Instrumententafel
59 Schalter an der Säule vorne links für Innenbeleuchtung
60 Schalter an der Säule vorne rechts für Innenbeleuchtung
61 Schalter an der Säule hinten links für Innenbeleuchtung
62 Schalter an der Säule hinten rechts für Innenbeleuchtung
63 Thermoschalter am Kühler
64 Glühbirne zur Konsolenbeleuchtung mit eingebautem Schalter
65 Glühbirne zur Kofferraumbeleuchtung/Einschalten des Alarmsystems
66 Schalter für elektrisch einstellbare Außenspiegel
67 Elektrisch einstellbarer Außenspiegel links
68 Elektrisch einstellbarer Außenspiegel rechts
69 Zigarettenanzünder
70 Kabelanschluß Armaturenbrett/vorne
71 Steuerung für elektrische Fensterheber vorne
72 Sicherung 30A für elektrische Fensterheber vorne
73 Schalter für elektrischen Fensterheber vorne links
74 Schalter für elektrischen Fensterheber vorne rechts
75 Schalter für elektrischen Fensterheber vorne rechts an der Vordertür links
76 Fensterhebermotor vorne links
77 Fensterhebermotor vorne rechts
78 Schalter für elektrischen Fensterheber hinten links an der Hecktür links
79 Schalter für elektrischen Fensterheber hinten rechts an der Hecktür rechts
80 Schalter zur Abschaltung der elektrischen Fensterheber hinten
81 Sicherung 30A für elektrische Fensterheber hinten
82 Schalter für Fensterheber hinten links an der Hecktür links
83 Schalter für Fensterheber hinten rechts an der Hecktür rechts
84 Fensterhebermotor hinten links
85 Fensterhebermotor hinten rechts
86 Anschluß Längskabel/Hecktür links
87 Anschluß Längskabel/Hecktür rechts
88 Bremsflüssigkeitsmangelfühler
89 Bremsbelagverschleißfühler links
89A Kabelanschluß Bremsbelagverschleißfühler linkes Rad
90 Schalter zur Anzeige Handbremse angezogen
91 Leistungsrelais
92 Sicherung 20A für elektrisches Schiebedach
92A Kabelanschluß elektrisches Schiebedach
93A Steuerung für elektrisches Schiebedach
93B Druckknopf für elektrisches Schiebedach
93C Motor für elektrisches Schiebedach
93D Endschalter für elektrisches Schiebedach
94 Sicherung 5A für Rad-Antiblockiersystem (ABS)
95 Kabelanschluß vorne/Rad-Antiblockiersystem (ABS)
96 Leistungssicherung 60A für elektrische Anlage
97 Elektropumpe für Scheinwerferwaschanlage
98 Intervallgeber für Scheinwerferwaschanlage
99 Sicherung 20A für Scheinwerferwaschanlage
100 Elektronisches Steuergerät für Alarmeinrichtung
101 Ultraschallfühler für Alarm
102 Ultraschallfühler für Alarm
103 Diagnoseabgriff für Alarm
104 Sicherung 15A für Alarmeinrichtung
105 Umschalter zur Abschaltung der Alarmeinrichtung
106 Schalter zum Einschalten der Alarmeinrichtung
107A Empfänger für Fernbedienung der Türverriegelung
107B Deckenleuchte
108 Türverriegelung hinten links/Schalter zum Einschalten des Alarms
109 Türverriegelung hinten rechts/Schalter zum Einschalten des Alarms
110 Türverriegelung vorne links/Schalter zum Einschalten des Alarms
111 Türverriegelung vorne rechts/Schalter zum Einschalten des Alarms
112 Zentrale Türverriegelung
113 Sicherung 20A für Türverriegelung
114 Elektronisches Steuergerät für Airbag
115 Airbag Beifahrerseite
116 Airbag Fahrerseite
117 Kabelanschluß Airbag/Armaturenbrett
119 Sicherung 40A für Klimaanlage
120 Kabelanschluß für Klimaanlage
121 Dreiwertdruckwächter
122 Relais für niedrige geschwindigkeit des Kühlerlüfters
123 Zeitrelais für hohe Geschwindigkeit des Kühlerlüfters
123A Relais für hohe Geschwindigkeit des Kühlerlüfters
124 Relais für Kompressor der Klimaanlage
125 Luftzuführer zu Elektrolüfter für Motorkühlmittel
126 Kabelanschluß vorne/ Klimaanlage
127 Kabelanschluß vorne links/ Kabel am Relaishaltebügel
128 Kabelanschluß vorne/ Klimaanlage
129 Leistungssicherung 50A für Elektrolüfters der Motorkühlung
130 Diagnoseabgriff für Airbag
131 Elektronisches Steuergerät für Wegfahrsperre (FIAT-CODE)
132 Ventil für Aktivkohlesystem
133 Sicherung 5A für Airbag
134 Kabelanschluß hinten/Sitzheizung Fahrerseite
134A Heizkissen der Sitzheizung Fahrerseite
135 Kabelanschluß hinten/Sitzheizung Beifahrerseite
135A Heizkissen der Sitzheizung Beifahrerseite
136 Klopffühler
136A Klopffühler
137 Fahrgeschwindigkeitsfühler
138 Leerlaufdrehzahlsteller
139 Diagnoseabgriff für Einspritzanlage
140 Zünd-/Einspritzsteuerung (Bosch-Zentraleinspritzung für 1,4-l-Motor)
141 Beheizte Lambdasonde
142 Öldruckmangelschalter
143 Lichtmaschine
144 OT- und Drehzahlfühler
145 Anlassermotor
146 Drosselklappen-Potentiometer
147 Kompressor für Klimaanlage

147A Kompressor für Klimaanlage
148 Masseanschluß für elektronische Einspritzung
149 Geeichtes Einspritzventil
150 Relais für Einspritzanlage
151 Relais für Lambdasonde, Elektrokraftstoffpumpe, Elektroeinspritzventil
152 Sicherung 10A für Einspritzanlage (25A für 1,6-l-Motor, 30A für 1,8-l-Motor, 7,5A für 2,0-l-Motor)
153 Sicherung 10A für Elektrokraftstoffpumpe, Lambdasonde (15A für 1,8-l-Motor)
154 Kühlerlüfter
155 Zündspulengruppe
156 Zündkerzen
157 Kühlmitteltemperaturfühler Einspritzanlage
158 Kühlmitteltemperaturfühler für Schalttafeleinsatz
159 Rückfahrscheinwerferschalter
160 Elektronisches Steuergerät für Zündung/Einspritzung (HITACHI-Einspritzanlage für 1,8-l-Motor)
161 Leistungsmodul für Zündung
162 Elektroeinspritzventil (1.)
163 Elektroeinspritzventil (2.)
164 Elektroeinspritzventil (3.)
165 Elektroeinspritzventil (4.)
165A Elektroeinspritzventil (5.)
166 Leerlaufdrehzahlsteller
167 Luftmengenmesser
168 Phasenfühler
170 Widerstand des Elektrolüfters für Motorkühlflüssigkeit
171 Baugruppe Heizung
172 2-Wert-Thermoschalter
173 Einbauvorbereitung für CD-Spieler-Anschluß
174 Leistungsmasseanschluß für Rad-Antiblockiersystem (ABS)
175 Kabelanschluß Batterie für Rad-Antiblockiersystem (ABS)
176 Diagnoseabgriff für Antiblockiersystem (ABS)
177 Fühler am Vorderrad links für Antiblockiersystem (ABS)
178 Fühler am Hinterrad links für Antiblockiersystem (ABS)
179 Fühler am Vorderrad rechts für Antiblockiersystem (ABS)
180 Fühler am Hinterrad rechts für Antiblockiersystem (ABS)
181 Elektrohydraulisches Aggregat für Antiblockiersystem (ABS)
182 Bremsbelagverschleißfühler Rad rechts
182A Kabelanschluß Bremsbelagverschleißfühler Rad rechts
183 Zündspule (1)
184 Zündspule (2)
185 Zündspule (3)
186 Zündspule (4)
187 Zündspule (5)
188 Masseanschluß Zündspule
189 Phasenwandler
190 Elektronisches Steuergerät für Zündung/Einspritzung (2,0-l-Motor)
191 Relais für Phasenwandler
192 Lufttemperaturfühler
193 Masseanschluß für elektronische Einspritzung
194 Kabelanschluß Einspritzung/Einspritzventile
195 Elektronisches Steuergerät für Zündung/Einspritzung (1,6-l-Motor)
196 Mehrfachrelais
197 Absolutdruckfühler
198 Sicherung 5A für elektronisches Steuergerät für Zündung/Einspritzung
199 Antenne für Wegfahrsperre (FIAT-CODE)
200 Relais für Trägheitsschalter Kraftstoffabschaltung
201 Steuerung zum Vorwärmen der Glühkerzen
202 Glühbirnen zur Symbolebeleuchtung der Baugruppe Heizung/Klimaanlage
203 Bedienelemente Klimaanlage:
    A Schalter für Luftumwälzung klimatisierte Luft
    B Schalter für Einschalten der Klimaanlage
204 Relais für 1. Geschwindigkeitsstufe des Elektrolüfters (206)
205 Relais für Elektrolüfter (206)
206 Elektrolüfter für Innenraumklimatisierung
207 Schalter für Geschwindigkeit des Elektrolüfters (206)
208 Widerstand für Geschwindigkeit des Elektrolüfters (206)
209 Stellglied für Luftansaugdeckel
210 Elektronisches Steuergerät des Kompressors
211 Enteisungsfühler (NTC-Widerstand)
212 Relais für Elektrolüfter und Motorkühlflüssigkeit
213 Masseanschluß für AIRBAG
222 Masseanschluß für Kraftstoffversorgung (Diesel)
223 Drehzahlfühler
224 Geeichtes Einspritzventil (Diesel)
225 Luftmengenmesser
226 Diagnoseabgriff für Wegfahrsperre (FIAT-CODE)
227 Diagnoseabgriff für Einspritzanlage (1,8-l-Motor)
228 Glühkerzen
229 Diesel-Abstellventil
230 Masseanschluß für Wegfahrsperre (FIAT-CODE)
231 Anschluß an Spiralkabelvorrichtung (AIRBAG)
232 Masse für Klimakompressor
233 Thermoschalter für Zusatzpumpe-Motorkühlung
234 Schmelzsicherung 7,5 A für elektrisch einstellbaren Außenspiegel
235 Kabelverbindung zum Kompressor für Klimaanlage

Code der Kabelfarben

A – Himmelblau
B – Weiß
C – Orange
G – Gelb
H – Grau
L – Blau
M – Braun
N – Schwarz
R – Rot
S – Rosa
V – Grün
Z – Violett
AB – Himmelblau-Weiß
AG – Himmelblau-Gelb
AN – Himmelblau-Schwarz
AR – Himmelblau-Rot
AV – Himmelblau-Violett
BG – Weiß-Gelb
BL – Weiß-Blau
BN – Weiß-Schwarz
BR – Weiß-Rot
BV – Weiß-Grün
BZ – Weiß-Violett
CA – Orange-Himmelblau
CB – Orange-Weiß
CN – Orange-Schwarz
GN – Gelb-Schwarz
GL – Gelb-Blau
GR – Gelb-Rot
GV – Gelb-Grün
HG – Grau-Gelb
HN – Grau-Schwarz
HR – Grau-Rot
HV – Grau-Grün
LB – Blau-Weiß
LG – Blau-Gelb
LN – Blau-Schwarz
LR – Blau-Rot
LV – Blau-Grün
MB – Braun-Weiß
MN – Braun-Schwarz
NZ – Schwarz-Violett
RB – Rot-Weiß
RG – Rot-Gelb
RN – Rot-Schwarz
RV – Rot-Grün
SN – Rosa-Schwarz
VB – Grün-Weiß
VN – Grün-Schwarz
VR – Grün-Rot
ZB – Violett-Weiß

Schaltpläne

Wegen des großen Umfangs der vorhandenen Schaltpläne können nicht alle Modelljahre und Ausführungen berücksichtigt werden. Bei einer Neuauflage wird jeweils der aktuelle Stromlaufplan veröffentlicht, an dem sich auch Fahrzeugbesitzer älterer Modelle orientieren können.

Stromlaufplan für	Stromlaufplan-Nr.
Standlicht und Kontrolleuchte, Abblendlicht, Fernlicht und Kontrolleuchte, Parkleuchten, Kennzeichenbeleuchtung	1
Nebelscheinwerfer und Kontrollleuchte - Nebelschlußleuchten und Kontrollleuchte	2
Radio niedriges Level, Zigarettenanzünder	3
Radio hohes Level, Zigarettenanzünder	4
Elektrische Fensterheber vorn	5
Zentralverriegelung, Diebstahlwarnanlage (Modell S, SX, GT)	6
Elektrisch einstellbare und beheizbare Außenspiegel	7
Elektrisches Schiebedach	8
1,4-l-Motor: Anlasser, Elektronische Zündung und Einspritzung, Batterie, Generator und Kontrolleuchten, Öldruckschalter und Kontrolleuchte, Störungsanzeige Einspritzanlage	9
1,4-/1,6-/2,0-l-Motor: Motorkühlung, Kühlmitteltemperaturanzeige, Heizgebläse	10
Modell S/SX/GT: Blinkleuchten und Kontrolleuchten, Warnblinkanlage und Kontrolleuchten, Bremsleuchten, Rückfahrscheinwerfer	11
1,6-/1,8-/2,0-l-Motor: Scheibenwaschanlage, Heckscheiben-Wisch-Waschanlage, Signalhorn, Heizbare Heckscheibe	12

–1–

Standlicht und Kontrolleuchte, Abblendlicht, Fernlicht und Kontrolleuchte, Kennzeichenbeleuchtung

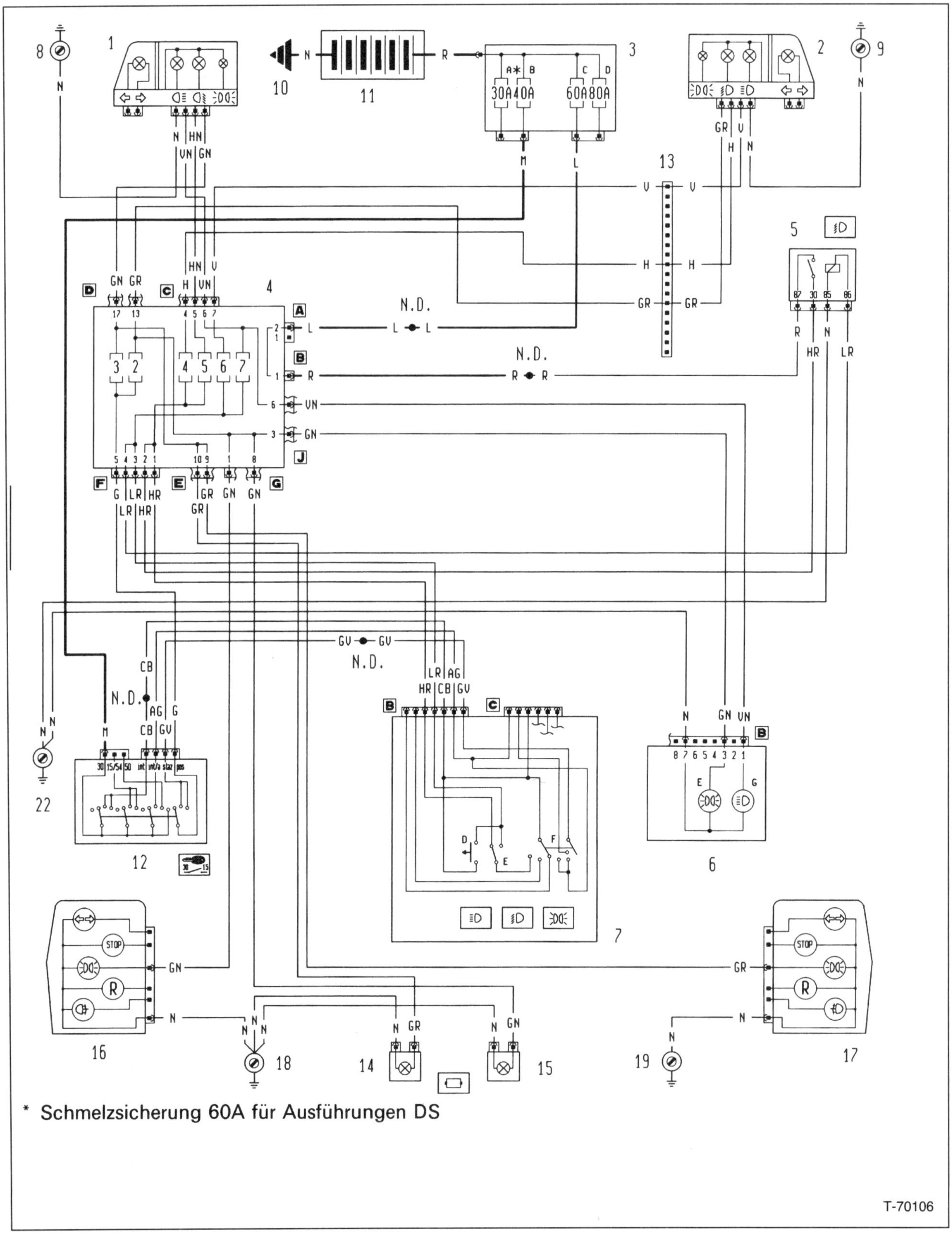

–2–

Nebelscheinwerfer und Kontrolleuchte - Nebelschlußleuchten und Kontrolleuchte

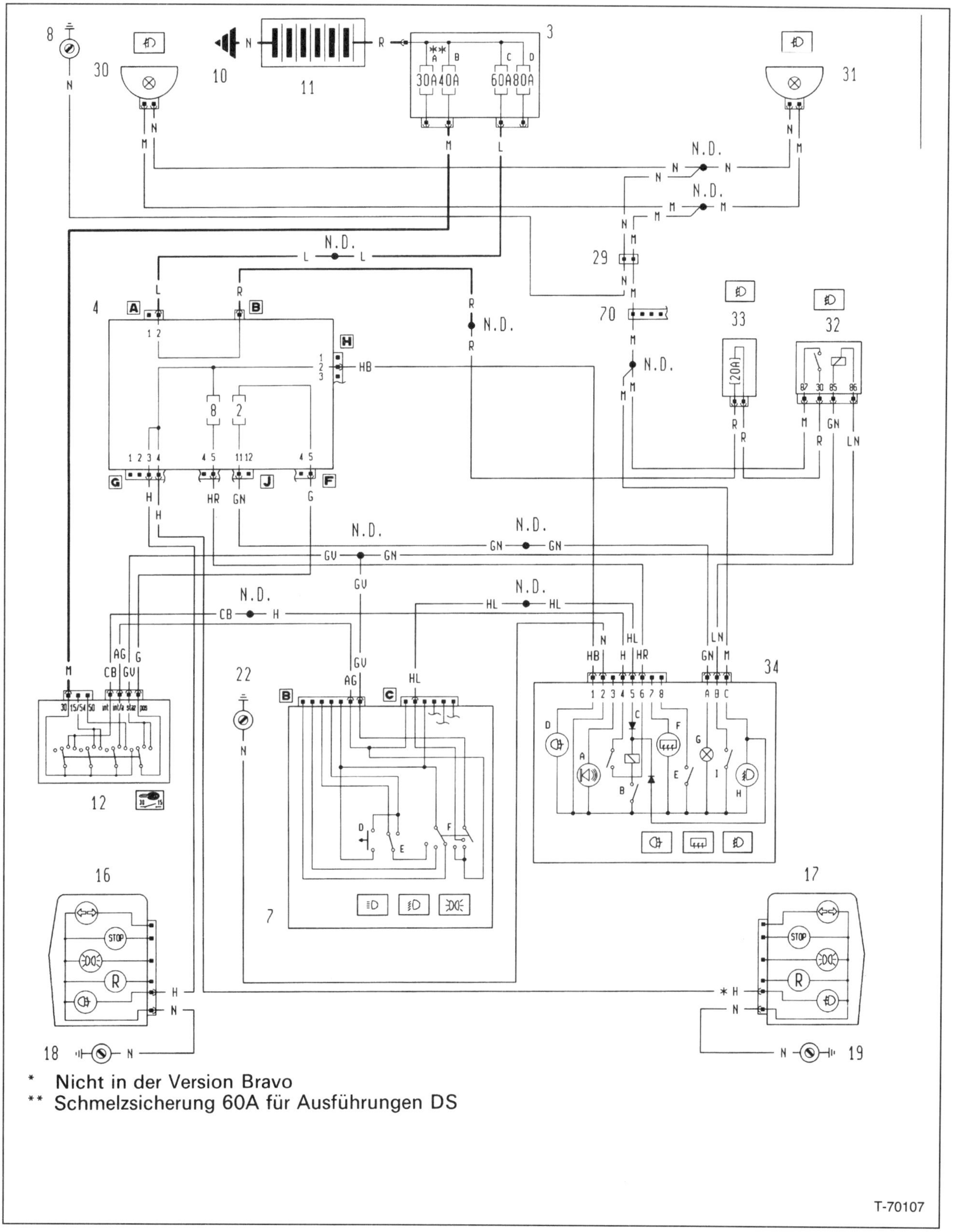

* Nicht in der Version Bravo

** Schmelzsicherung 60A für Ausführungen DS

T-70107

–3–
Vorbereitung für Radio »einfache Ausstattung«, Zigarettenanzünder

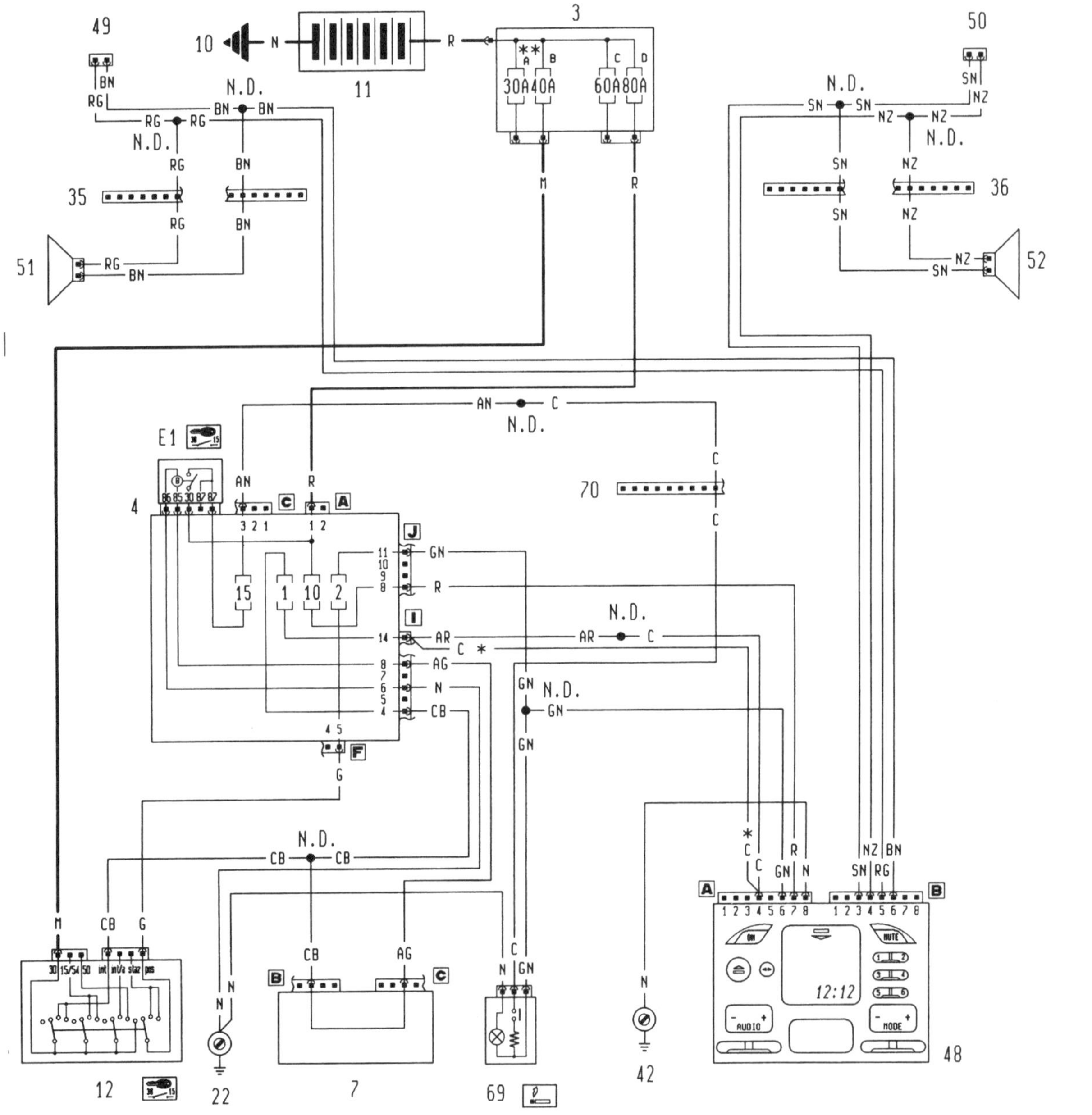

* Verbindungsvariante Ausstattung SX
** Schmelzsicherung 60A Ausführungen DS

T-70108

–4–
Vorbereitung für Radio »höhere Ausstattung«, Zigarettenanzünder

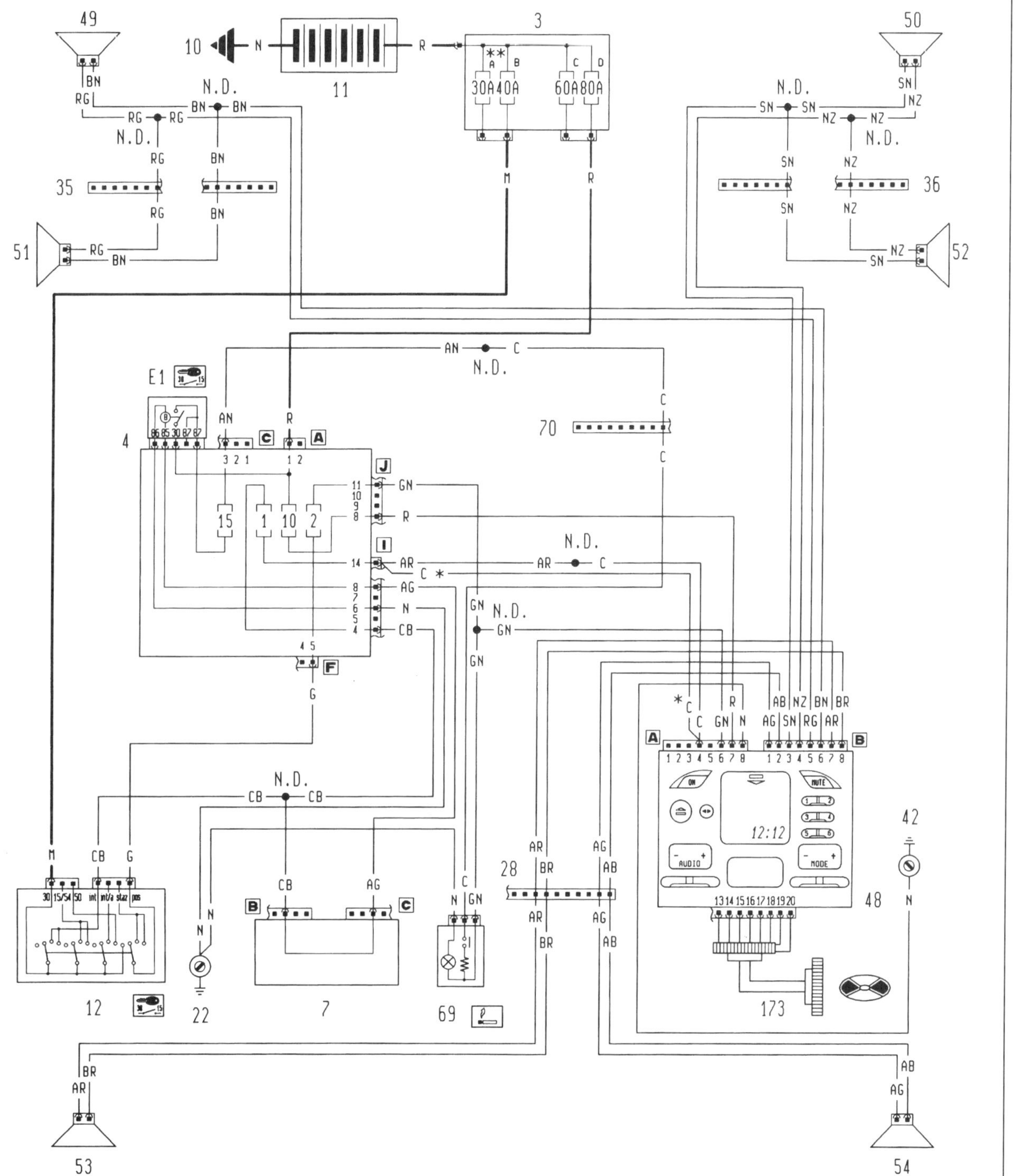

* Verbindungsvariante Ausstattung SX
** Schmelzsicherung 60A für Ausführungen DS

T-70109

–5–
Elektrische Fensterheber vorn (Modell S, SX)

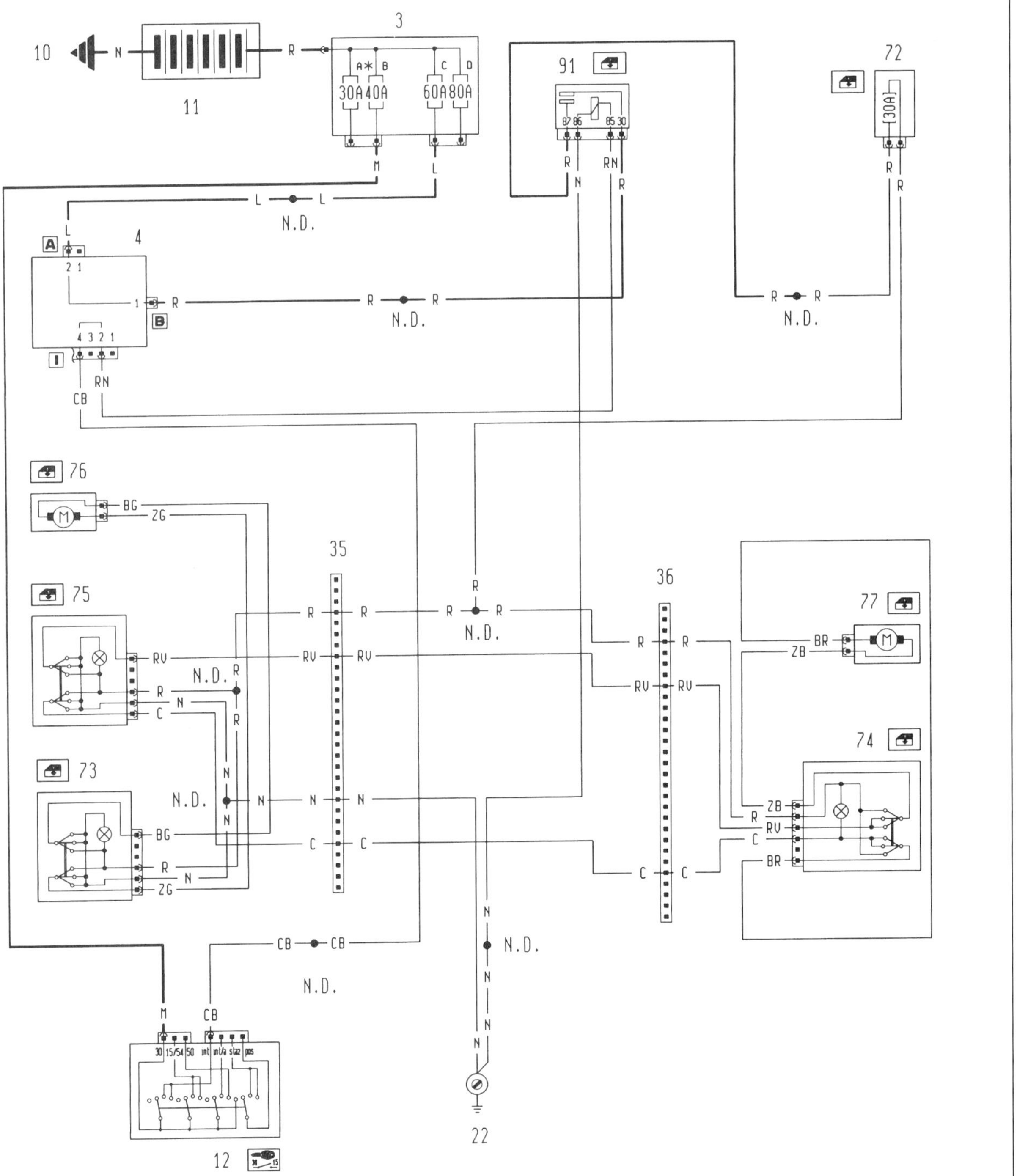

* Schmelzsicherung 60A für Ausführungen DS

–6–
Elektrisch einstellbare und beheizbare Außenspiegel

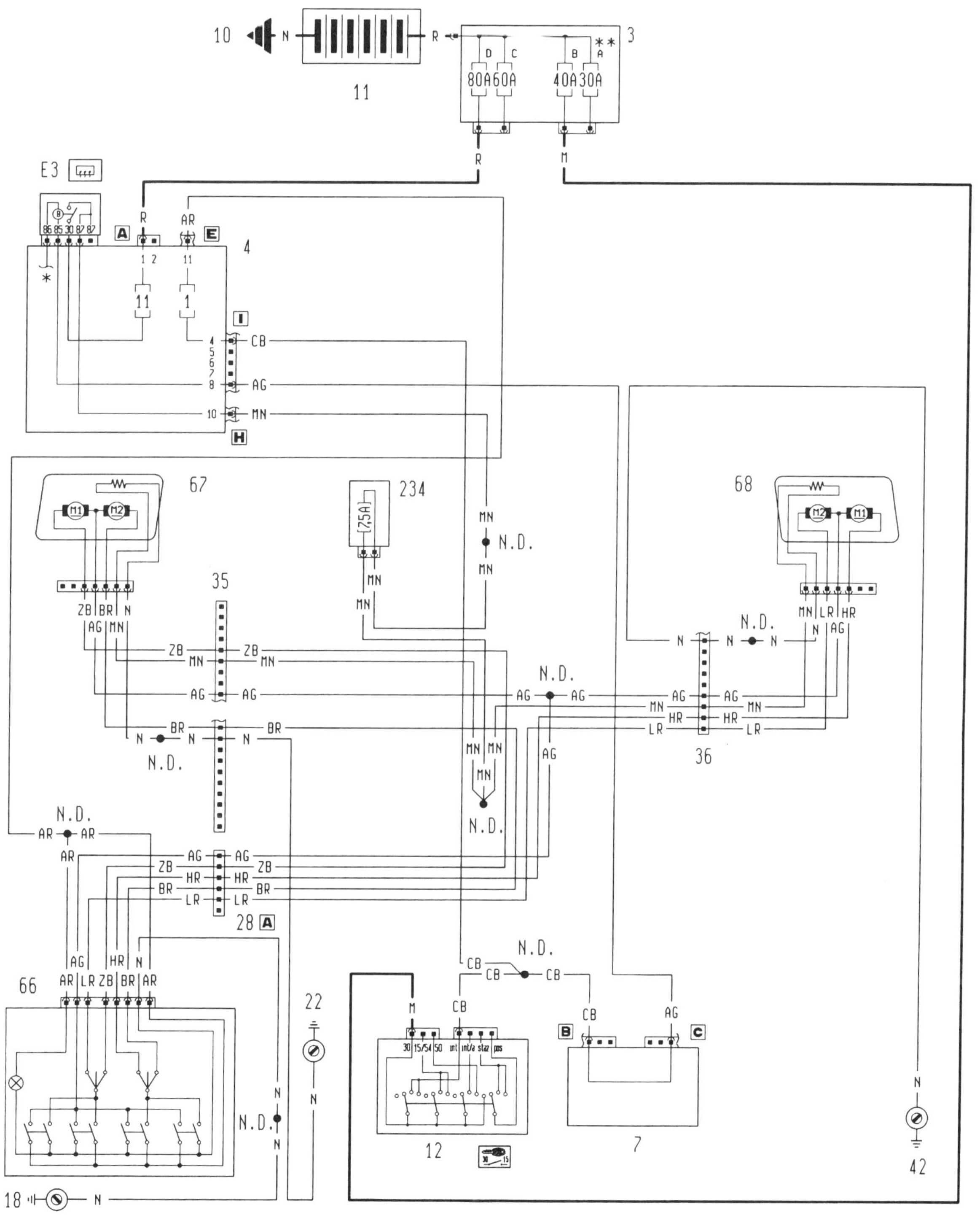

* Siehe Schema heizbare Heckscheibe ** Schmelzsicherung 60A für Ausführungen DS

T-70111

–7–
Elektrisches Schiebedach

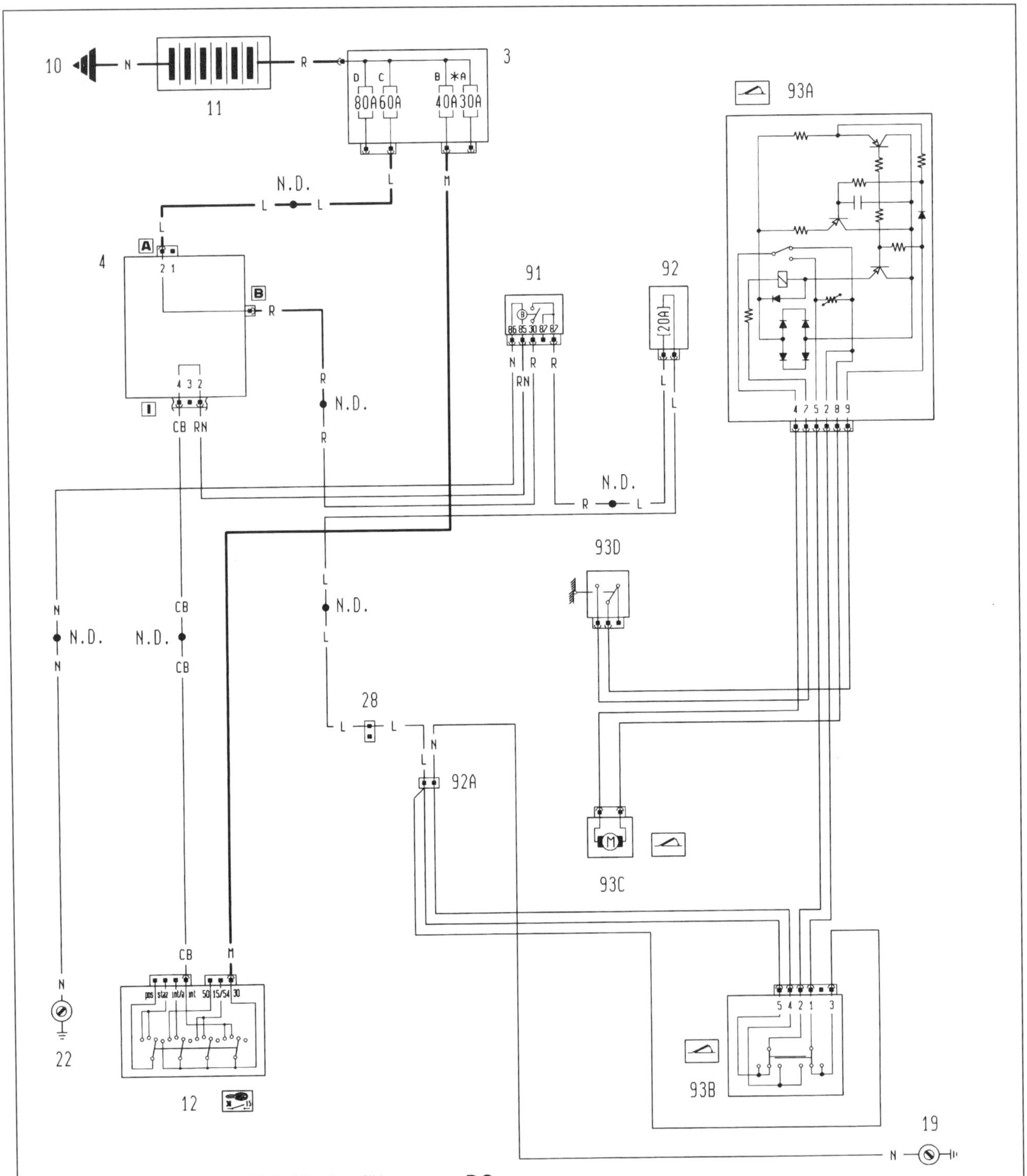

* Schmelzsicherung 60A für Ausführungen DS